全国优秀教材
二等奖

“十二五”普通高等教育本科国家级规划教材

数学分析

第五版（下册）

华东师范大学数学科学学院 编

高等教育出版社·北京

内容提要

　　本书是"十二五"普通高等教育本科国家级规划教材、普通高等教育"十一五"国家级规划教材和面向21世纪课程教材,主要内容包括数项级数、函数列与函数项级数、幂级数、傅里叶级数、多元函数的极限与连续、多元函数微分学、隐函数定理及其应用、含参量积分、曲线积分、重积分、曲面积分、向量函数微分学等。

　　本次修订是在第四版的基础上对一些内容进行适当调整,使教材逻辑性更合理,并适当补充数字资源。第五版仍旧保持前四版"内容选取适当,深入浅出,易教易学,可读性强"的特点。

　　本书可作为高等学校数学和其他相关专业的教材使用。

图书在版编目(C I P)数据

数学分析. 下册／华东师范大学数学科学学院编.
--5 版. --北京:高等教育出版社,2019.5（2023.12重印）
　ISBN 978-7-04-051323-3

　Ⅰ. ①数…　Ⅱ. ①华…　Ⅲ. ①数学分析-高等学校-教材　Ⅳ. ①O17

　　中国版本图书馆 CIP 数据核字（2019）第 024703 号

项目策划　李艳馥　兰莹莹　李　蕊
策划编辑　兰莹莹　李　蕊　　责任编辑　兰莹莹　　　封面设计　王凌波　　　版式设计　杜微言
插图绘制　于　博　　　　　　责任校对　张　薇　　　责任印制　耿　轩

出版发行	高等教育出版社	网　址	http://www.hep.edu.cn
社　址	北京市西城区德外大街 4 号		http://www.hep.com.cn
邮政编码	100120	网上订购	http://www.hepmall.com.cn
印　刷	山东临沂新华印刷物流集团有限责任公司		http://www.hepmall.com
开　本	787mm×1092mm　1/16		http://www.hepmall.cn
印　张	21.25	版　次	1981 年 6 月第 1 版
字　数	490 千字		2019 年 5 月第 5 版
购书热线	010-58581118	印　次	2023 年 12 月第 11 次印刷
咨询电话	400-810-0598	定　价	46.80 元

本书如有缺页、倒页、脱页等质量问题,请到所购图书销售部门联系调换
版权所有　侵权必究
物 料 号　51323-00

数学分析

第五版（下册）

华东师范大学数学科学学院　编

1. 计算机访问http://abook.hep.com.cn/1210296，或手机扫描二维码、下载并安装Abook应用。
2. 注册并登录，进入“我的课程”。
3. 输入封底数字课程账号（20位密码，刮开涂层可见），或通过Abook应用扫描封底数字课程账号二维码，完成课程绑定。
4. 单击“进入课程”按钮，开始本数字课程的学习。

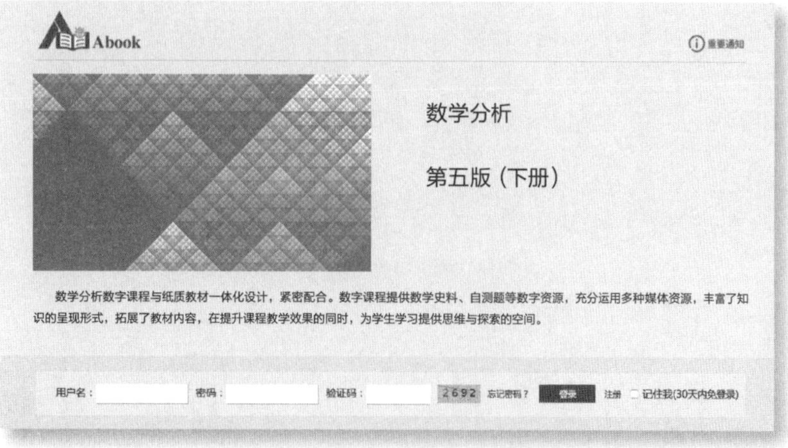

课程绑定后一年为数字课程使用有效期。受硬件限制，部分内容无法在手机端显示，请按提示通过计算机访问学习。

如有使用问题，请发邮件至abook@hep.com.cn。

扫描二维码
下载Abook应用

数学分析简史（上）　　数学分析简史（下）

http://abook.hep.com.cn/1210296

目录

第十二章 数项级数

§1 级数的敛散性

初等数学知识告诉我们,有限个实数 $u_1,u_2,\cdots,u_n$ 相加,其和一定存在并且是一个实数,而无限个实数相加会出现什么结果呢?例如,在第二章提到《庄子·天下篇》"一尺之棰,日取其半,万世不竭"的例中,把每天截下那一部分的长度"加"起来:

$$\frac{1}{2}+\frac{1}{2^2}+\frac{1}{2^3}+\cdots+\frac{1}{2^n}+\cdots,$$

这就是"无限个数相加"的一个例子.从直观上可以看到,它的和是1.再如下面由"无限个数相加"的表达式

$$1+(-1)+1+(-1)+\cdots$$

中,如果将它写作

$$(1-1)+(1-1)+(1-1)+\cdots=0+0+0+\cdots,$$

其结果无疑是0,如写作

$$1+[(-1)+1]+[(-1)+1]+\cdots=1+0+0+0+\cdots,$$

其结果则是1,因此两个结果完全不同.由此提出这样的问题:"无限个数相加"是否存在"和";如果存在,"和"等于什么?可见,我们对有限和的认识是无法完全移植到"无限和"的,需要建立"无限和"自身的理论.

定义1 给定一个数列 $\{u_n\}$,对它的各项依次用"+"号连接起来的表达式

$$u_1+u_2+\cdots+u_n+\cdots \tag{1}$$

称为**常数项无穷级数**或**数项级数**(也常简称**级数**),其中 u_n 称为数项级数(1)的**通项**或**一般项**.

数项级数(1)也常写作 $\sum\limits_{n=1}^{\infty}u_n$ 或简单写作 $\sum u_n$.

数项级数(1)的前 n 项之和,记为

$$S_n=\sum_{k=1}^{n}u_k=u_1+u_2+\cdots+u_n, \tag{2}$$

称它为数项级数(1)的**第 n 个部分和**,也简称**部分和**.

定义2 若数项级数(1)的部分和数列 $\{S_n\}$ 收敛于 S (即 $\lim\limits_{n\to\infty}S_n=S$),则称数项级

数(1)**收敛**,称 S 为数项级数(1)的**和**,记作

$$S=u_1+u_2+\cdots+u_n+\cdots \quad 或 \quad S=\sum u_n.$$

若$\{S_n\}$是发散数列,则称数项级数(1)**发散**.

例 1　讨论**等比级数**(也称为**几何级数**)

$$a+aq+aq^2+\cdots+aq^n+\cdots \tag{3}$$

的敛散性$(a\neq 0)$.

解　$q\neq 1$ 时,级数(3)的第 n 个部分和

$$S_n=a+aq+\cdots+aq^{n-1}=a\cdot\frac{1-q^n}{1-q}.$$

因此,

(i) 当 $|q|<1$ 时,$\lim\limits_{n\to\infty}S_n=\lim\limits_{n\to\infty}a\cdot\dfrac{1-q^n}{1-q}=\dfrac{a}{1-q}$. 此时级数(3)收敛,其和为$\dfrac{a}{1-q}$.

(ii) 当 $|q|>1$ 时,$\lim\limits_{n\to\infty}S_n=\infty$,级数(3)发散.

(iii) 当 $q=1$ 时,$S_n=na$,级数发散.

当 $q=-1$ 时,$S_{2k}=0$,$S_{2k+1}=a$,$k=0,1,2,\cdots$,级数发散.

总之,$|q|<1$ 时,级数(3)收敛;$|q|\geqslant 1$ 时,级数(3)发散. □

例 2　讨论数项级数

$$\frac{1}{1\cdot 2}+\frac{1}{2\cdot 3}+\cdots+\frac{1}{n(n+1)}+\cdots \tag{4}$$

的敛散性.

解　级数(4)的第 n 个部分和

$$\begin{aligned}S_n&=\frac{1}{1\cdot 2}+\frac{1}{2\cdot 3}+\cdots+\frac{1}{n(n+1)}\\&=\left(1-\frac{1}{2}\right)+\left(\frac{1}{2}-\frac{1}{3}\right)+\cdots+\left(\frac{1}{n}-\frac{1}{n+1}\right)\\&=1-\frac{1}{n+1}.\end{aligned}$$

由于

$$\lim_{n\to\infty}S_n=\lim_{n\to\infty}\left(1-\frac{1}{n+1}\right)=1,$$

因此级数(4)收敛,且

$$\frac{1}{1\cdot 2}+\frac{1}{2\cdot 3}+\cdots+\frac{1}{n(n+1)}+\cdots=1.$$

□

由于级数(1)的收敛或发散(简称**敛散性**)是由它的部分和数列$\{S_n\}$来确定,因而也可把级数(1)作为数列$\{S_n\}$的另一种表现形式. 反之,任给一个数列$\{a_n\}$,如果把它看作某一数项级数的部分和数列,则这个数项级数就是

$$\sum_{n=1}^{\infty}u_n=a_1+(a_2-a_1)+(a_3-a_2)+\cdots+(a_n-a_{n-1})+\cdots. \tag{5}$$

这时数列$\{a_n\}$与级数(5)具有相同的敛散性,且当$\{a_n\}$收敛时,其极限值就是级数(5)的和.

基于级数与数列的这种关系，读者不难根据数列极限的性质推出下面有关级数的一些定理.

定理 12.1（级数收敛的柯西准则） 级数(1)收敛的充要条件是：任给正数 ε，总存在正整数 N，使得当 $m>N$ 以及对任意的正整数 p，都有

$$\left|u_{m+1}+u_{m+2}+\cdots+u_{m+p}\right|<\varepsilon. \tag{6}$$

根据定理 12.1，我们立刻可写出级数(1)发散的充要条件：存在某正数 ε_0，对任何正整数 N，总存在正整数 m_0 $(>N)$ 和 p_0，有

$$\left|u_{m_0+1}+u_{m_0+2}+\cdots+u_{m_0+p_0}\right|\geqslant\varepsilon_0. \tag{7}$$

由定理 12.1 立即可得如下推论，它是级数收敛的一个必要条件.

推论 若级数(1)收敛，则

$$\lim_{n\to\infty}u_n=0.$$

当一个级数 $\sum\limits_{n=1}^{\infty}u_n$ 的一般项 u_n 不收敛于零时，由推论可知该级数发散. 因此，上述推论常用来判断级数的发散. 但推论只是级数收敛的必要条件，不是充分条件，即当一般项 $u_n\to 0$ 时，不能得出该级数收敛的结论. 请看下例.

例 3 证明**调和级数**

$$1+\frac{1}{2}+\frac{1}{3}+\cdots+\frac{1}{n}+\cdots$$

是发散的.

证 由

$$\lim_{n\to\infty}u_n=\lim_{n\to\infty}\frac{1}{n}=0,$$

无法用推论推出调和级数发散. 但令 $p=m$ 时，有

$$\begin{aligned}\left|u_{m+1}+u_{m+2}+\cdots+u_{2m}\right|&=\left|\frac{1}{m+1}+\frac{1}{m+2}+\cdots+\frac{1}{2m}\right|\\&\geqslant\left|\frac{1}{2m}+\frac{1}{2m}+\cdots+\frac{1}{2m}\right|\\&=\frac{1}{2},\end{aligned}$$

因此由定理 12.1，取 $\varepsilon_0=\dfrac{1}{2}$，对任何正整数 N，只要 $m>N$ 和 $p=m$ 就有(7)式成立，所以调和级数是发散的. □

例 4 判别级数 $\sum\limits_{n=1}^{\infty}\dfrac{\left(n+\dfrac{1}{n}\right)^n}{n^{n+\frac{1}{n}}}$ 的敛散性.

解 因为 $\lim\limits_{n\to\infty}\dfrac{\left(n+\dfrac{1}{n}\right)^n}{n^{n+\frac{1}{n}}}=\lim\limits_{n\to\infty}\dfrac{\left(n+\dfrac{1}{n}\right)^n}{n^n n^{\frac{1}{n}}}=\lim\limits_{n\to\infty}\dfrac{\left[\left(1+\dfrac{1}{n^2}\right)^{n^2}\right]^{\frac{1}{n}}}{n^{\frac{1}{n}}}=1\neq 0$,

所以由推论得知该级数发散. □

例 5 应用级数收敛的柯西准则证明级数 $\sum\dfrac{1}{n^2}$ 收敛.

证　由于

$$
\begin{aligned}
&|u_{m+1}+u_{m+2}+\cdots+u_{m+p}|\\
=&\frac{1}{(m+1)^2}+\frac{1}{(m+2)^2}+\cdots+\frac{1}{(m+p)^2}\\
<&\frac{1}{m(m+1)}+\frac{1}{(m+1)(m+2)}+\cdots+\frac{1}{(m+p-1)(m+p)}\\
=&\frac{1}{m}-\frac{1}{m+p}\\
<&\frac{1}{m},
\end{aligned}
$$

因此,对任给正数 ε,取 $N=\left[\frac{1}{\varepsilon}\right]$,使当 $m>N$ 及对任意正整数 p,由上式就有

$$|u_{m+1}+u_{m+2}+\cdots+u_{m+p}|<\frac{1}{m}<\varepsilon.$$

依定理 12.1 推得级数 $\sum\frac{1}{n^2}$是收敛的. □

定理 12.2　若级数 $\sum u_n$ 与 $\sum v_n$ 都收敛,则对任意常数 c,d,级数 $\sum(cu_n+dv_n)$亦收敛,且

$$\sum(cu_n+dv_n)=c\sum u_n+d\sum v_n.$$

由定理 12.1,级数 $\sum u_n$ 的敛散性取决于:对任给正数 ε,是否存在充分大的正数 N,使得当 $n>N$ 及对任意正整数 p 恒有(6)式成立. 由此可见,一个级数是否收敛与级数前面有限项的取值无关. 从而我们可得到以下定理.

定理 12.3　去掉、增加或改变级数的有限个项并不改变级数的敛散性.

由此定理知道,若级数 $\sum\limits_{n=1}^{\infty}u_n$ 收敛,其和为 S,则级数

$$u_{n+1}+u_{n+2}+\cdots\tag{8}$$

也收敛,且其和 $R_n=S-S_n$. (8)式称为级数 $\sum u_n$ 的**第 n 个余项**(或简称**余项**),它表示以部分和 S_n 代替 S 时所产生的误差.

定理 12.4　在收敛级数的项中任意加括号,既不改变级数的收敛性,也不改变它的和.

证　设 $\sum u_n$ 为收敛级数,其和为 S. 记

$$v_1=u_1+\cdots+u_{n_1},\quad v_2=u_{n_1+1}+\cdots+u_{n_2},\cdots,$$

$$v_k=u_{n_{k-1}+1}+\cdots+u_{n_k},\cdots.$$

现在证明 $\sum u_n$ 加括号后的级数 $\sum\limits_{k=1}^{\infty}(u_{n_{k-1}+1}+\cdots+u_{n_k})=\sum\limits_{k=1}^{\infty}v_k$ 也收敛,且其和也是 S. 事实上,设$\{S_n\}$为收敛级数 $\sum u_n$ 的部分和数列,则级数 $\sum v_k$ 的部分和数列$\{S_{n_k}\}$是$\{S_n\}$的一个子列. 由于$\{S_n\}$收敛,且 $\lim\limits_{n\to\infty}S_n=S$. 故由子列性质,$\{S_{n_k}\}$也收敛,且 $\lim\limits_{k\to\infty}S_{n_k}=S$,即级数 $\sum v_k$ 收敛,且它的和也等于 S. □

注意:从级数加括号后的收敛,不能推断它在加括号前也收敛. 例如

$$(1-1)+(1-1)+\cdots+(1-1)+\cdots=0+0+0+\cdots=0$$

收敛,但级数

$$1-1+1-1+\cdots$$

却是发散的.

例 6 判别级数$\frac{1}{\sqrt{2}-1}-\frac{1}{\sqrt{2}+1}+\frac{1}{\sqrt{3}-1}-\frac{1}{\sqrt{3}+1}+\frac{1}{\sqrt{4}-1}-\frac{1}{\sqrt{4}+1}+\cdots$的敛散性.

解 考虑加了括号后的级数

$$\left(\frac{1}{\sqrt{2}-1}-\frac{1}{\sqrt{2}+1}\right)+\left(\frac{1}{\sqrt{3}-1}-\frac{1}{\sqrt{3}+1}\right)+\left(\frac{1}{\sqrt{4}-1}-\frac{1}{\sqrt{4}+1}\right)+\cdots,$$

其一般项 $u_n=\frac{1}{\sqrt{n}-1}-\frac{1}{\sqrt{n}+1}=\frac{2}{n-1}$. 由例 3 及定理 12.2 知道,级数 $\sum\limits_{n=2}^{\infty}u_n=2\sum\limits_{n=2}^{\infty}\frac{1}{n-1}=2\sum\limits_{n=1}^{\infty}\frac{1}{n}$ 发散,从而根据定理 12.4,原级数发散. □

习 题 12.1

1. 证明下列级数收敛,并求其和:

(1) $\frac{1}{1\cdot 6}+\frac{1}{6\cdot 11}+\frac{1}{11\cdot 16}+\cdots+\frac{1}{(5n-4)(5n+1)}+\cdots$;

(2) $\left(\frac{1}{2}+\frac{1}{3}\right)+\left(\frac{1}{2^2}+\frac{1}{3^2}\right)+\cdots+\left(\frac{1}{2^n}+\frac{1}{3^n}\right)+\cdots$;

(3) $\sum\limits_{n=1}^{\infty}\frac{1}{n(n+1)(n+2)}$;

(4) $\sum\limits_{n=1}^{\infty}(\sqrt{n+2}-2\sqrt{n+1}+\sqrt{n})$;

(5) $\sum\limits_{n=1}^{\infty}\frac{2n-1}{2^n}$.

2. 证明:若级数 $\sum u_n$ 发散,$c\neq 0$,则 $\sum cu_n$ 也发散.

3. 设级数 $\sum u_n$ 与 $\sum v_n$ 都发散,试问 $\sum(u_n+v_n)$ 一定发散吗? 又若 u_n 与 v_n $(n=1,2,\cdots)$ 都是非负数,则能得出什么结论?

4. 证明:若数列$\{a_n\}$收敛于 a,则级数 $\sum\limits_{n=1}^{\infty}(a_n-a_{n+1})=a_1-a$.

5. 证明:若数列$\{b_n\}$有 $\lim\limits_{n\to\infty}b_n=\infty$,则

(1) 级数 $\sum(b_{n+1}-b_n)$ 发散;

(2) 当 $b_n\neq 0$ 时,级数 $\sum\left(\frac{1}{b_n}-\frac{1}{b_{n+1}}\right)=\frac{1}{b_1}$.

6. 应用第 4,5 题的结果求下列级数的和:

(1) $\sum\limits_{n=1}^{\infty}\frac{1}{(a+n-1)(a+n)}$;

(2) $\sum\limits_{n=1}^{\infty}(-1)^{n+1}\frac{2n+1}{n(n+1)}$;

(3) $\sum\limits_{n=1}^{\infty}\frac{2n+1}{(n^2+1)[(n+1)^2+1]}$.

7. 应用柯西准则判别下列级数的敛散性:

(1) $\sum\frac{\sin 2^n}{2^n}$;　　(2) $\sum\frac{(-1)^{n-1}n^2}{2n^2+1}$;

(3) $\sum\frac{(-1)^n}{n}$;　　(4) $\sum\frac{1}{\sqrt{n+n^2}}$.

---

8. 证明级数 $\sum u_n$ 收敛的充要条件是:任给正数 ε,存在某正整数 N,对一切 $n>N$ 总有

$$\left|u_N+u_{N+1}+\cdots+u_n\right|<\varepsilon.$$

9. 举例说明:若级数 $\sum u_n$ 对每个固定的 p 满足条件

$$\lim_{n\to\infty}(u_{n+1}+\cdots+u_{n+p})=0,$$

此级数仍可能不收敛.

10. 设级数 $\sum u_n$ 满足:加括号后级数 $\sum\limits_{k=1}^{\infty}(u_{n_k+1}+u_{n_k+2}+\cdots+u_{n_{k+1}})$ 收敛($n_1=0$),且在同一括号中的 $u_{n_k+1},u_{n_k+2},\cdots,u_{n_{k+1}}$ 符号相同,证明 $\sum u_n$ 亦收敛.

§2　正项级数

一、正项级数敛散性的一般判别原则

若数项级数各项的符号都相同,则称它为**同号级数**. 对于同号级数,只需研究各项都是由非负数组成的级数——称为**正项级数**. 如果级数的各项都是非正数,则它乘以 -1 后就得到一个正项级数,它们具有相同的敛散性.

注　这样定义正项级数更一般,更便于讨论. 实际上 $u_n=0$ 的项不影响级数的敛散性,在判别正项级数敛散性时可自然排除.

由于级数与其部分和数列具有相同的敛散性,所以首先得到如下定理.

定理 12.5　正项级数 $\sum u_n$ 收敛的充要条件是:部分和数列 $\{S_n\}$ 有界,即存在某正数 M,对一切正整数 n 有 $S_n<M$.

证　由于 $u_i\geqslant 0\ (i=1,2,\cdots)$,所以 $\{S_n\}$ 是递增数列. 而单调数列收敛的充要条件是该数列有界(单调有界定理(定理 2.9)). 这就证明了本定理的结论. □

定理 12.6(比较原则)　设 $\sum u_n$ 和 $\sum v_n$ 是两个正项级数,如果存在某正数 N,对一切 $n>N$ 都有

$$u_n\leqslant v_n, \tag{1}$$

则

(i) 若级数 $\sum v_n$ 收敛,则级数 $\sum u_n$ 也收敛;

(ii) 若级数 $\sum u_n$ 发散,则级数 $\sum v_n$ 也发散.

证　因为改变级数的有限项并不影响原有级数的敛散性,因此不妨设不等式(1)对一切正整数都成立.

现分别以 S_n' 和 S_n'' 记级数 $\sum u_n$ 与 $\sum v_n$ 的部分和. 由(1)式推得,对一切正整数 n,都有

$$S'_n \leqslant S''_n. \tag{2}$$

若$\sum v_n$收敛，即$\lim\limits_{n\to\infty} S''_n$存在，则由(2)式，对一切$n$有$S'_n\leqslant \lim\limits_{n\to\infty} S''_n$，即正项级数$\sum u_n$的部分和数列$\{S'_n\}$有界，由定理12.5知级数$\sum u_n$收敛. 这就证明了(i)；(ii)为(i)的逆否命题，自然成立. □

例1 考察$\sum \dfrac{1}{n^2-n+1}$的敛散性.

解 由于当$n\geqslant 2$时，有

$$\frac{1}{n^2-n+1} \leqslant \frac{1}{n^2-n} = \frac{1}{n(n-1)} \leqslant \frac{1}{(n-1)^2}.$$

因为正项级数$\sum\limits_{n=2}^{\infty}\dfrac{1}{(n-1)^2}$收敛(§1 例5)，故由定理12.6，级数$\sum\dfrac{1}{n^2-n+1}$也收敛.

□

在实际使用上，比较原则的下述极限形式有时更为方便.

推论 设

$$u_1+u_2+\cdots+u_n+\cdots, \tag{3}$$

$$v_1+v_2+\cdots+v_n+\cdots \tag{4}$$

是两个正项级数，若

$$\lim_{n\to\infty}\frac{u_n}{v_n}=l, \tag{5}$$

则

(i) 当$0<l<+\infty$时，级数(3)、(4)同时收敛或同时发散；

(ii) 当$l=0$且级数(4)收敛时，级数(3)也收敛；

(iii) 当$l=+\infty$且级数(4)发散时，级数(3)也发散.

证 对于(i)，当$0<l<+\infty$时，对任意正数ε $(\varepsilon<l)$，存在某正数N，当$n>N$时，恒有

$$\left|\frac{u_n}{v_n}-l\right|<\varepsilon$$

或

$$(l-\varepsilon)v_n<u_n<(l+\varepsilon)v_n. \tag{6}$$

由定理12.6及(6)式可得级数(3)和(4)具有相同的敛散性.

对于(ii)，当$l=0$时，由(6)式右半部分及比较原则可得：若级数(4)收敛，则级数(3)也收敛.

对于(iii)，若$l=+\infty$，即对任给的正数M，存在相应的正数N，当$n>N$时，都有

$$\frac{u_n}{v_n}>M$$

或

$$u_n>Mv_n.$$

于是由比较原则知道，若级数(4)发散，则级数(3)也发散. □

例2 级数

$$\sum \frac{1}{2^n-n}$$

是收敛的.

因为

$$\lim_{n\to\infty}\frac{\dfrac{1}{2^n-n}}{\dfrac{1}{2^n}}=\lim_{n\to\infty}\frac{2^n}{2^n-n}=\lim_{n\to\infty}\frac{1}{1-\dfrac{n}{2^n}}=1,$$

以及等比级数 $\sum \frac{1}{2^n}$ 收敛,所以根据推论,级数 $\sum \frac{1}{2^n-n}$ 也收敛. □

例 3　级数

$$\sum \sin\frac{1}{n}=\sin 1+\sin\frac{1}{2}+\cdots+\sin\frac{1}{n}+\cdots$$

是发散的.

因为

$$\lim_{n\to\infty}\frac{\sin\dfrac{1}{n}}{\dfrac{1}{n}}=1,$$

根据推论以及调和级数 $\sum\frac{1}{n}$ 发散,所以级数 $\sum \sin\frac{1}{n}$ 也发散. □

二、比式判别法和根式判别法

根据比较原则,可以利用已知收敛或者发散级数作为比较对象来判别其他级数的敛散性. 本段所介绍的两个方法是以等比级数作为比较对象而得到的.

定理 12.7(达朗贝尔判别法,或称比式判别法)　设 $\sum u_n$ 为正项级数,且存在某正整数 N_0 及常数 $q\ (0<q<1)$.

(i) 若对一切 $n>N_0$,成立不等式

$$\frac{u_{n+1}}{u_n}\leqslant q, \tag{7}$$

则级数 $\sum u_n$ 收敛.

(ii) 若对一切 $n>N_0$,成立不等式

$$\frac{u_{n+1}}{u_n}\geqslant 1, \tag{8}$$

则级数 $\sum u_n$ 发散.

证　(i) 不妨设不等式(7)对一切 $n\geqslant 1$ 成立,于是有

$$\frac{u_2}{u_1}\leqslant q,\quad \frac{u_3}{u_2}\leqslant q,\cdots,\quad \frac{u_n}{u_{n-1}}\leqslant q,\cdots.$$

把前 $n-1$ 个不等式的左边及右边分别相乘后,得到

$$\frac{u_2}{u_1}\cdot\frac{u_3}{u_2}\cdot\cdots\cdot\frac{u_n}{u_{n-1}}\leqslant q^{n-1}$$

或者

$$u_n \leqslant u_1 q^{n-1}.$$

由于当 $0<q<1$ 时,等比级数 $\sum\limits_{n=1}^{\infty} q^{n-1}$ 收敛,根据比较原则可推知级数 $\sum u_n$ 收敛.

(ii) 由于 $n>N_0$ 时成立不等式(8),即有

$$u_{n+1} \geqslant u_n \geqslant u_{N_0}.$$

于是当 $n\to\infty$ 时,u_n 的极限不可能为零. 由定理 12.1 推论知级数 $\sum u_n$ 是发散的. □

推论 1(比式判别法的极限形式) 若 $\sum u_n$ 为正项级数,且

$$\lim_{n\to\infty}\frac{u_{n+1}}{u_n}=q, \tag{9}$$

则

(i) 当 $q<1$ 时,级数 $\sum u_n$ 收敛;

(ii) 当 $q>1$ 或 $q=+\infty$ 时,级数 $\sum u_n$ 发散.

证 由(9)式,对取定的正数 $\varepsilon=\frac{1}{2}|1-q|$,存在正数 N,当 $n>N$ 时,都有

$$q-\varepsilon<\frac{u_{n+1}}{u_n}<q+\varepsilon.$$

当 $q<1$ 时,$q+\varepsilon=\frac{1}{2}(1+q)<1$,由上述不等式的右半部分及定理 12.7 的(i),推得级数 $\sum u_n$ 是收敛的.

当 $q>1$ 时,$q-\varepsilon=\frac{1}{2}(1+q)>1$,由上述不等式的左半部分及定理 12.7 的(ii),推得级数 $\sum u_n$ 是发散的.

当 $q=+\infty$ 时,则存在 N,当 $n>N$ 时有

$$\frac{u_{n+1}}{u_n}>1,$$

从而 $\lim\limits_{n\to\infty}u_n\neq 0$,所以这时级数 $\sum u_n$ 是发散的. □

例 4 设级数

$$\frac{2}{1}+\frac{2\cdot 5}{1\cdot 5}+\frac{2\cdot 5\cdot 8}{1\cdot 5\cdot 9}+\cdots+\frac{2\cdot 5\cdot 8\cdot\cdots\cdot[2+3(n-1)]}{1\cdot 5\cdot 9\cdot\cdots\cdot[1+4(n-1)]}+\cdots.$$

由于

$$\lim_{n\to\infty}\frac{u_{n+1}}{u_n}=\lim_{n\to\infty}\frac{2+3n}{1+4n}=\frac{3}{4}<1,$$

根据推论 1,上述级数是收敛的. □

例 5 讨论级数 $\sum nx^{n-1}$ $(x>0)$ 的敛散性.

解 因为

$$\frac{u_{n+1}}{u_n}=\frac{(n+1)x^n}{nx^{n-1}}=x\cdot\frac{n+1}{n}\to x\quad(n\to\infty),$$

根据推论 1,当 $0<x<1$ 时级数收敛;当 $x>1$ 时级数发散;而当 $x=1$ 时,所考察的级数是 $\sum n$,它显然也是发散的. □

若(9)中 $q=1$,这时用比式判别法不能对级数的敛散性作出判断,因为它可能是收

敛的，也可能是发散的. 例如级数 $\sum \frac{1}{n^2}$ 和 $\sum \frac{1}{n}$，它们的比式极限都是

$$\frac{u_{n+1}}{u_n} \to 1 \quad (n \to \infty),$$

但 $\sum \frac{1}{n^2}$ 是收敛的（§1 例 5），而 $\sum \frac{1}{n}$ 却是发散的（§1 例 3）.

若某级数的(9)式的极限不存在，则可应用上、下极限来判别.

推论 2　设 $\sum u_n$ 为正项级数.

(i) 若 $\overline{\lim\limits_{n\to\infty}} \frac{u_{n+1}}{u_n} = q < 1$，则级数收敛；

(ii) 若 $\underline{\lim\limits_{n\to\infty}} \frac{u_{n+1}}{u_n} = q > 1$，则级数发散.

读者可仿照推论 1 的方法证明本推论.

例 6　讨论级数

$$1 + b + bc + b^2c + b^2c^2 + \cdots + b^nc^{n-1} + b^nc^n + \cdots \tag{10}$$

的敛散性，其中 $0<b<c$.

解　由于

$$\frac{u_{n+1}}{u_n} = \begin{cases} b, & n \text{ 为奇数}, \\ c, & n \text{ 为偶数}, \end{cases}$$

故有

$$\overline{\lim_{n\to\infty}} \frac{u_{n+1}}{u_n} = c, \quad \underline{\lim_{n\to\infty}} \frac{u_{n+1}}{u_n} = b,$$

于是，当 $c<1$ 时，级数(10)收敛；当 $b>1$ 时，级数(10)发散；但当 $b<1<c$ 时，比式判别法无法判断级数(10)的敛散性. □

定理 12.8（柯西判别法，或称根式判别法）　设 $\sum u_n$ 为正项级数，且存在某正数 N_0 及正常数 l，

(i) 若对一切 $n>N_0$，成立不等式

$$\sqrt[n]{u_n} \leqslant l < 1, \tag{11}$$

则级数 $\sum u_n$ 收敛；

(ii) 若对一切 $n>N_0$，成立不等式

$$\sqrt[n]{u_n} \geqslant 1, \tag{12}$$

则级数 $\sum u_n$ 发散.

证　由(11)式有

$$u_n \leqslant l^n.$$

因为等比级数 $\sum l^n$ 当 $0<l<1$ 时收敛，故由比较原则，这时级数 $\sum u_n$ 也收敛，对于情形(ii)，由(12)式可推得

$$u_n \geqslant 1^n = 1.$$

当 $n\to\infty$ 时，显然 u_n 不可能以零为极限，因而由级数收敛的必要条件可知，级数 $\sum u_n$ 是发散的. □

推论 1（根式判别法的极限形式）　设 $\sum u_n$ 为正项级数，且

$$\lim_{n\to\infty} \sqrt[n]{u_n} = l, \tag{13}$$

则

(i) 当 $l<1$ 时,级数 $\sum u_n$ 收敛;

(ii) 当 $l>1$ 时,级数 $\sum u_n$ 发散.

证 由(13)式,当取 $\varepsilon<|1-l|$ 时,存在某正数 N,对一切 $n>N$,有

$$l-\varepsilon<\sqrt[n]{u_n}<l+\varepsilon.$$

于是由定理 12.8 就能得到这个推论所要证明的结论. □

例 7 研究级数 $\sum \frac{2+(-1)^n}{2^n}$ 的敛散性.

解 由于

$$\lim_{n\to\infty}\sqrt[n]{u_n}=\lim_{n\to\infty}\frac{\sqrt[n]{2+(-1)^n}}{2}=\frac{1}{2},$$

所以级数是收敛的. □

若在(13)式中 $l=1$,则根式判别法仍无法对级数的敛散性作出判断. 例如,对 $\sum \frac{1}{n^2}$ 和 $\sum \frac{1}{n}$,都有

$$\sqrt[n]{u_n}\to 1\ (n\to\infty).$$

但 $\sum \frac{1}{n^2}$ 是收敛的,而 $\sum \frac{1}{n}$ 却是发散的.

若(13)式的极限不存在,则可根据根式 $\sqrt[n]{u_n}$ 的上极限来判断.

推论 2 设 $\sum u_n$ 为正项级数,且

$$\varlimsup_{n\to\infty}\sqrt[n]{u_n}=l,$$

则当

(i) $l<1$ 时级数收敛;

(ii) $l>1$ 时级数发散.

本推论的证明可仿照推论 1 的证法进行.

例 8 考察级数

$$b+c+b^2+c^2+\cdots+b^n+c^n+\cdots$$

的敛散性,其中 $0<b<c<1$.

解 由于

$$\sqrt[n]{u_n}=\begin{cases}(c^m)^{\frac{1}{2m}}\to\sqrt{c},\\(b^{m+1})^{\frac{1}{2m+1}}\to\sqrt{b}\end{cases}\quad(m\to\infty)$$

及

$$\varlimsup_{n\to\infty}\sqrt[n]{u_n}=\sqrt{c}<1,$$

因此级数是收敛的. 但若应用比式判别法,则由于

$$\varlimsup_{n\to\infty}\frac{u_{n+1}}{u_n}=\lim_{n\to\infty}\frac{c^n}{b^n}=+\infty,$$

$$\varliminf_{n\to\infty}\frac{u_{n+1}}{u_n}=\lim_{n\to\infty}\frac{b^{n+1}}{c^n}=0<1,$$

则无法应用定理 12.7 推论 2 判断其敛散性. □

读者已从第二章总练习题 4(7) 知道,若

$$\lim_{n\to\infty}\frac{u_{n+1}}{u_n}=q,$$

则必有

$$\lim_{n\to\infty}\sqrt[n]{u_n}=q.$$

这说明凡能由比式判别法鉴别收敛性的级数,它也能由根式判别法来判断,而且可以说,根式判别法较之比式判别法更有效. 例如,级数 $\sum\frac{2+(-1)^n}{2^n}$. 由于

$$\lim_{m\to\infty}\frac{u_{2m}}{u_{2m-1}}=\lim_{m\to\infty}\frac{\frac{3}{2^{2m}}}{\frac{1}{2^{2m-1}}}=\frac{3}{2},$$

$$\lim_{m\to\infty}\frac{u_{2m+1}}{u_{2m}}=\lim_{m\to\infty}\frac{\frac{1}{2^{2m+1}}}{\frac{3}{2^{2m}}}=\frac{1}{6},$$

故由比式判别法无法鉴别此级数的收敛性. 但应用根式判别法来考察这个级数(例 7),可知此级数是收敛的.

例 9　讨论级数 $\sum\limits_{n=1}^{\infty}\frac{x^n}{1+x^{2n}}$ 的敛散性,其中 $x>0$.

解　因为 $\lim\limits_{n\to\infty}\sqrt[n]{1+x^{2n}}=\max\{1,x^2\}$,所以

$$\lim_{n\to\infty}\sqrt[n]{u_n}=\lim_{n\to\infty}\sqrt[n]{\frac{x^n}{1+x^{2n}}}=\frac{x}{\max\{1,x^2\}}\begin{cases}<1, & x\neq 1,\\ =1, & x=1.\end{cases}$$

于是,当 $x\neq 1$ 时,原级数收敛,当 $x=1$ 时,原级数发散. □

例 10　判别下列级数的敛散性:(i) $\sum\limits_{n=1}^{\infty}\frac{(n!)^2}{(2n)!}$;　(ii) $\sum\limits_{n=1}^{\infty}\frac{n^2}{\left(2+\frac{1}{n}\right)^n}$.

解　(i) 因为

$$\lim_{n\to\infty}\frac{u_{n+1}}{u_n}=\lim_{n\to\infty}\frac{[(n+1)!]^2}{[2(n+1)]!}\cdot\frac{(2n)!}{(n!)^2}=\lim_{n\to\infty}\frac{(n+1)^2}{(2n+1)(2n+2)}=\frac{1}{4}<1,$$

所以由比式判别法,该级数收敛.

(ii) 因为

$$\lim_{n\to\infty}\sqrt[n]{u_n}=\lim_{n\to\infty}\frac{\sqrt[n]{n^2}}{\sqrt[n]{\left(2+\frac{1}{n}\right)^n}}=\lim_{n\to\infty}\frac{\sqrt[n]{n^2}}{2+\frac{1}{n}}=\frac{1}{2}<1,$$

所以由根式判别法,该级数收敛. □

三、积分判别法

积分判别法是利用非负函数的单调性和积分性质,并以反常积分为比较对象来判断正项级数的敛散性.

定理 12.9 设 f 为 $[1,+\infty)$ 上的减函数，则级数 $\sum\limits_{n=1}^{\infty} f(n)$ 收敛的充分必要条件是反常积分 $\int_1^{+\infty} f(x)\,\mathrm{d}x$ 收敛.

证 设 $\sum\limits_{n=1}^{\infty} f(n)$ 收敛，其和为 S，则 $\lim\limits_{n\to\infty} f(n)=0$. 又因为 f 为 $[1,+\infty)$ 上的减函数，所以 $f(x)\geqslant 0$，从而 f 是 $[1,+\infty)$ 上非负的减函数，$\sum\limits_{n=1}^{\infty} f(n)$ 为正项级数. 于是对任意正整数 m，有

$$\int_1^m f(x)\,\mathrm{d}x=\sum_{n=2}^{m}\int_{n-1}^{n} f(x)\,\mathrm{d}x\leqslant\sum_{n=1}^{m-1} f(n)\leqslant\sum_{n=1}^{\infty} f(n)=S.$$

由 f 是 $[1,+\infty)$ 上非负的减函数，可得对任何正数 A，都有

$$0\leqslant\int_1^A f(x)\,\mathrm{d}x\leqslant\int_1^{m+1} f(x)\,\mathrm{d}x\leqslant\sum_{n=1}^{m} f(n)\leqslant S,\ m<A\leqslant m+1.$$

根据定理 11.2，知反常积分 $\int_1^{+\infty} f(x)\,\mathrm{d}x$ 收敛.

反之，设反常积分 $\int_1^{+\infty} f(x)\,\mathrm{d}x$ 收敛，根据第十一章 §2 的例 5，知 $\lim\limits_{x\to+\infty} f(x)=0$. 又 f 是 $[1,+\infty)$ 上的减函数，由此可得 f 为 $[1,+\infty)$ 上非负的减函数，$\sum\limits_{n=1}^{\infty} f(n)$ 是正项级数. 因此对任意正整数 m，有

$$\sum_{n=1}^{m} f(n)=f(1)+\sum_{n=2}^{m} f(n)\leqslant f(1)+\int_1^m f(x)\,\mathrm{d}x\leqslant f(1)+\int_1^{+\infty} f(x)\,\mathrm{d}x.$$

根据定理 12.5 可得级数 $\sum\limits_{n=1}^{\infty} f(n)$ 收敛. □

例 11 讨论 p **级数** $\sum\dfrac{1}{n^p}$ 的敛散性.

解 函数 $f(x)=\dfrac{1}{x^p}$，当 $p>0$ 时在 $[1,+\infty)$ 上是非负减函数. 由第十一章 §1 例 3 知道反常积分 $\int_1^{+\infty}\dfrac{\mathrm{d}x}{x^p}$ 在 $p>1$ 时收敛，$p\leqslant 1$ 时发散. 故由定理 12.9 得 $\sum\dfrac{1}{n^p}$ 当 $p>1$ 时收敛，当 $0<p\leqslant 1$ 时发散. 至于 $p\leqslant 0$ 的情形，则可由定理 12.1 推论知道它也是发散的. □

例 12 讨论下列级数

(i) $\sum\limits_{n=2}^{\infty}\dfrac{1}{n(\ln n)^p}$； (ii) $\sum\limits_{n=3}^{\infty}\dfrac{1}{n(\ln n)(\ln\ln n)^p}$

的敛散性.

解 研究反常积分 $\int_2^{+\infty}\dfrac{\mathrm{d}x}{x(\ln x)^p}$，由于

$$\int_2^{+\infty}\frac{\mathrm{d}x}{x(\ln x)^p}=\int_2^{+\infty}\frac{\mathrm{d}(\ln x)}{(\ln x)^p}=\int_{\ln 2}^{+\infty}\frac{\mathrm{d}u}{u^p}$$

当 $p>1$ 时收敛，$p\leqslant 1$ 时发散. 根据定理 12.9 知级数(i)在 $p>1$ 时收敛，$p\leqslant 1$ 时发散.

对于(ii),考察反常积分 $\int_3^{\infty}\frac{\mathrm{d}x}{x(\ln x)(\ln\ln x)^p}$,同样可推得级数(ii) 在 $p>1$ 时收敛,在 $p\leqslant 1$ 时发散. □

*四、拉贝判别法

比式判别法和根式判别法是基于把所要判断的级数与某一等比级数相比较的想法而得到的,也就是说,只有那些级数的通项收敛于零的速度比某一等比级数收敛速度快的级数,这两种方法才能鉴定出它的收敛性. 如果级数的通项收敛速度较慢,它们就无能为力了. 因此为了获得判别范围更大的一类级数,就必须寻找级数的通项收敛于零较慢的级数作为比较标准.

以 p 级数为比较标准,得到拉贝(Raabe)判别法,现介绍如下:

定理 12.10(拉贝判别法)　设 $\sum u_n$ 为正项级数,且存在某正整数 N_0 及常数 r,

(i) 若对一切 $n>N_0$,成立不等式

$$n\left(1-\frac{u_{n+1}}{u_n}\right)\geqslant r>1,$$

则级数 $\sum u_n$ 收敛;

(ii) 若对一切 $n>N_0$,成立不等式

$$n\left(1-\frac{u_{n+1}}{u_n}\right)\leqslant 1,$$

则级数 $\sum u_n$ 发散.

证　(i) 由 $n\left(1-\frac{u_{n+1}}{u_n}\right)\geqslant r$ 可得 $\frac{u_{n+1}}{u_n}<1-\frac{r}{n}$. 选 p 使 $1<p<r$. 由于

$$\lim_{n\to\infty}\frac{1-\left(1-\frac{1}{n}\right)^p}{\frac{r}{n}}=\lim_{x\to 0}\frac{1-(1-x)^p}{rx}=\lim_{x\to 0}\frac{p(1-x)^{p-1}}{r}=\frac{p}{r}<1,$$

因此,存在正数 N,使对任意 $n>N$,

$$\frac{r}{n}>1-\left(1-\frac{1}{n}\right)^p.$$

这样

$$\frac{u_{n+1}}{u_n}<1-\left[1-\left(1-\frac{1}{n}\right)^p\right]=\left(1-\frac{1}{n}\right)^p=\left(\frac{n-1}{n}\right)^p.$$

于是,当 $n>N$ 时就有

$$\begin{aligned}u_{n+1}&=\frac{u_{n+1}}{u_n}\cdot\frac{u_n}{u_{n-1}}\cdot\cdots\cdot\frac{u_{N+1}}{u_N}\cdot u_N\\&\leqslant\left(\frac{n-1}{n}\right)^p\left(\frac{n-2}{n-1}\right)^p\cdot\cdots\cdot\left(\frac{N-1}{N}\right)^p\cdot u_N\\&=\frac{(N-1)^p}{n^p}\cdot u_N.\end{aligned}$$

当 $p>1$ 时,$\sum\frac{1}{n^p}$收敛,故级数 $\sum u_n$ 是收敛的.

(ii) 由 $n\left(1-\frac{u_{n+1}}{u_n}\right)\leqslant 1$ 可得$\frac{u_{n+1}}{u_n}\geqslant 1-\frac{1}{n}=\frac{n-1}{n}$,于是

$$\begin{aligned}u_{n+1}&=\frac{u_{n+1}}{u_n}\cdot\frac{u_n}{u_{n-1}}\cdot\cdots\cdot\frac{u_3}{u_2}\cdot u_2\\&>\frac{n-1}{n}\cdot\frac{n-2}{n-1}\cdot\cdots\cdot\frac{1}{2}\cdot u_2\end{aligned}$$

$$=\frac{1}{n}\cdot u_2.$$

因为$\sum\frac{1}{n}$发散,故$\sum u_n$是发散的. □

推论(拉贝判别法的极限形式) 设$\sum u_n$为正项级数,且极限

$$\lim_{n\to\infty}n\left(1-\frac{u_{n+1}}{u_n}\right)=r$$

存在,则

(i) 当$r>1$时,级数$\sum u_n$收敛;

(ii) 当$r<1$时,级数$\sum u_n$发散.

例 13 讨论级数

$$\sum\left[\frac{1\cdot3\cdot\cdots\cdot(2n-1)}{2\cdot4\cdot\cdots\cdot(2n)}\right]^s \tag{14}$$

当$s=1,2,3$时的敛散性.

解 无论$s=1,2,3$哪一值,对级数(14)的比式极限,都有

$$\lim_{n\to\infty}\frac{u_{n+1}}{u_n}=1,$$

所以用比式判别法无法判别级数(14)的敛散性. 现在应用拉贝判别法来讨论. 当$s=1$时,由于

$$n\left(1-\frac{u_{n+1}}{u_n}\right)=n\left(1-\frac{2n+1}{2n+2}\right)=\frac{n}{2n+2}\to\frac{1}{2}\quad(n\to\infty),$$

所以级数(14)是发散的. 当$s=2$时,由于

$$n\left(1-\frac{u_{n+1}}{u_n}\right)=n\left[1-\left(\frac{2n+1}{2n+2}\right)^2\right]=\frac{n(4n+3)}{(2n+2)^2}<1\quad(n\to\infty),$$

由定理 12.10 拉贝判别法可知级数(14)发散. 当$s=3$时,由于

$$n\left(1-\frac{u_{n+1}}{u_n}\right)=n\left[1-\left(\frac{2n+1}{2n+2}\right)^3\right]=\frac{n(12n^2+18n+7)}{(2n+2)^3}\to\frac{3}{2}\quad(n\to\infty),$$

所以级数(14)收敛. □

从上面看到,拉贝判别法虽然判别的范围比比式判别法或根式判别法更广泛,但当$r=1$时仍无法判别. 而从例 12 应该可以得出这样的结论:没有收敛得最慢的收敛级数. 因此任何判别法都只能解决一类级数的收敛问题,而不能解决所有级数的收敛问题. 当然我们还可以建立比拉贝判别法更为精细有效的判别法,但这个过程是无限的.

习 题 12.2

1. 应用比较原则判别下列级数的敛散性:

(1) $\sum\frac{1}{n^2+a^2}$;　　(2) $\sum 2^n\sin\frac{\pi}{3^n}$;

(3) $\sum\frac{1}{\sqrt{1+n^2}}$;　　(4) $\sum_{n=2}^{\infty}\frac{1}{(\ln n)^n}$;

(5) $\sum\left(1-\cos\frac{1}{n}\right)$;　　(6) $\sum\frac{1}{n\sqrt[n]{n}}$;

(7) $\sum(\sqrt[n]{a}-1)\ (a>1)$;　　(8) $\sum_{n=2}^{\infty}\frac{n}{(\ln n)^{\ln n}}$;

(9) $\sum(a^{\frac{1}{n}}+a^{-\frac{1}{n}}-2)\ (a>0)$;　　(10) $\sum\frac{1}{n^{2n\sin\frac{1}{n}}}$.

2. 用比式判别法或根式判别法讨论下列级数的敛散性：

(1) $\sum\frac{1\cdot3\cdot\cdots\cdot(2n-1)}{n!}$；　　(2) $\sum\frac{(n+1)!}{10^n}$；

(3) $\sum\left(\frac{n}{2n+1}\right)^n$；　　(4) $\sum\frac{n!}{n^n}$；

(5) $\sum\frac{n^2}{2^n}$；

(6) $\sum\left(\frac{b}{a_n}\right)^n$ （其中 $a_n\to a\ (n\to\infty)$，$a_n,b,a>0$，且 $a\neq b$）.

3. 设 $\sum u_n$ 和 $\sum v_n$ 为正项级数，且存在正数 N_0，对一切 $n>N_0$，有

$$\frac{u_{n+1}}{u_n}\leqslant\frac{v_{n+1}}{v_n}.$$

证明：若级数 $\sum v_n$ 收敛，则级数 $\sum u_n$ 也收敛；若 $\sum u_n$ 发散，则 $\sum v_n$ 也发散.

4. 设正项级数 $\sum a_n$ 收敛，证明 $\sum a_n^2$ 亦收敛；试问反之是否成立？

5. 设 $a_n\geqslant0$，$n=1,2,\cdots$. 且 $\{na_n\}$ 有界，证明 $\sum a_n^2$ 收敛.

6. 设级数 $\sum a_n^2$ 收敛，证明 $\sum\frac{a_n}{n}$ $(a_n>0)$ 也收敛.

7. 设正项级数 $\sum u_n$ 收敛，证明级数 $\sum\sqrt{u_nu_{n+1}}$ 也收敛.

8. 利用级数收敛的必要条件，证明下列等式：

(1) $\lim\limits_{n\to\infty}\frac{n^n}{(n!)^2}=0$；　　(2) $\lim\limits_{n\to\infty}\frac{(2n)!}{a^{n!}}=0$ $(a>1)$.

9. 用积分判别法讨论下列级数的敛散性：

(1) $\sum\frac{1}{n^2+1}$；　　(2) $\sum\frac{n}{n^2+1}$；

(3) $\sum\limits_{n=3}^{\infty}\frac{1}{n(\ln n)(\ln\ln n)}$；　　(4) $\sum\limits_{n=3}^{\infty}\frac{1}{n(\ln n)^p(\ln\ln n)^q}$.

10. 判别下列级数的敛散性：

(1) $\sum\frac{n-\sqrt{n}}{2n-1}$；　　(2) $\sum\frac{1}{1+a^n}$ $(a>1)$；

(3) $\sum\frac{n\ln n}{2^n}$；　　(4) $\sum\frac{n!\,2^n}{n^n}$；

(5) $\sum\frac{n!\,3^n}{n^n}$；　　(6) $\sum\frac{1}{3^{\ln n}}$；

(7) $\sum\frac{x^n}{(1+x)(1+x^2)\cdots(1+x^n)}$ $(x>0)$.

11. 设 $\{a_n\}$ 为递减正项数列，证明：级数 $\sum\limits_{n=1}^{\infty}a_n$ 与 $\sum 2^m a_{2^m}$ 同时收敛或同时发散.

12. 用拉贝判别法判别下列级数的敛散性：

(1) $\sum\frac{1\cdot3\cdot\cdots\cdot(2n-1)}{2\cdot4\cdot\cdots\cdot(2n)}\cdot\frac{1}{2n+1}$；　　(2) $\sum\frac{n!}{(x+1)(x+2)\cdots(x+n)}$ $(x>0)$.

13. 用根式判别法证明级数 $\sum 2^{-n-(-1)^n}$ 收敛，并说明比式判别法对此级数无效.

14. 求下列极限（其中 $p>1$）：

(1) $\lim\limits_{n\to\infty}\left[\frac{1}{(n+1)^p}+\frac{1}{(n+2)^p}+\cdots+\frac{1}{(2n)^p}\right]$；

（2）$\lim\limits_{n\to\infty}\left(\frac{1}{p^{n+1}}+\frac{1}{p^{n+2}}+\cdots+\frac{1}{p^{2n}}\right)$.

15. 设 $a_n>0$，证明数列$\{(1+a_1)(1+a_2)\cdots(1+a_n)\}$与级数$\sum a_n$同时收敛或同时发散.

§3 一般项级数

上节我们讨论了正项级数的收敛性问题，关于一般数项级数的收敛性判别问题要比正项级数复杂，本节只讨论某些特殊类型的级数的收敛性问题.

一、交错级数

若级数的各项符号正负相间，即

$$u_1-u_2+u_3-u_4+\cdots+(-1)^{n+1}u_n+\cdots\quad(u_n>0,n=1,2,\cdots),\tag{1}$$

则称(1)为**交错级数**.

对于交错级数，有下面常用的判别法.

定理 12.11（莱布尼茨判别法） 若交错级数(1)满足下述两个条件：

(i) 数列$\{u_n\}$单调递减；

(ii) $\lim\limits_{n\to\infty}u_n=0$,

则级数(1)收敛.

证 考察交错级数(1)的部分和数列$\{S_n\}$，它的奇数项和偶数项分别为

$$S_{2m-1}=u_1-(u_2-u_3)-\cdots-(u_{2m-2}-u_{2m-1}),$$

$$S_{2m}=(u_1-u_2)+(u_3-u_4)+\cdots+(u_{2m-1}-u_{2m}).$$

由条件(i)，上述两式中各个括号内的数都是非负的，从而数列$\{S_{2m-1}\}$是递减的，而数列$\{S_{2m}\}$是递增的. 又由条件(ii)知道

$$0<S_{2m-1}-S_{2m}=u_{2m}\to0\quad(m\to\infty),$$

从而$\{[S_{2m},S_{2m-1}]\}$是一个区间套. 由区间套定理，存在惟一的一个数 S，使得

$$\lim_{m\to\infty}S_{2m-1}=\lim_{m\to\infty}S_{2m}=S.$$

所以数列$\{S_n\}$收敛，即级数(1)收敛. □

推论 若级数(1)满足莱布尼茨判别法的条件，则收敛级数(1)的余项估计式为

$$|R_n|\leqslant u_{n+1}.$$

对下列交错级数应用莱布尼茨判别法检验，容易检验它们都是收敛的.

$$1-\frac{1}{2}+\frac{1}{3}+\cdots+(-1)^{n+1}\frac{1}{n}+\cdots;\tag{2}$$

$$1-\frac{1}{3!}+\frac{1}{5!}-\frac{1}{7!}+\cdots+(-1)^{n+1}\frac{1}{(2n-1)!}+\cdots;\tag{3}$$

$$\frac{1}{10}-\frac{2}{10^2}+\frac{3}{10^3}-\frac{4}{10^4}+\cdots+(-1)^{n+1}\frac{n}{10^n}+\cdots.\tag{4}$$

二、绝对收敛级数及其性质

若级数

$$u_1 + u_2 + \cdots + u_n + \cdots \tag{5}$$

各项绝对值所组成的级数

$$|u_1| + |u_2| + \cdots + |u_n| + \cdots \tag{6}$$

收敛，则称原级数(5)为**绝对收敛级数**.

定理 12.12　绝对收敛级数一定收敛.

证　由于级数(6)收敛，根据级数的柯西收敛准则，对任意正数 ε，总存在正数 N，使得对 $m>N$ 和任意正整数 r，有

$$|u_{m+1}| + |u_{m+2}| + \cdots + |u_{m+r}| < \varepsilon.$$

由于

$$|u_{m+1} + u_{m+2} + \cdots + u_{m+r}| \leqslant |u_{m+1}| + |u_{m+2}| + \cdots + |u_{m+r}| < \varepsilon,$$

因此由柯西收敛准则知级数(5)也收敛. □

对于级数(5)是否绝对收敛，可引用正项级数的各种判别法对级数(6)进行考察.

例 1　级数

$$\sum_{n=1}^{\infty} \frac{\alpha^n}{n!} = \alpha + \frac{\alpha^2}{2!} + \cdots + \frac{\alpha^n}{n!} + \cdots$$

的各项绝对值所组成的级数是

$$\sum \frac{|\alpha|^n}{n!} = |\alpha| + \frac{|\alpha|^2}{2!} + \cdots + \frac{|\alpha|^n}{n!} + \cdots.$$

应用比式判别法，对于任何实数 α 都有

$$\lim_{n\to\infty} \frac{|u_{n+1}|}{|u_n|} = \lim_{n\to\infty} \frac{|\alpha|}{n+1} = 0,$$

因此，所考察的级数对任何实数 α 都绝对收敛. □

若级数(5)收敛，但级数(6)不收敛，则称级数(5)为**条件收敛级数**.

例如级数(2)是条件收敛，而级数(3)、(4)则是绝对收敛.

全体收敛的级数可分为绝对收敛级数与条件收敛级数两大类.

下面讨论绝对收敛级数的两个重要性质.

1. 级数的重排

我们把正整数列 $\{1,2,\cdots,n,\cdots\}$ 到它自身的一一映射 $f:n\to k(n)$ 称为正整数列的重排，相应地对于数列 $\{u_n\}$ 按映射 $F:u_n\to u_{k(n)}$ 所得到的数列 $\{u_{k(n)}\}$ 称为原数列的重排. 相应于此，我们也称级数 $\sum\limits_{n=1}^{\infty} u_{k(n)}$ 是级数(5)的重排. 为叙述上的方便，记 $v_n = u_{k(n)}$，即把级数 $\sum\limits_{n=1}^{\infty} u_{k(n)}$ 写作

$$v_1 + v_2 + \cdots + v_n + \cdots. \tag{7}$$

定理12.13　设级数(5)绝对收敛，且其和等于 S，则任意重排后所得到的级数(7)也绝对收敛，且有相同的和数.

证　先假设级数(5)是正项级数，用 S_n 表示它的第 n 个部分和. 现以

$$\sigma_m = v_1 + v_2 + \cdots + v_m$$

表示级数(7)的第 m 个部分和. 因为级数(7)为级数(5)的重排，所以每一 v_k $(1\leqslant k\leqslant m)$ 都等于某一 u_{i_k} $(1\leqslant k\leqslant m)$. 记

$$n = \max\{i_1, i_2, \cdots, i_m\},$$

则对任何 m,都存在 n,使 $\sigma_m \leqslant S_n$.

由于 $\lim\limits_{n\to\infty} S_n = S$,所以对任何正整数 m 都有 $\sigma_m \leqslant S$,即得级数(7)收敛,且其和 $\sigma \leqslant S$.

由于级数(5)也可看作级数(7)的重排,所以也有 $S \leqslant \sigma$,从而推得 $\sigma = S$.

若级数(5)是一般项级数且绝对收敛,则由级数(6)收敛及上述证明可推得级数 $\sum |v_n|$ 也收敛,即级数(7)是绝对收敛的.

最后证明绝对收敛级数(7)的和也等于 S. 为此,令

$$p_n = \frac{|u_n| + u_n}{2}, \quad q_n = \frac{|u_n| - u_n}{2}. \tag{8}$$

当 $u_n \geqslant 0$ 时,$p_n = u_n \geqslant 0, q_n = 0$;当 $u_n < 0$ 时,$p_n = 0, q_n = |u_n| = -u_n > 0$. 从而有

$$0 \leqslant p_n \leqslant |u_n|, \quad 0 \leqslant q_n \leqslant |u_n|, \tag{9}$$

$$p_n + q_n = |u_n|, \quad p_n - q_n = u_n. \tag{10}$$

因为级数(5)绝对收敛,故由(9)知道 $\sum p_n, \sum q_n$ 都是正项的收敛级数. 再由定理 12.2 可得

$$S = \sum u_n = \sum p_n - \sum q_n.$$

对于级数(5)重排后所得到的级数(7),也可按(8)式的办法,把它表示为两个收敛的正项级数之差

$$\sum v_n = \sum p_n' - \sum q_n',$$

其中 $\sum p_n', \sum q_n'$ 分别是 $\sum p_n, \sum q_n$ 的重排,前面已经证明收敛的正项级数重排后,它的和不变,从而有

$$\sum v_n = \sum p_n' - \sum q_n' = \sum p_n - \sum q_n = S. \qquad \square$$

注意:由条件收敛级数重排后所得到的新级数,即使收敛,也不一定收敛于原来的和数. 而且条件收敛级数适当重排后,可得到发散级数,或收敛于任何事先指定的数. 例如级数(2)是条件收敛的,设其和为 A,即

$$\sum_{n=1}^{\infty} (-1)^{n+1} \frac{1}{n} = 1 - \frac{1}{2} + \frac{1}{3} - \frac{1}{4} + \frac{1}{5} - \frac{1}{6} + \frac{1}{7} - \frac{1}{8} + \cdots = A.$$

乘以常数 $\frac{1}{2}$ 后,有

$$\frac{1}{2}\sum(-1)^{n+1}\frac{1}{n} = \frac{1}{2} - \frac{1}{4} + \frac{1}{6} - \frac{1}{8} + \cdots = \frac{A}{2}.$$

将上述两个级数相加,就得到

$$1 + \frac{1}{3} - \frac{1}{2} + \frac{1}{5} + \frac{1}{7} - \frac{1}{4} + \cdots = \frac{3}{2}A.$$

2. 级数的乘积

由定理 12.2 知道,若 $\sum u_n$ 为收敛级数,a 为常数,则

$$a\sum u_n = \sum a u_n,$$

由此立刻可以推广到收敛级数 $\sum\limits_{n=1}^{\infty} u_n$ 与有限项和的乘积,即

$$(a_1 + a_2 + \cdots + a_m)\sum_{n=1}^{\infty} u_n = \sum_{n=1}^{\infty}\sum_{k=1}^{m} a_k u_n,$$

现在讨论在什么条件下能把它推广到无穷级数之间的乘积上去.

设有收敛级数

$$\sum u_n = u_1 + u_2 + \cdots + u_n + \cdots = A, \tag{11}$$

$$\sum v_n = v_1 + v_2 + \cdots + v_n + \cdots = B. \tag{12}$$

把级数(11)与(12)中每一项所有可能的乘积列成下表：

$$\begin{array}{|llllll}
u_1v_1 & u_1v_2 & u_1v_3 & \cdots & u_1v_n & \cdots \\
u_2v_1 & u_2v_2 & u_2v_3 & \cdots & u_2v_n & \cdots \\
u_3v_1 & u_3v_2 & u_3v_3 & \cdots & u_3v_n & \cdots \\
\vdots & \vdots & \vdots & & \vdots & \\
u_nv_1 & u_nv_2 & u_nv_3 & \cdots & u_nv_n & \cdots \\
\vdots & \vdots & \vdots & & \vdots &
\end{array} \tag{13}$$

这些乘积 u_iv_j 可以按各种方法排成不同的级数，常用的有按正方形顺序或按对角线顺序(图 12-1 所示)依次相加，于是分别有

$$u_1v_1+u_1v_2+u_2v_2+u_2v_1+u_1v_3+u_2v_3+u_3v_3+u_3v_2+u_3v_1+\cdots \tag{14}$$

和

$$u_1v_1+u_1v_2+u_2v_1+u_1v_3+u_2v_2+u_3v_1+\cdots. \tag{15}$$

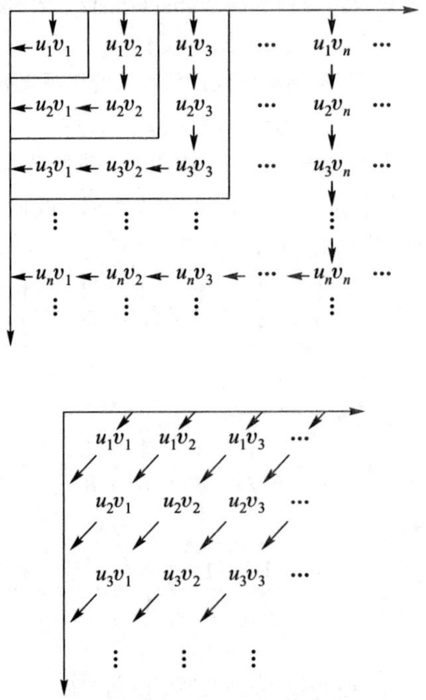

图 12-1

定理12.14(柯西定理)　若级数(11)、(12)都绝对收敛，则对(13)中所有乘积 u_iv_j 按任意顺序排列所得到的级数 $\sum w_n$ 也绝对收敛，且其和等于 AB.

证　以 S_n 表示级数 $\sum |w_n|$ 的部分和，即

$$S_n = |w_1| + |w_2| + \cdots + |w_n|,$$

其中 $w_k=u_{i_k}v_{j_k}$ $(k=1,2,\cdots,n)$，记

$$m = \max\{i_1, j_1, i_2, j_2, \cdots, i_n, j_n\},$$

$$A_m = |u_1| + |u_2| + \cdots + |u_m|,$$

$$B_m = |v_1| + |v_2| + \cdots + |v_m|,$$

则必有

$$S_n \leqslant A_m B_m. \tag{16}$$

由定理条件，级数(11)与(12)都绝对收敛，因而$\sum |u_n|$与$\sum |v_n|$的部分和数列$\{A_n\}$和$\{B_n\}$都是有界的. 于是由不等式(16)知$\{S_n\}$是有界的，从而级数$\sum w_n$绝对收敛.

由于绝对收敛级数具有可重排的性质，也就是说级数的和与采用哪一种排列的次序无关. 为方便求和，采取级数(14)(按正方形顺序)并对各被加项取括号，即

$$u_1v_1 + (u_1v_2 + u_2v_2 + u_2v_1) + (u_1v_3 + u_2v_3 + u_3v_3 + u_3v_2 + u_3v_1) + \cdots,$$

把每一括号作为一项，得新级数

$$p_1 + p_2 + p_3 + \cdots + p_n + \cdots, \tag{17}$$

它与级数$\sum w_n$同时收敛，且和数相同. 现以P_n表示级数(17)的部分和，它与级数(11),(12)的部分和A_n与B_n有如下关系式：

$$P_n = A_n B_n.$$

从而有

$$\lim_{n\to\infty} P_n = \lim_{n\to\infty} A_n B_n = \lim_{n\to\infty} A_n \lim_{n\to\infty} B_n = AB.$$ □

例2 等比级数

$$\frac{1}{1-r} = 1 + r + r^2 + \cdots + r^n + \cdots, \quad |r| < 1$$

是绝对收敛的. 将$(\sum r^n)^2$按(15)的顺序排列，则得到

$$\begin{aligned}\frac{1}{(1-r)^2} &= 1 + (r + r) + (r^2 + r^2 + r^2) + \cdots + (\underbrace{r^n + \cdots + r^n}_{n+1\text{个}}) + \cdots \\ &= 1 + 2r + 3r^2 + \cdots + (n+1)r^n + \cdots.\end{aligned}$$ □

三、阿贝尔判别法和狄利克雷判别法

本段介绍两个判别一般项级数收敛性的方法，先引进一个公式：

引理(分部求和公式，也称阿贝尔变换) 设ε_i, v_i $(i=1,2,\cdots,n)$为两组实数，若令

$$\sigma_k = v_1 + v_2 + \cdots + v_k \quad (k = 1,2,\cdots,n),$$

则有如下分部求和公式成立：

$$\sum_{i=1}^{n} \varepsilon_i v_i = (\varepsilon_1 - \varepsilon_2)\sigma_1 + (\varepsilon_2 - \varepsilon_3)\sigma_2 + \cdots + (\varepsilon_{n-1} - \varepsilon_n)\sigma_{n-1} + \varepsilon_n \sigma_n. \tag{18}$$

证 以$v_1=\sigma_1, v_k=\sigma_k-\sigma_{k-1}$ $(k=2,3,\cdots,n)$分别乘ε_k $(k=1,2,\cdots,n)$，整理后就得所要证的公式(18). □

推论(阿贝尔引理) 若

(i) $\varepsilon_1, \varepsilon_2, \cdots, \varepsilon_n$是单调数组；

(ii) 对任一正整数k $(1 \leqslant k \leqslant n)$有$|\sigma_k| \leqslant A$ (这里$\sigma_k = v_1 + \cdots + v_k$)，则记$\varepsilon = \max\limits_k\{|\varepsilon_k|\}$，有

$$\left|\sum_{k=1}^{n} \varepsilon_k v_k\right| \leqslant 3\varepsilon A. \tag{19}$$

证 由(i)知道

$$\varepsilon_1-\varepsilon_2,\ \varepsilon_2-\varepsilon_3,\cdots,\varepsilon_{n-1}-\varepsilon_n$$

都是同号的. 于是由分部求和公式及条件(ii)推得

$$\begin{aligned}\left|\sum_{k=1}^{n}\varepsilon_k v_k\right| &= |(\varepsilon_1-\varepsilon_2)\sigma_1+(\varepsilon_2-\varepsilon_3)\sigma_2+\cdots+(\varepsilon_{n-1}-\varepsilon_n)\sigma_{n-1}+\varepsilon_n\sigma_n|\\ &\leqslant A|(\varepsilon_1-\varepsilon_2)+(\varepsilon_2-\varepsilon_3)+\cdots+(\varepsilon_{n-1}-\varepsilon_n)|+A|\varepsilon_n|\\ &=A|\varepsilon_1-\varepsilon_n|+A|\varepsilon_n|\\ &\leqslant A(|\varepsilon_1|+2|\varepsilon_n|)\\ &\leqslant 3\varepsilon A.\end{aligned}$$

□

现在讨论级数

$$\sum a_n b_n=a_1b_1+a_2b_2+\cdots+a_nb_n+\cdots \tag{20}$$

收敛性的判别法.

定理 12.15(阿贝尔判别法)　若$\{a_n\}$为单调有界数列,且级数$\sum b_n$收敛,则级数(20)收敛.

证　由级数$\sum b_n$收敛,依柯西准则,对任给正数ε,存在正数N,使当$n>N$时对任一正整数p,都有

$$\left|\sum_{k=n+1}^{n+p}b_k\right|<\varepsilon.$$

又由于数列$\{a_n\}$有界,所以存在$M>0$,使$|a_n|\leqslant M$,应用(19)式结果可得到

$$\left|\sum_{k=n+1}^{n+p}a_kb_k\right|\leqslant 3M\varepsilon.$$

这就说明级数(20)收敛. □

定理 12.16(狄利克雷判别法)　若数列$\{a_n\}$单调递减,且$\lim\limits_{n\to\infty}a_n=0$,又级数$\sum b_n$的部分和数列有界,则级数(20)收敛.

证明方法类似于定理 12.15,请读者自证.

由阿贝尔判别法知道,若级数$\sum u_n$收敛,则下述两个级数:

$$\sum\frac{u_n}{n^p}\quad(p>0),\quad \sum\frac{u_n}{\sqrt{n+1}}$$

都收敛.

例 3　若数列$\{a_n\}$具有性质:

$$a_1\geqslant a_2\geqslant\cdots\geqslant a_n\geqslant\cdots,\quad \lim_{n\to\infty}a_n=0,$$

则级数$\sum a_n\sin nx$和$\sum a_n\cos nx$对任何$x\in(0,2\pi)$都收敛.

解　因为

$$\begin{aligned}2\sin\frac{x}{2}\left(\frac{1}{2}+\sum_{k=1}^{n}\cos kx\right) &=\sin\frac{x}{2}+\left(\sin\frac{3}{2}x-\sin\frac{x}{2}\right)+\cdots+\\ &\quad\left[\sin\left(n+\frac{1}{2}\right)x-\sin\left(n-\frac{1}{2}\right)x\right]\\ &=\sin\left(n+\frac{1}{2}\right)x,\end{aligned}$$

当$x\in(0,2\pi)$时,$\sin\frac{x}{2}\neq 0$,故得到

$$\frac{1}{2}+\sum_{k=1}^{n}\cos kx=\frac{\sin\left(n+\frac{1}{2}\right)x}{2\sin\frac{x}{2}}. \tag{21}$$

所以级数 $\sum\cos nx$ 的部分和数列当 $x\in(0,2\pi)$ 时有界,由狄利克雷判别法推得级数 $\sum a_n\cos nx$ 收敛. 同理可证级数 $\sum a_n\sin nx$ 也是收敛的. □

作为例 3 的特殊情形,我们知道级数

$$\sum\frac{\sin nx}{n}\quad 和\quad \sum\frac{\cos nx}{n}$$

对一切 $x\in(0,2\pi)$ 都收敛.

习 题 12.3

1. 下列级数哪些是绝对收敛、条件收敛或发散的:

(1) $\sum\frac{\sin nx}{n!}$;　　(2) $\sum(-1)^n\frac{n}{n+1}$;

(3) $\sum\frac{(-1)^n}{n^{p+\frac{1}{n}}}$;　　(4) $\sum(-1)^n\sin\frac{2}{n}$;

(5) $\sum\left(\frac{(-1)^n}{\sqrt{n}}+\frac{1}{n}\right)$;　　(6) $\sum\frac{(-1)^n\ln(n+1)}{n+1}$;

(7) $\sum(-1)^n\left(\frac{2n+100}{3n+1}\right)^n$;　　(8) $\sum n!\left(\frac{x}{n}\right)^n$;

(9) $1+\frac{1}{2}+\frac{1}{3}-\frac{1}{4}-\frac{1}{5}-\frac{1}{6}+\cdots$;　　(10) $1+\frac{1}{2}-\frac{1}{3}+\frac{1}{4}+\frac{1}{5}-\frac{1}{6}+\cdots$.

2. 应用阿贝尔判别法或狄利克雷判别法判断下列级数的敛散性:

(1) $\sum\frac{(-1)^n}{n}\frac{x^n}{1+x^n}\quad(x>0)$;

(2) $\sum\frac{\sin nx}{n^\alpha},x\in(0,2\pi)\quad(\alpha>0)$;

(3) $\sum(-1)^n\frac{\cos^2 n}{n}$.

3. 设 $a_n>0,a_n>a_{n+1}\ (n=1,2,\cdots)$ 且 $\lim\limits_{n\to\infty}a_n=0$. 证明级数

$$\sum(-1)^{n-1}\frac{a_1+a_2+\cdots+a_n}{n}$$

是收敛的.

---

4. 设 p_n,q_n 如(8)式所定义. 证明:若 $\sum u_n$ 条件收敛,则级数 $\sum p_n$ 与 $\sum q_n$ 都是发散的.

5. 写出下列级数的乘积:

(1) $\left(\sum\limits_{n=1}^{\infty}nx^{n-1}\right)\left(\sum\limits_{n=1}^{\infty}(-1)^{n-1}nx^{n-1}\right)$;　　(2) $\left(\sum\limits_{n=0}^{\infty}\frac{1}{n!}\right)\left(\sum\limits_{n=0}^{\infty}\frac{(-1)^n}{n!}\right)$.

6. 证明级数 $\sum\limits_{n=0}^{\infty}\frac{a^n}{n!}$ 与 $\sum\limits_{n=0}^{\infty}\frac{b^n}{n!}$ 绝对收敛,且它们的乘积等于 $\sum\limits_{n=0}^{\infty}\frac{(a+b)^n}{n!}$.

7. 重排级数 $\sum(-1)^{n+1}\frac{1}{n}$,使它成为发散级数.

8. 证明：级数$\sum\frac{(-1)^{[\sqrt{n}]}}{n}$收敛.

第十二章总练习题

1. 证明：若正项级数$\sum u_n$收敛，且数列$\{u_n\}$单调，则$\lim\limits_{n\to\infty}nu_n=0$.

2. 若级数$\sum a_n$与$\sum c_n$都收敛，且成立不等式

$$a_n\leqslant b_n\leqslant c_n\quad(n=1,2,\cdots),$$

证明级数$\sum b_n$也收敛. 若$\sum a_n$，$\sum c_n$都发散，试问$\sum b_n$一定发散吗？

3. 讨论$\sum\limits_{n=1}^{+\infty}\frac{\sin nx}{n^p}\left(1+\frac{1}{n}\right)^n(0<x<2\pi,p>0)$的收敛性.

4. 若$\lim\limits_{n\to\infty}\frac{a_n}{b_n}=k\neq0$，且级数$\sum b_n$绝对收敛，证明级数$\sum a_n$也收敛. 若上述条件中只知道$\sum b_n$收敛，能推得$\sum a_n$收敛吗？

5. (1) 设$\sum u_n$为正项级数，且$\frac{u_{n+1}}{u_n}<1$，能否断定$\sum u_n$收敛？

(2) 对于级数$\sum u_n$有$\left|\frac{u_{n+1}}{u_n}\right|\geqslant1$，能否断定级数$\sum u_n$不绝对收敛，但可能条件收敛？

(3) 设$\sum u_n$为收敛的正项级数，能否存在一个正数ε，使得

$$\lim_{n\to\infty}\frac{u_n}{\frac{1}{n^{1+\varepsilon}}}=c>0?$$

6. 证明：若级数$\sum a_n$收敛，$\sum(b_{n+1}-b_n)$绝对收敛，则级数$\sum a_nb_n$也收敛.

7. 设$a_n>0$，证明级数

$$\sum\frac{a_n}{(1+a_1)(1+a_2)\cdots(1+a_n)}$$

是收敛的.

8. 证明：若级数$\sum a_n^2$与$\sum b_n^2$收敛，则级数$\sum a_nb_n$和$\sum(a_n+b_n)^2$也收敛，且

$$\left(\sum a_nb_n\right)^2\leqslant\sum a_n^2\cdot\sum b_n^2,$$

$$\left(\sum(a_n+b_n)^2\right)^{\frac{1}{2}}\leqslant\left(\sum a_n^2\right)^{\frac{1}{2}}+\left(\sum b_n^2\right)^{\frac{1}{2}}.$$

第十二章综合自测题

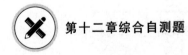

第十三章 函数列与函数项级数

§1 一致收敛性

我们已经知道可以用收敛数列(或数项级数)来表示或定义一个数.本章将讨论怎样用函数列(或函数项级数)来表示(或定义)一个函数,并研究这个函数所具有的性质.

一、函数列及其一致收敛性

设

$$f_1, f_2, \cdots, f_n, \cdots \tag{1}$$

是一列定义在同一数集 E 上的函数,称为定义在 E 上的**函数列**.(1)也可简单地写作

$$\{f_n\} \quad 或 \quad f_n, \quad n=1,2,\cdots.$$

设 $x_0 \in E$,以 x_0 代入(1)可得数列

$$f_1(x_0), f_2(x_0), \cdots, f_n(x_0), \cdots. \tag{2}$$

若数列(2)收敛,则称函数列(1)**在点 x_0 收敛**,x_0 称为函数列(1)的**收敛点**.若数列(2)发散,则称函数列(1)**在点 x_0 发散**.若函数列(1)在数集 $D \subset E$ 上每一点都收敛,则称(1)**在数集 D 上收敛**.这时对 D 上每一点 x,都有数列 $\{f_n(x)\}$ 的一个极限值与之相对应,由这个对应法则所确定的 D 上的函数,称为函数列(1)的**极限函数**.若把此极限函数记作 f,则有

$$\lim_{n\to\infty} f_n(x) = f(x), \quad x \in D$$

或

$$f_n(x) \to f(x) \quad (n\to\infty), \quad x \in D.$$

函数列极限的 ε-N 定义是:对每一固定的 $x \in D$,任给正数 ε,恒存在正数 N(注意:一般说来 N 值的确定与 ε 和 x 的值都有关,所以也用 $N(\varepsilon,x)$ 表示它们之间的依赖关系),使得当 $n>N$ 时,总有

$$|f_n(x) - f(x)| < \varepsilon.$$

使函数列 $\{f_n\}$ 收敛的全体收敛点集合,称为函数列 $\{f_n\}$ 的**收敛域**.

例 1 设 $f_n(x)=x^n, n=1,2,\cdots$ 为定义在 $(-\infty,+\infty)$ 上的函数列,证明它的收敛域是 $(-1,1]$,且有极限函数

$$f(x)=\begin{cases}0, & |x|<1,\\ 1, & x=1.\end{cases} \tag{3}$$

证　任给 $\varepsilon>0$（不妨设 $\varepsilon<1$），当 $0<|x|<1$ 时，由于

$$|f_n(x)-f(x)|=|x|^n,$$

只要取 $N(\varepsilon,x)=\dfrac{\ln\varepsilon}{\ln|x|}$，当 $n>N(\varepsilon,x)$ 时，就有

$$|f_n(x)-f(x)|<\varepsilon.$$

当 $x=0$ 和 $x=1$ 时，则对任何正整数 n，都有

$$|f_n(0)-f(0)|=0<\varepsilon,\quad |f_n(1)-f(1)|=0<\varepsilon.$$

这就证得 $\{f_n\}$ 在 $(-1,1]$ 上收敛，且有(3)式所表示的极限函数.

当 $|x|>1$ 时，则有 $|x|^n\to+\infty\ (n\to\infty)$，当 $x=-1$ 时，对应的数列为

$$-1,1,-1,1,\cdots.$$

它显然是发散的. 所以函数列 $\{x^n\}$ 在区间 $(-1,1]$ 外都是发散的. □

例 2　定义在 $(-\infty,+\infty)$ 上的函数列 $f_n(x)=\dfrac{\sin nx}{n}$，$n=1,2,\cdots$. 由于对任何实数 x，都有

$$\left|\frac{\sin nx}{n}\right|\leqslant\frac{1}{n},$$

故对任给的 $\varepsilon>0$，只要 $n>N=\dfrac{1}{\varepsilon}$，就有

$$\left|\frac{\sin nx}{n}-0\right|<\varepsilon.$$

所以函数列 $\left\{\dfrac{\sin nx}{n}\right\}$ 的收敛域为无限区间 $(-\infty,+\infty)$，极限函数 $f(x)=0$. □

对于函数列，我们不仅要讨论它在哪些点上收敛，而更重要的是要研究极限函数所具有的解析性质. 比如能否由函数列每项的连续性判断出极限函数的连续性. 又如极限函数的导数或积分，是否分别是函数列每项导数或积分的极限. 对这些问题的讨论，只要求函数列在数集 D 上收敛是不够的，必须对它在 D 上的收敛性提出更高的要求才行，这就是以下所要讨论的一致收敛性问题.

定义 1　设函数列 $\{f_n\}$ 与函数 f 定义在同一数集 D 上，若对任给的正数 ε，总存在某一正整数 N，使得当 $n>N$ 时，对一切 $x\in D$，都有

$$|f_n(x)-f(x)|<\varepsilon,$$

则称函数列 $\{f_n\}$ 在 D 上**一致收敛**于 f，记作

$$f_n(x)\rightrightarrows f(x)\ (n\to\infty),\quad x\in D.$$

由定义看到，如果函数列 $\{f_n\}$ 在 D 上一致收敛，那么对于所给的 ε，不管 D 上哪一点 x，总存在公共的 $N(\varepsilon)$（即 N 的选取仅与 ε 有关，与 x 的取值无关），只要 $n>N$，都有

$$|f_n(x)-f(x)|<\varepsilon.$$

由此看到函数列 $\{f_n\}$ 在 D 上一致收敛，必在 D 上每一点都收敛. 反之，在 D 上每一点都收敛的函数列 $\{f_n\}$，在 D 上不一定一致收敛.

如上述例 2 中函数列$\left\{\frac{\sin nx}{n}\right\}$,对任给正数 ε,不管 x 取$(-\infty,+\infty)$上什么值,都可取 $N=\frac{1}{\varepsilon}$(它仅依赖于 ε 的值),当 $n>N$ 时,恒有$\left|\frac{\sin nx}{n}\right|<\varepsilon$,所以函数列$\left\{\frac{\sin nx}{n}\right\}$在$(-\infty,+\infty)$上一致收敛于函数 $f(x)=0$.

函数列$\{f_n\}$在 D 上不一致收敛于函数 f,是指它们不满足定义 1 的条件. 但也可以根据定义 1 对不一致收敛给予正面的陈述. 即函数列(1)在 D 上不一致收敛于 f 的充要条件是:存在某正数 ε_0,对任何正数 N,都有 D 上某一点 x' 与正整数 $n'>N$(注意:x' 与 n' 的取值与 N 有关),使得

$$|f_{n'}(x')-f(x')|\geqslant\varepsilon_0.$$

从前面例 1 中知道,函数列$\{x^n\}$在$(0,1)$上收敛于 $f(x)=0$. 我们证明它在$(0,1)$上不一致收敛. 事实上,令 $\varepsilon_0=\frac{1}{2}$,对任何正数 N,取正整数 $n>N+1$ 及 $x'=\left(1-\frac{1}{n}\right)^{\frac{1}{n}}\in(0,1)$,则有

$$|x'^n-0|=1-\frac{1}{n}\geqslant\frac{1}{2}.$$

函数列(1)一致收敛于 f,从几何意义上讲:对任何正数 ε,存在正整数 N,对于一切序号大于 N 的曲线 $y=f_n(x)$,都落在以曲线 $y=f(x)+\varepsilon$ 与 $y=f(x)-\varepsilon$ 为边(即以曲线 $y=f(x)$ 为"中心线",宽度为 2ε)的带形区域内(如图 13-1 所示).

函数列$\{x^n\}$在区间$(0,1)$内不一致收敛,从几何意义上讲:对于某个事先给定的 ε $(0<\varepsilon<1)$,无论 N 多么大,总有曲线 $y=x^n$ $(n>N)$不能全部落在以 $y=\varepsilon$ 与 $y=-\varepsilon$ 为边的带形区域内,如图 13-2 所示. 若函数列$\{x^n\}$只限于在区间$(0,b)$ $(b<1)$内讨论,容易看到,只要 $n>\frac{\ln\varepsilon}{\ln b}$(其中 $0<\varepsilon<1$),曲线 $y=x^n$ 就全部落在以 $y=\varepsilon$ 和 $y=-\varepsilon$ 为上下边的带形区域内. 所以$\{x^n\}$在$(0,b)$内是一致收敛的.

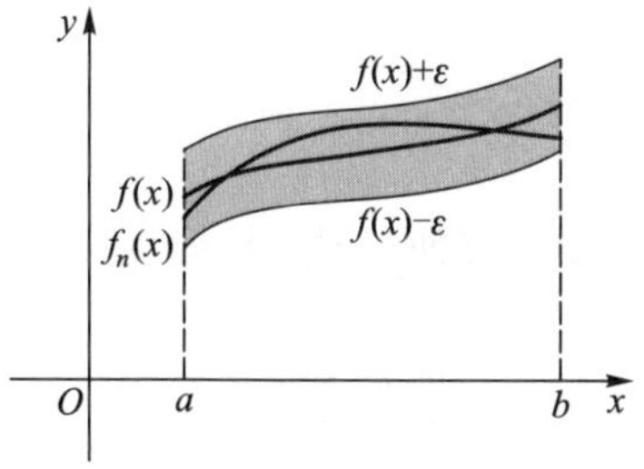

图 13-1

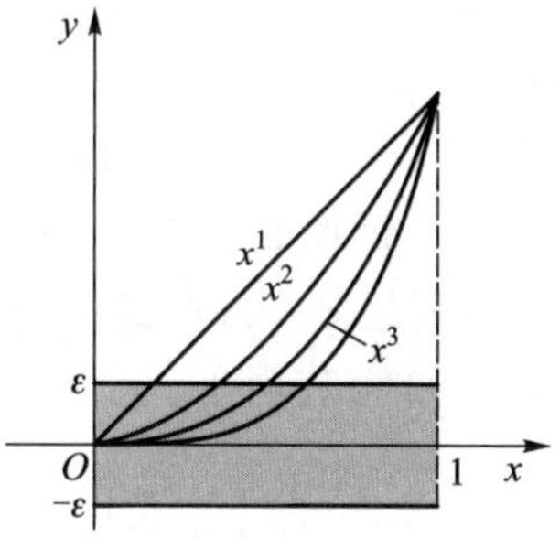

图 13-2

定理 13.1(函数列一致收敛的柯西准则)　函数列$\{f_n\}$在数集 D 上一致收敛的充要条件是:对任给正数 ε,总存在正数 N,使得当 $n,m>N$ 时,对一切 $x\in D$,都有

$$|f_n(x)-f_m(x)|<\varepsilon. \tag{4}$$

证　[必要性]　设 $f_n(x)\rightrightarrows f(x)$ $(n\to\infty)$,$x\in D$,即对任给 $\varepsilon>0$,存在正数 N,使得当 $n>N$ 时,对一切 $x\in D$,都有

$$|f_n(x)-f(x)|<\frac{\varepsilon}{2}. \tag{5}$$

于是当 $n,m>N$，由(5)就有

$$|f_n(x)-f_m(x)| \leqslant |f_n(x)-f(x)|+|f(x)-f_m(x)| < \frac{\varepsilon}{2}+\frac{\varepsilon}{2}=\varepsilon.$$

［充分性］　若条件(4)成立，由数列收敛的柯西准则，$\{f_n\}$ 在 D 上任一点都收敛，记其极限函数为 $f(x)$，$x\in D$. 现固定(4)式中的 n，让 $m\to\infty$，于是当 $n>N$ 时，对一切 $x\in D$，都有

$$|f_n(x)-f(x)|\leqslant\varepsilon.$$

由定义 1，$f_n(x)\rightrightarrows f(x)\ (n\to\infty)$，$x\in D$. □

根据一致收敛定义可推出下述定理.

定理 13.2　函数列 $\{f_n\}$ 在区间 D 上一致收敛于 f 的充要条件是：

$$\lim_{n\to\infty}\sup_{x\in D}|f_n(x)-f(x)|=0. \tag{6}$$

证　［必要性］　若 $f_n(x)\rightrightarrows f(x)\ (n\to\infty)$，$x\in D$. 则对任给的正数 ε，存在不依赖于 x 的正整数 N，当 $n>N$ 时，有

$$|f_n(x)-f(x)|<\varepsilon,\quad x\in D.$$

由上确界的定义，亦有

$$\sup_{x\in D}|f_n(x)-f(x)|\leqslant\varepsilon.$$

这就证得(6)式成立.

［充分性］　由假设，对任给 $\varepsilon>0$，存在正整数 N，使得当 $n>N$ 时，有

$$\sup_{x\in D}|f_n(x)-f(x)|<\varepsilon. \tag{7}$$

因为对一切 $x\in D$，总有

$$|f_n(x)-f(x)|\leqslant\sup_{x\in D}|f_n(x)-f(x)|,$$

故由(7)式得

$$|f_n(x)-f(x)|<\varepsilon.$$

于是 $\{f_n\}$ 在 D 上一致收敛于 f. □

在判断函数列是否一致收敛上定理 13.2 更为方便一些(其缺点是必须事先知道它的极限函数)，如例 2，由于

$$\lim_{n\to\infty}\sup_{x\in(-\infty,+\infty)}\left|\frac{\sin nx}{n}-0\right|=\lim_{n\to\infty}\frac{1}{n}=0,$$

所以在 $(-\infty,+\infty)$ 上，$\dfrac{\sin nx}{n}\rightrightarrows 0\ (n\to\infty)$.

推论　函数列 $\{f_n\}$ 在 D 上不一致收敛于 f 的充分且必要条件是：存在 $\{x_n\}\subset D$，使得 $\{f_n(x_n)-f(x_n)\}$ 不收敛于 0.

例 3　设 $f_n(x)=nxe^{-nx^2}$，$x\in D=(0,+\infty)$，$n=1,2,\cdots$. 判别 $\{f_n(x)\}$ 在 D 上的一致收敛性.

解　对任意 $x\in(0,+\infty)$，$\lim\limits_{n\to\infty}nxe^{-nx^2}=0=f(x)$. 在 $(0,+\infty)$ 上，每个 nxe^{-nx^2} 只有一个

极大值点 $x_n=\dfrac{1}{\sqrt{2n}}$，而 $\sup\limits_{x\in(0,+\infty)}|f_n(x)|=f_n(x_n)=\sqrt{\dfrac{n}{2}}e^{-\frac{1}{2}}\to\infty$. 因此由定理 13.2 可知 $\{f_n\}$ 在 D 上不一致收敛于 f.（见图 13-3）

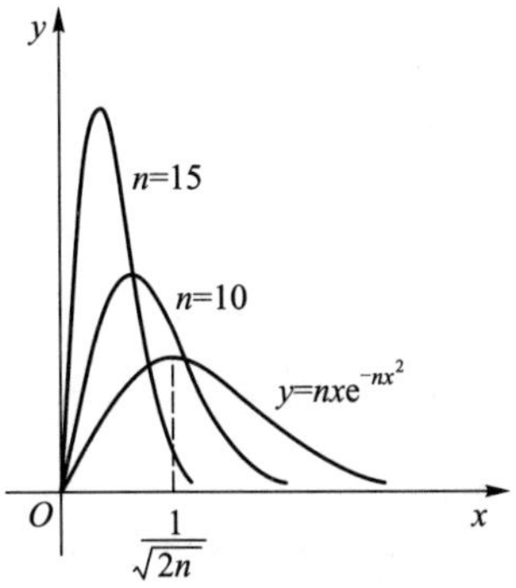

图 13-3

为避免求上确界，亦可取 $x_n=\dfrac{1}{n}\in(0,+\infty)$，则 $f_n(x_n)=e^{-\frac{1}{n}}\to1\neq0\ (n\to\infty)$，因此由推论同样可知 $\{f_n\}$ 在 $(0,+\infty)$ 上不一致收敛于 $f(x)$. □

定义 2 设函数列 $\{f_n\}$ 与 f 定义在区间 I 上，若对任意闭区间 $[a,b]\subset I$，$\{f_n\}$ 在 $[a,b]$ 上一致收敛于 f，则称 $\{f_n\}$ 在 I 上**内闭一致收敛**于 f.

注 若 $I=[\alpha,\beta]$ 是有界闭区间，显然 $\{f_n\}$ 在 I 上内闭一致收敛于 f 与 $\{f_n\}$ 在 I 上一致收敛于 f 是一致的.

例 1 中函数列 $\{f_n\}$ 在 $[0,1)$ 上不一致收敛于 f，但对任意 $\delta>0$，$\sup\limits_{x\in[0,\delta]}|x^n|\leqslant\delta^n\to0\ (n\to\infty)$，因此 $\{f_n\}$ 在 $[0,1)$ 上内闭一致收敛.

例 3 中函数列 $\{f_n\}$ 在 $(0,+\infty)$ 上不一致收敛于 0，但对任意 $[a,b]\subset(0,+\infty)$，$\sup\limits_{x\in[a,b]}\left|nxe^{-nx^2}\right|\leqslant nbe^{-na^2}\to0\ (n\to\infty)$，因此 $\{f_n\}$ 在 $(0,+\infty)$ 上内闭一致收敛于 0.

二、函数项级数及其一致收敛性

设 $\{u_n(x)\}$ 是定义在数集 E 上的一个函数列，表达式

$$u_1(x)+u_2(x)+\cdots+u_n(x)+\cdots,\quad x\in E \tag{8}$$

称为定义在 E 上的**函数项级数**，简记为 $\sum\limits_{n=1}^{\infty}u_n(x)$ 或 $\sum u_n(x)$. 称

$$S_n(x)=\sum_{k=1}^{n}u_k(x),\quad x\in E,\quad n=1,2,\cdots \tag{9}$$

为函数项级数(8)的**部分和函数列**.

若 $x_0\in E$，数项级数

$$u_1(x_0)+u_2(x_0)+\cdots+u_n(x_0)+\cdots \tag{10}$$

收敛，即部分和 $S_n(x_0)=\sum\limits_{k=1}^{n}u_k(x_0)$ 当 $n\to\infty$ 时极限存在，则称级数(8)**在点 x_0 收敛**，x_0 称为级数(8)的**收敛点**. 若级数(10)发散，则称级数(8)**在点 x_0 发散**. 若级数(8)在 E 的某个子集 D 上每点都收敛，则称级数(8)**在 D 上收敛**. 若 D 为级数(8)全体收敛点的集合，这时则称 D 为级数(8)的**收敛域**. 级数(8)在 D 上每一点 x 与其所对应的数项级数(10)的和 $S(x)$ 构成一个定义在 D 上的函数，称为级数(8)的**和函数**，并写作

$$u_1(x)+u_2(x)+\cdots+u_n(x)+\cdots=S(x),\quad x\in D,$$

即

$$\lim_{n\to\infty}S_n(x)=S(x),\quad x\in D.$$

也就是说，函数项级数(8)的收敛性就是指它的部分和函数列(9)的收敛性.

例 4 定义在 $(-\infty,+\infty)$ 上的函数项级数（几何级数）

$$1+x+x^2+\cdots+x^n+\cdots \tag{11}$$

的部分和函数为 $S_n(x)=\dfrac{1-x^n}{1-x}$. 当 $|x|<1$ 时，

$$S(x)=\lim_{n\to\infty}S_n(x)=\frac{1}{1-x}.$$

所以几何级数(11)在(-1,1)内收敛于和函数 $S(x)=\dfrac{1}{1-x}$；当 $|x|\geqslant 1$ 时，几何级数是发散的. □

定义 3　设 $\{S_n(x)\}$ 是函数项级数 $\sum u_n(x)$ 的部分和函数列．若 $\{S_n(x)\}$ 在数集 D 上一致收敛于 $S(x)$，则称 $\sum u_n(x)$ 在 D 上**一致收敛**于 $S(x)$. 若 $\sum u_n(x)$ 在任意闭区间 $[a,b]\subset I$ 上一致收敛，则称 $\sum u_n(x)$ 在 I 上**内闭一致收敛**.

由于函数项级数的一致收敛性由它的部分和函数列来确定，所以由前段中有关函数列一致收敛的定理，都可推出相应的有关函数项级数的定理.

定理 13.3(一致收敛的柯西准则)　函数项级数 $\sum u_n(x)$ 在数集 D 上一致收敛的充要条件为：对任给的正数 ε，总存在某正整数 N，使得当 $n>N$ 时，对一切 $x\in D$ 和一切正整数 p，都有

$$|S_{n+p}(x)-S_n(x)|<\varepsilon$$

或

$$|u_{n+1}(x)+u_{n+2}(x)+\cdots+u_{n+p}(x)|<\varepsilon.$$

此定理中当 $p=1$ 时，得到函数项级数一致收敛的一个必要条件.

推论　函数项级数 $\sum u_n(x)$ 在数集 D 上一致收敛的必要条件是函数列 $\{u_n(x)\}$ 在 D 上一致收敛于零.

设函数项级数 $\sum u_n(x)$ 在 D 上的和函数为 $S(x)$，称

$$R_n(x)=S(x)-S_n(x)$$

为函数项级数 $\sum u_n(x)$ 的**余项**.

定理 13.4　函数项级数 $\sum u_n(x)$ 在数集 D 上一致收敛于 $S(x)$ 的充要条件是

$$\lim_{n\to\infty}\sup_{x\in D}|R_n(x)|=\lim_{n\to\infty}\sup_{x\in D}|S(x)-S_n(x)|=0.$$

我们再来看例 4 中的级数 $\sum\limits_{n=0}^{\infty}x^n$，由于

$$\sup_{x\in(-1,1)}|S_n(x)-S(x)|=\sup_{x\in(-1,1)}\left|\frac{x^n}{x-1}\right|\geqslant\left|\frac{\left(\dfrac{n}{n+1}\right)^n}{1-\dfrac{n}{n+1}}\right|$$

$$=n\left(\frac{n}{n+1}\right)^{n-1}\to\infty\quad(n\to\infty),$$

知道级数 $\sum\limits_{n=0}^{\infty}x^n$ 在(-1,1)上不一致收敛.

对任意 a $(0<a<1)$，

$$\sup_{x\in[-a,a]}|S_n(x)-S(x)|=\sup_{x\in[-a,a]}\left|\frac{-x^n}{1-x}\right|=\frac{a^n}{1-a}\to 0\ \ (n\to\infty)$$

可得级数$\sum x^n$在$(-1,1)$上内闭一致收敛.

三、函数项级数的一致收敛性判别法

判别函数项级数的一致收敛性除了根据定义或定理13.4外,有些级数还可根据级数各项的特性来判别.

定理13.5(魏尔斯特拉斯判别法) 设函数项级数$\sum u_n(x)$定义在数集D上,$\sum M_n$为收敛的正项级数,若对一切$x \in D$,有

$$|u_n(x)| \leqslant M_n, \quad n=1,2,\cdots, \tag{12}$$

则函数项级数$\sum u_n(x)$在D上一致收敛.

证 由假设正项级数$\sum M_n$收敛,根据数项级数的柯西准则,任给正数ε,存在某正整数N,使得当$n>N$及任何正整数p,有

$$|M_{n+1}+\cdots+M_{n+p}| = M_{n+1}+\cdots+M_{n+p} < \varepsilon.$$

又由(12)式,对一切$x \in D$有

$$\begin{aligned}|u_{n+1}(x)+\cdots+u_{n+p}(x)| &\leqslant |u_{n+1}(x)|+\cdots+|u_{n+p}(x)| \\ &\leqslant M_{n+1}+\cdots+M_{n+p} < \varepsilon.\end{aligned}$$

根据函数项级数一致收敛的柯西准则,级数$\sum u_n(x)$在D上一致收敛. □

例5 函数项级数

$$\sum \frac{\sin nx}{n^2}, \qquad \sum \frac{\cos nx}{n^2}$$

在$(-\infty,+\infty)$上一致收敛,因为对一切$x \in (-\infty,+\infty)$有

$$\left|\frac{\sin nx}{n^2}\right| \leqslant \frac{1}{n^2}, \qquad \left|\frac{\cos nx}{n^2}\right| \leqslant \frac{1}{n^2},$$

而正项级数$\sum \frac{1}{n^2}$是收敛的. □

定理13.5也称为**M判别法**或**优级数判别法**. 当级数$\sum u_n(x)$与级数$\sum M_n$在区间$[a,b]$上成立关系式(12)时,则称级数$\sum M_n$在$[a,b]$上优于级数$\sum u_n(x)$,或称$\sum M_n$为$\sum u_n(x)$的**优级数**.

下面讨论定义在区间I上形如

$$\sum u_n(x)v_n(x) = u_1(x)v_1(x)+u_2(x)v_2(x)+\cdots+u_n(x)v_n(x)+\cdots \tag{13}$$

的函数项级数的一致收敛性判别法,它与数项级数一样,也是基于阿贝尔分部求和公式(第十二章§3的引理).

定理13.6(阿贝尔判别法) 设

(i) $\sum u_n(x)$在区间I上一致收敛;

(ii) 对于每一个$x \in I$,$\{v_n(x)\}$是单调的;

(iii) $\{v_n(x)\}$在I上一致有界,即存在正数M,使得对一切$x \in I$和正整数n,有

$$|v_n(x)| \leqslant M,$$

则级数(13)在I上一致收敛.

证 由(i),任给$\varepsilon>0$,存在某正数N,使得当$n>N$及任何正整数p,对一切$x \in I$,有

$$|u_{n+1}(x)+\cdots+u_{n+p}(x)| < \varepsilon.$$

又由(ii),(iii)及阿贝尔引理(第十二章§3引理的推论)得到

$$
\begin{aligned}
&|u_{n+1}(x)v_{n+1}(x)+\cdots+u_{n+p}(x)v_{n+p}(x)| \\
\leqslant &(|v_{n+1}(x)|+2|v_{n+p}(x)|)\varepsilon \leqslant 3M\varepsilon.
\end{aligned}
$$

于是根据函数项级数一致收敛性的柯西准则就得到本定理的结论. □

定理 13.7(狄利克雷判别法)　设

(i) $\sum u_n(x)$ 的部分和函数列

$$S_n(x)=\sum_{k=1}^{n}u_k(x)\quad(n=1,2,\cdots)$$

在 I 上一致有界;

(ii) 对于每一个 $x\in I$, $\{v_n(x)\}$ 是单调的;

(iii) 在 I 上 $v_n(x)\rightrightarrows 0\ (n\to\infty)$,

则级数(13)在 I 上一致收敛.

证　证法与定理 13.6 相仿. 由(i),存在正数 M,对一切 $x\in I$,有 $|S_n(x)|\leqslant M$. 因此当 n,p 为任何正整数时,

$$|u_{n+1}(x)+\cdots+u_{n+p}(x)|=|S_{n+p}(x)-S_n(x)|\leqslant 2M.$$

对任何一个 $x\in I$,再由(ii)及阿贝尔引理,得到

$$
\begin{aligned}
&|u_{n+1}(x)v_{n+1}(x)+\cdots+u_{n+p}(x)v_{n+p}(x)| \\
\leqslant &2M(|v_{n+1}(x)|+2|v_{n+p}(x)|).
\end{aligned}
$$

再由(iii),对任给的 $\varepsilon>0$,存在正数 N,当 $n>N$ 时,对一切 $x\in I$,有

$$|v_n(x)|<\varepsilon,$$

所以

$$|u_{n+1}(x)v_{n+1}(x)+\cdots+u_{n+p}(x)v_{n+p}(x)|<2M(\varepsilon+2\varepsilon)=6M\varepsilon.$$

于是由一致收敛性的柯西准则,级数(13)在 I 上一致收敛. □

例 6　函数项级数

$$\sum\frac{(-1)^n(x+n)^n}{n^{n+1}}$$

在[0,1]上一致收敛. 这是因为记 $u_n(x)=\dfrac{(-1)^n}{n}$, $v_n(x)=\left(1+\dfrac{x}{n}\right)^n$ 时,由阿贝尔判别法(定理 13.6)就能得到结果. □

例 7　若数列 $\{a_n\}$ 单调且收敛于零,则级数

$$\sum a_n\cos nx \tag{14}$$

在 $[\alpha,2\pi-\alpha]$ $(0<\alpha<\pi)$ 上一致收敛.

证　由第十二章§3(21)式,在 $[\alpha,2\pi-\alpha]$ 上有

$$
\begin{aligned}
\left|\sum_{k=1}^{n}\cos kx\right| &=\left|\frac{\sin\left(n+\dfrac{1}{2}\right)x}{2\sin\dfrac{x}{2}}-\frac{1}{2}\right| \\
&\leqslant\frac{1}{2\left|\sin\dfrac{x}{2}\right|}+\frac{1}{2}\leqslant\frac{1}{2\sin\dfrac{\alpha}{2}}+\frac{1}{2},
\end{aligned}
$$

所以级数 $\sum\cos nx$ 的部分和函数列在 $[\alpha,2\pi-\alpha]$ 上一致有界,于是令

$$u_n(x)=\cos nx,\ v_n(x)=a_n,$$

则由狄利克雷判别法可得级数(14)在$[\alpha,2\pi-\alpha]$上一致收敛. □

对于例 7 中的级数(14),只要$\{a_n\}$单调且收敛于零,那么级数(14)在不包含$2k\pi$ $(k=0,\pm1,\pm2,\cdots)$的任何闭区间上都一致收敛.

习 题 13.1

1. 讨论下列函数列在所示区间 D 上是否一致收敛或内闭一致收敛,并说明理由:

(1) $f_n(x)=\sqrt{x^2+\dfrac{1}{n^2}},\quad n=1,2,\cdots,\quad D=(-1,1)$;

(2) $f_n(x)=\dfrac{x}{1+n^2x^2},\quad n=1,2,\cdots,\quad D=(-\infty,+\infty)$;

(3) $f_n(x)=\begin{cases}-(n+1)x+1, & 0\leqslant x\leqslant\dfrac{1}{n+1},\\ 0, & \dfrac{1}{n+1}<x<1,\end{cases}\quad n=1,2,\cdots$;

(4) $f_n(x)=\dfrac{x}{n},\quad n=1,2,\cdots,\quad D=[0,+\infty)$;

(5) $f_n(x)=\sin\dfrac{x}{n},\quad n=1,2,\cdots,\quad D=(-\infty,+\infty)$.

2. 证明:设 $f_n(x)\to f(x)$, $x\in D$, $a_n\to 0$ $(n\to\infty)$ $(a_n>0)$. 若对每一个正整数 n 有 $|f_n(x)-f(x)|\leqslant a_n$, $x\in D$,则$\{f_n\}$在 D 上一致收敛于 f.

3. 判别下列函数项级数在所示区间上的一致收敛性:

(1) $\sum\dfrac{x^n}{(n-1)!}, x\in[-r,r]$;　　(2) $\sum\dfrac{(-1)^{n-1}x^2}{(1+x^2)^n}, x\in(-\infty,+\infty)$;

(3) $\sum\dfrac{n}{x^n}, |x|>r\geqslant 1$;　　(4) $\sum\dfrac{x^n}{n^2}, x\in[0,1]$;

(5) $\sum\dfrac{(-1)^{n-1}}{x^2+n}, x\in(-\infty,+\infty)$;　　(6) $\sum\dfrac{x^2}{(1+x^2)^{n-1}}, x\in(-\infty,+\infty)$.

4. 设函数项级数 $\sum u_n(x)$ 在 D 上一致收敛于 $S(x)$,函数 $g(x)$ 在 D 上有界. 证明级数 $\sum g(x)u_n(x)$ 在 D 上一致收敛于 $g(x)S(x)$.

5. 若在区间 I 上,对任何正整数 n,

$$|u_n(x)|\leqslant v_n(x),$$

证明当 $\sum v_n(x)$ 在 I 上一致收敛时,级数 $\sum u_n(x)$ 在 I 上也一致收敛.

6. 设 $u_n(x)$ $(n=1,2,\cdots)$ 是$[a,b]$上的单调函数. 证明:若 $\sum u_n(a)$ 与 $\sum u_n(b)$ 都绝对收敛,则 $\sum u_n(x)$ 在$[a,b]$上绝对且一致收敛.

7. 证明:$\{f_n\}$在区间 I 上内闭一致收敛于 f 的充分且必要条件是:对任意 $x_0\in I$,存在 x_0 的一个邻域 $U(x_0)$,使得$\{f_n\}$在 $U(x_0)\cap I$ 上一致收敛于 f.

8. 在$[0,1]$上定义函数列

$$u_n(x)=\begin{cases}\dfrac{1}{n}, & x=\dfrac{1}{n},\\ 0, & x\neq\dfrac{1}{n},\end{cases}\quad n=1,2,\cdots,$$

证明级数 $\sum u_n(x)$ 在$[0,1]$上一致收敛,但它不存在优级数.

9. 讨论下列函数列或函数项级数在所示区间 D 上的一致收敛性：

(1) $\sum\limits_{n=2}^{\infty} \dfrac{1-2n}{(x^2+n^2)[x^2+(n-1)^2]}, D=[-1,1]$；

(2) $\sum 2^n \sin \dfrac{x}{3^n}, D=(0,+\infty)$；

(3) $\sum \dfrac{x^2}{[1+(n-1)x^2](1+nx^2)}, D=(0,+\infty)$；

(4) $\sum \dfrac{x^n}{\sqrt{n}}, D=[-1,0]$；

(5) $\sum (-1)^n \dfrac{x^{2n+1}}{2n+1}, D=(-1,1)$；

(6) $\sum\limits_{n=1}^{\infty} \dfrac{\sin nx}{n}, D=(0,2\pi)$.

10. 证明：级数 $\sum(-1)^n x^n(1-x)$ 在 $[0,1]$ 上绝对收敛并一致收敛，但由其各项绝对值组成的级数在 $[0,1]$ 上却不一致收敛.

11. 设 f 为定义在区间 (a,b) 内的任一函数，记

$$f_n(x)=\frac{[nf(x)]}{n},\quad n=1,2,\cdots,$$

证明函数列 $\{f_n\}$ 在 (a,b) 内一致收敛于 f.

12. 设 $\{u_n(x)\}$ 为 $[a,b]$ 上正的递减且收敛于零的函数列，每一个 $u_n(x)$ 都是 $[a,b]$ 上的单调函数，则级数

$$u_1(x)-u_2(x)+u_3(x)-u_4(x)+\cdots$$

在 $[a,b]$ 上不仅收敛，而且一致收敛.

13. 证明：若 $\{f_n(x)\}$ 在区间 I 上一致收敛于 0，则存在子列 $\{f_{n_i}\}$，使得 $\sum\limits_{i=1}^{\infty} f_{n_i}(x)$ 在 I 上一致收敛.

§2　一致收敛函数列与函数项级数的性质

本节讨论由函数列与函数项级数所确定的函数的连续性、可积性与可微性.

定理 13.8　设函数列 $\{f_n\}$ 在 $(a,x_0)\cup(x_0,b)$ 上一致收敛于 $f(x)$，且对每个 n，$\lim\limits_{x\to x_0} f_n(x)=a_n$，则 $\lim\limits_{n\to\infty} a_n$ 和 $\lim\limits_{x\to x_0} f(x)$ 均存在且相等.

证　先证 $\{a_n\}$ 是收敛数列. 对任意 $\varepsilon>0$，由于 $\{f_n\}$ 一致收敛，故有 N，当 $n>N$ 时，对任意正整数 p 和对一切 $x\in(a,x_0)\cup(x_0,b)$，有

$$|f_n(x)-f_{n+p}(x)|<\varepsilon. \tag{1}$$

从而

$$|a_n-a_{n+p}|=\lim_{x\to x_0}|f_n(x)-f_{n+p}(x)|\leqslant\varepsilon.$$

这样由柯西准则可知 $\{a_n\}$ 是收敛数列.

设 $\lim\limits_{n\to\infty} a_n=A$. 再证 $\lim\limits_{x\to x_0} f(x)=A$.

由于$f_n(x)$一致收敛于$f(x)$及a_n收敛于A,因此对任意$\varepsilon>0$,存在正数N,当$n>N$时,对任意$x\in(a,x_0)\cup(x_0,b)$,

$$|f_n(x)-f(x)|<\frac{\varepsilon}{3}\quad 和 \quad |a_n-A|<\frac{\varepsilon}{3}$$

同时成立.特别取$n=N+1$,有

$$|f_{N+1}(x)-f(x)|<\frac{\varepsilon}{3},\quad |a_{N+1}-A|<\frac{\varepsilon}{3}.$$

又$\lim\limits_{x\to x_0}f_{N+1}(x)=a_{N+1}$,故存在$\delta>0$,当$0<|x-x_0|<\delta$时,

$$|f_{N+1}(x)-a_{N+1}|<\frac{\varepsilon}{3}.$$

这样,当x满足$0<|x-x_0|<\delta$时,

$$\begin{aligned}|f(x)-A|&\leqslant|f(x)-f_{N+1}(x)|+|f_{N+1}(x)-a_{N+1}|+|a_{N+1}-A|\\&<\frac{\varepsilon}{3}+\frac{\varepsilon}{3}+\frac{\varepsilon}{3}=\varepsilon,\end{aligned}$$

即$\lim\limits_{x\to x_0}f(x)=A$. □

这个定理指出:在一致收敛的条件下,$\{f_n(x)\}$中两个独立变量x与n,在分别求极限时其求极限的顺序可以交换,即

$$\lim_{x\to x_0}\lim_{n\to\infty}f_n(x)=\lim_{n\to\infty}\lim_{x\to x_0}f_n(x).\tag{2}$$

类似地,若$f_n(x)$在(a,b)上一致收敛且$\lim\limits_{x\to a^+}f_n(x)$存在,可推得$\lim\limits_{x\to a^+}\lim\limits_{n\to\infty}f_n(x)=\lim\limits_{n\to\infty}\lim\limits_{x\to a^+}f_n(x)$;若$f_n(x)$在$(a,b)$上一致收敛且$\lim\limits_{x\to b^-}f_n(x)$存在,则可推得$\lim\limits_{x\to b^-}\lim\limits_{n\to\infty}f_n(x)=\lim\limits_{n\to\infty}\lim\limits_{x\to b^-}f_n(x)$.

由定理13.8可得到以下定理.

定理13.9(连续性) 若函数列$\{f_n\}$在区间I上一致收敛,且每一项都连续,则其极限函数f在I上也连续.

证 设x_0为I上任一点.由于$\lim\limits_{x\to x_0}f_n(x)=f_n(x_0)$,于是由定理13.8知$\lim\limits_{x\to x_0}f(x)$亦存在,且$\lim\limits_{x\to x_0}f(x)=\lim\limits_{n\to\infty}f_n(x_0)=f(x_0)$,因此$f(x)$在$x_0$上连续. □

由定理13.9可知:若各项为连续函数的函数列在区间I上其极限函数不连续,则此函数列在区间I上不一致收敛.

例如:函数列$\{x^n\}$的各项在$(-1,1]$上都是连续的,但其极限函数

$$f(x)=\begin{cases}0, & -1<x<1,\\1, & x=1\end{cases}$$

在$x=1$时不连续,从而推得$\{x^n\}$在$(-1,1]$上不一致收敛.

注意到函数$f(x)$在x上连续仅与它在x的近旁的性质有关,因此由定理13.9可得以下推论.

推论 若连续函数列$\{f_n\}$在区间I上内闭一致收敛于f,则f在I上连续.

上节例1中$\{f_n(x)\}=\{x^n\}$在$(-1,1)$上不一致收敛,但内闭一致收敛,其极限函数在$(-1,1)$上连续.

定理 13.10（可积性）　若函数列$\{f_n\}$在$[a,b]$上一致收敛，且每一项都连续，则

$$\int_a^b \lim_{n\to\infty} f_n(x)\,\mathrm{d}x = \lim_{n\to\infty}\int_a^b f_n(x)\,\mathrm{d}x. \tag{3}$$

证　设f为函数列$\{f_n\}$在$[a,b]$上的极限函数. 由定理 13.9，f在$[a,b]$上连续，从而f_n $(n=1,2,\cdots)$与f在$[a,b]$上都可积.

因为在$[a,b]$上$f_n \rightrightarrows f$ $(n\to\infty)$，故对任给正数ε，存在N，当$n>N$时，对一切$x\in[a,b]$，都有

$$|f_n(x)-f(x)|<\varepsilon.$$

再根据定积分的性质，当$n>N$时有

$$\begin{aligned}\left|\int_a^b f_n(x)\,\mathrm{d}x-\int_a^b f(x)\,\mathrm{d}x\right| &= \left|\int_a^b (f_n(x)-f(x))\,\mathrm{d}x\right|\\ &\leqslant \int_a^b |f_n(x)-f(x)|\,\mathrm{d}x\\ &\leqslant \varepsilon(b-a).\end{aligned}$$

这就证明了等式(3). □

这个定理指出：在一致收敛的条件下，极限运算与积分运算的顺序可以交换.

例 1　设函数

$$f_n(x)=\begin{cases}2n\alpha_n x, & 0\leqslant x<\dfrac{1}{2n},\\ 2\alpha_n-2n\alpha_n x, & \dfrac{1}{2n}\leqslant x<\dfrac{1}{n},\\ 0, & \dfrac{1}{n}\leqslant x\leqslant 1,\end{cases}\qquad n=1,2,\cdots.$$

其图像如图 13-4 所示.

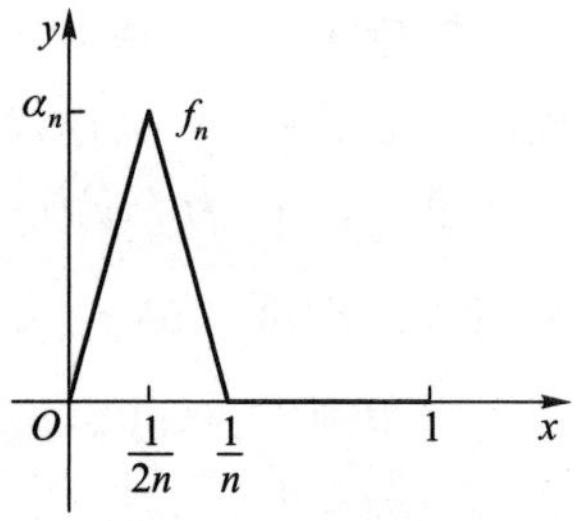

图 13-4

显然$\{f_n(x)\}$是$[0,1]$上的连续函数列，且对任意$x\in[0,1]$，$\lim\limits_{n\to\infty}f_n(x)=0$. 又$\sup\limits_{x\in[0,1]}|f_n(x)-0|=\alpha_n$，因此$\{f_n(x)\}$在$[0,1]$上一致收敛于 0 的充要条件是$\alpha_n\to 0$ $(n\to\infty)$.

由于$\int_0^1 f_n(x)\,\mathrm{d}x=\dfrac{\alpha_n}{2n}$，因此$\int_0^1 f_n(x)\,\mathrm{d}x\to\int_0^1 f(x)\,\mathrm{d}x=0$的充要条件是$\lim\limits_{n\to\infty}\dfrac{\alpha_n}{2n}=0$. 这样当$\alpha_n\equiv 1$时，虽然$\{f_n(x)\}$不一致收敛于$f(x)$，但定理 13.10 的结论仍成立. 但当$\alpha_n=n$时，$\{f_n(x)\}$不一致收敛于$f(x)$，且$\int_0^1 f_n(x)\,\mathrm{d}x\equiv\dfrac{1}{2}$也不收敛于$\int_0^1 f(x)\,\mathrm{d}x=0$. □

例 1 说明当$\{f_n(x)\}$收敛于$f(x)$时，一致收敛性是极限运算与积分运算交换的充分条件，但不是必要条件.

定理 13.11（可微性）　设$\{f_n\}$为定义在$[a,b]$上的函数列，若$x_0\in[a,b]$为$\{f_n\}$的收敛点，$\{f_n\}$的每一项在$[a,b]$上有连续的导数，且$\{f'_n\}$在$[a,b]$上一致收敛，则

$$\frac{\mathrm{d}}{\mathrm{d}x}\left(\lim_{n\to\infty}f_n(x)\right)=\lim_{n\to\infty}\frac{\mathrm{d}}{\mathrm{d}x}f_n(x). \tag{4}$$

证 设$f_n(x_0)\to A\ (n\to\infty)$，$f'_n\rightrightarrows g\ (n\to\infty)$，$x\in[a,b]$. 我们要证明函数列$\{f_n\}$在区间$[a,b]$上收敛，且其极限函数的导数存在且等于$g$.

由定理条件，对任一$x\in[a,b]$，总有

$$f_n(x)=f_n(x_0)+\int_{x_0}^{x}f'_n(t)\,\mathrm{d}t.$$

当$n\to\infty$时，右边第一项极限为A，第二项极限为$\int_{x_0}^{x}g(t)\,\mathrm{d}t$（定理13.10），所以左边极限存在，记为$f$，则有

$$f(x)=\lim_{n\to\infty}f_n(x)=f(x_0)+\int_{x_0}^{x}g(t)\,\mathrm{d}t,$$

其中$f(x_0)=A$. 由g的连续性及微积分学基本定理（第九章§5）推得

$$f'=g.$$

这就证明了等式(4). □

在定理13.11的条件下，还可推出在$[a,b]$上$f_n\rightrightarrows f\ (n\to\infty)$，请读者自己证明.

由于函数的可微性是函数的局部性质，故以下推论成立.

推论 设函数列$\{f_n\}$定义在区间I上，若$x_0\in I$为$\{f_n\}$的收敛点，且$\{f'_n\}$在I上内闭一致收敛，则f在I上可导，且$f'(x)=\lim\limits_{n\to\infty}f'_n(x)$.

例2 函数列

$$f_n(x)=\frac{1}{2n}\ln(1+n^2x^2),\quad n=1,2,\cdots$$

与

$$f'_n(x)=\frac{nx}{1+n^2x^2},\quad n=1,2,\cdots$$

在$[0,1]$上都收敛于0，由于

$$\lim_{n\to\infty}\max_{x\in[0,1]}|f'_n(x)-f'(x)|=\frac{1}{2},$$

所以导函数列$\{f'_n(x)\}$在$[0,1]$上不一致收敛，但对任意$\delta>0$，

$$\sup_{x\in[\delta,1]}|f'_n(x)-f'(x)|\leqslant\frac{n}{1+n^2\delta}\to 0\ (n\to\infty),$$

所以$\{f'_n\}$在$(0,1]$上内闭一致收敛. 由推论，在$(0,1]$上，$\lim\limits_{n\to\infty}f'_n(x)=(\lim\limits_{n\to\infty}f_n(x))'$仍成立.

事实上，$\lim\limits_{n\to\infty}f'_n(x)=0$，$\lim\limits_{n\to\infty}f_n(x)=0$，$\lim\limits_{n\to\infty}f'_n(x)=(\lim\limits_{n\to\infty}f_n(x))'$在$[0,1]$上都成立. □

此例说明，一致收敛性是极限运算与求导运算交换的充分条件，而不是必要条件.

现在再来讨论定义在区间$[a,b]$上函数项级数

$$u_1(x)+u_2(x)+\cdots+u_n(x)+\cdots \tag{5}$$

的连续性、逐项求积与逐项求导的性质，这些性质可由函数列的相应性质推出.

定理13.12（连续性） 若函数项级数$\sum u_n(x)$在区间$[a,b]$上一致收敛，且每一项都连续，则其和函数在$[a,b]$上也连续.

这个定理指出:在一致收敛条件下,(无限项)求和运算与求极限运算可以交换顺序,即

$$\sum\left(\lim_{x\to x_0}u_n(x)\right)=\lim_{x\to x_0}\left(\sum u_n(x)\right).\tag{6}$$

定理13.13(逐项求积) 若函数项级数$\sum u_n(x)$在$[a,b]$上一致收敛,且每一项$u_n(x)$都连续,则

$$\sum\int_a^b u_n(x)\mathrm{d}x=\int_a^b\sum u_n(x)\mathrm{d}x.\tag{7}$$

定理13.14(逐项求导) 若函数项级数$\sum u_n(x)$在$[a,b]$上每一项都有连续的导函数,$x_0\in[a,b]$为$\sum u_n(x)$的收敛点,且$\sum u_n'(x)$在$[a,b]$上一致收敛,则

$$\sum\left(\frac{\mathrm{d}}{\mathrm{d}x}u_n(x)\right)=\frac{\mathrm{d}}{\mathrm{d}x}\left(\sum u_n(x)\right).\tag{8}$$

定理13.13和定理13.14指出,在一致收敛条件下,逐项求积或求导后求和等于求和后再求积或求导.

最后,我们指出,本节中六个定理的意义不只是检验函数列或函数项级数是否满足关系式(2)—(4),(6)—(8),更重要的是根据定理的条件,即使没有求出极限函数或和函数,也能由函数列或函数项级数本身获得极限函数或和函数的解析性质.

例3 设

$$u_n(x)=\frac{1}{n^3}\ln(1+n^2x^2),\quad n=1,2,\cdots.$$

证明函数项级数$\sum u_n(x)$在$[0,1]$上一致收敛,并讨论其和函数在$[0,1]$上的连续性、可积性与可微性.

证 对每一个n,易见$u_n(x)$为$[0,1]$上增函数,故有

$$u_n(x)\leqslant u_n(1)=\frac{1}{n^3}\ln(1+n^2),\quad n=1,2,\cdots.$$

又当$t\geqslant 1$时,有不等式$\ln(1+t^2)<t$,所以

$$u_n(x)\leqslant\frac{1}{n^3}\ln(1+n^2)<\frac{1}{n^3}\cdot n=\frac{1}{n^2},\quad n=1,2,\cdots.$$

以收敛级数$\sum\frac{1}{n^2}$为$\sum u_n(x)$的优级数,推得$\sum u_n(x)$在$[0,1]$上一致收敛.

由于每一个$u_n(x)$在$[0,1]$上连续,根据定理13.12与定理13.13,$\sum u_n(x)$的和函数$S(x)$在$[0,1]$上连续且可积.又由

$$u_n'(x)=\frac{2x}{n(1+n^2x^2)}=\frac{2nx}{n^2(1+n^2x^2)}\leqslant\frac{1}{n^2},\quad n=1,2,\cdots,$$

即$\sum\frac{1}{n^2}$也是$\sum u_n'(x)$的优级数,故$\sum u_n'(x)$也在$[0,1]$上一致收敛.由定理13.14,得$S(x)$在$[0,1]$上可微. □

与函数列的情况相同,定理13.12和定理13.14中的一致收敛的条件可以减弱为内闭一致收敛.

例 4 证明:函数 $\zeta(x)=\sum_{n=1}^{\infty}\frac{1}{n^x}$ 在 $(1,+\infty)$ 上有连续的各阶导函数.

证 设 $u_n(x)=\frac{1}{n^x}$,则 $u_n^{(k)}(x)=(-1)^k\frac{\ln^k n}{n^x}$,$k=1,2,\cdots$. 设 $[a,b]\subset(1,+\infty)$,对任意 $x\in[a,b]$,有

$$|u_n^{(k)}(x)|=\frac{\ln^k n}{n^x}\leqslant\frac{\ln^k n}{n^a},\quad k=1,2,\cdots.$$

由于 $\lim_{n\to\infty}\frac{\ln^k n}{n^{(a-1)/2}}=0$,因此对于充分大的 n,$\frac{\ln^k n}{n^{(a-1)/2}}<1$,从而

$$\frac{\ln^k n}{n^a}=\frac{1}{n^{(a+1)/2}}\cdot\frac{\ln^k n}{n^{(a-1)/2}}<\frac{1}{n^{(a+1)/2}}.$$

因为 $\sum_{n=1}^{\infty}\frac{1}{n^{(a+1)/2}}$ 收敛,所以 $\sum_{n=1}^{\infty}u_n^{(k)}(x)$ 在 $[a,b]$ 上一致收敛,于是 $\sum_{n=1}^{\infty}u_n^{(k)}(x)$ 在 $(1,+\infty)$ 上内闭一致收敛. 对 $\sum_{n=1}^{\infty}(-1)^k\frac{\ln^k n}{n^x}$ 用定理 13.12 和定理 13.14,$\zeta(x)$ 在 $(1,+\infty)$ 上有连续的各阶导函数,且 $\zeta^{(k)}(x)=\sum_{n=1}^{\infty}(-1)^k\frac{\ln^k n}{n^x}$,$k=1,2,\cdots$. □

习 题 13.2

1. 讨论下列各函数列 $\{f_n\}$ 在所定义的区间上:

(a) $\{f_n\}$ 与 $\{f'_n\}$ 的一致收敛性;

(b) $\{f_n\}$ 是否有定理 13.9,13.10,13.11 的条件与结论.

(1) $f_n(x)=\frac{2x+n}{x+n}$,$x\in[0,b]$; (2) $f_n(x)=x-\frac{x^n}{n}$,$x\in[0,1]$;

(3) $f_n(x)=nxe^{-nx^2}$,$x\in[0,1]$.

2. 证明:若函数列 $\{f_n\}$ 在 $[a,b]$ 上满足定理 13.11 的条件,则 $\{f_n\}$ 在 $[a,b]$ 上一致收敛.

3. 证明定理 13.12 和定理 13.14.

4. 设 $S(x)=\sum_{n=1}^{\infty}\frac{x^{n-1}}{n^2}$,$x\in[-1,1]$,计算积分 $\int_0^x S(t)\,dt$.

5. 设 $S(x)=\sum_{n=1}^{\infty}\frac{\cos nx}{n\sqrt{n}}$,$x\in(-\infty,+\infty)$,计算积分 $\int_0^x S(t)\,dt$.

6. 设 $S(x)=\sum_{n=1}^{\infty}ne^{-nx}$,$x>0$,计算 $\int_{\ln 2}^{\ln 3}S(t)\,dt$.

7. 证明:函数 $f(x)=\sum\frac{\sin nx}{n^3}$ 在 $(-\infty,+\infty)$ 上连续,且有连续的导函数.

8. 证明:定义在 $[0,2\pi]$ 上的函数项级数 $\sum_{n=0}^{\infty}r^n\cos nx\ (0<r<1)$ 满足定理 13.13 条件,且 $\int_0^{2\pi}\left(\sum_{n=0}^{\infty}r^n\cos nx\right)dx=2\pi$.

---

9. 讨论下列函数列在所定义区间上的一致收敛性及极限函数的连续性、可微性和可积性:

(1) $f_n(x)=xe^{-nx^2}, n=1,2,\cdots, x\in[-l,l]$;

(2) $f_n(x)=\dfrac{nx}{nx+1}, n=1,2,\cdots$,　　(i) $x\in[0,+\infty)$,　　(ii) $x\in[a,+\infty)$ $(a>0)$.

10. 设 f 在 $(-\infty,+\infty)$ 上有任意阶导数，记 $F_n=f^{(n)}$，且在任何有限区间内

$$F_n \rightrightarrows \varphi \ (n\to\infty),$$

试证 $\varphi(x)=ce^x$ （c 为常数）.

第十三章总练习题

1. 试问 k 为何值时，下列函数列 $\{f_n\}$ 一致收敛：

(1) $f_n(x)=xn^ke^{-nx}, 0\leqslant x<+\infty$;

(2) $f_n(x)=\begin{cases} xn^k, & 0\leqslant x\leqslant \dfrac{1}{n}, \\ \left(\dfrac{2}{n}-x\right)n^k, & \dfrac{1}{n}<x\leqslant\dfrac{2}{n}, \\ 0, & \dfrac{2}{n}<x\leqslant 1. \end{cases}$

2. 证明：(1) 若 $f_n(x)\rightrightarrows f(x)$ $(n\to\infty)$, $x\in I$，且 f 在 I 上有界，则 $\{f_n\}$ 至多除有限项外在 I 上是一致有界的；

(2) 若 $f_n(x)\rightrightarrows f(x)$ $(n\to\infty)$, $x\in I$，且对每个正整数 n, f_n 在 I 上有界，则 $\{f_n\}$ 在 I 上一致有界.

3. 设 f 为 $\left[\dfrac{1}{2},1\right]$ 上的连续函数. 证明：

(1) $\{x^nf(x)\}$ 在 $\left[\dfrac{1}{2},1\right]$ 上收敛；

(2) $\{x^nf(x)\}$ 在 $\left[\dfrac{1}{2},1\right]$ 上一致收敛的充要条件是 $f(1)=0$.

4. 若把定理 13.10 中一致收敛函数列 $\{f_n\}$ 的每一项在 $[a,b]$ 上连续改为在 $[a,b]$ 上可积，试证 $\{f_n\}$ 在 $[a,b]$ 上的极限函数在 $[a,b]$ 上也可积.

5. 设级数 $\sum a_n$ 收敛. 证明

$$\lim_{x\to0^+}\sum\frac{a_n}{n^x}=\sum a_n.$$

6. 设可微函数列 $\{f_n\}$ 在 $[a,b]$ 上收敛，$\{f_n'\}$ 在 $[a,b]$ 上一致有界. 证明：$\{f_n\}$ 在 $[a,b]$ 上一致收敛.

7. 设连续函数列 $\{f_n(x)\}$ 在 $[a,b]$ 上一致收敛于 $f(x)$，而 $g(x)$ 在 $(-\infty,+\infty)$ 上连续. 证明：$\{g(f_n(x))\}$ 在 $[a,b]$ 上一致收敛于 $g(f(x))$.

第十三章综合自测题

第十四章 幂级数

§1 幂 级 数

本章将讨论由幂函数序列$\{a_n(x-x_0)^n\}$所产生的函数项级数

$$\sum_{n=0}^{\infty} a_n(x-x_0)^n = a_0 + a_1(x-x_0) + a_2(x-x_0)^2 + \cdots + a_n(x-x_0)^n + \cdots, \tag{1}$$

它称为**幂级数**,是一类最简单的函数项级数,从某种意义上说,它也可以看作是多项式函数的延伸. 幂级数在理论和实际上都有很多应用,特别在应用它表示函数方面,使我们对它的作用有许多新的认识.

下面将着重讨论$x_0=0$,即

$$\sum_{n=0}^{\infty} a_n x^n = a_0 + a_1 x + a_2 x^2 + \cdots + a_n x^n + \cdots \tag{2}$$

的情形,因为只要把(2)中的x换成$x-x_0$,就得到(1).

一、幂级数的收敛区间

首先讨论幂级数(2)的收敛性问题. 显然任意一个幂级数(2)在$x=0$处总是收敛的. 除此之外,它还在哪些点收敛? 我们有下面重要的定理.

定理 14.1(阿贝尔定理) 若幂级数(2)在$x=\bar{x}\neq 0$处收敛,则对满足不等式$|x|<|\bar{x}|$的任何x,幂级数(2)收敛而且绝对收敛;若幂级数(2)在$x=\bar{x}$处发散,则对满足不等式$|x|>|\bar{x}|$的任何x,幂级数(2)发散.

证 设级数$\sum_{n=0}^{\infty} a_n \bar{x}^n$收敛,从而数列$\{a_n \bar{x}^n\}$收敛于零且有界,即存在某正数$M$,使得

$$|a_n \bar{x}^n| < M \quad (n=0,1,2,\cdots).$$

另一方面,对任意一个满足不等式$|x|<|\bar{x}|$的x,设

$$r = \left|\frac{x}{\bar{x}}\right| < 1,$$

则有

$$|a_n x^n| = \left|a_n \bar{x}^n \cdot \frac{x^n}{\bar{x}^n}\right| = |a_n \bar{x}^n| \cdot \left|\frac{x}{\bar{x}}\right|^n < M r^n.$$

由于级数 $\sum\limits_{n=0}^{\infty} Mr^n$ 收敛,故幂级数(2) 当 $|x| < |\bar{x}|$时绝对收敛.

现在证明定理的第二部分. 设幂级数(2)在 $x=\bar{x}$ 处发散,如果存在某一个 x_0,它满足不等式$|x_0|>|\bar{x}|$,且使级数 $\sum\limits_{n=0}^{\infty} a_n x_0^n$ 收敛. 则由定理第一部分知道,幂级数(2) 应在 $x=\bar{x}$ 处绝对收敛,这与假设相矛盾,所以对一切满足不等式$|x| > |\bar{x}|$的 x,幂级数(2)都发散. □

由此定理知道:幂级数(2)的收敛域是以原点为中心的区间. 若以 $2R$ 表示区间的长度,则称 R 为幂级数的**收敛半径**. 实际上,它就是使得幂级数(2)收敛的那些收敛点的绝对值的上确界. 所以

当 $R=0$ 时,幂级数(2)仅在 $x=0$ 处收敛;

当 $R=+\infty$ 时,幂级数(2)在$(-\infty,+\infty)$上收敛;

当 $0<R<+\infty$ 时,幂级数(2)在$(-R,R)$上收敛;对一切满足不等式 $|x|>R$ 的 x,幂级数(2)都发散;至于在 $x=\pm R$ 处,则幂级数(2)可能收敛也可能发散.

我们称$(-R,R)$为幂级数(2)的**收敛区间**.

怎样求得幂级数(2)的收敛半径,有如下定理.

定理 14.2　对于幂级数(2),若

$$\lim_{n\to\infty}\sqrt[n]{|a_n|}=\rho, \tag{3}$$

则当

(i) $0<\rho<+\infty$ 时,幂级数(2)的收敛半径 $R=\dfrac{1}{\rho}$;

(ii) $\rho=0$ 时,幂级数(2)的收敛半径 $R=+\infty$;

(iii) $\rho=+\infty$ 时,幂级数(2)的收敛半径 $R=0$.

证　对于幂级数 $\sum\limits_{n=0}^{\infty}|a_n x^n|$,由于

$$\lim_{n\to\infty}\sqrt[n]{|a_n x^n|}=\lim_{n\to\infty}\sqrt[n]{|a_n|}\,|x|=\rho|x|,$$

根据级数的根式判别法,当$\rho|x|<1$ 时,$\sum\limits_{n=0}^{\infty}|a_n x^n|$收敛;当$\rho|x|>1$时,$\sum\limits_{n=0}^{\infty}|a_n x^n|$发散. 于是当$0<\rho<+\infty$ 时,由$\rho|x|<1$ 得幂级数(2) 的收敛半径 $R=\dfrac{1}{\rho}$. 当$\rho=0$ 时,对任何 x 皆有 $\rho|x|<1$,所以 $R=+\infty$. 当 $\rho=+\infty$ 时,则对除 $x=0$ 外的任何 x 皆有 $\rho|x|>1$,所以 $R=0$. □

在第十二章 §2 第二段曾经指出:若$\lim\limits_{n\to\infty}\dfrac{|a_{n+1}|}{|a_n|}=\rho$,则有$\lim\limits_{n\to\infty}\sqrt[n]{|a_n|}=\rho$. 因此,我们也常用级数的比式判别法来推出幂级数(2)的收敛半径.

例 1　考察级数 $\sum\limits_{n=1}^{\infty}\dfrac{x^n}{n^2}$,由于

$$\frac{a_{n+1}}{a_n}=\frac{n^2}{(n+1)^2}\to 1\ (n\to\infty),$$

所以它的收敛半径 $R=1$,即收敛区间为$(-1,1)$;当 $x=\pm1$ 时,有 $\left|\frac{(\pm1)^n}{n^2}\right|=\frac{1}{n^2}$,由于级数 $\sum_{n=1}^{\infty}\frac{1}{n^2}$收敛,所以级数 $\sum_{n=1}^{\infty}\frac{x^n}{n^2}$在 $x=\pm1$ 时也收敛. 于是这个级数的收敛域为$[-1,1]$.

□

例 2 考察级数

$$x+\frac{x^2}{2}+\cdots+\frac{x^n}{n}+\cdots, \tag{4}$$

由于

$$R=\lim_{n\to\infty}\frac{a_n}{a_{n+1}}=\lim_{n\to\infty}\frac{n+1}{n}=1,$$

所以幂级数(4)的收敛区间是$(-1,1)$. 但级数(4)当 $x=1$ 时发散,$x=-1$ 时收敛,从而推得级数(4)的收敛域是半开区间$[-1,1)$. □

照此方法,读者不难验证级数

$$\sum_{n=0}^{\infty}\frac{x^n}{n!} \quad 与 \quad \sum_{n=0}^{\infty}n!\ x^n$$

的收敛半径分别为 $R=+\infty$ 与 $R=0$.

定理 14.3(柯西-阿达马(Cauchy-Hadamard)定理) 对于幂级数(2),设

$$\rho=\overline{\lim_{n\to\infty}}\sqrt[n]{|a_n|}, \tag{5}$$

则当

(i) $0<\rho<+\infty$ 时,收敛半径 $R=\frac{1}{\rho}$;

(ii) $\rho=0$ 时,$R=+\infty$;

(iii) $\rho=+\infty$ 时,$R=0$.

注意:由于上极限(5)总是存在的,因而任一幂级数总能由(5)式得到它的收敛半径.

定理 14.3 的证明与定理 14.2 相仿,读者可自行根据定理 12.8 推论 2 推出.

例 3 考察级数

$$1+\frac{x}{3}+\frac{x^2}{2^2}+\frac{x^3}{3^3}+\frac{x^4}{2^4}+\cdots+\frac{x^{2n-1}}{3^{2n-1}}+\frac{x^{2n}}{2^{2n}}+\cdots,$$

由于

$$\overline{\lim_{n\to\infty}}\sqrt[n]{a_n}=\frac{1}{2},$$

所以收敛半径 $R=2$. 由于 $x=\pm2$ 时,这两个数项级数都发散. 故级数的收敛域为$(-2,2)$. □

例 4 求 $\sum_{n=1}^{\infty}\frac{x^{2n}}{n-3^{2n}}$ 的收敛域.

解 这是一个缺项幂级数,可以用定理 14.3 求收敛半径,也可以用下面的方法来求.

因为当$\lim_{n\to\infty}\sqrt[n]{\frac{x^{2n}}{|n-3^{2n}|}}=\frac{1}{9}\lim_{n\to\infty}\sqrt[n]{\frac{x^{2n}}{1-\frac{n}{3^{2n}}}}=\frac{x^2}{9}<1$,即 $|x|<3$ 时级数收敛,所以原级数的收敛半径为 $R=3$. 又当 $x=\pm3$ 时,相应的级数都是 $\sum_{n=1}^{\infty}\frac{3^{2n}}{n-3^{2n}}$,而$\lim_{n\to\infty}\frac{3^{2n}}{n-3^{2n}}=-1\neq0$,

级数 $\sum_{n=1}^{\infty}\frac{3^{2n}}{n-3^{2n}}$ 发散．因此原级数的收敛域为 $(-3,3)$．□

下面讨论幂级数(2)的一致收敛性问题.

定理 14.4　若幂级数(2)的收敛半径为 $R\ (>0)$，则幂级数(2)在它的收敛区间 $(-R,R)$ 内任一闭区间 $[a,b]$ 上都一致收敛.

证　设 $\bar{x}=\max\{|a|,|b|\}\in(-R,R)$，那么对于 $[a,b]$ 上任一点 x，都有

$$|a_n x^n|\leqslant|a_n\bar{x}^n|.$$

由于级数(2)在点 $\bar{x}$ 绝对收敛，应用优级数判别法推得级数(2)在 $[a,b]$ 上一致收敛.

□

定理 14.5　若幂级数(2)的收敛半径为 $R\ (>0)$，且在 $x=R$（或 $x=-R$）时收敛，则级数(2)在 $[0,R]$（或 $[-R,0]$）上一致收敛.

证　设级数(2)在 $x=R$ 时收敛，对于 $x\in[0,R]$ 有

$$\sum_{n=0}^{\infty}a_n x^n=\sum_{n=0}^{\infty}a_n R^n\left(\frac{x}{R}\right)^n.$$

已知级数 $\sum_{n=0}^{\infty}a_n R^n$ 收敛，函数列 $\left\{\left(\frac{x}{R}\right)^n\right\}$ 在 $[0,R]$ 上递减且一致有界，即

$$1\geqslant\frac{x}{R}\geqslant\left(\frac{x}{R}\right)^2\geqslant\cdots\geqslant\left(\frac{x}{R}\right)^n\geqslant\cdots\geqslant 0.$$

故由阿贝尔判别法（定理 13.6），级数(2)在 $[0,R]$ 上一致收敛.　□

关于一般幂级数(1)的收敛性问题，也可仿照上述的办法来确定它的收敛区间和收敛半径.

例 5　考察级数

$$\sum_{n=1}^{\infty}\frac{(x-1)^n}{2^n n}=\frac{x-1}{2}+\frac{(x-1)^2}{2^2\cdot 2}+\cdots+\frac{(x-1)^n}{2^n\cdot n}+\cdots,\tag{6}$$

由于

$$\frac{\dfrac{1}{2^{n+1}(n+1)}}{\dfrac{1}{2^n\cdot n}}=\frac{n}{2(n+1)}\to\frac{1}{2}\quad(n\to\infty),$$

因此级数(6)的收敛半径 $R=2$，因而它的收敛区间为 $|x-1|<2$，即 $(-1,3)$．当 $x=-1$ 时，级数(6)为收敛级数

$$\sum_{n=1}^{\infty}\frac{(-2)^n}{2^n\cdot n}=-1+\frac{1}{2}-\frac{1}{3}+\cdots+(-1)^n\frac{1}{n}+\cdots;$$

当 $x=3$ 时，级数(6)为发散级数

$$\sum_{n=1}^{\infty}\frac{2^n}{2^n n}=\sum\frac{1}{n}=1+\frac{1}{2}+\frac{1}{3}+\cdots+\frac{1}{n}+\cdots.$$

于是级数(6)的收敛域为 $[-1,3)$．□

二、幂级数的性质

首先由定理 13.12 立刻可得

定理 14.6 (i) 幂级数(2)的和函数是$(-R,R)$上的连续函数;(ii) 若幂级数(2)在收敛区间的左(右)端点上收敛,则其和函数也在这一端点上右(左)连续.

在讨论幂级数的逐项求导与逐项求积之前,先要确定幂级数(2)在收敛区间$(-R,R)$上逐项求导与逐项求积后所得到的幂级数

$$a_1+2a_2x+3a_3x^2+\cdots+na_nx^{n-1}+\cdots \tag{7}$$

与

$$a_0x+\frac{a_1}{2}x^2+\frac{a_2}{3}x^3+\cdots+\frac{a_n}{n+1}x^{n+1}+\cdots \tag{8}$$

的收敛区间.

定理 14.7 幂级数(2)与幂级数(7)、(8)具有相同的收敛区间.

证 这里只要证明(2)与(7)具有相同的收敛区间就可以了,因为对(8)逐项求导就得到(2).

设x_0为幂级数(2)在其收敛区间$(-R,R)$内任一不为零的点. 由阿贝尔定理(定理14.1)的证明知道,存在正数M与r $(r<1)$,对一切正整数n,都有

$$|a_nx_0^n|<Mr^n.$$

于是

$$|na_nx_0^{n-1}|=\left|\frac{n}{x_0}\right||a_nx_0^n|<\frac{M}{|x_0|}nr^n,$$

由级数的比式判别法知道,级数$\sum\limits_{n=0}^{\infty}nr^n$收敛. 根据级数的比较原则及上述不等式,推知幂级数(7)在点x_0是绝对收敛的(当然也是收敛的!). 由于x_0为$(-R,R)$上任一点,这就证得幂级数(7)在$(-R,R)$上收敛.

现在证明幂级数(7)对一切满足不等式$|x|>R$的x都不收敛. 如若不然,幂级数(7)在点x_0 $(|x_0|>R)$收敛,则有一数$\bar{x}$,使得$|x_0|>|\bar{x}|>R$. 由阿贝尔定理,幂级数(7)在$x=\bar{x}$处绝对收敛. 但是,取$n\geqslant|\bar{x}|$时,就有

$$|na_n\bar{x}^{n-1}|=\frac{n}{|\bar{x}|}|a_n\bar{x}^n|\geqslant|a_n\bar{x}^n|,$$

由比较原则得幂级数(2)在$x=\bar{x}$处绝对收敛. 这与所设幂级数(2)的收敛区间为$(-R,R)$相矛盾. 这就证明了幂级数(7)的收敛区间也是$(-R,R)$. □

定理 14.8 设幂级数(2)在收敛区间$(-R,R)$上的和函数为f,若x为$(-R,R)$上任意一点,则

(i) f在点x可导,且

$$f'(x)=\sum_{n=1}^{\infty}na_nx^{n-1};$$

(ii) f在0与x之间的这个区间上可积,且

$$\int_0^x f(t)\,dt=\sum_{n=0}^{\infty}\frac{a_n}{n+1}x^{n+1}.$$

定理14.8指出幂级数在收敛区间内可**逐项求导**与**逐项求积**.

证 由定理14.7知,级数(2),(7),(8)具有相同的收敛半径R. 因此,对任意一点$x\in(-R,R)$,总存在正数r,使得$|x|<r<R$,根据定理14.4,级数(2),(7)在$[-r,r]$上一

致收敛. 再由第十三章 §2 的逐项求导与逐项求积定理,就得到所要证明的结论(i)与(ii). □

由定理 14.8 的(i)可得:

推论 1　记 f 为幂级数(2)在收敛区间 $(-R,R)$ 上的和函数,则在 $(-R,R)$ 上 f 具有任何阶导数,且可逐项求导任何次,即

$$f'(x)=a_1+2a_2x+3a_3x^2+\cdots+na_nx^{n-1}+\cdots,$$

$$f''(x)=2a_2+3\cdot 2a_3x+\cdots+n(n-1)a_nx^{n-2}+\cdots,$$

$$\cdots\cdots\cdots\cdots$$

$$f^{(n)}(x)=n!\ a_n+(n+1)n(n-1)\cdots 2a_{n+1}x+\cdots,$$

$$\cdots\cdots\cdots\cdots$$

推论 2　记 f 为幂级数(2)在点 $x=0$ 某邻域上的和函数,则幂级数(2)的系数与 f 在 $x=0$ 处的各阶导数有如下关系:

$$a_0=f(0),\quad a_n=\frac{f^{(n)}(0)}{n!}\ (n=1,2,\cdots).$$

这个推论还表明,若幂级数(2)在 $(-R,R)$ 上有和函数 f,则幂级数(2)由 f 在点 $x=0$ 处的各阶导数所惟一确定.

三、幂级数的运算

在讨论幂级数的运算之前,先说明两个幂级数

$$\sum_{n=0}^{\infty}a_nx^n=a_0+a_1x+\cdots+a_nx^n+\cdots \tag{2}$$

与

$$\sum_{n=0}^{\infty}b_nx^n=b_0+b_1x+\cdots+b_nx^n+\cdots \tag{9}$$

相等的意义.

定义 1　若幂级数(2)与(9)在点 $x=0$ 的某邻域内有相同的和函数,则称这两个幂级数在该邻域内相等.

定理 14.9　若幂级数(2)与(9)在点 $x=0$ 的某邻域内相等,则它们同次幂项的系数相等,即

$$a_n=b_n\ (n=0,1,2,\cdots).$$

这个定理的结论可直接由定理 14.8 的推论 2 得到.

根据这个定理还可推得:若幂级数(2)的和函数为奇(偶)函数,则(2)式不出现偶(奇)次幂的项.

定理 14.10　若幂级数(2)与(9)的收敛半径分别为 R_a 和 R_b,则有

$$\lambda\sum_{n=0}^{\infty}a_nx^n=\sum_{n=0}^{\infty}\lambda a_nx^n,\ |x|<R_a,$$

$$\sum_{n=0}^{\infty}a_nx^n\pm\sum_{n=0}^{\infty}b_nx^n=\sum_{n=0}^{\infty}(a_n\pm b_n)x^n,\ |x|<R,$$

$$\left(\sum_{n=0}^{\infty}a_nx^n\right)\left(\sum_{n=0}^{\infty}b_nx^n\right)=\sum_{n=0}^{\infty}c_nx^n,\ |x|<R,$$

式中 λ 为常数，$R=\min\{R_a,R_b\}$，$c_n=\sum\limits_{k=0}^{n}a_kb_{n-k}$.

定理的证明可由数项级数的相应性质推出.

例 6 几何级数在收敛域$(-1,1)$上有

$$f(x)=\frac{1}{1-x}=1+x+x^2+\cdots+x^n+\cdots. \tag{10}$$

对级数(10)在$(-1,1)$上逐项求导得

$$f'(x)=\frac{1}{(1-x)^2}=1+2x+3x^2+\cdots+nx^{n-1}+\cdots, \tag{11}$$

$$f''(x)=\frac{2!}{(1-x)^3}=2+3\cdot 2x+\cdots+n(n-1)x^{n-2}+\cdots. \tag{12}$$

级数(10)在$[0,x]$ $(x<1)$上逐项求积分可得

$$\int_0^x\frac{\mathrm{d}t}{1-t}=\sum_{n=0}^{\infty}\int_0^x t^n\mathrm{d}t,$$

所以

$$\ln\frac{1}{1-x}=x+\frac{x^2}{2}+\frac{x^3}{3}+\cdots+\frac{x^{n+1}}{n+1}+\cdots\quad(|x|<1). \tag{13}$$

上式对 $x=-1$ 也成立(参见本节习题 3). □

从这个例子可以看到：由已知级数(10)的和函数，通过逐项求导或逐项求积可间接地求得级数(11)、(12)或(13)的和函数.

例 7 求级数 $\sum\limits_{n=1}^{\infty}(-1)^{n-1}n^2x^n$ 的和函数.

解 易知级数的收敛域为$(-1,1)$. 下面利用逐项求积分的方法来求级数的和函数. 设

$$S(x)=\sum_{n=1}^{\infty}(-1)^{n-1}n^2x^n=x\sum_{n=1}^{\infty}(-1)^{n-1}n^2x^{n-1}=x\cdot g(x),\ x\in(-1,1).$$

对 $g(x)=\sum\limits_{n=1}^{\infty}(-1)^{n-1}n^2x^{n-1}$ 积分，得

$$\int_0^x g(t)\mathrm{d}t=\sum_{n=1}^{\infty}(-1)^{n-1}n^2\int_0^x t^{n-1}\mathrm{d}t=\sum_{n=1}^{\infty}(-1)^{n-1}nx^n=x\sum_{n=1}^{\infty}(-1)^{n-1}nx^{n-1}=xh(x).$$

再对 $h(x)$ 积分，得

$$\int_0^x h(t)\mathrm{d}t=\sum_{n=1}^{\infty}(-1)^{n-1}n\int_0^x t^{n-1}\mathrm{d}t=\sum_{n=1}^{\infty}(-1)^{n-1}x^n=\frac{x}{1+x},\ x\in(-1,1).$$

因此，

$$h(x)=\left(\frac{x}{1+x}\right)'=\frac{1}{(1+x)^2},$$

$$g(x)=(xh(x))'=\left[\frac{x}{(1+x)^2}\right]'=\frac{1-x}{(1+x)^3},$$

$$S(x)=xg(x)=\frac{x-x^2}{(1+x)^3}\quad x\in(-1,1).$$

□

习题 14.1

1. 求下列幂级数的收敛半径与收敛区域：

(1) $\sum_{n=1}^{\infty} nx^n$；

(2) $\sum_{n=1}^{\infty} \frac{x^n}{n^2 \cdot 2^n}$；

(3) $\sum_{n=0}^{\infty} \frac{(n!)^2}{(2n)!}x^n$；

(4) $\sum_{n=0}^{\infty} r^{n^2}x^n \ (0<r<1)$；

(5) $\sum_{n=1}^{\infty} \frac{(x-2)^{2n-1}}{(2n-1)!}$；

(6) $\sum_{n=1}^{\infty} \frac{3^n+(-2)^n}{n}(x+1)^n$；

(7) $\sum_{n=1}^{\infty} \left(1+\frac{1}{2}+\cdots+\frac{1}{n}\right)x^n$；

(8) $\sum_{n=0}^{\infty} \frac{x^{n^2}}{2^n}$.

2. 应用逐项求导或逐项求积方法求下列幂级数的和函数(应同时指出它们的定义域)：

(1) $x+\frac{x^3}{3}+\frac{x^5}{5}+\cdots+\frac{x^{2n+1}}{2n+1}+\cdots$；

(2) $1\cdot 2x+2\cdot 3x^2+\cdots+n(n+1)x^n+\cdots$；

(3) $\sum_{n=1}^{\infty} n^2x^n$.

3. 证明：设 $f(x)=\sum_{n=0}^{\infty} a_n x^n$ 当 $|x|<R$ 时收敛，若 $\sum_{n=0}^{\infty} \frac{a_n}{n+1}R^{n+1}$ 也收敛，则

$$\int_0^R f(x)\,\mathrm{d}x = \sum_{n=0}^{\infty} \frac{a_n}{n+1}R^{n+1}$$

(注意：这里不管 $\sum_{n=0}^{\infty} a_n x^n$ 在 $x=R$ 是否收敛). 应用这个结果证明：

$$\int_0^1 \frac{1}{1+x}\mathrm{d}x = \ln 2 = \sum_{n=1}^{\infty} (-1)^{n-1}\frac{1}{n}.$$

4. 证明：

(1) $y=\sum_{n=0}^{\infty} \frac{x^{4n}}{(4n)!}$ 满足方程 $y^{(4)}=y$；

(2) $y=\sum_{n=0}^{\infty} \frac{x^n}{(n!)^2}$ 满足方程 $xy''+y'-y=0$.

5. 证明：设 f 为幂级数(2)在 $(-R,R)$ 上的和函数，若 f 为奇函数，则级数(2)仅出现奇次幂的项，若 f 为偶函数，则(2)仅出现偶次幂的项.

6. 证明：若 $\sum_{n=0}^{\infty} a_nx^n$ 的收敛半径是 $R(0<R<+\infty)$，则 $\sum_{n=0}^{\infty} a_nx^{2n}$ 的收敛半径是 $\sqrt{R}$.

7. 设 $\sum_{n=0}^{\infty} a_nx^n$ 的收敛半径是 $R(0<R<+\infty)$. 证明：对给定的 $M>\frac{1}{R}$，存在 $K>0$，使得 $|a_n|\leqslant KM^n$，$\forall n=1,2,\cdots$.

---

8. 求下列幂级数的收敛域：

(1) $\sum_{n=0}^{\infty} \frac{x^n}{a^n+b^n} \quad (a>0,b>0)$；

(2) $\sum_{n=0}^{\infty} \left(1+\frac{1}{n}\right)^{n^2} x^n$.

9. 证明定理 14.3 并求下列幂级数的收敛半径：

(1) $\sum_{n=1}^{\infty} \frac{[3+(-1)^n]^n}{n}x^n$；

(2) $a+bx+ax^2+bx^3+\cdots \quad (0<a<b)$.

10. 求下列幂级数的收敛半径及其和函数:

(1) $\sum_{n=1}^{\infty}\frac{x^n}{n(n+1)}$;　　(2) $\sum_{n=1}^{\infty}\frac{x^n}{n(n+1)(n+2)}$;

(3) $\sum_{n=2}^{\infty}\frac{(n-1)^2}{n+1}x^n$ (提示:$(n-1)^2=[(n+1)-2]^2=(n+1)^2-4(n+1)+4$).

11. 设 $a_0,a_1,a_2,\cdots$ 为等差数列($a_0\neq 0$). 试求:

(1) 幂级数 $\sum_{n=0}^{\infty}a_n x^n$ 的收敛半径;　　(2) 数项级数 $\sum_{n=0}^{\infty}\frac{a_n}{2^n}$ 的和.

§2　函数的幂级数展开

一、泰勒级数

在第六章§3 的泰勒定理中曾指出,若函数 f 在点 x_0 的某邻域上存在直至$n+1$阶的连续导数,则

$$f(x)=f(x_0)+f'(x_0)(x-x_0)+\frac{f''(x_0)}{2!}(x-x_0)^2+\cdots+\frac{f^{(n)}(x_0)}{n!}(x-x_0)^n+R_n(x),\tag{1}$$

这里 $R_n(x)$为拉格朗日型余项

$$R_n(x)=\frac{f^{(n+1)}(\xi)}{(n+1)!}(x-x_0)^{n+1},\tag{2}$$

其中 ξ 在 x 与 x_0 之间,称(1)为 f 在 x_0 处的泰勒公式.

如果在(1)中抹去余项 $R_n(x)$,那么在点 x_0 附近 f 可用(1)式右边的多项式来近似代替,如果函数 f 在 x_0 处存在任意阶的导数,这时称级数

$$f(x_0)+f'(x_0)(x-x_0)+\frac{f''(x_0)}{2!}(x-x_0)^2+\cdots+\frac{f^{(n)}(x_0)}{n!}(x-x_0)^n+\cdots\tag{3}$$

为函数 f 在 x_0 处的**泰勒级数**. 对于级数(3)是否能在点 x_0 附近确切地表达 f,或说 f 在 x_0 处的泰勒级数在点 x_0 附近的和函数是否就是 f,这就是本节所要讨论的问题.

先看一个例子.

例 1　由于函数

$$f(x)=\begin{cases}e^{-\frac{1}{x^2}}, & x\neq 0,\\ 0, & x=0\end{cases}$$

在 $x=0$ 处的任何阶导数都等于 0 (第六章§4 第一段末尾),即

$$f^{(n)}(0)=0,\quad n=1,2,\cdots,$$

因此 f 在 $x=0$ 处的泰勒级数为

$$0+0\cdot x+\frac{0}{2!}x^2+\cdots+\frac{0}{n!}x^n+\cdots.$$

显然它在$(-\infty,+\infty)$上收敛,且其和函数$S(x)=0$. 由此看到,对一切$x\neq0$都有$f(x)\neq S(x)$. □

这个例子说明,具有任意阶导数的函数,其泰勒级数并不都能收敛于该函数本身.下面定理指出:具备什么条件的函数f,它的泰勒级数才能收敛于f本身.

定理 14.11 设f在点x_0具有任意阶导数,那么f在区间(x_0-r,x_0+r)上等于它的泰勒级数的和函数的充分必要条件是:对一切满足不等式$|x-x_0|<r$的x,有

$$\lim_{n\to\infty}R_n(x)=0,$$

这里$R_n(x)$是f在x_0处的泰勒公式余项.

读者可自行由第六章§3泰勒定理推出本定理的证明.

如果f能在点x_0的某邻域内等于其泰勒级数的和函数,则称函数f在点x_0的这一邻域内可以展开成泰勒级数,并称等式

$$f(x)=f(x_0)+f'(x_0)(x-x_0)+\frac{f''(x_0)}{2!}(x-x_0)^2+\cdots+\frac{f^{(n)}(x_0)}{n!}(x-x_0)^n+\cdots \tag{4}$$

的右边为f在x_0处的**泰勒展开式**,或称**幂级数展开式**.

由定理14.8之推论2已知:若f为幂级数$\sum\limits_{n=0}^{\infty}a_nx^n$在收敛区间$(-R,R)$上的和函数,则$\sum\limits_{n=0}^{\infty}a_nx^n$就是$f$在$(-R,R)$上的泰勒展开式,即幂级数展开式是惟一的.

在实际应用上,主要讨论函数在$x_0=0$处的展开式,这时(3)式可以写作

$$f(0)+\frac{f'(0)}{1!}x+\frac{f''(0)}{2!}x^2+\cdots+\frac{f^{(n)}(0)}{n!}x^n+\cdots,$$

称为f的**麦克劳林级数**.

从定理14.11知道,余项对确定函数能否展开为幂级数是极为重要的.为了便于下面的讨论,我们重新写出当$x_0=0$时的积分型余项、拉格朗日型余项和柯西型余项,它们分别是

$$R_n(x)=\frac{1}{n!}\int_0^x f^{(n+1)}(t)(x-t)^n\mathrm{d}t,$$

$$R_n(x)=\frac{1}{(n+1)!}f^{(n+1)}(\xi)x^{n+1},\quad \xi\text{ 在 }0\text{ 与 }x\text{ 之间},$$

$$R_n(x)=\frac{1}{n!}f^{(n+1)}(\theta x)(1-\theta)^n x^{n+1},\quad 0\leqslant\theta\leqslant1.$$

二、初等函数的幂级数展开式

例 2 求k次多项式函数

$$f(x)=c_0+c_1x+c_2x^2+\cdots+c_kx^k$$

的展开式.

解 由于

$$f^{(n)}(0)=\begin{cases}n!\ c_n, & n\leqslant k,\\ 0, & n>k,\end{cases}$$

总有 $\lim\limits_{n\to\infty}R_n(x)=0$. 因而

$$f(x)=f(0)+f'(0)x+\frac{f''(0)}{2!}x^2+\cdots+\frac{f^{(k)}(0)}{k!}x^k$$
$$=c_0+c_1x+c_2x^2+\cdots+c_kx^k,$$

即多项式函数的幂级数展开式就是它本身. □

例 3 求函数 $f(x)=\mathrm{e}^x$ 的展开式.

解 由于 $f^{(n)}(x)=\mathrm{e}^x$, $f^{(n)}(0)=1$ $(n=1,2,\cdots)$. 所以 f 的拉格朗日型余项为 $R_n(x)=\dfrac{\mathrm{e}^{\theta x}}{(n+1)!}x^{n+1}$ $(0\leqslant\theta\leqslant1)$. 显见

$$|R_n(x)|\leqslant\frac{\mathrm{e}^{|x|}}{(n+1)!}|x|^{n+1}.$$

它对任何实数 x,都有

$$\lim_{n\to\infty}\frac{\mathrm{e}^{|x|}}{(n+1)!}|x|^{n+1}=0.$$

因而 $\lim\limits_{n\to\infty}R_n(x)=0$. 由定理 14.11 得到

$$\mathrm{e}^x=1+\frac{1}{1!}x+\frac{1}{2!}x^2+\cdots+\frac{1}{n!}x^n+\cdots,\quad x\in(-\infty,+\infty).$$ □

例 4 函数 $f(x)=\sin x$. 由于

$$f^{(n)}(x)=\sin\left(x+\frac{n\pi}{2}\right),\quad n=1,2,\cdots.$$

现在考察正弦函数的拉格朗日型余项 $R_n(x)$,由于

$$|R_n(x)|=\left|\frac{\sin\left(\xi+(n+1)\dfrac{\pi}{2}\right)}{(n+1)!}x^{n+1}\right|$$
$$\leqslant\frac{|x|^{n+1}}{(n+1)!}\to0\ (n\to\infty),$$

所以 $f(x)=\sin x$ 在 $(-\infty,+\infty)$ 上能展开为麦克劳林级数

$$\sin x=x-\frac{x^3}{3!}+\frac{x^5}{5!}+\cdots+(-1)^{n+1}\frac{x^{2n-1}}{(2n-1)!}+\cdots.$$

同样可证(或逐项求导),在 $(-\infty,+\infty)$ 上有

$$\cos x=1-\frac{x^2}{2!}+\frac{x^4}{4!}+\cdots+(-1)^n\frac{x^{2n}}{(2n)!}+\cdots.$$ □

$\sin x$ 的麦克劳林展开式的部分和逼近过程见图 14-1.

例 5 函数 $f(x)=\ln(1+x)$ 的各阶导数是

$$f^{(n)}(x)=(-1)^{n-1}\frac{(n-1)!}{(1+x)^n}.$$

从而

$$f^{(n)}(0)=(-1)^{n-1}(n-1)!,$$

所以 f 的麦克劳林级数是

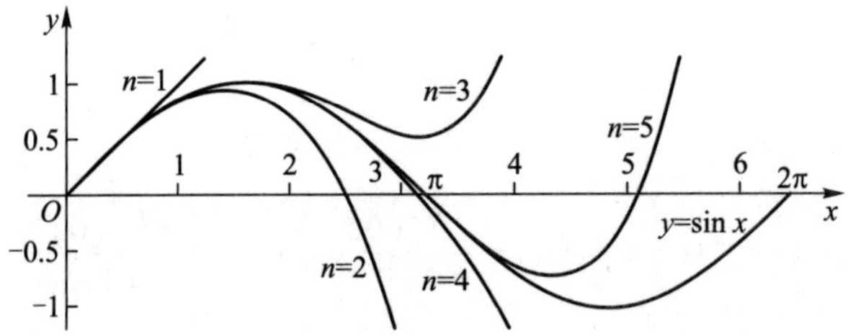

图 14-1

$$x-\frac{x^2}{2}+\frac{x^3}{3}-\frac{x^4}{4}+\cdots+(-1)^{n-1}\frac{x^n}{n}+\cdots,\tag{5}$$

用比式判别法容易求得级数(5)的收敛半径 $R=1$，且当 $x=1$ 时收敛，当 $x=-1$ 时发散，故级数(5)的收敛域是 $(-1,1]$. 现在讨论在这收敛区间上它的余项的极限情形.

当 $0\leqslant x\leqslant 1$ 时用拉格朗日型余项，有

$$\begin{aligned}|R_n(x)|&=\left|\frac{1}{(n+1)!}(-1)^n\frac{n!}{(1+\xi)^{n+1}}x^{n+1}\right|\\&=\left|\frac{(-1)^n}{n+1}\left(\frac{x}{1+\xi}\right)^{n+1}\right|\\&\leqslant\frac{1}{n+1}\to 0\ (n\to\infty).\end{aligned}$$

对于 $-1<x<0$ 的情形，拉格朗日型余项不易估计，改用柯西型余项. 有

$$\begin{aligned}|R_n(x)|&=\left|\frac{1}{n!}(-1)^n\frac{n!}{(1+\theta x)^{n+1}}(1-\theta)^n x^{n+1}\right|\\&=\frac{1}{1+\theta x}\left(\frac{1-\theta}{1+\theta x}\right)^n|x|^{n+1},\quad 0\leqslant\theta\leqslant 1.\end{aligned}$$

因为 $-1<x<0$，故有 $1-\theta\leqslant 1+\theta x$. 即 $0\leqslant\frac{1-\theta}{1+\theta x}\leqslant 1$，所以

$$|R_n(x)|\leqslant\frac{|x|^{n+1}}{1-|x|}\to 0\ (n\to\infty).$$

这就证得在 $(-1,1]$ 上 $\ln(1+x)$ 等于其麦克劳林级数(5).

将(5)式中 x 换成 $x-1$ 后就得到函数 $f(x)=\ln x$ 在 $x=1$ 处的泰勒展开式：

$$\ln x=(x-1)-\frac{(x-1)^2}{2}+\frac{(x-1)^3}{3}+\cdots+(-1)^{n-1}\frac{(x-1)^n}{n}+\cdots.$$

它的收敛域为 $(0,2]$. □

例 6　讨论二项式函数 $f(x)=(1+x)^\alpha$ 的展开式.

当 α 为正整数时，由二项式定理直接展开，就得到 f 的展开式，这已在前面例 2 中讨论过.

下面讨论 α 不等于正整数时的情形，这时

$$f^{(n)}(x)=\alpha(\alpha-1)\cdots(\alpha-n+1)(1+x)^{\alpha-n},\quad n=1,2,\cdots,$$

$$f^{(n)}(0)=\alpha(\alpha-1)\cdots(\alpha-n+1),\quad n=1,2,\cdots.$$

于是 $f(x)$ 的麦克劳林级数是

$$1+\alpha x+\frac{\alpha(\alpha-1)}{2!}x^2+\cdots+\frac{\alpha(\alpha-1)\cdots(\alpha-n+1)}{n!}x^n+\cdots. \tag{6}$$

运用比式判别法,可得(6)的收敛半径 $R=1$. 下面来证明 $f(x)=(1+x)^\alpha$ 的麦克劳林级数(6)在 $(-1,1)$ 上收敛于 $(1+x)^\alpha$. 这里同样可以用证明余项趋于零的方法来得到这个结论,但我们希望给读者提供另一种处理类似问题的方法.

设级数(6)的和函数是 $g(x)$,即

$$g(x)=1+\alpha x+\frac{\alpha(\alpha-1)}{2!}x^2+\cdots+\frac{\alpha(\alpha-1)\cdots(\alpha-n+1)}{n!}x^n+\cdots,x\in(-1,1).$$

从 $(1+x)((1+x)^\alpha)'=\alpha(1+x)^\alpha$ 得到启发,对 $g(x)$ 逐项求导,得

$$g'(x)=\alpha\left[1+\frac{(\alpha-1)}{1}x+\frac{(\alpha-1)(\alpha-2)}{2!}x^2+\cdots+\frac{(\alpha-1)\cdots(\alpha-n+1)}{(n-1)!}x^{n-1}+\cdots\right],$$

两边同乘 $(1+x)$,则右边 x^n 项的系数为

$$\frac{(\alpha-1)\cdots(\alpha-n+1)}{(n-1)!}+\frac{(\alpha-1)\cdots(\alpha-n)}{n!}=\frac{(\alpha-1)\cdots(\alpha-n+1)}{(n-1)!}\left(1+\frac{\alpha-n}{n}\right)$$
$$=\frac{\alpha(\alpha-1)\cdots(\alpha-n+1)}{n!}\quad(n=1,2,\cdots),$$

于是有

$$(1+x)g'(x)=\alpha g(x),\ x\in(-1,1).$$

令

$$F(x)=\frac{g(x)}{(1+x)^\alpha},$$

则 $F(0)=g(0)=1$,

$$F'(x)=\frac{(1+x)^\alpha g'(x)-\alpha(1+x)^{\alpha-1}g(x)}{(1+x)^{2\alpha}}=\frac{(1+x)g'(x)-\alpha g(x)}{(1+x)^{\alpha+1}}=0.$$

从而 $F(x)=F(0)=1,x\in(-1,1)$,即

$$g(x)=(1+x)^\alpha,\ x\in(-1,1).$$

所以在 $(-1,1)$ 上,

$$(1+x)^\alpha=1+\alpha x+\frac{\alpha(\alpha-1)}{2!}x^2+\cdots+\frac{\alpha(\alpha-1)\cdots(\alpha-n+1)}{n!}x^n+\cdots. \tag{7}$$

对于收敛区间端点的情形,它与 α 的取值有关,其结果如下(推导参见菲赫金哥尔茨著《微积分学教程》第二卷第二分册):

当 $\alpha\leqslant-1$ 时,收敛域为 $(-1,1)$;

当 $-1<\alpha<0$ 时,收敛域为 $(-1,1]$;

当 $\alpha>0$ 时,收敛域为 $[-1,1]$.

当(7)式中 $\alpha=-1$ 时就得到

$$\frac{1}{1+x}=1-x+x^2+\cdots+(-1)^nx^n+\cdots,\quad(-1,1). \tag{8}$$

当 $\alpha=-\frac{1}{2}$ 时得到

$$\frac{1}{\sqrt{1+x}}=1-\frac{1}{2}x+\frac{1\cdot3}{2\cdot4}x^2-\frac{1\cdot3\cdot5}{2\cdot4\cdot6}x^3+\cdots,\quad(-1,1]. \tag{9}$$

□

一般地说,只有少数比较简单的函数,其幂级数展开式能直接从定义出发,并根据定理 14.11 求得. 更多的情况是从已知的展开式出发,通过变量代换、四则运算或逐项求导、逐项求积等方法,间接地求得函数的幂级数展开式.

例 7　将 x^2 与 $-x^2$ 分别代入(8)式与(9)式,可得

$$\frac{1}{1+x^2}=1-x^2+x^4+\cdots+(-1)^n x^{2n}+\cdots,\quad (-1,1),\tag{10}$$

$$\frac{1}{\sqrt{1-x^2}}=1+\frac{1}{2}x^2+\frac{1\cdot 3}{2\cdot 4}x^4+\frac{1\cdot 3\cdot 5}{2\cdot 4\cdot 6}x^6+\cdots,\quad (-1,1).\tag{11}$$

对于(10)式、(11)式分别逐项求积可得函数 arctan x 与 arcsin x 的展开式:

$$\begin{aligned}\arctan x&=\int_0^x\frac{\mathrm{d}t}{1+t^2}\\&=x-\frac{x^3}{3}+\frac{x^5}{5}+\cdots+(-1)^n\frac{x^{2n+1}}{2n+1}+\cdots,\quad [-1,1],\end{aligned}$$

$$\begin{aligned}\arcsin x&=\int_0^x\frac{\mathrm{d}t}{\sqrt{1-t^2}}\\&=x+\frac{1}{2}\frac{x^3}{3}+\frac{1\cdot 3}{2\cdot 4}\frac{x^5}{5}+\frac{1\cdot 3\cdot 5}{2\cdot 4\cdot 6}\frac{x^7}{7}+\cdots,\quad [-1,1].\end{aligned}$$ □

由此可见,熟悉某些初等函数的展开式,对于一些函数的幂级数展开是极为方便的. 特别是前面介绍的例 3 至例 7 的结果,对于用间接方法求幂级数展开式特别有用.

例 8　求函数 $(1-x)\ln(1-x)$ 在 $x=0$ 处的幂级数展开式.

解　利用 $\ln(1+x)=\sum_{n=1}^{\infty}(-1)^{n-1}\frac{x^n}{n}$,得

$$\begin{aligned}(1-x)\ln(1-x)&=(1-x)\left(-\sum_{n=1}^{\infty}\frac{x^n}{n}\right)=-\sum_{n=1}^{\infty}\frac{x^n}{n}+\sum_{n=1}^{\infty}\frac{x^{n+1}}{n}\\&=-x-\sum_{n=2}^{\infty}\frac{x^n}{n}+\sum_{n=2}^{\infty}\frac{x^n}{n-1}\\&=-x+\sum_{n=2}^{\infty}\frac{x^n}{n(n-1)},x\in(-1,1).\end{aligned}$$

$(1-x)\ln(1-x)$ 在 $x=-1$ 处连续,在 $x=1$ 处没有定义,而级数 $\sum_{n=2}^{\infty}\frac{x^n}{n(n-1)}$ 的收敛域为 $[-1,1]$,所以

$$(1-x)\ln(1-x)=-x+\sum_{n=2}^{\infty}\frac{x^n}{n(n-1)},\quad x\in[-1,1).$$ □

注　上式右边的幂级数在 $[-1,1]$ 上都收敛,且在 $x=1$ 时收敛于 0,而 $(1-x)\cdot\ln(1-x)$ 只是它在 $[-1,1)$ 上的和函数. 所以可以进一步写成

$$-x+\sum_{n=2}^{\infty}\frac{x^n}{n(n-1)}=\begin{cases}(1-x)\ln(1-x), & x\in[-1,1),\\ 0, & x=1.\end{cases}$$

用类似的方法可得

$$\ln\frac{1+x}{1-x}=2\sum_{n=0}^{\infty}\frac{x^{2n+1}}{2n+1},\quad x\in(-1,1).\tag{12}$$

例 9 计算 ln 2 的近似值,精确到 0.000 1.

解 可以在展开式 $\ln(1+x)=\sum_{n=1}^{\infty}(-1)^{n-1}\frac{x^n}{n}$ 中令 $x=1$,得 $\ln 2=\sum_{n=1}^{\infty}\frac{(-1)^{n-1}}{n}$,这是一个交错级数,需要计算 1 万项的和才能达到 0.000 1 的精度,收敛太慢!为此在(12)式中令 $\frac{1+x}{1-x}=2$,即 $x=\frac{1}{3}$ 代入(12)式,有

$$\ln 2=2\left(\frac{1}{3}+\frac{1}{3}\cdot\frac{1}{3^3}+\cdots+\frac{1}{2n+1}\cdot\frac{1}{3^{2n+1}}+\cdots\right).$$

估计余项如下:

$$\begin{aligned}0<R_n&=2\left(\frac{1}{2n+1}\cdot\frac{1}{3^{2n+1}}+\frac{1}{2n+3}\cdot\frac{1}{3^{2n+3}}+\cdots\right)\\&<\frac{2}{(2n+1)\cdot 3^{2n+1}}\left(1+\frac{1}{3^2}+\frac{1}{3^4}+\cdots\right)\\&=\frac{2}{(2n+1)\cdot 3^{2n+1}}\cdot\frac{1}{1-\frac{1}{3^2}}=\frac{1}{4(2n+1)\cdot 3^{2n-1}},\end{aligned}$$

取 $n=4$,就有 $0<R_4<\frac{1}{4\cdot 9\cdot 3^7}=\frac{1}{78\ 732}<0.000\ 1$. 因此得到

$$\begin{aligned}\ln 2&\approx 2\left(\frac{1}{3}+\frac{1}{3}\cdot\frac{1}{3^3}+\frac{1}{5}\cdot\frac{1}{3^5}+\frac{1}{7}\cdot\frac{1}{3^7}\right)\\&\approx 2(0.333\ 33+0.012\ 35+0.000\ 82+0.000\ 07)\\&=0.693\ 1.\end{aligned}$$

□

作为本节的结束,最后举例说明怎样用幂级数形式表示某些非初等函数. 在本章开头就已经提到幂级数的这种特有的功能.

例 10 用间接方法求非初等函数

$$F(x)=\int_0^x e^{-t^2}dt$$

的幂级数展开式.

解 以 $-x^2$ 代替例 3 中 e^x 展开式的 x,得

$$e^{-x^2}=1-\frac{x^2}{1!}+\frac{x^4}{2!}-\frac{x^6}{3!}+\cdots+\frac{(-1)^n x^{2n}}{n!}+\cdots,$$

$$-\infty<x<+\infty.$$

再逐项求积就得到 $F(x)$ 在 $(-\infty,+\infty)$ 上的展开式

$$\begin{aligned}F(x)&=\int_0^x e^{-t^2}dt\\&=x-\frac{1}{1!}\frac{x^3}{3}+\frac{1}{2!}\frac{x^5}{5}-\frac{1}{3!}\frac{x^7}{7}+\cdots+\frac{(-1)^n}{n!}\frac{x^{2n+1}}{2n+1}+\cdots.\end{aligned}$$

□

用上述级数的部分和逐项逼近 $F(x)$ 的过程,如图 14-2 所示.

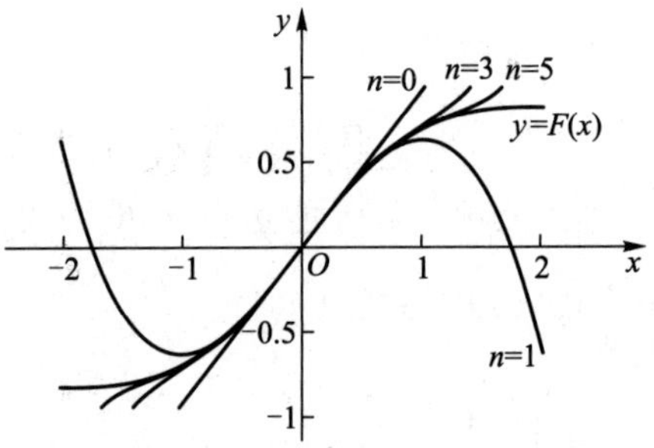

图 14-2

习题 14.2

1. 设函数 f 在区间 (a,b) 上的各阶导数一致有界，即存在正数 M，对一切 $x\in(a,b)$，有

$$\left|f^{(n)}(x)\right|\leqslant M,\quad n=1,2,\cdots.$$

证明：对 (a,b) 上任一点 x 与 x_0 有

$$f(x)=\sum_{n=0}^{\infty}\frac{f^{(n)}(x_0)}{n!}(x-x_0)^n\quad (f^{(0)}(x)=f(x),0!=1).$$

2. 利用已知函数的幂级数展开式，求下列函数在 $x=0$ 处的幂级数展开式，并确定它收敛于该函数的区间：

(1) e^{x^2}；　(2) $\dfrac{x^{10}}{1-x}$；

(3) $\dfrac{x}{\sqrt{1-2x}}$；　(4) $\sin^2 x$；

(5) $\dfrac{e^x}{1-x}$；　(6) $\dfrac{x}{1+x-2x^2}$；

(7) $\displaystyle\int_0^x \frac{\sin t}{t}dt$；　(8) $(1+x)e^{-x}$；

(9) $\ln\left(x+\sqrt{1+x^2}\right)$.

3. 求下列函数在 $x=1$ 处的泰勒展开式：

(1) $f(x)=3+2x-4x^2+7x^3$；　(2) $f(x)=\dfrac{1}{x}$；

(3) $f(x)=\sqrt{x^3}$.

---

4. 求下列函数的麦克劳林级数展开式：

(1) $\dfrac{x}{(1-x)(1-x^2)}$；　(2) $x\arctan x-\ln\sqrt{1+x^2}$.

5. 试将 $f(x)=\ln x$ 按 $\dfrac{x-1}{x+1}$ 的幂展开成幂级数.

* §3 复变量的指数函数·欧拉公式

先讲复数项级数.设级数

$$u_1+u_2+\cdots+u_n+\cdots \tag{1}$$

中每一项都是复数 $u_n=a_n+\mathrm{i}b_n$ (a_n,b_n 为实数,i 为虚部单位)($n=1,2,\cdots$),则(1)式可写成

$$(a_1+\mathrm{i}b_1)+(a_2+\mathrm{i}b_2)+\cdots+(a_n+\mathrm{i}b_n)+\cdots. \tag{2}$$

以 S_n 表示(2)的第 n 个部分和,并记

$$R_n=\sum_{k=1}^{n}a_k,\quad I_n=\sum_{k=1}^{n}b_k,$$

则有

$$S_n=R_n+\mathrm{i}I_n.$$

若 $\lim\limits_{n\to\infty}R_n$ 与 $\lim\limits_{n\to\infty}I_n$ 存在,则称级数(1)收敛,若用 A,B 分别表示这两个极限值,则级数(1)的和记为$A+\mathrm{i}B$.据此,级数(1)收敛的充要条件是:级数

$$\sum_{n=1}^{\infty}a_n \quad 与 \quad \sum_{n=1}^{\infty}b_n$$

都收敛.

级数(1)各项 u_n 的模为

$$|u_n|=\sqrt{a_n^2+b_n^2},\quad n=1,2,\cdots.$$

若级数

$$|u_1|+|u_2|+\cdots+|u_n|+\cdots$$

收敛,则称级数(1)**绝对收敛**.由关系式

$$|a_n|\leqslant|u_n|,\quad |b_n|\leqslant|u_n|,\quad n=1,2,\cdots$$

可证得:若级数(1)绝对收敛,则级数(1)必收敛.

设 c_n ($n=0,1,2,\cdots$)为复数,z 为复变量,则称级数

$$c_0+c_1z+c_2z^2+\cdots+c_nz^n+\cdots \tag{3}$$

为**复数项幂级数**.若在 $z=z_0$ 处级数(3)收敛,则称它在点 z_0 收敛.所有使级数(3)收敛的全体复数构成复数项幂级数(3)的**收敛域**.记

$$\rho=\overline{\lim_{n\to\infty}}\sqrt[n]{|c_n|},$$

这时和 §1 实数项幂级数一样可证明:级数(3)对一切满足 $|z|<\dfrac{1}{\rho}$的 z 不仅收敛,而且绝对收敛;对一切 $|z|>\dfrac{1}{\rho}$的 z,级数(3)是发散的.现以 $R=\dfrac{1}{\rho}$表示复数项幂级数(3)的收敛半径(当$\rho=0$ 时,$R=+\infty$;当 $\rho=+\infty$ 时,$R=0$),则级数(3)的收敛范围是复平面上的以原点为中心,R 为半径的圆.

例如级数

$$1+z+\frac{z^2}{2!}+\cdots+\frac{z^n}{n!}+\cdots, \tag{4}$$

由于

$$\lim_{n\to\infty}\sqrt[n]{|c_n|}=\lim_{n\to\infty}\sqrt[n]{\frac{1}{n!}}=0,$$

故级数(4)的收敛半径 $R=+\infty$，即(4)在整个复平面上都是收敛的，当 z 为实变量 x 时，(4)的和函数为实变量的指数函数 e^x. 因此，我们也把级数(4)的和函数定义为复变量 z 的**指数函数** e^z，即

$$e^z = 1 + z + \frac{z^2}{2!} + \cdots + \frac{z^n}{n!} + \cdots. \tag{5}$$

用同样的方法可定义复变量的正弦函数与余弦函数：

$$\sin z = z - \frac{z^3}{3!} + \frac{z^5}{5!} + \cdots + (-1)^{n-1}\frac{z^{2n-1}}{(2n-1)!} + \cdots, \tag{6}$$

$$\cos z = 1 - \frac{z^2}{2!} + \frac{z^4}{4!} + \cdots + (-1)^n\frac{z^{2n}}{(2n)!} + \cdots. \tag{7}$$

它们的收敛域都是整个复平面.

以 iz 代替(5)式中的 z，可得

$$\begin{aligned} e^{iz} &= 1 + iz + \frac{(iz)^2}{2!} + \cdots + \frac{(iz)^n}{n!} + \cdots \\ &= 1 + iz - \frac{z^2}{2!} - i\frac{z^3}{3!} + \frac{z^4}{4!} + i\frac{z^5}{5!} + \cdots \\ &= \left(1 - \frac{z^2}{2!} + \frac{z^4}{4!} + \cdots\right) + i\left(z - \frac{z^3}{3!} + \frac{z^5}{5!} + \cdots\right). \end{aligned}$$

联系(6)式与(7)式，就有

$$e^{iz} = \cos z + i\sin z.$$

当 z 为实变量 x 时，则得

$$e^{ix} = \cos x + i\sin x,\ -\infty < x < +\infty.$$

它称为**欧拉公式**. 这个公式给出了(实变量)指数函数与三角函数之间的关系.

由于任一复数 z 都可写作 $r(\cos\theta+i\sin\theta)$（$r$ 为 z 的模，即 $|z|=r$，$\theta=\arg z$ 为 z 的辐角），那么由欧拉公式可得复数的指数形式

$$z = r(\cos\theta + i\sin\theta) = re^{i\theta}.$$

与实幂级数一样，由级数的乘法运算可得

$$e^{z_1+z_2} = e^{z_1}e^{z_2}.$$

将 $z=x+iy$ 代入上式，则有

$$e^z = e^{x+iy} = e^x e^{iy} = e^x(\cos y + i\sin y).$$

习　题　14.3

1. 证明**棣莫弗**(de Moivre)**公式**

$$\cos nx + i\sin nx = (\cos x + i\sin x)^n.$$

2. 应用欧拉公式与棣莫弗公式证明：

(1) $e^{x\cos\alpha}\cos(x\sin\alpha) = \sum_{n=0}^{\infty}\frac{x^n}{n!}\cos n\alpha$；　(2) $e^{x\cos\alpha}\sin(x\sin\alpha) = \sum_{n=0}^{\infty}\frac{x^n}{n!}\sin n\alpha$.

第十四章总练习题

1. 证明：当 $|x|<\frac{1}{2}$ 时，

$$\frac{1}{1-3x+2x^2}=1+3x+7x^2+\cdots+(2^n-1)x^{n-1}+\cdots.$$

2. 求下列函数的幂级数展开式：

(1) $f(x)=(1+x)\ln(1+x)$；　　(2) $f(x)=\sin^3 x$；

(3) $f(x)=\int_0^x \cos t^2 \mathrm{d}t$.

3. 确定下列幂级数的收敛域，并求其和函数：

(1) $\sum\limits_{n=1}^{\infty} n^2 x^{n-1}$；　　(2) $\sum\limits_{n=0}^{\infty} \frac{2n+1}{2^{n+1}} x^{2n}$；

(3) $\sum\limits_{n=1}^{\infty} n(x-1)^{n-1}$；　　(4) $\sum\limits_{n=1}^{\infty} (-1)^{n-1} \frac{x^{2n+1}}{(2n)^2-1}$.

4. 应用幂级数性质求下列级数的和：

(1) $\sum\limits_{n=1}^{\infty} \frac{n}{(n+1)!}$；　　(2) $\sum\limits_{n=0}^{\infty} \frac{(-1)^n}{3n+1}$.

5. 设函数

$$f(x)=\sum_{n=1}^{\infty} \frac{x^n}{n^2}$$

定义在[0,1]上，证明它在(0,1)上满足下述方程：

$$f(x)+f(1-x)+\ln x\ln(1-x)=f(1).$$

6. 利用函数的幂级数展开式求下列不定式极限：

(1) $\lim\limits_{x\to\infty}\left[x-x^2\ln\left(1+\frac{1}{x}\right)\right]$；　　(2) $\lim\limits_{x\to 0}\frac{x-\arcsin x}{\sin^3 x}$.

第十四章综合自测题

第十五章 傅里叶级数

§1 傅里叶级数

本章讨论在数学与工程技术中都有着广泛应用的一类函数项级数,即由三角函数列所产生的三角级数.

一、三角级数·正交函数系

在科学实验与工程技术的某些现象中,常会碰到一种周期运动. 最简单的周期运动,可用正弦函数

$$y=A\sin(\omega x+\varphi) \tag{1}$$

来描写. 由(1)所表达的周期运动也称为**简谐振动**,其中 A 为**振幅**,φ 为**初相角**,ω 为**角频率**,于是简谐振动 y 的**周期**是 $T=\dfrac{2\pi}{\omega}$. 较为复杂的周期运动,则常是几个简谐振动

$$y_k=A_k\sin(k\omega x+\varphi_k),\quad k=1,2,\cdots,n$$

的叠加

$$y=\sum_{k=1}^{n}y_k=\sum_{k=1}^{n}A_k\sin(k\omega x+\varphi_k). \tag{2}$$

由于简谐振动 y_k 的周期为$\dfrac{T}{k}\left(T=\dfrac{2\pi}{\omega}\right)$,$k=1,2,\cdots,n$,所以函数(2)的周期为 T. 对无穷多个简谐振动进行叠加就得到函数项级数

$$A_0+\sum_{n=1}^{\infty}A_n\sin(n\omega x+\varphi_n). \tag{3}$$

若级数(3)收敛,则它所描述的是更为一般的周期运动现象. 对于级数(3),我们只要讨论 $\omega=1$ (如果 $\omega\neq1$,可用 ωx 代换 x)的情形. 由于

$$\sin(nx+\varphi_n)=\sin\varphi_n\cos nx+\cos\varphi_n\sin nx,$$

所以

$$\begin{aligned}&A_0+\sum_{n=1}^{\infty}A_n\sin(nx+\varphi_n)\\=&A_0+\sum_{n=1}^{\infty}(A_n\sin\varphi_n\cos nx+A_n\cos\varphi_n\sin nx).\end{aligned} \tag{3'}$$

记　$A_0=\frac{a_0}{2},\quad A_n\sin\varphi_n=a_n,\quad A_n\cos\varphi_n=b_n,\quad n=1,2,\cdots,$

则级数(3′)可写成

$$\frac{a_0}{2}+\sum_{n=1}^{\infty}(a_n\cos nx+b_n\sin nx). \tag{4}$$

它是由**三角函数列**(也称为**三角函数系**)

$$1,\cos x,\sin x,\cos 2x,\sin 2x,\cdots,\cos nx,\sin nx,\cdots \tag{5}$$

所产生的一般形式的**三角级数**.

容易验证,若三角级数(4)收敛,则它的和一定是一个以 2π 为周期的函数.

关于三角级数(4)的收敛性有如下定理.

定理 15.1　若级数

$$\frac{|a_0|}{2}+\sum_{n=1}^{\infty}(|a_n|+|b_n|)$$

收敛,则级数(4)在整个数轴上绝对收敛且一致收敛.

证　对任何实数 x,由于

$$|a_n\cos nx+b_n\sin nx|\leqslant|a_n|+|b_n|,$$

应用魏尔斯特拉斯 M 判别法(定理 13.5)就能推得本定理的结论. □

为进一步研究三角级数(4)的收敛性,我们先探讨三角函数系(5)具有哪些特性.

首先容易看出,三角函数系(5)中所有函数具有共同的周期 2π.

其次,在三角函数系(5)中,任何两个不相同的函数的乘积在 $[-\pi,\pi]$ 上的积分都等于零,即

$$\int_{-\pi}^{\pi}\cos nx\mathrm{d}x=\int_{-\pi}^{\pi}\sin nx\mathrm{d}x=0, \tag{6}$$

$$\left.\begin{aligned}&\int_{-\pi}^{\pi}\cos mx\cos nx\mathrm{d}x=0\quad(m\neq n),\\&\int_{-\pi}^{\pi}\sin mx\sin nx\mathrm{d}x=0\quad(m\neq n),\\&\int_{-\pi}^{\pi}\cos mx\sin nx\mathrm{d}x=0.\end{aligned}\right\} \tag{7}$$

而(5)中任何一个函数的平方在 $[-\pi,\pi]$ 上的积分都不等于零,即

$$\left.\begin{aligned}&\int_{-\pi}^{\pi}\cos^2 nx\mathrm{d}x=\int_{-\pi}^{\pi}\sin^2 nx\mathrm{d}x=\pi,\\&\int_{-\pi}^{\pi}1^2\mathrm{d}x=2\pi.\end{aligned}\right\} \tag{8}$$

若两个函数 φ 与 ψ 在 $[a,b]$ 上可积,且

$$\int_a^b\varphi(x)\psi(x)\mathrm{d}x=0,$$

则称函数 φ 与 ψ 在 $[a,b]$ 上是**正交**的. 由此,三角函数系(5)在 $[-\pi,\pi]$ 上具有**正交性**,或称(5)是**正交函数系**.

二、以 2π 为周期的函数的傅里叶级数

应用三角函数系(5)的正交性,我们讨论三角级数(4)的和函数 f 与级数(4)的系

数 a_0,a_n,b_n 之间的关系.

定理 15.2 若在整个数轴上

$$f(x)=\frac{a_0}{2}+\sum_{n=1}^{\infty}(a_n\cos nx+b_n\sin nx) \tag{9}$$

且等式右边级数一致收敛,则有如下关系式:

$$\begin{aligned} a_n&=\frac{1}{\pi}\int_{-\pi}^{\pi}f(x)\cos nx\mathrm{d}x,\quad n=0,1,2,\cdots,\\ b_n&=\frac{1}{\pi}\int_{-\pi}^{\pi}f(x)\sin nx\mathrm{d}x,\quad n=1,2,\cdots. \end{aligned} \tag{10}$$

证 由定理条件,函数 f 在 $[-\pi,\pi]$ 上连续且可积. 对(9)式逐项积分得

$$\begin{aligned} &\int_{-\pi}^{\pi}f(x)\mathrm{d}x\\ =&\frac{a_0}{2}\int_{-\pi}^{\pi}\mathrm{d}x+\sum_{n=1}^{\infty}\left(a_n\int_{-\pi}^{\pi}\cos nx\mathrm{d}x+b_n\int_{-\pi}^{\pi}\sin nx\mathrm{d}x\right). \end{aligned}$$

由关系式(6)知,上式右边括号内的积分都等于零. 所以

$$\int_{-\pi}^{\pi}f(x)\mathrm{d}x=\frac{a_0}{2}\cdot 2\pi=a_0\pi,$$

即得

$$a_0=\frac{1}{\pi}\int_{-\pi}^{\pi}f(x)\mathrm{d}x,$$

现以 $\cos kx$ 乘(9)式两边(k 为正整数),得

$$f(x)\cos kx=\frac{a_0}{2}\cos kx+\sum_{n=1}^{\infty}(a_n\cos nx\cos kx+b_n\sin nx\cos kx). \tag{11}$$

从第十三章 §1 习题 4 知道,由级数(9)一致收敛,可推出级数(11)也一致收敛. 于是对级数(11)逐项求积,有

$$\begin{aligned} &\int_{-\pi}^{\pi}f(x)\cos kx\mathrm{d}x\\ =&\frac{a_0}{2}\int_{-\pi}^{\pi}\cos kx\mathrm{d}x+\sum_{n=1}^{\infty}\left(a_n\int_{-\pi}^{\pi}\cos nx\cos kx\mathrm{d}x+b_n\int_{-\pi}^{\pi}\sin nx\cos kx\mathrm{d}x\right). \end{aligned}$$

由三角函数的正交性,右边除了以 a_k 为系数的那一项积分

$$\int_{-\pi}^{\pi}\cos^2 kx\mathrm{d}x=\pi$$

外,其他各项积分都等于 0,于是得出

$$\int_{-\pi}^{\pi}f(x)\cos kx\mathrm{d}x=a_k\pi\quad(k=1,2,\cdots),$$

即

$$a_k=\frac{1}{\pi}\int_{-\pi}^{\pi}f(x)\cos kx\mathrm{d}x\quad(k=1,2,\cdots).$$

同理,(9)式两边乘以 $\sin kx$,并逐项求积,可得

$$b_k=\frac{1}{\pi}\int_{-\pi}^{\pi}f(x)\sin kx\mathrm{d}x\quad(k=1,2,\cdots).$$ □

一般地说,若 f 是以 2π 为周期且在$[-\pi,\pi]$上可积的函数,则按公式(10)计算出的 a_n 和 b_n 称为函数 f(关于三角函数系)的**傅里叶系数**,以 f 的傅里叶系数为系数的三角级数(9)称为 f(关于三角函数系)的**傅里叶级数**,记作

$$f(x) \sim \frac{a_0}{2}+\sum_{n=1}^{\infty}(a_n\cos nx+b_n\sin nx). \tag{12}$$

这里记号"~"表示上式右边是左边函数的傅里叶级数. 由定理 15.2 知道:若(9)式右边的三角级数在整个数轴上一致收敛于其和函数 f,则此三角级数就是 f 的傅里叶级数,即此时(12)式中的记号"~"可换为等号. 然而,若从以 2π 为周期且在$[-\pi,\pi]$上可积的函数 f 出发,按公式(10)求出其傅里叶系数并得到傅里叶级数(12),这时还需讨论此级数是否收敛,以及如果收敛,是否收敛于 f 本身. 这就是下一段所要叙述的内容.

三、收敛定理

下面的定理称为傅里叶级数**收敛定理**.

定理 15.3 若以 2π 为周期的函数 f 在$[-\pi,\pi]$上按段光滑,则在每一点 $x\in[-\pi,\pi]$, f 的傅里叶级数(12)收敛于 f 在点 x 的左、右极限的算术平均值,即

$$\frac{f(x+0)+f(x-0)}{2}=\frac{a_0}{2}+\sum_{n=1}^{\infty}(a_n\cos nx+b_n\sin nx),$$

其中 a_n,b_n 为 f 的傅里叶系数.

下面先对定理中的某些概念作解释,然后举例说明如何运用这个定理把函数展开成傅里叶级数. 关于收敛定理的证明将在 §3 中进行.

我们知道,若 f 的导函数在$[a,b]$上连续,则称 f 在$[a,b]$上**光滑**. 但若定义在$[a,b]$上除了至多有有限个第一类间断点的函数 f 的导函数在$[a,b]$上除了至多有限个点外都存在且连续,在这有限个点上导函数 f' 的左、右极限存在,则称 f 在$[a,b]$上**按段光滑**.

根据上述定义,若函数 f 在$[a,b]$上按段光滑,则有如下重要性质:

1° f 在$[a,b]$上可积.

2° 在$[a,b]$上每一点都存在 $f(x\pm0)$,且有

$$\begin{aligned}&\lim_{t\to0^+}\frac{f(x+t)-f(x+0)}{t}=f'(x+0),\\&\lim_{t\to0^+}\frac{f(x-t)-f(x-0)}{-t}=f'(x-0).\end{aligned} \tag{13}$$

3° 补充定义 f' 在$[a,b]$上那些至多有限个不存在点上的值后(仍记为 f'),f' 在$[a,b]$上可积.

从几何图形上讲,在区间$[a,b]$上按段光滑函数,是由有限个光滑弧段所组成,它至多有有限个第一类间断点与角点(图 15-1).

收敛定理指出,f 的傅里叶级数在点 x 处收敛于这一点上 f 的左、右极限的算术平均值 $\dfrac{f(x+0)+f(x-0)}{2}$;而当 f 在点 x 连续时,则有 $\dfrac{f(x+0)+f(x-0)}{2}=f(x)$,即此时 f 的傅里叶级数收敛于 $f(x)$. 于是有下面推论.

推论　若 f 是以 2π 为周期的连续函数，且在 $[-\pi,\pi]$ 上按段光滑，则 f 的傅里叶级数在 $(-\infty,+\infty)$ 上收敛于 f.

根据收敛定理的假设，f 是以 2π 为周期的函数，所以系数公式(10)中的积分区间 $[-\pi,\pi]$ 可以改为长度为 2π 的任何区间，而不影响 a_n, b_n 的值：

$$a_n=\frac{1}{\pi}\int_c^{c+2\pi}f(x)\cos nx\mathrm{d}x,n=0,1,2,\cdots,$$

$$b_n=\frac{1}{\pi}\int_c^{c+2\pi}f(x)\sin nx\mathrm{d}x,n=1,2,\cdots,\tag{10'}$$

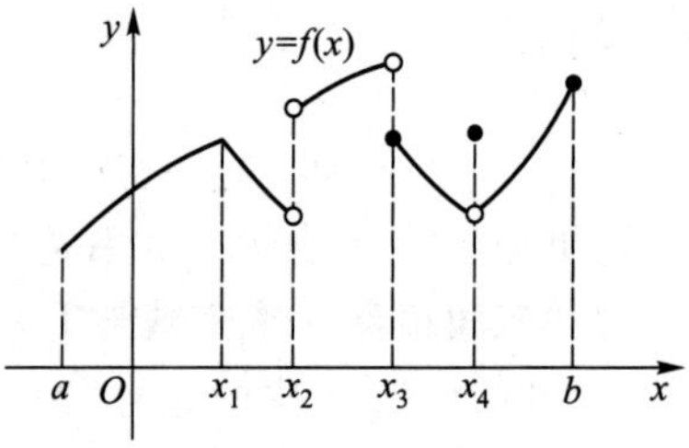

图 15-1

其中 c 为任何实数.

注意：在具体讨论函数的傅里叶级数展开式时，常只给出函数 f 在 $(-\pi,\pi]$（或 $[-\pi,\pi)$）上的解析表达式，但读者应理解为它是定义在整个数轴上以 2π 为周期的函数. 即在 $(-\pi,\pi]$ 以外的部分按函数在 $(-\pi,\pi]$ 上的对应关系作**周期延拓**. 如 f 为 $(-\pi,\pi]$ 上的解析表达式，那么周期延拓后的函数为

$$\hat{f}(x)=\begin{cases}f(x),x\in(-\pi,\pi],\\f(x-2k\pi),x\in((2k-1)\pi,(2k+1)\pi],\quad k=\pm1,\ \pm2,\cdots,\end{cases}$$

如图 15-2 所示. 因此我们说函数 f 的傅里叶级数就是指函数 $\hat{f}$ 的傅里叶级数.

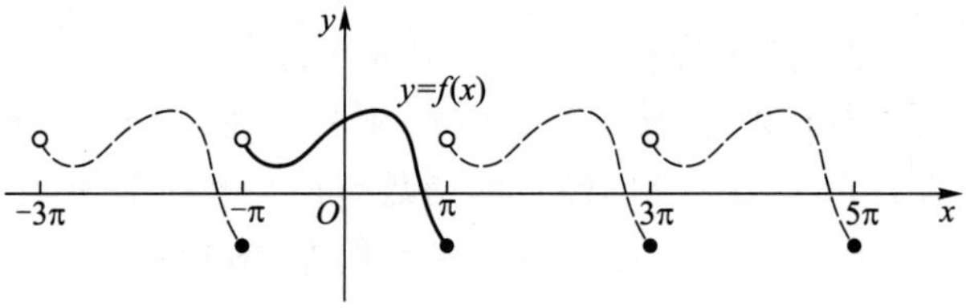

图 15-2　实线与虚线的全体表示 $y=\hat{f}(x)$

例 1　设

$$f(x)=\begin{cases}x,&0\leqslant x\leqslant\pi,\\0,&-\pi<x<0,\end{cases}$$

求 f 的傅里叶级数展开式.

解　函数 f 及其周期延拓后的图像如图 15-3 所示. 显然 f 是按段光滑的，故由定理 15.3(收敛定理)，它可以展开成傅里叶级数. 由于

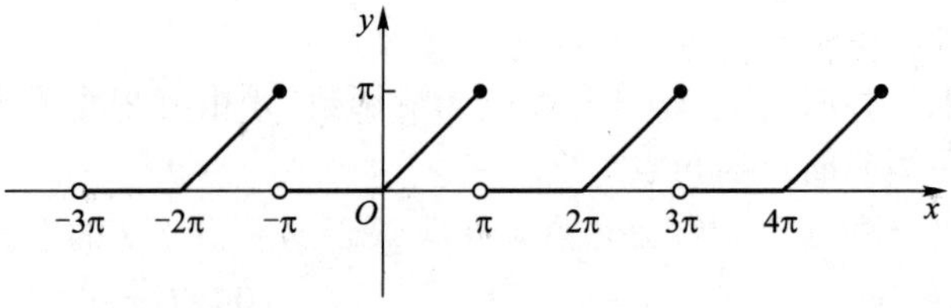

图 15-3

$$a_0=\frac{1}{\pi}\int_{-\pi}^{\pi}f(x)\,\mathrm{d}x=\frac{1}{\pi}\int_0^{\pi}x\,\mathrm{d}x=\frac{\pi}{2}.$$

当 $n\geqslant 1$ 时，

$$\begin{aligned}a_n&=\frac{1}{\pi}\int_{-\pi}^{\pi}f(x)\cos nx\,\mathrm{d}x=\frac{1}{\pi}\int_0^{\pi}x\cos nx\,\mathrm{d}x\\&=\frac{1}{n\pi}x\sin nx\Big|_0^{\pi}-\frac{1}{n\pi}\int_0^{\pi}\sin nx\,\mathrm{d}x=\frac{1}{n^2\pi}\cos nx\Big|_0^{\pi}\\&=\frac{1}{n^2\pi}(\cos n\pi-1)=\begin{cases}-\dfrac{2}{n^2\pi}, & \text{当 } n \text{ 为奇数时},\\0, & \text{当 } n \text{ 为偶数时},\end{cases}\\b_n&=\frac{1}{\pi}\int_{-\pi}^{\pi}f(x)\sin nx\,\mathrm{d}x=\frac{1}{\pi}\int_0^{\pi}x\sin nx\,\mathrm{d}x\\&=-\frac{1}{n\pi}x\cos nx\Big|_0^{\pi}+\frac{1}{n\pi}\int_0^{\pi}\cos nx\,\mathrm{d}x\\&=\frac{(-1)^{n+1}}{n}+\frac{1}{n^2\pi}\sin nx\Big|_0^{\pi}\\&=\frac{(-1)^{n+1}}{n}.\end{aligned}$$

所以在开区间 $(-\pi,\pi)$ 上，

$$f(x)=\frac{\pi}{4}-\left(\frac{2}{\pi}\cos x-\sin x\right)-\frac{1}{2}\sin 2x-\left(\frac{2}{9\pi}\cos 3x-\frac{1}{3}\sin 3x\right)-\cdots.$$

在 $x=\pm\pi$ 时，上式右边收敛于

$$\frac{f(\pi-0)+f(-\pi+0)}{2}=\frac{\pi+0}{2}=\frac{\pi}{2}.$$

于是，在 $[-\pi,\pi]$ 上 f 的傅里叶级数的图像如图 15-4 所示（注意它与图 15-3 的差别）.

□

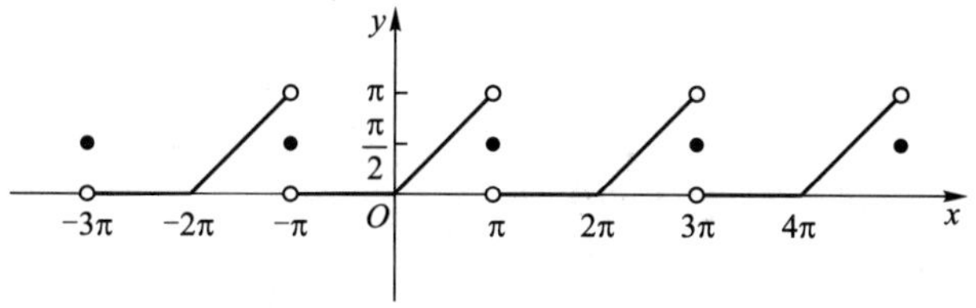

图 15-4

例 2 把下列函数展开成傅里叶级数：

$$f(x)=\begin{cases}x^2, & 0<x<\pi,\\0, & x=\pi,\\-x^2, & \pi<x\leqslant 2\pi.\end{cases}$$

解 f 及其周期延拓的图形如图 15-5 所示. 显然 f 是按段光滑的，因此可以展开成傅里叶级数.

在 (10′) 式中令 $c=0$ 来计算傅里叶系数如下：

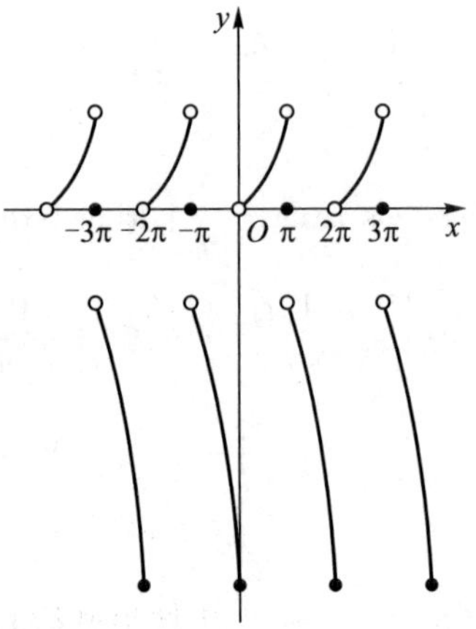

图 15-5

$$a_0=\frac{1}{\pi}\int_0^{2\pi}f(x)\,\mathrm{d}x=\frac{1}{\pi}\int_0^{\pi}x^2\,\mathrm{d}x+\frac{1}{\pi}\int_{\pi}^{2\pi}(-x^2)\,\mathrm{d}x=\frac{\pi^2}{3}-\frac{7\pi^2}{3}=-2\pi^2,$$

$$\begin{aligned}a_n&=\frac{1}{\pi}\int_0^{2\pi}f(x)\cos nx\,\mathrm{d}x=\frac{1}{\pi}\int_0^{\pi}x^2\cos nx\,\mathrm{d}x+\frac{1}{\pi}\int_{\pi}^{2\pi}(-x^2)\cos nx\,\mathrm{d}x\\&=\frac{1}{\pi}\left[\left(\frac{x^2}{n}-\frac{2}{n^3}\right)\sin nx+\frac{2x}{n^2}\cos nx\right]\Bigg|_0^{\pi}-\frac{1}{\pi}\left[\left(\frac{x^2}{n}-\frac{2}{n^3}\right)\sin nx+\frac{2x}{n^2}\cos nx\right]\Bigg|_{\pi}^{2\pi}\\&=\frac{4}{n^2}[(-1)^n-1],\end{aligned}$$

$$\begin{aligned}b_n&=\frac{1}{\pi}\int_0^{2\pi}f(x)\sin nx\,\mathrm{d}x=\frac{1}{\pi}\int_0^{\pi}x^2\sin nx\,\mathrm{d}x+\frac{1}{\pi}\int_{\pi}^{2\pi}(-x^2)\sin nx\,\mathrm{d}x\\&=\frac{1}{\pi}\left[\left(-\frac{x^2}{n}+\frac{2}{n^3}\right)\cos nx+\frac{2x}{n^2}\sin nx\right]\Bigg|_0^{\pi}-\frac{1}{\pi}\left[\left(-\frac{x^2}{n}+\frac{2}{n^3}\right)\cos nx+\frac{2x}{n^2}\sin nx\right]\Bigg|_{\pi}^{2\pi}\\&=\frac{2}{\pi}\left\{\frac{\pi^2}{n}+\left(\frac{\pi^2}{n}-\frac{2}{n^3}\right)[1-(-1)^n]\right\}.\end{aligned}$$

所以当 $x\in(0,\pi)\cup(\pi,2\pi)$ 时，

$$\begin{aligned}f(x)&=-\pi^2+\sum_{n=1}^{\infty}\left\{\frac{4}{n^2}[(-1)^n-1]\cos nx+\frac{2}{\pi}\left[\frac{\pi^2}{n}+\left(\frac{\pi^2}{n}-\frac{2}{n^3}\right)(1-(-1)^n)\right]\sin nx\right\}\\&=-\pi^2-8\left(\cos x+\frac{1}{3^2}\cos 3x+\frac{1}{5^2}\cos 5x+\cdots\right)+\frac{2}{\pi}\left\{(3\pi^2-4)\sin x+\right.\\&\quad\left.\frac{\pi^2}{2}\sin 2x+\left(\frac{3\pi^2}{3}-\frac{4}{3^3}\right)\sin 3x+\frac{\pi^2}{4}\sin 4x+\cdots\right\}.\end{aligned}$$

当 $x=\pi$ 时，由于

$$\frac{f(\pi-0)+f(\pi+0)}{2}=0,$$

所以

$$0=-\pi^2+8\left(\frac{1}{1^2}+\frac{1}{3^2}+\frac{1}{5^2}+\cdots\right).\qquad(14)$$

当 $x=0$ 或 2π 时，由于

$$\frac{1}{2}(f(0-0)+f(0+0))=\frac{1}{2}(-4\pi^2+0)=-2\pi^2,$$

因此

$$-2\pi^2=-\pi^2-8\left(\frac{1}{1^2}+\frac{1}{3^2}+\frac{1}{5^2}+\cdots\right). \tag{15}$$

由(14)式或(15)式都可得出

$$\frac{\pi^2}{8}=\frac{1}{1^2}+\frac{1}{3^2}+\frac{1}{5^2}+\cdots.$$

□

例 3 在电子技术中经常用到矩形波，用傅里叶级数展开后，就可以将矩形波看成一系列不同频率的简谐振动的叠加，在电工学中称为谐波分析。设 $f(x)$ 是周期为 2π 的矩形波函数(图 15-6)，在 $[-\pi,\pi)$ 上的表达式为

$$f(x)=\begin{cases}-\dfrac{\pi}{4}, & -\pi\leqslant x<0,\\ 0, & x=0,\\ \dfrac{\pi}{4}, & 0<x<\pi.\end{cases}$$

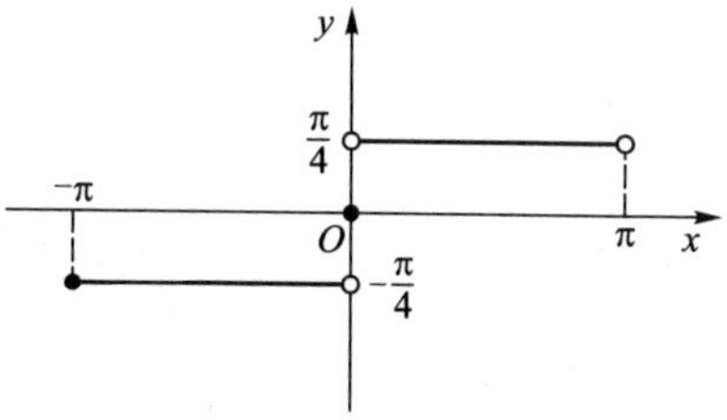

图 15-6

求该矩形波函数的傅里叶展开式.

解 由于 $f(x)$ 在 $(-\pi,\pi)$ 上是奇函数，所以

$$a_0=\frac{1}{\pi}\int_{-\pi}^{\pi}f(x)\,\mathrm{d}x=0,$$

$$a_n=\frac{1}{\pi}\int_{-\pi}^{\pi}f(x)\cos nx\,\mathrm{d}x=0,$$

$$b_n=\frac{1}{\pi}\int_{-\pi}^{\pi}f(x)\sin nx\,\mathrm{d}x=\frac{2}{\pi}\int_0^{\pi}\frac{\pi}{4}\sin nx\,\mathrm{d}x=\frac{1}{2n}[1-(-1)^n].$$

于是当 $x\neq k\pi,k=0,\pm1,\pm2,\cdots$ 时，

$$f(x)=\sin x+\frac{1}{3}\sin 3x+\cdots+\frac{1}{2n-1}\sin(2n-1)x+\cdots;$$

当 $x=k\pi,k=0,\pm1,\pm2,\cdots$ 时，级数收敛于 0（实际上级数每一项都为 0）. 其收敛过程如图 15-7 所示.

□

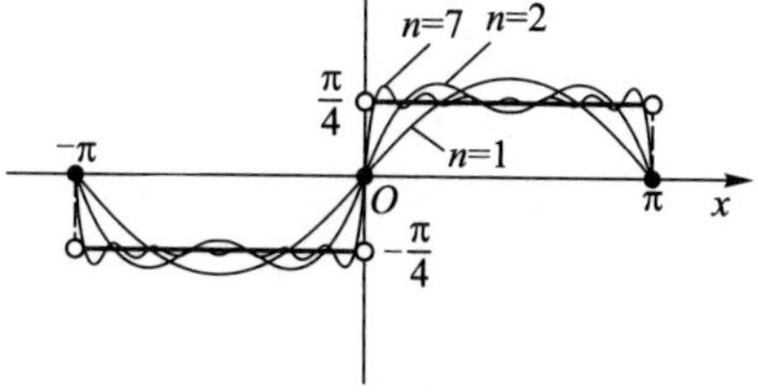

图 15-7

习 题 15.1

1. 在指定区间上把下列函数展开成傅里叶级数:

(1) $f(x)=x$, (i) $-\pi<x<\pi$, (ii) $0<x<2\pi$;

(2) $f(x)=x^2$, (i) $-\pi<x<\pi$, (ii) $0<x<2\pi$;

(3) $f(x)=\begin{cases}ax, & -\pi<x\leqslant 0,\\ bx, & 0<x<\pi\end{cases}$ $(a\neq b, a\neq 0, b\neq 0)$.

2. 设 f 是以 2π 为周期的可积函数,证明对任何实数 c,有

$$a_n=\frac{1}{\pi}\int_c^{c+2\pi}f(x)\cos nx\mathrm{d}x=\frac{1}{\pi}\int_{-\pi}^{\pi}f(x)\cos nx\mathrm{d}x, n=0,1,2,\cdots,$$

$$b_n=\frac{1}{\pi}\int_c^{c+2\pi}f(x)\sin nx\mathrm{d}x=\frac{1}{\pi}\int_{-\pi}^{\pi}f(x)\sin nx\mathrm{d}x, n=1,2,\cdots.$$

3. 把函数

$$f(x)=\begin{cases}-\dfrac{\pi}{4}, & -\pi<x<0,\\ \dfrac{\pi}{4}, & 0\leqslant x<\pi\end{cases}$$

展开成傅里叶级数,并由它推出

(1) $\dfrac{\pi}{4}=1-\dfrac{1}{3}+\dfrac{1}{5}-\dfrac{1}{7}+\cdots$; (2) $\dfrac{\pi}{3}=1+\dfrac{1}{5}-\dfrac{1}{7}-\dfrac{1}{11}+\dfrac{1}{13}+\dfrac{1}{17}+\cdots$;

(3) $\dfrac{\sqrt{3}}{6}\pi=1-\dfrac{1}{5}+\dfrac{1}{7}-\dfrac{1}{11}+\dfrac{1}{13}-\dfrac{1}{17}+\cdots$.

4. 设函数 $f(x)$ 满足条件 $f(x+\pi)=-f(x)$. 问此函数在 $(-\pi,\pi)$ 上的傅里叶级数具有什么特性.

5. 设函数 $f(x)$ 满足条件 $f(x+\pi)=f(x)$. 问此函数在 $(-\pi,\pi)$ 上的傅里叶级数具有什么特性.

6. 试证函数系 $\cos nx, n=0,1,2,\cdots$ 和 $\sin nx, n=1,2,\cdots$ 都是 $[0,\pi]$ 上的正交函数系,但它们合起来的(5)式不是 $[0,\pi]$ 上的正交函数系.

7. 求下列函数的傅里叶级数展开式:

(1) $f(x)=\dfrac{\pi-x}{2}, 0<x<2\pi$;

(2) $f(x)=\sqrt{1-\cos x}, -\pi\leqslant x\leqslant\pi$;

(3) $f(x)=ax^2+bx+c$, (i) $0<x<2\pi$, (ii) $-\pi<x<\pi$;

(4) $f(x)=\operatorname{ch}x, -\pi<x<\pi$;

(5) $f(x)=\operatorname{sh}x, -\pi<x<\pi$.

8. 求函数 $f(x)=\dfrac{1}{12}(3x^2-6\pi x+2\pi^2), 0<x<2\pi$ 的傅里叶级数展开式,并应用它推出 $\dfrac{\pi^2}{6}=\sum\dfrac{1}{n^2}$.

---

9. 设 f 为 $[-\pi,\pi]$ 上的光滑函数,且 $f(-\pi)=f(\pi)$. a_n, b_n 为 f 的傅里叶系数, a_n', b_n' 为 f 的导函数 f' 的傅里叶系数. 证明:

$$a_0'=0,\quad a_n'=nb_n,\quad b_n'=-na_n\quad(n=1,2,\cdots).$$

10. 证明:若三角级数

$$\frac{a_0}{2}+\sum_{n=1}^{\infty}(a_n\cos nx+b_n\sin nx)$$

中的系数 a_n, b_n 满足关系

$$\sup_n\{|n^3a_n|,|n^3b_n|\}\leqslant M,$$

M 为常数，则上述三角级数收敛，且其和函数具有连续的导函数.

§2　以 $2l$ 为周期的函数的展开式

在上节的收敛定理中，假设函数 f 是以 2π 为周期的，或是定义在 $(-\pi,\pi]$ 上然后作以 2π 为周期延拓的函数. 本节讨论以 $2l$ 为周期的函数的傅里叶级数展开式及偶函数、奇函数的傅里叶级数展开式.

一、以 $2l$ 为周期的函数的傅里叶级数

设 f 是以 $2l$ 为周期的函数，通过变量置换

$$\frac{\pi x}{l}=t\quad 或\quad x=\frac{lt}{\pi}$$

可以把 f 变换成以 2π 为周期的 t 的函数 $F(t)=f\left(\frac{lt}{\pi}\right)$. 若 f 在 $[-l,l]$ 上可积，则 F 在 $[-\pi,\pi]$ 上也可积，这时函数 F 的傅里叶级数展开式是

$$F(t)\sim\frac{a_0}{2}+\sum_{n=1}^{\infty}(a_n\cos nt+b_n\sin nt),\tag{1}$$

其中

$$\begin{aligned}a_n&=\frac{1}{\pi}\int_{-\pi}^{\pi}F(t)\cos nt\mathrm{d}t,\quad n=0,1,2,\cdots,\\ b_n&=\frac{1}{\pi}\int_{-\pi}^{\pi}F(t)\sin nt\mathrm{d}t,\quad n=1,2,\cdots.\end{aligned}\tag{2}$$

因为 $t=\frac{\pi x}{l}$，所以 $F(t)=f\left(\frac{lt}{\pi}\right)=f(x)$. 于是由(1)与(2)式分别得

$$f(x)\sim\frac{a_0}{2}+\sum_{n=1}^{\infty}\left(a_n\cos\frac{n\pi x}{l}+b_n\sin\frac{n\pi x}{l}\right)\tag{3}$$

与

$$\begin{aligned}a_n&=\frac{1}{l}\int_{-l}^{l}f(x)\cos\frac{n\pi x}{l}\mathrm{d}x,\quad n=0,1,2,\cdots,\\ b_n&=\frac{1}{l}\int_{-l}^{l}f(x)\sin\frac{n\pi x}{l}\mathrm{d}x,\quad n=1,2,\cdots.\end{aligned}\tag{4}$$

这里(4)式是以 $2l$ 为周期的函数 f 的傅里叶系数，(3)式是 f 的傅里叶级数.

若函数 f 在 $[-l,l]$ 上按段光滑，则同样可由收敛定理知道

$$\frac{f(x+0)+f(x-0)}{2}=\frac{a_0}{2}+\sum_{n=1}^{\infty}\left(a_n\cos\frac{n\pi x}{l}+b_n\sin\frac{n\pi x}{l}\right).\tag{5}$$

例 1　把函数

$$f(x)=\begin{cases}0,&-5\leqslant x<0,\\3,&0\leqslant x<5\end{cases}$$

展开成傅里叶级数.

解 由于 f 在 $(-5,5)$ 上按段光滑,因此可以展开成傅里叶级数. 根据(4)式,有

$$a_n=\frac{1}{5}\int_{-5}^{0}0\cdot\cos\frac{n\pi x}{5}\mathrm{d}x+\frac{1}{5}\int_{0}^{5}3\cos\frac{n\pi x}{5}\mathrm{d}x$$

$$=\frac{3}{5}\cdot\frac{5}{n\pi}\sin\frac{n\pi x}{5}\Big|_0^5=0,\quad n=1,2,\cdots,$$

$$a_0=\frac{1}{5}\int_{-5}^{5}f(x)\mathrm{d}x=\frac{1}{5}\int_{0}^{5}3\mathrm{d}x=3,$$

$$b_n=\frac{1}{5}\int_{0}^{5}3\sin\frac{n\pi x}{5}\mathrm{d}x=\frac{3}{5}\left[-\frac{5}{n\pi}\cos\frac{n\pi x}{5}\right]\Big|_0^5=\frac{3(1-\cos n\pi)}{n\pi}$$

$$=\begin{cases}\dfrac{6}{(2k-1)\pi}, & n=2k-1,k=1,2,\cdots,\\ 0, & n=2k,k=1,2,\cdots.\end{cases}$$

代入(5)式,得

$$f(x)=\frac{3}{2}+\sum_{k=1}^{\infty}\frac{6}{(2k-1)\pi}\sin\frac{(2k-1)\pi x}{5}$$

$$=\frac{3}{2}+\frac{6}{\pi}\left(\sin\frac{\pi x}{5}+\frac{1}{3}\sin\frac{3\pi x}{5}+\frac{1}{5}\sin\frac{5\pi x}{5}+\cdots\right).$$

这里 $x\in(-5,0)\cup(0,5)$. 当 $x=0$ 和 ±5 时级数收敛于 $\frac{3}{2}$. □

二、偶函数与奇函数的傅里叶级数

设 f 是以 $2l$ 为周期的偶函数,或是定义在 $[-l,l]$ 上的偶函数,则在 $[-l,l]$ 上,$f(x)\cos nx$ 是偶函数,$f(x)\sin nx$ 是奇函数. 因此,f 的傅里叶系数(4)是

$$\left.\begin{aligned}a_n&=\frac{1}{l}\int_{-l}^{l}f(x)\cos\frac{n\pi x}{l}\mathrm{d}x\\&=\frac{2}{l}\int_{0}^{l}f(x)\cos\frac{n\pi x}{l}\mathrm{d}x,\quad n=0,1,2,\cdots,\\b_n&=\frac{1}{l}\int_{-l}^{l}f(x)\sin\frac{n\pi x}{l}\mathrm{d}x=0,\quad n=1,2,\cdots.\end{aligned}\right\}\tag{6}$$

于是 f 的傅里叶级数只含有余弦函数的项,即

$$f(x)\sim\frac{a_0}{2}+\sum_{n=1}^{\infty}a_n\cos\frac{n\pi x}{l},\tag{7}$$

其中 a_n 如(6)式所示. (7)式右边的级数称为**余弦级数**.

同理,若 f 是以 $2l$ 为周期的奇函数,或是定义在 $[-l,l]$ 上的奇函数,则可推得

$$\left.\begin{aligned}a_n&=\frac{1}{l}\int_{-l}^{l}f(x)\cos\frac{n\pi x}{l}\mathrm{d}x=0,\quad n=0,1,2,\cdots,\\b_n&=\frac{2}{l}\int_{0}^{l}f(x)\sin\frac{n\pi x}{l}\mathrm{d}x,\quad n=1,2,\cdots.\end{aligned}\right\}\tag{8}$$

所以当 f 为奇函数时,它的傅里叶级数只含有正弦函数的项,即

$$f(x)\sim\sum_{n=1}^{\infty}b_n\sin\frac{n\pi x}{l},\tag{9}$$

其中 b_n 如(8)式所示.(9)式右边的级数称为**正弦级数**.

若 $l=\pi$,则偶函数 f 所展开成的余弦级数为

$$f(x) \sim \frac{a_0}{2} + \sum_{n=1}^{\infty} a_n \cos nx, \tag{10}$$

其中

$$a_n = \frac{2}{\pi}\int_0^{\pi} f(x)\cos nx\mathrm{d}x, \quad n = 0,1,2,\cdots; \tag{11}$$

奇函数 f 所展开成的正弦级数为

$$f(x) \sim \sum_{n=1}^{\infty} b_n \sin nx, \tag{12}$$

其中

$$b_n = \frac{2}{\pi}\int_0^{\pi} f(x)\sin nx\mathrm{d}x. \tag{13}$$

在实际应用中,有时需把定义在$[0,\pi]$上(或一般地,在$[0,l]$上)的函数展开成余弦级数或正弦级数.为此,先把定义在$[0,\pi]$上的函数作偶式延拓或作奇式延拓到$[-\pi,\pi]$上(如图 15-8(a)或(b)).然后求延拓后函数的傅里叶级数,即得(10)或(12)形式.但显然可见,对于定义在$[0,\pi]$上的函数,将它展开成余弦级数或正弦级数时,可以直接由(11)式或(13)式计算出它的傅里叶系数.

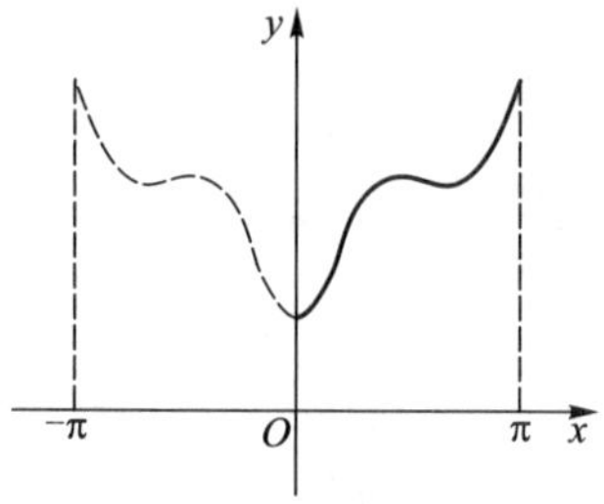

(a) 偶式延拓

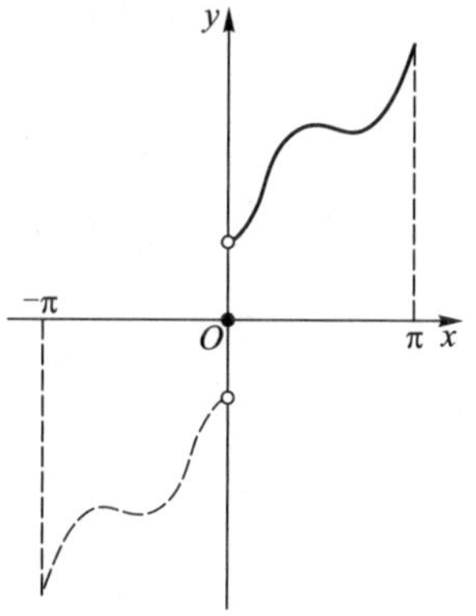

(b) 奇式延拓

图 15-8

例 2　设函数

$$f(x) = |\sin x|, \ -\pi \leqslant x < \pi,$$

求 f 的傅里叶级数展开式.

解　f 是$[-\pi,\pi]$上的偶函数,图 15-9 是这函数及其周期延拓的图形.由于 f 是按段光滑函数,因此可以展开成傅里叶级数,而且这个级数为余弦级数.由(10)式(这时可把其中“~”改为“=”)知

$$|\sin x| = \frac{a_0}{2} + \sum_{n=1}^{\infty} a_n \cos nx,$$

其中

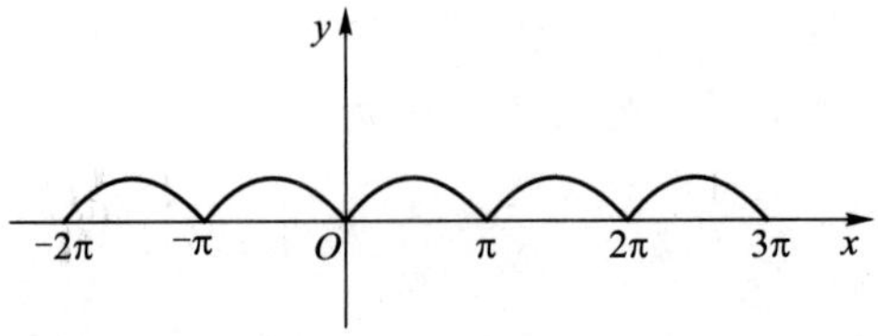

图 15-9

$$a_0=\frac{2}{\pi}\int_0^{\pi}\sin x\mathrm{d}x=\frac{4}{\pi},$$

$$a_1=\frac{2}{\pi}\int_0^{\pi}\sin x\cos x\mathrm{d}x=0,$$

$$\begin{aligned}a_n&=\frac{2}{\pi}\int_0^{\pi}|\sin x|\cos nx\mathrm{d}x=\frac{2}{\pi}\int_0^{\pi}\sin x\cos nx\mathrm{d}x\\&=\frac{2}{\pi}\int_0^{\pi}\frac{1}{2}[\sin(1-n)x+\sin(1+n)x]\mathrm{d}x\\&=\frac{1}{\pi}\frac{2}{n^2-1}[\cos(n-1)\pi-1]\quad(n\neq1)\\&=\begin{cases}0, & n=3,5,\cdots,\\-\dfrac{4}{\pi}\dfrac{1}{n^2-1}, & n=2,4,\cdots.\end{cases}\end{aligned}$$

因此

$$\begin{aligned}|\sin x|&=\frac{2}{\pi}-\frac{1}{\pi}\sum_{m=1}^{\infty}\frac{4}{4m^2-1}\cos 2mx\\&=\frac{2}{\pi}\left(1-2\sum_{m=1}^{\infty}\frac{\cos 2mx}{4m^2-1}\right),\ -\infty<x<+\infty.\end{aligned}$$

当 $x=0$ 时,有

$$0=\frac{2}{\pi}\left(1-2\sum_{m=1}^{\infty}\frac{1}{4m^2-1}\right).$$

由此可得

$$\frac{1}{2}=\frac{1}{1\cdot3}+\frac{1}{3\cdot5}+\cdots+\frac{1}{(2m-1)(2m+1)}+\cdots.$$ □

例 3 把定义在$[0,\pi]$上的函数

$$f(x)=\begin{cases}1, & 0\leqslant x<h,\\\dfrac{1}{2}, & x=h,\\0, & h<x\leqslant\pi\end{cases}$$

(其中$0<h<\pi$)展开成正弦级数.

解 函数 f 如图 15-10 所示,它是按段光滑函数,因而可以展开成正弦级数(12),其系数

$$b_n=\frac{2}{\pi}\int_0^{\pi}f(x)\sin nx\mathrm{d}x=\frac{2}{\pi}\int_0^{h}\sin nx\mathrm{d}x$$

$$=\frac{2}{\pi}\left(\frac{-\cos nx}{n}\right)\Bigg|_0^h=\frac{2}{n\pi}(1-\cos nh).$$

所以

$$f(x)=\frac{2}{\pi}\sum_{n=1}^{\infty}\frac{(1-\cos nh)}{n}\sin nx,\quad 0<x<h,\quad h<x<\pi.$$

当 $x=0$ 时,级数的和为 0;当 $x=h$ 时,有

$$\frac{2}{\pi}\sum_{n=1}^{\infty}\frac{(1-\cos nh)}{n}\sin nh=\frac{1+0}{2}=\frac{1}{2}.$$

本题中若 $h=\pi$,则有

$$f(x)=\frac{2}{\pi}\sum_{n=1}^{\infty}\frac{1-(-1)^n}{n}\sin nx$$

$$=\frac{4}{\pi}\left(\sin x+\frac{1}{3}\sin 3x+\frac{1}{5}\sin 5x+\cdots\right),0<x<\pi,$$

而且当 $x=0,\pi$ 时,级数收敛于 0. □

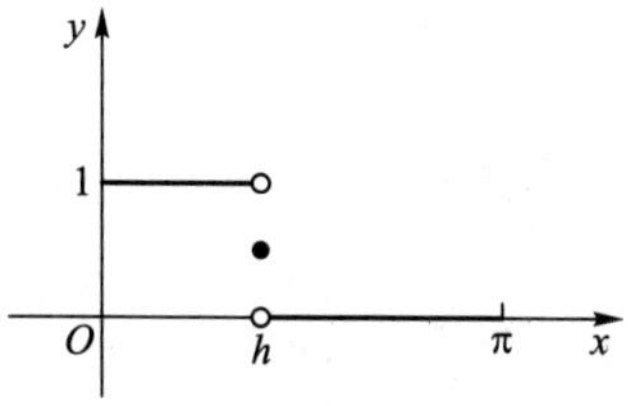

图 15-10

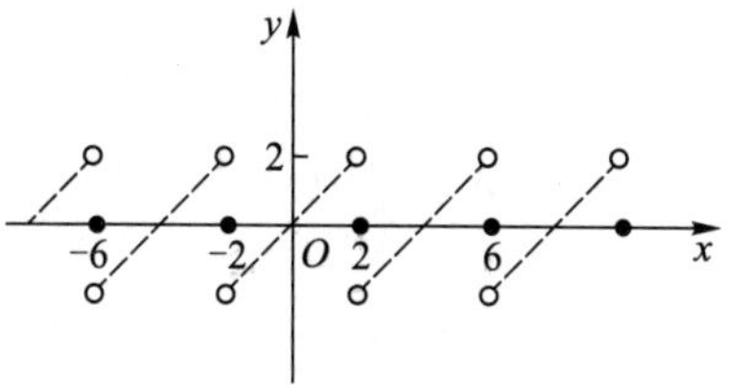

图 15-11

例 4 把 $f(x)=x$ 在 $(0,2)$ 上展开成:

(i) 正弦级数;

(ii) 余弦级数.

解 (i) 为了要把 f 展开为正弦级数,对 f 作奇式周期延拓(图 15-11),并由公式(8)有

$$a_n=0,\quad n=0,1,2,\cdots,$$

$$b_n=\frac{2}{2}\int_0^2 x\sin\frac{n\pi x}{2}\mathrm{d}x=-\frac{4}{n\pi}\cos n\pi=\frac{4}{n\pi}(-1)^{n+1},\quad n=1,2,\cdots.$$

所以当 $x\in(0,2)$ 时,由公式(9)及收敛定理得到

$$f(x)=x=\sum_{n=1}^{\infty}\frac{4}{n\pi}(-1)^{n+1}\sin\frac{n\pi x}{2}$$
$$=\frac{4}{\pi}\left(\sin\frac{\pi x}{2}-\frac{1}{2}\sin\frac{2\pi x}{2}+\frac{1}{3}\sin\frac{3\pi x}{2}+\cdots\right).\qquad(14)$$

但当 $x=0,2$ 时,右边级数收敛于 0.

(ii) 为了要把 f 展开为余弦级数,对 f 作偶式周期延拓(图 15-12).由公式(6)得 f 的傅里叶系数为

$$b_n=0,\quad n=1,2,\cdots,$$

$$a_0=\int_0^2 x\mathrm{d}x=2,$$

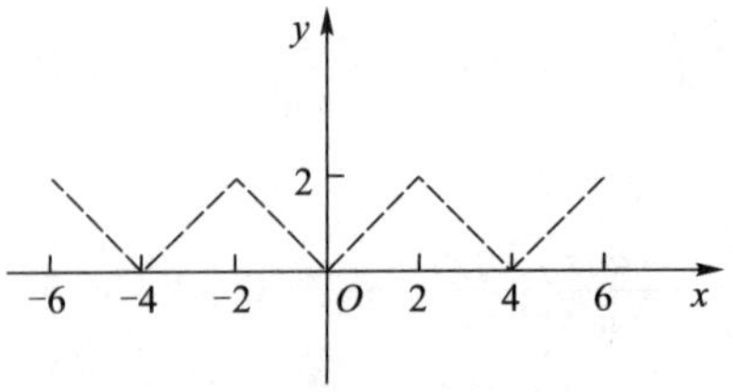

图 15-12

$$a_n=\frac{2}{2}\int_0^2 x\cos\frac{n\pi x}{2}\mathrm{d}x=\frac{4}{n^2\pi^2}(\cos n\pi-1)$$
$$=\frac{4}{n^2\pi^2}[(-1)^n-1],\quad n=1,2,\cdots$$

或

$$a_{2k-1}=\frac{-8}{(2k-1)^2\pi^2},\quad a_{2k}=0\ (k=1,2,\cdots).$$

所以当 $x\in(0,2)$ 时，由公式(7)及收敛定理得到

$$f(x)=x=1+\sum_{k=1}^{\infty}\frac{-8}{(2k-1)^2\pi^2}\cos\frac{(2k-1)\pi x}{2}$$
$$=1-\frac{8}{\pi^2}\left(\cos\frac{\pi x}{2}+\frac{1}{3^2}\cos\frac{3\pi x}{2}+\frac{1}{5^2}\cos\frac{5\pi x}{2}+\cdots\right).\qquad(15)$$

□

读者由例 4 可以看到，同样一个函数在同样的区间上可以用正弦级数表示，也可以用余弦级数表示，甚至作适当延拓后，可以用更一般的形式(5)来表示.

习 题 15.2

1. 求下列周期函数的傅里叶级数展开式：

(1) $f(x)=|\cos x|$ (周期 π)；　(2) $f(x)=x-[x]$ (周期 1)；

(3) $f(x)=\sin^4 x$ (周期 π)；　(4) $f(x)=\operatorname{sgn}(\cos x)$ (周期 2π).

2. 求函数

$$f(x)=\begin{cases}x, & 0\leqslant x\leqslant 1,\\ 1, & 1<x<2,\\ 3-x, & 2\leqslant x\leqslant 3\end{cases}$$

的傅里叶级数并讨论其敛散性.

3. 将函数 $f(x)=\frac{\pi}{2}-x$ 在 $[0,\pi]$ 上展开成余弦级数.

4. 将函数 $f(x)=\cos\frac{x}{2}$ 在 $[0,\pi]$ 上展开成正弦级数.

5. 把函数

$$f(x)=\begin{cases}1-x, & 0<x\leqslant 2,\\ x-3, & 2<x<4\end{cases}$$

在 $(0,4)$ 上展开成余弦级数.

6. 把函数 $f(x)=(x-1)^2$ 在 $(0,1)$ 上展开成余弦级数，并推出

$$\pi^2=6\left(1+\frac{1}{2^2}+\frac{1}{3^2}+\cdots\right).$$

---

7. 求下列函数的傅里叶级数展开式：

(1) $f(x)=\arcsin(\sin x)$；　　(2) $f(x)=\arcsin(\cos x)$.

8. 试问如何把定义在 $\left[0,\frac{\pi}{2}\right]$ 上的可积函数 f 延拓到区间 $(-\pi,\pi)$ 上，使它们的傅里叶级数为如下的形式：

(1) $\sum\limits_{n=1}^{\infty}a_{2n-1}\cos(2n-1)x$；　　(2) $\sum\limits_{n=1}^{\infty}b_{2n-1}\sin(2n-1)x$.

§3 收敛定理的证明

为了证明傅里叶级数的收敛定理，先证明下面两个预备定理.

预备定理 1（贝塞尔（Bessel）不等式）　若函数 f 在 $[-\pi,\pi]$ 上可积，则

$$\frac{a_0^2}{2}+\sum_{n=1}^{\infty}(a_n^2+b_n^2)\leqslant\frac{1}{\pi}\int_{-\pi}^{\pi}f^2(x)\,\mathrm{d}x,\tag{1}$$

其中 a_n,b_n 为 f 的傅里叶系数.(1)式称为**贝塞尔不等式**.

证　令

$$S_m(x)=\frac{a_0}{2}+\sum_{n=1}^{m}(a_n\cos nx+b_n\sin nx).$$

考察积分

$$\begin{aligned}&\int_{-\pi}^{\pi}[f(x)-S_m(x)]^2\mathrm{d}x\\&=\int_{-\pi}^{\pi}f^2(x)\,\mathrm{d}x-2\int_{-\pi}^{\pi}f(x)S_m(x)\,\mathrm{d}x+\int_{-\pi}^{\pi}S_m^2(x)\,\mathrm{d}x.\end{aligned}\tag{2}$$

由于

$$\begin{aligned}&\int_{-\pi}^{\pi}f(x)S_m(x)\,\mathrm{d}x\\&=\frac{a_0}{2}\int_{-\pi}^{\pi}f(x)\,\mathrm{d}x+\sum_{n=1}^{m}\left(a_n\int_{-\pi}^{\pi}f(x)\cos nx\mathrm{d}x+b_n\int_{-\pi}^{\pi}f(x)\sin nx\mathrm{d}x\right).\end{aligned}$$

根据傅里叶系数公式（§1，公式(10)）可得

$$\int_{-\pi}^{\pi}f(x)S_m(x)\,\mathrm{d}x=\frac{\pi}{2}a_0^2+\pi\sum_{n=1}^{m}(a_n^2+b_n^2).\tag{3}$$

对于 $S_m^2(x)$ 的积分，应用三角函数的正交性，有

$$\begin{aligned}&\int_{-\pi}^{\pi}S_m^2(x)\,\mathrm{d}x\\&=\int_{-\pi}^{\pi}\left[\frac{a_0}{2}+\sum_{n=1}^{m}(a_n\cos nx+b_n\sin nx)\right]^2\mathrm{d}x\end{aligned}$$

$$=\left(\frac{a_0}{2}\right)^2\int_{-\pi}^{\pi}\mathrm{d}x+\sum_{n=1}^{m}\left[a_n^2\int_{-\pi}^{\pi}\cos^2 nx\mathrm{d}x+b_n^2\int_{-\pi}^{\pi}\sin^2 nx\mathrm{d}x\right]$$

$$=\frac{\pi a_0^2}{2}+\pi\sum_{n=1}^{m}(a_n^2+b_n^2). \tag{4}$$

将(3)式、(4)式代入(2)式,可得

$$0\leqslant\int_{-\pi}^{\pi}[f(x)-S_m(x)]^2\mathrm{d}x$$

$$=\int_{-\pi}^{\pi}f^2(x)\mathrm{d}x-\frac{\pi a_0^2}{2}-\pi\sum_{n=1}^{m}(a_n^2+b_n^2).$$

因而

$$\frac{a_0^2}{2}+\sum_{n=1}^{m}(a_n^2+b_n^2)\leqslant\frac{1}{\pi}\int_{-\pi}^{\pi}[f(x)]^2\mathrm{d}x$$

对任何正整数 m 成立. 而$\frac{1}{\pi}\int_{-\pi}^{\pi}[f(x)]^2\mathrm{d}x$ 为有限值,所以正项级数

$$\frac{a_0^2}{2}+\sum_{n=1}^{\infty}(a_n^2+b_n^2)$$

的部分和数列有界,因而它收敛且有不等式(1)成立. □

推论 1 若 f 为可积函数,则

$$\left.\begin{aligned}&\lim_{n\to\infty}\int_{-\pi}^{\pi}f(x)\cos nx\mathrm{d}x=0,\\&\lim_{n\to\infty}\int_{-\pi}^{\pi}f(x)\sin nx\mathrm{d}x=0.\end{aligned}\right\} \tag{5}$$

因为(1)式的左边级数收敛,所以当 $n\to\infty$ 时,通项 $a_n^2+b_n^2\to 0$,亦即有 $a_n\to 0$ 与 $b_n\to 0$,这就是(5)式. 这个推论也称为**黎曼-勒贝格定理**.

推论 2 若 f 为可积函数,则

$$\left.\begin{aligned}&\lim_{n\to\infty}\int_{0}^{\pi}f(x)\sin\left(n+\frac{1}{2}\right)x\mathrm{d}x=0,\\&\lim_{n\to\infty}\int_{-\pi}^{0}f(x)\sin\left(n+\frac{1}{2}\right)x\mathrm{d}x=0.\end{aligned}\right\} \tag{6}$$

证 由于

$$\sin\left(n+\frac{1}{2}\right)x=\cos\frac{x}{2}\sin nx+\sin\frac{x}{2}\cos nx,$$

所以

$$\int_{0}^{\pi}f(x)\sin\left(n+\frac{1}{2}\right)x\mathrm{d}x$$

$$=\int_{0}^{\pi}\left[f(x)\cos\frac{x}{2}\right]\sin nx\mathrm{d}x+\int_{0}^{\pi}\left[f(x)\sin\frac{x}{2}\right]\cos nx\mathrm{d}x$$

$$=\int_{-\pi}^{\pi}F_1(x)\sin nx\mathrm{d}x+\int_{-\pi}^{\pi}F_2(x)\cos nx\mathrm{d}x, \tag{7}$$

其中

$$F_1(x)=\begin{cases} f(x)\cos\dfrac{x}{2}, & 0\leqslant x\leqslant \pi, \\ 0, & -\pi\leqslant x<0, \end{cases}$$

$$F_2(x)=\begin{cases} f(x)\sin\dfrac{x}{2}, & 0\leqslant x\leqslant \pi, \\ 0, & -\pi\leqslant x<0. \end{cases}$$

显见 F_1 与 F_2 和 f 一样在 $[-\pi,\pi]$ 上可积. 由推论 1,(7)式右端两积分的极限在 $n\to\infty$ 时都等于零,所以左边的极限为零.

同样可以证明

$$\lim_{n\to\infty}\int_{-\pi}^{0} f(x)\sin\left(n+\frac{1}{2}\right)x\mathrm{d}x=0. \qquad \square$$

预备定理 2 若 $f(x)$ 是以 2π 为周期的函数,且在 $[-\pi,\pi]$ 上可积,则它的傅里叶级数部分和 $S_n(x)$ 可写成

$$S_n(x)=\frac{1}{\pi}\int_{-\pi}^{\pi} f(x+t)\frac{\sin\left(n+\frac{1}{2}\right)t}{2\sin\frac{t}{2}}\mathrm{d}t, \tag{8}$$

当 $t=0$ 时,被积函数中的不定式由极限

$$\lim_{t\to 0}\frac{\sin\left(n+\frac{1}{2}\right)t}{2\sin\frac{t}{2}}=n+\frac{1}{2}$$

来确定.

证 在傅里叶级数部分和

$$S_n(x)=\frac{a_0}{2}+\sum_{k=1}^{n}(a_k\cos kx+b_k\sin kx)$$

中,用傅里叶系数公式代入,可得

$$\begin{aligned} S_n(x)&=\frac{1}{2\pi}\int_{-\pi}^{\pi} f(u)\mathrm{d}u+\frac{1}{\pi}\sum_{k=1}^{n}\left[\left(\int_{-\pi}^{\pi} f(u)\cos ku\mathrm{d}u\right)\cos kx+\left(\int_{-\pi}^{\pi} f(u)\sin ku\mathrm{d}u\right)\sin kx\right] \\ &=\frac{1}{\pi}\int_{-\pi}^{\pi} f(u)\left[\frac{1}{2}+\sum_{k=1}^{n}(\cos ku\cos kx+\sin ku\sin kx)\right]\mathrm{d}u \\ &=\frac{1}{\pi}\int_{-\pi}^{\pi} f(u)\left[\frac{1}{2}+\sum_{k=1}^{n}\cos k(u-x)\right]\mathrm{d}u. \end{aligned}$$

令 $u=x+t$,得

$$S_n(x)=\frac{1}{\pi}\int_{-\pi-x}^{\pi-x} f(x+t)\left[\frac{1}{2}+\sum_{k=1}^{n}\cos kt\right]\mathrm{d}t.$$

由上面这个积分看到,被积函数是周期为 2π 的函数,因此在 $[-\pi-x,\pi-x]$ 上的积分等于 $[-\pi,\pi]$ 上的积分,再由第十二章 §3 的(21)式,即

$$\frac{1}{2}+\sum_{k=1}^{n}\cos kt=\frac{\sin\left(n+\frac{1}{2}\right)t}{2\sin\frac{t}{2}}, \tag{9}$$

就得到

$$S_n(x)=\frac{1}{\pi}\int_{-\pi}^{\pi}f(x+t)\frac{\sin\left(n+\frac{1}{2}\right)t}{2\sin\frac{t}{2}}\mathrm{d}t.$$ □

(8)式也称为f的傅里叶级数部分和的积分表示式.

现在证明定理15.3(收敛定理),重述如下:

若以2π为周期的函数f在$[-\pi,\pi]$上按段光滑,则在每一点$x\in[-\pi,\pi]$,f的傅里叶级数(本章§1的(12)式)收敛于f在点x的左、右极限的算术平均值,即

$$\frac{f(x+0)+f(x-0)}{2}=\frac{a_0}{2}+\sum_{n=1}^{\infty}(a_n\cos nx+b_n\sin nx),$$

其中a_n,b_n为f的傅里叶系数.

证　只要证明在每一点x处下述极限成立:

$$\lim_{n\to\infty}\left[\frac{f(x+0)+f(x-0)}{2}-S_n(x)\right]=0,$$

即

$$\lim_{n\to\infty}\left[\frac{f(x+0)+f(x-0)}{2}-\frac{1}{\pi}\int_{-\pi}^{\pi}f(x+t)\frac{\sin\left(n+\frac{1}{2}\right)t}{2\sin\frac{t}{2}}\mathrm{d}t\right]=0,$$

或证明同时有

$$\lim_{n\to\infty}\left[\frac{f(x+0)}{2}-\frac{1}{\pi}\int_{0}^{\pi}f(x+t)\frac{\sin\left(n+\frac{1}{2}\right)t}{2\sin\frac{t}{2}}\mathrm{d}t\right]=0\tag{10}$$

与

$$\lim_{n\to\infty}\left[\frac{f(x-0)}{2}-\frac{1}{\pi}\int_{-\pi}^{0}f(x+t)\frac{\sin\left(n+\frac{1}{2}\right)t}{2\sin\frac{t}{2}}\mathrm{d}t\right]=0.\tag{11}$$

现在先证明(10)式. 对(9)式积分有

$$\frac{1}{\pi}\int_{-\pi}^{\pi}\frac{\sin\left(n+\frac{1}{2}\right)t}{2\sin\frac{t}{2}}\mathrm{d}t=\frac{1}{\pi}\int_{-\pi}^{\pi}\left(\frac{1}{2}+\sum_{k=1}^{n}\cos kt\right)\mathrm{d}t=1.$$

由于上式左边为偶函数,因此两边乘以$f(x+0)$后得到

$$\frac{f(x+0)}{2}=\frac{1}{\pi}\int_{0}^{\pi}f(x+0)\frac{\sin\left(n+\frac{1}{2}\right)t}{2\sin\frac{t}{2}}\mathrm{d}t.$$

从而(10)式可改写为

$$\lim_{n\to\infty}\frac{1}{\pi}\int_0^{\pi}[f(x+0)-f(x+t)]\frac{\sin\left(n+\frac{1}{2}\right)t}{2\sin\frac{t}{2}}\mathrm{d}t=0. \tag{12}$$

令

$$\varphi(t)=-\frac{f(x+t)-f(x+0)}{2\sin\frac{t}{2}}$$

$$=-\left[\frac{f(x+t)-f(x+0)}{t}\right]\frac{\frac{t}{2}}{\sin\frac{t}{2}},\quad t\in(0,\pi].$$

由本章§1 的(13)式得

$$\lim_{t\to 0^+}\varphi(t)=-f'(x+0)\cdot 1=-f'(x+0).$$

再令 $\varphi(0)=-f'(x+0)$,则函数 φ 在点 $t=0$ 右连续. 因为 φ 在$[0,\pi]$上至多只有有限个第一类间断点,所以 φ 在$[0,\pi]$上可积. 根据预备定理 1 的推论 2,

$$\lim_{n\to\infty}\frac{1}{\pi}\int_0^{\pi}[f(x+0)-f(x+t)]\frac{\sin\left(n+\frac{1}{2}\right)t}{2\sin\frac{t}{2}}\mathrm{d}t$$

$$=\lim_{n\to\infty}\frac{1}{\pi}\int_0^{\pi}\varphi(t)\sin\left(n+\frac{1}{2}\right)t\mathrm{d}t=0.$$

这就证得(12)式成立,从而(10)式成立.

用同样方法可证(11)式也成立. □

习 题 15.3①

1. 设 f 以 2π 为周期且具有二阶连续的导函数,证明 f 的傅里叶级数在$(-\infty,+\infty)$上一致收敛于 f.

2. 设 f 为$[-\pi,\pi]$上的可积函数. 证明:若 f 的傅里叶级数在$[-\pi,\pi]$上一致收敛于 f,则成立**帕塞瓦尔**(Parseval)**等式**:

$$\frac{1}{\pi}\int_{-\pi}^{\pi}[f(x)]^2\mathrm{d}x=\frac{a_0^2}{2}+\sum_{n=1}^{\infty}(a_n^2+b_n^2),$$

这里 a_n,b_n 为 f 的傅里叶系数.

3. 帕塞瓦尔等式对于在$[-\pi,\pi]$上满足收敛定理条件的函数也成立(证略). 请应用这个结果证明下列各式:

(1) $\frac{\pi^2}{8}=\sum_{n=1}^{\infty}\frac{1}{(2n-1)^2}$(提示:应用§1 习题 3 的展开式导出);

(2) $\frac{\pi^2}{6}=\sum_{n=1}^{\infty}\frac{1}{n^2}$(提示:应用§1 习题 1(1)(i)的展开式导出);

① 本节习题均为选做题.

(3) $\frac{\pi^4}{90}=\sum_{n=1}^{\infty}\frac{1}{n^4}$（提示：应用§1习题1(2)(i)的展开式导出）.

4. 证明：若f,g均为$[-\pi,\pi]$上的可积函数，且它们的傅里叶级数在$[-\pi,\pi]$上分别一致收敛于f和g，则

$$\frac{1}{\pi}\int_{-\pi}^{\pi}f(x)g(x)\mathrm{d}x=\frac{a_0\alpha_0}{2}+\sum_{n=1}^{\infty}(a_n\alpha_n+b_n\beta_n),$$

其中a_n,b_n为f的傅里叶系数，α_n,β_n为g的傅里叶系数.

5. 证明：若f及其导函数f'均在$[-\pi,\pi]$上可积，$\int_{-\pi}^{\pi}f(x)\mathrm{d}x=0$，$f(-\pi)=f(\pi)$，且成立帕塞瓦尔等式，则

$$\int_{-\pi}^{\pi}|f'(x)|^2\mathrm{d}x\geqslant\int_{-\pi}^{\pi}|f(x)|^2\mathrm{d}x.$$

第十五章总练习题

1. 试求三角多项式

$$T_n(x)=\frac{A_0}{2}+\sum_{k=1}^{n}(A_k\cos kx+B_k\sin kx)$$

的傅里叶级数展开式.

2. 设f为$[-\pi,\pi]$上的可积函数，a_0,a_k,b_k $(k=1,2,\cdots,n)$为f的傅里叶系数. 试证明：当

$$A_0=a_0,\quad A_k=a_k,\quad B_k=b_k\ (k=1,2,\cdots,n)$$

时，积分

$$\int_{-\pi}^{\pi}[f(x)-T_n(x)]^2\mathrm{d}x$$

取最小值，且最小值为

$$\int_{-\pi}^{\pi}[f(x)]^2\mathrm{d}x-\pi\left[\frac{a_0^2}{2}+\sum_{k=1}^{n}(a_k^2+b_k^2)\right].$$

上述$T_n(x)$是第1题中的三角多项式，A_0,A_k,B_k为它的傅里叶系数.

3. 设f是以2π为周期，且具有二阶连续可微的函数，

$$b_n=\frac{1}{\pi}\int_{-\pi}^{\pi}f(x)\sin nx\mathrm{d}x,\quad b''_n=\frac{1}{\pi}\int_{-\pi}^{\pi}f''(x)\sin nx\mathrm{d}x.$$

若级数$\sum b''_n$绝对收敛，则

$$\sum_{n=1}^{\infty}\sqrt{|b_n|}\leqslant\frac{1}{2}\left(2+\sum_{n=1}^{\infty}|b''_n|\right).$$

4. 设周期为2π的可积函数$\varphi(x)$与$\psi(x)$满足以下关系式：

(1) $\varphi(-x)=\psi(x)$；　　(2) $\varphi(-x)=-\psi(x)$.

试问φ的傅里叶系数a_n,b_n与ψ的傅里叶系数α_n,β_n有什么关系？

5. 设定义在$[a,b]$上的连续函数列$\{\varphi_n\}$满足关系

$$\int_a^b\varphi_n(x)\varphi_m(x)\mathrm{d}x=\begin{cases}0, & n\neq m,\\ 1, & n=m.\end{cases}$$

对于在$[a,b]$上的可积函数f，定义

$$a_n=\int_a^b f(x)\varphi_n(x)\mathrm{d}x,\quad n=1,2,\cdots.$$

证明：$\sum_{n=1}^{\infty} a_n^2$ 收敛，且有不等式

$$\sum_{n=1}^{\infty} a_n^2 \leqslant \int_a^b [f(x)]^2 \mathrm{d}x.$$

第十五章综合自测题

第十六章 多元函数的极限与连续

§1 平面点集与多元函数

多元函数是一元函数的推广,因此它保留着一元函数的许多性质,但也由于自变量由一个增加到多个,产生了某些新的性质,读者对这些性质尤其要加以注意.对于多元函数,我们将着重讨论二元函数.在掌握了二元函数的有关理论与研究方法之后,我们可以把它们推广到一般的多元函数中去.

一元函数的定义域是实数轴上的点集,二元函数的定义域将是坐标平面上的点集.因此,在讨论二元函数之前,有必要先了解有关平面点集的一些基本概念.

一、平面点集

由平面解析几何知道,当在平面上确定了一个坐标系(今后如不特别指出,都假定是直角坐标系)之后,所有有序实数对①(x,y)与平面上所有的点之间建立了一一对应.因此,今后将把"数对"与"平面上的点"这两种说法看作是完全等同的.这种确定了坐标系的平面,称为**坐标平面**.

坐标平面上满足某种条件 P 的点的集合称为**平面点集**,并记作

$$E=\{(x,y)\mid(x,y)\text{ 满足条件 }P\}.$$

例如,全平面上的点所组成的点集是

$$\mathbf{R}^2=\{(x,y)\mid-\infty<x<+\infty,-\infty<y<+\infty\}. \tag{1}$$

平面上以原点为中心、r 为半径的圆内所有的点的集合是

$$C=\{(x,y)\mid x^2+y^2<r^2\}. \tag{2}$$

而集合

$$S=\{(x,y)\mid a\leqslant x\leqslant b,c\leqslant y\leqslant d\} \tag{3}$$

则为一矩形及其内部所有点的全体,为书写上的方便,也常把它记作$[a,b]\times[c,d]$②.

平面点集

---

① 或简称"数对".

② 一般地,对于任意两个数集(或点集)A,B,记 $A\times B=\{(x,y)\mid x\in A,y\in B\}$,称为 A 与 B 的**直积**.例如 $A=\{(u,v)\mid u^2+v^2\leqslant1\}$,$B=[0,1]$,则 $A\times B=\{(u,v,w)\mid u^2+v^2\leqslant1,0\leqslant w\leqslant1\}$.

$$\{(x,y)\mid(x-x_0)^2+(y-y_0)^2<\delta^2\}$$

与

$$\{(x,y)\mid |x-x_0|<\delta,|y-y_0|<\delta\}$$

分别称为以点 $A(x_0,y_0)$ 为中心的 δ **圆邻域**与 δ **方邻域**(图 16-1).

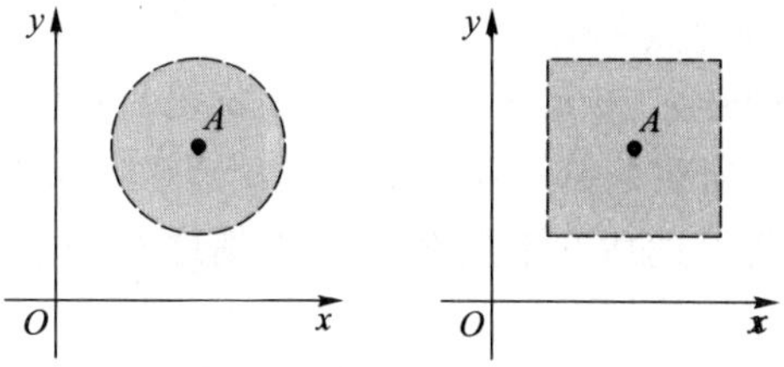

图 16-1

由于点 A 的任一个圆邻域总包含有点 A 的某一个方邻域(反之亦然),因此通常用"**点 A 的 δ 邻域**"或"**点 A 的邻域**"泛指这两种形状的邻域,并以记号 $U(A;\delta)$ 或 $U(A)$ 来表示. 点 A 的**空心邻域**是指

$$\{(x,y)\mid 0<(x-x_0)^2+(y-y_0)^2<\delta^2\}$$

或 $$\{(x,y)\mid |x-x_0|<\delta,|y-y_0|<\delta,(x,y)\neq(x_0,y_0)\},$$

并用记号 $U^{\circ}(A;\delta)$ 或 $U^{\circ}(A)$ 来表示.

下面利用邻域来描述点和点集之间的关系.

任意一点 $A\in\mathbf{R}^2$ 与任意一个点集 $E\subset\mathbf{R}^2$ 之间必有以下三种关系之一:

(i) 内点——若存在点 A 的某邻域 $U(A)$,使得 $U(A)\subset E$,则称点 A 是点 E 的**内点**. E 的全体内点构成的集合称为 E 的**内部**,记作 $\operatorname{int} E$.

(ii) 外点——若存在点 A 的某邻域 $U(A)$,使得 $U(A)\cap E=\varnothing$,则称 A 是点集 E 的**外点**.

(iii) 界点——若在点 A 的任何邻域内既含有属于 E 的点,又含有不属于 E 的点,则称 A 是集合 E 的**界点**. 即对任何正数 δ,恒有

$$U(A;\delta)\cap E\neq\varnothing \text{ 且 } U(A;\delta)\cap E^c\neq\varnothing,$$

其中 $E^c=\mathbf{R}^2\backslash E$ 是 E 关于全平面的**余集**. E 的全体界点构成 E 的**边界**,记作 ∂E.

E 的内点必定属于 E,E 的外点必定不属于 E,E 的界点可能属于 E,也可能不属于 E.

点 A 与点集 E 的上述关系是按"点 A 在 E 内或在 E 外"来区分的. 此外,还可按在点 A 的近旁是否密集着 E 中无穷多个点而构成另一类关系:

(i) 聚点——若在点 A 的任何空心邻域 $U^{\circ}(A)$ 内都含有 E 中的点,则称 A 是 E 的**聚点**,聚点本身可能属于 E,也可能不属于 E.

A 是点集 E 的聚点的定义等价于"点 A 的任何邻域 $U(A)$ 包含有 E 的无穷多个点".

(ii) 孤立点——若点 $A\in E$,但不是 E 的聚点,即存在某一正数 δ,使得 $U^{\circ}(A;\delta)\cap E=\varnothing$,则称点 A 是 E 的**孤立点**.

显然,孤立点一定是界点,内点和非孤立的界点一定是聚点,既不是聚点,又不是孤立点,则必为外点.

例 1　设平面点集

$$D=\{(x,y)\mid 1\leqslant x^2+y^2<4\}. \tag{4}$$

满足 $1<x^2+y^2<4$ 的一切点都是 D 的内点，满足 $x^2+y^2=1$ 的一切点是 D 的界点，它们都属于 D，满足 $x^2+y^2=4$ 的一切点也是 D 的界点，但它们都不属于 D，点集 D 连同它外圆边界上的一切点都是 D 的聚点. □

根据点集中所属点的特征，我们再来定义一些重要的平面点集.

开集——若平面点集所属的每一点都是 E 的内点（即 $\operatorname{int} E=E$），则称 E 为**开集**.

闭集——若平面点集 E 的所有聚点都属于 E，则称 E 为**闭集**. 若点集 E 没有聚点，这时也称 E 为闭集.

在前面列举的平面点集中，(2) 所表示的点集 C 是开集，(3) 所表示的点集 S 是闭集，(4) 所表示的点集 D 既非开集，又非闭集，而且 (1) 所表示的点集 $\mathbf{R}^2$ 既是开集又是闭集. 此外，还约定空集 $\varnothing$ 既是开集又是闭集. 可以证明，在一切平面点集中，只有 $\mathbf{R}^2$ 与 $\varnothing$ 是既开又闭的点集.

开域——若非空开集 E 具有**连通性**，即 E 中任意两点之间都可用一条完全含于 E 的有限折线（由有限条直线段连接而成的折线）相连接，则称 E 为**开域**（即开域就是非空连通开集）.

闭域——开域连同其边界所成的点集称为**闭域**.

区域——开域、闭域，或者开域连同其一部分界点所成的点集，统称为**区域**.

在上述诸例中，(2) 是开域，(3) 是闭域，(1) 既是开域又是闭域.

又如

$$E=\{(x,y)\mid xy>0\} \tag{5}$$

虽然是开集，但因 Ⅰ、Ⅲ 象限之间不具有连通性，所以它不是开域，也不是区域.

有界点集——对于平面点集 E，若存在某一正数 r，使得

$$E\subset U(O;r),$$

其中 O 是坐标原点（也可以是其他固定点），则称 E 是**有界点集**. 否则就是**无界点集**. 上述 (2)、(3)、(4) 都是有界点集，(1)、(5) 则是无界点集.

E 为有界点集的另一等价说法是：存在矩形区域 $D=[a,b]\times[c,d]\supset E$.

点集的有界性还可用点集的直径来反映，所谓点集 E 的**直径**，就是

$$d(E)=\sup_{P_1,P_2\in E}\rho(P_1,P_2),$$

其中 $\rho(P_1,P_2)$ 表示 P_1 与 P_2 两点之间的距离，当 P_1,P_2 的坐标分别为 (x_1,y_1) 和 (x_2,y_2) 时，则

$$\rho(P_1,P_2)=\sqrt{(x_1-x_2)^2+(y_1-y_2)^2}.$$

于是，当且仅当 $d(E)$ 为有限值时 E 是有界点集.

根据距离概念，读者不难证明如下**三角形不等式**，即对 $\mathbf{R}^2$ 上任何三点 P_1,P_2 和 P_3，皆有

$$\rho(P_1,P_2)\leqslant\rho(P_1,P_3)+\rho(P_2,P_3).$$

例 2　证明：对任何 $S\subset\mathbf{R}^2$，∂S 恒为闭集.

证　如图 16-2 所示，设 x_0 为 ∂S 的任一聚点，要证 $x_0\in\partial S$. 为此，任给 $\varepsilon>0$，由聚点

定义,存在 $y\in U^{\circ}(x_0;\varepsilon)\cap\partial S$. 又 y 是 S 的界点,所以对任意 $U(y;\delta)\subset U(x_0;\varepsilon)$,$U(y;\delta)$ 上既有 S 的点,又有非 S 的点. 于是 $U(x_0;\varepsilon)$ 上也既有 S 的点,又有非 S 的点,由 ε 的任意性,推知 x_0 是 S 的界点,即 $x_0\in\partial S$,这就证明了 ∂S 是闭集. □

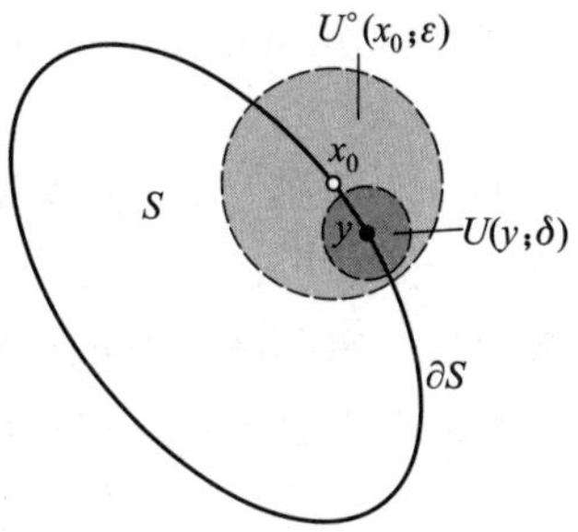

图 16-2

二、$\mathbf{R}^2$ 上的完备性定理

反映实数系完备性的几个等价定理,构成了一元函数极限理论的基础. 现在把这些定理推广到 $\mathbf{R}^2$,它们同样是二元函数极限理论的基础. 为此,先给出**平面点列**的收敛性概念.

定义 1 设 $\{P_n\}\subset\mathbf{R}^2$ 为平面点列,$P_0\in\mathbf{R}^2$ 为一固定点. 若对任给的正数 ε,存在正整数 N,使得当 $n>N$ 时,有 $P_n\in U(P_0;\varepsilon)$,则称点列 $\{P_n\}$ **收敛**于点 P_0,记作

$$\lim_{n\to\infty}P_n=P_0\quad 或\quad P_n\to P_0,n\to\infty.$$

在坐标平面中,以 (x_n,y_n) 与 (x_0,y_0) 分别表示 P_n 与 P_0 时,$\lim\limits_{n\to\infty}P_n=P_0$ 显然等价于 $\lim\limits_{n\to\infty}x_n=x_0$,$\lim\limits_{n\to\infty}y_n=y_0$. 同样地,当以 $\rho_n=\rho(P_n,P_0)$ 表示点 P_n 与 P_0 之间距离时,$\lim\limits_{n\to\infty}P_n=P_0$ 也就等价于 $\lim\limits_{n\to\infty}\rho_n=0$. 由于点列极限这两种等价形式都是数列极限,因此立即得到下述关于平面点列的收敛原理.

定理 16.1(柯西准则) 平面点列 $\{P_n\}$ 收敛的充要条件是:任给正数 ε,存在正整数 N,使得当 $n>N$ 时,对一切正整数 p,都有

$$\rho(P_n,P_{n+p})<\varepsilon. \tag{6}$$

证 [必要性] 设 $\lim\limits_{n\to\infty}P_n=P_0$,则由三角形不等式

$$\rho(P_n,P_{n+p})\leqslant\rho(P_n,P_0)+\rho(P_{n+p},P_0)$$

及点列收敛定义,对所给 ε,存在正整数 N,当 $n>N$ (也有 $n+p>N$)时,恒有

$$\rho(P_n,P_0)<\frac{\varepsilon}{2},\quad\rho(P_{n+p},P_0)<\frac{\varepsilon}{2}.$$

应用三角形不等式,立刻得到(6)式.

[充分性] 当(6)式成立时,则同时有

$$|x_{n+p}-x_n|\leqslant\rho(P_n,P_{n+p})<\varepsilon,$$
$$|y_{n+p}-y_n|\leqslant\rho(P_n,P_{n+p})<\varepsilon.$$

这说明数列 $\{x_n\}$ 和 $\{y_n\}$ 都满足柯西收敛准则(定理 2.11),所以它们都收敛. 设 $\lim\limits_{n\to\infty}x_n=x_0$,$\lim\limits_{n\to\infty}y_n=y_0$. 从而由点列收敛概念推得 $\{P_n\}$ 收敛于点 $P_0(x_0,y_0)$(本节习题 6). □

定理 16.2(闭域套定理) 设 $\{D_n\}$ 是 $\mathbf{R}^2$ 中的闭域列,它满足:

(i) $D_n\supset D_{n+1},n=1,2,\cdots$;

(ii) $d_n=d(D_n)$,$\lim\limits_{n\to\infty}d_n=0$,

则存在惟一的点 $P_0\in D_n,n=1,2,\cdots$.

证 任取点列 $P_n\in D_n,n=1,2,\cdots$. 由于 $D_{n+p}\subset D_n$,因此 $P_n,P_{n+p}\in D_n$,从而有(图16-3)

$$\rho(P_n,P_{n+p})\leqslant d_n\to 0,\ n\to\infty.$$

由定理 16.1 知道存在 $P_0\in\mathbf{R}^2$,使得

$$\lim_{n\to\infty}P_n=P_0.$$

任意取定 n,对任何正整数 p,有

$$P_{n+p}\in D_{n+p}\subset D_n.$$

再令 $p\to\infty$,由于 D_n 是闭域,从而必定是闭集(本节习题 4).因此 P_0 作为 D_n 的聚点必定属于 D_n,即

$$P_0=\lim_{p\to\infty}P_{n+p}\in D_n,\ n=1,2,\cdots.$$

最后证明 P_0 的惟一性.若还有 $P_0'\in D_n,\ n=1,2,\cdots$,则由

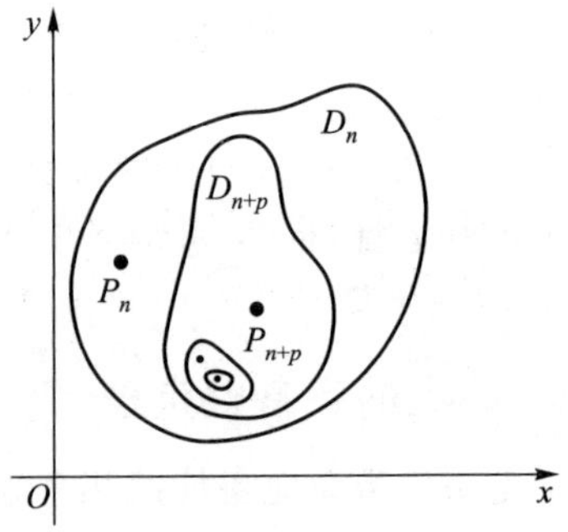

图 16-3

$$\rho(P_0,P_0')\leqslant\rho(P_0,P_n)+\rho(P_0',P_n)\leqslant 2d_n\to 0,\ n\to\infty$$

得到 $\rho(P_0,P_0')=0$,即 $P_0=P_0'$. □

闭域套定理显然是 $\mathbf{R}$ 中闭区间套定理(定理 7.1)的直接推广.

推论 对上述闭域套 $\{D_n\}$,任给 $\varepsilon>0$,存在 $N\in\mathbf{N}_+$,当 $n>N$ 时,有 $D_n\subset U(P_0;\varepsilon)$.

另外,把 $\{D_n\}$ 改为闭集套时,定理 16.2 仍然成立.

定理 16.3(聚点定理) 设 $E\subset\mathbf{R}^2$ 为有界无限点集,则 E 在 $\mathbf{R}^2$ 中至少有一个聚点.

证 现用闭域套定理来证明.由于 E 是平面有界集合,因此存在一个闭正方形 D_1 包含它.连接正方形对边中点,把 D_1 分成四个小的闭正方形,则在这四个小闭正方形中,至少有一个小闭正方形含有 E 中无限多个点.记这个小闭正方形为 D_2.再对正方形 D_2 如上法分成四个更小的闭正方形,其中又至少有一个小闭正方形含有 E 的无限多个点.如此下去得到一个闭正方形序列(图 16-4):

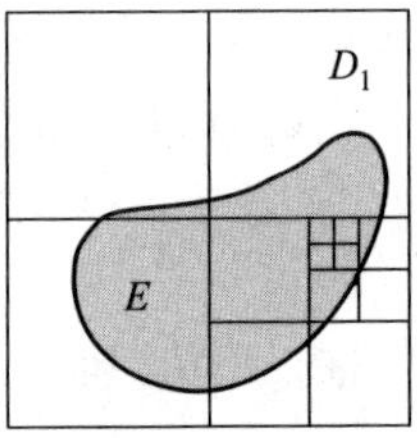

图 16-4

$$D_1\supset D_2\supset D_3\supset\cdots.$$

容易看到这个闭正方形序列 $\{D_n\}$ 的边长随着 n 趋向于无限而趋向于零.于是由闭域套定理,存在一点 $M_0\in D_n,n=1,2,\cdots$.

现在证明 M_0 就是 E 的聚点.任取 M_0 的 ε 邻域 $U(M_0;\varepsilon)$,当 n 充分大之后,正方形的边长可小于 $\varepsilon/2$,即有 $D_n\subset U(M_0;\varepsilon)$.又由 D_n 的取法知道 $U(M_0;\varepsilon)$ 中含有 E 的无限多个点,这就表明 M_0 是 E 的聚点.

与一元情形类似,定理 16.3 与定理 16.3′等价.

定理 16.3′ 有界无限点列 $\{P_n\}\subset\mathbf{R}^2$ 必存在收敛子列 $\{P_{n_k}\}$.

证明留给读者.

定理 16.4(有限覆盖定理) 设 $D\subset\mathbf{R}^2$ 为一有界闭域,$\{\Delta_\alpha\}$ 为一开域族,它覆盖了 D (即 $D\subset\bigcup\limits_{\alpha}\Delta_\alpha$),则在 $\{\Delta_\alpha\}$ 中必存在有限个开域 $\Delta_1,\Delta_2,\cdots,\Delta_n$,它们同样覆盖了 D $\left(\text{即 } D\subset\bigcup\limits_{i=1}^{n}\Delta_i\right)$.

本定理的证明与 $\mathbf{R}$ 中的有限覆盖定理(定理 7.3)相仿,在此从略.

在更一般的情况下,可将定理 16.4 中的 D 改设为有界闭集,而 $\Delta_\alpha\subset\mathbf{R}^2$ 为一族开

集,此时定理结论依然成立.

三、二元函数

函数(或映射)是两个集合之间的一种确定的对应关系. $\mathbf{R}$ 到 $\mathbf{R}$ 的映射是一元函数,而 $\mathbf{R}^2$ 到 $\mathbf{R}$ 的映射是二元函数.

定义 2 设平面点集 $D\subset\mathbf{R}^2$,若按照某对应法则 f,D 中每一点 $P(x,y)$ 都有惟一确定的实数 z 与之对应,则称 f 为定义在 D 上的**二元函数**(或称 f 为 D 到 $\mathbf{R}$ 的一个**映射**),记作

$$\begin{aligned} f:D&\to\mathbf{R},\\ P&\longmapsto z, \end{aligned}\tag{7}$$

且称 D 为 f 的**定义域**. $P\in D$ 所对应的 z 为 f 在点 P 的**函数值**,记作 $z=f(P)$ 或 $z=f(x,y)$. 全体函数值的集合为 f 的**值域**,记作 $f(D)\subset\mathbf{R}$. 通常还把 P 的坐标 x 与 y 称为 f 的**自变量**,而把 z 称为**因变量**.

在映射意义下,上述 $z=f(P)$ 称为 P 的**象**,P 称为 z 的**原象**. 当把 $(x,y)\in D$ 和它所对应的象 $z=f(x,y)$ 一起组成三维数组 (x,y,z) 时,三维欧氏空间 $\mathbf{R}^3$ 中的点集

$$S=\{(x,y,z)\mid z=f(x,y),(x,y)\in D\}\subset\mathbf{R}^3$$

便是二元函数 f 的**图像**. 通常 $z=f(x,y)$ 的图像是一空间曲面,f 的定义域 D 便是该曲面在 xOy 平面上的投影.

为方便起见,由(7)式所确定的二元函数也记作

$$z=f(x,y),\quad (x,y)\in D$$

或

$$z=f(P),\quad P\in D,$$

且当它的定义域 D 不会被误解的情况下,也简单地说"函数 $z=f(x,y)$"或"函数 f".

例 3 函数 $z=2x+5y$ 的图像是 $\mathbf{R}^3$ 中一个平面,其定义域是 $\mathbf{R}^2$,值域是 $\mathbf{R}$. □

例 4 函数 $z=\sqrt{1-(x^2+y^2)}$ 的定义域是 xOy 平面上的单位圆域 $\{(x,y)\mid x^2+y^2\leqslant 1\}$,值域为区间 $[0,1]$,它的图像是以原点为中心的单位球面的上半部分(图 16-5). □

例 5 $z=xy$ 是定义在整个 xOy 平面上的函数,它的图像是过原点的**双曲抛物面**(图 16-6). □

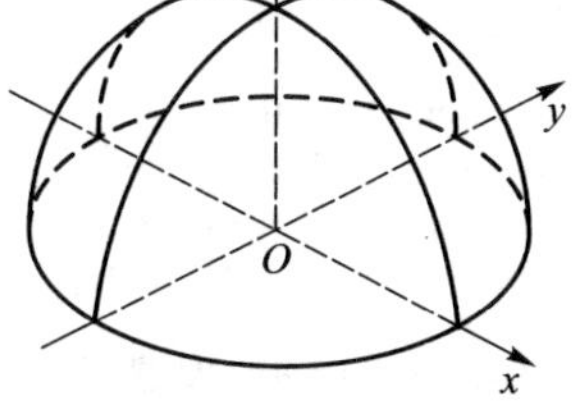

图 16-5

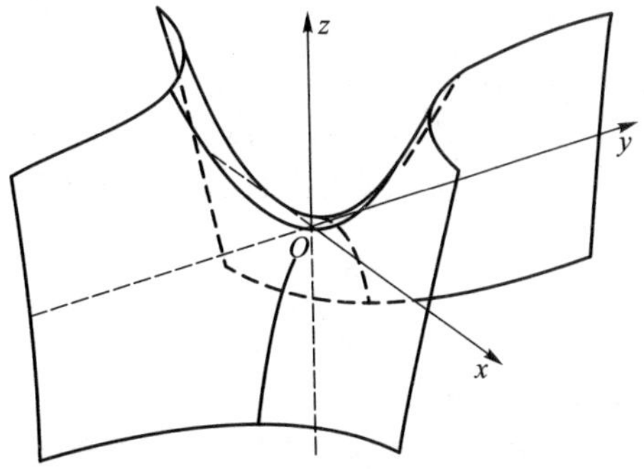

图 16-6

例 6 $z=[\sqrt{x^2+y^2}]$ 是定义在 $\mathbf{R}^2$ 上的函数,值域是全体非负整数,它的图形如图

16-7 所示.

若二元函数的值域是有界数集,则称该函数为**有界函数**,如例 4 中的函数;若值域是无界数集,则称该函数为**无界函数**,如例 3、例 5、例 6 中的函数.

与一元函数相类似,f 在 D 上无界的充要条件是存在 $\{P_k\}\subset D$,使 $\lim\limits_{k\to\infty}f(P_k)=\infty$,这里 $D\subset\mathbf{R}^2$.

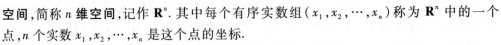

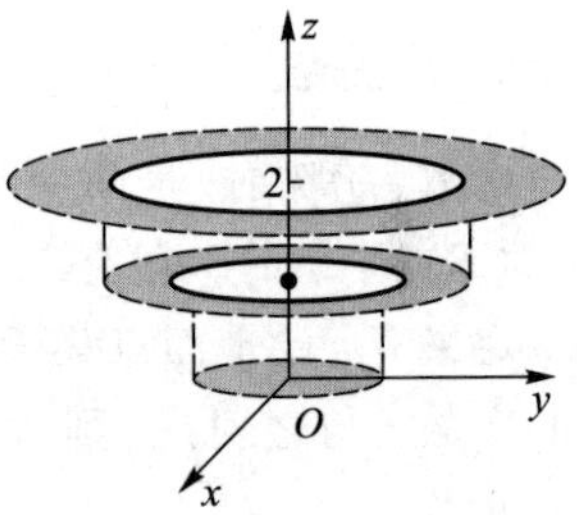

图 16-7

四、n 元函数

所有有序实数组 $(x_1,x_2,\cdots,x_n)$ 的全体称为 n **维向量空间**,简称 n **维空间**,记作 $\mathbf{R}^n$. 其中每个有序实数组 $(x_1,x_2,\cdots,x_n)$ 称为 $\mathbf{R}^n$ 中的一个点,n 个实数 $x_1,x_2,\cdots,x_n$ 是这个点的坐标.

设 E 为 $\mathbf{R}^n$ 中的点集,若有某个对应法则 f,使 E 中每一点 $P(x_1,x_2,\cdots,x_n)$ 都有惟一的一个实数 y 与之对应,则称 f 为定义在 E 上的 n **元函数**(或称 f 为 $E\subset\mathbf{R}^n$ 到 $\mathbf{R}$ 的一个映射),记作

$$\begin{aligned}f:E&\to\mathbf{R},\\(x_1,x_2,\cdots,x_n)&\mapsto y.\end{aligned}\tag{8}$$

也常把 n 元函数简写成

$$y=f(x_1,x_2,\cdots,x_n),\quad (x_1,x_2,\cdots,x_n)\in E$$

或

$$y=f(P),\quad P\in E.\tag{9}$$

对于后一种被称为"点函数"的写法,它可使多元函数与一元函数在形式上尽量保持一致,以便仿照一元函数的办法来处理多元函数中的许多问题,同时还可把二元函数的某些论断推广到 $n(\geqslant 3)$ 元函数.

习 题 16.1

1. 判断下列平面点集中哪些是开集、闭集、有界集、区域,并分别指出它们的聚点与界点:

(1) $[a,b)\times[c,d)$;

(2) $\{(x,y)\mid xy\neq 0\}$;

(3) $\{(x,y)\mid xy=0\}$;

(4) $\{(x,y)\mid y>x^2\}$;

(5) $\{(x,y)\mid x<2,y<2,x+y>2\}$;

(6) $\{(x,y)\mid x^2+y^2=1$ 或 $y=0,0\leqslant x\leqslant 1\}$;

(7) $\{(x,y)\mid x^2+y^2\leqslant 1$ 或 $y=0,1\leqslant x\leqslant 2\}$;

(8) $\{(x,y)\mid x,y$ 均为整数$\}$;

(9) $\left\{(x,y)\mid y=\sin\dfrac{1}{x},x>0\right\}$.

2. 试问集合 $\{(x,y)\mid 0<|x-a|<\delta,0<|y-b|<\delta\}$ 与集合 $\{(x,y)\mid |x-a|<\delta,|y-b|<\delta,(x,y)\neq(a,b)\}$ 是否相同?

3. 证明:当且仅当存在各点互不相同的点列 $\{P_n\}\subset E,P_n\neq P_0,\lim\limits_{n\to\infty}P_n=P_0$ 时,P_0 是 E 的聚点.

4. 证明:闭域必为闭集. 举例说明反之不真.

5. 对任何点集 $S\subset\mathbf{R}^2$,导集 S^d 亦为闭集.

6. 证明:点列 $\{P_n(x_n,y_n)\}$ 收敛于 $P_0(x_0,y_0)$ 的充要条件是 $\lim\limits_{n\to\infty}x_n=x_0$ 和 $\lim\limits_{n\to\infty}y_n=y_0$.

7. 求下列各函数的函数值：

(1) $f(x,y)=\left[\dfrac{\arctan(x+y)}{\arctan(x-y)}\right]^2$，求 $f\left(\dfrac{1+\sqrt{3}}{2},\dfrac{1-\sqrt{3}}{2}\right)$；

(2) $f(x,y)=\dfrac{2xy}{x^2+y^2}$，求 $f\left(1,\dfrac{y}{x}\right)$；

(3) $f(x,y)=x^2+y^2-xy\tan\dfrac{x}{y}$，求 $f(tx,ty)$.

8. 设 $F(x,y)=\ln x\ln y$，证明：若 $u>0,v>0$，则

$$F(xy,uv)=F(x,u)+F(x,v)+F(y,u)+F(y,v).$$

9. 求下列各函数的定义域，画出定义域的图形，并说明是何种点集：

(1) $f(x,y)=\dfrac{x^2+y^2}{x^2-y^2}$；

(2) $f(x,y)=\dfrac{1}{2x^2+3y^2}$；

(3) $f(x,y)=\sqrt{xy}$；

(4) $f(x,y)=\sqrt{1-x^2}+\sqrt{y^2-1}$；

(5) $f(x,y)=\ln x+\ln y$；

(6) $f(x,y)=\sqrt{\sin(x^2+y^2)}$；

(7) $f(x,y)=\ln(y-x)$；

(8) $f(x,y)=e^{-(x^2+y^2)}$；

(9) $f(x,y,z)=\dfrac{z}{x^2+y^2+1}$；

(10) $f(x,y,z)=\sqrt{R^2-x^2-y^2-z^2}+\dfrac{1}{\sqrt{x^2+y^2+z^2-r^2}}$ $(R>r)$.

---

10. 证明：开集与闭集具有对偶性——若 E 为开集，则 E^c 为闭集；若 E 为闭集，则 E^c 为开集.

11. 证明：

(1) 若 F_1,F_2 为闭集，则 $F_1\cup F_2$ 与 $F_1\cap F_2$ 都为闭集；

(2) 若 E_1,E_2 为开集，则 $E_1\cup E_2$ 与 $E_1\cap E_2$ 都为开集；

(3) 若 F 为闭集，E 为开集，则 $F\backslash E$ 为闭集，$E\backslash F$ 为开集.

12. 试把闭域套定理推广为闭集套定理，并证明之.

13. 证明定理 16.4（有限覆盖定理）.

14. 证明：设 $D\subset\mathbf{R}^2$，则 f 在 D 上无界的充要条件是存在 $\{P_k\}\subset D$，使 $\lim\limits_{k\to\infty}f(P_k)=\infty$.

§2 二元函数的极限

与一元函数的极限相类似，二元函数的极限同样是二元函数微积分的基础. 但因自变量个数的增多，导致二元函数的极限要比一元函数的极限复杂很多.

一、二元函数的极限

定义 1 设 f 为定义在 $D\subset\mathbf{R}^2$ 上的二元函数，P_0 为 D 的一个聚点，A 是一个确定的实数. 若对任给正数 ε，总存在某正数 δ，使得当 $P\in U^{\circ}(P_0;\delta)\cap D$ 时，都有

$$|f(P)-A|<\varepsilon,$$

则称 f 在 D 上当 $P\to P_0$ 时以 A 为**极限**，记作

$$\lim_{\substack{P\to P_0\\P\in D}}f(P)=A. \tag{1}$$

在对于 $P\in D$ 不致产生误解时，也可简单地写作

$$\lim_{P\to P_0} f(P)=A. \tag{1'}$$

当 P,P_0 分别用坐标 (x,y)，(x_0,y_0) 表示时，(1′)式也常写作

$$\lim_{(x,y)\to(x_0,y_0)} f(x,y)=A. \tag{1''}$$

例 1　依定义验证 $\lim\limits_{(x,y)\to(2,1)}(x^2+xy+y^2)=7$.

证　因为

$$\begin{aligned}&|x^2+xy+y^2-7|\\=&|(x^2-4)+xy-2+(y^2-1)|\\=&|(x+2)(x-2)+(x-2)y+2(y-1)+(y+1)(y-1)|\\\leqslant&|x-2||x+y+2|+|y-1||y+3|,\end{aligned}$$

先限制在点(2,1)的 $\delta=1$ 的方邻域

$$\{(x,y)\mid |x-2|<1,|y-1|<1\}$$

上讨论，于是有

$$\begin{aligned}|y+3|&=|y-1+4|\leqslant|y-1|+4<5,\\|x+y+2|&=|(x-2)+(y-1)+5|\\&\leqslant|x-2|+|y-1|+5<7.\end{aligned}$$

所以

$$\begin{aligned}|x^2+xy+y^2-7|&<7|x-2|+5|y-1|\\&<7(|x-2|+|y-1|).\end{aligned}$$

设 ε 为任给的正数，取 $\delta=\min\left\{1,\dfrac{\varepsilon}{14}\right\}$，则当 $|x-2|<\delta$，$|y-1|<\delta$，$(x,y)\neq(2,1)$ 时，就有

$$|x^2+xy+y^2-7|<7\cdot 2\delta=14\delta<\varepsilon,$$

即 $\lim\limits_{(x,y)\to(2,1)}(x^2+xy+y^2)=7$. □

例 2　设

$$f(x,y)=\begin{cases}xy\dfrac{x^2-y^2}{x^2+y^2}, & (x,y)\neq(0,0),\\0, & (x,y)=(0,0),\end{cases}$$

证明 $\lim\limits_{(x,y)\to(0,0)} f(x,y)=0$.

证　对函数的自变量作极坐标变换 $x=r\cos\varphi$，$y=r\sin\varphi$. 这时 $(x,y)\to(0,0)$ 等价于对任何 φ 都有 $r\to 0$. 由于

$$\begin{aligned}|f(x,y)-0|&=\left|xy\frac{x^2-y^2}{x^2+y^2}\right|\\&=\frac{1}{4}r^2|\sin 4\varphi|\leqslant\frac{1}{4}r^2,\end{aligned}$$

因此，对任何 $\varepsilon>0$，只需取 $\delta=2\sqrt{\varepsilon}$，当 $0<r=\sqrt{x^2+y^2}<\delta$ 时，不管 φ 取什么值都有 $|f(x,y)-0|<\varepsilon$，即 $\lim\limits_{(x,y)\to(0,0)} f(x,y)=0$. □

下述定理及其推论相当于数列极限的子列定理与一元函数极限的海涅归结原则

(而且证明方法也相似). 读者可通过它们进一步认识定义 1 中“$P \to P_0$”所包含的意义.

定理 16.5　$\lim\limits_{\substack{P\to P_0\\P\in D}} f(P)=A$ 的充要条件是:对于 D 的任一子集 E,只要 P_0 是 E 的聚点,就有

$$\lim_{\substack{P\to P_0\\P\in E}} f(P)=A.$$

推论 1　设 $E_1\subset D$,P_0 是 E_1 的聚点. 若 $\lim\limits_{\substack{P\to P_0\\P\in E_1}} f(P)$ 不存在,则 $\lim\limits_{\substack{P\to P_0\\P\in D}} f(P)$ 也不存在.

推论 2　设 $E_1,E_2\subset D$,P_0 是它们的聚点,若存在极限

$$\lim_{\substack{P\to P_0\\P\in E_1}} f(P)=A_1,\quad \lim_{\substack{P\to P_0\\P\in E_2}} f(P)=A_2,$$

但 $A_1\neq A_2$,则 $\lim\limits_{\substack{P\to P_0\\P\in D}} f(P)$ 不存在.

推论 3　极限 $\lim\limits_{\substack{P\to P_0\\P\in D}} f(P)$ 存在的充要条件是:对于 D 中任一满足条件 $P_n\neq P_0$ 且 $\lim\limits_{n\to\infty} P_n=P_0$ 的点列 $\{P_n\}$,它所对应的数列 $\{f(P_n)\}$ 都收敛.

下面两个例子是它们的应用.

例 3　讨论 $f(x,y)=\dfrac{xy}{x^2+y^2}$ 当 $(x,y)\to(0,0)$ 时是否存在极限.

解　当动点 (x,y) 沿着直线 $y=mx$ 而趋于定点 $(0,0)$ 时,由于此时 $f(x,y)=f(x,mx)=\dfrac{m}{1+m^2}$,因而有

$$\lim_{\substack{(x,y)\to(0,0)\\y=mx}} f(x,y)=\lim_{x\to 0} f(x,mx)=\frac{m}{1+m^2}.$$

这一结果说明动点沿不同斜率 m 的直线趋于原点时,对应的极限值也不同,因此所讨论的极限不存在. □

例 4　二元函数

$$f(x,y)=\begin{cases}1, & 0<y<x^2,\ -\infty<x<+\infty,\\ 0, & \text{其余部分}.\end{cases}$$

如图 16-8 所示,当 (x,y) 沿任何直线趋于原点时,相应的 $f(x,y)$ 都趋于零,但这并不表明此函数在 $(x,y)\to(0,0)$ 时极限存在. 因为当点 (x,y) 沿抛物线 $y=kx^2$ $(0<k<1)$ 趋于 O 点时,$f(x,y)$ 将趋于 1. 所以极限

$$\lim_{(x,y)\to(0,0)} f(x,y)$$

不存在. □

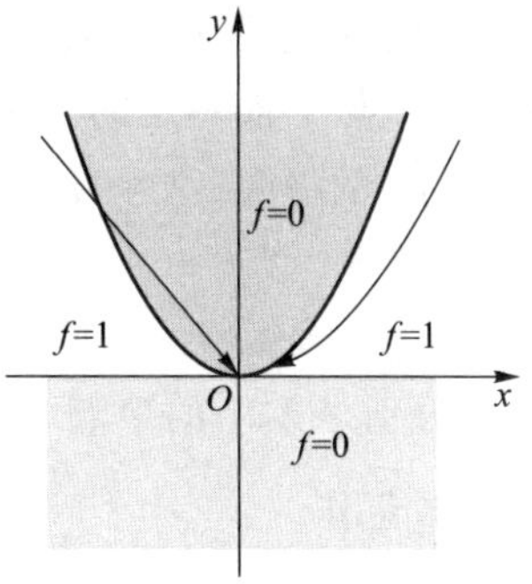

图 16-8

下面我们再给出当 $P(x,y)\to P_0(x_0,y_0)$ 时,$f(x,y)$ 趋于 $+\infty$ (非正常极限)的定义.

定义 2　设 D 为二元函数 f 的定义域,$P_0(x_0,y_0)$ 是 D 的一个聚点. 若对任给正数 M,总存在点 P_0 的一个 δ 邻域,使得当 $P(x,y)\in U^\circ(P_0;\delta)\cap D$ 时,都有 $f(P)>M$,则称 f 在 D 上当 $P\to P_0$ 时,存在**非正常极限** $+\infty$,记作

$$\lim_{(x,y)\to(x_0,y_0)} f(x,y)=+\infty$$

或

$$\lim_{P\to P_0} f(P)=+\infty.$$

仿此可类似地定义

$$\lim_{P\to P_0} f(P)=-\infty \quad 与 \quad \lim_{P\to P_0} f(P)=\infty.$$

例 5 设 $f(x,y)=\dfrac{1}{2x^2+3y^2}$. 证明

$$\lim_{(x,y)\to(0,0)} f(x,y)=+\infty.$$

证 因为 $2x^2+3y^2<4(x^2+y^2)$,对任给正数 M,取

$$\delta=\frac{1}{2\sqrt{M}},$$

当

$$\sqrt{x^2+y^2}<\delta=\frac{1}{2\sqrt{M}}$$

时,就有

$$2x^2+3y^2<\frac{1}{M},$$

即

$$\frac{1}{2x^2+3y^2}>M.$$

这就证得结果(该函数在原点附近的图像参见图 16-9). □

二元函数极限的四则运算法则与一元函数极限的四则运算法则相仿,特别把 $f(x,y)$ 看作点函数 $f(P)$ 时,相应定理的证法也完全相同,这里就不再一一列出.

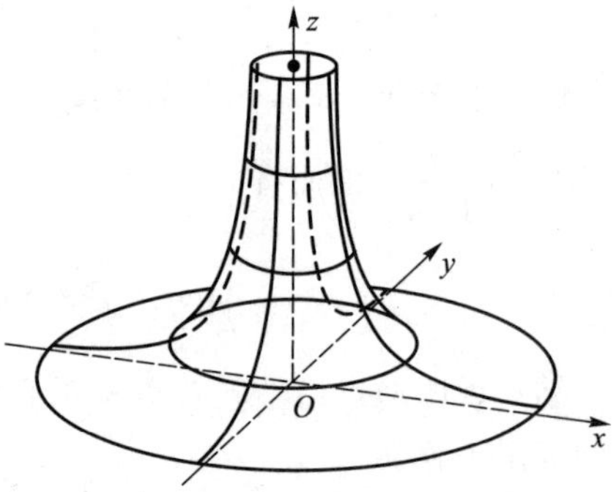

图 16-9

二、累次极限

在上一段所研究的极限 $\lim\limits_{(x,y)\to(x_0,y_0)} f(x,y)$ 中,两个自变量 x,y 同时以任何方式趋于 x_0, y_0. 这种极限也称为**重极限**. 在这一段里,我们要考察 x 与 y 依一定的先后顺序相继趋于 x_0 与 y_0 时 f 的极限,这种极限称为累次极限.

定义 3 设 $f(x,y)$, $(x,y)\in D$, D 在 x 轴、y 轴上的投影分别为 X, Y, 即

$$X=\{x\mid(x,y)\in D\},\ Y=\{y\mid(x,y)\in D\},$$

x_0, y_0 分别是 X, Y 的聚点. 若对每一个 $y\in Y\ (y\neq y_0)$,存在极限 $\lim\limits_{x\to x_0} f(x,y)$,它一般与 y 有关,故记作

$$\varphi(y)=\lim_{x\to x_0} f(x,y),$$

如果进一步还存在极限

$$L=\lim_{y\to y_0}\varphi(y),$$

则称此极限 L 为 $f(x,y)$ 先对 $x(\to x_0)$,后对 $y(\to y_0)$ 的**累次极限**,记作

$$L=\lim_{y\to y_0}\lim_{x\to x_0} f(x,y).$$

类似地可以定义先对 y 后对 x 的累次极限

$$K=\lim_{x\to x_0}\lim_{y\to y_0}f(x,y).$$

累次极限与重极限是两个不同的概念,它们的存在性没有必然的蕴含关系. 下面三个例子将说明这一点.

例 6 设 $f(x,y)=\dfrac{xy}{x^2+y^2}$. 由例 3 已经知道 $(x,y)\to(0,0)$ 时 f 的重极限不存在. 但当 $y\neq 0$ 时有

$$\lim_{x\to 0}\frac{xy}{x^2+y^2}=0.$$

从而有

$$\lim_{y\to 0}\lim_{x\to 0}\frac{xy}{x^2+y^2}=0.$$

同理可得

$$\lim_{x\to 0}\lim_{y\to 0}\frac{xy}{x^2+y^2}=0.$$

即 f 的两个累次极限都存在而且相等. □

例 7 设 $f(x,y)=\dfrac{x-y+x^2+y^2}{x+y}$,它关于原点的两个累次极限分别为

$$\lim_{y\to 0}\lim_{x\to 0}\frac{x-y+x^2+y^2}{x+y}=\lim_{y\to 0}\frac{y^2-y}{y}=\lim_{y\to 0}(y-1)=-1$$

与

$$\lim_{x\to 0}\lim_{y\to 0}\frac{x-y+x^2+y^2}{x+y}=\lim_{x\to 0}\frac{x+x^2}{x}=\lim_{x\to 0}(1+x)=1.$$

当沿斜率不同的直线 $y=mx,(x,y)\to(0,0)$ 时,容易验证所得极限也不同. 因此该函数的重极限不存在(下面的定理 16.6 将告诉我们,这是一个必然的结果). □

例 8 设 $f(x,y)=x\sin\dfrac{1}{y}+y\sin\dfrac{1}{x}$,它关于原点的两个累次极限都不存在. 这是因为对任何 $y\neq 0$,当$x\to 0$时 f 的第二项不存在极限. 同理,对任何$x\neq 0$,当 $y\to 0$ 时 f 的第一项也不存在极限. 但是由于

$$\left|x\sin\frac{1}{y}+y\sin\frac{1}{x}\right|\leqslant|x|+|y|,$$

故按定义 1 知道 f 的重极限存在,且 $\lim\limits_{(x,y)\to(0,0)}f(x,y)=0$. □

下述定理告诉我们:重极限与累次极限在一定条件下也是有联系的.

定理 16.6 若 $f(x,y)$ 在点 (x_0,y_0) 存在重极限

$$\lim_{(x,y)\to(x_0,y_0)}f(x,y)$$

与累次极限

$$\lim_{x\to x_0}\lim_{y\to y_0}f(x,y),$$

则它们必相等.

证 设

$$\lim_{(x,y)\to(x_0,y_0)}f(x,y)=A,$$

则对任给的正数 ε，总存在正数 δ，使得当 $P(x,y)\in U^{\circ}(P_0;\delta)$ 时，有

$$|f(x,y)-A|<\varepsilon. \tag{2}$$

另由存在累次极限之假设，对任一满足不等式

$$0<|x-x_0|<\delta \tag{3}$$

的 x，存在极限

$$\lim_{y\to y_0} f(x,y)=\varphi(x). \tag{4}$$

回到不等式(2)，让其中 $y\to y_0$，由(4)式可得

$$|\varphi(x)-A|\leqslant\varepsilon. \tag{5}$$

故由(3)式、(5)式证得 $\lim\limits_{x\to x_0}\varphi(x)=A$，即

$$\lim_{x\to x_0}\lim_{y\to y_0} f(x,y)=\lim_{(x,y)\to(x_0,y_0)} f(x,y)=A.$$ □

由这个定理可导出如下两个便于应用的推论.

推论 1　若累次极限

$$\lim_{x\to x_0}\lim_{y\to y_0} f(x,y),\quad \lim_{y\to y_0}\lim_{x\to x_0} f(x,y)$$

和重极限

$$\lim_{(x,y)\to(x_0,y_0)} f(x,y)$$

都存在，则三者相等.

推论 2　若累次极限

$$\lim_{x\to x_0}\lim_{y\to y_0} f(x,y)\quad 与\quad \lim_{y\to y_0}\lim_{x\to x_0} f(x,y)$$

存在但不相等，则重极限 $\lim\limits_{(x,y)\to(x_0,y_0)} f(x,y)$ 必不存在.

请注意，定理 16.6 保证了在重极限与一个累次极限都存在时，它们必相等.（本节习题 3 则给出较定理 16.6 弱一些的充分条件.）但它们对另一个累次极限的存在性却得不出什么结论，对此只需考察本节习题 2 的(5).

推论 1 给出了累次极限次序可交换的一个充分条件，推论 2 可被用来否定重极限的存在性（如例 7）.

习　题　16.2

1. 试求下列极限（包括非正常极限）：

(1) $\lim\limits_{(x,y)\to(0,0)}\dfrac{x^2y^2}{x^2+y^2}$；　(2) $\lim\limits_{(x,y)\to(0,0)}\dfrac{1+x^2+y^2}{x^2+y^2}$；

(3) $\lim\limits_{(x,y)\to(0,0)}\dfrac{x^2+y^2}{\sqrt{1+x^2+y^2}-1}$；　(4) $\lim\limits_{(x,y)\to(0,0)}\dfrac{xy+1}{x^4+y^4}$；

(5) $\lim\limits_{(x,y)\to(1,2)}\dfrac{1}{2x-y}$；　(6) $\lim\limits_{(x,y)\to(0,0)}(x+y)\sin\dfrac{1}{x^2+y^2}$；

(7) $\lim\limits_{(x,y)\to(0,0)}\dfrac{\sin(x^2+y^2)}{x^2+y^2}$.

2. 讨论下列函数在点(0,0)的重极限与累次极限：

(1) $f(x,y)=\dfrac{y^2}{x^2+y^2}$; (2) $f(x,y)=(x+y)\sin\dfrac{1}{x}\sin\dfrac{1}{y}$;

(3) $f(x,y)=\dfrac{x^2y^2}{x^2y^2+(x-y)^2}$; (4) $f(x,y)=\dfrac{x^3+y^3}{x^2+y}$;

(5) $f(x,y)=y\sin\dfrac{1}{x}$; (6) $f(x,y)=\dfrac{x^2y^2}{x^3+y^3}$;

(7) $f(x,y)=\dfrac{e^x-e^y}{\sin xy}$.

3. 证明:若 1° $\lim\limits_{(x,y)\to(a,b)}f(x,y)$ 存在且等于 A; 2° y 在 b 的某邻域内,有 $\lim\limits_{x\to a}f(x,y)=\varphi(y)$,则

$$\lim_{y\to b}\lim_{x\to a}f(x,y)=A.$$

4. 试应用 $\varepsilon-\delta$ 定义证明

$$\lim_{(x,y)\to(0,0)}\frac{x^2y}{x^2+y^2}=0.$$

5. 叙述并证明:二元函数极限的惟一性定理、局部有界性定理与局部保号性定理.

---

6. 试写出下列类型极限的精确定义:

(1) $\lim\limits_{(x,y)\to(+\infty,+\infty)}f(x,y)=A$; (2) $\lim\limits_{(x,y)\to(0,+\infty)}f(x,y)=A$.

7. 试求下列极限:

(1) $\lim\limits_{(x,y)\to(+\infty,+\infty)}\dfrac{x^2+y^2}{x^4+y^4}$; (2) $\lim\limits_{(x,y)\to(+\infty,+\infty)}(x^2+y^2)e^{-(x+y)}$;

(3) $\lim\limits_{(x,y)\to(+\infty,+\infty)}\left(1+\dfrac{1}{xy}\right)^{x\sin y}$; (4) $\lim\limits_{(x,y)\to(+\infty,0)}\left(1+\dfrac{1}{x}\right)^{\frac{x^2}{x+y}}$.

8. 试作一函数 $f(x,y)$,使当 $x\to+\infty$,$y\to+\infty$ 时,

(1) 两个累次极限存在而重极限不存在;

(2) 两个累次极限不存在而重极限存在;

(3) 重极限与累次极限都不存在;

(4) 重极限与一个累次极限存在,另一个累次极限不存在.

9. 证明定理 16.5 及其推论 3.

10. 设 $f(x,y)$ 在点 $P_0(x_0,y_0)$ 的某邻域 $U^\circ(P_0)$ 上有定义,且满足:

(i) 在 $U^\circ(P_0)$ 上,对每个 $y\neq y_0$,存在极限 $\lim\limits_{x\to x_0}f(x,y)=\psi(y)$;

(ii) 在 $U^\circ(P_0)$ 上,关于 x 一致地存在极限 $\lim\limits_{y\to y_0}f(x,y)=\varphi(x)$(即对任意 $\varepsilon>0$,存在 $\delta>0$,当 $0<|y-y_0|<\delta$ 时,对所有的 x,只要 $(x,y)\in U^\circ(P_0)$,都有 $|f(x,y)-\varphi(x)|<\varepsilon$ 成立).

试证明

$$\lim_{x\to x_0}\lim_{y\to y_0}f(x,y)=\lim_{y\to y_0}\lim_{x\to x_0}f(x,y).$$

§3 二元函数的连续性

在多元微积分中所讨论的函数中,最重要的一类就是连续函数,这与一元微积分

是一样的. 二元函数连续性的定义比一元函数更一般化,但它们的局部性质与在有界闭域上的整体性质则完全相同.

一、二元函数的连续性概念

定义1　设 f 为定义在点集 $D\subset\mathbf{R}^2$ 上的二元函数, $P_0\in D$ (它或者是 D 的聚点,或者是 D 的孤立点). 对于任给的正数 ε, 总存在相应的正数 δ, 只要 $P\in U(P_0;\delta)\cap D$, 就有

$$|f(P)-f(P_0)|<\varepsilon, \tag{1}$$

则称 f 关于集合 D 在点 P_0 **连续**. 在不致误解的情况下,也称 f 在点 P_0 连续.

若 f 在 D 上任何点都关于集合 D 连续,则称 f 为 D 上的**连续函数**.

由上述定义知道:若 P_0 是 D 的孤立点,则 P_0 必定是 f 关于 D 的连续点;若 P_0 是 D 的聚点,则 f 关于 D 在 P_0 连续等价于

$$\lim_{\substack{P\to P_0\\ P\in D}} f(P)=f(P_0). \tag{2}$$

如果 P_0 是 D 的聚点,而(2)式不成立(其含义与一元函数的对应情形相同),则称 P_0 是 f 的**不连续点**(或称**间断点**). 特别当(2)式左边极限存在但不等于 $f(P_0)$ 时, P_0 是 f 的**可去间断点**.

如上节例1、例2给出的函数在原点连续,例4给出的函数在原点不连续,又若把例3的函数改为

$$f(x,y)=\begin{cases}\dfrac{xy}{x^2+y^2}, & (x,y)\in\{(x,y)\mid y=mx,x\neq 0\},\\[2mm] \dfrac{m}{1+m^2}, & (x,y)=(0,0),\end{cases}$$

其中 m 为固定实数,亦即函数 f 只定义在直线 $y=mx$ 上. 这时由于

$$\lim_{\substack{(x,y)\to(0,0)\\ y=mx}} f(x,y)=\frac{m}{1+m^2}=f(0,0),$$

因此 f 在原点沿着直线 $y=mx$ 是连续的.

例1　讨论函数

$$f(x,y)=\begin{cases}\dfrac{x^\alpha}{x^2+y^2}, & (x,y)\neq(0,0),\\[2mm] 0, & (x,y)=(0,0)\end{cases}\qquad(\alpha>0)$$

在点 $(0,0)$ 的连续性.

解　由于当 $\alpha>2$ 且 $r\to0$ 时,

$$|f(r\cos\theta,r\sin\theta)|=|r^{\alpha-2}(\cos\theta)^\alpha|\leqslant r^{\alpha-2}\to0,$$

因此 $\lim\limits_{(x,y)\to(0,0)} f(x,y)=0=f(0,0)$, 此时 f 在点 $(0,0)$ 连续;当 $\alpha\leqslant2$ 时, $\lim\limits_{(x,y)\to(0,0)} f(x,y)$ 不存在,此时 f 在点 $(0,0)$ 间断. □

设 $P_0(x_0,y_0)$, $P(x,y)\in D$, $\Delta x=x-x_0$, $\Delta y=y-y_0$, 则称

$$\begin{aligned}\Delta z&=\Delta f(x_0,y_0)=f(x,y)-f(x_0,y_0)\\&=f(x_0+\Delta x,y_0+\Delta y)-f(x_0,y_0)\end{aligned}$$

为函数 f 在点 P_0 的**全增量**. 和一元函数一样,可用增量形式来描述连续性,即当

$$\lim_{\substack{(\Delta x,\Delta y)\to(0,0)\\(x,y)\in D}}\Delta z=0$$

时,f 在点 P_0 连续.

如果在全增量中取 $\Delta x=0$ 或 $\Delta y=0$,则相应的函数增量称为**偏增量**,记作

$$\Delta_x f(x_0,y_0)=f(x_0+\Delta x,y_0)-f(x_0,y_0),$$

$$\Delta_y f(x_0,y_0)=f(x_0,y_0+\Delta y)-f(x_0,y_0).$$

一般说来,函数的全增量并不等于相应的两个偏增量之和.

若一个偏增量的极限为零,例如 $\lim\limits_{\Delta x\to 0}\Delta_x f(x_0,y_0)=0$,它表示在 f 的两个自变量中,当固定 $y=y_0$ 时,$f(x,y_0)$ 作为 x 的一元函数在 x_0 连续. 同理,若 $\lim\limits_{\Delta y\to 0}\Delta_y f(x_0,y_0)=0$,则表示 $f(x_0,y)$ 在 y_0 连续. 容易证明:当 f 在其定义域的内点 (x_0,y_0) 连续时,$f(x,y_0)$ 在 x_0 和 $f(x_0,y)$ 在 y_0 都连续. 但是反过来,二元函数对单个自变量都连续并不能保证该函数的连续性(除非再增加条件,如本节习题 4,7,10). 例如二元函数(参见图16-10)

$$f(x,y)=\begin{cases}1, & xy\neq 0,\\0, & xy=0\end{cases}$$

在原点处显然不连续. 但由于

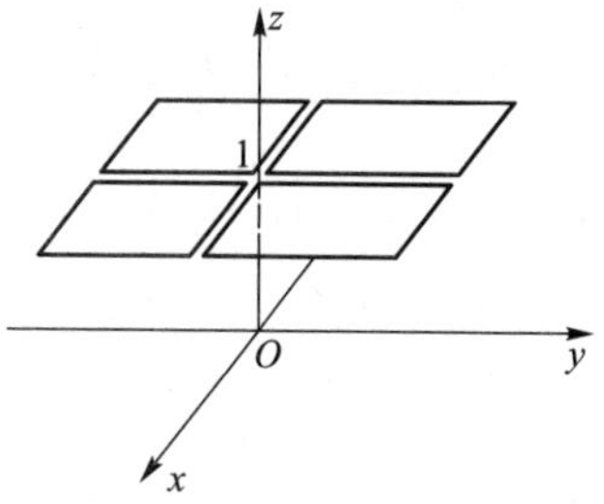

图 16-10

$$f(0,y)=f(x,0)\equiv 0,$$

因此在原点处 f 对 x 和对 y 分别都连续.

若二元函数在某一点连续,则与一元函数一样,可以证明它在这一点近旁具有局部有界性、局部保号性以及相应的有理运算的各个法则. 下面证明二元复合函数的连续性定理,其余留给读者自己去证明.

定理 16.7(复合函数的连续性)　设函数 $u=\varphi(x,y)$ 和 $v=\psi(x,y)$ 在 xy 平面上点 $P_0(x_0,y_0)$ 的某邻域内有定义,并在点 P_0 连续;函数 $f(u,v)$ 在 uv 平面上点 $Q_0(u_0,v_0)$ 的某邻域内有定义,并在点 Q_0 连续,其中 $u_0=\varphi(x_0,y_0)$, $v_0=\psi(x_0,y_0)$. 则复合函数 $g(x,y)=f[\varphi(x,y),\psi(x,y)]$ 在点 P_0 也连续.

证　由 f 在点 Q_0 连续可知:任给正数 ε,存在相应正数 η,使得当 $|u-u_0|<\eta$, $|v-v_0|<\eta$ 时,有

$$|f(u,v)-f(u_0,v_0)|<\varepsilon.$$

又由 φ,ψ 在点 P_0 连续可知:对上述正数 η,总存在正数 δ,使得当 $|x-x_0|<\delta$, $|y-y_0|<\delta$ 时,都有

$$|u-u_0|=|\varphi(x,y)-\varphi(x_0,y_0)|<\eta,$$

$$|v-v_0|=|\psi(x,y)-\psi(x_0,y_0)|<\eta.$$

综合起来,当 $|x-x_0|<\delta$, $|y-y_0|<\delta$ 时,便有

$$|g(x,y)-g(x_0,y_0)|=|f(u,v)-f(u_0,v_0)|<\varepsilon.$$

所以复合函数 $f(\varphi(x,y),\psi(x,y))$ 在点 $P_0(x_0,y_0)$ 连续. □

二、有界闭域上连续函数的性质

本段讨论有界闭域上多元连续函数的性质. 它们可以看作是闭区间上一元连续函

数性质的推广.

定理 16.8(有界性与最大、最小值定理)　若函数 f 在有界闭域 $D\subset\mathbf{R}^2$ 上连续,则 f 在 D 上有界,且能取得最大值与最小值.

证　先证明 f 在 D 上有界. 倘若不然,则对每个正整数 n,必存在点 $P_n\in D$,使得

$$|f(P_n)|>n,\quad n=1,2,\cdots. \tag{3}$$

于是得到一个有界点列 $\{P_n\}\subset D$,且总能使 $\{P_n\}$ 中有无穷多个不同的点. 由 §1 定理 16.3,$\{P_n\}$ 存在收敛子列 $\{P_{n_k}\}$,设 $\lim\limits_{k\to\infty}P_{n_k}=P_0$. 且因 D 是闭域,从而 $P_0\in D$.

由于 f 在 D 上连续,当然在点 P_0 也连续,因此有

$$\lim_{k\to\infty}f(P_{n_k})=f(P_0).$$

这与不等式(3)相矛盾. 所以 f 是 D 上的有界函数.

下面证明 f 在 D 上能取到最大、最小值. 为此设

$$m=\inf f(D),\qquad M=\sup f(D).$$

可证必有一点 $Q\in D$,使 $f(Q)=M$ (同理可证存在 $Q'\in D$,使 $f(Q')=m$). 如若不然,对任意 $P\in D$,都有 $M-f(P)>0$. 考察 D 上的连续正值函数

$$F(P)=\frac{1}{M-f(P)},$$

由前面的证明知道,F 在 D 上有界. 又因 f 不能在 D 上达到上确界 M,所以存在收敛点列 $\{P_n\}\subset D$,使 $\lim\limits_{n\to\infty}f(P_n)=M$. 于是有 $\lim\limits_{n\to\infty}F(P_n)=+\infty$,这导致与 F 在 D 上有界的结论相矛盾. 从而证得 f 在 D 上能取得最大值. □

定理 16.9(一致连续性定理)　若函数 f 在有界闭域 $D\subset\mathbf{R}^2$ 上连续,则 f 在 D 上一致连续. 即对任何 $\varepsilon>0$,总存在只依赖于 ε 的正数 δ,使得对一切点 P,Q,只要 $\rho(P,Q)<\delta$,就有 $|f(P)-f(Q)|<\varepsilon$.

证　我们可以用聚点定理来证明.

倘若 f 在 D 上连续而不一致连续,则存在某 $\varepsilon_0>0$,对于任意小的 $\delta>0$,例如 $\delta=\frac{1}{n}$, $n=1,2,\cdots$,总有相应的 $P_n,Q_n\in D$,虽然 $\rho(P_n,Q_n)<\frac{1}{n}$,但是 $|f(P_n)-f(Q_n)|\geqslant\varepsilon_0$.

由于 D 为有界闭域,因此存在收敛子列 $\{P_{n_k}\}\subset\{P_n\}$,并设 $\lim\limits_{k\to\infty}P_{n_k}=P_0\in D$. 为记号方便起见,再在 $\{Q_n\}$ 中取出与 P_{n_k} 下标相同的子列 $\{Q_{n_k}\}$,则因

$$0\leqslant\rho(P_{n_k},Q_{n_k})<\frac{1}{n_k}\to 0,\quad k\to\infty,$$

而有 $\lim\limits_{k\to\infty}Q_{n_k}=\lim\limits_{k\to\infty}P_{n_k}=P_0$. 最后,由 f 在 P_0 连续,得到

$$\lim_{k\to\infty}|f(P_{n_k})-f(Q_{n_k})|=|f(P_0)-f(P_0)|=0.$$

这与 $|f(P_{n_k})-f(Q_{n_k})|\geqslant\varepsilon_0>0$ 相矛盾. 所以 f 在 D 上一致连续. □

定理 16.10(介值性定理)　设函数 f 在区域 $D\subset\mathbf{R}^2$ 上连续,若 P_1,P_2 为 D 中任意两点,且 $f(P_1)<f(P_2)$,则对任何满足不等式

$$f(P_1)<\mu<f(P_2) \tag{4}$$

的实数 μ,必存在点 $P_0\in D$,使得 $f(P_0)=\mu$.

证　作辅助函数

$$F(P)=f(P)-\mu,\quad P\in D.$$

易见 F 仍在 D 上连续，且由不等式(4)知道$F(P_1)<0, F(P_2)>0$. 这里不妨假设 P_1, P_2 是 D 的内点(为什么?). 下面证明必存在 $P_0\in D$，使 $F(P_0)=0$.

由于 D 为区域，我们可以用 D 中的有限折线联结 P_1 和 P_2 (图 16-11). 若有某一个联结点所对应的函数值为0，则定理已得证. 否则从一端开始逐个检查直线段，必定存在某直线段，F 在它两端的函数值异号，不失一般性，设联结 $P_1(x_1,y_1)$，$P_2(x_2,y_2)$ 的直线段含于 D，其方程为

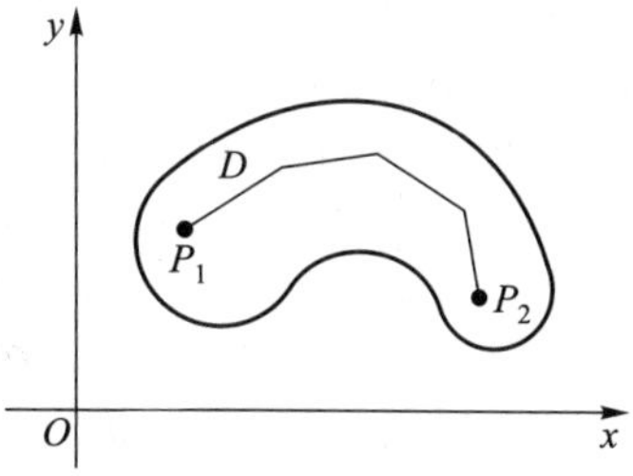

图 16-11

$$\begin{cases} x=x_1+t(x_2-x_1), \\ y=y_1+t(y_2-y_1), \end{cases}\quad 0\leqslant t\leqslant 1.$$

在此直线段上，F 表示为关于 t 的复合函数

$$G(t)=F(x_1+t(x_2-x_1), y_1+t(y_2-y_1)),\quad 0\leqslant t\leqslant 1.$$

它是$[0,1]$上的一元连续函数，且 $F(P_1)=G(0)<0<G(1)=F(P_2)$. 由一元函数根的存在定理，在$(0,1)$内存在一点 t_0，使得 $G(t_0)=0$. 记

$$x_0=x_1+t_0(x_2-x_1),\quad y_0=y_1+t_0(y_2-y_1),$$

则有 $P_0(x_0,y_0)\in D$，使得

$$F(P_0)=G(t_0)=0 \text{ 即 } f(P_0)=\mu.$$ □

实际上，定理 16.8 与定理 16.9 中的有界闭域 D 可以改为有界闭集(证明过程无原则性变化). 但是，介值性定理中所考察的点集 D 只能假设是一区域，这是为了保证它具有连通性，而一般的开集或闭集不一定具有这一特性. 此外，由定理 16.10 可知，若 f 为区域 D 上的连续函数，则 $f(D)$ 必定是一个区间(有限或无限).

习　题　16.3①

1. 讨论下列函数的连续性:

(1) $f(x,y)=\tan(x^2+y^2)$;

(2) $f(x,y)=[x+y]$;

(3) $f(x,y)=\begin{cases}\dfrac{\sin xy}{y}, & y\neq 0,\\ 0, & y=0;\end{cases}$

(4) $f(x,y)=\begin{cases}\dfrac{\sin xy}{\sqrt{x^2+y^2}}, & x^2+y^2\neq 0,\\ 0, & x^2+y^2=0;\end{cases}$

(5) $f(x,y)=\begin{cases}0, & x \text{ 为无理数},\\ y, & x \text{ 为有理数};\end{cases}$

*(6) $f(x,y)=\begin{cases}y^2\ln(x^2+y^2), & x^2+y^2\neq 0,\\ 0, & x^2+y^2=0;\end{cases}$

*(7) $f(x,y)=\dfrac{1}{\sin x\sin y}$;

*(8) $f(x,y)=\mathrm{e}^{-\frac{x}{y}}$.

2. 叙述并证明二元连续函数的局部保号性.

3. 设

$$f(x,y)=\begin{cases}\dfrac{x}{(x^2+y^2)^p}, & x^2+y^2\neq 0,\\ 0, & x^2+y^2=0\end{cases}\quad (p>0),$$

① 本习题中有＊号者为横线下习题.

试讨论它在点(0,0)处的连续性.

4. 设$f(x,y)$定义在闭矩形域$S=[a,b]\times[c,d]$上. 若f对y在$[c,d]$上处处连续,对x在$[a,b]$上(且关于y)一致连续,证明f在S上处处连续.

5. 证明:若$D\subset\mathbf{R}^2$是有界闭域,f为D上连续函数,且f不是常数函数,则$f(D)$不仅有界(定理16.8),而且是闭区间.

6. 设$f(x,y)$在$[a,b]\times[c,d]$上连续,又有函数列$\{\varphi_k(x)\}$在$[a,b]$上一致收敛,且

$$c\leqslant\varphi_k(x)\leqslant d,\quad x\in[a,b],\quad k=1,2,\cdots.$$

试证$\{F_k(x)\}=\{f(x,\varphi_k(x))\}$在$[a,b]$上也一致收敛.

---

7. 设$f(x,y)$在区域$G\subset\mathbf{R}^2$上对x连续,对y满足利普希茨条件:

$$|f(x,y')-f(x,y'')|\leqslant L|y'-y''|,$$

其中$(x,y'),(x,y'')\in G$,L为常数. 试证明f在G上处处连续.

8. 若一元函数$\varphi(x)$在$[a,b]$上连续,令

$$f(x,y)=\varphi(x),\quad(x,y)\in D=[a,b]\times(-\infty,+\infty).$$

试讨论f在D上是否连续,是否一致连续?

9. 设

$$f(x,y)=\frac{1}{1-xy},\quad(x,y)\in D=[0,1)\times[0,1).$$

证明f在D上连续,但不一致连续.

10. 设f在$\mathbf{R}^2$上分别对每一自变量x和y是连续的,并且每当固定x时f对y是单调的,证明f是$\mathbf{R}^2$上的二元连续函数.

第十六章总练习题

1. 设$E\subset\mathbf{R}^2$是有界闭集,$d(E)$为E的直径. 证明:存在$P_1,P_2\in E$,使得

$$\rho(P_1,P_2)=d(E).$$

2. 设$E\subset\mathbf{R}^2$. 试证E为闭集的充要条件是$E=E\cup\partial E$或$E^c=\operatorname{int}E^c$.

3. 设$f(x,y)=\dfrac{1}{xy}$,$r=\sqrt{x^2+y^2}$,$k>1$,

$$D_1=\left\{(x,y)\,\middle|\,\frac{1}{k}x\leqslant y\leqslant kx\right\},$$

$$D_2=\{(x,y)\,|\,x>0,y>0\}.$$

试分别讨论$i=1,2$时极限$\lim\limits_{\substack{r\to+\infty\\(x,y)\in D_i}}f(x,y)$是否存在,为什么?

4. 设$\lim\limits_{y\to y_0}\varphi(y)=\varphi(y_0)=A$,$\lim\limits_{x\to x_0}\psi(x)=\psi(x_0)=0$,且在$(x_0,y_0)$附近有$|f(x,y)-\varphi(y)|\leqslant\psi(x)$. 证明$\lim\limits_{(x,y)\to(x_0,y_0)}f(x,y)=A$.

5. 设f为定义在$\mathbf{R}^2$上的连续函数,α是任一实数,

$$E=\{(x,y)\,|\,f(x,y)>\alpha,(x,y)\in\mathbf{R}^2\},$$

$$F=\{(x,y)\,|\,f(x,y)\geqslant\alpha,(x,y)\in\mathbf{R}^2\}.$$

证明E是开集,F是闭集.

6. 设 f 在有界开集 E 上一致连续. 证明:

(1) 可将 f 连续延拓到 E 的边界;

(2) f 在 E 上有界.

7. 设 $u=\varphi(x,y)$ 与 $v=\psi(x,y)$ 在 xy 平面中的点集 E 上一致连续. φ 与 ψ 把点集 E 映射为 uv 平面中的点集 D, $f(u,v)$ 在 D 上一致连续. 证明复合函数 $f(\varphi(x,y),\psi(x,y))$ 在 E 上一致连续.

8. 设 $f(t)$ 在区间 (a,b) 内连续可导,函数

$$F(x,y)=\frac{f(x)-f(y)}{x-y}\quad(x\neq y),\quad F(x,x)=f'(x)$$

定义在区域 $D=(a,b)\times(a,b)$ 上. 证明:对任何 $c\in(a,b)$,有

$$\lim_{(x,y)\to(c,c)}f(x,y)=f'(c).$$

第十六章综合自测题

第十七章 多元函数微分学

§1 可　微　性

一、可微性与全微分

与一元函数一样,在多元函数微分学中,主要讨论多元函数的可微性及其应用.本章重点建立二元函数可微性概念,至于一般 n 元函数的可微性不难据此相应地给出(对此,在第二十三章有更详细的论述).

定义 1 设函数 $z=f(x,y)$ 在点 $P_0(x_0,y_0)$ 的某邻域 $U(P_0)$ 上有定义,对于 $U(P_0)$ 中的点 $P(x,y)=(x_0+\Delta x,y_0+\Delta y)$,若函数 f 在点 P_0 处的全增量 Δz 可表示为

$$\begin{aligned}\Delta z &= f(x_0+\Delta x,y_0+\Delta y)-f(x_0,y_0)\\ &= A\Delta x+B\Delta y+o(\rho),\end{aligned} \tag{1}$$

其中 A,B 是仅与点 P_0 有关的常数,$\rho=\sqrt{\Delta x^2+\Delta y^2}$,$o(\rho)$ 是较 ρ 高阶的无穷小量,则称函数 f 在点 P_0 **可微**.并称(1)式中关于 $\Delta x,\Delta y$ 的线性函数 $A\Delta x+B\Delta y$ 为函数 f 在点 P_0 的**全微分**,记作

$$\mathrm{d}z\big|_{P_0}=\mathrm{d}f(x_0,y_0)=A\Delta x+B\Delta y. \tag{2}$$

由(1),(2)可见 $\mathrm{d}z$ 是 Δz 的线性主部,特别当 $|\Delta x|,|\Delta y|$ 充分小时,全微分 $\mathrm{d}z$ 可作为全增量 Δz 的近似值,即

$$f(x,y)\approx f(x_0,y_0)+A(x-x_0)+B(y-y_0). \tag{3}$$

在使用上,有时也把(1)式写成如下形式:

$$\Delta z=A\Delta x+B\Delta y+\alpha\Delta x+\beta\Delta y, \tag{4}$$

这里

$$\lim_{(\Delta x,\Delta y)\to(0,0)}\alpha=\lim_{(\Delta x,\Delta y)\to(0,0)}\beta=0.$$

例 1 考察函数 $f(x,y)=xy$ 在点 (x_0,y_0) 处的可微性.

解 在点 (x_0,y_0) 处函数 f 的全增量为

$$\begin{aligned}\Delta f(x_0,y_0)&=(x_0+\Delta x)(y_0+\Delta y)-x_0y_0\\ &=y_0\Delta x+x_0\Delta y+\Delta x\Delta y.\end{aligned}$$

由于

$$\frac{|\Delta x\Delta y|}{\rho}=\rho\frac{|\Delta x|}{\rho}\frac{|\Delta y|}{\rho}\leqslant\rho\to 0\quad(\rho\to 0),$$

因此 $\Delta x\Delta y=o(\rho)$. 从而函数 f 在 (x_0,y_0) 可微,且

$$\mathrm{d}f=y_0\Delta x+x_0\Delta y.$$

□

二、偏导数

由一元函数微分学知道:若 $f(x)$ 在点 x_0 可微,则函数增量 $f(x_0+\Delta x)-f(x_0)=A\Delta x+o(\Delta x)$,其中 $A=f'(x_0)$. 同样,由上一段已知,若二元函数 f 在点 (x_0,y_0) 可微,则 f 在 (x_0,y_0) 处的全增量可由(1)式表示. 现在讨论其中 A,B 的值与函数 f 的关系. 为此,在(4)式中令 $\Delta y=0\ (\Delta x\neq 0)$,这时得到 Δz 关于 x 的偏增量 $\Delta_x z$,且有

$$\Delta_x z=A\Delta x+\alpha\Delta x\quad\text{或}\quad\frac{\Delta_x z}{\Delta x}=A+\alpha.$$

现让 $\Delta x\to 0$,由上式便得 A 的一个极限表示式

$$A=\lim_{\Delta x\to 0}\frac{\Delta_x z}{\Delta x}=\lim_{\Delta x\to 0}\frac{f(x_0+\Delta x,y_0)-f(x_0,y_0)}{\Delta x}.\tag{5}$$

容易看出,(5)式右边的极限正是关于 x 的一元函数 $f(x,y_0)$ 在 $x=x_0$ 处的导数. 类似地,令 $\Delta x=0\ (\Delta y\neq 0)$,由(4)式又可得到

$$B=\lim_{\Delta y\to 0}\frac{\Delta_y z}{\Delta y}=\lim_{\Delta y\to 0}\frac{f(x_0,y_0+\Delta y)-f(x_0,y_0)}{\Delta y}.\tag{6}$$

它是关于 y 的一元函数 $f(x_0,y)$ 在 $y=y_0$ 处的导数.

二元函数当固定其中一个自变量时,它对另一个自变量的导数称为偏导数,定义如下.

定义 2 设函数 $z=f(x,y),(x,y)\in D$. 若 $(x_0,y_0)\in D$,且 $f(x,y_0)$ 在 x_0 的某邻域内有定义,则当极限

$$\lim_{\Delta x\to 0}\frac{\Delta_x f(x_0,y_0)}{\Delta x}=\lim_{\Delta x\to 0}\frac{f(x_0+\Delta x,y_0)-f(x_0,y_0)}{\Delta x}\tag{7}$$

存在时,称这个极限为函数 f 在点 (x_0,y_0) 关于 x 的**偏导数**,记作

$$f_x(x_0,y_0)\ \text{或}\ z_x(x_0,y_0),\ \left.\frac{\partial f}{\partial x}\right|_{(x_0,y_0)},\ \left.\frac{\partial z}{\partial x}\right|_{(x_0,y_0)}.$$

同样定义 f 在点 (x_0,y_0) 关于 y 的偏导数 $f_y(x_0,y_0)$ 或 $\left.\dfrac{\partial f}{\partial y}\right|_{(x_0,y_0)}$.

注 1 这里符号 $\dfrac{\partial}{\partial x},\dfrac{\partial}{\partial y}$ 专用于偏导数算符,与一元函数的导数符号 $\dfrac{\mathrm{d}}{\mathrm{d}x}$ 相仿,但又有差别.

注 2 在上述定义中,f 在点 (x_0,y_0) 存在关于 x(或 y)的偏导数,f 至少在 $\{(x,y)\mid y=y_0,|x-x_0|<\delta\}$(或 $\{(x,y)\mid x=x_0,|y-y_0|<\delta\}$)上必须有定义.

若函数 $z=f(x,y)$ 在区域 D 上每一点 (x,y) 都存在对 x(或对 y)的偏导数,则得到函数 $z=f(x,y)$ 在区域 D 上对 x(或对 y)的**偏导函数**(也简称**偏导数**),记作

$$f_x(x,y)\ \text{或}\ \frac{\partial f(x,y)}{\partial x}\quad\left(f_y(x,y)\ \text{或}\ \frac{\partial f(x,y)}{\partial y}\right),$$

也可简单地写作 f_x, z_x 或 $\frac{\partial f}{\partial x}, \frac{\partial z}{\partial x}$ $\left(f_y, z_y \text{ 或 } \frac{\partial f}{\partial y}, \frac{\partial z}{\partial y}\right)$.

在上一章中已指出,二元函数 $z=f(x,y)$ 的几何图像通常是三维空间中的曲面. 设 $P_0(x_0,y_0,z_0)$ 为这曲面上一点,其中 $z_0=f(x_0,y_0)$. 过 P_0 作平面 $y=y_0$,它与曲面 $z=f(x,y)$ 的交线

$$C:\begin{cases} y = y_0, \\ z = f(x,y) \end{cases}$$

是平面 $y=y_0$ 上的一条曲线. 于是,二元函数偏导数的几何意义(如图 17-1)是:$f_x(x_0,y_0)$ 作为一元函数 $f(x,y_0)$ 在 $x=x_0$ 的导数,就是曲线 C 在点 P_0 处的切线 T_x 对于 x 轴的斜率,即 T_x 与 x 轴正向所成倾角的正切 $\tan\alpha$. 同样,$f_y(x_0,y_0)$ 是平面 $x=x_0$ 与曲面 $z=f(x,y)$ 的交线

$$\begin{cases} x = x_0, \\ z = f(x,y) \end{cases}$$

在点 P_0 处的切线 T_y 关于 y 轴的斜率 $\tan\beta$.

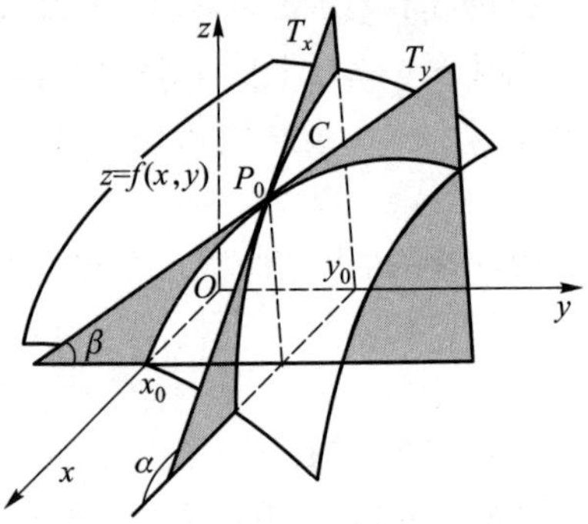

图 17-1

由偏导数的定义还知道,函数 f 对某一个自变量求偏导数,是先把其他自变量看作常数,从而变成一元函数的求导问题. 因此第五章中有关求导的一些基本法则,对多元函数求偏导数仍然适用.

例 2　求函数 $f(x,y)=x^3+2x^2y-y^3$ 在点 $(1,3)$ 关于 x 和关于 y 的偏导数.

解　先求 f 在点 $(1,3)$ 关于 x 的偏导数,为此,令 $y=3$,得到以 x 为自变量的函数 $f(x,3)=x^3+6x^2-27$,求它在 $x=1$ 的导数,即

$$f_x(1,3) = \left.\frac{\mathrm{d}f(x,3)}{\mathrm{d}x}\right|_{x=1} = 3x^2 + 12x\,\Big|_{x=1} = 15.$$

再求 f 在 $(1,3)$ 关于 y 的偏导数. 先令 $x=1$,得到以 y 为自变量的函数 $f(1,y)=1+2y-y^3$,求它在 $y=3$ 的导数,得

$$f_y(1,3) = \left.\frac{\mathrm{d}f(1,y)}{\mathrm{d}y}\right|_{y=3} = 2 - 3y^2\,\Big|_{y=3} = -25.$$

通常也可分别先求出 f 关于 x 和 y 的偏导函数:

$$f_x(x,y) = 3x^2 + 4xy,$$
$$f_y(x,y) = 2x^2 - 3y^2.$$

然后以 $(x,y)=(1,3)$ 代入,也能得到同样结果. □

例 3　求函数 $z=x^y\ (x>0)$ 的偏导数.

解

$$\frac{\partial z}{\partial x} = yx^{y-1},\quad \frac{\partial z}{\partial y} = x^y \ln x.$$ □

例 4　求三元函数 $u=\sin(x+y^2-\mathrm{e}^z)$ 的偏导数.

解　把 y 和 z 看作常数,得

$$\frac{\partial u}{\partial x} = \cos(x + y^2 - \mathrm{e}^z).$$

把 x,z 看作常数,得

$$\frac{\partial u}{\partial y}=2y\cos(x+y^2-\mathrm{e}^z).$$

把 x,y 看作常数,得

$$\frac{\partial u}{\partial z}=-\mathrm{e}^z\cos(x+y^2-\mathrm{e}^z).$$

□

三、可微性条件

由偏导数定义及(5),(6)两式可得如下定理.

定理 17.1(可微的必要条件) 若二元函数 f 在其定义域内一点 (x_0,y_0) 可微,则 f 在该点关于每个自变量的偏导数都存在,且(1)式中的

$$A=f_x(x_0,y_0),\quad B=f_y(x_0,y_0).$$

因此,函数 f 在点 (x_0,y_0) 的全微分(2)可惟一地表示为

$$\mathrm{d}f\big|_{(x_0,y_0)}=f_x(x_0,y_0)\cdot\Delta x+f_y(x_0,y_0)\cdot\Delta y.$$

与一元函数的情况一样,由于自变量的增量等于自变量的微分,即

$$\Delta x=\mathrm{d}x,\quad \Delta y=\mathrm{d}y,$$

所以 f 在点 (x_0,y_0) 的全微分又可写为

$$\mathrm{d}z=f_x(x_0,y_0)\mathrm{d}x+f_y(x_0,y_0)\mathrm{d}y.$$

若函数 f 在区域 D 上每一点 (x,y) 都可微,则称函数 f 在区域 D 上可微,且 f 在 D 上全微分为

$$\mathrm{d}f(x,y)=f_x(x,y)\mathrm{d}x+f_y(x,y)\mathrm{d}y. \tag{8}$$

例 5 考察函数

$$f(x,y)=\begin{cases}\dfrac{xy}{\sqrt{x^2+y^2}}, & x^2+y^2\neq 0,\\ 0, & x^2+y^2=0\end{cases}$$

在原点的可微性.

解 按偏导数定义

$$f_x(0,0)=\lim_{\Delta x\to 0}\frac{f(\Delta x,0)-f(0,0)}{\Delta x}=\lim_{\Delta x\to 0}\frac{0-0}{\Delta x}=0.$$

同理可得 $f_y(0,0)=0$. 若函数 f 在原点可微,则

$$\begin{aligned}\Delta z-\mathrm{d}z&=f(0+\Delta x,0+\Delta y)-f(0,0)-f_x(0,0)\Delta x-f_y(0,0)\Delta y\\&=\frac{\Delta x\Delta y}{\sqrt{\Delta x^2+\Delta y^2}}\end{aligned}$$

应是较 $\rho=\sqrt{\Delta x^2+\Delta y^2}$ 高阶的无穷小量. 为此,考察极限

$$\lim_{\rho\to 0}\frac{\Delta z-\mathrm{d}z}{\rho}=\lim_{\rho\to 0}\frac{\Delta x\Delta y}{\Delta x^2+\Delta y^2},$$

由第十六章 §2 例 3 知道,上述极限不存在,因而函数 f 在原点不可微. □

我们知道,一元函数可微与存在导数是等价的. 而例 5 说明对于多元函数,偏导数即使都存在,该函数也不一定可微. 现在不禁要问:当所有偏导数都存在时,还需要添

加哪些条件,才能保证函数可微呢?

定理 17.2(可微的充分条件)　若函数 $z=f(x,y)$ 的偏导数在点 (x_0,y_0) 的某邻域内存在,且 f_x 与 f_y 在点 (x_0,y_0) 连续,则函数 f 在点 (x_0,y_0) 可微.

证　我们把全增量 Δz 写作

$$\begin{aligned}\Delta z &= f(x_0+\Delta x,y_0+\Delta y)-f(x_0,y_0)\\ &=[f(x_0+\Delta x,y_0+\Delta y)-f(x_0,y_0+\Delta y)]+[f(x_0,y_0+\Delta y)-f(x_0,y_0)].\end{aligned}$$

在第一个括号里,它是函数 $f(x,y_0+\Delta y)$ 关于 x 的偏增量. 在第二个括号里,则是函数 $f(x_0,y)$ 关于 y 的偏增量. 对它们分别应用一元函数的拉格朗日中值定理,得

$$\Delta z=f_x(x_0+\theta_1\Delta x,y_0+\Delta y)\Delta x+f_y(x_0,y_0+\theta_2\Delta y)\Delta y,0<\theta_1,\theta_2<1. \tag{9}$$

由于 f_x 与 f_y 在点 (x_0,y_0) 连续,因此有

$$f_x(x_0+\theta_1\Delta x,y_0+\Delta y)=f_x(x_0,y_0)+\alpha, \tag{10}$$

$$f_y(x_0,y_0+\theta_2\Delta y)=f_y(x_0,y_0)+\beta, \tag{11}$$

其中当 $(\Delta x,\Delta y)\to(0,0)$ 时,$\alpha\to0,\beta\to0$. 将(10)式、(11)式代入(9)式,则得

$$\Delta z=f_x(x_0,y_0)\Delta x+f_y(x_0,y_0)\Delta y+\alpha\Delta x+\beta\Delta y.$$

由(4)式便知函数 f 在点 (x_0,y_0) 可微. □

根据这个定理,例 2 中的函数 $f(x,y)=x^3+2x^2y-y^3$ 在点 $(1,3)$ 可微,且

$$\mathrm{d}f\big|_{(1,3)}=15\mathrm{d}x-25\mathrm{d}y.$$

例 3 中的函数 $z=x^y$ 在 $D=\{(x,y)\mid x>0,-\infty<y<+\infty\}$ 上可微,且

$$\mathrm{d}z=yx^{y-1}\mathrm{d}x+x^y\ln x\mathrm{d}y.$$

注　偏导数连续并不是函数可微的必要条件,如函数

$$f(x,y)=\begin{cases}(x^2+y^2)\sin\dfrac{1}{\sqrt{x^2+y^2}}, & x^2+y^2\neq0,\\ 0, & x^2+y^2=0\end{cases}$$

在原点 $(0,0)$ 可微,但 f_x 与 f_y 却在点 $(0,0)$ 不连续(见本节习题 7). 若 $z=f(x,y)$ 在点 (x_0,y_0) 的偏导数 f_x, f_y 连续,则称 f 在点 (x_0,y_0) **连续可微**.

在定理 17.2 证明过程中所出现的(9)式,实际上是二元函数的一个**中值公式**,可以将其归纳为下述定理.

定理 17.3　设函数 f 在点 (x_0,y_0) 的某邻域内存在偏导数,若 (x,y) 属于该邻域,则存在 $\xi=x_0+\theta_1(x-x_0)$ 和 $\eta=y_0+\theta_2(y-y_0)$, $0<\theta_1,\theta_2<1$,使得

$$f(x,y)-f(x_0,y_0)=f_x(\xi,y)(x-x_0)+f_y(x_0,\eta)(y-y_0). \tag{12}$$

读者还可以从可微性概念看到,函数在可微点处必连续,但在函数的连续点处不一定存在偏导数,当然它更不能保证函数在该点可微. 例如,函数 $f(x,y)=\sqrt{x^2+y^2}$ (圆锥)在原点连续,但在该点不存在偏导数. 更值得注意的是,即使函数在某一点存在对所有自变量的偏导数,也不能保证函数在该点连续. 例如,

$$f(x,y)=\begin{cases}\dfrac{xy}{x^2+y^2}, & x^2+y^2\neq0,\\ 0, & x^2+y^2=0\end{cases}$$

在原点不连续,但却存在偏导数

$$f_x(0,0)=\lim_{\Delta x\to 0}\frac{0-0}{\Delta x}=0,\quad f_y(0,0)=0.$$

这是因为偏导数只是刻画了函数沿 x 轴或 y 轴方向的变化特征,所以这个例子只能说明 f 在原点分别对 x 和对 y 必定连续,但由此并不能保证 f 作为二元函数在原点连续.与定理 17.2 相仿,只有对偏导数附加适当的条件后,才能保证函数的连续性(有关内容可从本节习题中去找).

四、可微性几何意义及应用

一元函数可微,在几何上反映为曲线存在不平行于 y 轴的切线.对于二元函数来说,可微性则反映为曲面与其切平面之间的类似关系.为此,我们需要先给出曲面的切平面的定义,这可以从曲线的切线定义中获得启发.

在第五章 §1 中,我们曾把平面曲线 S 在某一点 $P(x_0,y_0)$ 的切线 PT 定义为过 P 点的割线 PQ 当 Q 沿 S 趋近 P 时的极限位置(如果存在的话).这时,PQ 与 PT 的夹角 φ 也将随 $Q\to P$ 而趋于零(图 17-2).由于

$$\sin\varphi=\frac{h}{d},$$

其中 h 和 d 分别表示点 Q 到切线 PT 的距离和 Q 到 P 的距离,因此当 Q 沿 S 趋于 P 时,$\varphi\to 0$ 等同于 $\frac{h}{d}\to 0$.

仿照这个想法,我们引入曲面 S 在点 P 的切平面定义.

定义 3　设 P 是曲面 S 上一点,Π 为通过点 P 的一个平面,曲面 S 上的动点 Q 到定点 P 和到平面 Π 的距离分别为 d 与 h (图 17-3).若当 Q 在 S 上以任何方式趋近于 P 时,恒有 $\frac{h}{d}\to 0$,则称平面 Π 为曲面 S 在点 P 处的**切平面**,P 为**切点**.

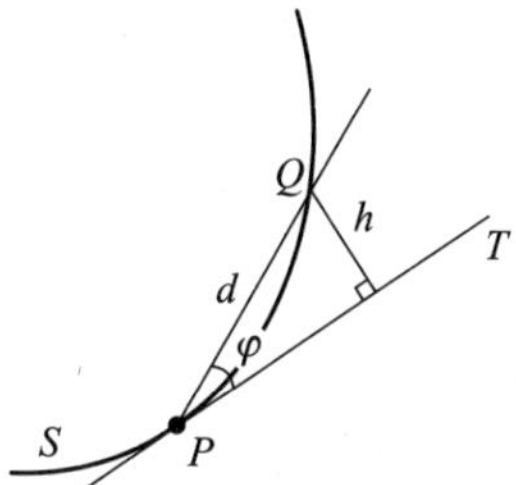

图 17-2

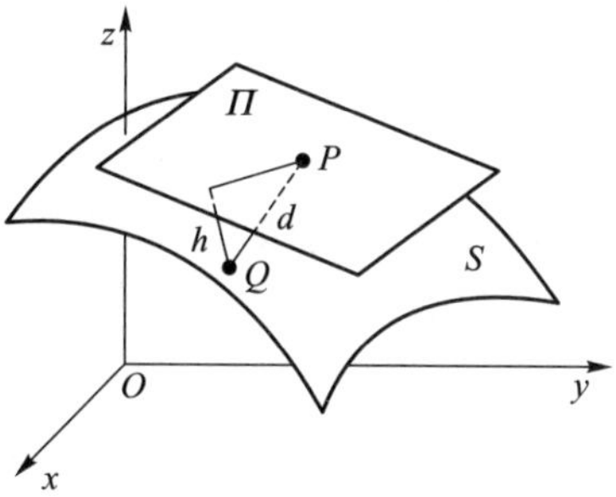

图 17-3

定理 17.4　曲面 $z=f(x,y)$ 在点 $P(x_0,y_0,f(x_0,y_0))$ 存在不平行于 z 轴的切平面 Π 的充要条件是函数 f 在点 $P_0(x_0,y_0)$ 可微.

证　[充分性]　若函数 f 在 P_0 处可微,由定义知

$$\Delta z=z-z_0=f_x(x_0,y_0)(x-x_0)+f_y(x_0,y_0)(y-y_0)+o(\rho),$$

其中 $z_0=f(x_0,y_0)$,$\rho=\sqrt{(x-x_0)^2+(y-y_0)^2}$.现在讨论过点 $P(x_0,y_0,z_0)$ 的平面

$$Z-z_0=f_x(x_0,y_0)(X-x_0)+f_y(x_0,y_0)(Y-y_0),$$

其中 X,Y,Z 是平面上任意点的坐标.我们证明它就是曲面 $z=f(x,y)$ 在点 P 的切平面

Π. 事实上,由解析几何学知道,曲面上任意一点 $Q(x,y,z)$ 到这个平面的距离为

$$h=\frac{|z-z_0-f_x(x_0,y_0)(x-x_0)-f_y(x_0,y_0)(y-y_0)|}{\sqrt{1+f_x^2(x_0,y_0)+f_y^2(x_0,y_0)}}$$

$$=\frac{|o(\rho)|}{\sqrt{1+f_x^2(x_0,y_0)+f_y^2(x_0,y_0)}},$$

另一方面,P 到 Q 的距离为

$$d=\sqrt{(x-x_0)^2+(y-y_0)^2+(z-z_0)^2}=\sqrt{\rho^2+(z-z_0)^2}\geqslant\rho.$$

于是由$\frac{h}{d}\geqslant 0$ 及

$$\frac{h}{d}<\frac{h}{\rho}=\frac{|o(\rho)|}{\rho}\frac{1}{\sqrt{1+f_x^2(x_0,y_0)+f_y^2(x_0,y_0)}}\to 0\ (\rho\to 0),$$

根据定义 3,平面 Π 为曲面 $z=f(x,y)$ 在点 P 的切平面.

［必要性］ 若曲面 $z=f(x,y)$ 在点 $P(x_0,y_0,f(x_0,y_0))$ 存在不平行于 z 轴的切平面

$$Z-z_0=A(X-x_0)+B(Y-y_0),$$

且 $Q(x,y,z)$ 是曲面上任意一点,则点 Q 到这个平面的距离为

$$h=\frac{|z-z_0-A(x-x_0)-B(y-y_0)|}{\sqrt{1+A^2+B^2}}.$$

令 $x-x_0=\Delta x,y-y_0=\Delta y,z-z_0=\Delta z,\rho=\sqrt{\Delta x^2+\Delta y^2}$. 由切平面定义知,当 Q 充分接近 P 时,有$\frac{h}{d}\to 0$.
要证明 f 在 $P_0(x_0,y_0)$ 可微,就是要证明

$$\lim_{\rho\to 0}\frac{|\Delta z-A\Delta x-B\Delta y|}{\rho}=0.$$

由于

$$\frac{|\Delta z-A\Delta x-B\Delta y|}{\rho}=\frac{|\Delta z-A\Delta x-B\Delta y|}{d\sqrt{1+A^2+B^2}}\cdot\frac{d}{\rho}\cdot\sqrt{1+A^2+B^2}$$

$$=\frac{h}{d}\cdot\frac{d}{\rho}\cdot\sqrt{1+A^2+B^2},$$

而$\frac{h}{d}\to 0(\rho\to 0)$,故只需证明当 ρ 充分小时,$\frac{d}{\rho}$有界即可.

对于充分接近 P 的 Q,有

$$0<\frac{h}{d}=\frac{|\Delta z-A\Delta x-B\Delta y|}{d\sqrt{1+A^2+B^2}}<\frac{1}{2\sqrt{1+A^2+B^2}},$$

由此得

$$|\Delta z-A\Delta x-B\Delta y|<\frac{d}{2}=\frac{1}{2}\sqrt{\Delta x^2+\Delta y^2+\Delta z^2}=\frac{1}{2}\sqrt{\rho^2+\Delta z^2}.$$

由 $|a|-|b|\leqslant|a-b|$,可得

$$|\Delta z|-|A||\Delta x|-|B||\Delta y|<\frac{1}{2}\sqrt{\rho^2+\Delta z^2}\leqslant\frac{1}{2}(\rho+|\Delta z|),$$

故有

$$\frac{1}{2}|\Delta z|<|A||\Delta x|+|B||\Delta y|+\frac{1}{2}\rho,$$

$$\frac{|\Delta z|}{\rho}<2\left(|A|\frac{|\Delta x|}{\rho}+|B|\frac{|\Delta y|}{\rho}\right)+1\leqslant 2(|A|+|B|)+1.$$

因此$\frac{|\Delta z|}{\rho}$是有界量. 从而推得 $\frac{d}{\rho}=\frac{\sqrt{\rho^2+\Delta z^2}}{\rho}=\sqrt{1+\left(\frac{\Delta z}{\rho}\right)^2}$ 也是有界量.

根据前面的分析,有

$$\lim_{\rho\to 0}\frac{|\Delta z-A\Delta x-B\Delta y|}{\rho}=0.$$

即

$$\Delta z=A\Delta x+B\Delta y+o(\rho).$$

这就证明了函数 $z=f(x,y)$ 在点 $P_0(x_0,y_0)$ 是可微的. □

定理 17.4 说明:若函数 f 在点 $P_0(x_0,y_0)$ 可微,则曲面 $z=f(x,y)$ 在点 $P(x_0,y_0,z_0)$ 的切平面方程为

$$z-z_0=f_x(x_0,y_0)(x-x_0)+f_y(x_0,y_0)(y-y_0).\tag{13}$$

过切点 P 与切平面垂直的直线称为曲面在点 P 的**法线**. 由切平面方程知道,法线的方向数是

$$\pm(f_x(x_0,y_0),f_y(x_0,y_0),-1),$$

所以过切点 P 的法线方程是

$$\frac{x-x_0}{f_x(x_0,y_0)}=\frac{y-y_0}{f_y(x_0,y_0)}=\frac{z-z_0}{-1}.\tag{14}$$

二元函数全微分的几何意义如图 17-4 所示,当自变量 x,y 的增量分别为 $\Delta x,\Delta y$ 时,函数 $z=f(x,y)$ 的增量 Δz 是竖坐标上的一段 NQ,而二元函数 $z=f(x,y)$ 在点 (x_0,y_0) 的全微分

$$\mathrm{d}z=f_x(x_0,y_0)\Delta x+f_y(x_0,y_0)\Delta y$$

的值是过点 P 的切平面 PM_1MM_2 上相应的增量 NM. 于是 Δz 与 $\mathrm{d}z$ 之差是 MQ,它的值随着$\rho\to 0$而趋于零,而且是较 ρ 高阶的无穷小量.

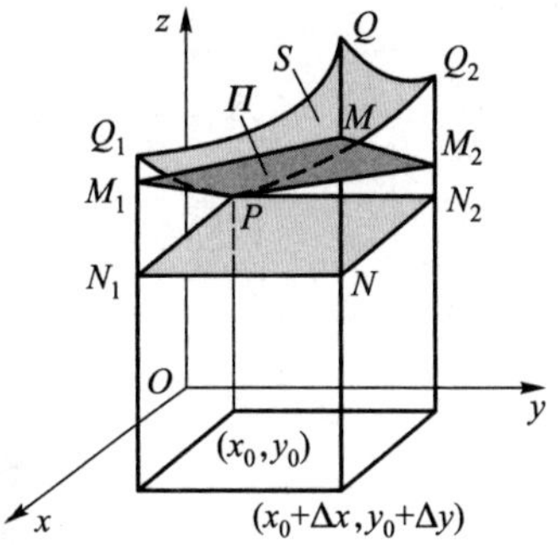

图 17-4

例 6 试求抛物面 $z=ax^2+by^2$ 在曲面上一点 $M(x_0,y_0,z_0)$ 处的切平面方程与法线方程.

解 因为

$$f_x(x_0,y_0)=2ax_0,\quad f_y(x_0,y_0)=2by_0,$$

由公式(13),过 M 的切平面方程为

$$z-z_0=2ax_0(x-x_0)+2by_0(y-y_0).$$

因为 $z_0=ax_0^2+by_0^2$,所以它可简化为

$$2ax_0x+2by_0y-z-z_0=0.$$

由公式(14),过点 M 的法线方程是

$$\frac{x-x_0}{2ax_0}=\frac{y-y_0}{2by_0}=\frac{z-z_0}{-1}.$$ □

下面的例 7 和例 8 是利用线性近似公式(3)所作的近似计算和误差估计.

例 7 求 $1.08^{3.96}$ 的近似值.

解 设 $f(x,y)=x^y$,令 $x_0=1,y_0=4,\Delta x=0.08,\Delta y=-0.04$. 由公式(3)有

$$\begin{aligned}1.08^{3.96}&=f(x_0+\Delta x,y_0+\Delta y)\\&\approx f(1,4)+f_x(1,4)\Delta x+f_y(1,4)\Delta y\end{aligned}$$

$$=1+4\times 0.08+1^4\times \ln 1\times (-0.04)$$
$$=1+0.32=1.32.$$
□

例 8　应用公式 $S=\frac{1}{2}ab\sin C$ 计算某三角形面积，现测得 $a=12.50$，$b=8.30$，$C=30°$. 若测量 a,b 的误差为 ± 0.01，C 的误差为 $\pm 0.1°$，求用此公式计算三角形面积时的绝对误差限与相对误差限.

解　依题意，测量中 a,b,C 的绝对误差限分别为

$$|\Delta a|=0.01,\quad |\Delta b|=0.01,\quad |\Delta C|=0.1°=\frac{\pi}{1\ 800}.$$

由于

$$\begin{aligned}|\Delta S|\approx|\mathrm{d}S|&=\left|\frac{\partial S}{\partial a}\Delta a+\frac{\partial S}{\partial b}\Delta b+\frac{\partial S}{\partial C}\Delta C\right|\\&\leqslant\left|\frac{\partial S}{\partial a}\right||\Delta a|+\left|\frac{\partial S}{\partial b}\right||\Delta b|+\left|\frac{\partial S}{\partial C}\right||\Delta C|\\&=\frac{1}{2}|b\sin C||\Delta a|+\frac{1}{2}|a\sin C||\Delta b|+\frac{1}{2}|ab\cos C||\Delta C|,\end{aligned}$$

将各数据代入上式，得到 S 的绝对误差限为

$$|\Delta S|\approx 0.13.$$

因为

$$S=\frac{1}{2}ab\sin C=\frac{1}{2}\times 12.50\times 8.30\times\frac{1}{2}\approx 25.94,$$

所以 S 的相对误差限为

$$\left|\frac{\Delta S}{S}\right|\approx\frac{0.13}{25.94}\approx 0.5\%.$$
□

习　题　17.1

1. 求下列函数的偏导数：

(1) $z=x^2y$；　(2) $z=y\cos x$；

(3) $z=\frac{1}{\sqrt{x^2+y^2}}$；　(4) $z=\ln(x+y^2)$；

(5) $z=\mathrm{e}^{xy}$；　(6) $z=\arctan\frac{y}{x}$；

(7) $z=xy\mathrm{e}^{\sin(xy)}$；　(8) $u=\frac{y}{x}+\frac{z}{y}-\frac{x}{z}$；

(9) $u=(xy)^z$；　(10) $u=x^{y^z}$.

2. 设 $f(x,y)=x+(y-1)\arcsin\sqrt{\frac{x}{y}}$，求 $f_x(x,1)$.

3. 设 $f(x,y)=\begin{cases}y\sin\frac{1}{x^2+y^2}, & x^2+y^2\neq 0,\\ 0, & x^2+y^2=0,\end{cases}$ 考察函数 f 在原点 $(0,0)$ 的偏导数.

4. 证明函数 $z=\sqrt{x^2+y^2}$ 在点 $(0,0)$ 连续但偏导数不存在.

5. 考察函数$f(x,y)=\begin{cases} xy\sin\dfrac{1}{x^2+y^2}, & x^2+y^2\neq 0, \\ 0, & x^2+y^2=0 \end{cases}$在点(0,0)的可微性.

6. 证明函数$f(x,y)=\begin{cases} \dfrac{x^2y}{x^2+y^2}, & x^2+y^2\neq 0, \\ 0, & x^2+y^2=0 \end{cases}$在点(0,0)连续且偏导数存在,但在此点不可微.

7. 证明函数$f(x,y)=\begin{cases} (x^2+y^2)\sin\dfrac{1}{\sqrt{x^2+y^2}}, & x^2+y^2\neq 0, \\ 0, & x^2+y^2=0 \end{cases}$在点(0,0)连续且偏导数存在,但偏导数在点(0,0)不连续,而f在点(0,0)可微.

8. 求下列函数在给定点的全微分:

(1) $z=x^4+y^4-4x^2y^2$ 在点(0,0),(1,1);　　(2) $z=\dfrac{x}{\sqrt{x^2+y^2}}$在点(1,0),(0,1).

9. 求下列函数的全微分:

(1) $z=y\sin(x+y)$;　　(2) $u=xe^{yz}+e^{-z}+y$.

10. 求曲面$z=\arctan\dfrac{y}{x}$在点$\left(1,1,\dfrac{\pi}{4}\right)$的切平面方程和法线方程.

11. 求曲面$3x^2+y^2-z^2=27$在点(3,1,1)的切平面与法线方程.

12. 在曲面$z=xy$上求一点,使这点的切平面平行于平面$x+3y+z+9=0$,并写出此切平面方程和法线方程.

13. 计算近似值:

(1) $1.002\times2.003^2\times3.004^3$;　　(2) $\sin 29°\times\tan 46°$.

14. 设圆台上、下底的半径分别为$R=30$ cm,$r=20$ cm,高$h=40$ cm. 若R,r,h分别增加3 mm,4 mm,2 mm,求此圆台体积变化的近似值.

---

15. 证明:若二元函数f在点$P(x_0,y_0)$的某邻域$U(P)$上的偏导函数f_x与f_y有界,则f在$U(P)$上连续.

16. 设二元函数f在区域$D=[a,b]\times[c,d]$上连续.

(1) 若在 int D 内有$f_x\equiv 0$,试问f在D上有何特性?

(2) 若在 int D 内有$f_x=f_y\equiv 0$,f又怎样?

(3) 在(1)的讨论中,关于f在D上的连续性假设可否省略? 长方形区域可否改为任意区域?

17. 试证在原点(0,0)的充分小邻域内,有

$$\arctan\frac{x+y}{1+xy}\approx x+y.$$

18. 求曲面$z=\dfrac{x^2+y^2}{4}$与平面$y=4$的交线在$x=2$处的切线与Ox轴的交角.

19. 试证:(1) 乘积的相对误差限近似于各因子相对误差限之和;

(2) 商的相对误差限近似于分子和分母相对误差限之和.

20. 测得一物体的体积$V=4.45$ cm^3,其绝对误差限为0.01 cm^3;又测得质量$m=30.80$ g,其绝对误差限为0.01 g. 求由公式$\rho=\dfrac{m}{V}$算出的密度ρ的相对误差限和绝对误差限.

§2 复合函数微分法

本节讨论复合函数的可微性、偏导数与全微分.

一、复合函数的求导法则

设函数

$$x=\varphi(s,t) \quad 与 \quad y=\psi(s,t) \tag{1}$$

定义在 st 平面的区域 D 上,函数

$$z=f(x,y) \tag{2}$$

定义在 xy 平面的区域 D_1 上,且

$$\{(x,y)\mid x=\varphi(s,t),y=\psi(s,t),(s,t)\in D\}\subset D_1,$$

则函数

$$z=F(s,t)=f(\varphi(s,t),\psi(s,t)),\quad (s,t)\in D \tag{3}$$

是以(2)为**外函数**、(1)为**内函数**的**复合函数**. 其中 x,y 称为函数 F 的中间变量,s,t 为 F 的自变量.

定理 17.5 若函数 $x=\varphi(s,t),y=\psi(s,t)$ 在点 $(s,t)\in D$ 可微,$z=f(x,y)$ 在点 $(x,y)=(\varphi(s,t),\psi(s,t))$ 可微,则复合函数

$$z=f(\varphi(s,t),\psi(s,t))$$

在点 (s,t) 可微,且它关于 s 与 t 的偏导数分别为

$$\begin{aligned}\left.\frac{\partial z}{\partial s}\right|_{(s,t)}&=\left.\frac{\partial z}{\partial x}\right|_{(x,y)}\left.\frac{\partial x}{\partial s}\right|_{(s,t)}+\left.\frac{\partial z}{\partial y}\right|_{(x,y)}\left.\frac{\partial y}{\partial s}\right|_{(s,t)},\\ \left.\frac{\partial z}{\partial t}\right|_{(s,t)}&=\left.\frac{\partial z}{\partial x}\right|_{(x,y)}\left.\frac{\partial x}{\partial t}\right|_{(s,t)}+\left.\frac{\partial z}{\partial y}\right|_{(x,y)}\left.\frac{\partial y}{\partial t}\right|_{(s,t)}.\end{aligned} \tag{4}$$

证 由假设 $x=\varphi(s,t),y=\psi(s,t)$ 在点 (s,t) 可微,于是

$$\Delta x=\frac{\partial x}{\partial s}\Delta s+\frac{\partial x}{\partial t}\Delta t+\alpha_1\Delta s+\beta_1\Delta t, \tag{5}$$

$$\Delta y=\frac{\partial y}{\partial s}\Delta s+\frac{\partial y}{\partial t}\Delta t+\alpha_2\Delta s+\beta_2\Delta t, \tag{6}$$

其中当 $\Delta s,\Delta t$ 趋于零时,$\alpha_1,\alpha_2,\beta_1,\beta_2$ 都趋于零. 又由 $z=f(x,y)$ 在点 (x,y) 可微,所以

$$\Delta z=\frac{\partial z}{\partial x}\Delta x+\frac{\partial z}{\partial y}\Delta y+\alpha\Delta x+\beta\Delta y, \tag{7}$$

其中当 $\Delta x,\Delta y\to 0$ 时,$\alpha,\beta\to 0$(并补充定义当 $\Delta x=0,\Delta y=0$ 时 $\alpha=\beta=0$),将(5)式、(6)式代入(7)式,得

$$\Delta z=\left(\frac{\partial z}{\partial x}+\alpha\right)\left(\frac{\partial x}{\partial s}\Delta s+\frac{\partial x}{\partial t}\Delta t+\alpha_1\Delta s+\beta_1\Delta t\right)+\left(\frac{\partial z}{\partial y}+\beta\right)\left(\frac{\partial y}{\partial s}\Delta s+\frac{\partial y}{\partial t}\Delta t+\alpha_2\Delta s+\beta_2\Delta t\right).$$

整理后

$$\Delta z=\left(\frac{\partial z}{\partial x}\frac{\partial x}{\partial s}+\frac{\partial z}{\partial y}\frac{\partial y}{\partial s}\right)\Delta s+\left(\frac{\partial z}{\partial x}\frac{\partial x}{\partial t}+\frac{\partial z}{\partial y}\frac{\partial y}{\partial t}\right)\Delta t+\bar{\alpha}\Delta s+\bar{\beta}\Delta t, \tag{8}$$

其中

$$\bar{\alpha}=\frac{\partial z}{\partial x}\alpha_1+\frac{\partial z}{\partial y}\alpha_2+\frac{\partial x}{\partial s}\alpha+\frac{\partial y}{\partial s}\beta+\alpha\alpha_1+\beta\alpha_2, \tag{9}$$

$$\bar{\beta}=\frac{\partial z}{\partial x}\beta_1+\frac{\partial z}{\partial y}\beta_2+\frac{\partial x}{\partial t}\alpha+\frac{\partial y}{\partial t}\beta+\alpha\beta_1+\beta\beta_2. \tag{10}$$

由于 $\varphi(s,t)$，$\psi(s,t)$ 在点 (s,t) 可微，因此它们在点 (s,t) 都连续，即当 $\Delta s,\Delta t\to 0$ 时，有 $\Delta x,\Delta y\to 0$. 从而也有 $\alpha\to 0,\beta\to 0$ 以及 $\alpha_1,\alpha_2,\beta_1,\beta_2\to 0$. 于是在(9)式、(10)式中，当 Δs，$\Delta t\to 0$ 时，有 $\bar{\alpha}\to 0,\bar{\beta}\to 0$. 故由(8)式推得复合函数(3)可微并求得 z 关于 s 和 t 的偏导数(4).

这里公式(4)也称为**链式法则**.

注 如果只是求复合函数 $f(\varphi(s,t),\psi(s,t))$ 关于 s 或 t 的偏导数，则定理 17.5 中 $x=\varphi(s,t)$ 和 $y=\psi(s,t)$ 只需具有关于 s 或 t 的偏导数就够了. 因为以 Δs 或 Δt 除(7)式两边，然后让 $\Delta s\to 0$ 或 $\Delta t\to 0$，也能得到相应的结果. 但是对外函数 f 的可微性假设是不能省略的，否则上述复合函数求导公式不一定成立. 如函数

$$f(x,y)=\begin{cases}\dfrac{x^2y}{x^2+y^2}, & x^2+y^2\neq 0,\\ 0, & x^2+y^2=0.\end{cases}$$

由 §1 习题 6 知 $f_x(0,0)=f_y(0,0)=0$，但 $f(x,y)$ 在 $(0,0)$ 处不可微. 若以 $f(x,y)$ 为外函数，$x=t,y=t$ 为内函数，则得以 t 为自变量的复合函数

$$z=F(t)=f(t,t)=\frac{t}{2},$$

所以 $\dfrac{\mathrm{d}z}{\mathrm{d}t}=\dfrac{1}{2}$. 这时若用链式法则，将得出错误结果

$$\left.\frac{\mathrm{d}z}{\mathrm{d}t}\right|_{t=0}=\left.\frac{\partial z}{\partial x}\right|_{(0,0)}\left.\frac{\mathrm{d}x}{\mathrm{d}t}\right|_{t=0}+\left.\frac{\partial z}{\partial y}\right|_{(0,0)}\left.\frac{\mathrm{d}y}{\mathrm{d}t}\right|_{t=0}$$
$$=0\cdot 1+0\cdot 1=0.$$

这个例子说明在使用复合函数求导公式时，必须注意外函数 f 可微这一重要条件.

一般地，若 $f(u_1,\cdots,u_m)$ 在点 $(u_1,\cdots,u_m)$ 可微，$u_k=g_k(x_1,\cdots,x_n)\ (k=1,2,\cdots,m)$，在点 $(x_1,\cdots,x_n)$ 具有关于 $x_i(i=1,2,\cdots,n)$ 的偏导数，则复合函数

$$f(g_1(x_1,\cdots,x_n),g_2(x_1,\cdots,x_n),\cdots,g_m(x_1,\cdots,x_n))$$

关于自变量 x_i 的偏导数是

$$\frac{\partial f}{\partial x_i}=\sum_{k=1}^{m}\frac{\partial f}{\partial u_k}\frac{\partial u_k}{\partial x_i}\quad(i=1,2,\cdots,n).$$

多元函数的复合函数求导一般比较复杂，读者必须特别注意复合函数中哪些是自变量，哪些是中间变量. 只有这样才能正确使用链式法则(4)求出结果.

为了便于记忆链式法则，可以按照各变量间的复合关系，画成图 17-5 那样的树状

图. 首先从因变量 z 向中间变量 x, y 画两个分枝，然后再分别从中间变量 x, y 向自变量 s, t 画分枝，并在每个分枝旁写上对应的偏导数. 求 $\frac{\partial z}{\partial s}$ 时，只要把从 z 到 s 的每条路径上的各个偏导数相乘，然后再将这些乘积相加即得：

$$\frac{\partial z}{\partial s}=\frac{\partial z}{\partial x}\frac{\partial x}{\partial s}+\frac{\partial z}{\partial y}\frac{\partial y}{\partial s}.$$

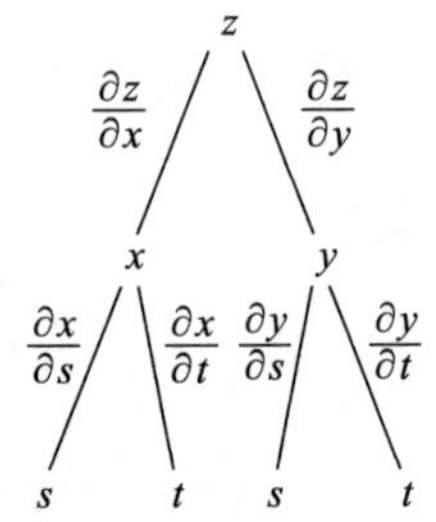

图 17-5

类似地考察从 z 到 t 的路径，可写出 $\frac{\partial z}{\partial t}$.

例 1　设 $z=\ln(u^2+v)$，而 $u=e^{x+y^2}, v=x^2+y$，求

$$\frac{\partial z}{\partial x}, \frac{\partial z}{\partial y}.$$

解　所讨论的复合函数以 x, y 为自变量，u, v 为中间变量. 由于

$$\frac{\partial z}{\partial u}=\frac{2u}{u^2+v},\ \frac{\partial z}{\partial v}=\frac{1}{u^2+v},$$

$$\frac{\partial u}{\partial x}=e^{x+y^2},\ \frac{\partial u}{\partial y}=2ye^{x+y^2},\ \frac{\partial v}{\partial x}=2x,\ \frac{\partial v}{\partial y}=1,$$

根据公式(4)得到

$$\begin{aligned}\frac{\partial z}{\partial x}&=\frac{\partial z}{\partial u}\frac{\partial u}{\partial x}+\frac{\partial z}{\partial v}\frac{\partial v}{\partial x}\\&=\frac{2u}{u^2+v}e^{x+y^2}+\frac{1}{u^2+v}2x=\frac{2}{u^2+v}(ue^{x+y^2}+x),\\\frac{\partial z}{\partial y}&=\frac{\partial z}{\partial u}\frac{\partial u}{\partial y}+\frac{\partial z}{\partial v}\frac{\partial v}{\partial y}\\&=\frac{2u}{u^2+v}2ye^{x+y^2}+\frac{1}{u^2+v}=\frac{1}{u^2+v}(4uye^{x+y^2}+1).\end{aligned}$$

□

例 2　设 $u=u(x,y)$ 可微，在极坐标变换 $x=r\cos\theta, y=r\sin\theta$ 下，证明：

$$\left(\frac{\partial u}{\partial r}\right)^2+\frac{1}{r^2}\left(\frac{\partial u}{\partial \theta}\right)^2=\left(\frac{\partial u}{\partial x}\right)^2+\left(\frac{\partial u}{\partial y}\right)^2.$$

证　u 可以看作 r, θ 的复合函数 $u=u(r\cos\theta, r\sin\theta)$，因此

$$\frac{\partial u}{\partial r}=\frac{\partial u}{\partial x}\frac{\partial x}{\partial r}+\frac{\partial u}{\partial y}\frac{\partial y}{\partial r}=\frac{\partial u}{\partial x}\cos\theta+\frac{\partial u}{\partial y}\sin\theta,$$

$$\frac{\partial u}{\partial \theta}=\frac{\partial u}{\partial x}\frac{\partial x}{\partial \theta}+\frac{\partial u}{\partial y}\frac{\partial y}{\partial \theta}=\frac{\partial u}{\partial x}(-r\sin\theta)+\frac{\partial u}{\partial y}r\cos\theta.$$

于是

$$\begin{aligned}&\left(\frac{\partial u}{\partial r}\right)^2+\frac{1}{r^2}\left(\frac{\partial u}{\partial \theta}\right)^2\\=&\left(\frac{\partial u}{\partial x}\cos\theta+\frac{\partial u}{\partial y}\sin\theta\right)^2+\frac{1}{r^2}\left(-\frac{\partial u}{\partial x}r\sin\theta+\frac{\partial u}{\partial y}r\cos\theta\right)^2\\=&\left(\frac{\partial u}{\partial x}\right)^2+\left(\frac{\partial u}{\partial y}\right)^2.\end{aligned}$$

□

例 3 设 $z=uv+\sin t$，其中 $u=\mathrm{e}^t, v=\cos t$，求 $\dfrac{\mathrm{d}z}{\mathrm{d}t}$.

解 根据复合关系，画出树状图 17-6. 于是

$$\begin{aligned}\frac{\mathrm{d}z}{\mathrm{d}t}&=\frac{\partial z}{\partial u}\frac{\mathrm{d}u}{\mathrm{d}t}+\frac{\partial z}{\partial v}\frac{\mathrm{d}v}{\mathrm{d}t}+\frac{\partial z}{\partial t}\\&=v\mathrm{e}^t+u(-\sin t)+\cos t\\&=\mathrm{e}^t(\cos t-\sin t)+\cos t.\end{aligned}$$

□

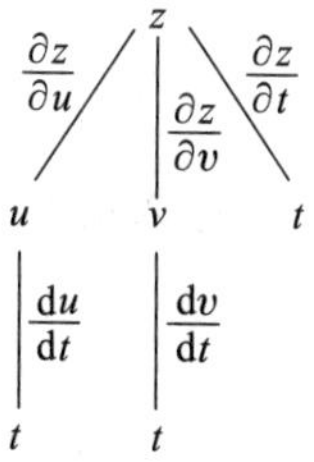

图 17-6

注 上面第一个等式中，左边的 $\dfrac{\mathrm{d}z}{\mathrm{d}t}$ 是作为一元函数的复合函数对 t 求导数，右边最后一项里的 $\dfrac{\partial z}{\partial t}$ 是外函数（作为 u,v,t 的三元函数）对 t 求偏导数，二者所用符号各自有别.

例 4 用多元复合微分法计算下列一元函数的导数：

（1）$y=x^x$；（2）$y=\dfrac{(1+x^2)\ln x}{\sin x+\cos x}$.

解 （1）令 $y=u^v, u=x, v=x$，则有

$$\begin{aligned}\frac{\mathrm{d}y}{\mathrm{d}x}&=y_u\cdot\frac{\mathrm{d}u}{\mathrm{d}x}+y_v\cdot\frac{\mathrm{d}v}{\mathrm{d}x}=vu^{v-1}+u^v\ln u\\&=x\cdot x^{x-1}+x^x\ln x=x^x(1+\ln x).\end{aligned}$$

（2）令 $y=\dfrac{vw}{u}, u=\sin x+\cos x, v=1+x^2, w=\ln x$，则有

$$\begin{aligned}\frac{\mathrm{d}y}{\mathrm{d}x}&=\frac{\partial y}{\partial u}\frac{\mathrm{d}u}{\mathrm{d}x}+\frac{\partial y}{\partial v}\frac{\mathrm{d}v}{\mathrm{d}x}+\frac{\partial y}{\partial w}\frac{\mathrm{d}w}{\mathrm{d}x}\\&=\frac{-vw}{u^2}(\cos x-\sin x)+\frac{w}{u}\cdot 2x+\frac{v}{u}\frac{1}{x}\\&=\frac{1}{(\sin x+\cos x)^2}\left[(\sin x+\cos x)\left(2x\ln x+\frac{1+x^2}{x}\right)-\right.\\&\qquad\left.(\cos x-\sin x)(1+x^2)\ln x\right].\end{aligned}$$

□

由此可见，以前用“对数求导法”求一元函数的导数问题，如今也可用多元复合函数链式法则来计算.

例 5 设 $u=f(x,y,z), y=\varphi(x,t), t=\psi(x,z)$ 都有一阶连续偏导数，求 $\dfrac{\partial u}{\partial x}, \dfrac{\partial u}{\partial z}$.

解 代入中间变量，得到复合函数 $u=f(x,\varphi(x,\psi(x,z)),z)$ 为 x,z 的函数，参见图 17-7 得到

$$\frac{\partial u}{\partial x}=\frac{\partial f}{\partial x}+\frac{\partial f}{\partial y}\frac{\partial \varphi}{\partial x}+\frac{\partial f}{\partial y}\frac{\partial \varphi}{\partial t}\frac{\partial \psi}{\partial x};$$

$$\frac{\partial u}{\partial z}=\frac{\partial f}{\partial y}\frac{\partial \varphi}{\partial t}\frac{\partial \psi}{\partial z}+\frac{\partial f}{\partial z}.$$

注意，这里用 $\dfrac{\partial u}{\partial x}$ 表示复合函数 $u=f(x,\varphi(x,\psi(x,z)),z)$ 对 x 的偏导数，而用 $\dfrac{\partial f}{\partial x}$ 表示函数 $u=f(x,y,z)$ 对第一个变量 x 的偏导数，以区别两者的不同.

□

例 6　设$f(x,y)$在 $\mathbf{R}^2$ 上可微，且满足方程：$yf_x(x,y)=xf_y(x,y)$. 证明：在极坐标中 f 只是 r 的函数，即$\dfrac{\partial f}{\partial \theta}=0$.

证　设 $u=f(x,y)$，$x=r\cos\theta$，$y=r\sin\theta$，则有

$$\frac{\partial u}{\partial \theta}=\frac{\partial f}{\partial x}\cdot\frac{\partial x}{\partial \theta}+\frac{\partial f}{\partial y}\cdot\frac{\partial y}{\partial \theta}=\frac{\partial f}{\partial x}\cdot(-r\sin\theta)+\frac{\partial f}{\partial y}\cdot(r\cos\theta)$$

$$=-y\cdot\frac{\partial f}{\partial x}+x\cdot\frac{\partial f}{\partial y}=0.$$

□

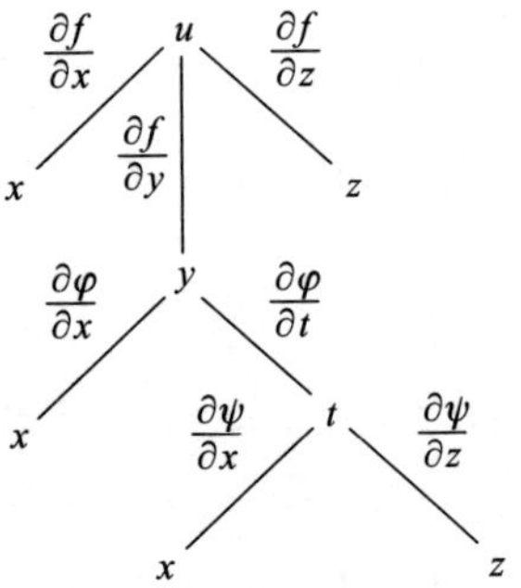

图 17-7

二、复合函数的全微分

若以 x 和 y 为自变量的函数 $z=f(x,y)$可微，则其全微分为

$$dz=\frac{\partial z}{\partial x}dx+\frac{\partial z}{\partial y}dy. \tag{11}$$

如果 x,y 作为中间变量又是自变量 s,t 的可微函数

$$x=\varphi(s,t),\quad y=\psi(s,t),$$

则由定理 17.5 知道，复合函数 $z=f(\varphi(s,t),\psi(s,t))$是可微的，其全微分为

$$\begin{aligned}dz&=\frac{\partial z}{\partial s}ds+\frac{\partial z}{\partial t}dt\\&=\left(\frac{\partial z}{\partial x}\frac{\partial x}{\partial s}+\frac{\partial z}{\partial y}\frac{\partial y}{\partial s}\right)ds+\left(\frac{\partial z}{\partial x}\frac{\partial x}{\partial t}+\frac{\partial z}{\partial y}\frac{\partial y}{\partial t}\right)dt\\&=\frac{\partial z}{\partial x}\left(\frac{\partial x}{\partial s}ds+\frac{\partial x}{\partial t}dt\right)+\frac{\partial z}{\partial y}\left(\frac{\partial y}{\partial s}ds+\frac{\partial y}{\partial t}dt\right).\end{aligned} \tag{12}$$

由于 x,y 又是(s,t)的可微函数，因此同时有

$$dx=\frac{\partial x}{\partial s}ds+\frac{\partial x}{\partial t}dt,\quad dy=\frac{\partial y}{\partial s}ds+\frac{\partial y}{\partial t}dt. \tag{13}$$

将(13)式代入(12)式，得到与(11)式完全相同的结果. 这就是关于多元函数的**一阶(全)微分形式不变性**.

必须指出，在(11)式中当 x,y 作为自变量时，dx 和 dy 各自独立取值；当 x,y 作为中间变量时，dx 和 dy 如(13)式所示，它们的值由 s,t,ds,dt 所确定.

利用微分形式不变性，能更有条理地计算复杂函数的全微分.

例 7　设 $z=e^{xy}\sin(x+y)$，利用微分形式不变性求 dz，并由此导出$\dfrac{\partial z}{\partial x}$与$\dfrac{\partial z}{\partial y}$.

解　令 $z=e^u\sin v$，$u=xy$，$v=x+y$. 由于

$$dz=z_u du+z_v dv=e^u\sin v du+e^u\cos v dv,$$
$$du=ydx+xdy,$$
$$dv=dx+dy,$$

因此

$$\begin{aligned}dz&=e^u\sin v(ydx+xdy)+e^u\cos v(dx+dy)\\&=e^{xy}[y\sin(x+y)+\cos(x+y)]dx+\\&\quad e^{xy}[x\sin(x+y)+\cos(x+y)]dy,\end{aligned}$$

并由此得到

$$z_x = e^{xy}[y\sin(x+y)+\cos(x+y)],$$
$$z_y = e^{xy}[x\sin(x+y)+\cos(x+y)].$$ □

习题 17.2

1. 求下列复合函数的偏导数或导数：

（1）设 $z=\arctan(xy)$，$y=e^x$，求 $\frac{dz}{dx}$；

（2）设 $z=\frac{x^2+y^2}{xy}e^{\frac{x^2+y^2}{xy}}$，求 $\frac{\partial z}{\partial x},\frac{\partial z}{\partial y}$；

（3）设 $z=x^2+xy+y^2$，$x=t^2$，$y=t$，求 $\frac{dz}{dt}$；

（4）设 $z=x^2\ln y$，$x=\frac{u}{v}$，$y=3u-2v$，求 $\frac{\partial z}{\partial u},\frac{\partial z}{\partial v}$；

（5）设 $u=f(x+y,xy)$，求 $\frac{\partial u}{\partial x},\frac{\partial u}{\partial y}$；

（6）设 $u=f\left(\frac{x}{y},\frac{y}{z}\right)$，求 $\frac{\partial u}{\partial x},\frac{\partial u}{\partial y},\frac{\partial u}{\partial z}$.

2. 设 $z=(x+y)^{xy}$，求 dz.

3. 设 $z=\frac{y}{f(x^2-y^2)}$，其中 f 为可微函数，验证

$$\frac{1}{x}\frac{\partial z}{\partial x}+\frac{1}{y}\frac{\partial z}{\partial y}=\frac{z}{y^2}.$$

4. 设 $z=\sin y+f(\sin x-\sin y)$，其中 f 为可微函数，证明

$$\frac{\partial z}{\partial x}\sec x+\frac{\partial z}{\partial y}\sec y=1.$$

5. 设 $f(x,y)$ 可微，证明：在坐标旋转变换

$$x=u\cos\theta-v\sin\theta,\quad y=u\sin\theta+v\cos\theta$$

之下，$(f_x)^2+(f_y)^2$ 是一个形式不变量. 即若

$$g(u,v)=f(u\cos\theta-v\sin\theta,u\sin\theta+v\cos\theta),$$

则必有 $(f_x)^2+(f_y)^2=(g_u)^2+(g_v)^2$（其中旋转角 θ 是常数）.

6. 设 $f(u)$ 是可微函数，$F(x,t)=f(x+2t)+f(3x-2t)$. 试求：

$$F_x(0,0) \text{ 与 } F_t(0,0).$$

---

7. 若函数 $u=F(x,y,z)$ 满足恒等式 $F(tx,ty,tz)=t^kF(x,y,z)$ $(t>0)$，则称 $F(x,y,z)$ 为 k **次齐次函数**. 试证下述关于齐次函数的欧拉定理：可微函数 $F(x,y,z)$ 为 k 次齐次函数的充要条件是

$$xF_x(x,y,z)+yF_y(x,y,z)+zF_z(x,y,z)=kF(x,y,z).$$

并证明：$z=\frac{xy^2}{\sqrt{x^2+y^2}}-xy$ 为 2 次齐次函数.

8. 设 $f(x,y,z)$ 具有性质 $f(tx,t^ky,t^mz)=t^nf(x,y,z)$ $(t>0)$，证明：

（1）$f(x,y,z)=x^nf\left(1,\frac{y}{x^k},\frac{z}{x^m}\right)$；

(2) $xf_x(x,y,z)+kyf_y(x,y,z)+mzf_z(x,y,z)=nf(x,y,z)$.

9. 设由行列式表示的函数

$$D(t)=\begin{vmatrix} a_{11}(t) & \cdots & a_{1n}(t) \\ \vdots & & \vdots \\ a_{n1}(t) & \cdots & a_{nn}(t) \end{vmatrix},$$

其中 $a_{ij}(t)$ $(i,j=1,2,\cdots,n)$ 的导数都存在，证明

$$\frac{\mathrm{d}D(t)}{\mathrm{d}t}=\sum_{k=1}^{n}\begin{vmatrix} a_{11}(t) & \cdots & a_{1n}(t) \\ \vdots & & \vdots \\ a'_{k1}(t) & \cdots & a'_{kn}(t) \\ \vdots & & \vdots \\ a_{n1}(t) & \cdots & a_{nn}(t) \end{vmatrix}.$$

§3　方向导数与梯度

在许多问题中，不仅要知道函数在坐标轴方向上的变化率(即偏导数)，而且还要设法求得函数在其他特定方向上的变化率. 这就是本节所要讨论的方向导数.

定义 1　设三元函数 f 在点 $P_0(x_0,y_0,z_0)$ 的某邻域 $U(P_0)\subset\mathbf{R}^3$ 有定义，$\boldsymbol{l}$ 为从点 P_0 出发的射线，$P(x,y,z)$ 为 $\boldsymbol{l}$ 上且含于 $U(P_0)$ 内的任一点，以 ρ 表示 P 与 P_0 两点间的距离. 若极限

$$\lim_{\rho\to0^+}\frac{f(P)-f(P_0)}{\rho}=\lim_{\rho\to0^+}\frac{\Delta_l f}{\rho}$$

存在，则称此极限为函数 f 在点 P_0 沿方向 $\boldsymbol{l}$ 的**方向导数**，记作

$$\left.\frac{\partial f}{\partial \boldsymbol{l}}\right|_{P_0},\ f_l(P_0)\ \text{或}\ f_l(x_0,y_0,z_0).$$

容易看到，若 f 在点 P_0 存在关于 x 的偏导数，则 f 在点 P_0 沿 x 轴正向的方向导数恰为

$$\left.\frac{\partial f}{\partial \boldsymbol{l}}\right|_{P_0}=\left.\frac{\partial f}{\partial x}\right|_{P_0}.$$

当 $\boldsymbol{l}$ 的方向为 x 轴的负方向时，则有

$$\left.\frac{\partial f}{\partial \boldsymbol{l}}\right|_{P_0}=-\left.\frac{\partial f}{\partial x}\right|_{P_0}.$$

沿任一方向的方向导数与偏导数的关系由下述定理给出.

定理 17.6　若函数 f 在点 $P_0(x_0,y_0,z_0)$ 可微，则 f 在点 P_0 沿任一方向 $\boldsymbol{l}$ 的方向导数都存在，且

$$f_l(P_0)=f_x(P_0)\cos\alpha+f_y(P_0)\cos\beta+f_z(P_0)\cos\gamma, \tag{1}$$

其中 $\cos\alpha,\cos\beta,\cos\gamma$ 为方向 $\boldsymbol{l}$ 的方向余弦.

证 设 $P(x,y,z)$ 为 $\boldsymbol{l}$ 上任一点，于是(见图17-8)

$$\left.\begin{aligned} x-x_0&=\Delta x=\rho\cos\alpha,\\ y-y_0&=\Delta y=\rho\cos\beta,\\ z-z_0&=\Delta z=\rho\cos\gamma. \end{aligned}\right\} \tag{2}$$

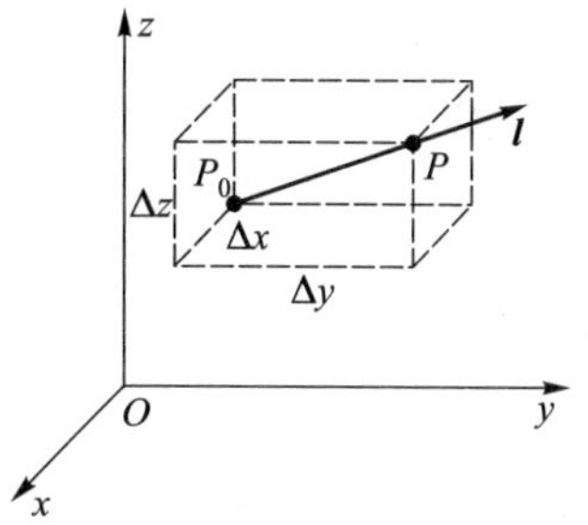

图 17-8

由假设 f 在点 P_0 可微，则有

$$\begin{aligned} &f(P)-f(P_0)\\ &=f_x(P_0)\Delta x+f_y(P_0)\Delta y+f_z(P_0)\Delta z+o(\rho). \end{aligned}$$

上式左、右两边皆除以 ρ，并根据(2)式可得

$$\begin{aligned} \frac{f(P)-f(P_0)}{\rho}&=f_x(P_0)\frac{\Delta x}{\rho}+f_y(P_0)\frac{\Delta y}{\rho}+f_z(P_0)\frac{\Delta z}{\rho}+\frac{o(\rho)}{\rho}\\ &=f_x(P_0)\cos\alpha+f_y(P_0)\cos\beta+f_z(P_0)\cos\gamma+\frac{o(\rho)}{\rho}. \end{aligned}$$

因为当 $\rho\to 0$ 时，上式右边末项 $\dfrac{o(\rho)}{\rho}\to 0$，于是左边极限存在且有

$$\begin{aligned} f_l(P_0)&=\lim_{\rho\to 0^+}\frac{f(P)-f(P_0)}{\rho}\\ &=f_x(P_0)\cos\alpha+f_y(P_0)\cos\beta+f_z(P_0)\cos\gamma. \end{aligned}$$ □

对于二元函数 $f(x,y)$ 来说，相应于(1)的结果是

$$f_l(P_0)=f_x(x_0,y_0)\cos\alpha+f_y(x_0,y_0)\cos\beta,$$

其中 α,β 是平面向量 $\boldsymbol{l}$ 的方向角.

例 1 设 $f(x,y,z)=x+y^2+z^3$，求 f 在点 $P_0(1,1,1)$ 沿方向 $\boldsymbol{l}:(2,-2,1)$ 的方向导数.

解 易见 f 在点 P_0 可微. 故由 $f_x(P_0)=1$，$f_y(P_0)=2$，$f_z(P_0)=3$ 及方向 $\boldsymbol{l}$ 的方向余弦

$$\cos\alpha=\frac{2}{\sqrt{2^2+(-2)^2+1^2}}=\frac{2}{3},$$

$$\cos\beta=\frac{-2}{\sqrt{2^2+(-2)^2+1^2}}=-\frac{2}{3},$$

$$\cos\gamma=\frac{1}{\sqrt{2^2+(-2)^2+1^2}}=\frac{1}{3},$$

可按公式(1)求得 f 沿方向 $\boldsymbol{l}$ 的方向导数为

$$f_l(P_0)=1\cdot\frac{2}{3}+2\left(-\frac{2}{3}\right)+3\cdot\frac{1}{3}=\frac{1}{3}.$$ □

例 2 设

$$f(x,y)=\begin{cases}1, & \text{当 } 0<y<x^2,\ -\infty<x<+\infty \text{ 时},\\ 0, & \text{其余部分},\end{cases}$$

如图 16-8 所示. 这个函数在原点不连续(当然也不可微)，但在始于原点的任何射线上，都存在包含原点的充分小的一段，在这一段上 f 的函数值恒为零. 于是由方向导数定义，在原点处沿任何方向 $\boldsymbol{l}$ 都有

$$\left.\frac{\partial f}{\partial \boldsymbol{l}}\right|_{(0,0)}=0.$$ □

这个例子说明：(i)函数在一点可微是方向导数存在的充分条件而不是必要条件．(ii)函数在一点连续同样不是方向导数存在的必要条件，当然也不是充分条件(对此，读者容易举出反例)．

定义 2　若 $f(x,y,z)$ 在点 $P_0(x_0,y_0,z_0)$ 存在对所有自变量的偏导数，则称向量 $(f_x(P_0),f_y(P_0),f_z(P_0))$ 为函数 f 在点 P_0 的**梯度**，记作①

$$\mathbf{grad}\, f=(f_x(P_0),f_y(P_0),f_z(P_0)).$$

向量 $\mathbf{grad}\, f$ 的长度(或模)为

$$|\mathbf{grad}\, f|=\sqrt{f_x(P_0)^2+f_y(P_0)^2+f_z(P_0)^2}.$$

在定理 17.6 的条件下，若记 $\boldsymbol{l}$ 方向上的单位向量为

$$\boldsymbol{l}_0=(\cos\alpha,\cos\beta,\cos\gamma).$$

于是方向导数公式又可写成

$$f_l(P_0)=\mathbf{grad}\, f(P_0)\cdot\boldsymbol{l}_0=|\mathbf{grad}\, f(P_0)|\cos\theta,$$

这里 θ 是梯度向量 $\mathbf{grad}\, f(P_0)$ 与 $\boldsymbol{l}_0$ 的夹角．

因此当 $\theta=0$ 时，$f_l(P_0)$ 取得最大值 $|\mathbf{grad}\, f(P_0)|$．这就是说，当 f 在点 P_0 可微时，f 在点 P_0 的梯度方向是 f 的值增长最快的方向，且沿这一方向的变化率就是梯度的模；而当 $\boldsymbol{l}$ 与梯度向量反方向($\theta=\pi$)时，方向导数取得最小值 $-|\mathbf{grad}\, f(P_0)|$．

例 3　设 $f(x,y,z)=xy^2+yz^3$，求 f 在 $P_0(2,-1,1)$ 的梯度及它的模．

解　由于 $f_x(P_0)=1$，$f_y(P_0)=-3$，$f_z(P_0)=-3$，所以

$$\mathbf{grad}\, f(P_0)=(1,-3,-3),$$

$$|\mathbf{grad}\, f(P_0)|=\sqrt{1^2+(-3)^2+(-3)^2}=\sqrt{19}.$$ □

习题 17.3

1. 求函数 $u=xy^2+z^3-xyz$ 在点(1,1,2)沿方向 $\boldsymbol{l}$ (其方向角分别为 60°,45°,60°)的方向导数．

2. 求函数 $u=xyz$ 在沿点 $A(5,1,2)$ 到点 $B(9,4,14)$ 的方向 $\overrightarrow{AB}$ 上的方向导数．

3. 求函数 $u=x^2+2y^2+3z^2+xy-4x+2y-4z$ 在 $A=(0,0,0)$ 及 $B=\left(5,-3,\dfrac{2}{3}\right)$ 的梯度以及它们的模．

4. 设函数 $u=\ln\left(\dfrac{1}{r}\right)$，其中 $r=\sqrt{(x-a)^2+(y-b)^2+(z-c)^2}$，求 u 的梯度，并指出在空间哪些点上成立等式 $|\mathbf{grad}\, u|=1$．

5. 设函数 $u=\dfrac{z^2}{c^2}-\dfrac{x^2}{a^2}-\dfrac{y^2}{b^2}$，求它在点 (a,b,c) 的梯度．

6. 证明：

(1) $\mathbf{grad}(u+c)=\mathbf{grad}\, u$ (c 为常数)；　(2) $\mathbf{grad}(\alpha u+\beta v)=\alpha\mathbf{grad}\, u+\beta\mathbf{grad}\, v$ (α,β 为常数)；

(3) $\mathbf{grad}(uv)=u\mathbf{grad}\, v+v\mathbf{grad}\, u$；　(4) $\mathbf{grad}\, f(u)=f'(u)\mathbf{grad}\, u$．

7. 设 $r=\sqrt{x^2+y^2+z^2}$，试求：

(1) $\mathbf{grad}\, r$；　(2) $\mathbf{grad}\,\dfrac{1}{r}$．

① **grad** 是英文 gradient(梯度)一词的缩写．

8．设 $u=x^3+y^3+z^3-3xyz$，试问在怎样的点集上 $\mathbf{grad}\ u$ 分别满足：

（1）垂直于 z 轴；　　（2）平行于 z 轴；

（3）恒为零向量.

9．设 $f(x,y)$ 可微，$\boldsymbol{l}$ 是 $\mathbf{R}^2$ 上的一个确定向量. 倘若处处有 $f_{\boldsymbol{l}}(x,y)\equiv 0$，试问此函数 f 有何特征？

10．设 $f(x,y)$ 可微，$\boldsymbol{l}_1$ 与 $\boldsymbol{l}_2$ 是 $\mathbf{R}^2$ 上的一组线性无关向量. 试证明：若 $f_{\boldsymbol{l}_i}(x,y)\equiv 0\ (i=1,2)$，则 $f(x,y)\equiv$ 常数.

§4　泰勒公式与极值问题

一、高阶偏导数

由于 $z=f(x,y)$ 的偏导函数 $f_x(x,y)$，$f_y(x,y)$ 仍然是自变量 x 与 y 的函数，如果它们关于 x 与 y 的偏导数也存在，则说函数 f 具有二阶偏导数，二元函数的二阶偏导数有如下四种情形：

$$\frac{\partial}{\partial x}\left(\frac{\partial z}{\partial x}\right)=\frac{\partial^2 z}{\partial x^2}=f_{xx}(x,y),$$

$$\frac{\partial}{\partial y}\left(\frac{\partial z}{\partial x}\right)=\frac{\partial^2 z}{\partial x\partial y}=f_{xy}(x,y),$$

$$\frac{\partial}{\partial x}\left(\frac{\partial z}{\partial y}\right)=\frac{\partial^2 z}{\partial y\partial x}=f_{yx}(x,y),$$

$$\frac{\partial}{\partial y}\left(\frac{\partial z}{\partial y}\right)=\frac{\partial^2 z}{\partial y^2}=f_{yy}(x,y).$$

类似地可定义更高阶的偏导数，$z=f(x,y)$ 的三阶偏导数共有八种情形，如

$$\frac{\partial}{\partial x}\left(\frac{\partial^2 z}{\partial x^2}\right)=\frac{\partial^3 z}{\partial x^3}=f_{x^3}(x,y),$$

$$\frac{\partial}{\partial y}\left(\frac{\partial^2 z}{\partial x^2}\right)=\frac{\partial^3 z}{\partial x^2\partial y}=f_{x^2y}(x,y),$$

…………

例 1　求函数 $z=\mathrm{e}^{x+2y}$ 的所有二阶偏导数和 $\dfrac{\partial^3 z}{\partial y\partial x^2}$.

解　由于函数的一阶偏导数是

$$\frac{\partial z}{\partial x}=\mathrm{e}^{x+2y},\quad \frac{\partial z}{\partial y}=2\mathrm{e}^{x+2y}.$$

因此有

$$\frac{\partial^2 z}{\partial x^2}=\frac{\partial}{\partial x}\left(\frac{\partial z}{\partial x}\right)=\frac{\partial}{\partial x}(\mathrm{e}^{x+2y})=\mathrm{e}^{x+2y},$$

$$\frac{\partial^2 z}{\partial x\partial y}=\frac{\partial}{\partial y}\left(\frac{\partial z}{\partial x}\right)=\frac{\partial}{\partial y}(\mathrm{e}^{x+2y})=2\mathrm{e}^{x+2y},$$

$$\frac{\partial^2 z}{\partial y\partial x}=\frac{\partial}{\partial x}\left(\frac{\partial z}{\partial y}\right)=\frac{\partial}{\partial x}(2\mathrm{e}^{x+2y})=2\mathrm{e}^{x+2y},$$

$$\frac{\partial^2 z}{\partial y^2}=\frac{\partial}{\partial y}\left(\frac{\partial z}{\partial y}\right)=\frac{\partial}{\partial y}(2\mathrm{e}^{x+2y})=4\mathrm{e}^{x+2y}$$

和

$$\frac{\partial^3 z}{\partial y\partial x^2}=\frac{\partial}{\partial x}\left(\frac{\partial^2 z}{\partial y\partial x}\right)=\frac{\partial}{\partial x}(2\mathrm{e}^{x+2y})=2\mathrm{e}^{x+2y}.$$

□

例 2　求函数 $z=\arctan\dfrac{y}{x}$ 的所有二阶偏导数.

解　因为 $\dfrac{\partial z}{\partial x}=\dfrac{-y}{x^2+y^2}$，$\dfrac{\partial z}{\partial y}=\dfrac{x}{x^2+y^2}$，所以二阶偏导数为

$$\frac{\partial^2 z}{\partial x^2}=\frac{\partial}{\partial x}\left(\frac{-y}{x^2+y^2}\right)=\frac{2xy}{(x^2+y^2)^2},$$

$$\frac{\partial^2 z}{\partial x\partial y}=\frac{\partial}{\partial y}\left(\frac{-y}{x^2+y^2}\right)=-\frac{x^2-y^2}{(x^2+y^2)^2},$$

$$\frac{\partial^2 z}{\partial y\partial x}=\frac{\partial}{\partial x}\left(\frac{x}{x^2+y^2}\right)=-\frac{x^2-y^2}{(x^2+y^2)^2},$$

$$\frac{\partial^2 z}{\partial y^2}=\frac{\partial}{\partial y}\left(\frac{x}{x^2+y^2}\right)=\frac{-2xy}{(x^2+y^2)^2}.$$

□

注　从上面两个例子看到，这些函数关于 x 和 y 的不同顺序的两个二阶偏导数都相等（这种既有关于 x 又有关于 y 的高阶偏导数称为**混合偏导数**），即

$$\frac{\partial^2 z}{\partial x\partial y}=\frac{\partial^2 z}{\partial y\partial x}.$$

但这个结论并不对任何函数都成立，例如函数

$$f(x,y)=\begin{cases}xy\dfrac{x^2-y^2}{x^2+y^2}, & x^2+y^2\neq 0,\\ 0, & x^2+y^2=0.\end{cases}$$

它的一阶偏导数为

$$f_x(x,y)=\begin{cases}\dfrac{y(x^4+4x^2y^2-y^4)}{(x^2+y^2)^2}, & x^2+y^2\neq 0,\\ 0, & x^2+y^2=0,\end{cases}$$

$$f_y(x,y)=\begin{cases}\dfrac{x(x^4-4x^2y^2-y^4)}{(x^2+y^2)^2}, & x^2+y^2\neq 0,\\ 0, & x^2+y^2=0.\end{cases}$$

进而求 f 在 $(0,0)$ 处关于 x 和 y 的两个不同顺序的混合偏导数，得

$$f_{xy}(0,0)=\lim_{\Delta y\to 0}\frac{f_x(0,\Delta y)-f_x(0,0)}{\Delta y}=\lim_{\Delta y\to 0}\frac{-\Delta y}{\Delta y}=-1,$$

$$f_{yx}(0,0)=\lim_{\Delta x\to 0}\frac{f_y(\Delta x,0)-f_y(0,0)}{\Delta x}=\lim_{\Delta x\to 0}\frac{\Delta x}{\Delta x}=1.$$

由此看到，这里的 $f(x,y)$ 在原点处的两个二阶混合偏导数与求导顺序有关. 那么，在什么条件下混合偏导数与求导顺序无关呢？为此，我们按定义先把 $f_{xy}(x_0,y_0)$ 与 $f_{yx}(x_0,y_0)$ 表示成极限形式. 由于

$$f_x(x,y)=\lim_{\Delta x\to 0}\frac{f(x+\Delta x,y)-f(x,y)}{\Delta x},$$

因此有

$$\begin{aligned}f_{xy}(x_0,y_0)&=\lim_{\Delta y\to 0}\frac{f_x(x_0,y_0+\Delta y)-f_x(x_0,y_0)}{\Delta y}\\&=\lim_{\Delta y\to 0}\frac{1}{\Delta y}\left[\lim_{\Delta x\to 0}\frac{f(x_0+\Delta x,y_0+\Delta y)-f(x_0,y_0+\Delta y)}{\Delta x}-\right.\\&\left.\lim_{\Delta x\to 0}\frac{f(x_0+\Delta x,y_0)-f(x_0,y_0)}{\Delta x}\right]\\&=\lim_{\Delta y\to 0}\lim_{\Delta x\to 0}\frac{f(x_0+\Delta x,y_0+\Delta y)-f(x_0,y_0+\Delta y)-f(x_0+\Delta x,y_0)+f(x_0,y_0)}{\Delta x\Delta y}.\end{aligned}\tag{1}$$

类似地有

$$\begin{aligned}&f_{yx}(x_0,y_0)\\&=\lim_{\Delta x\to 0}\lim_{\Delta y\to 0}\frac{f(x_0+\Delta x,y_0+\Delta y)-f(x_0+\Delta x,y_0)-f(x_0,y_0+\Delta y)+f(x_0,y_0)}{\Delta x\Delta y}.\end{aligned}\tag{2}$$

为使 $f_{xy}(x_0,y_0)=f_{yx}(x_0,y_0)$ 成立，必须使(1)，(2)这两个累次极限相等，即可以交换累次极限的极限次序. 下述定理给出了使极限(1)，(2)相等的一个充分条件.

定理 17.7 若 $f_{xy}(x,y)$ 和 $f_{yx}(x,y)$ 都在点 (x_0,y_0) 连续，则

$$f_{xy}(x_0,y_0)=f_{yx}(x_0,y_0).\tag{3}$$

证 令

$$F(\Delta x,\Delta y)=f(x_0+\Delta x,y_0+\Delta y)-f(x_0+\Delta x,y_0)-f(x_0,y_0+\Delta y)+f(x_0,y_0),$$

$$\varphi(x)=f(x,y_0+\Delta y)-f(x,y_0).$$

于是有

$$F(\Delta x,\Delta y)=\varphi(x_0+\Delta x)-\varphi(x_0).\tag{4}$$

由于函数 f 存在关于 x 的偏导数，所以函数 φ 可导. 应用一元函数的中值定理，有

$$\begin{aligned}&\varphi(x_0+\Delta x)-\varphi(x_0)\\&=\varphi'(x_0+\theta_1\Delta x)\Delta x\\&=[f_x(x_0+\theta_1\Delta x,y_0+\Delta y)-f_x(x_0+\theta_1\Delta x,y_0)]\Delta x\quad(0<\theta_1<1).\end{aligned}$$

又由 f_x 存在关于 y 的偏导数，故对以 y 为自变量的函数 $f_x(x_0+\theta_1\Delta x,y)$ 应用一元函数中值定理，又使上式化为

$$\varphi(x_0+\Delta x)-\varphi(x_0)=f_{xy}(x_0+\theta_1\Delta x,y_0+\theta_2\Delta y)\Delta x\Delta y\quad(0<\theta_1,\theta_2<1).$$

由(4)则有

$$F(\Delta x,\Delta y)=f_{xy}(x_0+\theta_1\Delta x,y_0+\theta_2\Delta y)\Delta x\Delta y\quad(0<\theta_1,\theta_2<1).\tag{5}$$

如果令
$$\psi(y)=f(x_0+\Delta x,y)-f(x_0,y),$$
则有
$$F(\Delta x,\Delta y)=\psi(y_0+\Delta y)-\psi(y_0).$$
用前面相同的方法,又可得到
$$F(\Delta x,\Delta y)=f_{yx}(x_0+\theta_3\Delta x,y_0+\theta_4\Delta y)\Delta x\Delta y\quad(0<\theta_3,\theta_4<1).\tag{6}$$
当 $\Delta x,\Delta y$ 不为零时,由(5),(6)两式得到
$$f_{xy}(x_0+\theta_1\Delta x,y_0+\theta_2\Delta y)=f_{yx}(x_0+\theta_3\Delta x,y_0+\theta_4\Delta y)\quad(0<\theta_1,\theta_2,\theta_3,\theta_4<1).\tag{7}$$
由定理假设 $f_{xy}(x,y)$ 与 $f_{yx}(x,y)$ 在点 (x_0,y_0) 连续,故当 $\Delta x\to 0,\Delta y\to 0$ 时,(7)式两边极限都存在而且相等,这就得到所要证明的(3)式. □

这个定理的结论对 n 元函数的混合偏导数也成立. 如三元函数 $u=f(x,y,z)$,若下述六个三阶混合偏导数
$$f_{xyz}(x,y,z),\quad f_{yzx}(x,y,z),\quad f_{zxy}(x,y,z),$$
$$f_{xzy}(x,y,z),\quad f_{yxz}(x,y,z),\quad f_{zyx}(x,y,z)$$
在某一点都连续,则在这一点六个混合偏导数都相等. 同样,若二元函数 $z=f(x,y)$ 在点 (x,y) 存在直到 n 阶的连续混合偏导数,则在这一点 m $(\leqslant n)$ 阶混合偏导数都与顺序无关.

今后除特别指出外,都假设相应阶数的混合偏导数连续,从而混合偏导数与求导顺序无关.

下面讨论复合函数的高阶偏导数. 设 z 是通过中间变量 x,y 而成为 s,t 的函数,即
$$z=f(x,y),$$
其中 $x=\varphi(s,t),y=\psi(s,t)$. 若函数 f,φ,ψ 都具有连续的二阶偏导数,则作为复合函数的 z 对 s,t 同样存在二阶连续偏导数. 具体计算如下:
$$\frac{\partial z}{\partial s}=\frac{\partial z}{\partial x}\frac{\partial x}{\partial s}+\frac{\partial z}{\partial y}\frac{\partial y}{\partial s},$$
$$\frac{\partial z}{\partial t}=\frac{\partial z}{\partial x}\frac{\partial x}{\partial t}+\frac{\partial z}{\partial y}\frac{\partial y}{\partial t}.$$

显然 $\frac{\partial z}{\partial s}$ 与 $\frac{\partial z}{\partial t}$ 仍是 s,t 的复合函数,其中 $\frac{\partial z}{\partial x},\frac{\partial z}{\partial y}$ 是 x,y 的函数,$\frac{\partial x}{\partial s},\frac{\partial x}{\partial t},\frac{\partial y}{\partial s},\frac{\partial y}{\partial t}$ 是 s,t 的函数. 继续求 z 关于 s,t 的二阶偏导数
$$\begin{aligned}\frac{\partial^2 z}{\partial s^2}&=\frac{\partial}{\partial s}\left(\frac{\partial z}{\partial x}\right)\frac{\partial x}{\partial s}+\frac{\partial z}{\partial x}\cdot\frac{\partial}{\partial s}\left(\frac{\partial x}{\partial s}\right)+\frac{\partial}{\partial s}\left(\frac{\partial z}{\partial y}\right)\frac{\partial y}{\partial s}+\frac{\partial z}{\partial y}\cdot\frac{\partial}{\partial s}\left(\frac{\partial y}{\partial s}\right)\\&=\left(\frac{\partial^2 z}{\partial x^2}\frac{\partial x}{\partial s}+\frac{\partial^2 z}{\partial x\partial y}\frac{\partial y}{\partial s}\right)\frac{\partial x}{\partial s}+\frac{\partial z}{\partial x}\frac{\partial^2 x}{\partial s^2}+\left(\frac{\partial^2 z}{\partial y\partial x}\frac{\partial x}{\partial s}+\frac{\partial^2 z}{\partial y^2}\frac{\partial y}{\partial s}\right)\frac{\partial y}{\partial s}+\frac{\partial z}{\partial y}\frac{\partial^2 y}{\partial s^2}\\&=\frac{\partial^2 z}{\partial x^2}\left(\frac{\partial x}{\partial s}\right)^2+2\frac{\partial^2 z}{\partial x\partial y}\frac{\partial x}{\partial s}\frac{\partial y}{\partial s}+\frac{\partial^2 z}{\partial y^2}\left(\frac{\partial y}{\partial s}\right)^2+\frac{\partial z}{\partial x}\frac{\partial^2 x}{\partial s^2}+\frac{\partial z}{\partial y}\frac{\partial^2 y}{\partial s^2}.\end{aligned}$$
同理可得
$$\frac{\partial^2 z}{\partial t^2}=\frac{\partial^2 z}{\partial x^2}\left(\frac{\partial x}{\partial t}\right)^2+2\frac{\partial^2 z}{\partial x\partial y}\frac{\partial x}{\partial t}\frac{\partial y}{\partial t}+\frac{\partial^2 z}{\partial y^2}\left(\frac{\partial y}{\partial t}\right)^2+\frac{\partial z}{\partial x}\frac{\partial^2 x}{\partial t^2}+\frac{\partial z}{\partial y}\frac{\partial^2 y}{\partial t^2},$$

$$\frac{\partial^2 z}{\partial s\partial t}=\frac{\partial^2 z}{\partial x^2}\frac{\partial x}{\partial s}\frac{\partial x}{\partial t}+\frac{\partial^2 z}{\partial x\partial y}\left(\frac{\partial x}{\partial s}\frac{\partial y}{\partial t}+\frac{\partial x}{\partial t}\frac{\partial y}{\partial s}\right)+\frac{\partial^2 z}{\partial y^2}\frac{\partial y}{\partial s}\frac{\partial y}{\partial t}+\frac{\partial z}{\partial x}\frac{\partial^2 x}{\partial s\partial t}+\frac{\partial z}{\partial y}\frac{\partial^2 y}{\partial s\partial t}$$
$$=\frac{\partial^2 z}{\partial t\partial s}.$$

例 3 设 $z=f\left(x,\frac{x}{y}\right)$,求 $\frac{\partial^2 z}{\partial x^2},\frac{\partial^2 z}{\partial x\partial y}$.

解 这里 z 是以 x 和 y 为自变量的复合函数,它也可改写成如下形式:

$$z=f(u,v),\quad u=x,\quad v=\frac{x}{y}.$$

由复合函数求导公式有

$$\frac{\partial z}{\partial x}=\frac{\partial f}{\partial u}\frac{\partial u}{\partial x}+\frac{\partial f}{\partial v}\frac{\partial v}{\partial x}=\frac{\partial f}{\partial u}+\frac{1}{y}\frac{\partial f}{\partial v}.$$

注意,这里 $\frac{\partial f}{\partial u},\frac{\partial f}{\partial v}$ 仍是以 u,v 为中间变量,以 x,y 为自变量的复合函数.所以

$$\begin{aligned}\frac{\partial^2 z}{\partial x^2}&=\frac{\partial}{\partial x}\left(\frac{\partial f}{\partial u}+\frac{1}{y}\frac{\partial f}{\partial v}\right)\\&=\frac{\partial^2 f}{\partial u^2}\frac{\partial u}{\partial x}+\frac{\partial^2 f}{\partial u\partial v}\frac{\partial v}{\partial x}+\frac{1}{y}\left(\frac{\partial^2 f}{\partial v\partial u}\frac{\partial u}{\partial x}+\frac{\partial^2 f}{\partial v^2}\frac{\partial v}{\partial x}\right)\\&=\frac{\partial^2 f}{\partial u^2}+\frac{2}{y}\frac{\partial^2 f}{\partial u\partial v}+\frac{1}{y^2}\frac{\partial^2 f}{\partial v^2},\end{aligned}$$

$$\begin{aligned}\frac{\partial^2 z}{\partial x\partial y}&=\frac{\partial}{\partial y}\left(\frac{\partial f}{\partial u}+\frac{1}{y}\frac{\partial f}{\partial v}\right)\\&=\frac{\partial^2 f}{\partial u^2}\frac{\partial u}{\partial y}+\frac{\partial^2 f}{\partial u\partial v}\frac{\partial v}{\partial y}-\frac{1}{y^2}\frac{\partial f}{\partial v}+\frac{1}{y}\left(\frac{\partial^2 f}{\partial v\partial u}\frac{\partial u}{\partial y}+\frac{\partial^2 f}{\partial v^2}\frac{\partial v}{\partial y}\right)\\&=-\frac{x}{y^2}\frac{\partial^2 f}{\partial u\partial v}-\frac{x}{y^3}\frac{\partial^2 f}{\partial v^2}-\frac{1}{y^2}\frac{\partial f}{\partial v}.\end{aligned}$$

□

二、中值定理和泰勒公式

二元函数的中值公式和泰勒公式,与一元函数的拉格朗日公式和泰勒公式相仿,对于 n 元函数($n>2$)也有同样的公式,只是形式上更复杂一些.

在叙述有关定理之前,先介绍凸区域的概念.

若区域 D 上任意两点的连线都含于 D,则称 D 为**凸区域**(图 17-9).这就是说,若 D 为凸区域,则对任意两点 $P_1(x_1,y_1),P_2(x_2,y_2)\in D$ 和一切 λ $(0\leqslant\lambda\leqslant1)$,恒有

$$P(x_1+\lambda(x_2-x_1),y_1+\lambda(y_2-y_1))\in D.$$

定理17.8(中值定理) 设二元函数 f 在凸开域 $D\subset\mathbf{R}^2$ 上可微,则对任意两点 $P(a,b),Q(a+h,b+k)\in D$,存在实数 θ $(0<\theta<1)$,使得

$$\begin{aligned}&f(a+h,b+k)-f(a,b)\\&=f_x(a+\theta h,b+\theta k)h+f_y(a+\theta h,b+\theta k)k.\end{aligned}\tag{8}$$

证 令

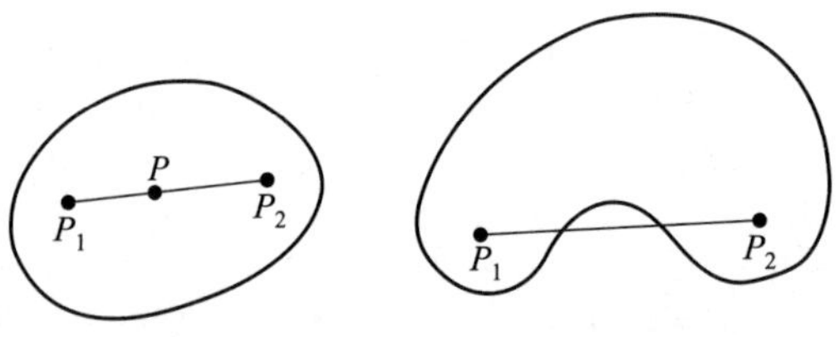

凸区域　　　非凸区域

图 17-9

$$\Phi(t)=f(a+th,b+tk).$$

因为 D 是凸开域,所以 $\Phi(t)$ 是定义在 $[0,1]$ 上的一元函数. 由定理中的条件知 $\Phi(t)$ 在 $[0,1]$ 上连续,在 $(0,1)$ 上可微. 于是根据一元函数中值定理,存在 θ $(0<\theta<1)$,使得

$$\Phi(1)-\Phi(0)=\Phi'(\theta). \tag{9}$$

由复合函数的求导法则

$$\Phi'(\theta)=f_x(a+\theta h,b+\theta k)h+f_y(a+\theta h,b+\theta k)k. \tag{10}$$

由于 D 为凸区域,所以 $(a+\theta h,b+\theta k)\in D$,故由(9),(10)即得所要证明的(8)式. □

注　若 D 是闭凸域,且对 D 上任意两点 $P_1(x_1,y_1),P_2(x_2,y_2)$ 及任意 λ $(0<\lambda<1)$,都有

$$P(x_1+\lambda(x_2-x_1),y_1+\lambda(y_2-y_1))\in \operatorname{int} D,$$

则对 D 上连续,$\operatorname{int} D$ 内可微的函数 f,只要 $P,Q\in D$,也存在 $\theta\in(0,1)$,使(8)式成立.

例如 D 是圆域 $\{(x,y)\mid(x-\xi)^2+(y-\eta)^2\leqslant r^2\}$,$f$ 在 D 上连续,在 $\operatorname{int} D$ 内可微,则必有(8)式成立. 倘若 D 是矩形区域 $[a,b]\times[c,d]$,那就不能保证对 D 上任意两点 P,Q 都有(8)式成立(为什么?).

公式(8)也称为二元函数(在凸域上)的**中值公式**. 它与定理 17.3 的中值公式(12)相比较,差别在于这里的中值点 $(a+\theta h,b+\theta k)$ 是在 P,Q 的连线上,而在定理 17.3 中 θ_1 与 θ_2 可以不相等.

推论　若函数 f 在区域 D 上存在偏导数,且

$$f_x=f_y\equiv 0,$$

则 f 在区域 D 上为常量函数.

请读者作为练习自行证明(注意本推论与 §1 习题 16(2)两者证明的差别).

例 4　对 $f(x,y)=\dfrac{1}{\sqrt{x^2-2xy+1}}$ 应用微分中值定理,证明存在 θ $(0<\theta<1)$,使得

$$1-\sqrt{2}=\sqrt{2}(1-3\theta)(1-2\theta+3\theta^2)^{-3/2}.$$

证　将 $1-\sqrt{2}=\sqrt{2}(1-3\theta)(1-2\theta+3\theta^2)^{-3/2}$ 改写成

$$\frac{1-\sqrt{2}}{\sqrt{2}}=(1-3\theta)(1-2\theta+3\theta^2)^{-3/2},$$

左边恰好是 $f(1,0)-f(0,1)=\dfrac{1}{\sqrt{2}}-1$,所以尝试在凸区域 $D=\{(x,y)\mid x^2+y^2\leqslant 1\}$ 上,对两点 $P_1(1,0)$ 与 $P_2(0,1)$ 应用微分中值定理.

因为当 $x^2+y^2\leqslant 1$ 时,$x^2-2xy+1>0$,所以函数 f 在 D 上连续,并且

$$f_x=-\frac{x-y}{(x^2-2xy+1)^{3/2}},\quad f_y=\frac{x}{(x^2-2xy+1)^{3/2}}$$

也在 D 上连续. $P_1,P_2\in D$,根据微分中值定理,存在 θ $(0<\theta<1)$,使得

$$\begin{aligned}\frac{1}{\sqrt{2}}-1&=f(1,0)-f(0,1)=f_x(0+\theta,1-\theta)\cdot 1+f_y(0+\theta,1-\theta)\cdot(-1)\\&=-\frac{\theta-(1-\theta)}{[\theta^2-2\theta(1-\theta)+1]^{3/2}}-\frac{\theta}{[\theta^2-2\theta(1-\theta)+1]^{3/2}}\\&=(1-3\theta)(1-2\theta+3\theta^2)^{-3/2}.\end{aligned}$$

□

定理 17.9(泰勒定理) 若函数 f 在点 $P_0(x_0,y_0)$ 的某邻域 $U(P_0)$ 上有直到 $n+1$ 阶的连续偏导数,则对 $U(P_0)$ 上任一点 (x_0+h,y_0+k),存在相应的 $\theta\in(0,1)$,使得

$$f(x_0+h,y_0+k)=f(x_0,y_0)+\left(h\frac{\partial}{\partial x}+k\frac{\partial}{\partial y}\right)f(x_0,y_0)+\frac{1}{2!}\left(h\frac{\partial}{\partial x}+k\frac{\partial}{\partial y}\right)^2 f(x_0,y_0)+\cdots+\frac{1}{n!}\left(h\frac{\partial}{\partial x}+k\frac{\partial}{\partial y}\right)^n f(x_0,y_0)+\frac{1}{(n+1)!}\left(h\frac{\partial}{\partial x}+k\frac{\partial}{\partial y}\right)^{n+1} f(x_0+\theta h,y_0+\theta k).\tag{11}$$

(11)式称为二元函数 f 在点 P_0 的 n 阶**泰勒公式**,其中

$$\left(h\frac{\partial}{\partial x}+k\frac{\partial}{\partial y}\right)^m f(x_0,y_0)=\sum_{i=0}^{m}\mathrm{C}_m^i\frac{\partial^m}{\partial x^i\partial y^{m-i}}f(x_0,y_0)h^ik^{m-i}.$$

证 与定理 17.8 的证明一样. 作函数

$$\Phi(t)=f(x_0+th,y_0+tk).$$

由定理的假设,一元函数 $\Phi(t)$ 在 $[0,1]$ 上满足一元函数泰勒定理条件,于是有

$$\Phi(1)=\Phi(0)+\frac{\Phi'(0)}{1!}+\frac{\Phi''(0)}{2!}+\cdots+\frac{\Phi^{(n)}(0)}{n!}+\frac{\Phi^{(n+1)}(\theta)}{(n+1)!}\quad(0<\theta<1).\tag{12}$$

应用复合函数求导法则,可求得 $\Phi(t)$ 的各阶导数:

$$\Phi^{(m)}(t)=\left(h\frac{\partial}{\partial x}+k\frac{\partial}{\partial y}\right)^m f(x_0+th,y_0+tk)\quad(m=1,2,\cdots,n+1).$$

当 $t=0$ 时,则有

$$\Phi^{(m)}(0)=\left(h\frac{\partial}{\partial x}+k\frac{\partial}{\partial y}\right)^m f(x_0,y_0)\quad(m=1,2,\cdots,n),\tag{13}$$

$$\Phi^{(n+1)}(\theta)=\left(h\frac{\partial}{\partial x}+k\frac{\partial}{\partial y}\right)^{n+1} f(x_0+\theta h,y_0+\theta k).\tag{14}$$

将(13),(14)式代入(12)式就得到所求之泰勒公式(11). □

易见,中值公式(8)正是泰勒公式(11)在 $n=0$ 时的特殊情形.

若在公式(11)中只要求余项 $R_n=o(\rho^n)$ $(\rho=\sqrt{h^2+k^2})$,则仅需 f 在 $U(P_0)$ 内存在直到 n 阶连续偏导数,便有

$$\begin{aligned}&f(x_0+h,y_0+k)\\&=f(x_0,y_0)+\sum_{P=1}^{n}\frac{1}{P!}\left(h\frac{\partial}{\partial x}+k\frac{\partial}{\partial y}\right)^P f(x_0,y_0)+o(\rho^n).\end{aligned}\tag{15}$$

例 5 求 $f(x,y)=x^y$ 在点 $(1,4)$ 的泰勒公式(到二阶为止),并用它计算 $(1.08)^{3.96}$.

解 由于 $x_0=1, y_0=4, n=2$,因此有

$$
\begin{aligned}
&f(x,y)=x^y, \quad f(1,4)=1,\\
&f_x(x,y)=yx^{y-1}, \quad f_x(1,4)=4,\\
&f_y(x,y)=x^y\ln x, \quad f_y(1,4)=0,\\
&f_{x^2}(x,y)=y(y-1)x^{y-2}, \quad f_{x^2}(1,4)=12,\\
&f_{xy}(x,y)=x^{y-1}+yx^{y-1}\ln x, \quad f_{xy}(1,4)=1.\\
&f_{y^2}(x,y)=x^y(\ln x)^2, \quad f_{y^2}(1,4)=0.
\end{aligned}
$$

将它们代入泰勒公式(15),即得

$$x^y=1+4(x-1)+6(x-1)^2+(x-1)(y-4)+o(\rho^2).$$

若略去余项,并让 $x=1.08, y=3.96$,则有

$$(1.08)^{3.96}\approx 1+4\times 0.08+6\times 0.08^2-0.08\times 0.04=1.355\,2.$$ □

与§1 例 7 的结果相比较,这是更接近于精确值(1.356 307…)的近似值. 因为微分近似式相当于现在的一阶泰勒公式.

三、极值问题

多元函数的极值问题是多元函数微分学的重要应用,这里仍以二元函数为例进行讨论.

定义 1 设函数 f 在点 $P_0(x_0,y_0)$ 的某邻域 $U(P_0)$ 上有定义. 若对于任何点 $P(x,y)\in U(P_0)$,成立不等式

$$f(P)\leqslant f(P_0) \quad (\text{或} f(P)\geqslant f(P_0)),$$

则称函数 f 在点 P_0 取得**极大(或极小)**值,点 P_0 称为 f 的**极大(或极小)值点**. 极大值、极小值统称**极值**. 极大值点、极小值点统称**极值点**.

注 这里所讨论的极值点只限于定义域的内点.

例 6 设 $f(x,y)=2x^2+y^2$, $g(x,y)=\sqrt{1-x^2-y^2}$, $h(x,y)=xy$. 由定义直接知道,坐标原点(0,0)是 f 的极小值点,是 g 的极大值点,但不是 h 的极值点. 这是因为对任何点 (x,y),恒有 $f(x,y)\geqslant f(0,0)=0$;对任何 $(x,y)\in\{(x,y)\mid x^2+y^2\leqslant 1\}$,恒有 $g(x,y)\leqslant g(0,0)=1$;而对于函数 h,在原点的任意小邻域上,既含有使 $h(x,y)>0$ 的Ⅰ,Ⅲ象限中的点,又含有使 $h(x,y)<0$ 的Ⅱ,Ⅳ象限中的点,所以 $h(0,0)=0$ 既不是极大值又不是极小值. □

由定义可见,若 f 在点 (x_0,y_0) 取得极值,则当固定 $y=y_0$ 时,一元函数 $f(x,y_0)$ 必定在 $x=x_0$ 取相同的极值. 同理,一元函数 $f(x_0,y)$ 在 $y=y_0$ 也取相同的极值. 于是得到二元函数取极值的必要条件如下:

定理17.10(极值必要条件) 若函数 f 在点 $P_0(x_0,y_0)$ 存在偏导数,且在 P_0 取得极值,则有

$$f_x(x_0,y_0)=0, \quad f_y(x_0,y_0)=0. \tag{16}$$

反之,若函数 f 在点 P_0 满足(16),则称点 P_0 为 f 的**稳定点**. 定理 17.10 指出:若 f 存在偏导数,则其极值点必是稳定点. 但稳定点并不都是极值点,如例 6 中的函数 h,原点为其稳定点,但它在原点并不取得极值.

与一元函数的情形相同,函数在偏导数不存在的点上也有可能取得极值. 例如 $f(x,y)=\sqrt{x^2+y^2}$ 在原点没有偏导数,但 $f(0,0)=0$ 是 f 的极小值.

为了讨论二元函数 f 在点 $P_0(x_0,y_0)$ 取得极值的充分条件,我们假定 f 具有二阶连续偏导数,并记

$$H_f(P_0)=\begin{pmatrix} f_{xx}(P_0) & f_{xy}(P_0) \\ f_{yx}(P_0) & f_{yy}(P_0) \end{pmatrix}=\begin{pmatrix} f_{xx} & f_{xy} \\ f_{yx} & f_{yy} \end{pmatrix}_{P_0} \tag{17}$$

它称为 f 在 P_0 的**黑塞**(Hesse)**矩阵**①.

定理17.11(极值充分条件)　设二元函数 f 在点 $P_0(x_0,y_0)$ 的某邻域 $U(P_0)$ 上具有二阶连续偏导数,且 P_0 是 f 的稳定点. 则当 $H_f(P_0)$ 是正定矩阵时, f 在点 P_0 取得极小值;当 $H_f(P_0)$ 是负定矩阵时, f 在点 P_0 取得极大值;当 $H_f(P_0)$ 是不定矩阵时, f 在点 P_0 不取极值.

证　由 f 在点 P_0 的二阶泰勒公式,并注意到条件 $f_x(P_0)=f_y(P_0)=0$,有

$$\begin{aligned} & f(x,y)-f(x_0,y_0) \\ = & \frac{1}{2}(\Delta x,\Delta y)H_f(P_0)(\Delta x,\Delta y)^{\mathrm{T}}+o(\Delta x^2+\Delta y^2). \end{aligned}$$

由于 $H_f(P_0)$ 正定,所以对任何 $(\Delta x,\Delta y)\neq(0,0)$,恒使二次型

$$Q(\Delta x,\Delta y)=(\Delta x,\Delta y)H_f(P_0)(\Delta x,\Delta y)^{\mathrm{T}}>0.$$

因此存在一个与 $\Delta x,\Delta y$ 无关的正数 q②,使得

$$Q(\Delta x,\Delta y)\geqslant 2q(\Delta x^2+\Delta y^2).$$

从而对于充分小的 $U(P_0)$,只要 $(x,y)\in U(P_0)$,就有

$$\begin{aligned} f(x,y)-f(x_0,y_0) & \geqslant q(\Delta x^2+\Delta y^2)+o(\Delta x^2+\Delta y^2) \\ & =(\Delta x^2+\Delta y^2)(q+o(1))\geqslant 0, \end{aligned}$$

即 f 在点 (x_0,y_0) 取得极小值.

同理可证 $H_f(P_0)$ 为负定矩阵时, f 在点 P_0 取得极大值.

最后,当 $H_f(P_0)$ 不定时, f 在点 P_0 不取极值. 这是因为倘若 f 取极值(例如取极大值),则沿任何过点 P_0 的直线 $x=x_0+t\Delta x, y=y_0+t\Delta y$, $f(x,y)=f(x_0+t\Delta x,y_0+t\Delta y)=\varphi(t)$ 在 $t=0$ 亦取极大值. 由一元函数取极值的充分条件, $\varphi''(0)>0$ 是不可能的(否则 φ 在 $t=0$ 将取极小值),故 $\varphi''(0)\leqslant 0$. 而

$$\begin{aligned} \varphi'(t) & =f_x\Delta x+f_y\Delta y, \\ \varphi''(t) & =f_{xx}\Delta x^2+2f_{xy}\Delta x\Delta y+f_{yy}\Delta y^2, \\ \varphi''(0) & =(\Delta x,\Delta y)H_f(P_0)(\Delta x,\Delta y)^{\mathrm{T}}. \end{aligned}$$

这表明 $H_f(P_0)$ 必须是半负定的. 同理,倘若 f 取极小值,则将导致 $H_f(P_0)$ 必须是半正

---

① 关于黑塞矩阵的一般形式,将在第二十三章里介绍.

② 因为 $Q(\Delta x,\Delta y)/(\Delta x^2+\Delta y^2)=(u,v)H_f(P_0)(u,v)^{\mathrm{T}}=\Phi(u,v)$,其中

$$u=\Delta x/\sqrt{\Delta x^2+\Delta y^2},\quad v=\Delta y/\sqrt{\Delta x^2+\Delta y^2}.$$

显然, $\Phi(u,v)$ 是 (u,v) 的连续函数. 由于 $u^2+v^2=1$,因此 Φ 在单位圆 $u^2+v^2=1$ 上必有最小值 $2q\geqslant 0$. 又因 $(u,v)\neq(0,0)$,故 $q>0$.

定的. 也就是说,当 f 在点 P_0 取得极值时,$\boldsymbol{H}_f(P_0)$ 必须是半正定或半负定矩阵,但这与假设相矛盾. □

根据半正定或半负定对称阵所属主子行列式的符号规则,定理 17.11 又可写成如下比较实用的形式.

若函数 f 如定理 17.11 所设. P_0 是 f 的稳定点,则有:

(i) 当 $f_{xx}(P_0)>0,(f_{xx}f_{yy}-f_{xy}^2)(P_0)>0$ 时, f 在点 P_0 取得极小值;

(ii) 当 $f_{xx}(P_0)<0,(f_{xx}f_{yy}-f_{xy}^2)(P_0)>0$ 时, f 在点 P_0 取得极大值;

(iii) 当 $(f_{xx}f_{yy}-f_{xy}^2)(P_0)<0$ 时, f 在点 P_0 不能取得极值;

(iv) 当 $(f_{xx}f_{yy}-f_{xy}^2)(P_0)=0$ 时,不能肯定 f 在点 P_0 是否取得极值.

例 7　求 $f(x,y)=x^2+5y^2-6x+10y+6$ 的极值.

解　由方程组

$$\begin{cases}f_x=2x-6=0,\\ f_y=10y+10=0\end{cases}$$

得 f 的稳定点 $P_0(3,-1)$,由于

$$f_{xx}(P_0)=2,\quad f_{xy}(P_0)=0,$$
$$f_{yy}(P_0)=10,\quad (f_{xx}f_{yy}-f_{xy}^2)(P_0)=20.$$

因此 f 在点 P_0 取得极小值 $f(3,-1)=-8$. 又因 f 处处存在偏导数,故 $(3,-1)$ 为 f 的惟一极值点. □

例 8　讨论 $f(x,y)=x^2+xy$ 是否存在极值.

解　由方程组 $f_x=2x+y=0$, $f_y=x=0$ 得稳定点为原点.

因 $f_{xx}f_{yy}-f_{xy}^2=-1<0$,故原点不是 f 的极值点. 又因 f 处处可微,所以 f 没有极值点. □

例 9　讨论 $f(x,y)=(y-x^2)(y-2x^2)$ 在原点是否取得极值.

解　容易验证原点是 f 的稳定点,且在原点 $f_{xx}f_{yy}-f_{xy}^2=0$,故由定理 17.11 无法判定 f 在原点是否取到极值. 但由于当 $x^2<y<2x^2$ 时 $f(x,y)<0$,而当 $y>2x^2$ 或 $y<x^2$ 时, $f(x,y)>0$ (图 17-10),所以函数 f 不可能在原点取得极值. □

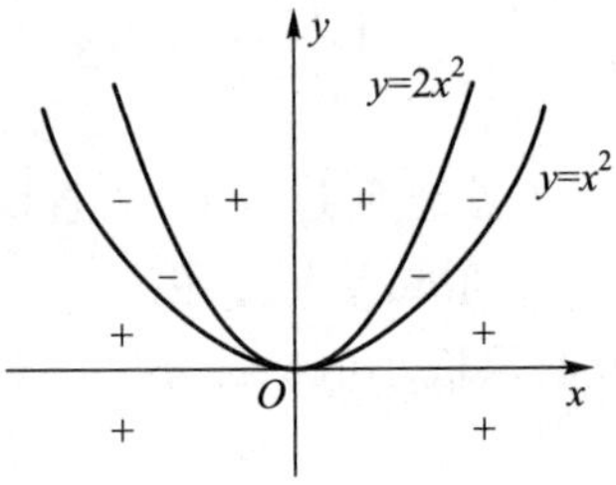

图 17-10

由极值的定义还知道,极值只是函数 f 在某一点的局部性概念. 要想获得函数 f 在区域 D 上的最大值和最小值(由上一章知道在有界闭区域上的连续函数一定能取得最大与最小值),与一元函数的问题一样,必须考察函数 f 在所有稳定点、无偏导点以及属于区域的界点上的函数值①.

比较这些值,其中最大者(或最小者)即为函数 f 在 D 上的最大(小)值.

① 如果属于区域的界点成一曲线 $F(x,y)=0$,求函数 f 在此曲线上的最大(小)值一般要用下一章的条件极值方法去解决. 倘若该曲线有一显式方程 $y=\varphi(x)$,则上述问题归结为求一元函数 $g(x)=f(x,\varphi(x))$ 的极值.

例 10 证明:圆的所有外切三角形中,以正三角形的面积为最小.

证 设圆的半径为 a. 任一外切三角形为 $\triangle ABC$,三切点处的半径两两相夹的中心角分别为 α,β,γ. 其中 $\gamma=2\pi-(\alpha+\beta)$(图 17-11). 容易得出 $\triangle ABC$ 的面积表达式为

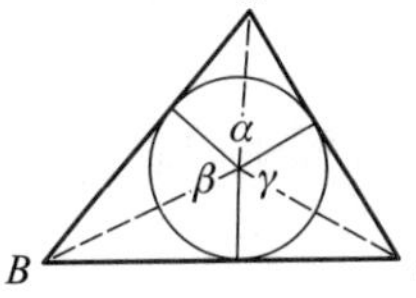

图 17-11

$$S=a^2\left(\tan\frac{\alpha}{2}+\tan\frac{\beta}{2}+\tan\frac{\gamma}{2}\right)$$
$$=a^2\left(\tan\frac{\alpha}{2}+\tan\frac{\beta}{2}-\tan\frac{\alpha+\beta}{2}\right).$$

其中 $0<\alpha,\beta<\pi$. 为求得稳定点,令

$$\begin{cases} S_\alpha=\dfrac{1}{2}a^2\left(\sec^2\dfrac{\alpha}{2}-\sec^2\dfrac{\alpha+\beta}{2}\right)=0, \\ S_\beta=\dfrac{1}{2}a^2\left(\sec^2\dfrac{\beta}{2}-\sec^2\dfrac{\alpha+\beta}{2}\right)=0. \end{cases}$$

在定义域内上述关于 α,β 的方程组仅有惟一解 $\alpha=\beta=\dfrac{2}{3}\pi,\gamma=2\pi-(\alpha+\beta)=\dfrac{2}{3}\pi$.

为了应用定理 17.11,求得在稳定点 $(\alpha,\beta)=\left(\dfrac{2}{3}\pi,\dfrac{2}{3}\pi\right)$ 处的二阶偏导数为

$$S_{\alpha\alpha}=4\sqrt{3}\,a^2,\ S_{\alpha\beta}=2\sqrt{3}\,a^2,\ S_{\beta\beta}=4\sqrt{3}\,a^2.$$

由于 $S_{\alpha\alpha}>0,S_{\alpha\alpha}S_{\beta\beta}-S_{\alpha\beta}^2=36a^4>0$,因此 S 在此稳定点上取得极小值.

因为面积函数 S 在定义域内处处存在偏导数,又因此时 $\alpha=\beta=\gamma$,而具体问题存在最小值,故外切三角形中以正三角形的面积为最小. □

例 11(最小二乘法问题) 设通过观测或实验得到一列点 $(x_i,y_i),i=1,2,\cdots,n$. 它们大体上在一条直线上,即大体上可用直线方程来反映变量 x 与 y 之间的对应关系(参见图 17-12). 现要确定一直线使得与这 n 个点的偏差平方和最小(最小二乘方).

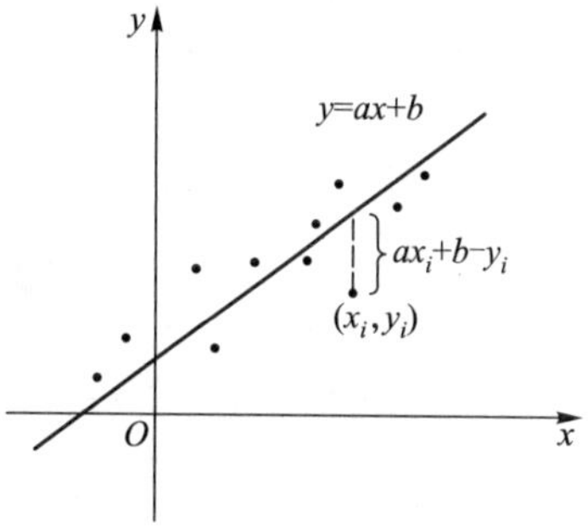

图 17-12

解 设所求直线方程为

$$y=ax+b,$$

所测得的 n 个点为 (x_i,y_i) $(i=1,2,\cdots,n)$. 现要确定 a,b,使得

$$f(a,b)=\sum_{i=1}^{n}(ax_i+b-y_i)^2$$

为最小. 为此,令

$$\begin{cases} f_a=2\displaystyle\sum_{i=1}^{n}x_i(ax_i+b-y_i)=0, \\ f_b=2\displaystyle\sum_{i=1}^{n}(ax_i+b-y_i)=0, \end{cases}$$

把这组关于 a,b 的线性方程加以整理,得

$$\begin{cases} a\sum_{i=1}^{n} x_i^2 + b\sum_{i=1}^{n} x_i = \sum_{i=1}^{n} x_i y_i, \\ a\sum_{i=1}^{n} x_i + bn = \sum_{i=1}^{n} y_i. \end{cases}$$

求此方程组的解，即得 $f(a,b)$ 的稳定点①

$$\bar{a} = \frac{n\sum_{i=1}^{n} x_i y_i - \left(\sum_{i=1}^{n} x_i\right)\left(\sum_{i=1}^{n} y_i\right)}{n\sum_{i=1}^{n} x_i^2 - \left(\sum_{i=1}^{n} x_i\right)^2},$$

$$\bar{b} = \frac{\left(\sum_{i=1}^{n} x_i^2\right)\left(\sum_{i=1}^{n} y_i\right) - \left(\sum_{i=1}^{n} x_i y_i\right)\left(\sum_{i=1}^{n} x_i\right)}{n\sum_{i=1}^{n} x_i^2 - \left(\sum_{i=1}^{n} x_i\right)^2}.$$

为进一步确定该点是极小值点，我们计算得

$$A = f_{aa} = 2\sum_{i=1}^{n} x_i^2 > 0,$$

$$B = f_{ab} = 2\sum_{i=1}^{n} x_i,$$

$$C = f_{bb} = 2n,$$

$$D = AC - B^2 = 4n\sum_{i=1}^{n} x_i^2 - 4\left(\sum_{i=1}^{n} x_i\right)^2 > 0,$$

从而根据定理 17.11，$f(a,b)$ 在点 $(\bar{a},\bar{b})$ 取得极小值. 由实际问题可知此极小值为最小值. □

习题 17.4

1. 求下列函数的高阶偏导数：

(1) $z=x^4+y^4-4x^2y^2$，所有二阶偏导数；

(2) $z=e^x(\cos y+x\sin y)$，所有二阶偏导数；

(3) $z=x\ln(xy)$，$\dfrac{\partial^3 z}{\partial x^2\partial y}$，$\dfrac{\partial^3 z}{\partial x\partial y^2}$；

(4) $u=xyze^{x+y+z}$，$\dfrac{\partial^{p+q+r} u}{\partial x^p\partial y^q\partial z^r}$；

(5) $z=f(xy^2,x^2y)$，所有二阶偏导数；

(6) $u=f(x^2+y^2+z^2)$，所有二阶偏导数；

(7) $z=f\left(x+y,xy,\dfrac{x}{y}\right)$，$z_x$，$z_{xx}$，$z_{xy}$.

2. 设 $u=f(x,y)$，$x=r\cos\theta$，$y=r\sin\theta$. 证明：

---

① 当 $x_1,x_2,\cdots,x_n$ 不全相等时，可由数学归纳法证得 $n\sum_{i=1}^{n} x_i^2 - \left(\sum_{i=1}^{n} x_i\right)^2 > 0$.

$$\frac{\partial^2 u}{\partial r^2}+\frac{1}{r}\frac{\partial u}{\partial r}+\frac{1}{r^2}\frac{\partial^2 u}{\partial \theta^2}=\frac{\partial^2 u}{\partial x^2}+\frac{\partial^2 u}{\partial y^2}.$$

3. 设 $u=f(r)$，$r^2=x_1^2+x_2^2+\cdots+x_n^2$. 证明：

$$\frac{\partial^2 u}{\partial x_1^2}+\frac{\partial^2 u}{\partial x_2^2}+\cdots+\frac{\partial^2 u}{\partial x_n^2}=\frac{\mathrm{d}^2 u}{\mathrm{d}r^2}+\frac{n-1}{r}\frac{\mathrm{d}u}{\mathrm{d}r}.$$

4. 设 $v=\frac{1}{r}g\left(t-\frac{r}{c}\right)$，$c$ 为常数，$r=\sqrt{x^2+y^2+z^2}$. 证明：

$$v_{xx}+v_{yy}+v_{zz}=\frac{1}{c^2}v_{tt}.$$

5. 证明定理 17.8 的推论.

6. 通过对 $F(x,y)=\sin x\cos y$ 施用中值定理，证明对某 $\theta\in(0,1)$，有

$$\frac{3}{4}=\frac{\pi}{3}\cos\frac{\pi\theta}{3}\cos\frac{\pi\theta}{6}-\frac{\pi}{6}\sin\frac{\pi\theta}{3}\sin\frac{\pi\theta}{6}.$$

7. 求下列函数在指定点处的泰勒公式：

(1) $f(x,y)=\sin(x^2+y^2)$ 在点 $(0,0)$（到二阶为止）；

(2) $f(x,y)=\frac{x}{y}$ 在点 $(1,1)$（到三阶为止）；

(3) $f(x,y)=\ln(1+x+y)$ 在点 $(0,0)$；

(4) $f(x,y)=2x^2-xy-y^2-6x-3y+5$ 在点 $(1,-2)$.

8. 求下列函数的极值点：

(1) $z=3axy-x^3-y^3\ (a>0)$；

(2) $z=x^2-xy+y^2-2x+y$；

(3) $z=\mathrm{e}^{2x}(x+y^2+2y)$.

9. 求下列函数在指定范围内的最大值与最小值：

(1) $z=x^2-y^2$，$\{(x,y)\mid x^2+y^2\leqslant 4\}$；

(2) $z=x^2-xy+y^2$，$\{(x,y)\mid |x|+|y|\leqslant 1\}$；

(3) $z=\sin x+\sin y-\sin(x+y)$，$\{(x,y)\mid x\geqslant 0,y\geqslant 0,x+y\leqslant 2\pi\}$.

10. 在已知周长为 $2p$ 的一切三角形中，求出面积为最大的三角形.

11. 在 xy 平面上求一点，使它到三直线 $x=0$，$y=0$ 及 $x+2y-16=0$ 的距离平方和最小.

12. 已知平面上 n 个点的坐标分别是

$$A_1(x_1,y_1),\ A_2(x_2,y_2),\ \cdots,\ A_n(x_n,y_n),$$

试求一点，使它与这 n 个点距离的平方和最小.

---

13. 证明：函数 $u=\frac{1}{2a\sqrt{\pi t}}\mathrm{e}^{-\frac{(x-b)^2}{4a^2t}}$（$a,b$ 为常数）满足热传导方程

$$\frac{\partial u}{\partial t}=a^2\frac{\partial^2 u}{\partial x^2}.$$

14. 证明：函数 $u=\ln\sqrt{(x-a)^2+(y-b)^2}$（$a,b$ 为常数）满足**拉普拉斯方程**

$$\frac{\partial^2 u}{\partial x^2}+\frac{\partial^2 u}{\partial y^2}=0.$$

15. 证明：若函数 $u=f(x,y)$ 满足拉普拉斯方程

$$\frac{\partial^2 u}{\partial x^2}+\frac{\partial^2 u}{\partial y^2}=0,$$

则函数 $v=f\left(\frac{x}{x^2+y^2},\frac{y}{x^2+y^2}\right)$ 也满足此方程.

16. 设函数 $u=\varphi(x+\psi(y))$，证明

$$\frac{\partial u}{\partial x}\frac{\partial^2 u}{\partial x\partial y}=\frac{\partial u}{\partial y}\frac{\partial^2 u}{\partial x^2}.$$

17. 设 f_x，f_y 和 f_{yx} 在点 (x_0,y_0) 的某邻域上存在，f_{yx} 在点 (x_0,y_0) 连续，证明 $f_{xy}(x_0,y_0)$ 也存在，且 $f_{xy}(x_0,y_0)=f_{yx}(x_0,y_0)$.

18. 设 f_x，f_y 在点 (x_0,y_0) 的某邻域上存在且在点 (x_0,y_0) 可微，则有

$$f_{xy}(x_0,y_0)=f_{yx}(x_0,y_0).$$

19. 设

$$u=\begin{vmatrix}1&1&1\\x&y&z\\x^2&y^2&z^2\end{vmatrix}.$$

求：(1) $u_x+u_y+u_z$；(2) $xu_x+yu_y+zu_z$；(3) $u_{xx}+u_{yy}+u_{zz}$.

20. 设 $f(x,y,z)=Ax^2+By^2+Cz^2+Dxy+Eyz+Fzx$，试按 h,k,l 的正数幂展开 $f(x+h,y+k,z+l)$.

第十七章总练习题

1. 设 $f(x,y,z)=x^2y+y^2z+z^2x$，证明

$$f_x+f_y+f_z=(x+y+z)^2.$$

2. 求函数

$$f(x,y)=\begin{cases}\dfrac{x^3-y^3}{x^2+y^2}, & x^2+y^2\neq 0,\\ 0, & x^2+y^2=0\end{cases}$$

在原点的偏导数 $f_x(0,0)$ 与 $f_y(0,0)$，并考察 $f(x,y)$ 在 $(0,0)$ 的可微性.

3. 设

$$u=\begin{vmatrix}1&1&\cdots&1\\x_1&x_2&\cdots&x_n\\x_1^2&x_2^2&\cdots&x_n^2\\\vdots&\vdots&&\vdots\\x_1^{n-1}&x_2^{n-1}&\cdots&x_n^{n-1}\end{vmatrix},$$

证明：(1) $\displaystyle\sum_{k=1}^{n}\frac{\partial u}{\partial x_k}=0$；　(2) $\displaystyle\sum_{k=1}^{n}x_k\frac{\partial u}{\partial x_k}=\frac{n(n-1)}{2}u$.

4. 设函数 $f(x,y)$ 具有连续的 n 阶偏导数，试证函数 $g(t)=f(a+ht,b+kt)$ 的 n 阶导数

$$\frac{\mathrm{d}^n g(t)}{\mathrm{d}t^n}=\left(h\frac{\partial}{\partial x}+k\frac{\partial}{\partial y}\right)^n f(a+ht,b+kt).$$

5. 设

$$\varphi(x,y,z)=\begin{vmatrix}a+x&b+y&c+z\\d+z&e+x&f+y\\g+y&h+z&k+x\end{vmatrix},$$

求 $\dfrac{\partial^2\varphi}{\partial x^2}$.

6. 设

$$\Phi(x,y,z)=\begin{vmatrix} f_1(x) & f_2(x) & f_3(x) \\ g_1(y) & g_2(y) & g_3(y) \\ h_1(z) & h_2(z) & h_3(z) \end{vmatrix},$$

求$\dfrac{\partial^3\Phi}{\partial x\partial y\partial z}$.

7. 设函数 $u=f(x,y)$ 在 $\mathbf{R}^2$ 上有 $u_{xy}=0$,试求 u 关于 x,y 的函数式.

8. 设 f 在点 $P_0(x_0,y_0)$ 可微,且在 P_0 给定了 n 个向量 $\boldsymbol{l}_i$,$i=1,2,\cdots,n$,相邻两个向量之间的夹角为$\dfrac{2\pi}{n}$. 证明

$$\sum_{i=1}^{n} f_{l_i}(P_0)=0.$$

第十七章综合自测题

第十八章 隐函数定理及其应用

§1 隐 函 数

一、隐函数的概念

在这之前我们所接触的函数,其表达式大多是自变量的某个算式,如

$$y=x^2+1,\ u=e^{xyz}(\sin xy+\sin yz+\sin zx).$$

这种形式的函数称为**显函数**.但在不少场合常会遇到另一种形式的函数,其自变量与因变量之间的对应法则由一个方程式所确定,通常称为隐函数.例如:$x^3+y^3+z^3-3xy=0$.

设 $E\subset\mathbf{R}^2$,函数 $F:E\to\mathbf{R}$.对于方程

$$F(x,y)=0,\tag{1}$$

如果存在集合 $I,J\subset\mathbf{R}$,对任何 $x\in I$,有惟一确定的 $y\in J$,使得 $(x,y)\in E$,且满足方程(1),则称方程(1)确定了一个定义在 I 上,值域含于 J 的**隐函数**.若把它记为

$$y=f(x)\ ①,\ x\in I,\ y\in J,$$

则成立恒等式

$$F(x,f(x))\equiv 0,\ x\in I.$$

例如方程

$$xy+y-1=0$$

能确定一个定义在 $(-\infty,-1)\cup(-1,+\infty)$ 上的隐函数 $y=f(x)$.如果从方程中把 y 解出,这个函数也可表示为显函数形式

$$y=\frac{1}{1+x}.$$

又如圆方程 $x^2+y^2=1$ 能确定一个定义在 $[-1,1]$ 上,函数值不小于 0 的隐函数 $y=\sqrt{1-x^2}$;又能确定另一个定义在 $[-1,1]$ 上,函数值不大于 0 的隐函数 $y=-\sqrt{1-x^2}$.

所以隐函数必须在指出确定它的方程以及 x,y 的取值范围后才有意义.当然在不产生误解的情况下,其取值范围也可不必一一指明.此外,还需指出:

① 这里只表示存在着定义在 I 上、值域在 J 内的函数 f,它并不意味着 y 能否用 x 的某一显式来表示.

(i) 并不是任一方程都能确定出隐函数，如方程

$$x^2+y^2+c=0.$$

当 $c>0$ 时，就不能确定任何函数 $f(x)$，使得

$$x^2+[f(x)]^2+c\equiv 0.$$

而只有当 $c\leqslant 0$ 时，才能确定隐函数. 因此我们必须研究方程(1)在什么条件下才能确定隐函数.

(ii) 倘若方程(1)能确定隐函数，一般并不都像前面的一些例子那样，能从方程中解出 y，并用自变量 x 的算式来表示(即使 $F(x,y)$ 是初等函数). 例如，对于方程

$$y-x-\frac{1}{2}\sin y=0.$$

确实存在一个定义在 $(-\infty,+\infty)$ 上的函数 $f(x)$，使得

$$f(x)-x+\frac{1}{2}\sin f(x)\equiv 0,$$

但函数 $f(x)$ 却无法用 x 的算式来表达. 因此，在一般情况下，我们主要考虑方程(1)能否确定隐函数以及这个隐函数的连续性、可微性，而不管它是否能用显式表示.

二、隐函数存在性条件的分析

上一段给出了隐函数的定义，现在的问题是：当函数 $F(x,y)$ 满足哪些条件时，由方程(1)能确定隐函数 $y=f(x)$，并且该隐函数具有连续、可微等性质？为此我们先作一些分析.

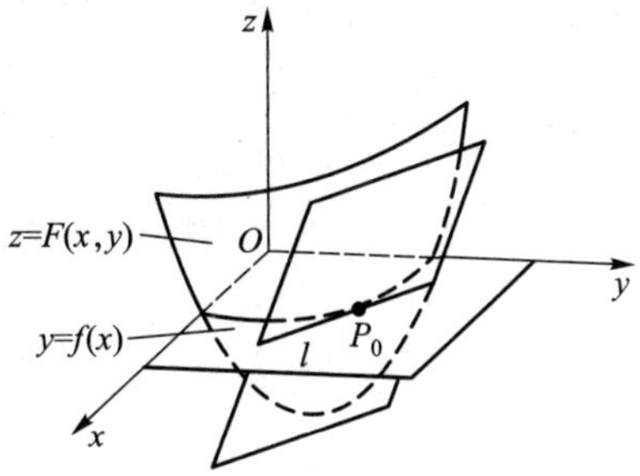

图 18-1

首先，$y=f(x)$ 可以看作曲面 $z=F(x,y)$ 与坐标平面 $z=0$ 的交线，因此隐函数要存在，至少该交集不能为空，即存在 $P_0(x_0,y_0)$，使 $F(x_0,y_0)=0$，$y_0=f(x_0)$.

其次，方程(1)能在点 P_0 附近确定一个连续函数，表现为上述交集是一条通过点 P_0 的连续曲线段(图 18-1). 如果曲面 $z=F(x,y)$ 在点 P_0 存在切平面，且切平面与坐标平面 $z=0$ 相交于直线 l，那么曲面 $z=F(x,y)$ 在点 P_0 附近亦必与坐标平面 $z=0$ 相交(其交线在点 P_0 处的切线正是 l). 为此，设 F 在点 P_0 可微，且

$$(F_x(P_0),F_y(P_0))\neq(0,0),\tag{2}$$

则可使上述切平面存在，并满足与 $z=0$ 相交成直线的要求.

如果进一步要求上述隐函数 $y=f(x)$（或 $x=g(y)$）在点 P_0 可微，则在 F 可微的假设下，通过方程(1)在 P_0 处对 x 求导，依链式法则得到

$$F_x(P_0)+F_y(P_0)\cdot\left.\frac{\mathrm{d}y}{\mathrm{d}x}\right|_{x=x_0}=0.\tag{3}$$

当 $F_y(P_0)\neq 0$ 时，可由(3)解出

$$\left.\frac{\mathrm{d}y}{\mathrm{d}x}\right|_{x=x_0}=-\frac{F_x(P_0)}{F_y(P_0)}.\tag{4}$$

类似地，当 $F_x(P_0)\neq 0$ 时，通过方程(1)对 y 求导后也可解出

$$\left.\frac{\mathrm{d}x}{\mathrm{d}y}\right|_{y=y_0}=-\frac{F_y(P_0)}{F_x(P_0)}.$$

由此可见，条件(2)不仅对于隐函数的存在性，而且对于隐函数的求导同样是重要的.

三、隐函数定理

定理 18.1(隐函数存在惟一性定理)　若函数 $F(x,y)$ 满足下列条件：

(i) F 在以 $P_0(x_0,y_0)$ 为内点的某一区域 $D\subset\mathbf{R}^2$ 上连续；

(ii) $F(x_0,y_0)=0$（通常称为初始条件）；

(iii) F 在 D 上存在连续的偏导数 $F_y(x,y)$；

(iv) $F_y(x_0,y_0)\neq 0$.

则

1°　存在点 P_0 的某邻域 $U(P_0)\subset D$，在 $U(P_0)$ 上方程 $F(x,y)=0$ 惟一地决定了一个定义在某区间 $(x_0-\alpha,x_0+\alpha)$ 上的（隐）函数 $y=f(x)$，使得当 $x\in(x_0-\alpha,x_0+\alpha)$ 时，$(x,f(x))\in U(P_0)$，且 $F(x,f(x))\equiv 0$，$f(x_0)=y_0$；

2°　$f(x)$ 在 $(x_0-\alpha,x_0+\alpha)$ 上连续.

证　先证隐函数 f 的存在性与惟一性.

由条件(iv)，不妨设 $F_y(x_0,y_0)>0$（若 $F_y(x_0,y_0)<0$，则可讨论 $-F(x,y)=0$）. 由条件(iii) F_y 在 D 上连续，由连续函数的局部保号性，存在点 P_0 的某一闭的方邻域 $[x_0-\beta,x_0+\beta]\times[y_0-\beta,y_0+\beta]\subset D$，使得在其上每一点都有 $F_y(x,y)>0$. 因而，对每个固定的 $x\in[x_0-\beta,x_0+\beta]$，$F(x,y)$ 作为 y 的一元函数，必定在 $[y_0-\beta,y_0+\beta]$ 上严格增且连续. 由初始条件(ii)可知

$$F(x_0,y_0-\beta)<0,\ F(x_0,y_0+\beta)>0.$$

再由 F 的连续性条件(i)，又可知道 $F(x,y_0-\beta)$ 与 $F(x,y_0+\beta)$ 在 $[x_0-\beta,x_0+\beta]$ 上也是连续的. 因此由保号性存在 $\alpha>0$ $(\alpha\leqslant\beta)$，当 $x\in(x_0-\alpha,x_0+\alpha)$ 时恒有

$$F(x,y_0-\beta)<0,\ F(x,y_0+\beta)>0.$$

如图 18-2 所示，在矩形 $ABB'A'$ 的 AB 边上 F 取负值，在 $A'B'$ 边上 F 取正值. 因此对 $(x_0-\alpha,x_0+\alpha)$ 上每个固定值 $\bar{x}$，同样有 $F(\bar{x},y_0-\beta)<0$，$F(\bar{x},y_0+\beta)>0$. 根据前已指出的 $F(\bar{x},y)$ 在 $[y_0-\beta,y_0+\beta]$ 上严格增且连续，由介值性定理知存在惟一的 $\bar{y}\in(y_0-\beta,y_0+\beta)$，满足 $F(\bar{x},\bar{y})=0$. 由 $\bar{x}$ 在 $(x_0-\alpha,x_0+\alpha)$ 中的任意性，这就证明了存在惟一的一个隐函数 $y=f(x)$，它的定义域为 $(x_0-\alpha,x_0+\alpha)$，值域含于 $(y_0-\beta,y_0+\beta)$. 若记

$$U(P_0)=(x_0-\alpha,x_0+\alpha)\times(y_0-\beta,y_0+\beta),$$

则 $y=f(x)$ 在 $U(P_0)$ 上满足结论 1°的各项要求.

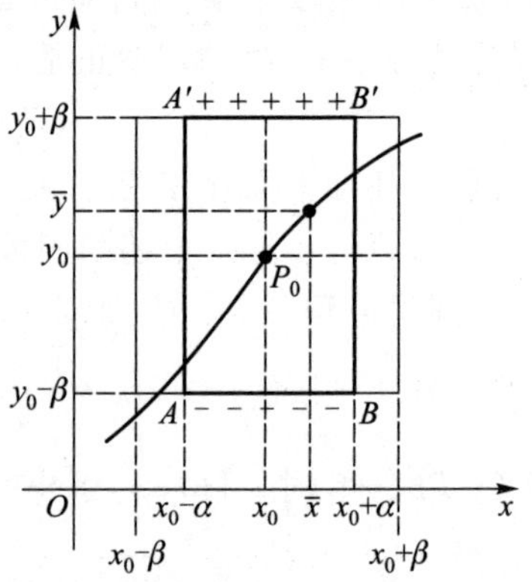

图 18-2

再证明 f 的连续性.

对于 $(x_0-\alpha,x_0+\alpha)$ 上的任意点 $\bar{x}$，$\bar{y}=f(\bar{x})$. 由上述结论可知 $y_0-\beta<\bar{y}<y_0+\beta$. 任给 $\varepsilon>$

0,且 ε 足够小,使得

$$y_0-\beta\leqslant\bar{y}-\varepsilon<\bar{y}<\bar{y}+\varepsilon\leqslant y_0+\beta.$$

由 $F(\bar{x},\bar{y})=0$ 及 $F(x,y)$ 关于 y 严格递增,可得 $F(\bar{x},\bar{y}-\varepsilon)<0$,$F(\bar{x},\bar{y}+\varepsilon)>0$. 根据保号性,知存在 $\bar{x}$ 的某邻域 $(\bar{x}-\delta,\bar{x}+\delta)\subset(x_0-\alpha,x_0+\alpha)$,使得当 $x\in(\bar{x}-\delta,\bar{x}+\delta)$ 时同样有

$$F(x,\bar{y}-\varepsilon)<0,\ F(x,\bar{y}+\varepsilon)>0.$$

因此存在惟一的 y,使得 $F(x,y)=0$,即 $y=f(x)$,$|y-\bar{y}|<\varepsilon$. 这就证明了当 $|x-\bar{x}|<\delta$ 时,$|f(x)-f(\bar{x})|<\varepsilon$,即 $f(x)$ 在 $\bar{x}$ 连续. 由 $\bar{x}$ 的任意性,可得 $f(x)$ 在 $(x_0-\alpha,x_0+\alpha)$ 上连续. □

注 1 定理 18.1 的条件仅仅是充分的. 例如方程 $y^3-x^3=0$,在点 $(0,0)$ 不满足条件(iv)($F_y(0,0)=0$),但它仍能确定惟一的连续函数 $y=x$. 当然,由于条件(iv)不满足,往往导致定理结论的失效,例如图 18-3 所示的双纽线,其方程为

$$F(x,y)=(x^2+y^2)^2-x^2+y^2=0.$$

由于 $F(0,0)=0$,F 与 $F_y=4y(x^2+y^2)+2y$ 均连续,故满足定理条件(i),(ii),(iii). 但因 $F_y(0,0)=0$,致使在原点的无论怎样小的邻域内都不可能存在惟一的隐函数.

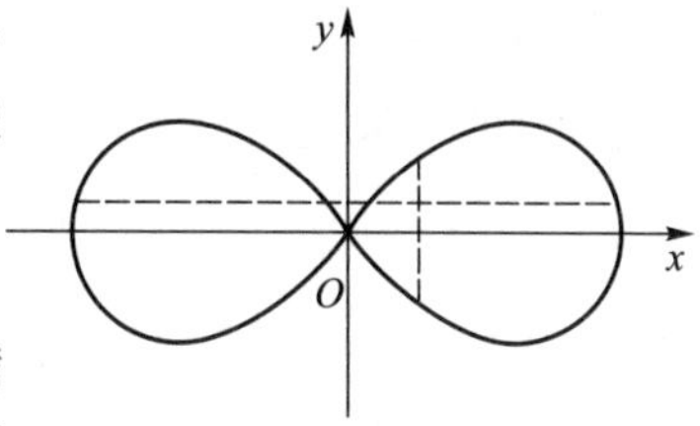

图 18-3

注 2 在定理证明过程中,条件(iii)和(iv)只是用来保证存在 P_0 的某一邻域,在此邻域上 F 关于变量 y 是严格单调的. 因此对于本定理所要证明的结论来说,可以把这两个条件减弱为"F 在 P_0 的某一邻域上关于 y 严格单调". 现在采用较强的条件(iii)和(iv),只是为了在实际应用中便于检验.

注 3 如果把定理的条件(iii)和(iv)改为 $F_x(x,y)$ 连续,且 $F_x(x_0,y_0)\neq0$. 这时结论是存在惟一的连续函数 $x=g(y)$.

定理 18.2(隐函数可微性定理) 设 $F(x,y)$ 满足隐函数存在惟一性定理中的条件(i)—(iv),又设在 D 上还存在连续的偏导数 $F_x(x,y)$,则由方程(1)所确定的隐函数 $y=f(x)$ 在其定义域 $(x_0-\alpha,x_0+\alpha)$ 上有连续导函数,且

$$f'(x)=-\frac{F_x(x,y)}{F_y(x,y)}. \tag{5}$$

证 设 x 与 $x+\Delta x$ 都属于 $(x_0-\alpha,x_0+\alpha)$,它们所对应的函数值 $y=f(x)$ 与 $y+\Delta y=f(x+\Delta x)$ 都含于 $(y_0-\beta,y_0+\beta)$ 内. 由于

$$F(x,y)=0,\ F(x+\Delta x,y+\Delta y)=0,$$

因此由 F_x,F_y 的连续性以及二元函数中值定理,有

$$\begin{aligned}0&=F(x+\Delta x,y+\Delta y)-F(x,y)\\&=F_x(x+\theta\Delta x,y+\theta\Delta y)\Delta x+F_y(x+\theta\Delta x,y+\theta\Delta y)\Delta y,\end{aligned}$$

其中 $0<\theta<1$. 因而

$$\frac{\Delta y}{\Delta x}=-\frac{F_x(x+\theta\Delta x,y+\theta\Delta y)}{F_y(x+\theta\Delta x,y+\theta\Delta y)}.$$

注意到上式右端是连续函数 $F_x(x,y)$,$F_y(x,y)$ 与 $f(x)$ 的复合函数,而且 $F_y(x,y)$ 在 $U(P_0)$ 上不等于零,故有

$$f'(x)=\lim_{\Delta x\to0}\frac{\Delta y}{\Delta x}=-\frac{F_x(x,y)}{F_y(x,y)}$$

且 $f'(x)$ 在 $(x_0-\alpha,x_0+\alpha)$ 上连续. □

像在第二段里我们所分析的那样,若已知方程(1)确实存在连续可微的隐函数,则可对方程(1)应用复合函数求导法得到隐函数的导数,因为把 $F(x,f(x))$ 看作 $F(x,y)$ 与 $y=f(x)$ 的复合函数时,有

$$F_x(x,y)+F_y(x,y)y'=0. \tag{6}$$

当 $F_y(x,y)\neq 0$ 时,由它可立刻推得与(5)相同的结果.

对于隐函数的高阶导数,可用和上面同样的方法来求得,这时只要假定函数 F 存在相应阶数的连续高阶偏导数. 例如,要计算 y'',只需对恒等式(6)继续应用复合函数求导法则,便得

$$F_{xx}(x,y)+F_{xy}(x,y)y'+[F_{yx}(x,y)+F_{yy}(x,y)y']y'+F_y(x,y)y''=0.$$

再把(5)的结果代入上式,整理后得到

$$\begin{aligned}y''&=-\frac{1}{F_y}(F_{xx}+2F_{xy}y'+F_{yy}y'^2)\\&=\frac{2F_xF_yF_{xy}-F_y^2F_{xx}-F_x^2F_{yy}}{F_y^3},\end{aligned} \tag{7}$$

当然它也可由公式(5)直接对 x 求导数而得到.

隐函数极值问题　利用隐函数求导公式(5),(7),得到求由 $F(x,y)=0$ 确定的隐函数 $y=f(x)$ 极值的方法如下:

首先,求 y' 为零的点(驻点)$A(\tilde{x},\tilde{y})$,即方程组 $F(x,y)=0,F_x(x,y)=0$ 的解;其次,因在 A 处 $F_x=0$,从而使(7)式简化为 $y''\big|_A=-\dfrac{F_{xx}}{F_y}\bigg|_A$;最后根据极值判别的第二充分条件,当 $y''\big|_A<0$ (或>0)时,隐函数 $y=f(x)$ 在 $\tilde{x}$ 处取极大值(极小值)$\tilde{y}$.

最后,我们可以类似地理解由方程 $F(x_1,x_2,\cdots,x_n,y)=0$ 所确定的 n 元隐函数的概念,并叙述下列 n 元隐函数的惟一存在与连续可微性定理.

定理 18.3　若

(i) 函数 $F(x_1,x_2,\cdots,x_n,y)$ 在以点 $P_0(x_1^0,x_2^0,\cdots,x_n^0,y^0)$ 为内点的区域 $D\subset\mathbf{R}^{n+1}$ 上连续;

(ii) $F(x_1^0,x_2^0,\cdots,x_n^0,y^0)=0$;

(iii) 偏导数 $F_{x_1},F_{x_2},\cdots,F_{x_n},F_y$ 在 D 上存在且连续;

(iv) $F_y(x_1^0,x_2^0,\cdots,x_n^0,y^0)\neq 0$.

则

1°　存在点 P_0 的某邻域 $U(P_0)\subset D$,在 $U(P_0)$ 上方程 $F(x_1,\cdots,x_n,y)=0$ 惟一地确定了一个定义在 $Q_0(x_1^0,x_2^0,\cdots,x_n^0)$ 的某邻域 $U(Q_0)\subset\mathbf{R}^n$ 上的 n 元连续函数(隐函数)$y=f(x_1,\cdots,x_n)$,使得当 $(x_1,x_2,\cdots,x_n)\in U(Q_0)$ 时,

$$(x_1,x_2,\cdots,x_n,f(x_1,x_2,\cdots,x_n))\in U(P_0),$$

且

$$F(x_1,\cdots,x_n,f(x_1,\cdots,x_n))\equiv 0,$$

$$y^0=f(x_1^0,\cdots,x_n^0);$$

2°　$y=f(x_1,\cdots,x_n)$ 在 $U(Q_0)$ 上有连续偏导数 $f_{x_1},f_{x_2},\cdots,f_{x_n}$,而且

$$f_{x_1}=-\frac{F_{x_1}}{F_y},f_{x_2}=-\frac{F_{x_2}}{F_y},\cdots,f_{x_n}=-\frac{F_{x_n}}{F_y}.$$

四、隐函数求导举例

例 1 设方程

$$F(x,y)=y-x-\frac{1}{2}\sin y=0. \tag{8}$$

由于 F 及其偏导数 F_x,F_y 在平面上任一点都连续,且

$$F(0,0)=0,$$

$$F_y(x,y)=1-\frac{1}{2}\cos y>0.$$

故依定理 18.1 和 18.2,方程(8)确定了一个连续可导隐函数 $y=f(x)$,按公式(5),其导数为

$$f'(x)=-\frac{F_x(x,y)}{F_y(x,y)}=\frac{1}{1-\frac{1}{2}\cos y}=\frac{2}{2-\cos y}.$$ □

例 2 讨论笛卡儿(Descartes)叶形线(图 18-4)

$$x^3+y^3-3axy=0 \tag{9}$$

所确定的隐函数 $y=f(x)$ 的一阶与二阶导数,并求隐函数的极值.

解 令 $F(x,y)=x^3+y^3-3axy\ (a>0)$. 在曲线(9)上使 $F_y=3(y^2-ax)=0$ 的点是 $O(0,0)$ 和 $B(\sqrt[3]{4}a,\sqrt[3]{2}a)$. 除这两点外,方程(9)在其他各点附近都能确定隐函数 $y=f(x)$.

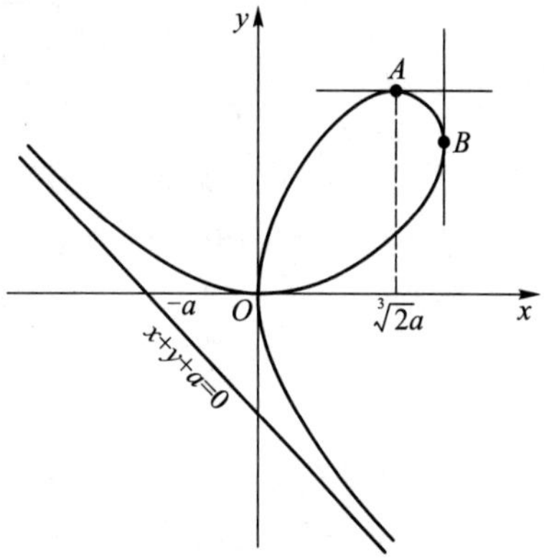

图 18-4

由公式(5),得到

$$y'=-\frac{F_x}{F_y}=-\frac{3(x^2-ay)}{3(y^2-ax)}=\frac{ay-x^2}{y^2-ax}.$$

由于

$$2F_xF_yF_{xy}=-54a(y^2-ax)(x^2-ay),$$

$$F_y^2F_{xx}=54x(y^2-ax)^2,\quad F_x^2F_{yy}=54y(x^2-ay)^2,$$

于是根据公式(7),有

$$\begin{aligned}y''&=\frac{2F_xF_yF_{xy}-F_y^2F_{xx}-F_x^2F_{yy}}{F_y^3}\\&=\frac{-54[a(y^2-ax)(x^2-ay)+x(y^2-ax)^2+y(x^2-ay)^2]}{27(y^2-ax)^3}\\&=\frac{-2[-3ax^2y^2+xy(x^3+y^3+a^3)]}{(y^2-ax)^3}=\frac{-2[-3ax^2y^2+xy(3axy+a^3)]}{(y^2-ax)^3}\\&=-\frac{2a^3xy}{(y^2-ax)^3}.\end{aligned}$$

下面讨论极值问题. 从 $x^3+y^3-3axy=0$ 和 $x^2-ay=0$ 解出隐函数 $y=f(x)$ 的驻点 $A(\sqrt[3]{2}a,\sqrt[3]{4}a)$. 因为 $y''|_A=-\left.\frac{2a^3xy}{(y^2-ax)^3}\right|_{(\sqrt[3]{2}a,\sqrt[3]{4}a)}=-\frac{2}{a}<0$,所以隐函数 $y=f(x)$ 在点

$A(\sqrt[3]{2}a,\sqrt[3]{4}a)$取得极大值$\sqrt[3]{4}a$. □

注　由于在 B 点和原点处的任何邻域上,每一个 x 所对应的 y 值不惟一,所以方程(9)不能在那两点的邻域上确定惟一的隐函数.

例 3　求由方程

$$F(x,y,z)=xyz^3+x^2+y^3-z=0 \tag{10}$$

在原点附近所确定的二元隐函数 $z=f(x,y)$ 的偏导数及在(0,1,1)处的全微分.

解　由于 $F(0,0,0)=0,F_z(0,0,0)=-1\neq0,F,F_x,F_y,F_z$ 处处连续,根据隐函数定理 18.3,在原点(0,0,0)附近能惟一确定连续可微的隐函数 $z=f(x,y)$,且可求得它的偏导数如下:

$$\frac{\partial z}{\partial x}=-\frac{F_x}{F_z}=\frac{yz^3+2x}{1-3xyz^2},$$

$$\frac{\partial z}{\partial y}=-\frac{F_y}{F_z}=\frac{xz^3+3y^2}{1-3xyz^2}.$$

以$(x,y,z)=(0,1,1)$代入,得$\left.\frac{\partial z}{\partial x}\right|_{(0,1,1)}=1,\left.\frac{\partial z}{\partial y}\right|_{(0,1,1)}=3,\mathrm{d}z\,|_{(0,1,1)}=\mathrm{d}x+3\mathrm{d}y$. □

例 4(反函数的存在性与其导数)　设 $y=f(x)$ 在 x_0 的某邻域上有连续的导函数 $f'(x)$,且 $f(x_0)=y_0$,考虑方程

$$F(x,y)=y-f(x)=0. \tag{11}$$

由于

$$F(x_0,y_0)=0,\ F_y=1,\ F_x(x_0,y_0)=-f'(x_0),$$

所以只要 $f'(x_0)\neq0$,就能满足隐函数定理的所有条件,这时方程(11)能确定出在 y_0 的某邻域 $U(y_0)$ 上的连续可微隐函数 $x=g(y)$,并称它为函数 $y=f(x)$ 的**反函数**. 反函数的导数是

$$g'(y)=-\frac{F_y}{F_x}=-\frac{1}{-f'(x)}=\frac{1}{f'(x)}. \tag{12}$$

事实上,这就是在第五章里曾经得到过的反函数求导公式. □

例 5　设 $z=z(x,y)$ 由方程 $F(x-z,y-z)=0$ 确定,其中 F 具有二阶偏导数. 试证: $z_{xx}+2z_{xy}+z_{yy}=0$.

证　以 F_1,F_2 分别表示 F 关于第一个变量和第二个变量的偏导数,则 $F_x=F_1$, $F_y=F_2,F_z=-(F_1+F_2)$,于是有

$$z_x=\frac{F_1}{F_1+F_2},\quad z_y=\frac{F_2}{F_1+F_2},$$

所以 $z_x+z_y=1$. 再两边分别对 x 和 y 求偏导,得 $z_{xx}+z_{yx}=0,z_{xy}+z_{yy}=0$. 由于二阶偏导数连续,故 $z_{xy}=z_{yx}$,将上述两项相加即得所需结果. □

习　题　18.1

1. 方程 $\cos x+\sin y=\mathrm{e}^{xy}$ 能否在原点的某邻域上确定隐函数 $y=f(x)$ 或 $x=g(y)$?

2. 方程 $xy+z\ln y+\mathrm{e}^{xz}=1$ 在点(0,1,1)的某邻域上能否确定出某一个变量为另外两个变量的

函数?

3. 求由下列方程所确定的隐函数的导数:

(1) $x^2y+3x^4y^3-4=0$,求$\dfrac{dy}{dx}$;

(2) $\ln\sqrt{x^2+y^2}=\arctan\dfrac{y}{x}$,求$\dfrac{dy}{dx}$;

(3) $e^{-xy}+2z-e^z=0$,求$\dfrac{\partial z}{\partial x},\dfrac{\partial z}{\partial y}$;

(4) $a+\sqrt{a^2-y^2}=ye^u,u=\dfrac{x+\sqrt{a^2-y^2}}{a}$ $(a>0)$,求$\dfrac{dy}{dx},\dfrac{d^2y}{dx^2}$;

(5) $x^2+y^2+z^2-2x+2y-4z-5=0$,求$\dfrac{\partial z}{\partial x},\dfrac{\partial z}{\partial y}$;

(6) $z=f(x+y+z,xyz)$,求$\dfrac{\partial z}{\partial x},\dfrac{\partial x}{\partial y},\dfrac{\partial y}{\partial z}$.

4. 设$z=x^2+y^2$,其中$y=f(x)$为由方程$x^2-xy+y^2=1$所确定的隐函数,求$\dfrac{dz}{dx}$及$\dfrac{d^2z}{dx^2}$.

5. 设$u=x^2+y^2+z^2$,其中$z=f(x,y)$是由方程$x^3+y^3+z^3=3xyz$所确定的隐函数,求u_x及u_{xx}.

6. 设$F(x,y,z)=0$可以确定连续可微隐函数:$x=x(y,z),y=y(z,x),z=z(x,y)$,试证:$\dfrac{\partial x}{\partial y}\cdot\dfrac{\partial y}{\partial z}\cdot\dfrac{\partial z}{\partial x}=-1$(偏导数不再是偏微分的商!).

---

7. 求由下列方程所确定的隐函数的偏导数:

(1) $x+y+z=e^{-(x+y+z)}$,求z对于x,y的一阶与二阶偏导数;

(2) $F(x,x+y,x+y+z)=0$,求$\dfrac{\partial z}{\partial x},\dfrac{\partial z}{\partial y}$和$\dfrac{\partial^2 z}{\partial x^2}$.

8. 证明:设方程$F(x,y)=0$所确定的隐函数$y=f(x)$具有二阶导数,则当$F_y\neq 0$时,有

$$F_y^3y''=\begin{vmatrix}F_{xx}&F_{xy}&F_x\\F_{xy}&F_{yy}&F_y\\F_x&F_y&0\end{vmatrix}.$$

9. 设f是一元函数,试问应对f提出什么条件,方程

$$2f(xy)=f(x)+f(y)$$

在点(1,1)的邻域上就能确定出惟一的y为x的函数?

§2 隐函数组

一、隐函数组的概念

前一节讨论的是由一个方程所确定的隐函数,本节将讨论由方程组所确定的隐函数组.

设有方程组

$$\begin{cases} F(x,y,u,v)=0, \\ G(x,y,u,v)=0, \end{cases} \tag{1}$$

其中 $F(x,y,u,v)$, $G(x,y,u,v)$ 为定义在 $V\subset\mathbf{R}^4$ 上的 4 元函数. 若存在平面区域 D, $E\subset\mathbf{R}^2$,对于 D 中每一点 (x,y),有惟一的 $(u,v)\in E$,使得 $(x,y,u,v)\in V$,且满足方程组(1),则称由方程组(1)确定了**隐函数组**

$$\begin{cases} u=f(x,y), \\ v=g(x,y), \end{cases} \quad (x,y)\in D, \quad (u,v)\in E,$$

并在 D 上成立恒等式

$$\begin{cases} F(x,y,f(x,y),g(x,y))\equiv 0, \\ G(x,y,f(x,y),g(x,y))\equiv 0, \end{cases} \quad (x,y)\in D.$$

关于隐函数组的一般情况(含有 $m+n$ 个变量的 m 个方程所确定的 m 个隐函数)将在第二十三章里用向量形式作进一步讨论.

二、隐函数组定理

为了探索由方程组(1)确定隐函数组所需要的条件,不妨假设(1)中的函数 F 与 G 是可微的,而且由(1)所确定的两个隐函数 u 与 v 也是可微的. 那么通过对方程组(1)关于 x,y 分别求偏导数,得到

$$\begin{cases} F_x+F_u u_x+F_v v_x=0, \\ G_x+G_u u_x+G_v v_x=0, \end{cases} \tag{2}$$

$$\begin{cases} F_y+F_u u_y+F_v v_y=0, \\ G_y+G_u u_y+G_v v_y=0. \end{cases} \tag{3}$$

要想从(2)解出 u_x 与 v_x,从(3)解出 u_y 与 v_y,其充分条件是它们的系数行列式不为零,即

$$\begin{vmatrix} F_u & F_v \\ G_u & G_v \end{vmatrix}\neq 0. \tag{4}$$

(4)式左边的行列式称为函数 F,G 关于变量 u,v 的**函数行列式**(或**雅可比**(Jacobi)**行列式**),亦可记作 $\dfrac{\partial(F,G)}{\partial(u,v)}$. 条件(4)在隐函数组定理中所起的作用,与定理 18.1 中的条件(iv)相当.

定理 18.4(隐函数组定理)　若

(i) $F(x,y,u,v)$ 与 $G(x,y,u,v)$ 在以点 $P_0(x_0,y_0,u_0,v_0)$ 为内点的区域 $V\subset\mathbf{R}^4$ 上连续;

(ii) $F(x_0,y_0,u_0,v_0)=0$, $G(x_0,y_0,u_0,v_0)=0$(初始条件);

(iii) 在 V 上 F,G 具有一阶连续偏导数;

(iv) $J=\dfrac{\partial(F,G)}{\partial(u,v)}$ 在点 P_0 不等于零.

则

1°　存在点 P_0 的某一(四维空间)邻域 $U(P_0)\subset V$,在 $U(P_0)$ 上方程组(1)惟一地

确定了定义在点 $Q_0(x_0,y_0)$ 的某一(二维空间)邻域 $U(Q_0)$ 上的两个二元隐函数

$$u=f(x,y),\ v=g(x,y),$$

使得 $u_0=f(x_0,y_0),v_0=g(x_0,y_0)$,且当 $(x,y)\in U(Q_0)$ 时,

$$(x,y,f(x,y),g(x,y))\in U(P_0),$$
$$F(x,y,f(x,y),g(x,y))\equiv 0,$$
$$G(x,y,f(x,y),g(x,y))\equiv 0;$$

2° $f(x,y),g(x,y)$ 在 $U(Q_0)$ 上连续;

3° $f(x,y),g(x,y)$ 在 $U(Q_0)$ 上有一阶连续偏导数,且

$$\begin{aligned}&\frac{\partial u}{\partial x}=-\frac{1}{J}\frac{\partial(F,G)}{\partial(x,v)},\quad \frac{\partial v}{\partial x}=-\frac{1}{J}\frac{\partial(F,G)}{\partial(u,x)},\\&\frac{\partial u}{\partial y}=-\frac{1}{J}\frac{\partial(F,G)}{\partial(y,v)},\quad \frac{\partial v}{\partial y}=-\frac{1}{J}\frac{\partial(F,G)}{\partial(u,y)}.\end{aligned}\tag{5}$$

本定理的证明这里从略,有兴趣的读者可参阅第二十三章里的一般隐函数组定理及其证明.

注 在定理 18.4 中,若将条件(iv)改为 $\left.\frac{\partial(F,G)}{\partial(y,v)}\right|_{P_0}\neq 0$,则方程(1)所确定的隐函数组相应是 $y=y(u,x),v=v(u,x)$,其他情形均可类似推得. 总之,由方程组定义隐函数组及隐函数组求导时,应先明确哪些变量是自变量,哪些变量是因变量,然后再进行有关的运算和讨论.

例 1 讨论方程组

$$\begin{cases}F(x,y,u,v)=u^2+v^2-x^2-y=0,\\G(x,y,u,v)=-u+v-xy+1=0\end{cases}\tag{6}$$

在点 $P_0(2,1,1,2)$ 近旁能确定怎样的隐函数组,并求其偏导数.

解 首先,$F(P_0)=G(P_0)=0$,即 P_0 满足初始条件. 再求出 F,G 的所有一阶偏导数

$$F_x=-2x,\ F_y=-1,\ F_u=2u,F_v=2v,$$
$$G_x=-y,\ G_y=-x,\ G_u=-1,\ G_v=1.$$

容易验算,在 P_0 处的所有六个雅可比行列式中只有

$$\frac{\partial(F,G)}{\partial(x,v)}=0.$$

因此,只有 x,v 难以肯定能否作为以 y,u 为自变量的隐函数. 除此之外,在 P_0 的近旁任何两个变量都可作为以其余两个变量为自变量的隐函数.

如果我们想求得 $x=x(u,v),y=y(u,v)$ 的偏导数,只需对方程组(6)分别关于 u,v 求偏导数,得到

$$\begin{cases}2u-2xx_u-y_u=0,\\-1-yx_u-xy_u=0,\end{cases}\tag{7}$$

$$\begin{cases}2v-2xx_v-y_v=0,\\1-xy_v-yx_v=0.\end{cases}\tag{8}$$

由(7)解出

$$x_u = \frac{2xu+1}{2x^2-y},\ y_u = -\frac{2x+2yu}{2x^2-y}.$$

由(8)解出

$$x_v = \frac{2xv-1}{2x^2-y},\ y_v = \frac{2x-2yv}{2x^2-y}.$$ □

例 2　设函数 $f(x,y)$, $g(x,y)$ 具有连续偏导数,而 $u=u(x,y)$, $v=v(x,y)$ 是由方程组 $u=f(ux,v+y)$, $g(u-x,v^2y)=0$ 确定的隐函数组,试求 $\frac{\partial u}{\partial x}, \frac{\partial v}{\partial y}$.

解　设 $F=u-f(ux,v+y)$, $G=g(u-x,v^2y)$,则有

$$\begin{pmatrix} F_x & F_y & F_u & F_v \\ G_x & G_y & G_u & G_v \end{pmatrix} = \begin{pmatrix} -uf_1 & -f_2 & 1-xf_1 & -f_2 \\ -g_1 & v^2g_2 & g_1 & 2vyg_2 \end{pmatrix}.$$

于是

$$J_{uv} = \begin{vmatrix} 1-xf_1 & -f_2 \\ g_1 & 2vyg_2 \end{vmatrix} = 2yvg_2 - 2xyvf_1g_2 + f_2g_1,$$

$$J_{xv} = \begin{vmatrix} -uf_1 & -f_2 \\ -g_1 & 2vyg_2 \end{vmatrix} = -2yuvf_1g_2 - f_2g_1,$$

$$J_{uy} = \begin{vmatrix} 1-xf_1 & -f_2 \\ g_1 & v^2g_2 \end{vmatrix} = v^2g_2 - xv^2f_1g_2 + f_2g_1.$$

因此

$$\frac{\partial u}{\partial x} = -\frac{J_{xv}}{J_{uv}} = \frac{2yuvf_1g_2+f_2g_1}{2yvg_2-2xyvf_1g_2+f_2g_1},$$

$$\frac{\partial v}{\partial y} = -\frac{J_{uy}}{J_{uv}} = \frac{xv^2f_1g_2-f_2g_1-v^2g_2}{2yvg_2-2xyvf_1g_2+f_2g_1}.$$ □

三、反函数组与坐标变换

在§1 例 4 中,我们通过隐函数定理讨论了一元函数反函数存在的(充分)条件.现在讨论由二元函数组所确定的反函数组存在的(充分)条件.

设函数组

$$u=u(x,y),\ v=v(x,y) \tag{9}$$

是定义在 xy 平面点集 $B\subset\mathbf{R}^2$ 上的两个函数,对每一点 $P(x,y)\in B$,由方程组(9)有 uv 平面上惟一的一点 $Q(u,v)\in\mathbf{R}^2$ 与之对应.我们称方程组(9)确定了 B 到 $\mathbf{R}^2$ 的一个**映射(变换)**,记作 T.这时映射(9)可写成如下函数形式:

$$T:B\to\mathbf{R}^2,$$
$$P(x,y)\mapsto Q(u,v)$$

或写成点函数形式 $Q=T(P)$, $P\in B$,并称 $Q(u,v)$ 为映射 T 下 $P(x,y)$ 的**象**,而 P 则是 Q 的**原象**.记 B 在映射 T 下的**象集**为 $B'=T(B)$.

反过来,若 T 为**一一映射**(即不仅每一原象只对应一个象,而且不同的原象对应不同的象).这时每一点 $Q\in B'$,由方程组(9)都有惟一的一点 $P\in B$ 与之相对应.由此所

产生的新映射称为映射 T 的**逆映射**(**逆变换**),记作 T^{-1},即

$$T^{-1}: B' \to B,$$
$$Q \mapsto P$$

或
$$P = T^{-1}(Q), Q \in B'.$$

亦即存在定义在 B'上的一个函数组

$$x = x(u,v),\quad y = y(u,v), \tag{10}$$

把它代入(9)而成为恒等式:

$$u \equiv u(x(u,v),y(u,v)),\quad v \equiv v(x(u,v),y(u,v)), \tag{11}$$

这时我们又称函数组(10)是函数组(9)的**反函数组**.

关于反函数组的存在性问题,其实是隐函数组存在性问题的一种特殊情形. 这只需把方程组(9)改写成

$$\begin{cases} F(x,y,u,v) = u - u(x,y) = 0, \\ G(x,y,u,v) = v - v(x,y) = 0, \end{cases} \tag{12}$$

并将定理 18.4 应用于(12),便可得到函数组(9)在某个局部范围内存在反函数组(10)的下述定理.

定理 18.5(反函数组定理) 设函数组(9)及其一阶偏导数在某区域 $D \subset \mathbf{R}^2$ 上连续,点 $P_0(x_0,y_0)$是 D 的内点,且

$$u_0 = u(x_0,y_0),\quad v_0 = v(x_0,y_0),\quad \left.\frac{\partial(u,v)}{\partial(x,y)}\right|_{P_0} \neq 0,$$

则在点 $P_0'(u_0,v_0)$的某一邻域 $U(P_0')$上存在惟一的一组反函数(10),使得 $x_0 = x(u_0,v_0)$, $y_0 = y(u_0,v_0)$,且当$(u,v) \in U(P_0')$时,有

$$(x(u,v),y(u,v)) \in U(P_0)$$

以及恒等式(11). 此外,反函数组(10)在 $U(P_0')$上存在连续的一阶偏导数,且

$$\frac{\partial x}{\partial u} = \frac{\partial v}{\partial y}\Big/\frac{\partial(u,v)}{\partial(x,y)},\quad \frac{\partial x}{\partial v} = -\frac{\partial u}{\partial y}\Big/\frac{\partial(u,v)}{\partial(x,y)},$$
$$\frac{\partial y}{\partial u} = -\frac{\partial v}{\partial x}\Big/\frac{\partial(u,v)}{\partial(x,y)},\quad \frac{\partial y}{\partial v} = \frac{\partial u}{\partial x}\Big/\frac{\partial(u,v)}{\partial(x,y)}. \tag{13}$$

由(13)式看到:互为反函数组的(9)与(10),它们的雅可比行列式互为倒数,即

$$\frac{\partial(u,v)}{\partial(x,y)} \cdot \frac{\partial(x,y)}{\partial(u,v)} = 1.$$

这与(一元)反函数求导公式(§1 中(12)式)相类似.

例 3 平面上的点 P 的直角坐标(x,y)与极坐标(r,θ)之间的坐标变换公式为

$$x = r\cos\theta,\quad y = r\sin\theta. \tag{14}$$

由于

$$\frac{\partial(x,y)}{\partial(r,\theta)} = \begin{vmatrix} \cos\theta & -r\sin\theta \\ \sin\theta & r\cos\theta \end{vmatrix} = r,$$

所以除原点外,在一切点上由函数组(14)所确定的反函数组是

$$r = \sqrt{x^2 + y^2},$$

$$\theta=\begin{cases}\arctan\dfrac{y}{x}, & x>0,\\ \pi+\arctan\dfrac{y}{x}, & x<0\end{cases}\quad\text{或}\quad\theta=\begin{cases}\operatorname{arccot}\dfrac{x}{y}, & y>0,\\ \pi+\operatorname{arccot}\dfrac{x}{y}, & y<0.\end{cases}$$ □

对于函数组

$$x=x(u,v,w),\ y=y(u,v,w),\ z=z(u,v,w),$$

在相应于定理 18.5 的条件下所确定出的反函数组为

$$u=u(x,y,z),\ v=v(x,y,z),\ w=w(x,y,z),$$

它们是三维空间中直角坐标与曲面坐标之间的坐标变换.

例 4　直角坐标(x,y,z)与球坐标(r,φ,θ)之间的变换公式为

$$\begin{cases}x=r\sin\varphi\cos\theta,\\ y=r\sin\varphi\sin\theta,\\ z=r\cos\varphi.\end{cases}\tag{15}$$

由于

$$\frac{\partial(x,y,z)}{\partial(r,\varphi,\theta)}=\begin{vmatrix}\sin\varphi\cos\theta & r\cos\varphi\cos\theta & -r\sin\varphi\sin\theta\\ \sin\varphi\sin\theta & r\cos\varphi\sin\theta & r\sin\varphi\cos\theta\\ \cos\varphi & -r\sin\varphi & 0\end{vmatrix}$$
$$=r^2\sin\varphi,$$

所以在 $r^2\sin\varphi\neq0$ 即除去 z 轴上的一切点,由方程组(15)可确定出 r,φ,θ 为 x,y,z $(x>0)$的函数,即

$$r=\sqrt{x^2+y^2+z^2},\ \varphi=\arccos\frac{z}{r},$$

$$\theta=\begin{cases}\arctan\dfrac{y}{x}, & x>0,\\ \pi+\arctan\dfrac{y}{x}, & x<0\end{cases}\quad\text{或}\quad\theta=\begin{cases}\operatorname{arccot}\dfrac{x}{y}, & y>0,\\ \pi+\operatorname{arccot}\dfrac{x}{y}, & y<0.\end{cases}$$ □

例 5　设 φ 为二元连续可微函数. 对于函数组 $u=x+at,v=x-at$,试把**弦振动方程**

$$a^2\frac{\partial^2\varphi}{\partial x^2}=\frac{\partial^2\varphi}{\partial t^2}\quad(a>0)$$

变换成以 u,v 为自变量的形式.

解　首先有 $u_x=v_x=1,u_t=-v_t=a$,从而$\dfrac{\partial(u,v)}{\partial(x,t)}=-2a\neq0$,因此所设变换存在逆变换,而且又有

$$du=u_x dx+u_t dt=dx+a dt,\ dv=dx-a dt.$$

于是按微分形式不变性,得到

$$d\varphi=\varphi_u du+\varphi_v dv=(\varphi_u+\varphi_v)dx+a(\varphi_u-\varphi_v)dt,$$

并由此推知

$$\varphi_x=\varphi_u+\varphi_v,\quad \varphi_t=a(\varphi_u-\varphi_v).$$

按此继续求以 u,v 为自变量的 φ_{xx}与 φ_{tt}如下:

$$\varphi_{xx}=\frac{\partial}{\partial u}(\varphi_u+\varphi_v)u_x+\frac{\partial}{\partial v}(\varphi_u+\varphi_v)v_x$$

$$= \varphi_{uu} + \varphi_{vu} + \varphi_{uv} + \varphi_{vv} = \varphi_{uu} + 2\varphi_{uv} + \varphi_{vv},$$

$$\varphi_{tt} = a\frac{\partial}{\partial u}(\varphi_u - \varphi_v)u_t + a\frac{\partial}{\partial v}(\varphi_u - \varphi_v)v_t$$

$$= a^2(\varphi_{uu} - 2\varphi_{uv} + \varphi_{vv}).$$

借助这些结果就得到

$$a^2\varphi_{xx} - \varphi_{tt} = 4a^2\varphi_{uv} = 0,$$

即把原来以 x,t 作为自变量的弦振动方程变换成以 u,v 作为新自变量的方程为

$$\frac{\partial^2 \varphi}{\partial u \partial v} = 0.$$

而且进一步容易求得此方程的解的形式为

$$\varphi = f(u) + g(v) = f(x + at) + g(x - at)$$

（参见第十七章总练习题 7）. □

习 题 18.2

1. 试讨论方程组

$$\begin{cases} x^2 + y^2 = \dfrac{z^2}{2}, \\ x + y + z = 2 \end{cases}$$

在点 $(1,-1,2)$ 的附近能否确定形如 $x=f(z)$，$y=g(z)$ 的隐函数组？

2. 求下列方程组所确定的隐函数组的导数：

（1）$\begin{cases} x^2+y^2+z^2=a^2, \\ x^2+y^2=ax, \end{cases}$ 求 $\dfrac{\mathrm{d}y}{\mathrm{d}x}, \dfrac{\mathrm{d}z}{\mathrm{d}x}$；

（2）$\begin{cases} x-u^2-yv=0, \\ y-v^2-xu=0, \end{cases}$ 求 $\dfrac{\partial u}{\partial x}, \dfrac{\partial v}{\partial x}, \dfrac{\partial u}{\partial y}, \dfrac{\partial v}{\partial y}$；

（3）$\begin{cases} u=f(ux,v+y), \\ v=g(u-x,v^2y), \end{cases}$ 求 $\dfrac{\partial u}{\partial x}, \dfrac{\partial v}{\partial x}$.

3. 求下列函数组所确定的反函数组的偏导数：

（1）$\begin{cases} x=\mathrm{e}^u+u\sin v, \\ y=\mathrm{e}^u-u\cos v, \end{cases}$ 求 u_x, v_x, u_y, v_y；

（2）$\begin{cases} x=u+v, \\ y=u^2+v^2, \\ z=u^3+v^3, \end{cases}$ 求 z_x.

4. 设函数 $z=z(x,y)$ 是由方程组

$$x = \mathrm{e}^{u+v},\ y = \mathrm{e}^{u-v},\ z = uv$$

（u,v 为参量）所定义的函数，求当 $u=0,v=0$ 时的 $\mathrm{d}z$.

5. 设以 u,v 为新的自变量变换下列方程：

（1）$(x+y)\dfrac{\partial z}{\partial x}-(x-y)\dfrac{\partial z}{\partial y}=0$，设 $u=\ln\sqrt{x^2+y^2}$，$v=\arctan\dfrac{y}{x}$；

（2）$x^2\dfrac{\partial^2 z}{\partial x^2}-y^2\dfrac{\partial^2 z}{\partial y^2}=0$，设 $u=xy$，$v=\dfrac{x}{y}$.

6. 设函数 $u=u(x,y)$ 由方程组

$$u = f(x,y,z,t),\quad g(y,z,t) = 0,\quad h(z,t) = 0$$

所确定，求$\frac{\partial u}{\partial x}$和$\frac{\partial u}{\partial y}$.

---

7. 设 $u=u(x,y,z)$，$v=v(x,y,z)$ 和 $x=x(s,t)$，$y=y(s,t)$，$z=z(s,t)$ 都有连续的一阶偏导数. 证明

$$\frac{\partial(u,v)}{\partial(s,t)}=\frac{\partial(u,v)}{\partial(x,y)}\frac{\partial(x,y)}{\partial(s,t)}+\frac{\partial(u,v)}{\partial(y,z)}\frac{\partial(y,z)}{\partial(s,t)}+\frac{\partial(u,v)}{\partial(z,x)}\frac{\partial(z,x)}{\partial(s,t)}.$$

8. 设 $u=\frac{y}{\tan x}$，$v=\frac{y}{\sin x}$. 证明：当 $0<x<\frac{\pi}{2}$，$y>0$ 时，u，v 可以用来作为曲线坐标，解出 x，y 作为 u，v 的函数，画出 xy 平面上 $u=1$，$v=2$ 所对应的坐标曲线，计算$\frac{\partial(u,v)}{\partial(x,y)}$和$\frac{\partial(x,y)}{\partial(u,v)}$并验证它们互为倒数.

9. 将以下式中的 (x,y,z) 变换成球面坐标 (r,θ,φ) 的形式：

$$\Delta_1 u=\left(\frac{\partial u}{\partial x}\right)^2+\left(\frac{\partial u}{\partial y}\right)^2+\left(\frac{\partial u}{\partial z}\right)^2,$$

$$\Delta_2 u=\frac{\partial^2 u}{\partial x^2}+\frac{\partial^2 u}{\partial y^2}+\frac{\partial^2 u}{\partial z^2}.$$

10. 设 $u=\frac{x}{r^2}$，$v=\frac{y}{r^2}$，$w=\frac{z}{r^2}$，其中 $r=\sqrt{x^2+y^2+z^2}$.

(1) 试求以 u，v，w 为自变量的反函数组；

(2) 计算$\frac{\partial(u,v,w)}{\partial(x,y,z)}$.

§3　几何应用

在本节中所讨论的曲线和曲面，由于它们的方程是以隐函数（组）的形式出现的，因此在求它们的切线（或切平面）时都要用到隐函数（组）的微分法.

一、平面曲线的切线与法线

设平面曲线由方程

$$F(x,y)=0 \tag{1}$$

给出，它在点 $P_0(x_0,y_0)$ 的某邻域上满足隐函数定理条件，于是在点 P_0 附近所确定的连续可微隐函数 $y=f(x)$（或 $x=g(y)$）和方程(1)在点 P_0 附近表示同一曲线，从而该曲线在点 P_0 存在切线和法线，其方程分别为

$$y-y_0=f'(x_0)(x-x_0)\quad(\text{或 } x-x_0=g'(y_0)(y-y_0))$$

与

$$y-y_0=-\frac{1}{f'(x_0)}(x-x_0)\quad\left(\text{或 } x-x_0=-\frac{1}{g'(y_0)}(y-y_0)\right).$$

由于

$$f'(x)=-\frac{F_x}{F_y}\quad\left(\text{或 } g'(y)=-\frac{F_y}{F_x}\right),$$

所以曲线(1)在点 P_0 的切线与法线方程为

切线：　　$F_x(x_0,y_0)(x-x_0)+F_y(x_0,y_0)(y-y_0)=0,$ (2)

法线：　　$F_y(x_0,y_0)(x-x_0)-F_x(x_0,y_0)(y-y_0)=0.$ (3)

例1　求笛卡儿叶形线(参见§1 例2)

$$2(x^3+y^3)-9xy=0$$

在点(2,1)的切线与法线.

解　设 $F(x,y)=2(x^3+y^3)-9xy$，于是 $F_x=6x^2-9y, F_y=6y^2-9x$ 在全平面连续，且 $F_x(2,1)=15\neq 0, F_y(2,1)=-12\neq 0$. 因此，由公式(2)与(3)分别求得曲线在点(2,1)的切线方程与法线方程分别为

$$15(x-2)-12(y-1)=0 \quad 即 \quad 5x-4y-6=0,$$

$$-12(x-2)-15(y-1)=0 \quad 即 \quad 4x+5y-13=0.$$ □

二、空间曲线的切线与法平面

下面我们讨论由参数方程

$$L: x=x(t), y=y(t), z=z(t), \alpha\leqslant t\leqslant\beta \tag{4}$$

表示的空间曲线 L 上某一点 $P_0(x_0,y_0,z_0)$ 的切线和法平面方程，这里 $x_0=x(t_0), y_0=y(t_0), z_0=z(t_0), \alpha\leqslant t_0\leqslant\beta$，并假定(4)式中的三个函数在 t_0 处可导，且

$$[x'(t_0)]^2+[y'(t_0)]^2+[z'(t_0)]^2\neq 0.$$

在曲线 L 上点 P_0 附近选取一点 $P(x,y,z)=P(x_0+\Delta x,y_0+\Delta y,z_0+\Delta z)$，于是连接 L 上的点 P_0 与 P 的割线方程为

$$\frac{x-x_0}{\Delta x}=\frac{y-y_0}{\Delta y}=\frac{z-z_0}{\Delta z},$$

其中 $\Delta x=x(t_0+\Delta t)-x(t_0), \Delta y=y(t_0+\Delta t)-y(t_0), \Delta z=z(t_0+\Delta t)-z(t_0)$. 以 Δt 除上式各分母，得

$$\frac{x-x_0}{\dfrac{\Delta x}{\Delta t}}=\frac{y-y_0}{\dfrac{\Delta y}{\Delta t}}=\frac{z-z_0}{\dfrac{\Delta z}{\Delta t}}.$$

当 $\Delta t\to 0$ 时，$P\to P_0$，且

$$\frac{\Delta x}{\Delta t}\to x'(t_0),\quad \frac{\Delta y}{\Delta t}\to y'(t_0),\quad \frac{\Delta z}{\Delta t}\to z'(t_0),$$

即得曲线 L 在 P_0 处的切线方程为

$$\frac{x-x_0}{x'(t_0)}=\frac{y-y_0}{y'(t_0)}=\frac{z-z_0}{z'(t_0)}. \tag{5}$$

由此可见，当 $x'(t_0), y'(t_0), z'(t_0)$ 不全为零时，它们是该切线的方向数.

过点 P_0 可以作无穷多条直线与切线 l 垂直，所有这些直线都在同一平面上，称此平面为曲线 L 在点 P_0 的**法平面**(图 18-5 中的平面 Π). 它通过点 P_0，且以 L 在 P_0 的切线 l 为它的法线，所以法平面 Π 的方程为

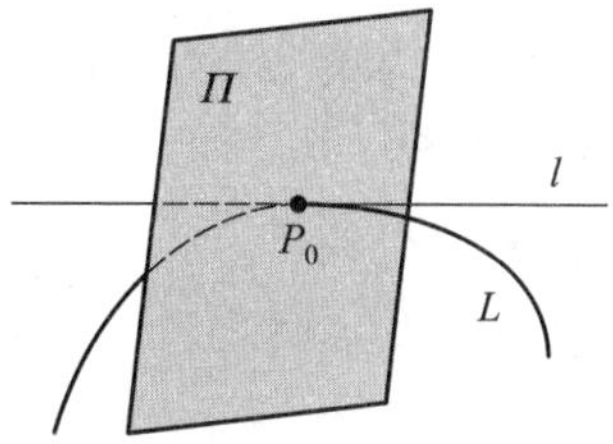

图 18-5

$$x'(t_0)(x-x_0)+y'(t_0)(y-y_0)+z'(t_0)(z-z_0)=0. \tag{6}$$

当空间曲线 L 由方程组

$$L:\begin{cases}F(x,y,z)=0,\\G(x,y,z)=0\end{cases} \tag{7}$$

给出时,若它在点 $P_0(x_0,y_0,z_0)$ 的某邻域上满足隐函数组定理的条件(这里不妨设条件(iv)是 $\left.\dfrac{\partial(F,G)}{\partial(x,y)}\right|_{P_0}\neq 0$),则方程组(7)在点 P_0 附近能确定惟一连续可微的隐函数组

$$x=\varphi(z),\ y=\psi(z), \tag{8}$$

使得 $x_0=\varphi(z_0)$,$y_0=\psi(z_0)$,且

$$\frac{\mathrm{d}x}{\mathrm{d}z}=-\frac{\dfrac{\partial(F,G)}{\partial(z,y)}}{\dfrac{\partial(F,G)}{\partial(x,y)}},\quad \frac{\mathrm{d}y}{\mathrm{d}z}=-\frac{\dfrac{\partial(F,G)}{\partial(x,z)}}{\dfrac{\partial(F,G)}{\partial(x,y)}}.$$

由于在点 P_0 附近方程组(7)与函数组(8)表示同一空间曲线,因此以 z 为参量时,就得到点 P_0 附近曲线 L 的参量方程

$$x=\varphi(z),\ y=\psi(z),\ z=z.$$

于是由(5)式,曲线在 P_0 处的切线方程为

$$\frac{x-x_0}{\left.\dfrac{\mathrm{d}x}{\mathrm{d}z}\right|_{P_0}}=\frac{y-y_0}{\left.\dfrac{\mathrm{d}y}{\mathrm{d}z}\right|_{P_0}}=\frac{z-z_0}{1},$$

即

$$\frac{x-x_0}{\left.\dfrac{\partial(F,G)}{\partial(y,z)}\right|_{P_0}}=\frac{y-y_0}{\left.\dfrac{\partial(F,G)}{\partial(z,x)}\right|_{P_0}}=\frac{z-z_0}{\left.\dfrac{\partial(F,G)}{\partial(x,y)}\right|_{P_0}}. \tag{9}$$

按(6)式,曲线在 P_0 处的法平面方程为

$$\left.\frac{\partial(F,G)}{\partial(y,z)}\right|_{P_0}(x-x_0)+\left.\frac{\partial(F,G)}{\partial(z,x)}\right|_{P_0}(y-y_0)+\left.\frac{\partial(F,G)}{\partial(x,y)}\right|_{P_0}(z-z_0)=0. \tag{10}$$

同样可推出:当 $\dfrac{\partial(F,G)}{\partial(y,z)}$ 或 $\dfrac{\partial(F,G)}{\partial(z,x)}$ 在 P_0 处不等于零时,曲线在 P_0 处的切线与法平面方程仍分别取(9)与(10)的形式. 由此可见,当

$$\left.\frac{\partial(F,G)}{\partial(y,z)}\right|_{P_0},\quad \left.\frac{\partial(F,G)}{\partial(z,x)}\right|_{P_0},\quad \left.\frac{\partial(F,G)}{\partial(x,y)}\right|_{P_0}$$

不全为零时,它们是空间曲线(7)在 P_0 处的切线的方向数.

例 2　求球面 $x^2+y^2+z^2=50$ 与锥面 $x^2+y^2=z^2$ 所截出的曲线在(3,4,5)处的切线与法平面方程.

解　设

$$F(x,y,z)=x^2+y^2+z^2-50,$$
$$G(x,y,z)=x^2+y^2-z^2.$$

它们在(3,4,5)处的偏导数和雅可比行列式之值分别为

$$\frac{\partial F}{\partial x}=6,\quad \frac{\partial F}{\partial y}=8,\quad \frac{\partial F}{\partial z}=10,$$

$$\frac{\partial G}{\partial x}=6,\quad \frac{\partial G}{\partial y}=8,\quad \frac{\partial G}{\partial z}=-10$$

和
$$\frac{\partial(F,G)}{\partial(y,z)}=-160,\quad \frac{\partial(F,G)}{\partial(z,x)}=120,\quad \frac{\partial(F,G)}{\partial(x,y)}=0.$$

所以曲线在(3,4,5)处的切线方程为

$$\frac{x-3}{-160}=\frac{y-4}{120}=\frac{z-5}{0},$$

即
$$\begin{cases}3(x-3)+4(y-4)=0,\\ z=5.\end{cases}$$

法平面方程为

$$-4(x-3)+3(y-4)+0(z-5)=0,$$

即
$$4x-3y=0.$$
□

三、曲面的切平面与法线

设曲面由方程

$$F(x,y,z)=0 \tag{11}$$

给出,它在点 $P_0(x_0,y_0,z_0)$ 的某邻域上满足隐函数定理条件(这里不妨设$F_z(x_0,y_0,z_0)\neq 0$). 于是方程(11)在点 P_0 附近确定惟一连续可微的隐函数 $z=f(x,y)$,使得$z_0=f(x_0,y_0)$,且

$$\frac{\partial z}{\partial x}=-\frac{F_x(x,y,z)}{F_z(x,y,z)},\quad \frac{\partial z}{\partial y}=-\frac{F_y(x,y,z)}{F_z(x,y,z)}.$$

由于在点 P_0 附近(11)式与 $z=f(x,y)$ 表示同一曲面,从而该曲面在 P_0 处有切平面与法线(第十七章 §1 的(13)式、(14)式),它们的方程分别是

$$z-z_0=-\frac{F_x(x_0,y_0,z_0)}{F_z(x_0,y_0,z_0)}(x-x_0)-\frac{F_y(x_0,y_0,z_0)}{F_z(x_0,y_0,z_0)}(y-y_0)$$

与

$$\frac{x-x_0}{-\dfrac{F_x(x_0,y_0,z_0)}{F_z(x_0,y_0,z_0)}}=\frac{y-y_0}{-\dfrac{F_y(x_0,y_0,z_0)}{F_z(x_0,y_0,z_0)}}=\frac{z-z_0}{-1}.$$

它们也可分别写成如下形式:

$$F_x(x_0,y_0,z_0)(x-x_0)+F_y(x_0,y_0,z_0)(y-y_0)+F_z(x_0,y_0,z_0)(z-z_0)=0 \tag{12}$$

与

$$\frac{x-x_0}{F_x(x_0,y_0,z_0)}=\frac{y-y_0}{F_y(x_0,y_0,z_0)}=\frac{z-z_0}{F_z(x_0,y_0,z_0)}. \tag{13}$$

这种形式对于 $F_x(x_0,y_0,z_0)\neq 0$ 或 $F_y(x_0,y_0,z_0)\neq 0$ 也同样适合.

注 1 由上面讨论知道,函数 $F(x,y,z)$ 在点 $P(x,y,z)$ 的梯度 $\mathbf{grad}\ F(P)$ 就是等值面 $F(x,y,z)=0$ 在点 P 的法向量 $\boldsymbol{n}=(F_x(P),F_y(P),F_z(P))$.

注 2 将(7)式表示的曲线 L 看成两个曲面 $F(x,y,z)=0$ 和 $G(x,y,z)=0$ 的交线(图 18-6),于是 L 在点 P_0 的切线与这两个曲面在 P_0 的法线都垂直. 而这两个法向量

为 $\boldsymbol{n}_1=(F_x,F_y,F_z)\big|_{P_0}$ 与 $\boldsymbol{n}_2=(G_x,G_y,G_z)\big|_{P_0}$，因此 L 在 P_0 的切向量可以取 $\boldsymbol{n}_1$ 与 $\boldsymbol{n}_2$ 的向量积

$$\boldsymbol{\tau}=\boldsymbol{n}_1\times\boldsymbol{n}_2=\begin{vmatrix}\boldsymbol{i} & \boldsymbol{j} & \boldsymbol{k}\\ F_x(P_0) & F_y(P_0) & F_z(P_0)\\ G_x(P_0) & G_y(P_0) & G_z(P_0)\end{vmatrix}$$

$$=\left.\frac{\partial(F,G)}{\partial(y,z)}\right|_{P_0}\boldsymbol{i}+\left.\frac{\partial(F,G)}{\partial(z,x)}\right|_{P_0}\boldsymbol{j}+\left.\frac{\partial(F,G)}{\partial(x,y)}\right|_{P_0}\boldsymbol{k}.$$

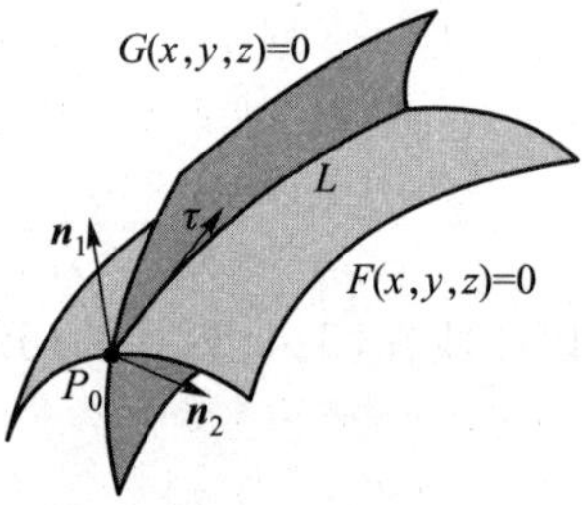

图 18-6

这个结果相比前面导出(9)式的过程更容易记住.

例 3　求椭球面 $x^2+2y^2+3z^2=6$ 在(1,1,1)处的切平面方程与法线方程.

解　设 $F(x,y,z)=x^2+2y^2+3z^2-6$. 由于 $F_x=2x,F_y=4y,F_z=6z$ 在全空间上处处连续. 在(1,1,1)处 $F_x=2,F_y=4,F_z=6$. 因此由公式(12),(13)得切平面方程

$$2(x-1)+4(y-1)+6(z-1)=0,$$

即

$$x+2y+3z=6$$

和法线方程

$$\frac{x-1}{1}=\frac{y-1}{2}=\frac{z-1}{3}.$$

□

例 4　证明:曲面 $f\left(\frac{x-a}{z-c},\frac{y-b}{z-c}\right)=0$ 的任一切平面都过某个定点,其中 f 是连续可微函数.

证　令 $F(x,y,z)=f\left(\frac{x-a}{z-c},\frac{y-b}{z-c}\right)$,因为

$$(F_x,F_y,F_z)=\left(\frac{f_1}{z-c},\frac{f_2}{z-c},-\frac{(x-a)f_1+(y-b)f_2}{(z-c)^2}\right),$$

所以曲面在其上任意一点 $P_0(x_0,y_0,z_0)$ 的法向量可取为

$$\boldsymbol{n}=\left(f_1(P_0),f_2(P_0),-\frac{(x_0-a)f_1(P_0)+(y_0-b)f_2(P_0)}{z_0-c}\right).$$

由此得到切平面方程

$$f_1(P_0)(x-x_0)+f_2(P_0)(y-y_0)-\frac{(x_0-a)f_1(P_0)+(y_0-b)f_2(P_0)}{z_0-c}(z-z_0)=0.$$

将 $(x,y,z)=(a,b,c)$ 代入上式,就得到一个恒等式

$$f_1(P_0)(a-x_0)+f_2(P_0)(b-y_0)-\frac{(x_0-a)f_1(P_0)+(y_0-b)f_2(P_0)}{z_0-c}(c-z_0)\equiv 0,$$

这说明定点 (a,b,c) 在曲面的任一切平面上.　□

习 题 18.3

1. 求平面曲线 $x^{2/3}+y^{2/3}=a^{2/3}$ $(a>0)$ 上任一点处的切线方程,并证明这些切线被坐标轴所截取的线段等长.

2. 求下列曲线在所示点处的切线与法平面:

(1) $x=a\sin^2 t,y=b\sin t\cos t,z=c\cos^2 t$,在点 $t=\frac{\pi}{4}$;

(2) $2x^2+3y^2+z^2=9, z^2=3x^2+y^2$，在点$(1,-1,2)$.

3. 求下列曲面在所示点处的切平面与法线：

(1) $y-e^{2x-z}=0$，在点$(1,1,2)$；

(2) $\frac{x^2}{a^2}+\frac{y^2}{b^2}+\frac{z^2}{c^2}=1$，在点$\left(\frac{a}{\sqrt{3}},\frac{b}{\sqrt{3}},\frac{c}{\sqrt{3}}\right)$.

4. 证明对任意常数ρ,φ，球面$x^2+y^2+z^2=\rho^2$与锥面$x^2+y^2=\tan^2\varphi\cdot z^2$是正交的.

5. 求曲面$x^2+2y^2+3z^2=21$的切平面，使它平行于平面

$$x+4y+6z=0.$$

6. 在曲线$x=t, y=t^2, z=t^3$上求出一点，使曲线在此点的切线平行于平面$x+2y+z=4$.

---

7. 求函数

$$u=\frac{x}{\sqrt{x^2+y^2+z^2}}$$

在点$M(1,2,-2)$沿曲线

$$x=t,\quad y=2t^2,\quad z=-2t^4$$

在该点切线的方向导数.

8. 试证明：函数$F(x,y)$在点$P_0(x_0,y_0)$的梯度恰好是F的等值线在点P_0的法向量（设F有连续一阶偏导数）.

9. 确定正数λ，使曲面$xyz=\lambda$与椭球面$\frac{x^2}{a^2}+\frac{y^2}{b^2}+\frac{z^2}{c^2}=1$在某一点相切（即在该点有公共切平面）.

10. 求$x^2+y^2+z^2=x$的切平面，使其垂直于平面$x-y-\frac{1}{2}z=2$和$x-y-z=2$.

11. 求两曲面

$$F(x,y,z)=0,\ G(x,y,z)=0$$

的交线在xy平面上的投影曲线的切线方程.

§4　条件极值

以往所讨论的极值问题，其极值点的搜索范围是目标函数的定义域，但是另外还有很多极值问题，其极值点的搜索范围还受到各自不同条件的限制. 例如，要设计一个容量为V的长方形开口水箱，试问水箱的长、宽、高各等于多少时，其表面积最小？为此，设水箱的长、宽、高分别为x,y,z，则表面积为

$$S(x,y,z)=2(xz+yz)+xy.$$

依题意，上述表面积函数的自变量不仅要符合定义域的要求$(x>0,y>0,z>0)$，而且还须满足条件

$$xyz=V. \tag{1}$$

这类附有约束条件的极值问题称为**条件极值**问题（不带约束条件的极值问题不妨称为无条件极值问题）. 条件极值在实际问题中的应用非常广泛，并且还能用来证明或建立不等式.

条件极值问题的一般形式是在条件组

$$\varphi_k(x_1,x_2,\cdots,x_n)=0,\ k=1,2,\cdots,m\quad(m<n)\tag{2}$$

的限制下,求目标函数

$$y=f(x_1,x_2,\cdots,x_n)\tag{3}$$

的极值.

过去遇到这类极值问题时,只能用消元法化为无条件极值问题来求解. 如上面的例子,由条件(1)解出 $z=V/xy$,并代入函数 $S(x,y,z)$ 中,得到

$$F(x,y)=S\left(x,y,\frac{V}{xy}\right)=2V\left(\frac{1}{y}+\frac{1}{x}\right)+xy.$$

然后按$(F_x,F_y)=(0,0)$,求出稳定点 $x=y=\sqrt[3]{2V}$,并有 $z=\frac{1}{2}\sqrt[3]{2V}$. 最后判定在此稳定点上取得最小面积 $S=3\sqrt[3]{4V^2}$.

然而,在一般情形下要从条件组(2)中解出 m 个变元并不总是可能的. 下面我们介绍的拉格朗日乘数法就是一种不直接依赖消元而求解条件极值问题的有效方法.

我们从 f,φ 皆为二元函数这一简单情况入手. 欲求函数

$$z=f(x,y)\tag{4}$$

的极值,其中(x,y)受条件

$$C:\ \varphi(x,y)=0\tag{5}$$

的限制.

若把条件 C 看作(x,y)所满足的曲线方程,并设 C 上的点 $P_0(x_0,y_0)$为 f 在条件(5)下的极值点,且在点 P_0 的某邻域上方程(5)能惟一确定可微的隐函数$y=g(x)$,则 $x=x_0$ 必定也是 $z=f(x,g(x))=h(x)$的极值点. 故由 f 在 P_0 可微,g 在 x_0 可微,得到

$$h'(x_0)=f_x(x_0,y_0)+f_y(x_0,y_0)g'(x_0)=0.\tag{6}$$

而当 φ 满足隐函数定理条件时

$$g'(x_0)=-\frac{\varphi_x(x_0,y_0)}{\varphi_y(x_0,y_0)}.\tag{7}$$

把(7)代入(6)后又得到

$$f_x(P_0)\varphi_y(P_0)-f_y(P_0)\varphi_x(P_0)=0.\tag{8}$$

在几何意义上,关系式(8)表示曲面 $z=f(x,y)$的等高线$f(x,y)=f(P_0)$与曲线 C 在 P_0 处具有公共切线(见图 18-7). 从而存在某一常数 λ_0,使得在 P_0 处满足

$$\left.\begin{aligned}&f_x(P_0)+\lambda_0\varphi_x(P_0)=0,\\&f_y(P_0)+\lambda_0\varphi_y(P_0)=0,\\&\varphi(P_0)=0.\end{aligned}\right\}\tag{9}$$

如果引入辅助变量 λ 和辅助函数

$$L(x,y,\lambda)=f(x,y)+\lambda\varphi(x,y),\tag{10}$$

则(9)中三式就是

$$\left.\begin{aligned}&L_x(x_0,y_0,\lambda_0)=f_x(P_0)+\lambda_0\varphi_x(P_0)=0,\\&L_y(x_0,y_0,\lambda_0)=f_y(P_0)+\lambda_0\varphi_y(P_0)=0,\\&L_\lambda(x_0,y_0)=\varphi(P_0)=0.\end{aligned}\right\}\tag{11}$$

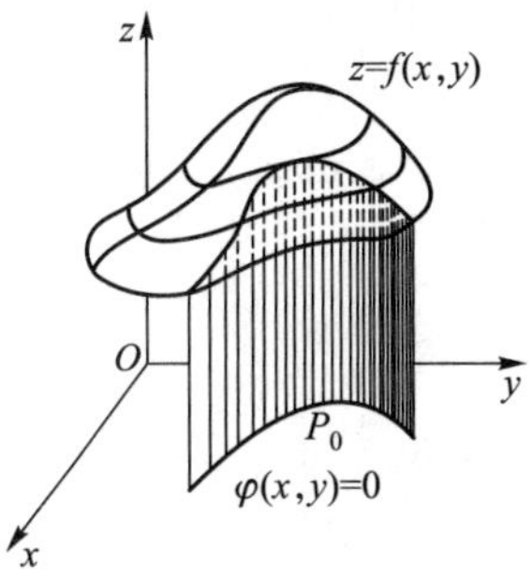

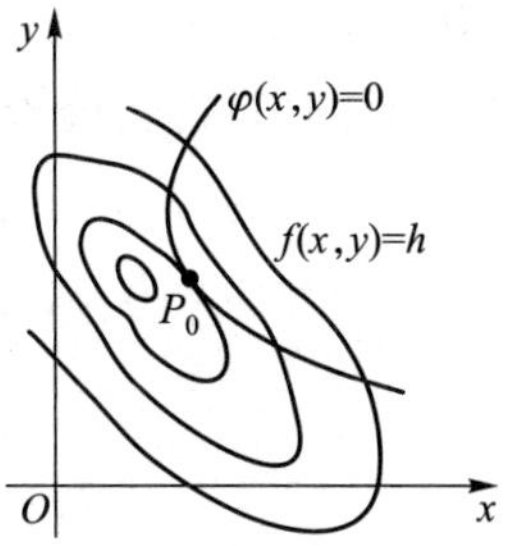

图 18-7

这样就把条件极值问题(4),(5)转化为讨论函数(10)的无条件极值问题.这种方法称为**拉格朗日乘数法**,(10)中的函数 L 称为**拉格朗日函数**,辅助变量 λ 称为**拉格朗日乘数**.

对于由(3),(2)两式所表示的一般条件极值问题的拉格朗日函数是

$$\begin{aligned}&L(x_1,x_2,\cdots,x_n,\lambda_1,\lambda_2,\cdots,\lambda_m)\\&=f(x_1,x_2,\cdots,x_n)+\sum_{k=1}^{m}\lambda_k\varphi_k(x_1,x_2,\cdots,x_n),\end{aligned}\tag{12}$$

其中 $\lambda_1,\lambda_2,\cdots,\lambda_m$ 为拉格朗日乘数,并有下面的定理.

定理 18.6　设在条件(2)的限制下,求函数(3)的极值问题,其中 f 与 φ_k $(k=1,2,\cdots,m)$ 在区域 D 上有连续的一阶偏导数.若 D 的内点 $P_0(x_1^{(0)},\cdots,x_n^{(0)})$ 是上述问题的极值点,且雅可比矩阵

$$\begin{pmatrix}\dfrac{\partial\varphi_1}{\partial x_1} & \cdots & \dfrac{\partial\varphi_1}{\partial x_n}\\ \vdots & & \vdots\\ \dfrac{\partial\varphi_m}{\partial x_1} & \cdots & \dfrac{\partial\varphi_m}{\partial x_n}\end{pmatrix}_{P_0}\tag{13}$$

的秩为 m,则存在 m 个常数 $\lambda_1^{(0)},\cdots,\lambda_m^{(0)}$,使得 $(x_1^{(0)},\cdots,x_n^{(0)},\lambda_1^{(0)},\cdots,\lambda_m^{(0)})$ 为拉格朗日函数(12)的稳定点,即 $(x_1^{(0)},\cdots,x_n^{(0)},\lambda_1^{(0)},\cdots,\lambda_m^{(0)})$ 为 $n+m$ 个方程

$$\begin{cases}L_{x_1}=\dfrac{\partial f}{\partial x_1}+\displaystyle\sum_{k=1}^{m}\lambda_k\dfrac{\partial\varphi_k}{\partial x_1}=0,\\ \cdots\cdots\cdots\cdots\\ L_{x_n}=\dfrac{\partial f}{\partial x_n}+\displaystyle\sum_{k=1}^{m}\lambda_k\dfrac{\partial\varphi_k}{\partial x_n}=0,\\ L_{\lambda_1}=\varphi_1(x_1,\cdots,x_n)=0,\\ \cdots\cdots\cdots\cdots\\ L_{\lambda_m}=\varphi_m(x_1,\cdots,x_n)=0\end{cases}$$

的解.

当 $n=2,m=1$ 时,定理的正确性已在前面作了说明,对于一般情形的证明可参阅第二十三章的定理 23.19.

例 1　用拉格朗日乘数法重新求本节开头提到的水箱设计的问题.

解　这时所求问题的拉格朗日函数是

$$L(x,y,z,\lambda)=2(xz+yz)+xy+\lambda(xyz-V).$$

对 L 求偏导数,并令它们都等于 0,则有

$$\left.\begin{aligned}&L_x=2z+y+\lambda yz=0,\\&L_y=2z+x+\lambda xz=0,\\&L_z=2(x+y)+\lambda xy=0,\\&L_\lambda=xyz-V=0.\end{aligned}\right\}\tag{14}$$

求方程组(14)的解,得

$$x=y=2z=\sqrt[3]{2V},\ \lambda=-\frac{4}{\sqrt[3]{2V}}.\tag{15}$$

依题意,所求水箱的表面积在条件(1)下确实存在最小值. 由(15)知当高为 $\sqrt[3]{\frac{V}{4}}$,长与宽为高的 2 倍时,表面积最小. 最小值 $S=3(2V)^{2/3}$. □

注　由以上结果还可以得到一个不等式(这是获得不等式的一种好方法). 那就是具体算出目标函数(表面积)的最小值:

$$S_{\min}=2\cdot\frac{\sqrt[3]{2V}}{2}(\sqrt[3]{2V}+\sqrt[3]{2V})+(\sqrt[3]{2V})^2=3\sqrt[3]{4V^2},$$

于是有 $2z(x+y)+xy\geqslant 3\sqrt[3]{4V^2}$,这里 $V=xyz$. 消去 V,就有不等式

$$2z(x+y)+xy\geqslant 3\sqrt[3]{4(xyz)^2},\quad x>0,\quad y>0,\quad z>0.$$

例 2　抛物面

$$x^2+y^2=z$$

被平面

$$x+y+z=1$$

截成一个椭圆. 求这个椭圆到原点的最长与最短距离.

解　这个问题实质上就是要求函数

$$f(x,y,z)=x^2+y^2+z^2$$

在条件 $x^2+y^2-z=0$ 及 $x+y+z-1=0$ 下的最大、最小值问题. 应用拉格朗日乘数法,令

$$L(x,y,z,\lambda,\mu)=x^2+y^2+z^2+\lambda(x^2+y^2-z)+\mu(x+y+z-1).$$

对 L 求一阶偏导数,并令它们都等于 0,则有

$$\begin{cases}L_x=2x+2x\lambda+\mu=0,\\L_y=2y+2y\lambda+\mu=0,\\L_z=2z-\lambda+\mu=0,\\L_\lambda=x^2+y^2-z=0,\\L_\mu=x+y+z-1=0.\end{cases}$$

求得此方程组的解为

$$\lambda=-3\pm\frac{5}{3}\sqrt{3},\ \mu=-7\pm\frac{11}{3}\sqrt{3},$$

与
$$x=y=\frac{-1\pm\sqrt{3}}{2},\ z=2\mp\sqrt{3}. \tag{16}$$

(16)就是拉格朗日函数 $L(x,y,z,\lambda,\mu)$ 的稳定点，且所求的条件极值点必在其中取得.由于所求问题存在最大值与最小值(因为函数 f 在有界闭集 $\{(x,y,z)\mid x^2+y^2=z,x+y+z=1\}$ 上连续，从而必存在最大值与最小值)，故由

$$f\left(\frac{-1\pm\sqrt{3}}{2},\frac{-1\pm\sqrt{3}}{2},2\mp\sqrt{3}\right)$$

所求得的两个值 $9\mp5\sqrt{3}$，正是该椭圆到原点的最长距离 $\sqrt{9+5\sqrt{3}}$ 与最短距离 $\sqrt{9-5\sqrt{3}}$. □

例 3 求 $f(x,y,z)=xyz$ 在条件 $\frac{1}{x}+\frac{1}{y}+\frac{1}{z}=\frac{1}{r}$ $(x>0,y>0,z>0,r>0)$ 下的极小值，并证明不等式

$$3\left(\frac{1}{a}+\frac{1}{b}+\frac{1}{c}\right)^{-1}\leqslant\sqrt[3]{abc},$$

其中 a,b,c 为任意正实数.

解 设拉格朗日函数为

$$L(x,y,z,\lambda)=xyz+\lambda\left(\frac{1}{x}+\frac{1}{y}+\frac{1}{z}-\frac{1}{r}\right).$$

对 L 求偏导数并令它们都等于0，则有

$$\left.\begin{aligned}L_x&=yz-\frac{\lambda}{x^2}=0,\\L_y&=zx-\frac{\lambda}{y^2}=0,\\L_z&=xy-\frac{\lambda}{z^2}=0,\\L_\lambda&=\frac{1}{x}+\frac{1}{y}+\frac{1}{z}-\frac{1}{r}=0.\end{aligned}\right\} \tag{17}$$

由方程组(17)的前三式，易得

$$\frac{1}{x}=\frac{1}{y}=\frac{1}{z}=\frac{xyz}{\lambda}=\mu.$$

把它代入(17)的第四式，求出 $\mu=\frac{1}{3r}$. 从而函数 L 的稳定点为 $x=y=z=3r,\lambda=(3r)^4$.

为了判断 $f(3r,3r,3r)=(3r)^3$ 是否为所求条件极(小)值，我们可把条件 $\frac{1}{x}+\frac{1}{y}+\frac{1}{z}=\frac{1}{r}$ 看作隐函数 $z=z(x,y)$ (满足隐函数定理条件)，并把目标函数 $f(x,y,z)=xyz(x,y)=F(x,y)$ 看作 f 与 $z=z(x,y)$ 的复合函数. 这样，就可应用极值充分条件来作出判断. 为此计算如下：

$$z_x=-\frac{-1}{x^2}\Big/\frac{-1}{z^2}=-\frac{z^2}{x^2},\ z_y=-\frac{z^2}{y^2},$$

$$F_x=yz+xyz_x=yz-\frac{yz^2}{x},\ F_y=xz-\frac{xz^2}{y},$$

$$F_{xx}=yz_x+yz_x+xyz_{xx}=\frac{2yz^3}{x^3},$$

$$F_{xy}=z+yz_y+xz_x+xyz_{xy}=z-\frac{z^2}{y}-\frac{z^2}{x}+\frac{2z^3}{xy},$$

$$F_{yy}=\frac{2xz^3}{y^3}.$$

当 $x=y=z=3r$ 时,

$$F_{xx}=6r=F_{yy},\quad F_{xy}=3r,$$

$$F_{xx}F_{yy}-F_{xy}^2=36r^2-9r^2=27r^2>0.$$

由此可见,所求得的稳定点为极小值点,而且可以验证是最小值点. 这样就有不等式

$$xyz\geqslant(3r)^3\quad\left(x>0,y>0,z>0\text{ 且}\frac{1}{x}+\frac{1}{y}+\frac{1}{z}=\frac{1}{r}\right).\tag{18}$$

令 $x=a,y=b,z=c$,则 $r=\left(\frac{1}{a}+\frac{1}{b}+\frac{1}{c}\right)^{-1}$,代入不等式(18)有

$$abc\geqslant\left[3\left(\frac{1}{a}+\frac{1}{b}+\frac{1}{c}\right)^{-1}\right]^3$$

或

$$3\left(\frac{1}{a}+\frac{1}{b}+\frac{1}{c}\right)^{-1}\leqslant\sqrt[3]{abc}\quad(a>0,b>0,c>0).$$ □

习 题 18.4

1. 应用拉格朗日乘数法,求下列函数的条件极值:

(1) $f(x,y)=x^2+y^2$,若 $x+y-1=0$;

(2) $f(x,y,z,t)=x+y+z+t$,若 $xyzt=c^4$(其中 $x,y,z,t>0,c>0$);

(3) $f(x,y,z)=xyz$,若 $x^2+y^2+z^2=1,x+y+z=0$.

2. (1) 求表面积一定而体积最大的长方体;

(2) 求体积一定而表面积最小的长方体.

3. 求空间一点 (x_0,y_0,z_0) 到平面 $Ax+By+Cz+D=0$ 的最短距离.

---

4. 证明:在 n 个正数的和为定值条件

$$x_1+x_2+\cdots+x_n=a$$

下,这 n 个正数的乘积 $x_1x_2\cdots x_n$ 的最大值为 $\frac{a^n}{n^n}$. 并由此结果推出 n 个正数的几何平均值不大于算术平均值

$$\sqrt[n]{x_1x_2\cdots x_n}\leqslant\frac{x_1+x_2+\cdots+x_n}{n}.$$

5. 设 $a_1,a_2,\cdots,a_n$ 为已知的 n 个正数,求

$$f(x_1,x_2,\cdots,x_n) = \sum_{k=1}^{n} a_k x_k$$

在限制条件

$$x_1^2 + x_2^2 + \cdots + x_n^2 \leqslant 1$$

下的最大值.

6. 求函数

$$f(x_1,x_2,\cdots,x_n) = x_1^2 + x_2^2 + \cdots + x_n^2$$

在条件

$$\sum_{k=1}^{n} a_k x_k = 1 \quad (a_k > 0, k = 1,2,\cdots,n)$$

下的最小值.

7. 利用条件极值方法证明不等式

$$xy^2z^3 \leqslant 108\left(\frac{x+y+z}{6}\right)^6, \quad x>0, y>0, z>0.$$

提示:取目标函数 $f(x,y,z)=xy^2z^3$,约束条件为 $x+y+z=a$ $(x>0,y>0,z>0,a>0)$.

第十八章总练习题

1. 方程 $y^2-x^2(1-x^2)=0$ 在哪些点的邻域上可惟一地确定连续可导的隐函数 $y=f(x)$?

2. 设函数 $f(x)$ 在区间 (a,b) 上连续,函数 $\varphi(y)$ 在区间 (c,d) 上连续,而且 $\varphi'(y)>0$. 问在怎样条件下,方程

$$\varphi(y) = f(x)$$

能确定函数

$$y = \varphi^{-1}(f(x)),$$

并研究例子:(i) $\sin y+\operatorname{sh} y=x$; (ii) $\mathrm{e}^{-y}=-\sin^2 x$.

3. 设 $f(x,y,z)=0, z=g(x,y)$,试求 $\dfrac{\mathrm{d}y}{\mathrm{d}x}, \dfrac{\mathrm{d}z}{\mathrm{d}x}$.

4. 已知 $G_1(x,y,z), G_2(x,y,z), f(x,y)$ 都是可微的,

$$g_i(x,y) = G_i(x,y,f(x,y)),\ i = 1,2.$$

证明

$$\frac{\partial(g_1,g_2)}{\partial(x,y)} = \begin{vmatrix} -f_x & -f_y & 1 \\ G_{1x} & G_{1y} & G_{1z} \\ G_{2x} & G_{2y} & G_{2z} \end{vmatrix}.$$

5. 设 $x=f(u,v,w), y=g(u,v,w), z=h(u,v,w)$,求 $\dfrac{\partial u}{\partial x}, \dfrac{\partial u}{\partial y}, \dfrac{\partial u}{\partial z}$.

6. 试求下列方程所确定的函数的偏导数 $\dfrac{\partial u}{\partial x}, \dfrac{\partial u}{\partial y}$:

(1) $x^2+u^2=f(x,u)+g(x,y,u)$;　　(2) $u=f(x+u,yu)$.

7. 据理说明:在点 $(0,1)$ 近旁是否存在连续可微的 $f(x,y)$ 和 $g(x,y)$,满足 $f(0,1)=1, g(0,1)=-1$,且

$$[f(x,y)]^3 + xg(x,y) - y = 0,\ [g(x,y)]^3 + yf(x,y) - x = 0.$$

8. 设(x_0,y_0,z_0,u_0)满足方程组

$$f(x)+f(y)+f(z)=F(u),$$
$$g(x)+g(y)+g(z)=G(u),$$
$$h(x)+h(y)+h(z)=H(u),$$

这里所有的函数假定有连续的导数.

(1) 说出一个能在该点邻域上确定x,y,z为u的函数的充分条件;

(2) 在$f(x)=x,g(x)=x^2,h(x)=x^3$的情形下,上述条件相当于什么?

9. 求由下列方程所确定的隐函数的极值:

(1) $x^2+2xy+2y^2=1$;　　(2) $(x^2+y^2)^2=a^2(x^2-y^2)\ (a>0)$.

10. 设$y=F(x)$和一组函数$x=\varphi(u,v),y=\psi(u,v)$,那么由方程$\psi(u,v)=F(\varphi(u,v))$可以确定函数$v=v(u)$. 试用$u,v,\dfrac{\mathrm{d}v}{\mathrm{d}u},\dfrac{\mathrm{d}^2v}{\mathrm{d}u^2}$表示$\dfrac{\mathrm{d}y}{\mathrm{d}x},\dfrac{\mathrm{d}^2y}{\mathrm{d}x^2}$.

11. 试证明:二次型

$$f(x,y,z)=Ax^2+By^2+Cz^2+2Dyz+2Ezx+2Fxy$$

在单位球面

$$x^2+y^2+z^2=1$$

上的最大值和最小值恰好是矩阵

$$\boldsymbol{\Phi}=\begin{pmatrix}A&F&E\\F&B&D\\E&D&C\end{pmatrix}$$

的最大特征值和最小特征值.

12. 设n为正整数,$x,y>0$. 用条件极值方法证明:

$$\frac{x^n+y^n}{2}\geqslant\left(\frac{x+y}{2}\right)^n.$$

提示:参照§4例3的思想方法,给出合适的约束条件.

13. 求出椭球$\dfrac{x^2}{a^2}+\dfrac{y^2}{b^2}+\dfrac{z^2}{c^2}=1$在第一卦限中的切平面与三个坐标面所成四面体的最小体积.

14. 设$P_0(x_0,y_0,z_0)$是曲面$F(x,y,z)=1$的非奇异点①,F在$U(P_0)$可微,且为n次齐次函数. 证明:此曲面在P_0处的切平面方程为

$$xF_x(P_0)+yF_y(P_0)+zF_z(P_0)=n.$$

第十八章综合自测题

① 若$(F_x,F_y,F_z)|_{P_0}\neq(0,0,0)$,则点$P_0$称为$F$的**非奇异点**,否则$P_0$称为$F$的**奇异点**.

第十九章 含参量积分

§1 含参量正常积分

从本章开始我们讨论多元函数的各种积分问题,首先研究含参量积分. 设$f(x,y)$是定义在矩形区域 $R=[a,b]\times[c,d]$ 上的二元函数①. 当 x 取$[a,b]$上某定值时,函数$f(x,y)$则是定义在$[c,d]$上以 y 为自变量的一元函数. 倘若这时$f(x,y)$在$[c,d]$上可积,则其积分值是 x 在$[a,b]$上取值的函数,记它为$\varphi(x)$,就有

$$\varphi(x)=\int_c^d f(x,y)\,\mathrm{d}y,\ x\in[a,b]. \tag{1}$$

一般地,设$f(x,y)$为定义在区域 $G=\{(x,y)\mid c(x)\leqslant y\leqslant d(x),a\leqslant x\leqslant b\}$ 上的二元函数,其中 $c(x),d(x)$ 为定义在$[a,b]$上的连续函数(图 19-1),若对于$[a,b]$上每一固定的 x 值,$f(x,y)$作为 y 的函数在闭区间$[c(x),d(x)]$上可积,则其积分值是 x 在$[a,b]$上取值的函数,记作 $F(x)$ 时,就有

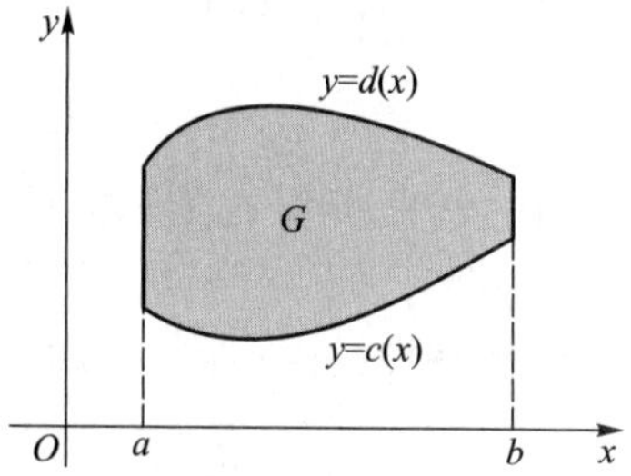

图 19-1

$$F(x)=\int_{c(x)}^{d(x)} f(x,y)\,\mathrm{d}y,\ x\in[a,b]. \tag{2}$$

用积分形式所定义的这两个函数(1)与(2),通称为定义在$[a,b]$上**含参量 x 的(正常)积分**,或简称**含参量积分**.

下面讨论含参量积分的连续性、可微性与可积性.

定理 19.1(连续性) 若二元函数$f(x,y)$在矩形区域 $R=[a,b]\times[c,d]$上连续,则函数

$$\varphi(x)=\int_c^d f(x,y)\,\mathrm{d}y$$

在$[a,b]$上连续.

证 设 $x\in[a,b]$,对充分小的 Δx,有 $x+\Delta x\in[a,b]$(若 x 为区间的端点,则仅考

---

① 在建立含参量积分的概念和讨论其连续性与可微性时,矩形区域$[a,b]\times[c,d]$可改为更一般的区域 $I\times[c,d]$,其中 I 为区间.

虑 $\Delta x>0$ 或 $\Delta x<0$)，于是

$$\varphi(x+\Delta x)-\varphi(x)=\int_c^d[f(x+\Delta x,y)-f(x,y)]\mathrm{d}y. \tag{3}$$

由于 $f(x,y)$ 在有界闭域 R 上连续，从而一致连续，即对任给的正数 ε，总存在某个正数 δ，对 R 内任意两点 (x_1,y_1) 与 (x_2,y_2)，只要

$$|x_1-x_2|<\delta,\ |y_1-y_2|<\delta,$$

就有

$$|f(x_1,y_1)-f(x_2,y_2)|<\varepsilon. \tag{4}$$

所以由(3)，(4)可推得：当 $|\Delta x|<\delta$ 时，

$$\begin{aligned}|\varphi(x+\Delta x)-\varphi(x)| &\leqslant \int_c^d|f(x+\Delta x,y)-f(x,y)|\mathrm{d}y\\ &<\int_c^d\varepsilon\mathrm{d}x=\varepsilon(d-c).\end{aligned}$$

这就证明了 $\varphi(x)$ 在 $[a,b]$ 上连续. □

同理可证：若 $f(x,y)$ 在矩形区域 R 上连续，则含参量 y 的积分

$$\psi(y)=\int_a^b f(x,y)\mathrm{d}x \tag{5}$$

在 $[c,d]$ 上连续.

对于定理 19.1 的结论也可以写成如下的形式：若 $f(x,y)$ 在矩形区域 R 上连续，则对任何 $x_0\in[a,b]$，都有

$$\lim_{x\to x_0}\int_c^d f(x,y)\mathrm{d}y=\int_c^d\lim_{x\to x_0}f(x,y)\mathrm{d}y.$$

这个结论表明，定义在矩形区域上的连续函数，其极限运算与积分运算的顺序是可以交换的.

定理 19.2(连续性)　设二元函数 $f(x,y)$ 在区域

$$G=\{(x,y)\mid c(x)\leqslant y\leqslant d(x),a\leqslant x\leqslant b\}$$

上连续，其中 $c(x)$，$d(x)$ 为 $[a,b]$ 上的连续函数，则函数

$$F(x)=\int_{c(x)}^{d(x)}f(x,y)\mathrm{d}y \tag{6}$$

在 $[a,b]$ 上连续.

证　对积分(6)用换元积分法，令

$$y=c(x)+t(d(x)-c(x)).$$

当 y 在 $c(x)$ 与 $d(x)$ 之间取值时，t 在 $[0,1]$ 上取值，且

$$\mathrm{d}y=(d(x)-c(x))\mathrm{d}t.$$

所以从(6)式可得

$$\begin{aligned}F(x)&=\int_{c(x)}^{d(x)}f(x,y)\mathrm{d}y\\ &=\int_0^1 f(x,c(x)+t(d(x)-c(x)))(d(x)-c(x))\mathrm{d}t.\end{aligned}$$

由于被积函数

$$f(x,c(x)+t(d(x)-c(x)))(d(x)-c(x))$$

在矩形区域$[a,b]\times[0,1]$上连续,由定理 19.1 得积分(6)所确定的函数 $F(x)$在$[a,b]$上连续. □

下面讨论含参量积分的求导运算与积分运算的可交换性.

定理 19.3(可微性) 若函数$f(x,y)$与其偏导数$\frac{\partial}{\partial x}f(x,y)$都在矩形区域$R=[a,b]\times[c,d]$上连续,则

$$\varphi(x)=\int_c^d f(x,y)\,\mathrm{d}y$$

在$[a,b]$上可微,且

$$\frac{\mathrm{d}}{\mathrm{d}x}\int_c^d f(x,y)\,\mathrm{d}y=\int_c^d\frac{\partial}{\partial x}f(x,y)\,\mathrm{d}y.$$

证 对于$[a,b]$内任一点 x,设 $x+\Delta x\in[a,b]$(若 x 为区间端点,则讨论单侧导数),则

$$\frac{\varphi(x+\Delta x)-\varphi(x)}{\Delta x}=\int_c^d\frac{f(x+\Delta x,y)-f(x,y)}{\Delta x}\mathrm{d}y.$$

由微分学的拉格朗日中值定理及$f_x(x,y)$在有界闭域 R 上连续(从而一致连续),对任给正数 ε,存在正数 δ,只要当$|\Delta x|<\delta$时,就有

$$\left|\frac{f(x+\Delta x,y)-f(x,y)}{\Delta x}-f_x(x,y)\right|$$
$$=|f_x(x+\theta\Delta x,y)-f_x(x,y)|<\varepsilon,$$

其中 $\theta\in(0,1)$. 因此

$$\left|\frac{\Delta\varphi}{\Delta x}-\int_c^d f_x(x,y)\,\mathrm{d}y\right|$$
$$\leqslant\int_c^d\left|\frac{f(x+\Delta x,y)-f(x,y)}{\Delta x}-f_x(x,y)\right|\mathrm{d}y$$
$$<\varepsilon(d-c).$$

这就证得对一切 $x\in[a,b]$,有

$$\frac{\mathrm{d}}{\mathrm{d}x}\varphi(x)=\int_c^d\frac{\partial}{\partial x}f(x,y)\,\mathrm{d}y.$$ □

定理 19.4(可微性) 设$f(x,y)$,$f_x(x,y)$在 $R=[a,b]\times[p,q]$上连续,$c(x)$,$d(x)$为定义在$[a,b]$上其值含于$[p,q]$内的可微函数,则函数

$$F(x)=\int_{c(x)}^{d(x)}f(x,y)\,\mathrm{d}y$$

在$[a,b]$上可微,且

$$F'(x)=\int_{c(x)}^{d(x)}f_x(x,y)\,\mathrm{d}y+f(x,d(x))d'(x)-f(x,c(x))c'(x).\tag{7}$$

证 把 $F(x)$看作复合函数

$$F(x)=H(x,c,d)=\int_c^d f(x,y)\,\mathrm{d}y,$$
$$c=c(x),\ d=d(x).$$

由复合函数求导法则及变限积分的求导法则,有

$$\frac{\mathrm{d}}{\mathrm{d}x}F(x)=\frac{\partial H}{\partial x}+\frac{\partial H}{\partial c}\frac{\mathrm{d}c}{\mathrm{d}x}+\frac{\partial H}{\partial d}\frac{\mathrm{d}d}{\mathrm{d}x}$$

$$=\int_{c(x)}^{d(x)}f_x(x,y)\mathrm{d}y+f(x,d(x))d'(x)-f(x,c(x))c'(x). \qquad \square$$

关于函数 $\varphi(x)$ 和 $F(x)$ 的可积性,可由定理 19.1 与定理 19.2 推得.

定理 19.5(可积性) 若 $f(x,y)$ 在矩形区域 $R=[a,b]\times[c,d]$ 上连续,则 $\varphi(x)$ 和 $\psi(y)$ 分别在 $[a,b]$ 和 $[c,d]$ 上可积.

这就是说:在 $f(x,y)$ 连续性假设下,同时存在两个求积顺序不同的积分:

$$\int_a^b\left[\int_c^d f(x,y)\mathrm{d}y\right]\mathrm{d}x \quad 与 \quad \int_c^d\left[\int_a^b f(x,y)\mathrm{d}x\right]\mathrm{d}y.$$

为书写简便起见,今后将上述两个积分写作

$$\int_a^b\mathrm{d}x\int_c^d f(x,y)\mathrm{d}y \quad 与 \quad \int_c^d\mathrm{d}y\int_a^b f(x,y)\mathrm{d}x,$$

前者表示 $f(x,y)$ 先对 y 求积然后对 x 求积,后者则求积顺序相反. 它们统称为**累次积分**,或更确切地称为**二次积分**.

下面的定理指出,在 $f(x,y)$ 连续性假设下,累次积分与求积顺序无关.

定理 19.6 若 $f(x,y)$ 在矩形区域 $R=[a,b]\times[c,d]$ 上连续,则

$$\int_a^b\mathrm{d}x\int_c^d f(x,y)\mathrm{d}y=\int_c^d\mathrm{d}y\int_a^b f(x,y)\mathrm{d}x. \tag{8}$$

证 记

$$\varphi_1(u)=\int_a^u\mathrm{d}x\int_c^d f(x,y)\mathrm{d}y,$$

$$\varphi_2(u)=\int_c^d\mathrm{d}y\int_a^u f(x,y)\mathrm{d}x,$$

其中 $u\in[a,b]$,现在分别求 $\varphi_1(u)$ 与 $\varphi_2(u)$ 的导数.

$$\varphi_1'(u)=\frac{\mathrm{d}}{\mathrm{d}u}\int_a^u\varphi(x)\mathrm{d}x=\varphi(u).$$

对于 $\varphi_2(u)$,令 $H(u,y)=\int_a^u f(x,y)\mathrm{d}x$,则有

$$\varphi_2(u)=\int_c^d H(u,y)\mathrm{d}y.$$

因为 $H(u,y)$ 与 $H_u(u,y)=f(u,y)$ 都在 R 上连续,由定理 19.3,

$$\varphi_2'(u)=\frac{\mathrm{d}}{\mathrm{d}u}\int_c^d H(u,y)\mathrm{d}y=\int_c^d H_u(u,y)\mathrm{d}y$$

$$=\int_c^d f(u,y)\mathrm{d}y=\varphi(u).$$

故得 $\varphi_1'(u)=\varphi_2'(u)$,因此对一切 $u\in[a,b]$,有

$$\varphi_1(u)=\varphi_2(u)+k \quad (k\text{ 为常数}).$$

当 $u=a$ 时,$\varphi_1(a)=\varphi_2(a)=0$,于是 $k=0$,即得

$$\varphi_1(u)=\varphi_2(u),\ u\in[a,b].$$

取 $u=b$,就得到所要证明的(8)式. $\square$

例 1 求$\lim\limits_{\alpha\to 0}\int_{\alpha}^{1+\alpha}\frac{\mathrm{d}x}{1+x^2+\alpha^2}$.

解 记$I(\alpha)=\int_{\alpha}^{1+\alpha}\frac{\mathrm{d}x}{1+x^2+\alpha^2}$. 由于$\alpha,1+\alpha,\frac{1}{1+x^2+\alpha^2}$都是$\alpha$和$x$的连续函数,由定理 19.2 知$I(\alpha)$在$\alpha=0$处连续,所以

$$\lim_{\alpha\to 0}I(\alpha)=I(0)=\int_0^1\frac{\mathrm{d}x}{1+x^2}=\frac{\pi}{4}.$$ □

例 2 设$f(x)$在$x=0$的某个邻域U上连续,验证当$x\in U$时,函数

$$\varphi(x)=\frac{1}{(n-1)!}\int_0^x(x-t)^{n-1}f(t)\mathrm{d}t \tag{9}$$

的n阶导数存在,且$\varphi^{(n)}(x)=f(x)$.

解 由于(9)中被积函数$F(x,t)=(x-t)^{n-1}f(t)$及其偏导数$F_x(x,t)$在$U\times U$上连续,于是由定理 19.4 可得

$$\begin{aligned}\varphi'(x)&=\frac{1}{(n-1)!}\int_0^x(n-1)(x-t)^{n-2}f(t)\mathrm{d}t+\frac{1}{(n-1)!}(x-x)^{n-1}f(x)\\&=\frac{1}{(n-2)!}\int_0^x(x-t)^{n-2}f(t)\mathrm{d}t.\end{aligned}$$

同理

$$\varphi''(x)=\frac{1}{(n-3)!}\int_0^x(x-t)^{n-3}f(t)\mathrm{d}t.$$

如此继续下去,求得k阶导数为

$$\varphi^{(k)}(x)=\frac{1}{(n-k-1)!}\int_0^x(x-t)^{n-k-1}f(t)\mathrm{d}t,\quad k=1,2,\cdots,n-1.$$

特别当$k=n-1$时有

$$\varphi^{(n-1)}(x)=\int_0^x f(t)\mathrm{d}t,$$

于是$\varphi^{(n)}(x)=f(x)$. 附带说明,当$x=0$时,$\varphi(x)$及其各阶导数为

$$\varphi(0)=\varphi'(0)=\cdots=\varphi^{(n-1)}(0)=0.$$ □

例 3 求$I=\int_0^1\frac{x^b-x^a}{\ln x}\mathrm{d}x\quad(b>a>0)$.

解 因为$\int_a^b x^y\mathrm{d}y=\frac{x^b-x^a}{\ln x}$, 所以

$$I=\int_0^1\mathrm{d}x\int_a^b x^y\mathrm{d}y.$$

由于函数x^y在$R=[0,1]\times[a,b]$上满足定理 19.6 的条件,所以交换积分顺序得到

$$I=\int_a^b\mathrm{d}y\int_0^1 x^y\mathrm{d}x=\int_a^b\frac{1}{1+y}\mathrm{d}y=\ln\frac{1+b}{1+a}.$$ □

例 4 计算积分

$$I=\int_0^1\frac{\ln(1+x)}{1+x^2}\mathrm{d}x.$$

解 考虑含参量积分

$$\varphi(\alpha)=\int_0^1\frac{\ln(1+\alpha x)}{1+x^2}dx,\quad \alpha\in[0,1].$$

显然 $\varphi(0)=0,\varphi(1)=I$，且函数 $\frac{\ln(1+\alpha x)}{1+x^2}$ 在 $R=[0,1]\times[0,1]$ 上满足定理 19.3 的条件，于是

$$\varphi'(\alpha)=\int_0^1\frac{x}{(1+x^2)(1+\alpha x)}dx.$$

因为

$$\frac{x}{(1+x^2)(1+\alpha x)}=\frac{1}{1+\alpha^2}\left(\frac{\alpha+x}{1+x^2}-\frac{\alpha}{1+\alpha x}\right),$$

所以

$$\begin{aligned}\varphi'(\alpha)&=\frac{1}{1+\alpha^2}\left(\int_0^1\frac{\alpha}{1+x^2}dx+\int_0^1\frac{x}{1+x^2}dx-\int_0^1\frac{\alpha}{1+\alpha x}dx\right)\\&=\frac{1}{1+\alpha^2}\left[\alpha\arctan x\Big|_0^1+\frac{1}{2}\ln(1+x^2)\Big|_0^1-\ln(1+\alpha x)\Big|_0^1\right]\\&=\frac{1}{1+\alpha^2}\left[\alpha\cdot\frac{\pi}{4}+\frac{1}{2}\ln 2-\ln(1+\alpha)\right].\end{aligned}$$

因此

$$\begin{aligned}\int_0^1\varphi'(\alpha)d\alpha&=\int_0^1\frac{1}{1+\alpha^2}\left[\frac{\pi}{4}\alpha+\frac{1}{2}\ln 2-\ln(1+\alpha)\right]d\alpha\\&=\frac{\pi}{8}\ln(1+\alpha^2)\Big|_0^1+\frac{1}{2}\ln 2\arctan\alpha\Big|_0^1-\varphi(1)\\&=\frac{\pi}{8}\ln 2+\frac{\pi}{8}\ln 2-\varphi(1)\\&=\frac{\pi}{4}\ln 2-\varphi(1).\end{aligned}$$

另一方面，

$$\int_0^1\varphi'(\alpha)d\alpha=\varphi(1)-\varphi(0)=\varphi(1),$$

所以 $I=\varphi(1)=\frac{\pi}{8}\ln 2$. □

习 题 19.1

1. 设 $f(x,y)=\operatorname{sgn}(x-y)$（这个函数在 $x=y$ 时不连续），试证由含参量积分

$$F(y)=\int_0^1 f(x,y)dx$$

所确定的函数在 $(-\infty,+\infty)$ 上连续，并作函数 $F(y)$ 的图像.

2. 求下列极限：

(1) $\lim\limits_{\alpha\to 0}\int_{-1}^1\sqrt{x^2+\alpha^2}\,dx$；　　(2) $\lim\limits_{\alpha\to 0}\int_0^2 x^2\cos\alpha x\,dx$.

3. 设 $F(x)=\int_x^{x^2}\mathrm{e}^{-xy^2}\mathrm{d}y$，求 $F'(x)$.

4. 应用对参量的微分法，求下列积分：

(1) $\int_0^{\frac{\pi}{2}}\ln(a^2\sin^2x+b^2\cos^2x)\mathrm{d}x\quad(a^2+b^2\neq 0)$；

(2) $\int_0^{\pi}\ln(1-2a\cos x+a^2)\mathrm{d}x$.

5. 应用积分号下的积分法，求下列积分：

(1) $\int_0^1\sin\left(\ln\frac{1}{x}\right)\frac{x^b-x^a}{\ln x}\mathrm{d}x\quad(b>a>0)$；

(2) $\int_0^1\cos\left(\ln\frac{1}{x}\right)\frac{x^b-x^a}{\ln x}\mathrm{d}x\quad(b>a>0)$.

6. 试求累次积分：

$$\int_0^1\mathrm{d}x\int_0^1\frac{x^2-y^2}{(x^2+y^2)^2}\mathrm{d}y\quad 与\quad\int_0^1\mathrm{d}y\int_0^1\frac{x^2-y^2}{(x^2+y^2)^2}\mathrm{d}x,$$

并指出它们为什么与定理 19.6 的结果不符.

---

7. 研究函数 $F(y)=\int_0^1\frac{yf(x)}{x^2+y^2}\mathrm{d}x$ 的连续性，其中 $f(x)$ 在闭区间 $[0,1]$ 上是正的连续函数.

8. 设函数 $f(x)$ 在区间 $[a,A)$ 上连续. 证明

$$\lim_{h\to 0^+}\frac{1}{h}\int_a^x[f(t+h)-f(t)]\mathrm{d}t=f(x)-f(a)\quad(a<x<A).$$

9. 设

$$F(x,y)=\int_{\frac{x}{y}}^{xy}(x-yz)f(z)\mathrm{d}z,$$

其中 $f(z)$ 为可微函数，求 $F_{xy}(x,y)$.

10. 设

$$E(k)=\int_0^{\frac{\pi}{2}}\sqrt{1-k^2\sin^2\varphi}\,\mathrm{d}\varphi,\ F(k)=\int_0^{\frac{\pi}{2}}\frac{\mathrm{d}\varphi}{\sqrt{1-k^2\sin^2\varphi}},$$

其中 $0<k<1$（这两个积分称为**完全椭圆积分**）.

(1) 试求 $E(k)$ 与 $F(k)$ 的导数，并以 $E(k)$ 与 $F(k)$ 来表示它们；

(2) 证明 $E(k)$ 满足方程

$$E''(k)+\frac{1}{k}E'(k)+\frac{E(k)}{1-k^2}=0.$$

§2　含参量反常积分

一、一致收敛性及其判别法

设函数 $f(x,y)$ 定义在无界区域 $R=\{(x,y)\mid x\in I,c\leqslant y<+\infty\}$ 上，其中 I 为一区间，若对每一个固定的 $x\in I$，反常积分

$$\int_c^{+\infty} f(x,y)\,\mathrm{d}y \tag{1}$$

都收敛，则它的值是 x 在 I 上取值的函数，当记这个函数为 $\Phi(x)$ 时，则有

$$\Phi(x)=\int_c^{+\infty} f(x,y)\,\mathrm{d}y,\ x\in I, \tag{2}$$

称(1)式为定义在 I 上的**含参量 x 的无穷限反常积分**，或简称**含参量反常积分**.

如同反常积分与数项级数的关系那样，含参量反常积分与函数项级数在所研究的问题与论证方法上也极为相似.

首先引入含参量反常积分的一致收敛概念及柯西准则.

定义 1　若含参量反常积分(1)与函数 $\Phi(x)$ 对任给的正数 ε，总存在某一实数 $N>c$，使得当 $M>N$ 时，对一切 $x\in I$，都有

$$\left|\int_c^M f(x,y)\,\mathrm{d}y-\Phi(x)\right|<\varepsilon,$$

即

$$\left|\int_M^{+\infty} f(x,y)\,\mathrm{d}y\right|<\varepsilon,$$

则称含参量反常积分(1)在 I 上**一致收敛于 $\Phi(x)$**，或简单地说含参量反常积分(1)在 I 上一致收敛.

定理 19.7(一致收敛的柯西准则)　含参量反常积分(1)在 I 上一致收敛的充要条件是：对任给正数 ε，总存在某一实数 $M>c$，使得当 $A_1,A_2>M$ 时，对一切 $x\in I$，都有

$$\left|\int_{A_1}^{A_2} f(x,y)\,\mathrm{d}y\right|<\varepsilon. \tag{3}$$

由定义 1，我们还有以下含参量反常积分一致收敛的判别准则.

定理 19.8　含参量反常积分 $\int_c^{+\infty} f(x,y)\,\mathrm{d}y$ 在 I 上一致收敛的充分必要条件是

$$\lim_{A\to+\infty} F(A)=0,$$

其中 $F(A)=\sup\limits_{x\in I}\left|\int_A^{+\infty} f(x,y)\,\mathrm{d}y\right|$.

例 1　证明含参量反常积分

$$\int_0^{+\infty}\frac{\sin xy}{y}\mathrm{d}y \tag{4}$$

在$[\delta,+\infty)$上一致收敛(其中 $\delta>0$)，但在$(0,+\infty)$上不一致收敛.

证　先证(4)式在$[\delta,+\infty)$上一致收敛. 作变量代换 $u=xy$，得

$$\int_A^{+\infty}\frac{\sin xy}{y}\mathrm{d}y=\int_{Ax}^{+\infty}\frac{\sin u}{u}\mathrm{d}u, \tag{5}$$

其中 $A>0$. 由于 $\int_0^{+\infty}\frac{\sin u}{u}\mathrm{d}u$ 收敛，故对任给正数 ε，总存在正数 M'，使当 $A'>M'$时，就有

$$\left|\int_{A'}^{+\infty}\frac{\sin u}{u}\mathrm{d}u\right|<\varepsilon.$$

取 $M=\frac{M'}{\delta}$，则当 $A>M$ 时，对一切 $x\geqslant\delta>0$，有 $Ax>M'$，由(5)式有

$$\left|\int_A^{+\infty}\frac{\sin xy}{y}\mathrm{d}y\right|=\left|\int_{Ax}^{+\infty}\frac{\sin u}{u}\mathrm{d}u\right|<\varepsilon,$$

因此 $\lim\limits_{A\to+\infty}F(A)=0$,从而由定理 19.8,(4)式在$[\delta,+\infty)$上一致收敛.

下证(4)式在$(0,+\infty)$上不一致收敛.

由柯西准则,含参量反常积分(1)不一致收敛的充要条件应为:存在 $\varepsilon_0>0$,对任意实数 $M(M>c)$,总能找到 $A_1,A_2>M$ 和某个 $\bar{x}\in[a,b]$,满足

$$\left|\int_{A_1}^{A_2}f(\bar{x},y)\mathrm{d}y\right|\geqslant\varepsilon_0.$$

令 $\varepsilon_0=\dfrac{\ln 2}{2}$, 对任意 $M>0$, 令 $A_1=\dfrac{\pi}{3}M,A_2=2A_1$, $\bar{x}=\dfrac{1}{M}\in(0,+\infty)$, 对 $y\in[A_1,A_2]$此时有 $\bar{x}y\in\left[\dfrac{\pi}{3},\dfrac{2\pi}{3}\right]$. 因此

$$\left|\int_{A_1}^{A_2}\frac{\sin\bar{x}y}{y}\mathrm{d}y\right|\geqslant\frac{1}{2}\int_{A_1}^{A_2}\frac{1}{y}\mathrm{d}y=\frac{\ln 2}{2}=\varepsilon_0,$$

所以(4)式在$(0,+\infty)$上不一致收敛. □

若对任意$[a,b]\subset I$,含参量反常积分(1)在$[a,b]$上一致收敛,则称(1)在 I 上**内闭一致收敛**(若 $I=[a,b]$,则内闭一致收敛即一致收敛),以上论述证明了含参量反常积分(4)在$(0,+\infty)$上内闭一致收敛.

关于含参量反常积分一致收敛性与函数项级数一致收敛性之间的联系有下述定理.

定理 19.9 含参量反常积分(1)在 I 上一致收敛的充要条件是:对任一趋于$+\infty$的递增数列$\{A_n\}$(其中 $A_1=c$),函数项级数

$$\sum_{n=1}^{\infty}\int_{A_n}^{A_{n+1}}f(x,y)\mathrm{d}y=\sum_{n=1}^{\infty}u_n(x)\tag{6}$$

在 I 上一致收敛.

证 [必要性] 由(1)在 I 上一致收敛,故对任给 $\varepsilon>0$,必存在 $M>c$,使当 $A''>A'>M$ 时,对一切 $x\in I$,总有

$$\left|\int_{A'}^{A''}f(x,y)\mathrm{d}y\right|<\varepsilon.\tag{7}$$

又由 $A_n\to+\infty\ (n\to\infty)$,所以对正数 M,存在正整数 N,只要当 $m>n>N$ 时,就有$A_m\geqslant A_n>M$. 由(7)对一切 $x\in I$,就有

$$\begin{aligned}|u_n(x)+\cdots+u_m(x)|&=\left|\int_{A_m}^{A_{m+1}}f(x,y)\mathrm{d}y+\cdots+\int_{A_n}^{A_{n+1}}f(x,y)\mathrm{d}y\right|\\&=\left|\int_{A_n}^{A_{m+1}}f(x,y)\mathrm{d}y\right|<\varepsilon.\end{aligned}$$

这就证明了级数(6)在 I 上一致收敛.

[充分性] 用反证法. 假若(1)在 I 上不一致收敛,则存在某个正数 ε_0,使得对于任何实数 $M>c$,存在相应的 $A''>A'>M$ 和 $x'\in I$,使得

$$\left|\int_{A'}^{A''}f(x',y)\mathrm{d}y\right|\geqslant\varepsilon_0.$$

现取 $M_1=\max\{1,c\}$,则存在 $A_2>A_1>M_1$ 及 $x_1\in I$,使得

$$\left|\int_{A_1}^{A_2} f(x_1,y)\,\mathrm{d}y\right| \geqslant \varepsilon_0.$$

一般地,取 $M_n=\max\{n,A_{2(n-1)}\}$ $(n\geqslant 2)$,则有 $A_{2n}>A_{2n-1}>M_n$ 及 $x_n\in I$,使得

$$\left|\int_{A_{2n-1}}^{A_{2n}} f(x_n,y)\,\mathrm{d}y\right| \geqslant \varepsilon_0. \tag{8}$$

由上述所得到的数列 $\{A_n\}$ 是递增数列,且 $\lim\limits_{n\to\infty}A_n=+\infty$. 现在考察级数

$$\sum_{n=1}^{\infty}u_n(x) = \sum_{n=1}^{\infty}\int_{A_n}^{A_{n+1}} f(x,y)\,\mathrm{d}y.$$

由(8)式知存在正数 ε_0,对任何正整数 N,只要 $n>N$,就有某个 $x_n\in I$,使得

$$|u_{2n-1}(x_n)| = \left|\int_{A_{2n-1}}^{A_{2n}} f(x_n,y)\,\mathrm{d}y\right| \geqslant \varepsilon_0.$$

这与级数(6)在 I 上一致收敛的假设矛盾. 故含参量反常积分(1)在 I 上一致收敛. □

下面列出含参量反常积分的一致收敛性判别法. 由于它们的证明与函数项级数相应的判别法相仿,故从略.

魏尔斯特拉斯 *M* 判别法 设有函数 $g(y)$,使得

$$|f(x,y)| \leqslant g(y),\ (x,y)\in I\times[c,+\infty).$$

若 $\int_c^{+\infty} g(y)\,\mathrm{d}y$ 收敛,则 $\int_c^{+\infty} f(x,y)\,\mathrm{d}y$ 在 I 上一致收敛.

狄利克雷判别法 设

(i) 对一切实数 $N>c$,含参量正常积分

$$\int_c^N f(x,y)\,\mathrm{d}y$$

对参量 x 在 I 上一致有界,即存在正数 M,对一切 $N>c$ 及一切 $x\in I$,都有

$$\left|\int_c^N f(x,y)\,\mathrm{d}y\right| \leqslant M.$$

(ii) 对每一个 $x\in I$,函数 $g(x,y)$ 为 y 的单调函数,且当 $y\to+\infty$ 时,对参量 x,$g(x,y)$ 一致地收敛于 0.

则含参量反常积分

$$\int_c^{+\infty} f(x,y)g(x,y)\,\mathrm{d}y$$

在 I 上一致收敛.

阿贝尔判别法 设

(i) $\int_c^{+\infty} f(x,y)\,\mathrm{d}y$ 在 I 上一致收敛.

(ii) 对每一个 $x\in I$,函数 $g(x,y)$ 为 y 的单调函数,且对参量 x,$g(x,y)$ 在 I 上一致有界.

则含参量反常积分

$$\int_c^{+\infty} f(x,y)g(x,y)\,\mathrm{d}y$$

在 I 上一致收敛.

例 2 证明含参量反常积分

$$\int_0^{+\infty} \frac{\cos xy}{1+x^2}\mathrm{d}x \tag{9}$$

在$(-\infty,+\infty)$上一致收敛.

证 由于对任何实数 y,有

$$\left|\frac{\cos xy}{1+x^2}\right| \leqslant \frac{1}{1+x^2}$$

及反常积分

$$\int_0^{+\infty} \frac{\mathrm{d}x}{1+x^2}$$

收敛,故由魏尔斯特拉斯 M 判别法,含参量反常积分(9)在$(-\infty,+\infty)$上一致收敛. □

例 3 证明含参量反常积分

$$\int_0^{+\infty} \mathrm{e}^{-xy}\frac{\sin x}{x}\mathrm{d}x \tag{10}$$

在$[0,+\infty)$上一致收敛.

证 由于反常积分 $\int_0^{+\infty}\frac{\sin x}{x}\mathrm{d}x$ 收敛(当然,对于参量 y,它在$[0,+\infty)$上一致收敛),函数 $g(x,y)=\mathrm{e}^{-xy}$对每个 $y\in[0,+\infty)$单调,且对任何 $0\leqslant y<+\infty$, $x\geqslant 0$,都有

$$|g(x,y)| = |\mathrm{e}^{-xy}| \leqslant 1.$$

故由阿贝尔判别法即得含参量反常积分(10)在$[0,+\infty)$上一致收敛. □

例 4 证明含参量反常积分

$$\int_1^{+\infty} \frac{y\sin xy}{1+y^2}\mathrm{d}y \tag{11}$$

在$(0,+\infty)$上内闭一致收敛.

证 若$[a,b]\subset(0,+\infty)$,则对任意 $x\in[a,b]$,

$$\left|\int_a^N \sin xy\mathrm{d}y\right| = \left|-\frac{\cos xy}{x}\Big|_a^N\right| \leqslant \frac{2}{a},$$

因此一致有界. 又

$$\left(\frac{y}{1+y^2}\right)' = \frac{1-y^2}{(1+y^2)^2} \leqslant 0,$$

因此$\frac{y}{1+y^2}$关于 y 单调递减,且当 $y\to+\infty$ 时,$\frac{y}{1+y^2}\to 0$(对 x 一致),故由狄利克雷判别法,含参量反常积分(11)在$[a,b]$上一致收敛. 又由$[a,b]$的任意性,含参量反常积分(11)在$(0,+\infty)$上内闭一致收敛. □

二、含参量反常积分的性质

定理 19.10(连续性) 设$f(x,y)$在$I\times[c,+\infty)$上连续,若含参量反常积分

$$\Phi(x) = \int_c^{+\infty} f(x,y)\mathrm{d}y \tag{12}$$

在 I 上一致收敛,则 $\Phi(x)$在 I 上连续.

证 由定理 19.9,对任一递增且趋于$+\infty$ 的数列$\{A_n\}$ $(A_1=c)$,函数项级数

$$\Phi(x) = \sum_{n=1}^{\infty}\int_{A_n}^{A_{n+1}} f(x,y)\mathrm{d}y = \sum_{n=1}^{\infty} u_n(x) \tag{13}$$

在 I 上一致收敛. 又由于$f(x,y)$在 $I\times[c,+\infty)$上连续,故每个$u_n(x)$都在 I 上连续. 根据

函数项级数的连续性定理，函数 $\Phi(x)$ 在 I 上连续. □

推论 设 $f(x,y)$ 在 $I\times[c,+\infty)$ 上连续，若 $\Phi(x)=\int_c^{+\infty}f(x,y)\,\mathrm{d}y$ 在 I 上内闭一致收敛，则 $\Phi(x)$ 在 I 上连续.

这个定理也表明，在一致收敛的条件下，极限运算与无穷积分运算可以交换：

$$\lim_{x\to x_0}\int_c^{+\infty}f(x,y)\,\mathrm{d}y=\int_c^{+\infty}f(x_0,y)\,\mathrm{d}y=\int_c^{+\infty}\lim_{x\to x_0}f(x,y)\,\mathrm{d}y. \tag{14}$$

定理 19.11（可微性） 设 $f(x,y)$ 与 $f_x(x,y)$ 在区域 $I\times[c,+\infty)$ 上连续. 若 $\Phi(x)=\int_c^{+\infty}f(x,y)\,\mathrm{d}y$ 在 I 上收敛，$\int_c^{+\infty}f_x(x,y)\,\mathrm{d}y$ 在 I 上一致收敛，则 $\Phi(x)$ 在 I 上可微，且

$$\Phi'(x)=\int_c^{+\infty}f_x(x,y)\,\mathrm{d}y. \tag{15}$$

证 对任一递增且趋于 $+\infty$ 的数列 $\{A_n\}$ $(A_1=c)$，令

$$u_n(x)=\int_{A_n}^{A_{n+1}}f(x,y)\,\mathrm{d}y.$$

由定理 19.3 推得

$$u_n'(x)=\int_{A_n}^{A_{n+1}}f_x(x,y)\,\mathrm{d}y.$$

由 $\int_c^{+\infty}f_x(x,y)\,\mathrm{d}y$ 在 I 上一致收敛及定理 19.9，可得函数项级数

$$\sum_{n=1}^{\infty}u_n'(x)=\sum_{n=1}^{\infty}\int_{A_n}^{A_{n+1}}f_x(x,y)\,\mathrm{d}y$$

在 I 上一致收敛，因此根据函数项级数的逐项求导定理，即得

$$\Phi'(x)=\sum_{n=1}^{\infty}u_n'(x)=\sum_{n=1}^{\infty}\int_{A_n}^{A_{n+1}}f_x(x,y)\,\mathrm{d}y=\int_c^{+\infty}f_x(x,y)\,\mathrm{d}y,$$

或写作

$$\frac{\mathrm{d}}{\mathrm{d}x}\int_c^{+\infty}f(x,y)\,\mathrm{d}y=\int_c^{+\infty}\frac{\partial}{\partial x}f(x,y)\,\mathrm{d}y.$$ □

推论 设 $f(x,y)$ 和 $f_x(x,y)$ 在 $I\times[c,+\infty)$ 上连续，若 $\Phi(x)=\int_c^{+\infty}f(x,y)\mathrm{d}y$ 在 I 上收敛，而 $\int_c^{+\infty}f_x(x,y)\mathrm{d}y$ 在 I 上内闭一致收敛，则 $\Phi(x)$ 在 I 上可微，且 $\Phi'(x)=\int_c^{+\infty}f_x(x,y)\mathrm{d}y$.

最后结果表明在定理条件下，求导运算和无穷积分运算可以交换.

定理 19.12（可积性） 设 $f(x,y)$ 在 $[a,b]\times[c,+\infty)$ 上连续，若 $\Phi(x)=\int_c^{+\infty}f(x,y)\,\mathrm{d}y$ 在 $[a,b]$ 上一致收敛，则 $\Phi(x)$ 在 $[a,b]$ 上可积，且

$$\int_a^b\mathrm{d}x\int_c^{+\infty}f(x,y)\,\mathrm{d}y=\int_c^{+\infty}\mathrm{d}y\int_a^bf(x,y)\,\mathrm{d}x. \tag{16}$$

证 由定理 19.10 知道 $\Phi(x)$ 在 $[a,b]$ 上连续，从而 $\Phi(x)$ 在 $[a,b]$ 上可积.

又由定理 19.10 的证明中可以看到，函数项级数(13)在 $[a,b]$ 上一致收敛，且各项 $u_n(x)$ 在 $[a,b]$ 上连续，因此根据函数项级数逐项求积定理，有

$$\int_a^b \Phi(x)\mathrm{d}x = \sum_{n=1}^{\infty}\int_a^b u_n(x)\mathrm{d}x = \sum_{n=1}^{\infty}\int_a^b \mathrm{d}x\int_{A_n}^{A_{n+1}} f(x,y)\mathrm{d}y$$

$$= \sum_{n=1}^{\infty}\int_{A_n}^{A_{n+1}}\mathrm{d}y\int_a^b f(x,y)\mathrm{d}x, \tag{17}$$

这里最后一步是根据定理 19.6 关于积分顺序的可交换性.(17)式又可写作

$$\int_a^b \Phi(x)\mathrm{d}x = \int_c^{+\infty}\mathrm{d}y\int_a^b f(x,y)\mathrm{d}x.$$

这就是(16)式. □

当定理 19.12 中 x 的取值范围为无限区间$[a,+\infty)$时,则有如下的定理.

定理 19.13 设$f(x,y)$在$[a,+\infty)\times[c,+\infty)$上连续.若

(i) $\int_a^{+\infty} f(x,y)\mathrm{d}x$ 关于 y 在$[c,+\infty)$上内闭一致收敛,$\int_c^{+\infty} f(x,y)\mathrm{d}y$ 关于 x 在$[a,+\infty)$上内闭一致收敛.

(ii) 积分

$$\int_a^{+\infty}\mathrm{d}x\int_c^{+\infty}|f(x,y)|\mathrm{d}y \text{ 与} \int_c^{+\infty}\mathrm{d}y\int_a^{+\infty}|f(x,y)|\mathrm{d}x \tag{18}$$

中有一个收敛.

则

$$\int_a^{+\infty}\mathrm{d}x\int_c^{+\infty} f(x,y)\mathrm{d}y = \int_c^{+\infty}\mathrm{d}y\int_a^{+\infty} f(x,y)\mathrm{d}x. \tag{19}$$

证 不妨设(18)式中第一个积分收敛,由此推得

$$\int_a^{+\infty}\mathrm{d}x\int_c^{+\infty} f(x,y)\mathrm{d}y$$

也收敛.当 $d>c$ 时,

$$J_d = \left|\int_c^d \mathrm{d}y\int_a^{+\infty} f(x,y)\mathrm{d}x - \int_a^{+\infty}\mathrm{d}x\int_c^{+\infty} f(x,y)\mathrm{d}y\right|$$

$$= \left|\int_c^d \mathrm{d}y\int_a^{+\infty} f(x,y)\mathrm{d}x - \int_a^{+\infty}\mathrm{d}x\int_c^d f(x,y)\mathrm{d}y - \int_a^{+\infty}\mathrm{d}x\int_d^{+\infty} f(x,y)\mathrm{d}y\right|.$$

根据条件(i)及定理 19.12,可推得

$$J_d = \left|\int_a^{+\infty}\mathrm{d}x\int_d^{+\infty} f(x,y)\mathrm{d}y\right|$$

$$\leqslant \left|\int_a^A \mathrm{d}x\int_d^{+\infty} f(x,y)\mathrm{d}y\right| + \int_A^{+\infty}\mathrm{d}x\int_d^{+\infty}|f(x,y)|\mathrm{d}y. \tag{20}$$

由条件(ii),对于任给的 $\varepsilon>0$,有 $G>a$,使当 $A>G$ 时,有

$$\int_A^{+\infty}\mathrm{d}x\int_d^{+\infty}|f(x,y)|\mathrm{d}y < \frac{\varepsilon}{2}.$$

选定 A 后,由 $\int_c^{+\infty} f(x,y)\mathrm{d}y$ 的内闭一致收敛性,存在 $M>c$,使得当 $d>M$ 时有

$$\left|\int_d^{+\infty} f(x,y)\mathrm{d}y\right| < \frac{\varepsilon}{2(A-a)}, \quad \forall x\in[a,A].$$

把这两个结果应用到(20)式,得到

$$J_d < \frac{\varepsilon}{2} + \frac{\varepsilon}{2} = \varepsilon,$$

即 $\lim\limits_{d\to+\infty} J_d=0$，这就证明了(19)式. □

例 5 计算

$$J=\int_0^{+\infty} e^{-px}\frac{\sin bx-\sin ax}{x}dx \quad (p>0,b>a).$$

解 因为 $\dfrac{\sin bx-\sin ax}{x}=\int_a^b \cos xy\mathrm{d}y$，所以

$$\begin{aligned}J&=\int_0^{+\infty} e^{-px}\frac{\sin bx-\sin ax}{x}dx\\&=\int_0^{+\infty} e^{-px}\left(\int_a^b \cos xy\mathrm{d}y\right)\mathrm{d}x\\&=\int_0^{+\infty}\mathrm{d}x\int_a^b e^{-px}\cos xy\mathrm{d}y.\end{aligned}\tag{21}$$

由于 $|e^{-px}\cos xy|\leqslant e^{-px}$ 及反常积分 $\int_0^{+\infty} e^{-px}\mathrm{d}x$ 收敛，根据魏尔斯特拉斯 M 判别法，含参量反常积分

$$\int_0^{+\infty} e^{-px}\cos xy\mathrm{d}x$$

在 $[a,b]$ 上一致收敛. 由于 $e^{-px}\cos xy$ 在 $[0,+\infty)\times[a,b]$ 上连续，根据定理 19.12 交换积分(21)的顺序，积分 J 的值不变. 于是

$$\begin{aligned}J&=\int_a^b\mathrm{d}y\int_0^{+\infty} e^{-px}\cos xy\mathrm{d}x=\int_a^b\frac{p}{p^2+y^2}\mathrm{d}y\\&=\arctan\frac{b}{p}-\arctan\frac{a}{p}.\end{aligned}$$

□

例 6 计算 $\int_0^{+\infty}\dfrac{\sin ax}{x}\mathrm{d}x$.

解 在上例中，令 $b=0$，则有

$$F(p)=\int_0^{+\infty} e^{-px}\frac{\sin ax}{x}\mathrm{d}x=\arctan\frac{a}{p}\quad(p>0).\tag{22}$$

由阿贝尔判别法可得上述含参量反常积分在 $p\geqslant0$ 上一致收敛. 于是由定理 19.10，$F(p)$ 在 $p\geqslant0$ 上连续，且

$$F(0)=\int_0^{+\infty}\frac{\sin ax}{x}\mathrm{d}x.$$

又由(22)式

$$F(0)=\lim_{p\to0^+}F(p)=\lim_{p\to0^+}\arctan\frac{a}{p}=\frac{\pi}{2}\operatorname{sgn} a.$$

□

例 7 计算

$$\varphi(r)=\int_0^{+\infty} e^{-x^2}\cos rx\mathrm{d}x.\tag{23}$$

解 由于 $|e^{-x^2}\cos rx|\leqslant e^{-x^2}$ 对任一实数 r 成立及反常积分 $\int_0^{+\infty} e^{-x^2}\mathrm{d}x$ 收敛，所以积分(23)在 $r\in(-\infty,+\infty)$ 上收敛.

考察含参量反常积分

$$\int_0^{+\infty}\frac{\partial}{\partial r}(\mathrm{e}^{-x^2}\cos rx)\mathrm{d}x=\int_0^{+\infty}-x\mathrm{e}^{-x^2}\sin rx\mathrm{d}x. \tag{24}$$

由于$\left|-x\mathrm{e}^{-x^2}\sin rx\right|\leqslant x\mathrm{e}^{-x^2}$对一切 $x\geqslant 0,-\infty<r<+\infty$ 成立及反常积分$\int_0^{+\infty}x\mathrm{e}^{-x^2}\mathrm{d}x$ 收敛,根据魏尔斯特拉斯 M 判别法,含参量反常积分(24)在$(-\infty,+\infty)$上一致收敛.

综合上述结果由定理 19.11 即得

$$\begin{aligned}\varphi'(r)&=\int_0^{+\infty}-x\mathrm{e}^{-x^2}\sin rx\mathrm{d}x=\lim_{A\to+\infty}\int_0^A-x\mathrm{e}^{-x^2}\sin rx\mathrm{d}x\\&=\lim_{A\to+\infty}\left(\frac{1}{2}\mathrm{e}^{-x^2}\sin rx\Big|_0^A-\frac{1}{2}\int_0^A r\mathrm{e}^{-x^2}\cos rx\mathrm{d}x\right)\\&=-\frac{r}{2}\int_0^{+\infty}\mathrm{e}^{-x^2}\cos rx\mathrm{d}x=-\frac{r}{2}\varphi(r).\end{aligned}$$

于是有

$$\ln\varphi(r)=-\frac{r^2}{4}+\ln c,$$

$$\varphi(r)=c\mathrm{e}^{-\frac{r^2}{4}}.$$

从而 $\varphi(0)=c$,又由(23)式,$\varphi(0)=\int_0^{+\infty}\mathrm{e}^{-x^2}\mathrm{d}x=\frac{\sqrt{\pi}}{2}$①,所以 $c=\frac{\sqrt{\pi}}{2}$,因此得到

$$\varphi(r)=\frac{\sqrt{\pi}}{2}\mathrm{e}^{-\frac{r^2}{4}}.$$ □

最后简略地提一下关于含参量无界函数非正常积分.设 $f(x,y)$ 在区域 $R=[a,b]\times[c,d)$ 上有定义.若对 x 的某些值,$y=d$ 为函数 $f(x,y)$ 的瑕点,则称

$$\int_c^d f(x,y)\mathrm{d}y \tag{25}$$

为**含参量 x 的无界函数反常积分**,或简称为**含参量反常积分**.若对每一个 $x\in[a,b]$,积分(25)都收敛,则其积分值是 x 在$[a,b]$上取值的函数.含参量反常积分(25)在$[a,b]$上一致收敛的定义如下.

定义 2 对任给正数 ε,总存在某正数 $\delta<d-c$,使得当 $0<\eta<\delta$ 时,对一切 $x\in[a,b]$,都有

$$\left|\int_{d-\eta}^d f(x,y)\mathrm{d}y\right|<\varepsilon,$$

则称含参量反常积分(25)在$[a,b]$上一致收敛.

读者可参照含参量无穷限反常积分的办法建立相应的含参量无界函数反常积分的一致收敛性判别法,并讨论它们的性质,这里不再赘述了.

---

① 关于反常积分$\int_0^{+\infty}\mathrm{e}^{-x^2}\mathrm{d}x$的值等于$\frac{\sqrt{\pi}}{2}$的证明将在第二十一章"反常二重积分"一节中给出.

习 题 19.2

1. 证明下列各题:

(1) $\int_1^{+\infty}\frac{y^2-x^2}{(x^2+y^2)^2}\mathrm{d}x$ 在 $(-\infty,+\infty)$ 上一致收敛;

(2) $\int_0^{+\infty}\mathrm{e}^{-x^2y}\mathrm{d}y$ 在 $[a,b]$ $(a>0)$ 上一致收敛;

(3) $\int_0^{+\infty}x\mathrm{e}^{-xy}\mathrm{d}y$

(i) 在 $[a,b]$ $(a>0)$ 上一致收敛,

(ii) 在 $[0,b]$ 上不一致收敛;

(4) $\int_0^1\ln(xy)\mathrm{d}y$ 在 $\left[\frac{1}{b},b\right]$ $(b>1)$ 上一致收敛;

(5) $\int_0^1\frac{\mathrm{d}x}{x^p}$ 在 $(-\infty,b]$ $(b<1)$ 上一致收敛.

2. 从等式 $\int_a^b\mathrm{e}^{-xy}\mathrm{d}y=\frac{\mathrm{e}^{-ax}-\mathrm{e}^{-bx}}{x}$ 出发,计算积分

$$\int_0^{+\infty}\frac{\mathrm{e}^{-ax}-\mathrm{e}^{-bx}}{x}\mathrm{d}x\quad(b>a>0).$$

3. 证明函数

$$F(y)=\int_0^{+\infty}\mathrm{e}^{-(x-y)^2}\mathrm{d}x$$

在 $(-\infty,+\infty)$ 上连续 $\left(\text{提示:证明中可利用公式}\int_0^{+\infty}\mathrm{e}^{-x^2}\mathrm{d}x=\frac{\sqrt{\pi}}{2}\right)$.

4. 求下列积分:

(1) $\int_0^{+\infty}\frac{\mathrm{e}^{-a^2x^2}-\mathrm{e}^{-b^2x^2}}{x^2}\mathrm{d}x$ $\left(\text{提示:可利用公式}\int_0^{+\infty}\mathrm{e}^{-x^2}\mathrm{d}x=\frac{\sqrt{\pi}}{2}\right)$;

(2) $\int_0^{+\infty}\mathrm{e}^{-t}\frac{\sin xt}{t}\mathrm{d}t$;

(3) $\int_0^{+\infty}\mathrm{e}^{-x}\frac{1-\cos xy}{x^2}\mathrm{d}x.$

---

5. 回答下列问题:

(1) 对极限 $\lim\limits_{x\to0^+}\int_0^{+\infty}2xy\mathrm{e}^{-xy^2}\mathrm{d}y$ 能否施行极限与积分运算顺序的交换来求解?

(2) 对 $\int_0^1\mathrm{d}y\int_0^{+\infty}(2y-2xy^3)\mathrm{e}^{-xy^2}\mathrm{d}x$ 能否运用积分顺序交换来求解?

(3) 对 $F(x)=\int_0^{+\infty}x^3\mathrm{e}^{-x^2y}\mathrm{d}y$ 能否运用积分与求导运算顺序交换来求解?

6. 应用 $\int_0^{+\infty}\mathrm{e}^{-at^2}\mathrm{d}t=\frac{\sqrt{\pi}}{2}a^{-\frac{1}{2}}$ $(a>0)$,证明:

(1) $\int_0^{+\infty}t^2\mathrm{e}^{-at^2}\mathrm{d}t=\frac{\sqrt{\pi}}{4}a^{-\frac{3}{2}}$;

(2) $\int_0^{+\infty}t^{2n}\mathrm{e}^{-at^2}\mathrm{d}t=\frac{\sqrt{\pi}}{2}\frac{1\cdot3\cdot\cdots\cdot(2n-1)}{2^n}a^{-\left(n+\frac{1}{2}\right)}$.

7. 应用 $\int_0^{+\infty}\frac{\mathrm{d}x}{x^2+a^2}=\frac{\pi}{2a}$,求 $\int_0^{+\infty}\frac{\mathrm{d}x}{(x^2+a^2)^{n+1}}$.

8. 设 $f(x,y)$ 为 $[a,b]\times[c,+\infty)$ 上连续非负函数,

$$I(x)=\int_c^{+\infty}f(x,y)\,\mathrm{d}y$$

在 $[a,b]$ 上连续,证明 $I(x)$ 在 $[a,b]$ 上一致收敛.

9. 设在 $[a,+\infty)\times[c,d]$ 上成立不等式 $|f(x,y)|\leqslant F(x,y)$. 若 $\int_a^{+\infty}F(x,y)\,\mathrm{d}x$ 在 $y\in[c,d]$ 上一致收敛,证明 $\int_a^{+\infty}f(x,y)\,\mathrm{d}x$ 在 $y\in[c,d]$ 上一致收敛且绝对收敛.

§3 欧拉积分

含参量积分

$$\Gamma(s)=\int_0^{+\infty}x^{s-1}\mathrm{e}^{-x}\mathrm{d}x,\ s>0, \tag{1}$$

$$\mathrm{B}(p,q)=\int_0^1 x^{p-1}(1-x)^{q-1}\mathrm{d}x,\ p>0,\ q>0 \tag{2}$$

在应用中经常出现,它们统称为**欧拉积分**,其中前者又称为**伽马**(Gamma)**函数**(或写作 Γ 函数),后者称为**贝塔**(Beta)**函数**(或写作 B 函数). 下面我们分别讨论这两个函数的性质.

一、Γ 函数

Γ 函数(1)可写成如下两个积分之和:

$$\Gamma(s)=\int_0^1 x^{s-1}\mathrm{e}^{-x}\mathrm{d}x+\int_1^{+\infty}x^{s-1}\mathrm{e}^{-x}\mathrm{d}x=\Phi(s)+\Psi(s),$$

其中 $\Phi(s)$ 当 $s\geqslant1$ 时是正常积分,当 $0<s<1$ 时是收敛的无界函数反常积分(可用柯西判别法推得);$\Psi(s)$ 当 $s>0$ 时是收敛的无穷限反常积分(也可用柯西判别法推得). 所以含参量积分(1)在 $s>0$ 时收敛,即 Γ 函数的定义域为 $s>0$.

1. $\Gamma(s)$ 在定义域 $s>0$ 上连续且可导

在任何闭区间 $[a,b]$ $(a>0)$ 上,对于函数 $\Phi(s)$,当 $0<x\leqslant1$ 时有 $x^{s-1}\mathrm{e}^{-x}\leqslant x^{a-1}\mathrm{e}^{-x}$,由于 $\int_0^1 x^{a-1}\mathrm{e}^{-x}\mathrm{d}x$ 收敛,从而 $\Phi(s)$ 在 $[a,b]$ 上一致收敛;对于 $\Psi(s)$,当 $1\leqslant x<+\infty$ 时,有 $x^{s-1}\mathrm{e}^{-x}\leqslant x^{b-1}\mathrm{e}^{-x}$,由于 $\int_1^{+\infty}x^{b-1}\mathrm{e}^{-x}\mathrm{d}x$ 收敛,从而 $\Psi(s)$ 在 $[a,b]$ 上也一致收敛. 于是 $\Gamma(s)$ 在 $s>0$ 上连续.

用上述相同的方法考察积分

$$\int_0^{+\infty}\frac{\partial}{\partial s}(x^{s-1}\mathrm{e}^{-x})\,\mathrm{d}x=\int_0^{+\infty}x^{s-1}\mathrm{e}^{-x}\ln x\,\mathrm{d}x.$$

它在任何闭区间 $[a,b]$ $(a>0)$ 上一致收敛. 于是由定理 19.11 得到 $\Gamma(s)$ 在 $[a,b]$ 上可导,由 a,b 的任意性,$\Gamma(s)$ 在 $s>0$ 上可导,且

$$\Gamma'(s)=\int_0^{+\infty} x^{s-1}e^{-x}\ln x\,dx,\ s>0.$$

仿照上面的办法,还可推得 $\Gamma(s)$ 在 $s>0$ 上存在任意阶导数:

$$\Gamma^{(n)}(s)=\int_0^{+\infty} x^{s-1}e^{-x}(\ln x)^n dx,\ s>0.$$

2. 递推公式 $\Gamma(s+1)=s\Gamma(s)$

对下述积分应用分部积分法,有

$$\begin{aligned}\int_0^A x^s e^{-x}dx&=-x^s e^{-x}\Big|_0^A+s\int_0^A x^{s-1}e^{-x}dx\\&=-A^s e^{-A}+s\int_0^A x^{s-1}e^{-x}dx.\end{aligned}$$

让 $A\to+\infty$ 就得到 Γ 函数的递推公式:

$$\Gamma(s+1)=s\Gamma(s).\tag{3}$$

设 $n<s\leqslant n+1$,即 $0<s-n\leqslant1$,应用递推公式(3) n 次可得到

$$\begin{aligned}\Gamma(s+1)&=s\Gamma(s)=s(s-1)\Gamma(s-1)=\cdots\\&=s(s-1)\cdots(s-n)\Gamma(s-n).\end{aligned}\tag{4}$$

公式(3)还指出,如果已知 $\Gamma(s)$ 在 $0<s\leqslant1$ 上的值,那么在其他范围内的函数值可由它计算出来.

若 s 为正整数 $n+1$,则(4)式可写成

$$\Gamma(n+1)=n(n-1)\cdot\cdots\cdot2\cdot1\cdot\Gamma(1)=n!\int_0^{+\infty}e^{-x}dx=n!.\tag{5}$$

3. Γ 函数图像的讨论

对一切 $s>0$,$\Gamma(s)$ 和 $\Gamma''(s)$ 恒大于 0,因此 $\Gamma(s)$ 的图形位于 s 轴上方,且是严格凸的. 因为 $\Gamma(1)=\Gamma(2)=1$,所以 $\Gamma(s)$ 在 $s>0$ 上存在惟一的极小点 x_0 且 $x_0\in(1,2)$. 又 $\Gamma(s)$ 在 $(0,x_0)$ 上严格减,在 $(x_0,+\infty)$ 上严格增.

由于 $\Gamma(s)=\dfrac{s\Gamma(s)}{s}=\dfrac{\Gamma(s+1)}{s}$ $(s>0)$ 及 $\lim\limits_{s\to0^+}\Gamma(s+1)=\Gamma(1)=1$,故有

$$\lim_{s\to0^+}\Gamma(s)=\lim_{s\to0^+}\frac{\Gamma(s+1)}{s}=+\infty.$$

由(5)式及 $\Gamma(s)$ 在 $(x_0,+\infty)$ 上严格增可推得

$$\lim_{s\to+\infty}\Gamma(s)=+\infty.$$

综上所述,Γ 函数的图像如图 19-2 中 $s>0$ 部分所示.

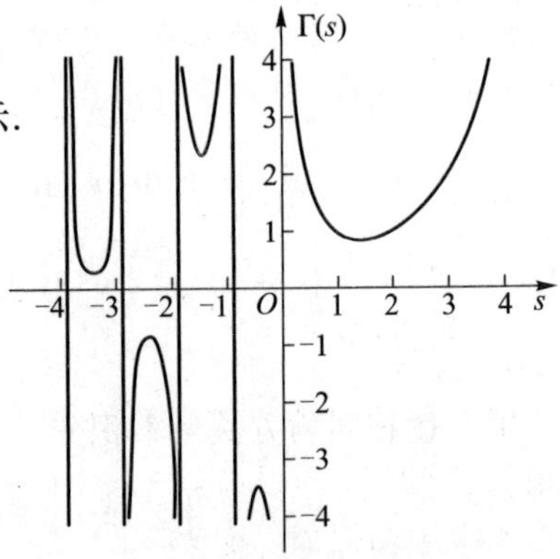

图 19-2

4. 延拓 $\Gamma(s)$

改写递推公式(3)为

$$\Gamma(s)=\frac{\Gamma(s+1)}{s}.\tag{6}$$

当 $-1<s<0$ 时,(6)式右端有意义,于是可应用(6)式来定义左端函数 $\Gamma(s)$ 在 $(-1,0)$ 上的值,并且可推得这时 $\Gamma(s)<0$.

用同样的方法,利用 $\Gamma(s)$ 已在 $(-1,0)$ 上有定义这一事实,由(6)式又可定义 $\Gamma(s)$ 在 $(-2,$

-1)上的值,而且这时 $\Gamma(s)>0$. 依此下去可把 $\Gamma(s)$ 延拓到整个数轴(除了 $s=0,-1,-2,\cdots$ 以外),其图像如图 19-2所示.

5. $\Gamma(s)$的其他形式

在应用中,$\Gamma(s)$也常以如下形式出现. 如令$x=y^2$,则有

$$\Gamma(s)=\int_0^{+\infty}x^{s-1}\mathrm{e}^{-x}\mathrm{d}x=2\int_0^{+\infty}y^{2s-1}\mathrm{e}^{-y^2}\mathrm{d}y\quad(s>0).\tag{7}$$

令 $x=py$,就有

$$\Gamma(s)=\int_0^{+\infty}x^{s-1}\mathrm{e}^{-x}\mathrm{d}x=p^s\int_0^{+\infty}y^{s-1}\mathrm{e}^{-py}\mathrm{d}y\quad(s>0,p>0).\tag{8}$$

二、B 函数

B 函数(2)当 $p<1$ 时,是以 $x=0$ 为瑕点的无界函数反常积分;当 $q<1$ 时,是以$x=1$为瑕点的无界函数反常积分. 应用柯西判别法可证得当 $p>0,q>0$ 时这两个无界函数反常积分都收敛,所以函数 $\mathrm{B}(p,q)$的定义域为 $p>0,q>0$.

虽然 $\mathrm{B}(p,q)$是含两个参量的含参量积分,但与含单参数的含参量积分一样,相应的一致收敛性的定义、判别和性质是完全相同的. 应用这些结论,我们可得以下 $\mathrm{B}(p,q)$的性质.

1. $\mathrm{B}(p,q)$在定义域 $p>0,q>0$ 内连续

由于对任何 $p_0>0,q_0>0$ 成立不等式

$$x^{p-1}(1-x)^{q-1}\leqslant x^{p_0-1}(1-x)^{q_0-1},\ p\geqslant p_0,\ q\geqslant q_0,$$

而积分 $\int_0^1 x^{p_0-1}(1-x)^{q_0-1}\mathrm{d}x$ 收敛,故由魏尔斯特拉斯 M 判别法知 $\mathrm{B}(p,q)$在$p_0\leqslant p<+\infty$,$q_0\leqslant q<+\infty$ 上一致收敛. 因而推得 $\mathrm{B}(p,q)$在 $p>0,q>0$ 上连续.

2. 对称性:$\mathrm{B}(p,q)=\mathrm{B}(q,p)$

作变换 $x=1-y$,得

$$\begin{aligned}\mathrm{B}(p,q)&=\int_0^1 x^{p-1}(1-x)^{q-1}\mathrm{d}x\\&=\int_0^1(1-y)^{p-1}y^{q-1}\mathrm{d}y=\mathrm{B}(q,p).\end{aligned}$$

3. 递推公式

$$\mathrm{B}(p,q)=\frac{q-1}{p+q-1}\mathrm{B}(p,q-1)\quad(p>0,q>1),\tag{9}$$

$$\mathrm{B}(p,q)=\frac{p-1}{p+q-1}\mathrm{B}(p-1,q)\quad(p>1,q>0),\tag{10}$$

$$\mathrm{B}(p,q)=\frac{(p-1)(q-1)}{(p+q-1)(p+q-2)}\mathrm{B}(p-1,q-1)\quad(p>1,q>1).$$

证 下面只证公式(9),公式(10)可由对称性及公式(9)推得,而最后一个公式则可由公式(9),(10)推得.

当 $p>0,q>1$ 时,有

$$\mathrm{B}(p,q)=\int_0^1 x^{p-1}(1-x)^{q-1}\mathrm{d}x$$

$$= \frac{x^p(1-x)^{q-1}}{p}\bigg|_0^1 + \frac{q-1}{p}\int_0^1 x^p(1-x)^{q-2}\mathrm{d}x$$

$$= \frac{q-1}{p}\int_0^1 [x^{p-1} - x^{p-1}(1-x)](1-x)^{q-2}\mathrm{d}x$$

$$= \frac{q-1}{p}\int_0^1 x^{p-1}(1-x)^{q-2}\mathrm{d}x - \frac{q-1}{p}\int_0^1 x^{p-1}(1-x)^{q-1}\mathrm{d}x$$

$$= \frac{q-1}{p}\mathrm{B}(p,q-1) - \frac{q-1}{p}\mathrm{B}(p,q),$$

移项并整理就得(9). □

4. B(p,q)的其他形式

在应用中 B 函数也常以如下形式出现. 如令 $x=\cos^2\varphi$,则有

$$\mathrm{B}(p,q) = 2\int_0^{\frac{\pi}{2}} \sin^{2q-1}\varphi\cos^{2p-1}\varphi\mathrm{d}\varphi. \tag{11}$$

令 $x=\dfrac{y}{1+y}, 1-x=\dfrac{1}{1+y}, \mathrm{d}x=\dfrac{\mathrm{d}y}{(1+y)^2}$,则有

$$\mathrm{B}(p,q) = \int_0^{+\infty} \frac{y^{p-1}}{(1+y)^{p+q}}\mathrm{d}y.$$

考察 $\displaystyle\int_1^{+\infty} \frac{y^{p-1}}{(1+y)^{p+q}}\mathrm{d}y$. 令 $y=\dfrac{1}{t}$, 则有

$$\int_1^{+\infty} \frac{y^{p-1}}{(1+y)^{p+q}}\mathrm{d}y = -\int_1^0 \frac{t^{q-1}}{(1+t)^{p+q}}\mathrm{d}t.$$

所以

$$\mathrm{B}(p,q) = \int_0^1 \frac{y^{p-1}+y^{q-1}}{(1+y)^{p+q}}\mathrm{d}y.$$

三、Γ 函数与 B 函数之间的关系

当 m,n 为正整数时,反复应用 B 函数的递推公式可得

$$\mathrm{B}(m,n) = \frac{n-1}{m+n-1}\mathrm{B}(m,n-1)$$

$$= \frac{n-1}{m+n-1}\,\frac{n-2}{m+n-2}\cdots\frac{1}{m+1}\mathrm{B}(m,1).$$

又由于 $\mathrm{B}(m,1) = \displaystyle\int_0^1 x^{m-1}\mathrm{d}x = \frac{1}{m}$,所以

$$\mathrm{B}(m,n) = \frac{n-1}{m+n-1}\,\frac{n-2}{m+n-2}\cdots\frac{1}{m+1}\,\frac{1}{m}\cdot\frac{(m-1)!}{(m-1)!}$$

$$= \frac{(n-1)!\,(m-1)!}{(m+n-1)!},$$

即

$$\mathrm{B}(m,n) = \frac{\Gamma(n)\Gamma(m)}{\Gamma(n+m)}. \tag{12}$$

对于任何正实数 p,q 也有相同的关系:

$$B(p,q)=\frac{\Gamma(p)\Gamma(q)}{\Gamma(p+q)}\quad(p>0,q>0). \tag{13}$$

这个关系式我们将在第二十一章 §8 中加以证明.

习 题 19.3

1. 计算 $\Gamma\left(\frac{5}{2}\right),\Gamma\left(-\frac{5}{2}\right),\Gamma\left(\frac{1}{2}+n\right),\Gamma\left(\frac{1}{2}-n\right)$.

2. 计算 $\int_0^{\frac{\pi}{2}}\sin^{2n}u\mathrm{d}u,\int_0^{\frac{\pi}{2}}\sin^{2n+1}u\mathrm{d}u$.

3. 证明下列各式:

(1) $\Gamma(a)=\int_0^1\left(\ln\frac{1}{x}\right)^{a-1}\mathrm{d}x,\ a>0$;

(2) $\int_0^{+\infty}\frac{x^{a-1}}{1+x}\mathrm{d}x=\Gamma(a)\Gamma(1-a),\ 0<a<1$;

(3) $\int_0^1 x^{p-1}(1-x^r)^{q-1}\mathrm{d}x=\frac{1}{r}B\left(\frac{p}{r},q\right),\ p>0,q>0,r>0$;

(4) $\int_0^{+\infty}\frac{\mathrm{d}x}{1+x^4}=\frac{\pi}{2\sqrt{2}}$.

4. 证明公式

$$B(p,q)=B(p+1,q)+B(p,q+1).$$

---

5. 已知 $\Gamma\left(\frac{1}{2}\right)=\sqrt{\pi}$,试证

$$\int_{-\infty}^{+\infty}x^2\mathrm{e}^{-x^2}\mathrm{d}x=\frac{\sqrt{\pi}}{2}.$$

6. 试将下列积分用欧拉积分表示,并指出参量的取值范围:

(1) $\int_0^{\frac{\pi}{2}}\sin^m x\cos^n x\mathrm{d}x$;　　(2) $\int_0^1\left(\ln\frac{1}{x}\right)^p\mathrm{d}x$.

第十九章总练习题

1. 在区间 $1\leqslant x\leqslant 3$ 上用线性函数 $a+bx$ 近似代替 $f(x)=x^2$,试求 a,b,使得积分 $\int_1^3(a+bx-x^2)^2\mathrm{d}x$ 取最小值.

2. 设 $u(x)=\int_0^1 k(x,y)v(y)\mathrm{d}y$,其中

$$k(x,y)=\begin{cases}x(1-y),\ x\leqslant y,\\ y(1-x),\ x>y,\end{cases}$$

$v(y)$ 为 $[0,1]$ 上的连续函数,证明

$$u''(x)=-v(x).$$

3. 求函数

$$F(a)=\int_0^{+\infty}\frac{\sin(1-a^2)x}{x}\mathrm{d}x$$

的不连续点，并作函数 $F(a)$ 的图像.

4. 证明：若 $\int_0^{+\infty}f(x,t)\mathrm{d}t$ 在 $x\in(0,+\infty)$ 上一致收敛于 $F(x)$，且 $\lim\limits_{x\to+\infty}f(x,t)=\varphi(t)$ 对任意 $t\in[a,b]\subset(0,+\infty)$ 一致地成立（即对任意 $\varepsilon>0$，存在 $M>0$，当 $x>M$ 时，$|f(x,t)-\varphi(t)|<\varepsilon$ 对一切 $t\in[a,b]$ 成立），则有

$$\lim_{x\to+\infty}F(x)=\int_0^{+\infty}\varphi(t)\mathrm{d}t.$$

5. 设 $f(x)$ 为二阶可微函数，$F(x)$ 为可微函数. 证明函数

$$u(x,t)=\frac{1}{2}[f(x-at)+f(x+at)]+\frac{1}{2a}\int_{x-at}^{x+at}F(z)\mathrm{d}z$$

满足弦振动方程

$$\frac{\partial^2u}{\partial t^2}=a^2\frac{\partial^2u}{\partial x^2}$$

及初值条件 $u(x,0)=f(x)$，$u_t(x,0)=F(x)$.

6. 证明：

(1) $\int_0^1\frac{\ln x}{1-x}\mathrm{d}x=-\frac{\pi^2}{6}$；　　(2) $\int_0^u\frac{\ln(1-t)}{t}\mathrm{d}t=-\sum\limits_{n=1}^{\infty}\frac{u^n}{n^2}$，$0\leqslant u\leqslant 1$.

第十九章综合自测题

第二十章 曲线积分

§1 第一型曲线积分

以前讨论的定积分研究的是定义在直线段上函数的积分.本章将研究定义在平面或空间曲线段上函数的积分.

一、第一型曲线积分的定义

设某物体的密度函数 $f(P)$ 是定义在 Ω 上的连续函数.当 Ω 是直线段时,应用定积分就能计算得该物体的质量.

现在研究当 Ω 是平面或空间中某一可求长度的曲线段时物体的质量的计算问题.首先对 Ω 作分割,把 Ω 分成 n 个可求长度的小曲线段 Ω_i $(i=1,2,\cdots,n)$,并在每一个 Ω_i 上任取一点 P_i.由于 $f(P)$ 为 Ω 上的连续函数,故当 Ω_i 的弧长都很小时,每一小段 Ω_i 的质量可近似地等于 $f(P_i)\Delta\Omega_i$,其中 $\Delta\Omega_i$ 为小曲线段 Ω_i 的长度.于是在整个 Ω 上的质量就近似地等于和式

$$\sum_{i=1}^{n} f(P_i)\Delta\Omega_i.$$

当对 Ω 的分割越来越细密(即 $d=\max\limits_{1\leqslant i\leqslant n}\Delta\Omega_i\to 0$)时,上述和式的极限就应是该物体的质量.

由上面看到,求具有某种物质的曲线段的质量,与求直线段的质量一样,也是通过"分割、近似求和、取极限"来得到的.下面给出这类积分的定义.

定义 1 设 L 为平面上可求长度的曲线段,$f(x,y)$ 为定义在 L 上的函数.对曲线 L 作分割 T,它把 L 分成 n 个可求长度的小曲线段 L_i $(i=1,2,\cdots,n)$,L_i 的弧长记为 Δs_i,分割 T 的细度为 $\|T\|=\max\limits_{1\leqslant i\leqslant n}\Delta s_i$,在 L_i 上任取一点 (ξ_i,η_i) $(i=1,2,\cdots,n)$.若有极限

$$\lim_{\|T\|\to 0}\sum_{i=1}^{n} f(\xi_i,\eta_i)\Delta s_i = J,$$

且 J 的值与分割 T 和点 (ξ_i,η_i) 的取法无关,则称此极限为 $f(x,y)$ 在 L 上的**第一型曲线积分**,记作

$$\int_L f(x,y)\,\mathrm{d}s. \tag{1}$$

若 L 为空间可求长曲线段,$f(x,y,z)$ 为定义在 L 上的函数,则可类似地定义 $f(x,y,z)$

在空间曲线 L 上的第一型曲线积分,并且记作

$$\int_L f(x,y,z)\,\mathrm{d}s. \tag{2}$$

于是前面讲到的质量分布在平面或空间曲线段 L 上的物体的质量可由第一型曲线积分(1)或(2)求得.

第一型曲线积分也和定积分一样具有下述一些重要性质. 下面列出平面上第一型曲线积分的性质,对于空间第一型曲线积分的性质,读者可自行仿此写出.

1. 若 $\int_L f_i(x,y)\,\mathrm{d}s\ (i=1,2,\cdots,k)$ 存在,$c_i\ (i=1,2,\cdots,k)$ 为常数,则 $\int_L \sum_{i=1}^{k} c_i f_i(x,y)\,\mathrm{d}s$ 也存在,且

$$\int_L \sum_{i=1}^{k} c_i f_i(x,y)\,\mathrm{d}s = \sum_{i=1}^{k} c_i \int_L f_i(x,y)\,\mathrm{d}s.$$

2. 若曲线段 L 由曲线 $L_1, L_2, \cdots, L_k$ 首尾相接而成,且 $\int_{L_i} f(x,y)\,\mathrm{d}s\ (i=1,2,\cdots,k)$ 都存在,则 $\int_L f(x,y)\,\mathrm{d}s$ 也存在,且

$$\int_L f(x,y)\,\mathrm{d}s = \sum_{i=1}^{k} \int_{L_i} f(x,y)\,\mathrm{d}s.$$

3. 若 $\int_L f(x,y)\,\mathrm{d}s$ 与 $\int_L g(x,y)\,\mathrm{d}s$ 都存在,且在 L 上 $f(x,y)\leqslant g(x,y)$,则

$$\int_L f(x,y)\,\mathrm{d}s \leqslant \int_L g(x,y)\,\mathrm{d}s.$$

4. 若 $\int_L f(x,y)\,\mathrm{d}s$ 存在,则 $\int_L |f(x,y)|\,\mathrm{d}s$ 也存在,且

$$\left|\int_L f(x,y)\,\mathrm{d}s\right| \leqslant \int_L |f(x,y)|\,\mathrm{d}s.$$

5. 若 $\int_L f(x,y)\,\mathrm{d}s$ 存在,L 的弧长为 s,则存在常数 c,使得

$$\int_L f(x,y)\,\mathrm{d}s = cs,$$

这里 $\inf\limits_L f(x,y)\leqslant c\leqslant \sup\limits_L f(x,y)$.

6. 第一型曲线积分的几何意义

若 L 为平面 Oxy 上分段光滑曲线(如图 20-1),$f(x,y)$ 为定义在 L 上非负连续函数. 由第一型曲面积分的定义,以 L 为准线,母线平行于 z 轴的柱面上截取 $0\leqslant z\leqslant f(x,y)$ 的部分面积就是 $\int_L f(x,y)\,\mathrm{d}s$.

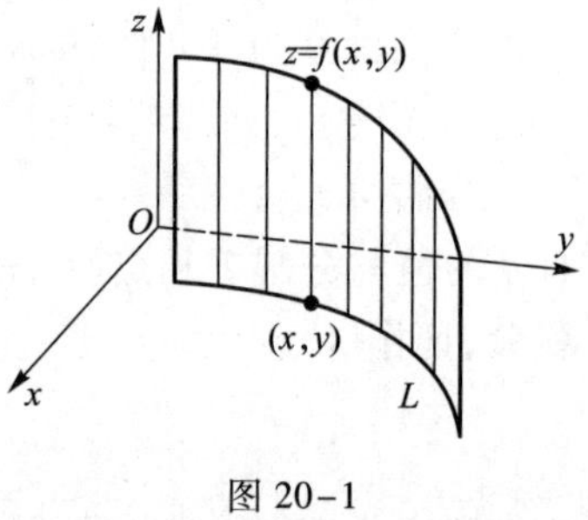

图 20-1

二、第一型曲线积分的计算

定理 20.1 设有光滑曲线

$$L:\begin{cases} x=\varphi(t), \\ y=\psi(t), \end{cases} \quad t\in[\alpha,\beta],$$

函数 $f(x,y)$ 为定义在 L 上的连续函数,则

$$\int_L f(x,y)\,\mathrm{d}s=\int_\alpha^\beta f(\varphi(t),\psi(t))\sqrt{\varphi'^2(t)+\psi'^2(t)}\,\mathrm{d}t. \tag{3}$$

证 由弧长公式知道,L 上由 $t=t_{i-1}$ 到 $t=t_i$ 的弧长

$$\Delta s_i=\int_{t_{i-1}}^{t_i}\sqrt{\varphi'^2(t)+\psi'^2(t)}\,\mathrm{d}t.$$

由 $\sqrt{\varphi'^2(t)+\psi'^2(t)}$ 的连续性与积分中值定理,有

$$\Delta s_i=\sqrt{\varphi'^2(\tau_i')+\psi'^2(\tau_i')}\,\Delta t_i\quad(t_{i-1}<\tau_i'<t_i).$$

所以

$$\sum_{i=1}^n f(\xi_i,\eta_i)\Delta s_i=\sum_{i=1}^n f(\varphi(\tau_i''),\psi(\tau_i''))\sqrt{\varphi'^2(\tau_i')+\psi'^2(\tau_i')}\,\Delta t_i,$$

这里 $t_{i-1}\leqslant\tau_i',\tau_i''\leqslant t_i$. 设

$$\sigma=\sum_{i=1}^n f(\varphi(\tau_i''),\psi(\tau_i''))\left[\sqrt{\varphi'^2(\tau_i')+\psi'^2(\tau_i')}-\sqrt{\varphi'^2(\tau_i'')+\psi'^2(\tau_i'')}\right]\Delta t_i,$$

则有

$$\sum_{i=1}^n f(\xi_i,\eta_i)\Delta s_i=\sum_{i=1}^n f(\varphi(\tau_i''),\psi(\tau_i''))\sqrt{\varphi'^2(\tau_i'')+\psi'^2(\tau_i'')}\,\Delta t_i+\sigma. \tag{4}$$

令 $\Delta t=\max\{\Delta t_1,\Delta t_2,\cdots,\Delta t_n\}$,则当 $\|T\|\to 0$ 时,必有 $\Delta t\to 0$. 现在证明 $\lim\limits_{\Delta t\to 0}\sigma=0$.

因为复合函数 $f(\varphi(t),\psi(t))$ 关于 t 连续,所以在闭区间 $[\alpha,\beta]$ 上有界,即存在常数 M,使对一切 $t\in[\alpha,\beta]$,都有

$$|f(\varphi(t),\psi(t))|\leqslant M.$$

再由 $\sqrt{\varphi'^2(t)+\psi'^2(t)}$ 在 $[\alpha,\beta]$ 上连续,所以它在 $[\alpha,\beta]$ 上一致连续,即对任给的 $\varepsilon>0$,必存在 $\delta>0$,使当 $\Delta t<\delta$ 时有

$$\left|\sqrt{\varphi'^2(\tau_i'')+\psi'^2(\tau_i'')}-\sqrt{\varphi'^2(\tau_i')+\psi'^2(\tau_i')}\right|<\varepsilon,$$

从而

$$|\sigma|\leqslant\varepsilon M\sum_{i=1}^n\Delta t_i=\varepsilon M(\beta-\alpha),$$

所以

$$\lim_{\Delta t\to 0}\sigma=0.$$

再由定积分定义,

$$\lim_{\Delta t\to 0}\sum_{i=1}^n f(\varphi(\tau_i''),\psi(\tau_i''))\sqrt{\varphi'^2(\tau_i'')+\psi'^2(\tau_i'')}\,\Delta t_i$$
$$=\int_\alpha^\beta f(\varphi(t),\psi(t))\sqrt{\varphi'^2(t)+\psi'^2(t)}\,\mathrm{d}t.$$

因此当在(4)式两边取极限后,即得所要证的(3)式. □

当曲线 L 由方程

$$y=\psi(x),\quad x\in[a,b]$$

表示,且 $\psi(x)$ 在 $[a,b]$ 上有连续的导函数时,(3)式成为

$$\int_L f(x,y)\,\mathrm{d}s=\int_a^b f(x,\psi(x))\sqrt{1+\psi'^2(x)}\,\mathrm{d}x; \tag{5}$$

当曲线 L 由方程

$$x=\varphi(y),\quad y\in[c,d]$$

表示，且 $\varphi(y)$ 在 $[c,d]$ 上有连续导函数时，(3) 式成为

$$\int_L f(x,y)\mathrm{d}s=\int_c^d f(\varphi(y),y)\sqrt{1+\varphi'^2(y)}\,\mathrm{d}y. \tag{6}$$

例 1　设 L 是半圆周

$$\begin{cases}x=a\cos t,\\ y=a\sin t,\end{cases}\quad 0\leqslant t\leqslant \pi,$$

试计算第一型曲线积分 $\int_L(x^2+y^2)\mathrm{d}s$.

解　$\int_L(x^2+y^2)\mathrm{d}s=\int_0^{\pi}a^2\sqrt{a^2(\cos^2t+\sin^2t)}\,\mathrm{d}t=a^3\pi.$ □

例 2　设 L 是 $y^2=4x$ 从 $O(0,0)$ 到 $A(1,2)$ 的一段（图 20-2），试计算第一型曲线积分 $\int_L y\mathrm{d}s$.

解

$$\begin{aligned}\int_L y\mathrm{d}s&=\int_0^2 y\sqrt{1+\frac{y^2}{4}}\,\mathrm{d}y\\&=2\cdot\frac{2}{3}\left(1+\frac{y^2}{4}\right)^{\frac{3}{2}}\Bigg|_0^2\\&=\frac{4}{3}(2\sqrt{2}-1).\end{aligned}$$ □

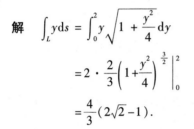

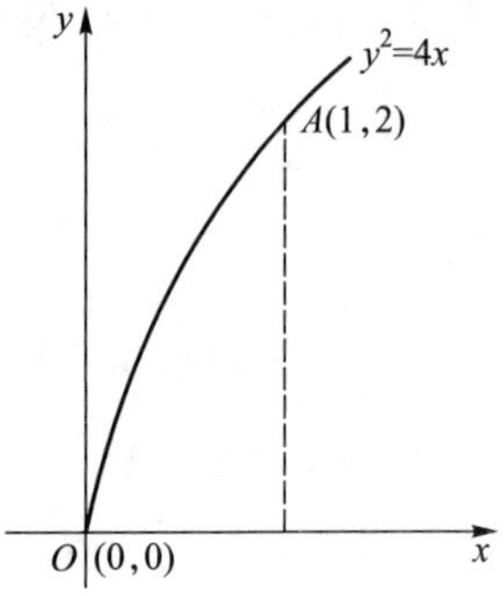

图 20-2

仿照定理 20.1，对于空间曲线积分 (2)，当曲线 L 由参量方程 $x=\varphi(t),y=\psi(t),z=\chi(t),t\in[\alpha,\beta]$ 表示时，其计算公式为

$$\int_L f(x,y,z)\mathrm{d}s=\int_\alpha^\beta f(\varphi(t),\psi(t),\chi(t))\sqrt{\varphi'^2(t)+\psi'^2(t)+\chi'^2(t)}\,\mathrm{d}t. \tag{7}$$

例 3　计算 $\int_L x^2\mathrm{d}s$，其中 L 为球面 $x^2+y^2+z^2=a^2$ 被平面 $x+y+z=0$ 所截得的圆周.

解　由对称性知

$$\int_L x^2\mathrm{d}s=\int_L y^2\mathrm{d}s=\int_L z^2\mathrm{d}s,$$

所以

$$\int_L x^2\mathrm{d}s=\frac{1}{3}\int_L(x^2+y^2+z^2)\mathrm{d}s=\frac{a^2}{3}\int_L\mathrm{d}s=\frac{2}{3}\pi a^3.$$ □

由第一型曲线积分的定义，在 Oxy 平面上，线密度为 $\rho(x,y)$ 的曲线状物体对 x,y 轴的转动惯量分别为

$$J_x=\int_L y^2\rho(x,y)\mathrm{d}s\quad 和\quad J_y=\int_L x^2\rho(x,y)\mathrm{d}s.$$

例 4　求线密度 $\rho(x,y)=\dfrac{y}{\sqrt{1+x^2}}$ 的曲线段 $y=\ln x,x\in[1,2]$ 对于 y 轴的转动惯量.

解

$$\begin{aligned}J_y&=\int_L\frac{x^2y}{\sqrt{1+x^2}}\mathrm{d}s=\int_1^2\frac{x^2\ln x}{\sqrt{1+x^2}}\sqrt{1+\frac{1}{x^2}}\,\mathrm{d}x\\&=\int_1^2 x\ln x\,\mathrm{d}x=\ln 4-\frac{3}{4}.\end{aligned}$$ □

习　题　20.1

1. 计算下列第一型曲线积分:

(1) $\int_L (x+y)\,ds$,其中 L 是以 $O(0,0)$,$A(1,0)$,$B(0,1)$ 为顶点的三角形周界;

(2) $\int_L (x^2+y^2)^{\frac{1}{2}}\,ds$,其中 L 是以原点为中心、R 为半径的右半圆周;

(3) $\int_L xy\,ds$,其中 L 为椭圆 $\frac{x^2}{a^2}+\frac{y^2}{b^2}=1$ 在第一象限中的部分;

(4) $\int_L |y|\,ds$,其中 L 为单位圆周 $x^2+y^2=1$;

(5) $\int_L (x^2+y^2+z^2)\,ds$,其中 L 为螺旋线 $x=a\cos t, y=a\sin t, z=bt$ $(0\leqslant t\leqslant 2\pi)$ 的一段;

(6) $\int_L xyz\,ds$,其中 L 是曲线 $x=t, y=\frac{2}{3}\sqrt{2t^3}, z=\frac{1}{2}t^2$ $(0\leqslant t\leqslant 1)$ 的一段;

(7) $\int_L \sqrt{2y^2+z^2}\,ds$,其中 L 是 $x^2+y^2+z^2=a^2$ 与 $x=y$ 相交的圆周.

2. 求曲线 $x=a, y=at, z=\frac{1}{2}at^2$ $(0\leqslant t\leqslant 1, a>0)$ 的质量,设其线密度为 $\rho=\sqrt{\frac{2z}{a}}$.

3. 求摆线 $\begin{cases} x=a(t-\sin t), \\ y=a(1-\cos t) \end{cases}$ $(0\leqslant t\leqslant \pi)$ 的质心,设其质量分布是均匀的.

---

4. 若曲线以极坐标 $\rho=\rho(\theta)$ $(\theta_1\leqslant\theta\leqslant\theta_2)$ 表示,试给出计算 $\int_L f(x,y)\,ds$ 的公式,并用此公式计算下列曲线积分:

(1) $\int_L e^{\sqrt{x^2+y^2}}\,ds$,其中 L 为曲线 $\rho=a$ $\left(0\leqslant\theta\leqslant\frac{\pi}{4}\right)$ 的一段;

(2) $\int_L x\,ds$,其中 L 为对数螺线 $\rho=ae^{k\theta}$ $(k>0)$ 在圆 $r=a$ 内的部分.

5. 证明:若函数 $f(x,y)$ 在光滑曲线 $L: x=x(t), y=y(t), t\in[\alpha,\beta]$ 上连续,则存在点 $(x_0,y_0)\in L$,使得

$$\int_L f(x,y)\,ds = f(x_0,y_0)\Delta L,$$

其中 ΔL 为 L 的弧长.

§2　第二型曲线积分

一、第二型曲线积分的定义

在物理学中还碰到另一种类型的曲线积分问题. 例如一质点受力 $\boldsymbol{F}(x,y)$ 的作用沿平面曲线 L 从点 A 移动到点 B,求力 $\boldsymbol{F}(x,y)$ 所做的功(图 20-3).

为此在曲线 $\widehat{AB}$ 内插入 $n-1$ 个分点 $M_1, M_2, \cdots, M_{n-1}$,与 $A=M_0$, $B=M_n$ 一起把有向曲

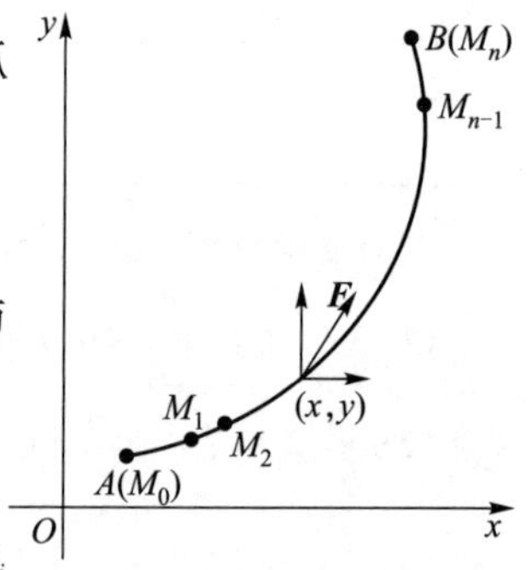

图 20-3

线$\widehat{AB}$分成 n 个有向小弧段$\widehat{M_{i-1}M_i}$ $(i=1,2,\cdots,n)$. 若记小弧段$\widehat{M_{i-1}M_i}$的弧长为 Δs_i，则分割 T 的细度为

$$\|T\| = \max_{1\leqslant i\leqslant n}\Delta s_i.$$

设力 $\boldsymbol{F}(x,y)$ 在 x 轴和 y 轴方向的投影分别为 $P(x,y)$ 与 $Q(x,y)$，那么

$$\boldsymbol{F}(x,y)=(P(x,y),Q(x,y)).$$

又设小弧段$\widehat{M_{i-1}M_i}$在 x 轴与 y 轴上的投影分别为 $\Delta x_i=x_i-x_{i-1}$ 与 $\Delta y_i=y_i-y_{i-1}$，其中 (x_i,y_i) 与 (x_{i-1},y_{i-1}) 分别为分点 M_i 与 M_{i-1} 的坐标. 记

$$\boldsymbol{L}_{M_{i-1}M_i}=(\Delta x_i,\Delta y_i),$$

于是力 $\boldsymbol{F}(x,y)$ 在小弧段$\widehat{M_{i-1}M_i}$上所做的功

$$W_i\approx \boldsymbol{F}(\xi_i,\eta_i)\cdot \boldsymbol{L}_{M_{i-1}M_i}=P(\xi_i,\eta_i)\Delta x_i+Q(\xi_i,\eta_i)\Delta y_i,$$

其中 (ξ_i,η_i) 为小弧段$\widehat{M_{i-1}M_i}$上任一点. 因而力 $\boldsymbol{F}(x,y)$ 沿曲线$\widehat{AB}$所做的功近似地等于

$$W=\sum_{i=1}^{n}W_i\approx\sum_{i=1}^{n}P(\xi_i,\eta_i)\Delta x_i+\sum_{i=1}^{n}Q(\xi_i,\eta_i)\Delta y_i.$$

当细度 $\|T\|\to 0$ 时，上式右边和式的极限就应该是所求的功. 这种类型的和式极限就是下面所要讨论的第二型曲线积分.

定义 1 设函数 $P(x,y)$ 与 $Q(x,y)$ 定义在平面有向可求长度曲线 $L:\widehat{AB}$上. 对 L 的任一分割 T，它把 L 分成 n 个小弧段

$$\widehat{M_{i-1}M_i}\quad (i=1,2,\cdots,n),$$

其中 $M_0=A, M_n=B$. 记各小弧段$\widehat{M_{i-1}M_i}$的弧长为 Δs_i，分割 T 的细度 $\|T\|=\max\limits_{1\leqslant i\leqslant n}\Delta s_i$. 又设 T 的分点 M_i 的坐标为 (x_i,y_i)，并记 $\Delta x_i=x_i-x_{i-1}, \Delta y_i=y_i-y_{i-1}$ $(i=1,2,\cdots,n)$. 在每个小弧段$\widehat{M_{i-1}M_i}$上任取一点 (ξ_i,η_i)，若极限

$$\lim_{\|T\|\to 0}\sum_{i=1}^{n}P(\xi_i,\eta_i)\Delta x_i+\lim_{\|T\|\to 0}\sum_{i=1}^{n}Q(\xi_i,\eta_i)\Delta y_i$$

存在且与分割 T 和点 (ξ_i,η_i) 的取法无关，则称此极限为函数 $P(x,y)$，$Q(x,y)$ 沿有向曲线 L 上的**第二型曲线积分**，记为

$$\int_L P(x,y)\,\mathrm{d}x+Q(x,y)\,\mathrm{d}y \quad 或 \quad \int_{\widehat{AB}}P(x,y)\,\mathrm{d}x+Q(x,y)\,\mathrm{d}y. \tag{1}$$

上述积分(1)也可写作

$$\int_L P(x,y)\,\mathrm{d}x+\int_L Q(x,y)\,\mathrm{d}y$$

或

$$\int_{\widehat{AB}}P(x,y)\,\mathrm{d}x+\int_{\widehat{AB}}Q(x,y)\,\mathrm{d}y.$$

为书写简洁起见，(1)式常简写成

$$\int_L P\mathrm{d}x+Q\mathrm{d}y \quad 或 \quad \int_{\widehat{AB}}P\mathrm{d}x+Q\mathrm{d}y.$$

若 L 为封闭的有向曲线,则记为

$$\oint_L P\mathrm{d}x+Q\mathrm{d}y. \tag{2}$$

若记 $\boldsymbol{F}(x,y)=(P(x,y),Q(x,y))$, $\mathrm{d}\boldsymbol{s}=(\mathrm{d}x,\mathrm{d}y)$,则(1)式可写成向量形式

$$\int_L \boldsymbol{F}\cdot\mathrm{d}\boldsymbol{s} \quad 或 \quad \int_{\overset{\frown}{AB}}\boldsymbol{F}\cdot\mathrm{d}\boldsymbol{s}. \tag{3}$$

于是,力 $\boldsymbol{F}(x,y)=(P(x,y),Q(x,y))$ 沿有向曲线 $L:\overset{\frown}{AB}$ 对质点所做的功为

$$W=\int_L P(x,y)\mathrm{d}x+Q(x,y)\mathrm{d}y.$$

倘若 L 为空间有向可求长度曲线, $P(x,y,z)$, $Q(x,y,z)$, $R(x,y,z)$ 为定义在 L 上的函数,则可按上述办法类似地定义沿空间有向曲线 L 上的第二型曲线积分,并记为

$$\int_L P(x,y,z)\mathrm{d}x+Q(x,y,z)\mathrm{d}y+R(x,y,z)\mathrm{d}z, \tag{4}$$

或简写成

$$\int_L P\mathrm{d}x+Q\mathrm{d}y+R\mathrm{d}z.$$

当把 $\boldsymbol{F}(x,y,z)=(P(x,y,z),Q(x,y,z),R(x,y,z))$ 与 $\mathrm{d}\boldsymbol{s}=(\mathrm{d}x,\mathrm{d}y,\mathrm{d}z)$ 看作三维向量时,(4)式也可表示成(3)式的向量形式.

第二型曲线积分与曲线 L 的方向有关. 对同一曲线,当方向由 A 到 B 改为由 B 到 A 时,每一小曲线段的方向都改变,从而所得的 Δx_i, Δy_i 也随之改变符号,故有

$$\int_{\overset{\frown}{AB}} P\mathrm{d}x+Q\mathrm{d}y=-\int_{\overset{\frown}{BA}} P\mathrm{d}x+Q\mathrm{d}y. \tag{5}$$

而第一型曲线积分的被积表达式只是函数 $f(x,y)$ 与弧长的乘积,它与曲线 L 的方向无关. 这是两种类型曲线积分的一个重要区别.

类似于第一型曲线积分,第二型曲线积分也有如下一些主要性质:

1. 若 $\int_L P_i\mathrm{d}x+Q_i\mathrm{d}y \quad (i=1,2,\cdots,k)$ 存在,则 $\int_L\left(\sum\limits_{i=1}^k c_iP_i\right)\mathrm{d}x+\left(\sum\limits_{i=1}^k c_iQ_i\right)\mathrm{d}y$ 也存在,且

$$\int_L\left(\sum_{i=1}^k c_iP_i\right)\mathrm{d}x+\left(\sum_{i=1}^k c_iQ_i\right)\mathrm{d}y=\sum_{i=1}^k c_i\left(\int_L P_i\mathrm{d}x+Q_i\mathrm{d}y\right),$$

其中 $c_i \ (i=1,2,\cdots,k)$ 为常数.

2. 若有向曲线 L 是由有向曲线 $L_1,L_2,\cdots,L_k$ 首尾相接而成,且 $\int_{L_i} P\mathrm{d}x+Q\mathrm{d}y \quad (i=1,2,\cdots,k)$ 存在,则 $\int_L P\mathrm{d}x+Q\mathrm{d}y$ 也存在,且

$$\int_L P\mathrm{d}x+Q\mathrm{d}y=\sum_{i=1}^k\int_{L_i} P\mathrm{d}x+Q\mathrm{d}y.$$

二、第二型曲线积分的计算

与第一型曲线积分一样,第二型曲线积分也可化为定积分来计算.

设平面曲线

$$L:\begin{cases}x=\varphi(t),\\ y=\psi(t),\end{cases}\quad t\in[\alpha,\beta],$$

其中 $\varphi(t),\psi(t)$ 在 $[\alpha,\beta]$ 上具有一阶连续导函数，且点 A 与 B 的坐标分别为 $(\varphi(\alpha),\psi(\alpha))$ 与 $(\varphi(\beta),\psi(\beta))$. 又设 $P(x,y)$ 与 $Q(x,y)$ 为 L 上的连续函数，则沿 L 从 A 到 B 的第二型曲线积分

$$\begin{aligned}&\int_L P(x,y)\,\mathrm{d}x+Q(x,y)\,\mathrm{d}y\\ =&\int_\alpha^\beta[P(\varphi(t),\psi(t))\varphi'(t)+Q(\varphi(t),\psi(t))\psi'(t)]\,\mathrm{d}t.\end{aligned}\tag{6}$$

读者可仿照 §1 中定理 20.1 的方法分别证明

$$\int_L P(x,y)\,\mathrm{d}x=\int_\alpha^\beta P(\varphi(t),\psi(t))\varphi'(t)\,\mathrm{d}t,$$

$$\int_L Q(x,y)\,\mathrm{d}y=\int_\alpha^\beta Q(\varphi(t),\psi(t))\psi'(t)\,\mathrm{d}t,$$

由此便可得公式(6)，这里不再赘述了.

对于沿封闭曲线 L 的第二型曲线积分(2)的计算，可在 L 上任意选取一点作为起点，沿 L 所指定的方向前进，最后回到这一点.

例 1　计算 $\int_L xy\,\mathrm{d}x+(y-x)\,\mathrm{d}y$，其中 L 分别沿如图 20-4 中路线：

(i) 直线 AB；

(ii) $\overparen{ACB}$（抛物线：$y=2(x-1)^2+1$）；

(iii) $ADBA$（三角形周界）.

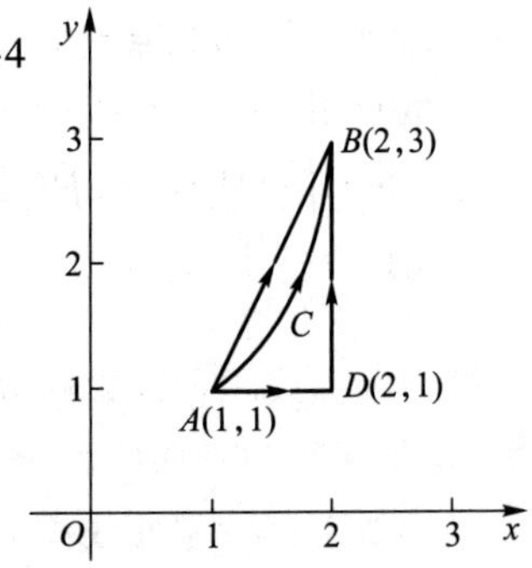

图 20-4

解　(i) 直线 AB 的参数方程为

$$\begin{cases}x=1+t,\\ y=1+2t,\end{cases}\quad t\in[0,1].$$

故由公式(6)可得

$$\begin{aligned}&\int_{AB}xy\,\mathrm{d}x+(y-x)\,\mathrm{d}y\\ =&\int_0^1[(1+t)(1+2t)+2t]\,\mathrm{d}t\\ =&\int_0^1(1+5t+2t^2)\,\mathrm{d}t=\frac{25}{6}.\end{aligned}$$

(ii) 曲线 $\overparen{ACB}$ 为抛物线 $y=2(x-1)^2+1,1\leqslant x\leqslant 2$，所以

$$\begin{aligned}&\int_{\overparen{ACB}}xy\,\mathrm{d}x+(y-x)\,\mathrm{d}y\\ =&\int_1^2\{x[2(x-1)^2+1]+[2(x-1)^2+1-x]4(x-1)\}\,\mathrm{d}x\\ =&\int_1^2(10x^3-32x^2+35x-12)\,\mathrm{d}x=\frac{10}{3}.\end{aligned}$$

(iii) 这里 L 是一条封闭曲线，故可从 A 开始，应用上段的性质 2，分别求沿 AD，DB 和 BA 上的线积分然后相加即可得到所求之曲线积分.

由于沿直线 AD：$x=x$，$y=1$ $(1\leqslant x\leqslant 2)$ 的线积分为

$$\int_{AD} xy\mathrm{d}x+(y-x)\mathrm{d}y=\int_{AD} xy\mathrm{d}x=\int_1^2 x\mathrm{d}x=\frac{3}{2}.$$

沿直线 DB：$x=2$，$y=y$ $(1\leqslant y\leqslant 3)$ 的线积分为

$$\int_{DB} xy\mathrm{d}x+(y-x)\mathrm{d}y=\int_{DB}(y-x)\mathrm{d}y=\int_1^3(y-2)\mathrm{d}y=0.$$

沿直线 BA 的线积分可由(i)及公式(5)得到

$$\int_{BA} xy\mathrm{d}x+(y-x)\mathrm{d}y=-\int_{AB} xy\mathrm{d}x+(y-x)\mathrm{d}y=-\frac{25}{6}.$$

所以

$$\oint_L xy\mathrm{d}x+(y-x)\mathrm{d}y=\frac{3}{2}+0+\left(-\frac{25}{6}\right)=-\frac{8}{3}.$$ □

例 2 计算 $\int_L x\mathrm{d}y+y\mathrm{d}x$，这里 L

(i) 沿抛物线 $y=2x^2$，从 O 到 B 的一段(图 20-5)；

(ii) 沿直线段 OB：$y=2x$；

(iii) 沿封闭曲线 $OABO$.

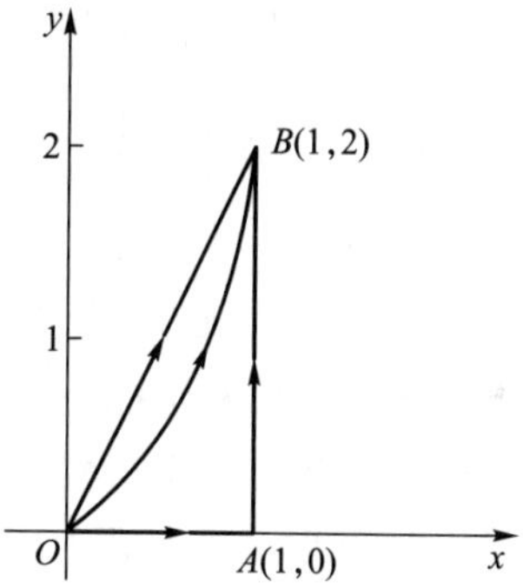

图 20-5

解 (i)
$$\int_L x\mathrm{d}y+y\mathrm{d}x=\int_0^1[x(4x)+2x^2]\mathrm{d}x=\int_0^1 6x^2\mathrm{d}x=\frac{6}{3}=2.$$

(ii)
$$\int_L x\mathrm{d}y+y\mathrm{d}x=\int_0^1(2x+2x)\mathrm{d}x=4\cdot\frac{1}{2}=2.$$

(iii) 在 OA 一段上，$y=0$，$0\leqslant x\leqslant 1$；在 AB 一段上，$x=1$，$0\leqslant y\leqslant 2$；在 BO 一段上与(ii)一样是 $y=2x$ 从 $x=1$ 到 $x=0$ 的一段. 所以

$$\int_{OA} x\mathrm{d}y+y\mathrm{d}x=\int_0^1 0\mathrm{d}x=0,$$

$$\int_{AB} x\mathrm{d}y+y\mathrm{d}x=\int_0^2 1\mathrm{d}y=2,$$

$$\int_{BO} x\mathrm{d}y+y\mathrm{d}x=-\int_{OB} x\mathrm{d}y+y\mathrm{d}x=-2\quad(\text{见(ii)}).$$

因此

$$\oint_L x\mathrm{d}y+y\mathrm{d}x=\left\{\int_{OA}+\int_{AB}+\int_{BO}\right\}(x\mathrm{d}y+y\mathrm{d}x)=0+2-2=0.$$ □

对于沿空间有向曲线的第二型曲线积分的计算公式也与(6)式相仿. 设空间有向光滑曲线 L 的参量方程为

$$\begin{cases} x = x(t), \\ y = y(t), \quad \alpha \leqslant t \leqslant \beta, \\ z = z(t), \end{cases}$$

起点为 $(x(\alpha), y(\alpha), z(\alpha))$, 终点为 $(x(\beta), y(\beta), z(\beta))$, 则

$$\begin{aligned} &\int_L P\mathrm{d}x + Q\mathrm{d}y + R\mathrm{d}z \\ =&\int_\alpha^\beta [P(x(t), y(t), z(t))x'(t) + Q(x(t), y(t), z(t))y'(t) + \\ &R(x(t), y(t), z(t))z'(t)]\mathrm{d}t. \end{aligned} \tag{7}$$

这里要注意曲线方向与积分上下限的确定应该一致.

例 3　计算第二型曲线积分

$$I = \int_L xy\mathrm{d}x + (x - y)\mathrm{d}y + x^2\mathrm{d}z,$$

L 是螺旋线: $x = a\cos t, y = a\sin t, z = bt$ 从 $t = 0$ 到 $t = \pi$ 上的一段.

解　由公式(7),

$$\begin{aligned} I &= \int_0^\pi (-a^3\cos t\sin^2 t + a^2\cos^2 t - a^2\sin t\cos t + a^2 b\cos^2 t)\mathrm{d}t \\ &= \left[-\frac{1}{3}a^3\sin^3 t - \frac{1}{2}a^2\sin^2 t + \frac{1}{2}a^2(1 + b)\left(t + \frac{1}{2}\sin 2t\right)\right]\Bigg|_0^\pi \\ &= \frac{1}{2}a^2(1 + b)\pi. \end{aligned}$$

□

例 4　求在力 $\boldsymbol{F}(y, -x, x+y+z)$ 作用下,

(i) 质点由 A 沿螺旋线 L_1 到 B 所做的功(图 20-6), 其中 $L_1: x = a\cos t, y = a\sin t, z = bt, 0 \leqslant t \leqslant 2\pi$;

(ii) 质点由 A 沿直线 L_2 到 B 所做的功.

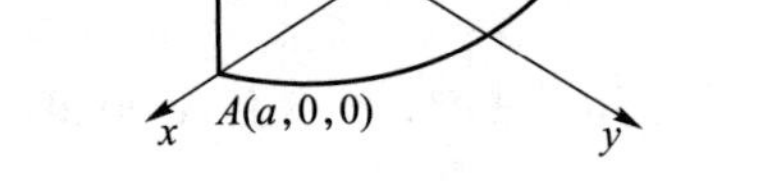

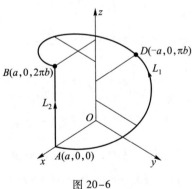

图 20-6

解　如本节开头所述, 在空间曲线 L 上力 $\boldsymbol{F}$ 所做的功为

$$W = \int_L \boldsymbol{F} \cdot \mathrm{d}\boldsymbol{s} = \int_L y\mathrm{d}x - x\mathrm{d}y + (x + y + z)\mathrm{d}z.$$

(i) 由于 $\mathrm{d}x = -a\sin t\mathrm{d}t, \mathrm{d}y = a\cos t\mathrm{d}t, \mathrm{d}z = b\mathrm{d}t$, 所以

$$\begin{aligned} W = \int_0^{2\pi} (&-a^2\sin^2 t - a^2\cos^2 t + ab\cos t + \\ &ab\sin t + b^2 t)\mathrm{d}t = 2\pi(\pi b^2 - a^2). \end{aligned}$$

(ii) L_2 的参量方程为

$$x = a, y = 0, z = t, 0 \leqslant t \leqslant 2\pi b.$$

由于 $\mathrm{d}x = 0, \mathrm{d}y = 0, \mathrm{d}z = \mathrm{d}t$, 所以

$$W=\int_0^{2\pi b}(a+t)\,\mathrm{d}t=2\pi b(a+\pi b).$$ □

三、两类曲线积分的联系

虽然第一型曲线积分与第二型曲线积分来自不同的物理原型，且有着不同的特性，但在一定条件下，如在规定了曲线的方向之后，可以建立它们之间的联系.

设 L 为从 A 到 B 的有向光滑曲线，它以弧长 s 为参数，于是

$$L:\begin{cases}x=x(s),\\ y=y(s),\end{cases}\quad 0\leqslant s\leqslant l,$$

其中 l 为曲线 L 的全长，且点 A 与 B 的坐标分别为 $(x(0),y(0))$ 与 $(x(l),y(l))$. 曲线 L 上每一点的切线方向指向弧长增加的一方. 现以 $(\widehat{\boldsymbol{t},x})$，$(\widehat{\boldsymbol{t},y})$ 分别表示切线方向 $\boldsymbol{t}$ 与 x 轴和 y 轴正向的夹角，则在曲线上的每一点的切线方向余弦是

$$\frac{\mathrm{d}x}{\mathrm{d}s}=\cos(\widehat{\boldsymbol{t},x}),\quad \frac{\mathrm{d}y}{\mathrm{d}s}=\cos(\widehat{\boldsymbol{t},y}).\tag{8}$$

若 $P(x,y)$，$Q(x,y)$ 为曲线 L 上的连续函数，则由(6)式得

$$\begin{aligned}&\int_L P\mathrm{d}x+Q\mathrm{d}y\\ &=\int_0^l[P(x(s),y(s))\cos(\widehat{\boldsymbol{t},x})+Q(x(s),y(s))\cos(\widehat{\boldsymbol{t},y})]\mathrm{d}s\\ &=\int_L[P(x,y)\cos(\widehat{\boldsymbol{t},x})+Q(x,y)\cos(\widehat{\boldsymbol{t},y})]\mathrm{d}s,\end{aligned}\tag{9}$$

最后一个等式是根据第一型曲线积分化为定积分的公式.

这里必须指出，当(9)式左边第二型曲线积分中 L 改变方向时，积分值改变符号，相应在(9)式右边第一型曲线积分中，曲线上各点的切线方向指向相反的方向(即指向弧长减少的方向). 这时夹角 $(\widehat{\boldsymbol{t},x})$ 和 $(\widehat{\boldsymbol{t},y})$ 分别与原来的夹角相差一个弧度 π，从而 $\cos(\widehat{\boldsymbol{t},x})$ 和 $\cos(\widehat{\boldsymbol{t},y})$ 都要变号. 因此，一旦方向确定了，公式(9)总是成立的.

这样，根据条件(8)和公式(9)便建立了两种不同类型曲线积分之间的联系.

类似讨论可以得到

$$\begin{aligned}&\int_L P\mathrm{d}x+Q\mathrm{d}y+R\mathrm{d}z\\ &=\int_L[P(x,y,z)\cos(\widehat{\boldsymbol{t},x})+Q(x,y,z)\cos(\widehat{\boldsymbol{t},y})+R(x,y,z)\cos(\widehat{\boldsymbol{t},z})]\mathrm{d}s,\end{aligned}$$

其中 P,Q,R 为空间有向曲线 L 上的连续函数，$(\cos(\widehat{\boldsymbol{t},x}),\cos(\widehat{\boldsymbol{t},y}),\cos(\widehat{\boldsymbol{t},z}))$ 为曲线 L 正切向的方向余弦.

例 5　计算

$$\oint_L y\mathrm{d}x+z\mathrm{d}y+x\mathrm{d}z,$$

其中 L 是 $x^2+y^2+z^2=1$ 和 $x+y+z=1$ 的交线，从 x 轴正向看去取逆时针方向.

解　利用曲线 L 的描述可以得到其正切向的方向余弦为 $\frac{1}{\sqrt{2}}(z-y,x-z,y-x)$.

$$
\begin{aligned}
I &= \oint_L y\mathrm{d}x + z\mathrm{d}y + x\mathrm{d}z \\
&= \oint_L \frac{1}{\sqrt{2}}[y(z-y) + z(x-z) + x(y-x)]\mathrm{d}s \\
&= -\frac{1}{\sqrt{2}}\oint_L \mathrm{d}s,
\end{aligned}
$$

交线是一个半径为$\sqrt{\frac{2}{3}}$的圆,所以

$$
I = -\frac{1}{\sqrt{2}}\oint_L \mathrm{d}s = -\frac{2\sqrt{3}\pi}{3}.
$$

习 题 20.2

1. 计算第二型曲线积分:

(1) $\int_L x\mathrm{d}y - y\mathrm{d}x$,其中 L 为本节例 2 中的三种情况;

(2) $\int_L (2a-y)\mathrm{d}x + \mathrm{d}y$,其中 L 为摆线 $x=a(t-\sin t)$,$y=a(1-\cos t)$ $(0\leqslant t\leqslant 2\pi)$沿 t 增加方向的一段;

(3) $\oint_L \frac{-x\mathrm{d}x + y\mathrm{d}y}{x^2+y^2}$,其中 L 为圆周 $x^2+y^2=1$,依逆时针方向;

(4) $\oint_L y\mathrm{d}x + \sin x\mathrm{d}y$,其中 L 为 $y=\sin x$ $(0\leqslant x\leqslant \pi)$与 x 轴所围的闭曲线,依顺时针方向;

(5) $\int_L x\mathrm{d}x + y\mathrm{d}y + z\mathrm{d}z$,其中 L 为从$(1,1,1)$到$(2,3,4)$的直线段.

2. 设质点受力作用,力的反方向指向原点,大小与质点离原点的距离成正比. 若质点由$(a,0)$沿椭圆移动到$(0,b)$,求力所做的功.

3. 设一质点受力作用,力的方向指向原点,大小与质点到 xy 平面的距离成反比. 若质点沿直线 $x=at$,$y=bt$,$z=ct$ $(c\neq 0)$从 $M(a,b,c)$移动到 $N(2a,2b,2c)$,求力所做的功.

---

4. 证明曲线积分的估计式

$$
\left|\int_{\widehat{AB}} P\mathrm{d}x + Q\mathrm{d}y\right| \leqslant LM,
$$

其中 L 为$\widehat{AB}$的弧长,$M=\max\limits_{(x,y)\in\widehat{AB}}\sqrt{P^2+Q^2}$.

利用上述不等式估计积分

$$
I_R = \int_{x^2+y^2=R^2} \frac{y\mathrm{d}x - x\mathrm{d}y}{(x^2+xy+y^2)^2},
$$

并证明$\lim\limits_{R\to+\infty} I_R = 0$.

5. 计算沿空间曲线的第二型曲线积分:

(1) $\int_L xyz\mathrm{d}z$,其中 L 为 $x^2+y^2+z^2=1$ 与 $y=z$ 相交的圆,其方向按曲线依次经过 1,2,7,8 卦限;

(2) $\int_L (y^2-z^2)\mathrm{d}x+(z^2-x^2)\mathrm{d}y+(x^2-y^2)\mathrm{d}z$，其中 L 为球面 $x^2+y^2+z^2=1$ 在第一卦限部分的边界曲线，其方向按曲线依次经过 xy 平面部分，yz 平面部分和 zx 平面部分.

第二十章总练习题

1. 计算下列曲线积分：

(1) $\int_L y\mathrm{d}s$，其中 L 是由 $y^2=x$ 和 $x+y=2$ 所围的闭曲线；

(2) $\int_L |y|\mathrm{d}s$，其中 L 为双纽线 $(x^2+y^2)^2=a^2(x^2-y^2)$；

(3) $\int_L z\mathrm{d}s$，其中 L 为圆锥螺线

$$x=t\cos t, y=t\sin t, z=t,\quad t\in[0,t_0];$$

(4) $\int_L xy^2\mathrm{d}y-x^2y\mathrm{d}x$，$L$ 为以 a 为半径、圆心在原点的右半圆周从最上面一点 A 到最下面一点 B；

(5) $\int_L \dfrac{\mathrm{d}y-\mathrm{d}x}{x-y}$，$L$ 是抛物线 $y=x^2-4$，从 $A(0,-4)$ 到 $B(2,0)$ 的一段；

(6) $\int_L y^2\mathrm{d}x+z^2\mathrm{d}y+x^2\mathrm{d}z$，$L$ 是维维安尼曲线 $x^2+y^2+z^2=a^2, x^2+y^2=ax\ (z\geqslant 0, a>0)$，若从 x 轴正向看去，L 是沿逆时针方向进行的.

2. 设 $f(x,y)$ 为连续函数，试就如下曲线：

(1) L：连接 $A(a,a)$，$C(b,a)$ 的直线段 $(b>a)$；

(2) L：连接 $A(a,a)$，$C(b,a)$，$B(b,b)$ 三点的三角形（逆时针方向）$(b>a)$，

计算下列曲线积分：

$$\int_L f(x,y)\mathrm{d}s,\quad \int_L f(x,y)\mathrm{d}x,\quad \int_L f(x,y)\mathrm{d}y.$$

3. 设 $f(x,y)$ 为定义在平面曲线弧段 $\widehat{AB}$ 上的非负连续函数，且在 $\widehat{AB}$ 上恒大于零.

(1) 试证明 $\int_{\widehat{AB}} f(x,y)\mathrm{d}s>0$；

(2) 试问在相同条件下，第二型曲线积分

$$\int_{\widehat{AB}} f(x,y)\mathrm{d}x>0$$

是否成立？为什么？

第二十章综合自测题

第二十一章 重积分

§1 二重积分的概念

一、平面图形的面积

为了研究定义在平面图形(即平面点集)上函数的积分,我们首先讨论平面有界图形的面积问题.

所谓一个平面图形 P 是有界的,是指构成这个平面图形的点集是平面上的有界点集,即存在一矩形 R,使得 $P\subset R$.

设 P 是一平面有界图形,用某一平行于坐标轴的一组直线网 T 分割这个图形(图 21-1).这时直线网 T 的网眼——小闭矩形 Δ_i 可分为三类:(i) Δ_i 上的点都是 P 的内点,(ii) Δ_i 上的点都是 P 的外点,(iii) Δ_i 上含有 P 的边界点.

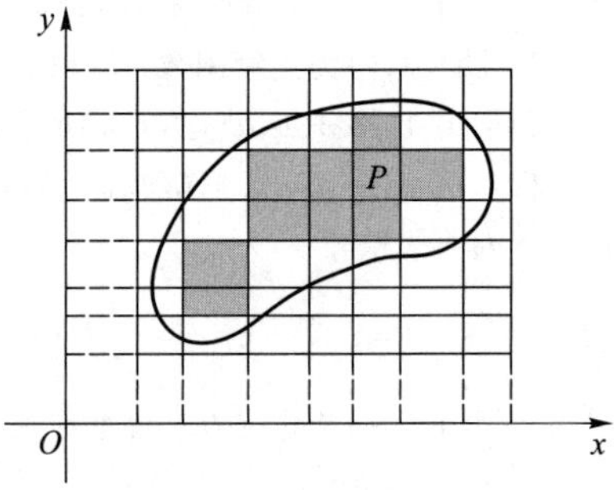

图 21-1

我们将所有属于直线网 T 的第(i)类小矩形(图 21-1 中阴影部分)的面积加起来,记这个和数为 $s_P(T)$,则有 $s_P(T)\leqslant\Delta_R$(这里 Δ_R 表示包含 P 的那个矩形 R 的面积);将所有第(i)类与第(iii)类小矩形(图 21-1 中含有粗线的小矩形)的面积加起来,记这个和数为 $S_P(T)$,则有 $s_P(T)\leqslant S_P(T)$.

由确界存在定理可以推得,对于平面上所有直线网,数集 $\{s_P(T)\}$ 有上确界,数集 $\{S_P(T)\}$ 有下确界,记

$$\underline{I}_P=\sup_T\{s_P(T)\},\qquad \overline{I}_P=\inf_T\{S_P(T)\}.$$

显然有

$$0\leqslant\underline{I}_P\leqslant\overline{I}_P. \tag{1}$$

通常称 $\underline{I}_P$ 为 P 的**内面积**,$\overline{I}_P$ 为 P 的**外面积**.

定义 1 若平面图形 P 的内面积 $\underline{I}_P$ 等于它的外面积 $\overline{I}_P$,则称 P 为**可求面积**,并称其共同值 $I_P=\underline{I}_P=\overline{I}_P$ 为 P 的**面积**.

定理 21.1 平面有界图形 P 可求面积的充要条件是:对任给的 $\varepsilon>0$,总存在直线网 T,使得

$$S_P(T)-s_P(T)<\varepsilon. \tag{2}$$

证 [必要性] 设平面有界图形 P 的面积为 I_P. 由定义 1,有 $I_P=\underline{I}_P=\overline{I}_P$. 对任给的 $\varepsilon>0$,由 $\underline{I}_P$ 及 $\overline{I}_P$ 的定义知道,分别存在直线网 T_1 与 T_2,使得

$$s_P(T_1)>I_P-\frac{\varepsilon}{2},\quad S_P(T_2)<I_P+\frac{\varepsilon}{2}. \tag{3}$$

记 T 为由 T_1 与 T_2 这两个直线网合并所成的直线网,可证得①

$$s_P(T_1)\leqslant s_P(T),\quad S_P(T_2)\geqslant S_P(T).$$

于是由(3)可得

$$s_P(T)>I_P-\frac{\varepsilon}{2},\quad S_P(T)<I_P+\frac{\varepsilon}{2}.$$

从而得到对直线网 T 有 $S_P(T)-s_P(T)<\varepsilon$.

[充分性] 设对任给的 $\varepsilon>0$,存在某直线网 T,使得(2)式成立. 但

$$s_P(T)\leqslant \underline{I}_P\leqslant \overline{I}_P\leqslant S_P(T).$$

所以

$$\overline{I}_P-\underline{I}_P\leqslant S_P(T)-s_P(T)<\varepsilon.$$

由 ε 的任意性可得 $\underline{I}_P=\overline{I}_P$,因而平面图形 P 可求面积. □

由不等式(1)及定理 21.1 立即可得:

推论 平面有界图形 P 的面积为零的充要条件是它的外面积 $\overline{I}_P=0$,即对任给的 $\varepsilon>0$,存在直线网 T,使得

$$S_P(T)<\varepsilon,$$

或对任给的 $\varepsilon>0$,平面图形 P 能被有限个其面积总和小于 ε 的小矩形所覆盖.

定理 21.2 平面有界图形 P 可求面积的充要条件是:P 的边界 K 的面积为零.

证 由定理 21.1,P 可求面积的充要条件是:对任给的 $\varepsilon>0$,存在直线网 T,使得 $S_P(T)-s_P(T)<\varepsilon$. 由于

$$S_K(T)=S_P(T)-s_P(T),$$

所以也有 $S_K(T)<\varepsilon$. 由上述推论,P 的边界 K 的面积为零. □

定理 21.3 若曲线 K 为定义在 $[a,b]$ 上的连续函数 $f(x)$ 的图像,则曲线 K 的面积为零.

证 由于 $f(x)$ 在闭区间 $[a,b]$ 上连续,所以它在 $[a,b]$ 上一致连续. 因而对任给的 $\varepsilon>0$,总存在 $\delta>0$,当把区间 $[a,b]$ 分成 n 个小区间 $[x_{i-1},x_i]$ $(i=1,2,\cdots,n,x_0=a,x_n=b)$ 并且满足

$$\max\{\Delta x_i=x_i-x_{i-1}\mid i=1,2,\cdots,n\}<\delta$$

时,可使 $f(x)$ 在每个小区间 $[x_{i-1},x_i]$ 上的振幅都成立 $\omega_i<\frac{\varepsilon}{b-a}$. 现把曲线 K 按自变量 $x=$

① 可仿照第九章定积分中上和与下和有关性质证明.

$x_0, x_1, \cdots, x_n$ 分成 n 个小段，这时每一个小段都能被以 Δx_i 为宽，ω_i 为高的小矩形所覆盖. 由于这 n 个小矩形面积的总和为

$$\sum_{i=1}^{n} \omega_i \Delta x_i < \frac{\varepsilon}{b-a} \sum_{i=1}^{n} \Delta x_i = \varepsilon,$$

所以由定理 21.1 的推论即得曲线 K 的面积为零. □

我们还可证明：由参量方程 $x=\varphi(t), y=\psi(t)$ $(\alpha \leqslant t \leqslant \beta)$ 所表示的平面光滑曲线（即 φ, ψ 在 $[\alpha, \beta]$ 上具有连续的导函数）或按段光滑曲线，其面积一定为零.

推论 1　参数方程 $x=\varphi(t), y=\psi(t), t \in [\alpha, \beta]$ 所表示的光滑曲线 K 的面积为零.

证　由光滑曲线的定义，$\varphi'(t), \psi'(t)$ 在 $[\alpha, \beta]$ 上连续且不同时为零. 对任意 $t_0 \in [\alpha, \beta]$，不妨设 $\varphi'(t_0) \neq 0$，于是存在 t_0 的邻域 $U(t_0)$，使得 $x=\varphi(t)$ 在此邻域上严格单调，从而存在反函数 $t=\varphi^{-1}(x)$. 再由有限覆盖定理可把 $[\alpha, \beta]$ 分成有限段：$\alpha=t_0<t_1<\cdots<t_n=\beta$，在每一小区间段上，$y=\psi(\varphi^{-1}(x))$ 或 $x=\varphi(\psi^{-1}(y))$. 由定理 21.3，每一小段的曲线面积为零，因此整条曲线面积为零. □

推论 2　由平面上分段光滑曲线所围成的有界闭区域是可求面积的.

注 1　为简单起见，以下讨论的有界闭区域都是指分段光滑曲线所围成的有界闭区域，从而都是可求面积的.

注 2　并非平面中所有的点集都是可求面积的. 例如

$$D=\{(x, y) \mid x, y \in \mathbf{Q} \cap [0,1]\}.$$

易知 $0=\underline{I}_D<\overline{I}_D=1$，$D$ 是不可求面积的.

二、二重积分的定义及其存在性

先讨论一个几何问题——求**曲顶柱体**的体积. 设 $f(x, y)$ 为定义在可求面积的有界闭区域 D 上的非负连续函数. 求以曲面 $z=f(x, y)$ 为顶，D 为底的柱体（图 21-2）的体积 V.

采用类似于求曲边梯形面积的方法. 先用一组平行于坐标轴的直线网 T 把区域 D 分成 n 个小区域 $\sigma_i(i=1,2, \cdots, n)$（称 T 为区域 D 的一个**分割**）. 以 $\Delta \sigma_i$ 表示小区域 σ_i 的面积. 这个直线网也相应地把曲顶柱体分割成 n 个以 σ_i 为底的小曲顶柱体 $V_i(i=1, 2, \cdots, n)$. 由于 $f(x, y)$ 在 D 上连续，故当每个 σ_i 的直径都很小时，$f(x, y)$ 在 σ_i 上各点的函数值都相差无几，因而可在 σ_i 上任取一点 (ξ_i, η_i)，用以 $f(\xi_i, \eta_i)$ 为高，σ_i 为底的小平顶柱体的体积 $f(\xi_i, \eta_i) \Delta \sigma_i$ 作为 V_i 的体积 ΔV_i 的近似值（如图 21-3），即

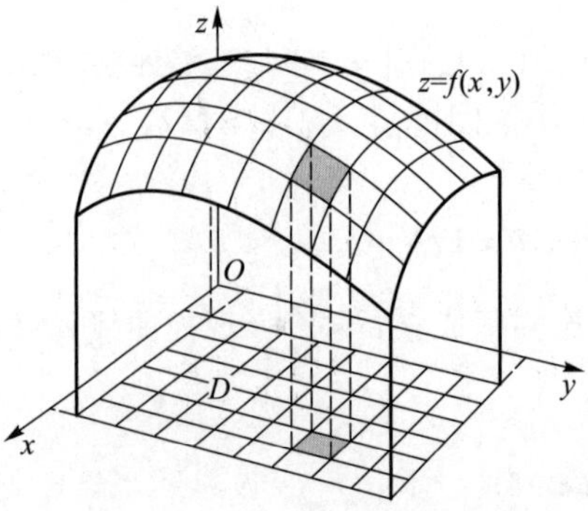

图 21-2

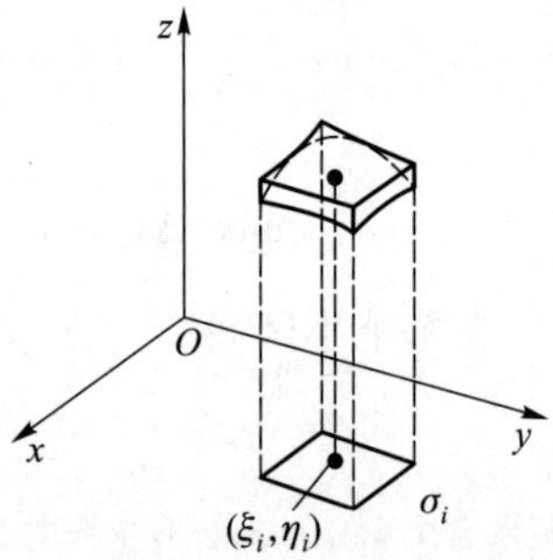

图 21-3

$$\Delta V_i \approx f(\xi_i,\eta_i)\Delta\sigma_i.$$

把这些小平顶柱体的体积加起来，就得到曲顶柱体体积 V 的近似值

$$V=\sum_{i=1}^{n}\Delta V_i\approx\sum_{i=1}^{n}f(\xi_i,\eta_i)\Delta\sigma_i.$$

当直线网 T 的网眼越来越细密，即分割 T 的**细度** $\|T\|=\max\limits_{1\leqslant i\leqslant n}d_i$（$d_i$ 为 σ_i 的直径）趋于零时，就有

$$\sum_{i=1}^{n}f(\xi_i,\eta_i)\Delta\sigma_i\to V.$$

至此，读者已经看到，求曲顶柱体的体积也与定积分概念一样，是通过"**分割、近似求和、取极限**"这三个步骤得到的，所不同的是现在讨论的对象为定义在平面区域上的二元函数. 这类问题在物理学与工程技术中也常遇到，如求非均匀平面的质量、质心、转动惯量等. 这些都是所要讨论的二重积分的实际背景.

下面叙述定义在平面有界闭区域上函数 $f(x,y)$ 的二重积分的概念.

设 D 为 xy 平面上可求面积的有界闭区域，$f(x,y)$ 为定义在 D 上的函数. 用任意的曲线把 D 分成 n 个可求面积的小区域

$$\sigma_1,\sigma_2,\cdots,\sigma_n.$$

以 $\Delta\sigma_i$ 表示小区域 σ_i 的面积，这些小区域构成 D 的一个分割 T，以 d_i 表示小区域 σ_i 的直径，称 $\|T\|=\max\limits_{1\leqslant i\leqslant n}d_i$ 为分割 T 的**细度**. 在每个 σ_i 上任取一点 (ξ_i,η_i)，作和式

$$\sum_{i=1}^{n}f(\xi_i,\eta_i)\Delta\sigma_i.$$

称它为函数 $f(x,y)$ 在 D 上属于分割 T 的一个**积分和**，(ξ_i,η_i) 称为介点.

定义 2 设 $f(x,y)$ 是定义在可求面积的有界闭区域 D 上的函数. J 是一个确定的数，若对任给的正数 ε，总存在某个正数 δ，使对于 D 的任何分割 T，当它的细度 $\|T\|<\delta$ 时，属于 T 的所有积分和都有

$$\left|\sum_{i=1}^{n}f(\xi_i,\eta_i)\Delta\sigma_i-J\right|<\varepsilon,\tag{4}$$

则称 $f(x,y)$ 在 D 上**可积**，数 J 称为函数 $f(x,y)$ 在 D 上的**二重积分**，记作

$$J=\iint\limits_{D}f(x,y)\mathrm{d}\sigma,\tag{5}$$

其中 $f(x,y)$ 称为二重积分的**被积函数**，x,y 称为**积分变量**，D 称为**积分区域**.

当 $f(x,y)\geqslant 0$ 时，二重积分 $\iint\limits_{D}f(x,y)\mathrm{d}\sigma$ 在几何上就表示以 $z=f(x,y)$ 为曲顶，D 为底的曲顶柱体的体积. 当 $f(x,y)=1$ 时，二重积分 $\iint\limits_{D}f(x,y)\mathrm{d}\sigma$ 的值就等于积分区域 D 的面积.

由二重积分的定义知道，若 $f(x,y)$ 在区域 D 上可积，则与定积分情况一样，对任何分割 T，只要当 $\|T\|<\delta$ 时，(4) 式都成立. 因此为方便计算，常选取一些特殊的分割方法，如选用平行于坐标轴的直线网来分割 D，则每一小网眼区域 σ 的面积 $\Delta\sigma=\Delta x\Delta y$. 此时通常把 $\iint\limits_{D}f(x,y)\mathrm{d}\sigma$ 记作

$$\iint_D f(x,y)\,\mathrm{d}x\mathrm{d}y. \tag{6}$$

首先可以像定积分那样类似地证明函数$f(x,y)$在有界、可求面积区域D上可积的必要条件是它在D上有界.

设函数$f(x,y)$在D上有界,T为D的一个分割,它把D分成n个可求面积的小区域$\sigma_1,\sigma_2,\cdots,\sigma_n$. 令

$$\left.\begin{aligned} M_i &= \sup_{(x,y)\in\sigma_i} f(x,y), \\ m_i &= \inf_{(x,y)\in\sigma_i} f(x,y) \end{aligned}\right. \quad (i=1,2,\cdots,n).$$

作和式$S(T)=\sum\limits_{i=1}^{n} M_i\Delta\sigma_i$,$s(T)=\sum\limits_{i=1}^{n} m_i\Delta\sigma_i$. 它们分别称为函数$f(x,y)$关于分割$T$的**上和与下和**. 二元函数的上和与下和具有与一元函数的上和与下和同样的性质,这里就不再重复. 下面列出有关二元函数的可积性定理. 我们只给出定理 21.7 的证明,其余请读者自行证明.

定理 21.4　$f(x,y)$在D上可积的充要条件是:

$$\lim_{\|T\|\to 0} S(T) = \lim_{\|T\|\to 0} s(T).$$

定理 21.5　$f(x,y)$在D上可积的充要条件是:对于任给的正数ε,存在D的某个分割T,使得$S(T)-s(T)<\varepsilon$.

定理 21.6　有界闭区域D上的连续函数必可积.

定理 21.7　设$f(x,y)$在有界闭域D上有界,且其不连续点集E是零面积集,则$f(x,y)$在D上可积.

证　对任意$\varepsilon>0$,存在有限个矩形(不含边界)覆盖了E,而这些矩形面积之和小于ε. 记这些矩形之并集为K,则$D\backslash K$是有界闭域(也可能是有限多个不交的有界闭域的并集). 设$K\cap D$的面积为Δ_K,则$\Delta_K<\varepsilon$. 由于$f(x,y)$在$D\backslash K$上连续,因此由定理 21.6 和定理 21.5,存在$D\backslash K$上的分割$T_1=\{\sigma_1,\sigma_2,\cdots,\sigma_n\}$,使得$S(T_1)-s(T_1)<\varepsilon$. 令$T=\{\sigma_1,\sigma_2,\cdots,\sigma_n,K\cap D\}$,则$T$是$D$的一个分割. 且

$$S(T)-s(T)=S(T_1)-s(T_1)+\omega_K\Delta_K<\varepsilon+\omega\varepsilon,$$

其中ω_K是$f(x,y)$在$K\cap D$上的振幅,ω是$f(x,y)$在D上的振幅. 由定理 21.5,$f(x,y)$在D上可积. □

三、二重积分的性质

二重积分具有一系列与定积分完全相类似的性质,现列举如下.

1. 若$f(x,y)$在区域D上可积,k为常数,则$kf(x,y)$在D上也可积,且

$$\iint_D kf(x,y)\,\mathrm{d}\sigma = k\iint_D f(x,y)\,\mathrm{d}\sigma.$$

2. 若$f(x,y)$,$g(x,y)$在D上都可积,则$f(x,y)\pm g(x,y)$在D上也可积,且

$$\iint_D [f(x,y)\pm g(x,y)]\,\mathrm{d}\sigma = \iint_D f(x,y)\,\mathrm{d}\sigma \pm \iint_D g(x,y)\,\mathrm{d}\sigma.$$

3. 若$f(x,y)$在D_1和D_2上都可积,且D_1与D_2无公共内点,则$f(x,y)$在$D_1\cup D_2$上也可积,且

$$\iint\limits_{D_1\cup D_2} f(x,y)\,\mathrm{d}\sigma = \iint\limits_{D_1} f(x,y)\,\mathrm{d}\sigma + \iint\limits_{D_2} f(x,y)\,\mathrm{d}\sigma.$$

4. 若$f(x,y)$与$g(x,y)$在D上可积,且

$$f(x,y) \leqslant g(x,y),\quad (x,y)\in D,$$

则

$$\iint\limits_{D} f(x,y)\,\mathrm{d}\sigma \leqslant \iint\limits_{D} g(x,y)\,\mathrm{d}\sigma.$$

5. 若$f(x,y)$在D上可积,则函数$|f(x,y)|$在D上也可积,且

$$\left|\iint\limits_{D} f(x,y)\,\mathrm{d}\sigma\right| \leqslant \iint\limits_{D} \left|f(x,y)\right|\,\mathrm{d}\sigma.$$

6. 若$f(x,y)$在D上可积,且

$$m \leqslant f(x,y) \leqslant M,\quad (x,y)\in D,$$

则

$$mS_D \leqslant \iint\limits_{D} f(x,y)\,\mathrm{d}\sigma \leqslant MS_D,$$

这里S_D是积分区域D的面积.

7. (**中值定理**)　若$f(x,y)$在有界闭区域D上连续,则存在$(\xi,\eta)\in D$,使得

$$\iint\limits_{D} f(x,y)\,\mathrm{d}\sigma = f(\xi,\eta)S_D,$$

这里S_D是积分区域D的面积.

中值定理的几何意义:以D为底,$z=f(x,y)$ $(f(x,y)\geqslant 0)$为曲顶的曲顶柱体体积等于一个同底的平顶柱体的体积,这个平顶柱体的高等于$f(x,y)$在区域D中某点(ξ,η)的函数值$f(\xi,\eta)$.

习　题　21.1

1. 把重积分$\iint\limits_{D} xy\,\mathrm{d}\sigma$作为积分和的极限,计算这个积分值,其中$D=[0,1]\times[0,1]$,并用直线网

$$x=\frac{i}{n},y=\frac{j}{n}\quad (i,j=1,2,\cdots,n-1)$$

分割这个正方形为许多小正方形,每个小正方形取其右上顶点作为其介点.

2. 证明:若函数$f(x,y)$在有界闭区域D上可积,则$f(x,y)$在D上有界.

3. 证明二重积分中值定理(性质7).

4. 若$f(x,y)$为有界闭区域D上的非负连续函数,且在D上不恒为零,则

$$\iint\limits_{D} f(x,y)\,\mathrm{d}\sigma > 0.$$

5. 若$f(x,y)$在有界闭区域D上连续,且在D内任一子区域$D'\subset D$上有

$$\iint\limits_{D'} f(x,y)\,\mathrm{d}\sigma = 0,$$

则在D上$f(x,y)\equiv 0$.

6. 设 $D=[0,1]\times[0,1]$，证明函数

$$f(x,y)=\begin{cases}1, & (x,y)\text{ 为 }D\text{ 内有理点(即 }x,y\text{ 皆为有理数)},\\ 0, & (x,y)\text{ 为 }D\text{ 内非有理点}\end{cases}$$

在 D 上不可积.

7. 证明：若 $f(x,y)$ 在有界闭区域 D 上连续，$g(x,y)$ 在 D 上可积且不变号，则存在一点 $(\xi,\eta)\in D$，使得

$$\iint\limits_D f(x,y)g(x,y)\mathrm{d}\sigma=f(\xi,\eta)\iint\limits_D g(x,y)\mathrm{d}\sigma.$$

8. 应用中值定理估计积分

$$I=\iint\limits_{|x|+|y|\leqslant 10}\frac{\mathrm{d}\sigma}{100+\cos^2 x+\cos^2 y}$$

的值.

§2 直角坐标系下二重积分的计算

本节首先讨论定义在矩形区域 $D=[a,b]\times[c,d]$ 上二重积分计算问题，然后再把它扩展到较为一般的区域上.

定理 21.8 设 $f(x,y)$ 在矩形区域 $D=[a,b]\times[c,d]$ 上可积，且对每个 $x\in[a,b]$，积分 $\int_c^d f(x,y)\mathrm{d}y$ 存在，则累次积分

$$\int_a^b \mathrm{d}x\int_c^d f(x,y)\mathrm{d}y$$

也存在，且

$$\iint\limits_D f(x,y)\mathrm{d}\sigma=\int_a^b\mathrm{d}x\int_c^d f(x,y)\mathrm{d}y. \tag{1}$$

证 令 $F(x)=\int_c^d f(x,y)\mathrm{d}y$，定理要求证明 $F(x)$ 在 $[a,b]$ 上可积，且积分的结果恰为二重积分. 为此，对区间 $[a,b]$ 与 $[c,d]$ 分别作分割

$$a=x_0<x_1<\cdots<x_r=b,$$

$$c=y_0<y_1<\cdots<y_s=d.$$

按这些分点作两组直线

$$x=x_i\quad(i=1,2,\cdots,r-1)$$

及

$$y=y_k\quad(k=1,2,\cdots,s-1),$$

它把矩形 D 分为 rs 个小矩形(图 21-4). 记 Δ_{ik} 为小矩形 $[x_{i-1},x_i]\times[y_{k-1},y_k]$ $(i=1,2,\cdots,r,k=1,2,\cdots,s)$；

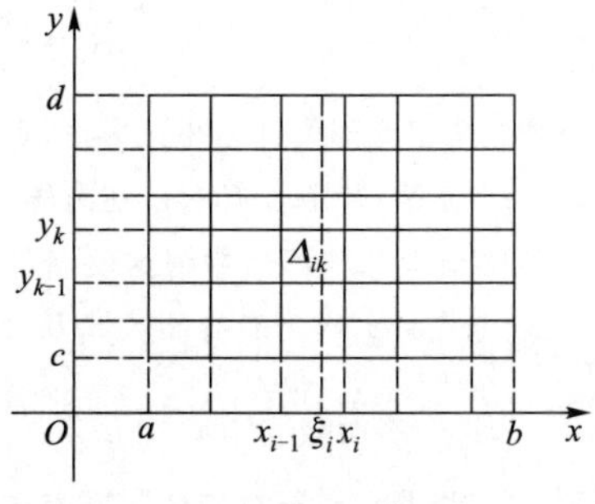

图 21-4

设 $f(x,y)$ 在 Δ_{ik} 上的上确界和下确界分别为 M_{ik} 和 m_{ik}. 在区间 $[x_{i-1},x_i]$ 中任取一点 ξ_i，于是就有不等式

$$m_{ik}\Delta y_k \leqslant \int_{y_{k-1}}^{y_k} f(\xi_i,y)\,\mathrm{d}y \leqslant M_{ik}\Delta y_k,$$

其中 $\Delta y_k = y_k - y_{k-1}$. 因此

$$\sum_{k=1}^{s} m_{ik}\Delta y_k \leqslant F(\xi_i) = \int_c^d f(\xi_i,y)\,\mathrm{d}y \leqslant \sum_{k=1}^{s} M_{ik}\Delta y_k,$$

$$\sum_{i=1}^{r}\sum_{k=1}^{s} m_{ik}\Delta y_k\Delta x_i \leqslant \sum_{i=1}^{r} F(\xi_i)\Delta x_i \leqslant \sum_{i=1}^{r}\sum_{k=1}^{s} M_{ik}\Delta y_k\Delta x_i, \tag{2}$$

其中 $\Delta x_i = x_i - x_{i-1}$. 记 Δ_{ik}的对角线长度为 d_{ik}和

$$\| T \| = \max_{i,k} d_{ik}.$$

由于二重积分存在,由定理 21.4,当 $\| T \| \to 0$ 时, $\sum\limits_{i,k} m_{ik}\Delta y_k\Delta x_i$ 和 $\sum\limits_{i,k} M_{ik}\Delta y_k\Delta x_i$ 有相同的极限,且极限值等于 $\iint\limits_D f(x,y)\,\mathrm{d}\sigma$. 因此当 $\| T \| \to 0$ 时,由不等式(2)可得

$$\lim_{\| T \| \to 0} \sum_{i=1}^{r} F(\xi_i)\Delta x_i = \iint_D f(x,y)\,\mathrm{d}\sigma. \tag{3}$$

由于当 $\| T \| \to 0$ 时,必有 $\max\limits_{1\leqslant i\leqslant r} \Delta x_i \to 0$,因此由定积分定义,(3)式左边

$$\lim_{\| T \| \to 0} \sum_{i=1}^{r} F(\xi_i)\Delta x_i = \int_a^b F(x)\,\mathrm{d}x = \int_a^b \mathrm{d}x\int_c^d f(x,y)\,\mathrm{d}y.$$ □

定理 21.9 设 $f(x,y)$ 在矩形区域 $D=[a,b]\times[c,d]$ 上可积,且对每个 $y\in[c,d]$,积分 $\int_a^b f(x,y)\,\mathrm{d}x$ 存在,则累次积分

$$\int_c^d \mathrm{d}y\int_a^b f(x,y)\,\mathrm{d}x$$

也存在,且

$$\iint_D f(x,y)\,\mathrm{d}\sigma = \int_c^d \mathrm{d}y\int_a^b f(x,y)\,\mathrm{d}x.$$

定理 21.9 的证明与定理 21.8 相仿.

特别当 $f(x,y)$ 在矩形区域 $D=[a,b]\times[c,d]$ 上连续时,则有

$$\iint_D f(x,y)\,\mathrm{d}\sigma = \int_a^b \mathrm{d}x\int_c^d f(x,y)\,\mathrm{d}y = \int_c^d \mathrm{d}y\int_a^b f(x,y)\,\mathrm{d}x.$$

例 1 计算 $\iint\limits_D y\sin(xy)\,\mathrm{d}x\mathrm{d}y$,其中 $D=[0,\pi]\times[0,1]$.

解

$$\begin{aligned}\iint_D y\sin(xy)\,\mathrm{d}x\mathrm{d}y &= \int_0^1 \mathrm{d}y\int_0^{\pi} y\sin(xy)\,\mathrm{d}x = \int_0^1 \mathrm{d}y\int_0^{\pi} \frac{\partial}{\partial x}(-\cos(xy))\,\mathrm{d}x \\ &= -\int_0^1 \cos(xy)\Big|_0^{\pi}\mathrm{d}y = \int_0^1 (1-\cos(\pi y))\,\mathrm{d}y \\ &= 1 - \frac{1}{\pi}\sin(\pi y)\Big|_0^1 = 1.\end{aligned}$$ □

对于一般区域,通常可以分解为如下两类区域来进行计算.

称平面点集

$$D=\{(x,y)\mid y_1(x)\leqslant y\leqslant y_2(x),a\leqslant x\leqslant b\}\tag{4}$$

为 x **型区域**(图 21-5(a));称平面点集

$$D=\{(x,y)\mid x_1(y)\leqslant x\leqslant x_2(y),c\leqslant y\leqslant d\}\tag{5}$$

为 y **型区域**(图 21-5(b)).

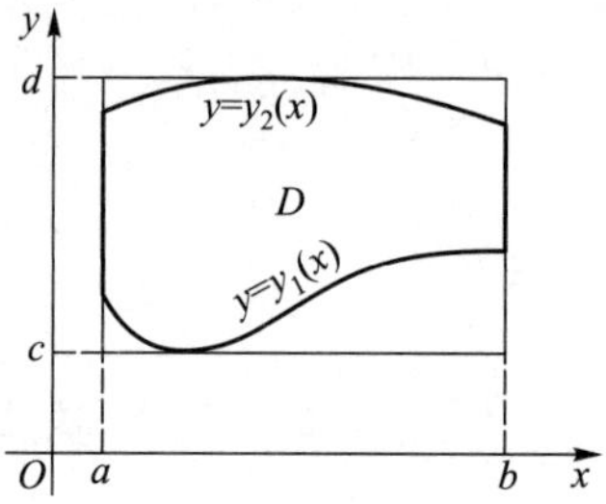

(a) x型区域

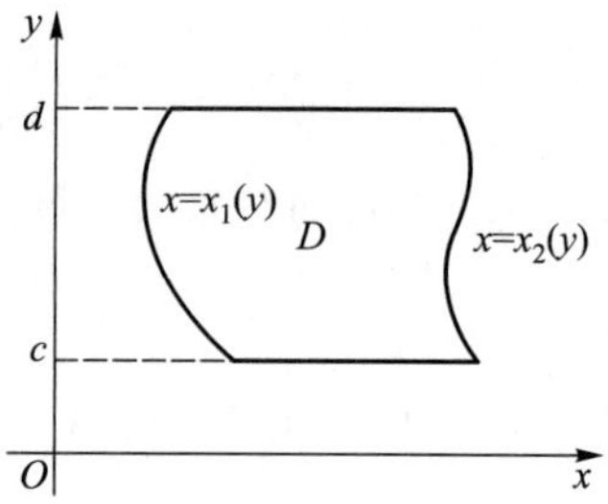

(b) y型区域

图 21-5

这些区域的特点是当 D 为 x 型区域时,垂直于 x 轴的直线 $x=x_0(a<x_0<b)$ 至多与区域 D 的边界交于两点;当 D 为 y 型区域时,直线 $y=y_0(c<y_0<d)$ 至多与 D 的边界交于两点.

许多常见的区域都可以分解成有限个除边界外无公共内点的 x 型区域或 y 型区域(如图 21-6 所示的区域 D 可分解成三个区域,其Ⅰ,Ⅲ为 x 型区域,Ⅱ为 y 型区域).因而解决了 x 型区域或 y 型区域上二重积分的计算问题,那么一般区域上二重积分的计算问题也就得到了解决.

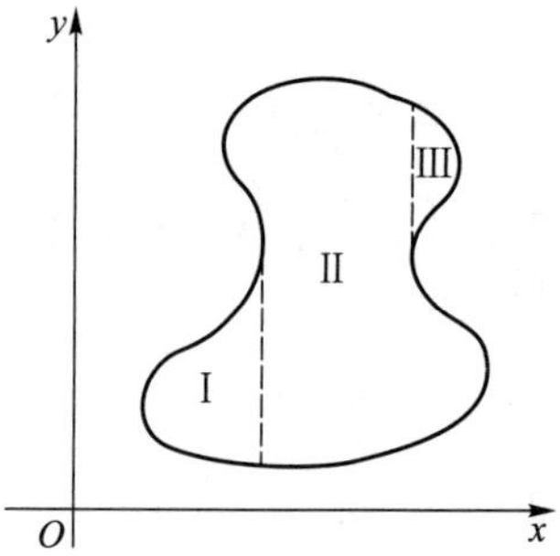

图 21-6

定理 21.10　若 $f(x,y)$ 在如(4)式所示的 x 型区域 D 上连续,其中 $y_1(x),y_2(x)$ 在 $[a,b]$ 上连续,则

$$\iint_D f(x,y)\,\mathrm{d}\sigma=\int_a^b\mathrm{d}x\int_{y_1(x)}^{y_2(x)}f(x,y)\,\mathrm{d}y.$$

即二重积分可化为先对 y 后对 x 的累次积分.

证　由于 $y_1(x)$ 与 $y_2(x)$ 在闭区间 $[a,b]$ 上连续,故存在矩形区域 $[a,b]\times[c,d]\supset D$(如图 21-5(a)),现作一定义在 $[a,b]\times[c,d]$ 上的函数

$$F(x,y)=\begin{cases}f(x,y), & (x,y)\in D,\\ 0, & (x,y)\notin D.\end{cases}$$

可以验证,函数 $F(x,y)$ 在 $[a,b]\times[c,d]$ 上可积,而且

$$\iint_D f(x,y)\,\mathrm{d}\sigma=\iint_{[a,b]\times[c,d]}F(x,y)\,\mathrm{d}\sigma=\int_a^b\mathrm{d}x\int_c^d F(x,y)\,\mathrm{d}y$$

$$=\int_a^b\mathrm{d}x\int_{y_1(x)}^{y_2(x)}F(x,y)\,\mathrm{d}y=\int_a^b\mathrm{d}x\int_{y_1(x)}^{y_2(x)}f(x,y)\,\mathrm{d}y.\qquad\Box$$

注　从几何意义上可以这样来理解化二重积分为累次积分,二重积分是计算以 D

为底面,$f(x,y)(\geqslant 0)$为高的曲顶柱体的体积,这个曲顶柱体可视为介于平行平面 $x=a$ 与 $x=b$ 之间的立体,可以利用截面面积 $S(x),x\in[a,b]$的积分求出.而截面面积 $S(x)$是一元函数 $f(x,y)$(其中 x 为参量)与 y 轴以及直线 $y=y_1(x),y=y_2(x)$所围图形的面积(图 21-7),所以

$$S(x)=\int_{y_1(x)}^{y_2(x)}f(x,y)\,\mathrm{d}y.$$

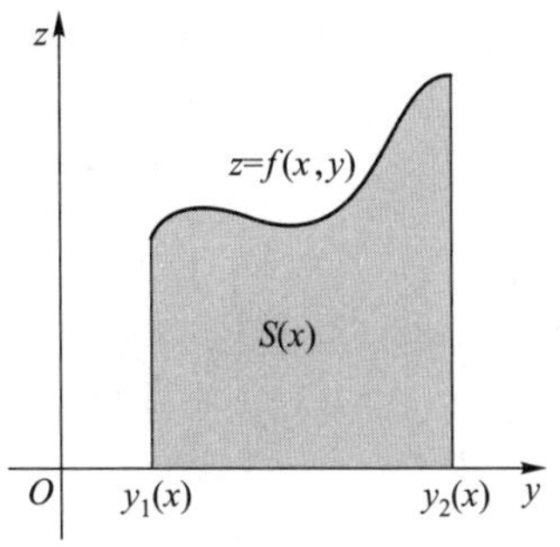

图 21-7

那么曲顶柱体的体积

$$V=\int_a^b S(x)\,\mathrm{d}x=\int_a^b\mathrm{d}x\int_{y_1(x)}^{y_2(x)}f(x,y)\,\mathrm{d}y.$$

类似可证,若 D 为(5)式所示的 y 型区域,其中 $x_1(y),x_2(y)$在$[c,d]$上连续,则二重积分可化为先对 x 后对 y 的累次积分

$$\iint_D f(x,y)\,\mathrm{d}\sigma=\int_c^d\mathrm{d}y\int_{x_1(y)}^{x_2(y)}f(x,y)\,\mathrm{d}x.$$

例 2 设 D 是由直线 $x=0,y=1$ 及 $y=x$ 围成的区域(图 21-8),试计算 $I=\iint_D x^2\mathrm{e}^{-y^2}\mathrm{d}\sigma$ 的值.

解 若用先对 y 后对 x 的积分,则

$$I=\int_0^1 x^2\mathrm{d}x\int_x^1\mathrm{e}^{-y^2}\mathrm{d}y.$$

由于函数 e^{-y^2}的原函数无法用初等函数形式表示,因此改用另一种顺序的累次积分,则有

$$I=\int_0^1\mathrm{d}y\int_0^y x^2\mathrm{e}^{-y^2}\mathrm{d}x=\frac{1}{3}\int_0^1 y^3\mathrm{e}^{-y^2}\mathrm{d}y.$$

由分部积分法,即可算得

$$I=\frac{1}{6}-\frac{1}{3\mathrm{e}}.$$ □

例 3 计算二重积分 $\iint_D\mathrm{d}\sigma$,其中 D 为由直线 $y=2x,x=2y$ 及 $x+y=3$ 所围的三角形区域(图 21-9).

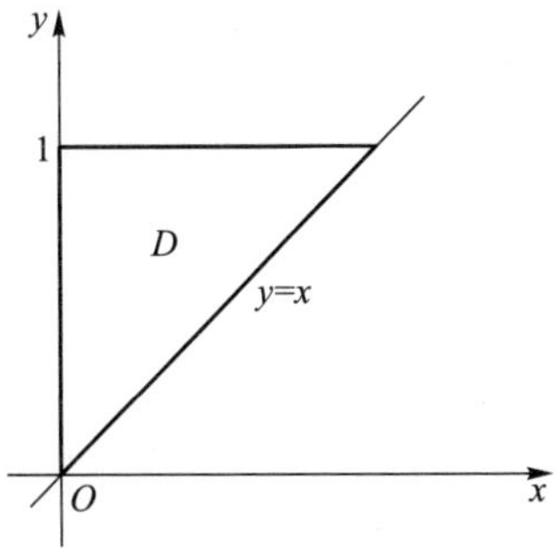

图 21-8

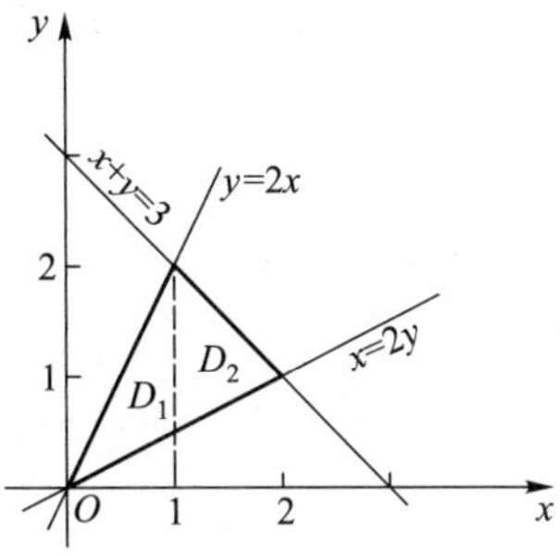

图 21-9

解　当把 D 看作 x 型区域时,相应的

$$y_2(x)=\begin{cases}2x, & 0\leqslant x\leqslant 1,\\ 3-x, & 1<x\leqslant 2,\end{cases}\quad y_1(x)=\frac{x}{2}.$$

所以

$$\iint\limits_D \mathrm{d}\sigma=\iint\limits_{D_1}\mathrm{d}\sigma+\iint\limits_{D_2}\mathrm{d}\sigma=\int_0^1\mathrm{d}x\int_{\frac{x}{2}}^{2x}\mathrm{d}y+\int_1^2\mathrm{d}x\int_{\frac{x}{2}}^{3-x}\mathrm{d}y$$

$$=\int_0^1\left(2x-\frac{x}{2}\right)\mathrm{d}x+\int_1^2\left(3-x-\frac{x}{2}\right)\mathrm{d}x$$

$$=\left[\frac{3}{4}x^2\right]\Bigg|_0^1+\left[3x-\frac{3}{4}x^2\right]\Bigg|_1^2=\frac{3}{2}.$$ □

例 4　求两个底面半径相同的直交圆柱所围立体的体积 V.

解　设圆柱底面半径为 a,两个圆柱方程为

$$x^2+y^2=a^2 \quad 与 \quad x^2+z^2=a^2.$$

利用对称性,只要求出在第一卦限(即 $x\geqslant0,y\geqslant0,z\geqslant0$)部分(见第十章图 10-10)的体积,然后再乘以 8 即得所求的体积. 第一卦限部分的立体是以 $z=\sqrt{a^2-x^2}$ 为曲顶,以四分之一圆域

$$D:\begin{cases}0\leqslant y\leqslant\sqrt{a^2-x^2},\\ 0\leqslant x\leqslant a\end{cases}$$

为底的曲顶柱体,所以

$$\frac{1}{8}V=\iint\limits_D\sqrt{a^2-x^2}\,\mathrm{d}\sigma=\int_0^a\mathrm{d}x\int_0^{\sqrt{a^2-x^2}}\sqrt{a^2-x^2}\,\mathrm{d}y$$

$$=\int_0^a(a^2-x^2)\,\mathrm{d}x=\frac{2}{3}a^3.$$

于是 $V=\dfrac{16}{3}a^3$. □

习　题　21.2

1. 设 $f(x,y)$ 在区域 D 上连续,试将二重积分 $\iint\limits_D f(x,y)\,\mathrm{d}\sigma$ 化为不同顺序的累次积分:

(1) D 是由不等式 $y\leqslant x,y\geqslant a,x\leqslant b\ (0<a<b)$ 所确定的区域;

(2) D 是由不等式 $y\leqslant x,y\geqslant0,x^2+y^2\leqslant1$ 所确定的区域;

(3) D 是由不等式 $x^2+y^2\leqslant1$ 与 $x+y\geqslant1$ 所确定的区域;

(4) $D=\{(x,y)\mid |x|+|y|\leqslant1\}$.

2. 在下列积分中改变累次积分的顺序:

(1) $\int_0^2\mathrm{d}x\int_x^{2x}f(x,y)\,\mathrm{d}y$;　(2) $\int_{-1}^1\mathrm{d}x\int_{-\sqrt{1-x^2}}^{1-x^2}f(x,y)\,\mathrm{d}y$;

(3) $\int_0^{2a}\mathrm{d}x\int_{\sqrt{2ax-x^2}}^{\sqrt{2ax}}f(x,y)\,\mathrm{d}y$;　(4) $\int_0^1\mathrm{d}x\int_0^{x^2}f(x,y)\,\mathrm{d}y+\int_1^3\mathrm{d}x\int_0^{\frac{1}{2}(3-x)}f(x,y)\,\mathrm{d}y$.

3. 计算下列二重积分:

(1) $\iint\limits_D xy^2\mathrm{d}\sigma$,其中 D 是由抛物线 $y^2=2px$ 与直线 $x=\frac{p}{2}$ $(p>0)$ 所围成的区域;

(2) $\iint\limits_D (x^2+y^2)\mathrm{d}\sigma$,其中 $D=\{(x,y)\mid 0\leqslant x\leqslant 1,\sqrt{x}\leqslant y\leqslant 2\sqrt{x}\}$;

(3) $\iint\limits_D \frac{\mathrm{d}\sigma}{\sqrt{2a-x}}$ $(a>0)$,其中 D 为图 21-10 中阴影部分;

(4) $\iint\limits_D \sqrt{x}\mathrm{d}\sigma$,其中 $D=\{(x,y)\mid x^2+y^2\leqslant x\}$.

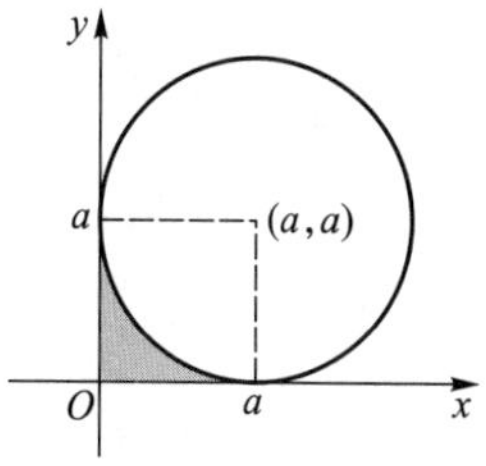

图 21-10

4. 求由坐标平面及 $x=2,y=3,x+y+z=4$ 所围的角柱体的体积.

---

5. 设 $f(x)$ 在 $[a,b]$ 上连续,证明不等式

$$\left[\int_a^b f(x)\mathrm{d}x\right]^2\leqslant(b-a)\int_a^b f^2(x)\mathrm{d}x,$$

其中等号仅在 $f(x)$ 为常量函数时成立.

6. 设平面区域 D 在 x 轴和 y 轴的投影长度分别为 l_x 和 l_y,D 的面积为 S_D,(α,β) 为 D 内任一点,证明:

(1) $\left|\iint\limits_D(x-\alpha)(y-\beta)\mathrm{d}\sigma\right|\leqslant l_x l_y S_D$;

(2) $\left|\iint\limits_D(x-\alpha)(y-\beta)\mathrm{d}\sigma\right|\leqslant \frac{1}{4}l_x^2 l_y^2$.

7. 设 $D=[0,1]\times[0,1]$,

$$f(x,y)=\begin{cases}\dfrac{1}{q_x}+\dfrac{1}{q_y}, & \text{当}(x,y)\text{为} D \text{中有理点},\\ 0, & \text{当}(x,y)\text{为} D \text{中非有理点},\end{cases}$$

其中 q_x 表示有理数 x 化成既约分数后的分母. 证明 $f(x,y)$ 在 D 上的二重积分存在而两个累次积分不存在.

8. 设 $D=[0,1]\times[0,1]$,

$$f(x,y)=\begin{cases}1, & \text{当}(x,y)\text{为} D \text{中有理点,且} q_x=q_y \text{时},\\ 0, & \text{当}(x,y)\text{为} D \text{中其他点时},\end{cases}$$

其中 q_x 意义同第 7 题. 证明 $f(x,y)$ 在 D 上的二重积分不存在而两个累次积分存在.

§3 格林公式·曲线积分与路线的无关性

一、格林公式

本节讨论区域 D 上的二重积分与 D 的边界曲线 L 上的第二型曲线积分之间的联系.

设区域 D 的边界 L 由一条或几条光滑曲线所组成. 边界曲线的正方向规定为:当

人沿边界行走时，区域 D 总在他的左边，如图 21-11 所示. 与上述规定的方向相反的方向称为负方向，记为 $-L$.

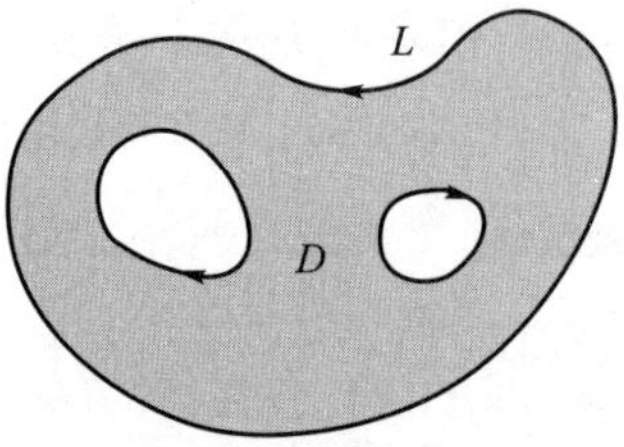

图 21-11

定理 21.11　若函数 $P(x,y)$，$Q(x,y)$ 在闭区域 D 上连续，且有连续的一阶偏导数，则有

$$\iint_D\left(\frac{\partial Q}{\partial x}-\frac{\partial P}{\partial y}\right)\mathrm{d}\sigma=\oint_L P\mathrm{d}x+Q\mathrm{d}y, \tag{1}$$

这里 L 为区域 D 的边界曲线，分段光滑，并取正方向.

公式(1)称为**格林(Green)公式**.

证　根据区域 D 的不同形状，一般可分三种情形来证明：

(i) 若区域 D 既是 x 型区域又是 y 型区域，即平行于坐标轴的直线和 L 至多交于两点(图 21-12). 这时区域 D 可表示为

$$\varphi_1(x)\leqslant y\leqslant\varphi_2(x),\ a\leqslant x\leqslant b$$

或

$$\psi_1(y)\leqslant x\leqslant\psi_2(y),\ \alpha\leqslant y\leqslant\beta.$$

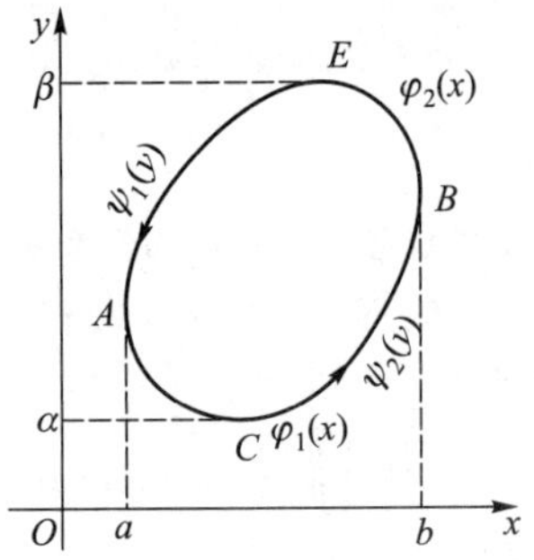

图 21-12

这里 $y=\varphi_1(x)$ 和 $y=\varphi_2(x)$ 分别为曲线 $\widehat{ACB}$ 和 $\widehat{AEB}$ 的方程. 而 $x=\psi_1(y)$ 和 $x=\psi_2(y)$ 则分别是曲线 $\widehat{CAE}$ 和 $\widehat{CBE}$ 的方程. 于是

$$\begin{aligned}\iint_D\frac{\partial Q}{\partial x}\mathrm{d}\sigma&=\int_\alpha^\beta\mathrm{d}y\int_{\psi_1(y)}^{\psi_2(y)}\frac{\partial Q}{\partial x}\mathrm{d}x\\&=\int_\alpha^\beta Q(\psi_2(y),y)\mathrm{d}y-\int_\alpha^\beta Q(\psi_1(y),y)\mathrm{d}y\\&=\int_{\widehat{CBE}}Q(x,y)\mathrm{d}y-\int_{\widehat{CAE}}Q(x,y)\mathrm{d}y\\&=\int_{\widehat{CBE}}Q(x,y)\mathrm{d}y+\int_{\widehat{EAC}}Q(x,y)\mathrm{d}y\\&=\oint_L Q(x,y)\mathrm{d}y.\end{aligned}$$

同理可以证得

$$-\iint_D\frac{\partial P}{\partial y}\mathrm{d}\sigma=\oint_L P(x,y)\mathrm{d}x.$$

将上述两个结果相加即得

$$\iint_D\left(\frac{\partial Q}{\partial x}-\frac{\partial P}{\partial y}\right)\mathrm{d}\sigma=\oint_L P\mathrm{d}x+Q\mathrm{d}y.$$

(ii) 若区域 D 是由一条按段光滑的闭曲线围成，如图 21-13 所示，则先用几段光滑曲线将 D 分成有限个既是 x 型又是 y 型的子区域，然后逐块按(i)得到它们的格林公式，并相加即可.

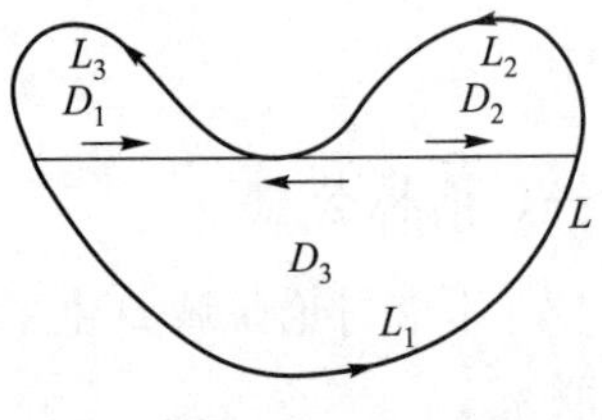

图 21-13

如图 21-13 所示的区域 D. 可将 D 分成三个既是 x 型又是 y 型的区域 D_1，D_2，D_3. 于是

$$\iint_D\left(\frac{\partial Q}{\partial x}-\frac{\partial P}{\partial y}\right)\mathrm{d}\sigma$$

$$= \iint\limits_{D_1}\left(\frac{\partial Q}{\partial x}-\frac{\partial P}{\partial y}\right)\mathrm{d}\sigma+\iint\limits_{D_2}\left(\frac{\partial Q}{\partial x}-\frac{\partial P}{\partial y}\right)\mathrm{d}\sigma+\iint\limits_{D_3}\left(\frac{\partial Q}{\partial x}-\frac{\partial P}{\partial y}\right)\mathrm{d}\sigma$$

$$=\oint_{L_1}P\mathrm{d}x+Q\mathrm{d}y+\oint_{L_2}P\mathrm{d}x+Q\mathrm{d}y+\oint_{L_3}P\mathrm{d}x+Q\mathrm{d}y$$

$$=\oint_{L}P\mathrm{d}x+Q\mathrm{d}y.$$

(iii) 若区域 D 由几条闭曲线所围成,如图 21-14 所示,这时可适当添加直线段 AB,CE,把区域转化为(ii)的情况来处理. 在图 21-14 中联结了 AB,CE 后,则 D 的边界曲线由 AB,L_2,BA,$\widehat{AFC}$,CE,L_3,EC 及$\widehat{CGA}$构成. 由(ii)知

$$\iint\limits_{D}\left(\frac{\partial Q}{\partial x}-\frac{\partial P}{\partial y}\right)\mathrm{d}\sigma$$

$$=\left\{\int_{AB}+\int_{L_2}+\int_{BA}+\int_{\widehat{AFC}}+\int_{CE}+\int_{L_3}+\int_{EC}+\int_{\widehat{CGA}}\right\}(P\mathrm{d}x+Q\mathrm{d}y)$$

$$=\left(\oint_{L_2}+\oint_{L_3}+\oint_{L_1}\right)(P\mathrm{d}x+Q\mathrm{d}y)$$

$$=\oint_{L}P\mathrm{d}x+Q\mathrm{d}y.$$ □

格林公式沟通了沿闭曲线的积分与二重积分之间的联系. 为便于记忆,格林公式(1)也可写成下述形式:

$$\iint\limits_{D}\begin{vmatrix}\dfrac{\partial}{\partial x} & \dfrac{\partial}{\partial y}\\ P & Q\end{vmatrix}\mathrm{d}\sigma=\oint_{L}P\mathrm{d}x+Q\mathrm{d}y.$$

应用格林公式可以简化某些曲线积分的计算.

例 1 计算 $\int_{\widehat{AB}}x\mathrm{d}y$,其中曲线$\widehat{AB}$是半径为 r 的圆在第一象限部分(图 21-15).

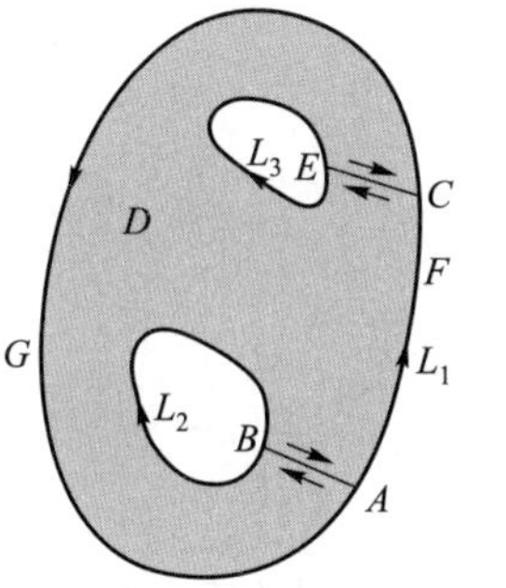

图 21-14

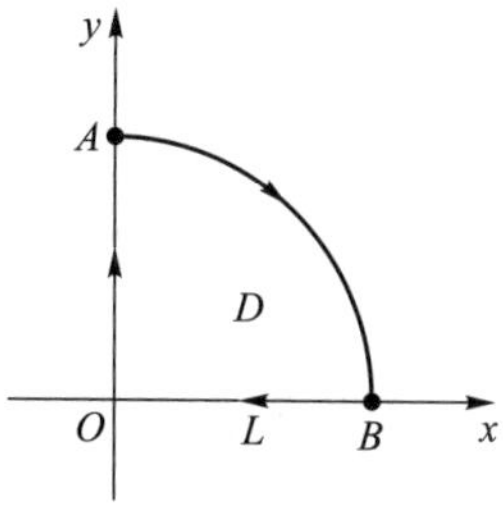

图 21-15

解 对半径为 r 的四分之一圆域 D,应用格林公式有

$$-\iint\limits_{D}\mathrm{d}\sigma=\oint_{-L}x\mathrm{d}y$$

$$=\int_{OA}x\mathrm{d}y+\int_{\widehat{AB}}x\mathrm{d}y+\int_{BO}x\mathrm{d}y.$$

由于 $\int_{OA} x\mathrm{d}y=0,\int_{BO} x\mathrm{d}y=0$,所以

$$\int_{\widehat{AB}} x\mathrm{d}y=-\iint_D \mathrm{d}\sigma=-\frac{1}{4}\pi r^2.$$ □

例 2 计算 $I=\oint_L \frac{x\mathrm{d}y-y\mathrm{d}x}{x^2+y^2}$,其中 L 为任一不包含原点的闭区域的边界曲线,分段光滑.

解 因为

$$\frac{\partial}{\partial x}\left(\frac{x}{x^2+y^2}\right)=\frac{y^2-x^2}{(x^2+y^2)^2},\frac{\partial}{\partial y}\left(\frac{-y}{x^2+y^2}\right)=\frac{y^2-x^2}{(x^2+y^2)^2}$$

在上述区域 D 上连续且相等,于是

$$\iint_D\left[\frac{\partial}{\partial x}\left(\frac{x}{x^2+y^2}\right)-\frac{\partial}{\partial y}\left(\frac{-y}{x^2+y^2}\right)\right]\mathrm{d}\sigma=0,$$

所以由格林公式立即可得

$$I=0.$$ □

在格林公式中,令 $P=-y,Q=x$,则得到一个计算平面区域 D 的面积 S_D 的公式

$$S_D=\iint_D \mathrm{d}\sigma=\frac{1}{2}\oint_L x\mathrm{d}y-y\mathrm{d}x. \tag{2}$$

例 3 计算抛物线 $(x+y)^2=ax\ (a>0)$ 与 x 轴所围的面积(图 21-16).

解 曲线 $\widehat{AMO}$ 由函数 $y=\sqrt{ax}-x,x\in[0,a]$ 表示,$\widehat{ONA}$ 为直线 $y=0$,于是

$$\begin{aligned}S_D&=\frac{1}{2}\oint x\mathrm{d}y-y\mathrm{d}x\\&=\frac{1}{2}\int_{\widehat{ONA}} x\mathrm{d}y-y\mathrm{d}x+\frac{1}{2}\int_{\widehat{AMO}} x\mathrm{d}y-y\mathrm{d}x\\&=\frac{1}{2}\int_{\widehat{AMO}} x\mathrm{d}y-y\mathrm{d}x\\&=\frac{1}{2}\int_a^0\left[x\left(\frac{a}{2\sqrt{ax}}-1\right)-(\sqrt{ax}-x)\right]\mathrm{d}x\\&=\frac{1}{2}\int_a^0-\frac{1}{2}\sqrt{ax}\,\mathrm{d}x=\frac{\sqrt{a}}{4}\int_0^a\sqrt{x}\,\mathrm{d}x=\frac{1}{6}a^2.\end{aligned}$$ □

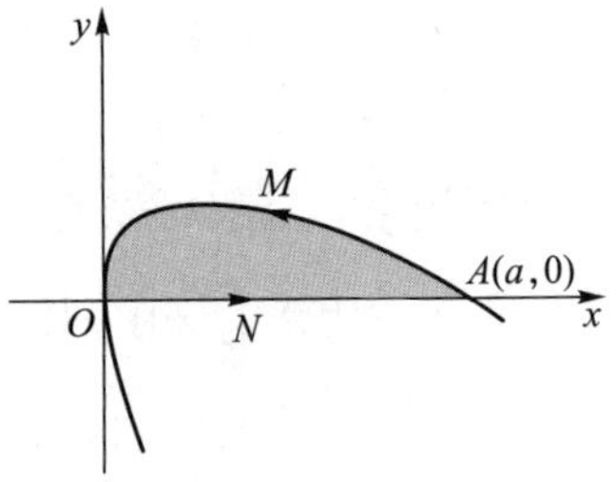

图 21-16

二、曲线积分与路线的无关性

在第二十章 §2 中计算第二型曲线积分的开始两个例子中,读者可能已经看到,在例 1 中,以 A 为起点、B 为终点的曲线积分,若所沿的路线不同,则其积分值也不同,但在例 2 中的曲线积分值只与起点和终点有关,与路线的选取无关. 本段将讨论曲线积分在什么条件下,它的值与所沿路线的选取无关.

首先,介绍单连通区域的概念.

若对于平面区域 D 上任一封闭曲线,皆可不经过 D 以外的点而连续收缩于属于 D 的某一点,则称此平面区域为**单连通区域**,否则称为**复连通区域**. 如图21-17中,D_1 与

D_2 是单连通区域，而 D_3 与 D_4 则是复连通区域. 单连通区域也可以这样叙述：D 内任一封闭曲线所围成的区域内只含有 D 中的点. 更通俗地说，单连通区域是没有"洞"的区域，复连通区域是有"洞"的区域.

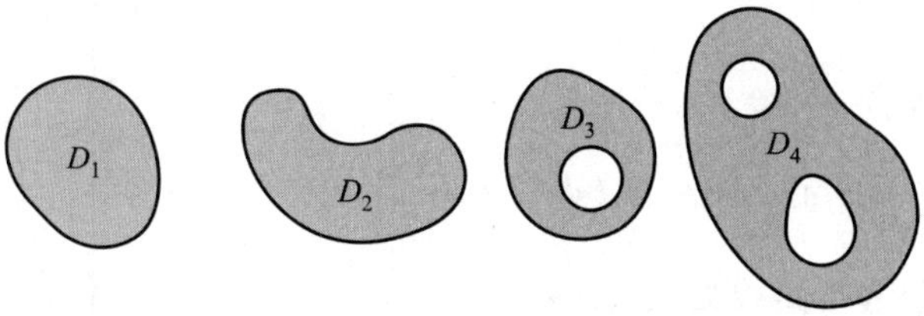

图 21-17

定理 21.12　设 D 是单连通闭区域. 若函数 $P(x,y)$，$Q(x,y)$ 在 D 内连续，且具有一阶连续偏导数，则以下四个条件等价：

(i) 沿 D 内任一按段光滑封闭曲线 L，有

$$\oint_L P\mathrm{d}x + Q\mathrm{d}y = 0;$$

(ii) 对 D 中任一按段光滑曲线 L，曲线积分

$$\int_L P\mathrm{d}x + Q\mathrm{d}y$$

与路线无关，只与 L 的起点及终点有关；

(iii) $P\mathrm{d}x+Q\mathrm{d}y$ 是 D 内某一函数 $u(x,y)$ 的全微分，即在 D 内有

$$\mathrm{d}u = P\mathrm{d}x + Q\mathrm{d}y;$$

(iv) 在 D 内处处成立

$$\frac{\partial P}{\partial y} = \frac{\partial Q}{\partial x}.$$

证　(i)⇒(ii)　如图 21-18，设 $\widehat{ARB}$ 与 $\widehat{ASB}$ 为联结点 A，B 的任意两条按段光滑曲线，由(i)可推得

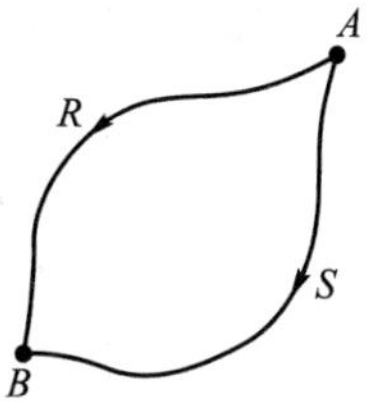

图 21-18

$$\int_{\widehat{ARB}} P\mathrm{d}x + Q\mathrm{d}y - \int_{\widehat{ASB}} P\mathrm{d}x + Q\mathrm{d}y$$

$$= \int_{\widehat{ARB}} P\mathrm{d}x + Q\mathrm{d}y + \int_{\widehat{BSA}} P\mathrm{d}x + Q\mathrm{d}y$$

$$= \oint_{\widehat{ARBSA}} P\mathrm{d}x + Q\mathrm{d}y = 0,$$

所以

$$\int_{\widehat{ARB}} P\mathrm{d}x + Q\mathrm{d}y = \int_{\widehat{ASB}} P\mathrm{d}x + Q\mathrm{d}y.$$

(ii)⇒(iii)　设 $A(x_0,y_0)$ 为 D 内某一定点，$B(x,y)$ 为 D 内任意一点. 由(ii)，曲线积分

$$\int_{\widehat{AB}} P\mathrm{d}x + Q\mathrm{d}y$$

与路线的选择无关，故当 $B(x,y)$ 在 D 内变动时，其积分值是 $B(x,y)$ 的函数，即有

$$u(x,y)=\int_{\widehat{AB}}P\mathrm{d}x+Q\mathrm{d}y.$$

取 Δx 充分小，使 $(x+\Delta x,y)\in D$，则函数 $u(x,y)$ 对于 x 的偏增量（图 21-19）

$$\begin{aligned}&u(x+\Delta x,y)-u(x,y)\\&=\int_{\widehat{AC}}P\mathrm{d}x+Q\mathrm{d}y-\int_{\widehat{AB}}P\mathrm{d}x+Q\mathrm{d}y.\end{aligned}$$

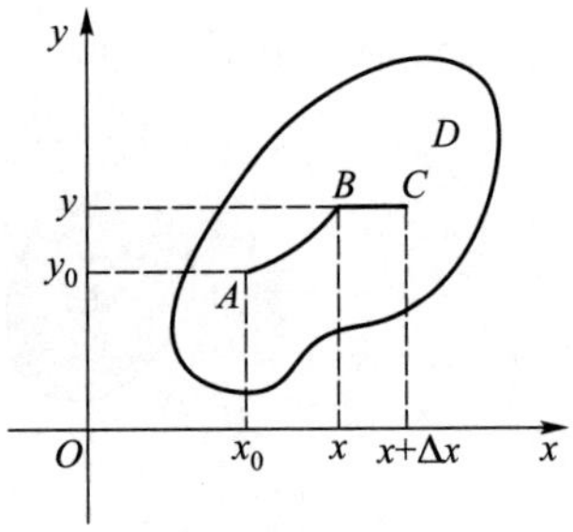

图 21-19

因为在 D 内曲线积分与路线无关，所以

$$\begin{aligned}&\int_{\widehat{AC}}P\mathrm{d}x+Q\mathrm{d}y\\&=\int_{\widehat{AB}}P\mathrm{d}x+Q\mathrm{d}y+\int_{BC}P\mathrm{d}x+Q\mathrm{d}y.\end{aligned}$$

由于直线段 BC 平行于 x 轴，所以 $\mathrm{d}y=0$，从而由积分中值定理可得

$$\begin{aligned}\Delta u=u(x+\Delta x,y)-u(x,y)&=\int_{BC}P\mathrm{d}x+Q\mathrm{d}y\\&=\int_x^{x+\Delta x}P(s,y)\mathrm{d}s=P(x+\theta\Delta x,y)\Delta x,\end{aligned}$$

其中 $0<\theta<1$. 根据 $P(x,y)$ 在 D 上连续，于是有

$$\frac{\partial u}{\partial x}=\lim_{\Delta x\to0}\frac{\Delta u}{\Delta x}=\lim_{\Delta x\to0}P(x+\theta\Delta x,y)=P(x,y).$$

同理可证 $\frac{\partial u}{\partial y}=Q(x,y)$. 因此

$$\mathrm{d}u=P\mathrm{d}x+Q\mathrm{d}y.$$

(iii)⇒(iv)　设存在函数 $u(x,y)$，使得

$$\mathrm{d}u=P\mathrm{d}x+Q\mathrm{d}y,$$

所以 $P(x,y)=\frac{\partial}{\partial x}u(x,y)$，$Q(x,y)=\frac{\partial}{\partial y}u(x,y)$. 因此

$$\frac{\partial P}{\partial y}=\frac{\partial^2u}{\partial x\partial y},\quad\frac{\partial Q}{\partial x}=\frac{\partial^2u}{\partial y\partial x}.$$

因为 $P(x,y)$，$Q(x,y)$ 在区域 D 内具有一阶连续偏导数，所以

$$\frac{\partial^2u}{\partial x\partial y}=\frac{\partial^2u}{\partial y\partial x}.$$

从而在 D 内每一点处都有

$$\frac{\partial P}{\partial y}=\frac{\partial Q}{\partial x}.$$

(iv)⇒(i)　设 L 为 D 内任一按段光滑封闭曲线，记 L 所围的区域为 σ. 由于 D 为单连通区域，所以区域 σ 含在 D 内. 应用格林公式及在 D 内恒有 $\frac{\partial P}{\partial y}=\frac{\partial Q}{\partial x}$ 的条件，就得到

$$\oint_L P\mathrm{d}x+Q\mathrm{d}y=\iint_\sigma\left(\frac{\partial Q}{\partial x}-\frac{\partial P}{\partial y}\right)\mathrm{d}\sigma=0.$$

上面我们将四个条件循环推导了一遍,这就证明了它们是相互等价的. □

应用定理 21.12 中的条件(iv)考察第二十章 §2 中的例 1 与例 2. 在例 1 中 $P(x,y)=xy$, $Q(x,y)=y-x$. 由于 $\frac{\partial P}{\partial y}=x$, $\frac{\partial Q}{\partial x}=-1$, $\frac{\partial P}{\partial y}\neq\frac{\partial Q}{\partial x}$,故积分与路线有关. 在例 2 中 $P(x,y)=y$, $Q(x,y)=x$,由于

$$\frac{\partial P}{\partial y}=\frac{\partial Q}{\partial x}=1,$$

所以积分与路线无关.

定理21.12 中要求 D 为单连通区域是重要的. 如本节例2,对任何不包含原点的单连通区域 D,已证得在这个 D 内的任何封闭曲线 L 上,皆有

$$\oint_L\frac{x\mathrm{d}y-y\mathrm{d}x}{x^2+y^2}=0. \tag{3}$$

倘若 L 为绕原点一周的封闭曲线,则函数 $P(x,y)=\frac{-y}{x^2+y^2}$, $Q(x,y)=\frac{x}{x^2+y^2}$ 只在剔除原点外的任何区域 D 上有定义,所以 L 必含在某个复连通区域内. 这时它不满足定理 21.12的条件,因而就不能保证(3)式成立. 事实上,设 L 为绕原点一周的圆

$$L: x=a\cos\theta, y=a\sin\theta\quad(0\leqslant\theta\leqslant 2\pi),$$

则有

$$\oint_L\frac{x\mathrm{d}y-y\mathrm{d}x}{x^2+y^2}=\int_0^{2\pi}\frac{a^2\cos^2\theta+a^2\sin^2\theta}{a^2}\mathrm{d}\theta=\int_0^{2\pi}\mathrm{d}\theta=2\pi.$$

若 $P(x,y)$, $Q(x,y)$ 满足定理 21.12 的条件,则由上述证明可看到二元函数

$$\begin{aligned}u(x,y)&=\int_{\widehat{AB}}P(x,y)\mathrm{d}x+Q(x,y)\mathrm{d}y\\&=\int_{A(x_0,y_0)}^{B(x,y)}P(s,t)\mathrm{d}s+Q(s,t)\mathrm{d}t\end{aligned}$$

具有性质

$$\mathrm{d}u(x,y)=P(x,y)\mathrm{d}x+Q(x,y)\mathrm{d}y.$$

它与一元函数的原函数相仿. 所以我们也称 $u(x,y)$ 为 $P\mathrm{d}x+Q\mathrm{d}y$ 的一个**原函数**.

设 I,J 是区间, $P(x,y)$, $Q(x,y)$ 在 $D=I\times J$ 上有连续偏导数,且 $\frac{\partial P}{\partial y}=\frac{\partial Q}{\partial x}$ 处处成立,则任取定 $(x_0,y_0)\in D$,对于 $(x,y)\in D$,取路线为图 21-20 中的折线 ABC,由定理 21.12,

$$u(x,y)=\int_{x_0}^{x}P(s,y_0)\mathrm{d}s+\int_{y_0}^{y}Q(x,t)\mathrm{d}t$$

是 $P(x,y)\mathrm{d}x+Q(x,y)\mathrm{d}y$ 的一个原函数. 同理,取路线 $AB'C$,

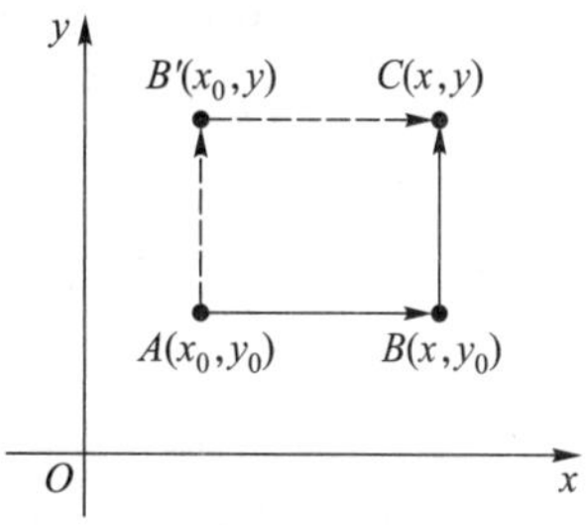

图 21-20

$$u(x,y)=\int_{x_0}^{x}P(s,y)\,\mathrm{d}s+\int_{y_0}^{y}Q(x_0,t)\,\mathrm{d}t$$

也是 $P(x,y)\mathrm{d}x+Q(x,y)\mathrm{d}y$ 的一个原函数.

例 4 试用曲线积分求

$$(2x+\sin y)\mathrm{d}x+(x\cos y)\mathrm{d}y$$

的一个原函数.

解 由于 $\frac{\partial}{\partial y}(2x+\sin y)=\cos y=\frac{\partial}{\partial x}(x\cos y)$，因此可取 $(x_0,y_0)=(0,0)$，有

$$u(x,y)=\int_0^x 2s\mathrm{d}s+\int_0^y x\cos t\mathrm{d}t=x^2+x\sin y.$$ □

习 题 21.3

1. 应用格林公式计算下列曲线积分：

(1) $\oint_L (x+y)^2\mathrm{d}x-(x^2+y^2)\mathrm{d}y$，其中 L 是以 $A(1,1)$，$B(3,2)$，$C(2,5)$ 为顶点的三角形，方向取正向；

(2) $\int_{AB}(\mathrm{e}^x\sin y-my)\mathrm{d}x+(\mathrm{e}^x\cos y-m)\mathrm{d}y$，其中 m 为常数，AB 为由 $(a,0)$ 到 $(0,0)$ 经过圆 $x^2+y^2=ax$ 上半部的路线 $(a>0)$.

2. 应用格林公式计算下列曲线所围的平面面积：

(1) **星形线**：$x=a\cos^3 t, y=a\sin^3 t$；

(2) **双纽线**：$(x^2+y^2)^2=a^2(x^2-y^2)$.

3. 证明：若 L 为平面上封闭曲线，$\boldsymbol{l}$ 为任意方向向量，则

$$\oint_L \cos(\widehat{\boldsymbol{l},\boldsymbol{n}})\mathrm{d}s=0,$$

其中 $\boldsymbol{n}$ 为曲线 L 的外法线方向.

4. 求积分值 $I=\oint_L[x\cos(\widehat{\boldsymbol{n},x})+y\cos(\widehat{\boldsymbol{n},y})]\mathrm{d}s$，其中 L 为包围有界区域的封闭曲线，$\boldsymbol{n}$ 为 L 的外法线方向.

5. 验证下列积分与路线无关，并求它们的值：

(1) $\int_{(0,0)}^{(1,1)}(x-y)(\mathrm{d}x-\mathrm{d}y)$；

(2) $\int_{(0,0)}^{(x,y)}(2x\cos y-y^2\sin x)\mathrm{d}x+(2y\cos x-x^2\sin y)\mathrm{d}y$；

(3) $\int_{(2,1)}^{(1,2)}\frac{y\mathrm{d}x-x\mathrm{d}y}{x^2}$，沿在右半平面的路线；

(4) $\int_{(1,0)}^{(6,8)}\frac{x\mathrm{d}x+y\mathrm{d}y}{\sqrt{x^2+y^2}}$，沿不通过原点的路线；

(5) $\int_{(2,1)}^{(1,2)}\varphi(x)\mathrm{d}x+\psi(y)\mathrm{d}y$，其中 $\varphi(x)$，$\psi(y)$ 为连续函数.

6. 求下列全微分的原函数：

(1) $(x^2+2xy-y^2)\mathrm{d}x+(x^2-2xy-y^2)\mathrm{d}y$；

(2) $\mathrm{e}^x[\mathrm{e}^y(x-y+2)+y]\mathrm{d}x+\mathrm{e}^x[\mathrm{e}^y(x-y)+1]\mathrm{d}y$；

(3) $f(\sqrt{x^2+y^2})x\mathrm{d}x+f(\sqrt{x^2+y^2})y\mathrm{d}y$.

7. 为了使曲线积分

$$\int_L F(x,y)(y\mathrm{d}x+x\mathrm{d}y)$$

与积分路线无关,可微函数 $F(x,y)$ 应满足怎样的条件?

---

8. 计算曲线积分

$$\int_{\widehat{AMB}}[\varphi(y)\mathrm{e}^x-my]\mathrm{d}x+[\varphi'(y)\mathrm{e}^x-m]\mathrm{d}y,$$

其中 $\varphi(y)$ 和 $\varphi'(y)$ 为连续函数,$\widehat{AMB}$ 为连接点 $A(x_1,y_1)$ 和点 $B(x_2,y_2)$ 的任何路线,但与直线段 AB 围成已知大小为 S 的面积.

9. 设函数 $f(u)$ 具有一阶连续导数,证明对任何光滑封闭曲线 L,有

$$\oint_L f(xy)(y\mathrm{d}x+x\mathrm{d}y)=0.$$

10. 设函数 $u(x,y)$ 在由封闭的光滑曲线 L 所围的区域 D 上具有二阶连续偏导数,证明

$$\iint_D\left(\frac{\partial^2 u}{\partial x^2}+\frac{\partial^2 u}{\partial y^2}\right)\mathrm{d}\sigma=\oint_L\frac{\partial u}{\partial \boldsymbol{n}}\mathrm{d}s,$$

其中 $\frac{\partial u}{\partial \boldsymbol{n}}$ 是 $u(x,y)$ 沿 L 外法线方向 $\boldsymbol{n}$ 的方向导数.

§4 二重积分的变量变换

一、二重积分的变量变换公式

在定积分的计算中,我们得到了如下结论:设 $f(x)$ 在区间 $[a,b]$ 上连续,$x=\varphi(t)$ 当 t 从 α 变到 β 时,严格单调地从 a 变到 b,且 $\varphi(t)$ 连续可微,则

$$\int_a^b f(x)\mathrm{d}x=\int_\alpha^\beta f(\varphi(t))\varphi'(t)\mathrm{d}t. \tag{1}$$

当 $\alpha<\beta$ (即 $\varphi'(t)>0$) 时,记 $X=[a,b]$,$Y=[\alpha,\beta]$,则 $X=\varphi(Y)$,$Y=\varphi^{-1}(X)$. 利用这些记号,公式(1)又可写成

$$\int_X f(x)\mathrm{d}x=\int_{\varphi^{-1}(X)} f(\varphi(t))\varphi'(t)\mathrm{d}t. \tag{2}$$

当 $\alpha>\beta$ (即 $\varphi'(t)<0$) 时,(1)式可写成

$$\int_X f(x)\mathrm{d}x=-\int_{\varphi^{-1}(X)} f(\varphi(t))\varphi'(t)\mathrm{d}t. \tag{3}$$

故当 $\varphi(t)$ 为严格单调且连续可微时,(2)式和(3)式可统一写成如下的形式:

$$\int_X f(x)\mathrm{d}x=\int_{\varphi^{-1}(X)} f(\varphi(t))\,|\varphi'(t)|\,\mathrm{d}t. \tag{4}$$

下面我们把公式(4)推广到二重积分的场合. 为此,先给出下面的引理.

引理 设变换 $T:x=x(u,v),y=y(u,v)$ 将 uv 平面上由按段光滑封闭曲线所围的闭区域 Δ 一对一地映成 xy 平面上的闭区域 D,函数 $x(u,v),y(u,v)$ 在 Δ 内分别具有一阶连续偏导数且它们的函数行列式

$$J(u,v)=\frac{\partial(x,y)}{\partial(u,v)}\neq 0,\quad (u,v)\in\Delta,$$

则区域 D 的面积

$$\mu(D)=\iint_{\Delta}|J(u,v)|\mathrm{d}u\mathrm{d}v. \tag{5}$$

证 下面给出当 $y(u,v)$ 在 Δ 内具有二阶连续偏导数时的证明. 对 $y(u,v)$ 具有一阶连续偏导数条件下的证明在本章 §9 中给出.

由于 T 是一对一变换, 且 $J(u,v)\neq 0$, 因而 T 把 Δ 的内点变为 D 的内点, 所以 Δ 的按段光滑边界曲线 L_Δ 变换到 D 时, 其边界曲线 L_D 也是按段光滑的.

设曲线 L_Δ 的参数方程为

$$u=u(t),\quad v=v(t)\quad(\alpha\leqslant t\leqslant\beta).$$

由于 L_Δ 按段光滑, 所以 $u'(t), v'(t)$ 在 $[\alpha,\beta]$ 上至多除去有限个第一类间断点外, 在其他的点上都连续. 因为 $L_D=T(L_\Delta)$, 所以 L_D 的参数方程为

$$\begin{aligned}x&=x(t)=x(u(t),v(t)),\\ y&=y(t)=y(u(t),v(t))\end{aligned}\quad(\alpha\leqslant t\leqslant\beta).$$

若规定 t 从 α 变到 β 时, 对应于 L_D 的正向, 则根据格林公式, 取 $P(x,y)=0$, $Q(x,y)=x$, 有

$$\begin{aligned}\mu(D)&=\oint_{L_D}x\mathrm{d}y=\int_\alpha^\beta x(t)y'(t)\mathrm{d}t\\&=\int_\alpha^\beta x(u(t),v(t))\left[\frac{\partial y}{\partial u}u'(t)+\frac{\partial y}{\partial v}v'(t)\right]\mathrm{d}t.\end{aligned}\tag{6}$$

另一方面, 在 uv 平面上

$$\begin{aligned}&\oint_{L_\Delta}x(u,v)\left[\frac{\partial y}{\partial u}\mathrm{d}u+\frac{\partial y}{\partial v}\mathrm{d}v\right]\\=&\pm\int_\alpha^\beta x(u(t),v(t))\left[\frac{\partial y}{\partial u}u'(t)+\frac{\partial y}{\partial v}v'(t)\right]\mathrm{d}t,\end{aligned}\tag{7}$$

其中正号及负号分别由 t 从 α 变到 β 时, 是对应于 L_Δ 的正方向或负方向所决定. 由 (6) 及 (7) 式得到

$$\begin{aligned}\mu(D)&=\pm\oint_{L_\Delta}x(u,v)\left[\frac{\partial y}{\partial u}\mathrm{d}u+\frac{\partial y}{\partial v}\mathrm{d}v\right]\\&=\pm\oint_{L_\Delta}x(u,v)\frac{\partial y}{\partial u}\mathrm{d}u+x(u,v)\frac{\partial y}{\partial v}\mathrm{d}v.\end{aligned}$$

令 $P(u,v)=x(u,v)\dfrac{\partial y}{\partial u}$, $Q(u,v)=x(u,v)\dfrac{\partial y}{\partial v}$, 在 uv 平面上对上式应用格林公式, 得到

$$\mu(D)=\pm\iint_{\Delta}\left(\frac{\partial Q}{\partial u}-\frac{\partial P}{\partial v}\right)\mathrm{d}u\mathrm{d}v.$$

由于函数 $y(u,v)$ 具有二阶连续偏导数, 即有 $\dfrac{\partial^2 y}{\partial u\partial v}=\dfrac{\partial^2 y}{\partial v\partial u}$, 因此, $\dfrac{\partial Q}{\partial u}-\dfrac{\partial P}{\partial v}=J(u,v)$, 于是

$$\mu(D)=\pm\iint_{\Delta}J(u,v)\mathrm{d}u\mathrm{d}v.$$

又因为$\mu(D)$总是非负的,而$J(u,v)$在Δ上不为零且连续,故其函数值在Δ上不变号,所以

$$\mu(D)=\iint_{\Delta}|J(u,v)|\mathrm{d}u\mathrm{d}v.$$ □

定理 21.13 设$f(x,y)$在有界闭区域D上可积,变换$T:x=x(u,v),y=y(u,v)$将uv平面由按段光滑封闭曲线所围成的闭区域Δ一对一地映成xy平面上的闭区域D,函数$x(u,v),y(u,v)$在Δ内分别具有一阶连续偏导数且它们的函数行列式

$$J(u,v)=\frac{\partial(x,y)}{\partial(u,v)}\neq 0,\quad (u,v)\in\Delta,$$

则
$$\iint_D f(x,y)\mathrm{d}x\mathrm{d}y=\iint_{\Delta}f(x(u,v),y(u,v))|J(u,v)|\mathrm{d}u\mathrm{d}v.$$

证 用曲线网把Δ分成n个小区域Δ_i,在变换T作用下,区域D也相应地被分成n个小区域D_i. 记Δ_i及D_i的面积为$\mu(\Delta_i)$及$\mu(D_i)$ $(i=1,2,\cdots,n)$. 由引理及二重积分中值定理,有

$$\mu(D_i)=\iint_{\Delta_i}|J(u,v)|\mathrm{d}u\mathrm{d}v=|J(\bar{u}_i,\bar{v}_i)|\mu(\Delta_i),$$

其中$(\bar{u}_i,\bar{v}_i)\in\Delta_i(i=1,2,\cdots,n)$.

令$\xi_i=x(\bar{u}_i,\bar{v}_i),\eta_i=y(\bar{u}_i,\bar{v}_i)$,则$(\xi_i,\eta_i)\in D_i(i=1,2,\cdots,n)$. 作二重积分$\iint_D f(x,y)\mathrm{d}x\mathrm{d}y$的积分和

$$\begin{aligned}\sigma&=\sum_{i=1}^{n}f(\xi_i,\eta_i)\mu(D_i)\\&=\sum_{i=1}^{n}f(x(\bar{u}_i,\bar{v}_i),y(\bar{u}_i,\bar{v}_i))|J(\bar{u}_i,\bar{v}_i)|\mu(\Delta_i).\end{aligned}$$

上式右边的和式是Δ上可积函数$f(x(u,v),y(u,v))|J(u,v)|$的积分和. 又由变换T的连续性可知,当区域Δ的分割$T_\Delta:\{\Delta_1,\Delta_2,\cdots,\Delta_n\}$的细度$\|T_\Delta\|\to 0$时,区域$D$相应的分割$T_D:\{D_1,D_2,\cdots,D_n\}$的细度$\|T_D\|$也趋于零. 因此得到

$$\iint_D f(x,y)\mathrm{d}x\mathrm{d}y=\iint_{\Delta}f(x(u,v),y(u,v))|J(u,v)|\mathrm{d}u\mathrm{d}v.$$ □

例 1 求$\iint_D \mathrm{e}^{\frac{x-y}{x+y}}\mathrm{d}x\mathrm{d}y$,其中$D$是由$x=0,y=0,x+y=1$所围区域(图 21-21).

解 为了简化被积函数,令$u=x-y,v=x+y$. 为此作变换$T:x=\frac{1}{2}(u+v)$,$y=\frac{1}{2}(v-u)$,则

$$J(u,v)=\begin{vmatrix}\frac{1}{2}&\frac{1}{2}\\-\frac{1}{2}&\frac{1}{2}\end{vmatrix}=\frac{1}{2}>0.$$

在变换T的作用下,区域D的原象Δ如图 21-22 所示. 所以

$$\iint\limits_D e^{\frac{x-y}{x+y}}dxdy=\iint\limits_\Delta e^{\frac{u}{v}}\cdot\frac{1}{2}dudv=\frac{1}{2}\int_0^1 dv\int_{-v}^{v}e^{\frac{u}{v}}du$$

$$=\frac{1}{2}\int_0^1 v(e-e^{-1})dv=\frac{e-e^{-1}}{4}.$$

□

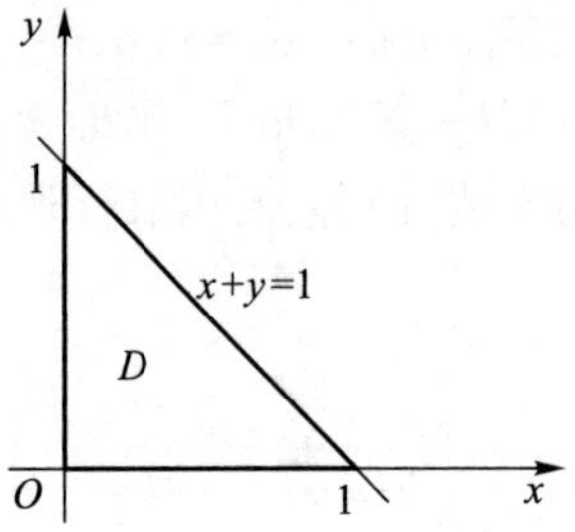

图 21-21

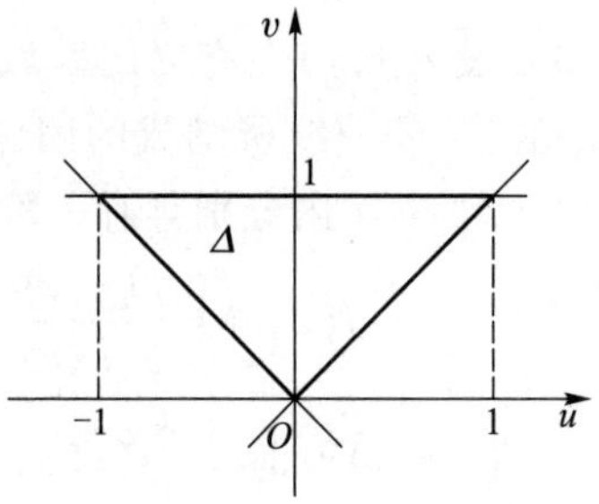

图 21-22

例 2　求抛物线 $y^2=mx$, $y^2=nx$ 和直线 $y=\alpha x$, $y=\beta x$ 所围区域 D 的面积 $\mu(D)$ $(0<m<n,0<\alpha<\beta)$.

解　D 的面积

$$\mu(D)=\iint\limits_D dxdy.$$

为了简化积分区域,作变换

$$x=\frac{u}{v^2},\quad y=\frac{u}{v}.$$

它把 xy 平面上的区域 D (图 21-23 中的阴影部分)对应到 uv 平面上的矩形区域 $\Delta=[m,n]\times[\alpha,\beta]$. 由于

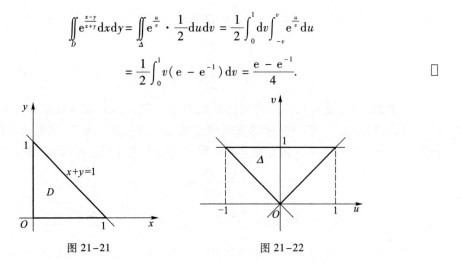

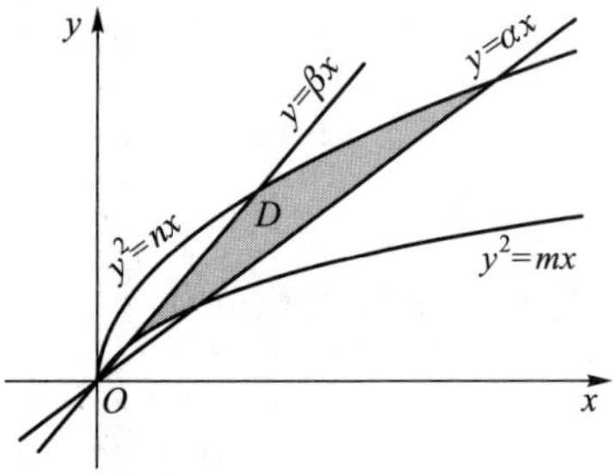

图 21-23

$$J(u,v)=\begin{vmatrix}\frac{1}{v^2} & -\frac{2u}{v^3}\\ \frac{1}{v} & -\frac{u}{v^2}\end{vmatrix}=\frac{u}{v^4}>0,\quad (u,v)\in\Delta,$$

所以

$$\mu(D)=\iint\limits_D d\sigma=\iint\limits_\Delta\frac{u}{v^4}dudv$$

$$=\int_\alpha^\beta\frac{dv}{v^4}\cdot\int_m^n udu=\frac{(n^2-m^2)(\beta^3-\alpha^3)}{6\alpha^3\beta^3}.$$

□

二、用极坐标计算二重积分

当积分区域是圆域或圆域的一部分,或者被积函数的形式为 $f(x^2+y^2)$ 时,采用**极坐标变换**

$$T:\begin{cases}x=r\cos\theta,\\ y=r\sin\theta,\end{cases}\quad 0\leqslant r<+\infty, 0\leqslant\theta\leqslant 2\pi \tag{8}$$

往往能达到简化积分区域或被积函数的目的. 此时,变换 T 的函数行列式为

$$J(r,\theta)=\begin{vmatrix}\cos\theta & -r\sin\theta\\ \sin\theta & r\cos\theta\end{vmatrix}=r.$$

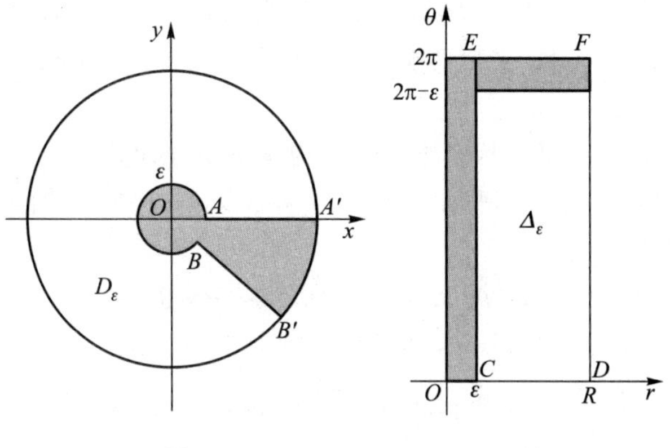

(a) (b)

图 21-24

容易知道,极坐标变换 T 把 $r\theta$ 平面上的矩形$[0,R]\times[0,2\pi]$变换成 xy 平面上的圆域 $D=\{(x,y)\mid x^2+y^2\leqslant R^2\}$. 但对应不是一对一的. 例如,$xy$ 平面上原点 $O(0,0)$ 与 $r\theta$ 平面上直线 $r=0$ 相对应,x 轴上线段 AA'对应于 $r\theta$ 平面上两条线段 CD 和 EF (图 21-24). 又当 $r=0$ 时,$J(r,\theta)=0$,因此不满足定理 21.13 的条件. 但是,我们仍然有下面的结论.

定理 21.14 设 $f(x,y)$ 满足定理 21.13 的条件,且在极坐标变换(8)下,xy 平面上有界闭区域 D 与 $r\theta$ 平面上区域 Δ 对应,则成立

$$\iint\limits_D f(x,y)\,\mathrm{d}x\mathrm{d}y=\iint\limits_\Delta f(r\cos\theta,r\sin\theta)\,r\mathrm{d}r\mathrm{d}\theta. \tag{9}$$

证 若 D 为圆域$\{(x,y)\mid x^2+y^2\leqslant R^2\}$,则 Δ 为 $r\theta$ 平面上矩形区域$[0,R]\times[0,2\pi]$. 设 D_ε 为在圆环$\{(x,y)\mid 0<\varepsilon^2\leqslant x^2+y^2\leqslant R^2\}$中除去中心角为 ε 的扇形$BB'A'A$所得的区域(图 21-24(a)),则在变换(8)下,D_ε 对应于 $r\theta$ 平面上的矩形区域 $\Delta_\varepsilon=[\varepsilon,R]\times[0,2\pi-\varepsilon]$ (图 21-24(b)). 但极坐标变换(8)在 D_ε 与 Δ_ε 之间是一对一变换,且在 Δ_ε 上函数行列式 $J(r,\theta)>0$. 于是由定理 21.13,有

$$\iint\limits_{D_\varepsilon} f(x,y)\,\mathrm{d}x\mathrm{d}y=\iint\limits_{\Delta_\varepsilon} f(r\cos\theta,r\sin\theta)\,r\mathrm{d}r\mathrm{d}\theta.$$

因为 $f(x,y)$ 在有界闭域 D 上有界,在上式中令 $\varepsilon\to0$,即得

$$\iint\limits_D f(x,y)\,\mathrm{d}x\mathrm{d}y=\iint\limits_\Delta f(r\cos\theta,r\sin\theta)\,r\mathrm{d}r\mathrm{d}\theta.$$

若 D 是一般的有界闭区域,则取足够大的 $R>0$,使 D 包含在圆域 $D_R=\{(x,y)\mid x^2+y^2\leqslant R^2\}$内,并且在 D_R 上定义函数

$$F(x,y)=\begin{cases}f(x,y), & (x,y)\in D,\\ 0, & (x,y)\notin D.\end{cases}$$

函数 $F(x,y)$ 在 D_R 内至多在有限条按段光滑曲线上间断,因此,对函数$F(x,y)$,由前述有

$$\iint\limits_{D_R} F(x,y)\,\mathrm{d}x\mathrm{d}y = \iint\limits_{\Delta_R} F(r\cos\theta, r\sin\theta)\,r\mathrm{d}r\mathrm{d}\theta,$$

其中 Δ_R 为 $r\theta$ 平面上矩形区域 $[0,R]\times[0,2\pi]$. 由函数 $F(x,y)$ 的定义,即得(9)式. □

由定理 21.14 看到,用极坐标变换计算二重积分,除变量作相应的替换外,还须把"面积微元"$\mathrm{d}x\mathrm{d}y$ 换成 $r\mathrm{d}r\mathrm{d}\theta$.

下面介绍二重积分在极坐标系下如何化为累次积分计算.

(i) 若原点 $O\notin D$,且 xy 平面上射线 $\theta=$常数与 D 的边界至多交于两点(图 21-25),则 Δ 必可表示成

$$r_1(\theta)\leqslant r\leqslant r_2(\theta),\quad \alpha\leqslant\theta\leqslant\beta,$$

于是有

$$\iint\limits_D f(x,y)\,\mathrm{d}x\mathrm{d}y = \int_\alpha^\beta \mathrm{d}\theta\int_{r_1(\theta)}^{r_2(\theta)} f(r\cos\theta, r\sin\theta)\,r\mathrm{d}r. \tag{10}$$

类似地,若 xy 平面上的圆 $r=$常数与 D 的边界至多交于两点(图 21-26),则 Δ 必可表示成

$$\theta_1(r)\leqslant\theta\leqslant\theta_2(r),\quad r_1\leqslant r\leqslant r_2,$$

所以

$$\iint\limits_D f(x,y)\,\mathrm{d}x\mathrm{d}y = \int_{r_1}^{r_2} r\mathrm{d}r\int_{\theta_1(r)}^{\theta_2(r)} f(r\cos\theta, r\sin\theta)\,\mathrm{d}\theta. \tag{11}$$

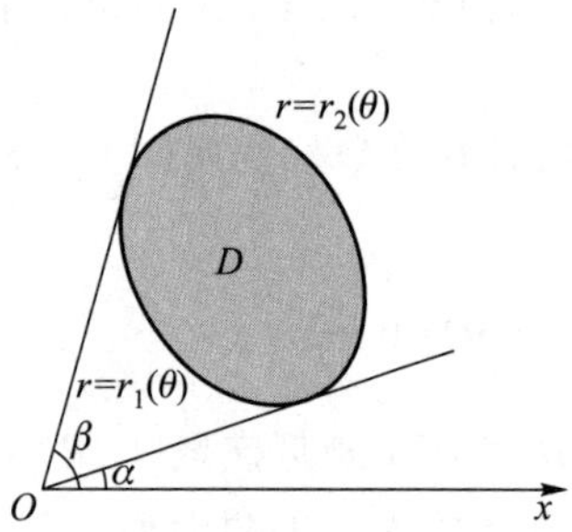

图 21-25

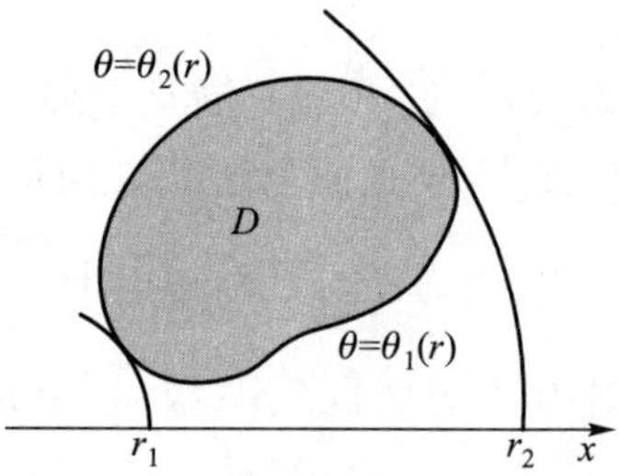

图 21-26

(ii) 若原点为 D 的内点(图 21-27),D 的边界的极坐标方程为 $r=r(\theta)$,则 Δ 可表示成

$$0\leqslant r\leqslant r(\theta),\quad 0\leqslant\theta\leqslant 2\pi.$$

所以

$$\iint\limits_D f(x,y)\,\mathrm{d}x\mathrm{d}y = \int_0^{2\pi} \mathrm{d}\theta\int_0^{r(\theta)} f(r\cos\theta, r\sin\theta)\,r\mathrm{d}r. \tag{12}$$

(iii) 若原点 O 在 D 的边界上(图21-28),则 Δ 为

$$0\leqslant r\leqslant r(\theta),\quad \alpha\leqslant\theta\leqslant\beta,$$

于是

$$\iint\limits_D f(x,y)\,\mathrm{d}x\mathrm{d}y = \int_\alpha^\beta \mathrm{d}\theta\int_0^{r(\theta)} f(r\cos\theta, r\sin\theta)\,r\mathrm{d}r. \tag{13}$$

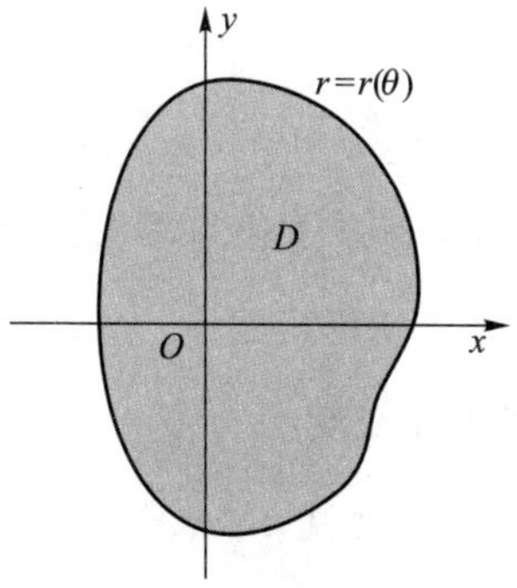

图 21-27

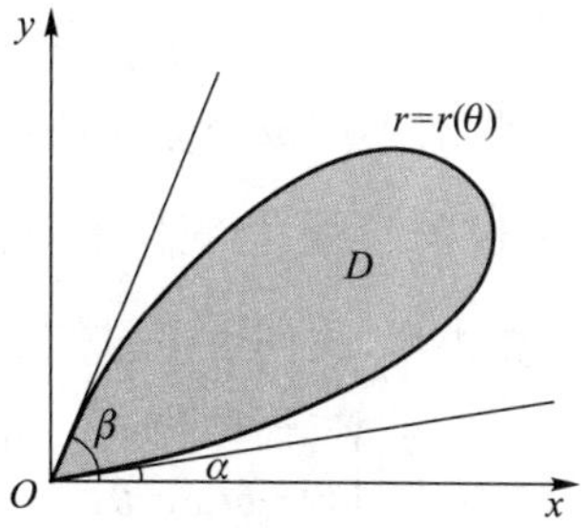

图 21-28

例 3　计算

$$I=\iint\limits_D \frac{\mathrm{d}\sigma}{\sqrt{1-x^2-y^2}},$$

其中 D 为圆域 $x^2+y^2\leqslant 1$.

解　由于原点为 D 的内点,故由(12)式,有

$$\iint\limits_D \frac{\mathrm{d}\sigma}{\sqrt{1-x^2-y^2}}=\int_0^{2\pi}\mathrm{d}\theta\int_0^1 \frac{r}{\sqrt{1-r^2}}\mathrm{d}r$$

$$=\int_0^{2\pi}\left[-\sqrt{1-r^2}\right]\Big|_0^1\mathrm{d}\theta=\int_0^{2\pi}\mathrm{d}\theta=2\pi.$$

□

例 4　求球体 $x^2+y^2+z^2\leqslant R^2$ 被圆柱面 $x^2+y^2=Rx$ 所割下部分的体积(称为**维维安尼**(Viviani)**体**).

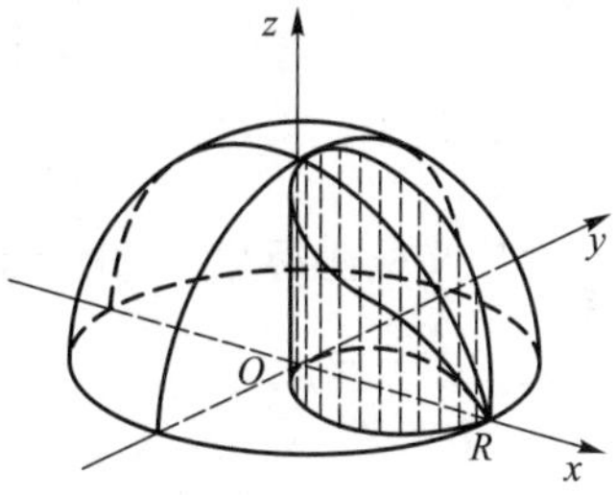

图 21-29

解　由所求立体的对称性(图 21-29),我们只要求出在第一卦限内的部分体积后乘以 4,即得所求立体的体积. 在第一卦限内的立体是一个曲顶柱体,其底为 xy 平面内由 $y\geqslant 0$ 和 $x^2+y^2\leqslant Rx$ 所确定的区域,曲顶的方程为

$$z=\sqrt{R^2-x^2-y^2}.$$

所以

$$V=4\iint\limits_D \sqrt{R^2-x^2-y^2}\,\mathrm{d}\sigma,$$

其中 $D=\{(x,y)\mid y\geqslant 0,x^2+y^2\leqslant Rx\}$ (图21-30). 用极坐标变换后,由(13)式,有

$$V=4\int_0^{\frac{\pi}{2}}\mathrm{d}\theta\int_0^{R\cos\theta}\sqrt{R^2-r^2}\,r\mathrm{d}r$$

$$=\frac{4}{3}R^3\int_0^{\frac{\pi}{2}}(1-\sin^3\theta)\,\mathrm{d}\theta=\frac{4}{3}R^3\left(\frac{\pi}{2}-\frac{2}{3}\right).$$

□

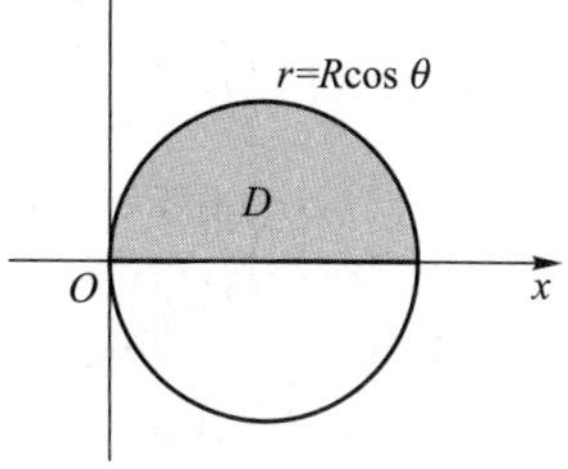

图 21-30

例 5　计算 $I=\iint\limits_D \mathrm{e}^{-(x^2+y^2)}\mathrm{d}\sigma$,其中 D 为圆域 $x^2+y^2\leqslant R^2$.

解 利用极坐标变换,由公式(12),有

$$I=\int_0^{2\pi}\mathrm{d}\theta\int_0^R r\mathrm{e}^{-r^2}\mathrm{d}r=\pi(1-\mathrm{e}^{-R^2}).$$ □

由例 5 可见,若不用极坐标变换计算,而用直角坐标系下化为累次积分计算,就会遇到计算 $\int\mathrm{e}^{-y^2}\mathrm{d}y$ 的问题,但我们不能把$\int\mathrm{e}^{-y^2}\mathrm{d}y$ 表示成初等函数.

与极坐标相类似,我们也可以作下面的广义极坐标变换:

$$T:\begin{cases}x=ar\cos\theta,\\ y=br\sin\theta,\end{cases}\quad 0\leqslant r<+\infty,\quad 0\leqslant\theta\leqslant 2\pi,$$

并计算得

$$J(r,\theta)=\begin{vmatrix}a\cos\theta & -ar\sin\theta\\ b\sin\theta & br\cos\theta\end{vmatrix}=abr.$$

对广义极坐标变换也有与定理 21.14 相应的定理,这里不再赘述了.

例 6 求椭球体

$$\frac{x^2}{a^2}+\frac{y^2}{b^2}+\frac{z^2}{c^2}\leqslant 1$$

的体积.

解 由对称性,椭球体的体积 V 是第一卦限部分体积的 8 倍,这一部分是以 $z=c\sqrt{1-\frac{x^2}{a^2}-\frac{y^2}{b^2}}$ 为曲顶,$D=\left\{(x,y)\,\middle|\,0\leqslant y\leqslant b\sqrt{1-\frac{x^2}{a^2}},0\leqslant x\leqslant a\right\}$ 为底的曲顶柱体,所以

$$V=8\iint\limits_D c\sqrt{1-\frac{x^2}{a^2}-\frac{y^2}{b^2}}\mathrm{d}x\mathrm{d}y.$$

应用广义极坐标变换,由于 $z=c\sqrt{1-r^2}$,因此

$$\begin{aligned}V&=8\int_0^{\frac{\pi}{2}}\mathrm{d}\theta\int_0^1 c\sqrt{1-r^2}\,abr\mathrm{d}r\\ &=8abc\int_0^{\frac{\pi}{2}}\mathrm{d}\theta\int_0^1 r\sqrt{1-r^2}\,\mathrm{d}r=\frac{4\pi}{3}abc.\end{aligned}$$ □

当 $a=b=c=R$ 时,得到球的体积为$\frac{4\pi}{3}R^3$.

习 题 21.4

1. 对积分 $\iint\limits_D f(x,y)\mathrm{d}x\mathrm{d}y$ 进行极坐标变换并写出变换后不同顺序的累次积分:

(1) 当 D 为由不等式 $a^2\leqslant x^2+y^2\leqslant b^2,y\geqslant 0$ 所确定的区域;

(2) $D=\{(x,y)\mid x^2+y^2\leqslant y,x\geqslant 0\}$;

(3) $D=\{(x,y)\mid 0\leqslant x\leqslant 1,0\leqslant x+y\leqslant 1\}$.

2. 用极坐标计算下列二重积分:

(1) $\iint\limits_D\sin\sqrt{x^2+y^2}\,\mathrm{d}x\mathrm{d}y$,其中 $D=\{(x,y)\mid \pi^2\leqslant x^2+y^2\leqslant 4\pi^2\}$;

(2) $\iint\limits_D (x+y)\mathrm{d}x\mathrm{d}y$,其中 $D=\{(x,y)\mid x^2+y^2\leqslant x+y\}$;

(3) $\iint\limits_D |xy|\mathrm{d}x\mathrm{d}y$,其中 D 为圆域 $x^2+y^2\leqslant a^2$;

(4) $\iint\limits_D f'(x^2+y^2)\mathrm{d}x\mathrm{d}y$,其中 D 为圆域 $x^2+y^2\leqslant R^2$.

3. 在下列积分中引入新变量 u,v 后,试将它化为累次积分:

(1) $\int_0^2\mathrm{d}x\int_{1-x}^{2-x}f(x,y)\mathrm{d}y$,若 $u=x+y,v=x-y$;

(2) $\iint\limits_D f(x,y)\mathrm{d}x\mathrm{d}y$,其中 $D=\{(x,y)\mid\sqrt{x}+\sqrt{y}\leqslant\sqrt{a},x\geqslant 0,y\geqslant 0\}$,若 $x=u\cos^4 v,y=u\sin^4 v$;

(3) $\iint\limits_D f(x,y)\mathrm{d}x\mathrm{d}y$,其中 $D=\{(x,y)\mid x+y\leqslant a,x\geqslant 0,y\geqslant 0\}$,若 $x+y=u,y=uv$.

4. 试作适当变换,计算下列积分:

(1) $\iint\limits_D (x+y)\sin(x-y)\mathrm{d}x\mathrm{d}y,D=\{(x,y)\mid 0\leqslant x+y\leqslant\pi,0\leqslant x-y\leqslant\pi\}$;

(2) $\iint\limits_D \mathrm{e}^{\frac{y}{x+y}}\mathrm{d}x\mathrm{d}y,D=\{(x,y)\mid x+y\leqslant 1,x\geqslant 0,y\geqslant 0\}$.

5. 求由下列曲面所围立体 V 的体积:

(1) V 是由 $z=x^2+y^2$ 和 $z=x+y$ 所围的立体;

(2) V 是由曲面 $z^2=\dfrac{x^2}{4}+\dfrac{y^2}{9}$ 和 $2z=\dfrac{x^2}{4}+\dfrac{y^2}{9}$ 所围的立体.

6. 求由下列曲线所围的平面图形面积:

(1) $x+y=a,x+y=b,y=\alpha x,y=\beta x\ (0<a<b,0<\alpha<\beta)$;

(2) $\left(\dfrac{x^2}{a^2}+\dfrac{y^2}{b^2}\right)^2=x^2+y^2$;

(3) $(x^2+y^2)^2=2a^2(x^2-y^2)\quad(x^2+y^2\geqslant a^2)$.

---

7. 设 $f(x,y)$ 为连续函数,且 $f(x,y)=f(y,x)$. 证明

$$\int_0^1\mathrm{d}x\int_0^x f(x,y)\mathrm{d}y=\int_0^1\mathrm{d}x\int_0^x f(1-x,1-y)\mathrm{d}y.$$

8. 试作适当变换,把下列二重积分化为单重积分:

(1) $\iint\limits_D f(\sqrt{x^2+y^2})\mathrm{d}x\mathrm{d}y$,其中 D 为圆域 $x^2+y^2\leqslant 1$;

(2) $\iint\limits_D f(\sqrt{x^2+y^2})\mathrm{d}x\mathrm{d}y$,其中 $D=\{(x,y)\mid |y|\leqslant|x|,|x|\leqslant 1\}$;

(3) $\iint\limits_D f(x+y)\mathrm{d}x\mathrm{d}y$,其中 $D=\{(x,y)\mid |x|+|y|\leqslant 1\}$;

(4) $\iint\limits_D f(xy)\mathrm{d}x\mathrm{d}y$,其中 $D=\{(x,y)\mid x\leqslant y\leqslant 4x,1\leqslant xy\leqslant 2\}$.

§5　三重积分

一、三重积分的概念

类似于第一型曲线积分，求一个空间立体 V 的质量 M 就可导出三重积分. 设密度函数为 $f(x,y,z)$，为了求 V 的质量，我们把 V 分割成 n 个小块 $V_1,V_2,\cdots,V_n$，在每个小块 V_i 上任取一点 (ξ_i,η_i,ζ_i)，则

$$M=\lim_{\|T\|\to 0}\sum_{i=1}^{n}f(\xi_i,\eta_i,\zeta_i)\Delta V_i,$$

其中 ΔV_i 为小块 V_i 的体积，$\|T\|=\max\limits_{1\leqslant i\leqslant n}\{V_i$ 的直径$\}$.

设 $f(x,y,z)$ 是定义在三维空间**可求体积**的有界闭区域 V①上的有界函数. 现用若干光滑曲面所组成的曲面网 T 来分割 V，它把 V 分成 n 个小区域 $V_1,V_2,\cdots,V_n$. 记 V_i 的体积为 $\Delta V_i(i=1,2,\cdots,n)$，$\|T\|=\max\limits_{1\leqslant i\leqslant n}\{V_i$ 的直径$\}$. 在每个 V_i 中任取一点 (ξ_i,η_i,ζ_i)，作积分和

$$\sum_{i=1}^{n}f(\xi_i,\eta_i,\zeta_i)\Delta V_i.$$

定义 1　设 $f(x,y,z)$ 为定义在三维空间可求体积的有界闭区域 V 上的函数，J 是一个确定的数. 若对任给的正数 ε，总存在某一正数 δ，使得对于 V 的任何分割 T，只要 $\|T\|<\delta$，属于分割 T 的所有积分和都有

$$\left|\sum_{i=1}^{n}f(\xi_i,\eta_i,\zeta_i)\Delta V_i-J\right|<\varepsilon,$$

则称 $f(x,y,z)$ 在 V 上**可积**，数 J 称为函数 $f(x,y,z)$ 在 V 上的**三重积分**，记作

$$J=\iiint_V f(x,y,z)\,\mathrm{d}V \quad 或 \quad J=\iiint_V f(x,y,z)\,\mathrm{d}x\mathrm{d}y\mathrm{d}z,$$

其中 $f(x,y,z)$ 称为**被积函数**，x,y,z 称为**积分变量**，V 称为**积分区域**.

当 $f(x,y,z)\equiv 1$ 时，$\iiint\limits_V \mathrm{d}V$ 在几何上表示 V 的体积.

三重积分具有与二重积分相应的可积条件和有关性质(参见§1)，这里不一一细述了. 例如，类似于二重积分，有

(i) 有界闭区域 V 上的连续函数必可积；

(ii) 如果有界闭区域 V 上的有界函数 $f(x,y,z)$ 的间断点集中在有限多个零体积(可类似于零面积那样来定义)的曲面上，则 $f(x,y,z)$ 在 V 上必可积.

二、化三重积分为累次积分

定理 21.15　若函数 $f(x,y,z)$ 在长方体 $V=[a,b]\times[c,d]\times[e,h]$ 上的三重积分存

---

① 读者可仿照§1 定义平面图形可求面积的方法建立空间立体可求体积的概念. 今后我们总假定 V 的边界由光滑曲面组成，以保证积分区域是可求体积的.

在，且对任意$(x,y)\in D=[a,b]\times[c,d]$，$g(x,y)=\int_e^h f(x,y,z)\,\mathrm{d}z$ 存在，则积分$\iint\limits_D g(x,y)\,\mathrm{d}x\mathrm{d}y$也存在，且

$$\iiint\limits_V f(x,y,z)\,\mathrm{d}x\mathrm{d}y\mathrm{d}z=\iint\limits_D \mathrm{d}x\mathrm{d}y\int_e^h f(x,y,z)\,\mathrm{d}z. \tag{1}$$

证 用平行于坐标平面的平面作分割 T，它把 V 分成有限多个小长方体

$$V_{ijk}=[x_{i-1},x_i]\times[y_{j-1},y_j]\times[z_{k-1},z_k].$$

设 M_{ijk}，m_{ijk}分别是$f(x,y,z)$在 V_{ijk}上的上确界和下确界. 对任意

$$(\xi_i,\eta_j)\in[x_{i-1},x_i]\times[y_{j-1},y_j],$$

$$m_{ijk}\Delta z_k\leqslant\int_{z_{k-1}}^{z_k} f(\xi_i,\eta_j,z)\,\mathrm{d}z\leqslant M_{ijk}\Delta z_k.$$

现按下标 k 相加，有

$$\sum_k\int_{z_{k-1}}^{z_k} f(\xi_i,\eta_j,z)\,\mathrm{d}z=\int_e^h f(\xi_i,\eta_j,z)\,\mathrm{d}z=g(\xi_i,\eta_j)$$

以及

$$\sum_{i,j,k} m_{ijk}\Delta x_i\Delta y_j\Delta z_k\leqslant\sum_{i,j} g(\xi_i,\eta_j)\Delta x_i\Delta y_j\leqslant\sum_{i,j,k} M_{ijk}\Delta x_i\Delta y_j\Delta z_k. \tag{2}$$

上述不等式两边是分割 T 的下和与上和. 由$f(x,y,z)$在 V 上可积，当 $\|T\|\to 0$ 时，下和与上和具有相同的极限，所以由(2)式得 $g(x,y)$关于 D 对应 T 的直线网格分割的下和与上和具有相同的极限. 由定理 21.4 有 $g(x,y)$在 D 上可积，且

$$\iint\limits_D g(x,y)\,\mathrm{d}x\mathrm{d}y=\iiint\limits_V f(x,y,z)\,\mathrm{d}x\mathrm{d}y\mathrm{d}z.$$

□

推论 若 $V=\{(x,y,z)\mid(x,y)\in D,z_1(x,y)\leqslant z\leqslant z_2(x,y)\}\subset[a,b]\times[c,d]\times[e,h]$，其中 D 为 V 在 Oxy 平面上的投影，$z_1(x,y)$，$z_2(x,y)$是 D 上的连续函数，函数 $f(x,y,z)$在 V 上的三重积分存在，且对任意$(x,y)\in D$，

$$G(x,y)=\int_{z_1(x,y)}^{z_2(x,y)} f(x,y,z)\,\mathrm{d}z$$

亦存在，则积分 $\iint\limits_D G(x,y)\,\mathrm{d}x\mathrm{d}y$ 存在，且

$$\iiint\limits_V f(x,y,z)\,\mathrm{d}x\mathrm{d}y\mathrm{d}z=\iint\limits_D G(x,y)\,\mathrm{d}x\mathrm{d}y=\iint\limits_D \mathrm{d}x\mathrm{d}y\int_{z_1(x,y)}^{z_2(x,y)} f(x,y,z)\,\mathrm{d}z. \tag{3}$$

(见图 21-31).

证 定义 $F(x,y,z)=\begin{cases}f(x,y,z), & (x,y,z)\in V,\\ 0, & (x,y,z)\in V_0\setminus V,\end{cases}$ 其中 $V_0=[a,b]\times[c,d]\times[e,h]$，对 $F(x,y,z)$用定理 21.15，则有

$$\begin{aligned}\iiint\limits_V f(x,y,z)\,\mathrm{d}x\mathrm{d}y\mathrm{d}z&=\iiint\limits_{V_0} F(x,y,z)\,\mathrm{d}x\mathrm{d}y\mathrm{d}z\\&=\iint\limits_{[a,b]\times[c,d]}\mathrm{d}x\mathrm{d}y\int_e^h F(x,y,z)\,\mathrm{d}z\\&=\iint\limits_D \mathrm{d}x\mathrm{d}y\int_{z_1(x,y)}^{z_2(x,y)} f(x,y,z)\,\mathrm{d}z.\end{aligned}$$

□

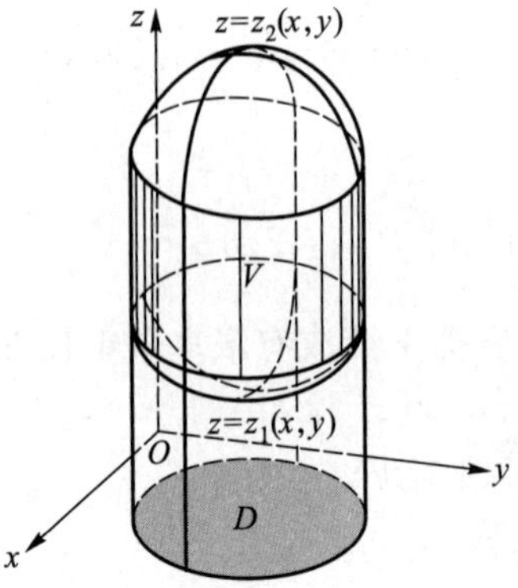

图 21-31

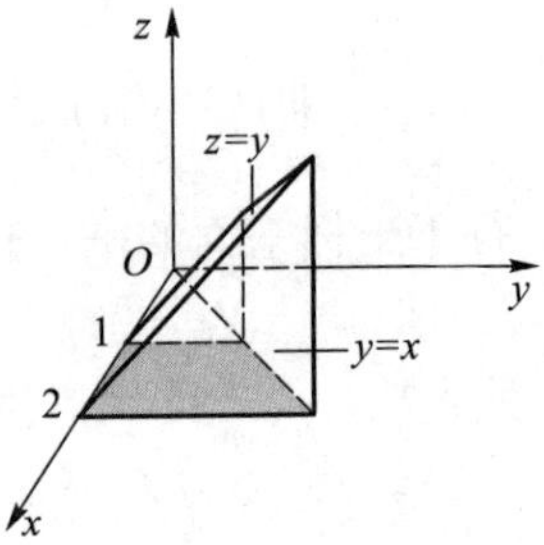

图 21-32

例 1 计算 $\iiint\limits_V \frac{dxdydz}{x^2+y^2}$,其中 V 为由平面 $x=1,x=2,z=0,y=x$ 与 $z=y$ 所围区域(见图 21 - 32)

解 设 V 在 xy 平面上投影为 D,则 $V=\{(x,y,z)\mid z_1(x,y)\leqslant z\leqslant z_2(x,y),(x,y)\in D\}$,其中 $D=\{(x,y)\mid 0\leqslant y\leqslant x,1\leqslant x\leqslant 2\}$ 是 x 型区域,$z_1(x,y)=0,z_2(x,y)=y$.于是

$$\begin{aligned}\iiint\limits_V \frac{dxdydz}{x^2+y^2}&=\iint\limits_D dxdy\int_0^y\frac{dz}{x^2+y^2}\\&=\iint\limits_D\frac{y}{x^2+y^2}dxdy=\int_1^2dx\int_0^x\frac{ydy}{x^2+y^2}\\&=\int_1^2\frac{1}{2}\ln(x^2+y^2)\Big|_0^x dx=\int_1^2\frac{1}{2}\ln 2dx\\&=\frac{1}{2}\ln 2.\end{aligned}$$

□

例 2 计算 $\iiint\limits_V(x^2+y^2+z)dxdydz$,其中 V 是由 $\begin{cases}z=y,\\x=0\end{cases}$ 绕 z 轴旋转一周而成的曲面与 $z=1$ 所围的区域.

解 旋转面方程为 $z=\sqrt{x^2+y^2}$,V 在 xy 平面上投影为 $D=\{(x,y)\mid x^2+y^2\leqslant 1\}$,$z_1(x,y)=\sqrt{x^2+y^2}$,$z_2(x,y)=1$,于是

$$\begin{aligned}\iiint\limits_V(x^2+y^2+z)dxdydz&=\iint\limits_D dxdy\int_{\sqrt{x^2+y^2}}^1(x^2+y^2+z)dz\\&=\iint\limits_D(x^2+y^2)(1-\sqrt{x^2+y^2})dxdy+\frac{1}{2}\iint\limits_D[1-(x^2+y^2)]dxdy\\&=\int_0^{2\pi}d\theta\int_0^1 r^2(1-r)rdr+\frac{1}{2}\int_0^{2\pi}d\theta\int_0^1(1-r^2)rdr\\&=\frac{\pi}{10}+\frac{\pi}{4}=\frac{7\pi}{20}.\end{aligned}$$

□

类似分析可得到以下定理和推论.

定理 21.16 若函数 $f(x,y,z)$ 在长方体 $V=[a,b]\times[c,d]\times[e,h]$ 上的三重积分存在,且对任何 $z\in[e,h]$,二重积分

$$I(z)=\iint_D f(x,y,z)\,\mathrm{d}x\mathrm{d}y$$

存在,其中 $D=[a,b]\times[c,d]$,则积分

$$\int_e^h \mathrm{d}z\iint_D f(x,y,z)\,\mathrm{d}x\mathrm{d}y$$

也存在,且

$$\iiint_V f(x,y,z)\,\mathrm{d}x\mathrm{d}y\mathrm{d}z=\int_e^h \mathrm{d}z\iint_D f(x,y,z)\,\mathrm{d}x\mathrm{d}y.$$

推论 若 $V\subset[a,b]\times[c,d]\times[e,h]$,函数 $f(x,y,z)$ 在 V 上的三重积分存在,且对任意固定的 $z\in[e,h]$,积分 $\varphi(z)=\iint_{D_z} f(x,y,z)\,\mathrm{d}x\mathrm{d}y$ 存在,其中 D_z 是截面 $\{(x,y)\mid(x,y,z)\in V\}$,则 $\int_e^h\varphi(z)\,\mathrm{d}z$ 存在,且

$$\iiint_V f(x,y,z)\,\mathrm{d}x\mathrm{d}y\mathrm{d}z=\int_e^h\varphi(z)\,\mathrm{d}z=\int_e^h \mathrm{d}z\iint_{D_z} f(x,y,z)\,\mathrm{d}x\mathrm{d}y.$$

(见图 21-33).

注 类似于对二重积分转化为累次积分的几何解释,对定理 21.15 和定理 21.16 及其推论所给出的方法也可以从几何上做出解释. 在定理 21.15 及其推论中,把积分区域视为柱体的一部分(见图 21-31),投影(柱体底面)区域为 D,柱体上、下曲面分别为 $z=z_2(x,y)$,$z=z_1(x,y)$,$(x,y)\in D$. 三重积分相应转化为先对 z 再对 x,y 的累次积分形式(先一后二). 在定理 21.16 及其推论中,把积分区域视为介于两平行平面 $z=e$,$z=h$ 之间的立体(见图 21-33),用垂直于 z 轴的面截积分区域所得截面为 D_z. 此时三重积分相应转化为先对 x,y 变量在平面区域 D_z 上的含参二重积分,再对 $z\in[e,h]$ 求定积分的形式(先二后一). 具体采用哪一种形式可根据实际问题中积分区域与被积函数的特性加以选择.

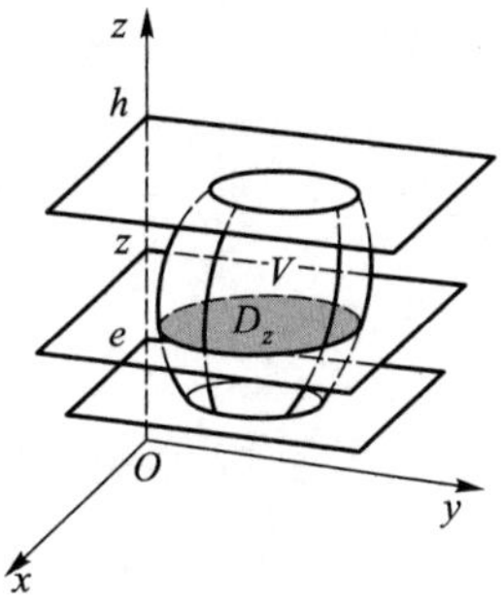

图 21-33

例 3 求

$$I=\iiint_V\left(\frac{x^2}{a^2}+\frac{y^2}{b^2}+\frac{z^2}{c^2}\right)\mathrm{d}x\mathrm{d}y\mathrm{d}z,$$

其中 V 是椭球体 $\frac{x^2}{a^2}+\frac{y^2}{b^2}+\frac{z^2}{c^2}\leqslant 1$.

解 由于

$$I=\iiint_V\frac{x^2}{a^2}\mathrm{d}x\mathrm{d}y\mathrm{d}z+\iiint_V\frac{y^2}{b^2}\mathrm{d}x\mathrm{d}y\mathrm{d}z+\iiint_V\frac{z^2}{c^2}\mathrm{d}x\mathrm{d}y\mathrm{d}z,$$

其中 $\iiint_V\frac{x^2}{a^2}\mathrm{d}x\mathrm{d}y\mathrm{d}z=\int_{-a}^a\frac{x^2}{a^2}\mathrm{d}x\iint_{V_x}\mathrm{d}y\mathrm{d}z$,这里 V_x 表示椭圆面

$$\frac{y^2}{b^2}+\frac{z^2}{c^2}\leqslant 1-\frac{x^2}{a^2}\text{ 或 }\frac{y^2}{b^2\left(1-\frac{x^2}{a^2}\right)}+\frac{z^2}{c^2\left(1-\frac{x^2}{a^2}\right)}\leqslant 1.$$

它的面积为

$$\pi\left(b\sqrt{1-\frac{x^2}{a^2}}\right)\left(c\sqrt{1-\frac{x^2}{a^2}}\right)=\pi bc\left(1-\frac{x^2}{a^2}\right).$$

于是

$$\iiint\limits_V \frac{x^2}{a^2}\mathrm{d}x\mathrm{d}y\mathrm{d}z=\int_{-a}^{a}\frac{\pi bc}{a^2}x^2\left(1-\frac{x^2}{a^2}\right)\mathrm{d}x=\frac{4}{15}\pi abc.$$

同理可得

$$\iiint\limits_V \frac{y^2}{b^2}\mathrm{d}x\mathrm{d}y\mathrm{d}z=\frac{4}{15}\pi abc,\ \iiint\limits_V \frac{z^2}{c^2}\mathrm{d}x\mathrm{d}y\mathrm{d}z=\frac{4}{15}\pi abc.$$

所以

$$I=3\left(\frac{4}{15}\pi abc\right)=\frac{4}{5}\pi abc.$$ □

下面用定理 21.16 的推论计算例 1.

例 1 中的区域 $V=\{(x,y,z)\mid 1\leqslant x\leqslant 2,(y,z)\in D_x\}$，其中 $D_x=\{(y,z)\mid 0\leqslant y\leqslant x,0\leqslant z\leqslant y\}$（见图 21-34）.

$$\begin{aligned}\iiint\limits_V \frac{\mathrm{d}x\mathrm{d}y\mathrm{d}z}{x^2+y^2}&=\int_1^2\mathrm{d}x\iint\limits_{D_x}\frac{\mathrm{d}y\mathrm{d}z}{x^2+y^2}\\&=\int_1^2\mathrm{d}x\int_0^x\mathrm{d}y\int_0^y\frac{\mathrm{d}z}{x^2+y^2}\\&=\int_1^2\mathrm{d}x\int_0^x\frac{y\mathrm{d}y}{x^2+y^2}=\frac{1}{2}\ln 2.\end{aligned}$$

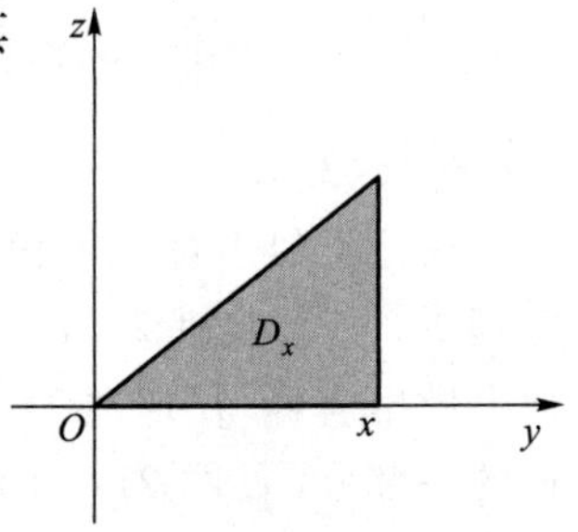

图 21-34

三、三重积分换元法

和二重积分一样，某些类型的三重积分作适当的变量变换后能使计算方便.

设变换 $T:x=x(u,v,w),y=y(u,v,w),z=z(u,v,w)$，把 uvw 空间中的区域 V' 一对一地映成 xyz 空间中的区域 V，并设函数 $x(u,v,w),y(u,v,w),z(u,v,w)$ 及它们的一阶偏导数在 V' 内连续且函数行列式

$$J(u,v,w)=\begin{vmatrix}\frac{\partial x}{\partial u}&\frac{\partial x}{\partial v}&\frac{\partial x}{\partial w}\\\frac{\partial y}{\partial u}&\frac{\partial y}{\partial v}&\frac{\partial y}{\partial w}\\\frac{\partial z}{\partial u}&\frac{\partial z}{\partial v}&\frac{\partial z}{\partial w}\end{vmatrix}\neq 0,\ (u,v,w)\in V'.$$

于是与二重积分换元法一样，可以证明（用本章 §9 中证明二重积分类似的方法）成立下面的三重积分换元公式：

$$\begin{aligned}&\iiint\limits_V f(x,y,z)\,\mathrm{d}x\mathrm{d}y\mathrm{d}z\\=&\iiint\limits_{V'}f(x(u,v,w),y(u,v,w),z(u,v,w))\,|J(u,v,w)|\,\mathrm{d}u\mathrm{d}v\mathrm{d}w,\end{aligned}\tag{4}$$

其中 $f(x,y,z)$ 在 V 上可积.

下面介绍几个常用的变换公式：

1. **柱面坐标变换**

$$T:\begin{cases} x = r\cos\theta, & 0 \leqslant r < +\infty, \\ y = r\sin\theta, & 0 \leqslant \theta \leqslant 2\pi, \\ z = z, & -\infty < z < +\infty. \end{cases}$$

由于变换 T 的函数行列式

$$J(r,\theta,z) = \begin{vmatrix} \cos\theta & -r\sin\theta & 0 \\ \sin\theta & r\cos\theta & 0 \\ 0 & 0 & 1 \end{vmatrix} = r,$$

按(4)式，三重积分的柱面坐标换元公式为

$$\iiint\limits_V f(x,y,z)\,\mathrm{d}x\mathrm{d}y\mathrm{d}z = \iiint\limits_{V'} f(r\cos\theta, r\sin\theta, z)\,r\mathrm{d}r\mathrm{d}\theta\mathrm{d}z, \tag{5}$$

这里 V' 为 V 在柱面坐标变换下的原象.

与极坐标变换一样，柱面坐标变换并非是一对一的，并且当 $r=0$ 时，$J(r,\theta,z)=0$，但我们仍可证明(5)式成立.

在柱面坐标系中，用 $r=$ 常数，$\theta=$ 常数，$z=$ 常数的平面分割 V' 时，变换后在 xyz 直角坐标系中，$r=$ 常数是以 z 轴为中心轴的圆柱面，$\theta=$ 常数是过 z 轴的半平面，$z=$ 常数是垂直于 z 轴的平面(图 21-35).

用柱面坐标计算三重积分，通常是找出 V 在 xy 平面上的投影区域 D，即当

$$V = \{(x,y,z) \mid z_1(x,y) \leqslant z \leqslant z_2(x,y), (x,y) \in D\}$$

时，

$$\iiint\limits_V f(x,y,z)\,\mathrm{d}x\mathrm{d}y\mathrm{d}z = \iint\limits_D \mathrm{d}x\mathrm{d}y\int_{z_1(x,y)}^{z_2(x,y)} f(x,y,z)\,\mathrm{d}z,$$

其中二重积分部分应用极坐标计算.

例 4 计算

$$\iiint\limits_V (x^2+y^2)\,\mathrm{d}x\mathrm{d}y\mathrm{d}z,$$

其中 V 是由曲面 $2(x^2+y^2)=z$ 与 $z=4$ 为界面的区域(图 21-36).

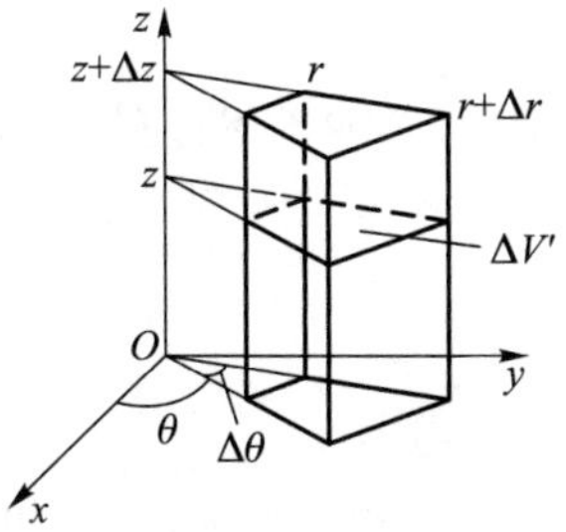

图 21-35

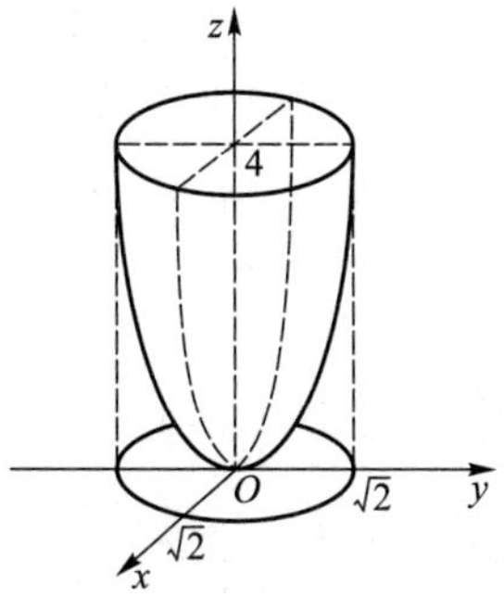

图 21-36

解　V 在 xy 平面上的投影区域 D 为 $x^2+y^2\leqslant 2$. 按柱坐标变换，区域 V' 可表为

$$V'=\{(r,\theta,z)\mid 2r^2\leqslant z\leqslant 4,0\leqslant r\leqslant\sqrt{2},0\leqslant\theta\leqslant 2\pi\}.$$

所以由公式(5)，有

$$\begin{aligned}\iiint\limits_V(x^2+y^2)\mathrm{d}x\mathrm{d}y\mathrm{d}z&=\iiint\limits_{V'}r^3\mathrm{d}r\mathrm{d}\theta\mathrm{d}z\\&=\int_0^{2\pi}\mathrm{d}\theta\int_0^{\sqrt{2}}\mathrm{d}r\int_{2r^2}^4 r^3\mathrm{d}z=\frac{8\pi}{3}.\end{aligned}$$

□

2. **球坐标变换**

$$T:\begin{cases}x=r\sin\varphi\cos\theta, & 0\leqslant r<+\infty,\\ y=r\sin\varphi\sin\theta, & 0\leqslant\varphi\leqslant\pi,\\ z=r\cos\varphi, & 0\leqslant\theta\leqslant 2\pi.\end{cases}$$

由于

$$J(r,\varphi,\theta)=\begin{vmatrix}\sin\varphi\cos\theta & r\cos\varphi\cos\theta & -r\sin\varphi\sin\theta\\ \sin\varphi\sin\theta & r\cos\varphi\sin\theta & r\sin\varphi\cos\theta\\ \cos\varphi & -r\sin\varphi & 0\end{vmatrix}=r^2\sin\varphi,$$

当 φ 在 $[0,\pi]$ 上取值时，$\sin\varphi\geqslant 0$，所以在球坐标变换下，按公式(4)，三重积分的球坐标换元公式为

$$\begin{aligned}&\iiint\limits_V f(x,y,z)\mathrm{d}x\mathrm{d}y\mathrm{d}z\\&=\iiint\limits_{V'}f(r\sin\varphi\cos\theta,r\sin\varphi\sin\theta,r\cos\varphi)r^2\sin\varphi\mathrm{d}r\mathrm{d}\varphi\mathrm{d}\theta,\end{aligned}\tag{6}$$

这里 V' 为 V 在球坐标变换 T 下的原象.

类似地，球坐标变换并不是一对一的，并且当 $r=0$ 或 $\varphi=0$ 或 π 时，$J(r,\varphi,\theta)=0$. 但我们仍然可以证明(6)式成立.

在球坐标系中，用 $r=$ 常数，$\varphi=$ 常数，$\theta=$ 常数的平面分割 V' 时，变换后在 xyz 直角坐标系中，$r=$ 常数是以原点为心的球面，$\varphi=$ 常数是以原点为顶点、z 轴为中心轴的半圆锥面，$\theta=$ 常数是过 z 轴的半平面(图 21-37).

在球坐标系下，当区域 V' 为集合

$$V'=\{(r,\varphi,\theta)\mid r_1(\varphi,\theta)\leqslant r\leqslant r_2(\varphi,\theta),\varphi_1(\theta)\leqslant\varphi\leqslant\varphi_2(\theta),\theta_1\leqslant\theta\leqslant\theta_2\}$$

时，(6)式可化为累次积分

$$\begin{aligned}&\iiint\limits_V f(x,y,z)\mathrm{d}x\mathrm{d}y\mathrm{d}z\\&=\int_{\theta_1}^{\theta_2}\mathrm{d}\theta\int_{\varphi_1(\theta)}^{\varphi_2(\theta)}\mathrm{d}\varphi\int_{r_1(\varphi,\theta)}^{r_2(\varphi,\theta)}f(r\sin\varphi\cos\theta,r\sin\varphi\sin\theta,r\cos\varphi)r^2\sin\varphi\mathrm{d}r.\end{aligned}\tag{7}$$

例 5　求由圆锥体 $z\geqslant\sqrt{x^2+y^2}\cot\beta$ 和球体 $x^2+y^2+(z-a)^2\leqslant a^2$ 所确定的立体体积

(图 21-38)，其中 $\beta\in\left(0,\frac{\pi}{2}\right)$ 和 a (>0) 为常数.

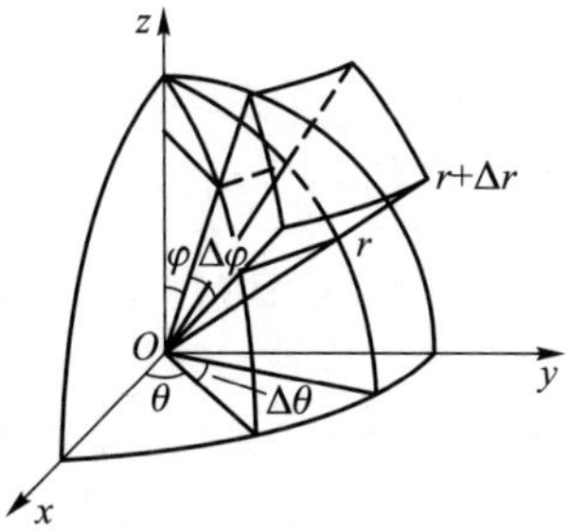

图 21-37

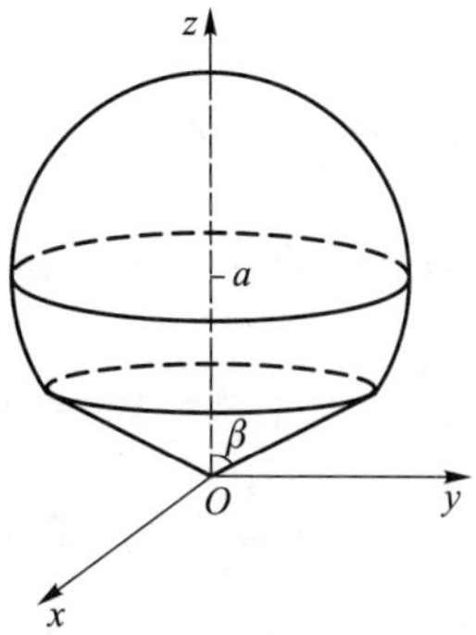

图 21-38

解 在球坐标变换下，球面方程 $x^2+y^2+(z-a)^2=a^2$ 可表示成 $r=2a\cos\varphi$，锥面方程 $z=\sqrt{x^2+y^2}\cot\beta$ 可表示成 $\varphi=\beta$. 因此

$$V'=\{(r,\varphi,\theta)\mid 0\leqslant r\leqslant 2a\cos\varphi,0\leqslant\varphi\leqslant\beta,0\leqslant\theta\leqslant 2\pi\}.$$

由公式(7)求得 V 的体积为

$$\iiint_V \mathrm{d}V=\int_0^{2\pi}\mathrm{d}\theta\int_0^{\beta}\mathrm{d}\varphi\int_0^{2a\cos\varphi}r^2\sin\varphi\ \mathrm{d}r=\frac{4}{3}\pi a^3(1-\cos^4\beta).$$ □

除上述介绍的两种变换外，下面我们再举一个例子，进一步说明如何根据被积函数或积分区域的特点来选择其他不同的变换.

例 6 求 $I=\iiint_V z\mathrm{d}x\mathrm{d}y\mathrm{d}z$，其中 V 为由 $\frac{x^2}{a^2}+\frac{y^2}{b^2}+\frac{z^2}{c^2}\leqslant 1$ 与 $z\geqslant 0$ 所交区域.

解 作广义球坐标变换

$$T:\begin{cases}x=ar\sin\varphi\cos\theta,\\ y=br\sin\varphi\sin\theta,\\ z=cr\cos\varphi,\end{cases}$$

于是 $J=abcr^2\sin\varphi$. 在上述广义球坐标变换下，V 的原象为

$$V'=\left\{(r,\varphi,\theta)\mid 0\leqslant r\leqslant 1,0\leqslant\varphi\leqslant\frac{\pi}{2},0\leqslant\theta\leqslant 2\pi\right\}.$$

由公式(7)，有

$$\begin{aligned}\iiint_V z\mathrm{d}x\mathrm{d}y\mathrm{d}z&=\iiint_{V'}abc^2r^3\sin\varphi\cos\varphi\mathrm{d}r\mathrm{d}\varphi\mathrm{d}\theta\\&=\int_0^{2\pi}\mathrm{d}\theta\int_0^{\frac{\pi}{2}}\mathrm{d}\varphi\int_0^1 abc^2r^3\sin\varphi\cos\varphi\ \mathrm{d}r\\&=\frac{\pi abc^2}{2}\int_0^{\frac{\pi}{2}}\sin\varphi\cos\varphi\mathrm{d}\varphi=\frac{\pi abc^2}{4}.\end{aligned}$$ □

习　题　21.5

1. 计算下列积分：

(1) $\iiint\limits_V (xy+z^2)\mathrm{d}x\mathrm{d}y\mathrm{d}z$，其中 $V=[-2,5]\times[-3,3]\times[0,1]$；

(2) $\iiint\limits_V x\cos y\cos z\mathrm{d}x\mathrm{d}y\mathrm{d}z$，其中 $V=[0,1]\times\left[0,\frac{\pi}{2}\right]\times\left[0,\frac{\pi}{2}\right]$；

(3) $\iiint\limits_V \frac{\mathrm{d}x\mathrm{d}y\mathrm{d}z}{(1+x+y+z)^3}$，其中 V 是由 $x+y+z=1$ 与三个坐标面所围成的区域；

(4) $\iiint\limits_V y\cos(x+z)\mathrm{d}x\mathrm{d}y\mathrm{d}z$，其中 V 是由 $y=\sqrt{x}$，$y=0$，$z=0$ 及 $x+z=\frac{\pi}{2}$ 所围成的区域.

2. 试改变下列累次积分的顺序：

(1) $\int_0^1 \mathrm{d}x\int_0^{1-x}\mathrm{d}y\int_0^{x+y} f(x,y,z)\mathrm{d}z$；

(2) $\int_0^1 \mathrm{d}x\int_0^1\mathrm{d}y\int_0^{x^2+y^2} f(x,y,z)\mathrm{d}z$.

3. 计算下列三重积分与累次积分：

(1) $\iiint\limits_V z^2\mathrm{d}x\mathrm{d}y\mathrm{d}z$，其中 V 由 $x^2+y^2+z^2\leqslant r^2$ 和 $x^2+y^2+z^2\leqslant 2rz$ 所确定；

(2) $\int_0^1 \mathrm{d}x\int_0^{\sqrt{1-x^2}}\mathrm{d}y\int_{\sqrt{x^2+y^2}}^{\sqrt{2-x^2-y^2}} z^2\mathrm{d}z$.

4. 利用适当的坐标变换，计算下列各曲面所围成的体积：

(1) $z=x^2+y^2$，$z=2(x^2+y^2)$，$y=x$，$y=x^2$；

(2) $\left(\frac{x}{a}+\frac{y}{b}\right)^2+\left(\frac{z}{c}\right)^2=1$　$(x\geqslant0,y\geqslant0,z\geqslant0,a>0,b>0,c>0)$.

5. 设球体 $x^2+y^2+z^2\leqslant 2x$ 上各点的密度等于该点到坐标原点的距离，求该球体的质量.

---

6. 证明定理 21.16 及其推论.

7. 设 $V=\left\{(x,y,z)\,\middle|\,\frac{x^2}{a^2}+\frac{y^2}{b^2}+\frac{z^2}{c^2}\leqslant1\right\}$，计算下列积分：

(1) $\iiint\limits_V \sqrt{1-\frac{x^2}{a^2}-\frac{y^2}{b^2}-\frac{z^2}{c^2}}\,\mathrm{d}x\mathrm{d}y\mathrm{d}z$；

(2) $\iiint\limits_V \mathrm{e}^{\sqrt{\frac{x^2}{a^2}+\frac{y^2}{b^2}+\frac{z^2}{c^2}}}\mathrm{d}x\mathrm{d}y\mathrm{d}z$.

§6　重积分的应用

重积分的应用除前面提到的可用以求空间立体的体积及空间物体的质量外，这里再举几个它在几何与力学方面的应用.

一、曲面的面积

设 D 为可求面积的平面有界区域,函数$f(x,y)$在 D 上具有连续的一阶偏导数,讨论由方程

$$z=f(x,y),(x,y)\in D$$

所确定的曲面 S 的面积.

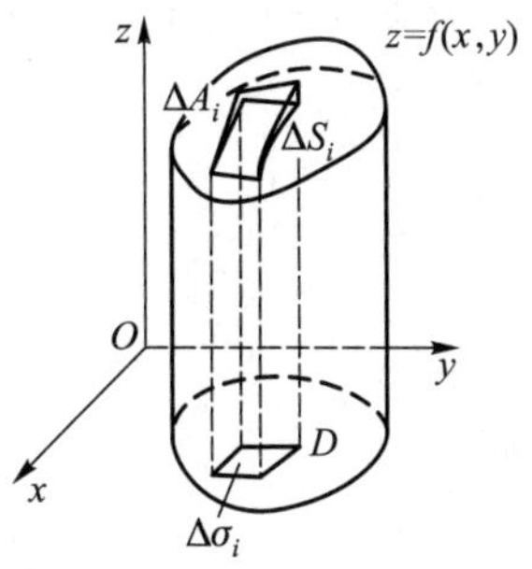

图 21-39

为了定义曲面 S 的面积,对区域 D 作分割 T,它把 D 分成 n 个小区域 $\sigma_i(i=1,2,\cdots,n)$. 根据这个分割相应地将曲面 S 也分成 n 个小曲面片$S_i(i=1,2,\cdots,n)$. 在每个 S_i 上任取一点 M_i,作曲面在这一点的切平面 π_i,并在 π_i 上取出一小块 A_i,使得 A_i 与 S_i 在 xy 平面上的投影都是 σ_i,如图 21-39 所示. 现在点 M_i 附近,用切平面 A_i 代替小曲面片 S_i,从而当 $\|T\|$ 充分小时,有

$$\Delta S=\sum_{i=1}^{n}\Delta S_i\approx\sum_{i=1}^{n}\Delta A_i,$$

这里 $\Delta S,\Delta S_i,\Delta A_i$ 分别表示曲面 S,小曲面片 S_i,小切平面块 A_i 的面积. 所以当 $\|T\|\to 0$ 时,可用和式 $\sum\limits_{i=1}^{n}\Delta A_i$ 的极限作为 S 的面积.

现在按照上述给出的曲面面积的概念,来建立曲面面积的计算公式.

首先计算 A_i 的面积. 由于切平面 π_i 的法向量就是曲面 S 在点 $M_i(\xi_i,\eta_i,\zeta_i)$处的法向量,记它与 z 轴的夹角为 γ_i,则

$$|\cos\gamma_i|=\frac{1}{\sqrt{1+f_x^2(\xi_i,\eta_i)+f_y^2(\xi_i,\eta_i)}}.$$

因为 A_i 在 xy 平面上的投影为 σ_i,所以

$$\Delta A_i=\frac{\Delta\sigma_i}{|\cos\gamma_i|}=\sqrt{1+f_x^2(\xi_i,\eta_i)+f_y^2(\xi_i,\eta_i)}\,\Delta\sigma_i.$$

其次,由于和数

$$\sum_{i=1}^{n}\Delta A_i=\sum_{i=1}^{n}\sqrt{1+f_x^2(\xi_i,\eta_i)+f_y^2(\xi_i,\eta_i)}\,\Delta\sigma_i$$

是连续函数$\sqrt{1+f_x^2(x,y)+f_y^2(x,y)}$在有界闭区域 D 上的积分和. 于是当 $\|T\|\to 0$ 时,就得到

$$\begin{aligned}\Delta S&=\lim_{\|T\|\to 0}\sum_{i=1}^{n}\sqrt{1+f_x^2(\xi_i,\eta_i)+f_y^2(\xi_i,\eta_i)}\,\Delta\sigma_i\\&=\iint_D\sqrt{1+f_x^2(x,y)+f_y^2(x,y)}\,\mathrm{d}x\mathrm{d}y\end{aligned}\tag{1}$$

或

$$\Delta S=\lim_{\|T\|\to 0}\sum_{i=1}^{n}\frac{\Delta\sigma_i}{|\cos\gamma_i|}=\iint_D\frac{\mathrm{d}x\mathrm{d}y}{|\cos(\widehat{\boldsymbol{n},z})|},\tag{2}$$

其中 $\cos(\widehat{\boldsymbol{n},z})$为曲面的法向量 $\boldsymbol{n}$ 与 z 轴正向夹角的余弦.

例 1　求圆锥 $z=\sqrt{x^2+y^2}$ 在圆柱体 $x^2+y^2\leqslant x$ 内那一部分的面积.

解　据曲面面积公式(1),

$$\Delta S=\iint_D\sqrt{1+z_x^2+z_y^2}\,\mathrm{d}x\mathrm{d}y,$$

其中 D 是 $x^2+y^2\leqslant x$. 所求曲面方程为

$$z=\sqrt{x^2+y^2},$$

故

$$z_x=\frac{x}{\sqrt{x^2+y^2}},\ z_y=\frac{y}{\sqrt{x^2+y^2}}.$$

因此

$$\sqrt{1+z_x^2+z_y^2}=\sqrt{1+\frac{x^2}{x^2+y^2}+\frac{y^2}{x^2+y^2}}=\sqrt{2},$$

所以

$$\Delta S=\iint_D\sqrt{2}\,\mathrm{d}x\mathrm{d}y=\sqrt{2}\,\Delta D=\frac{\sqrt{2}}{4}\pi.$$ □

在上册的定积分应用中,曾用微元法给出过旋转面的面积公式,下面用二重积分给予严格证明.

例 2　设平面光滑曲线的方程为

$$y=f(x),\ x\in[a,b]\ (f(x)>0),$$

求证:此曲线绕 x 轴旋转一周得到的旋转曲面的面积为

$$S=2\pi\int_a^b f(x)\sqrt{1+f'^2(x)}\,\mathrm{d}x.$$

证　由于上半旋转面方程为 $z=\sqrt{f^2(x)-y^2}$,因此

$$z_x=\frac{f(x)f'(x)}{\sqrt{f^2(x)-y^2}},z_y=\frac{-y}{\sqrt{f^2(x)-y^2}},$$

$$\sqrt{1+z_x^2+z_y^2}=\sqrt{\frac{f^2(x)+f^2(x)f'^2(x)}{f^2(x)-y^2}},$$

于是

$$\begin{aligned}S&=2\int_a^b\mathrm{d}x\int_{-f(x)}^{f(x)}\sqrt{\frac{f^2(x)+f^2(x)f'^2(x)}{f^2(x)-y^2}}\,\mathrm{d}y\\&=4\int_a^b\mathrm{d}x\int_0^{f(x)}f(x)\sqrt{\frac{1+f'^2(x)}{1-y^2f^{-2}(x)}}\,\mathrm{d}\left(\frac{y}{f(x)}\right)\\&=4\int_a^b f(x)\sqrt{1+f'^2(x)}\,\mathrm{d}x\int_0^1\frac{\mathrm{d}t}{\sqrt{1-t^2}}\\&=2\pi\int_a^b f(x)\sqrt{1+f'^2(x)}\,\mathrm{d}x.\end{aligned}$$ □

若空间曲面 S 由参量方程

$$x=x(u,v),y=y(u,v),z=z(u,v),\ (u,v)\in D'\qquad(3)$$

确定,其中 $x(u,v)$, $y(u,v)$, $z(u,v)$ 在 D' 上具有连续的一阶偏导数,且

$$\frac{\partial(x,y)}{\partial(u,v)},\qquad \frac{\partial(y,z)}{\partial(u,v)},\qquad \frac{\partial(z,x)}{\partial(u,v)}$$

中至少有一个不等于零,则曲面 S 在点 (x,y,z) 的法线方向数为

$$\left(\frac{\partial(y,z)}{\partial(u,v)},\frac{\partial(z,x)}{\partial(u,v)},\frac{\partial(x,y)}{\partial(u,v)}\right),$$

它与 z 轴的夹角的余弦的绝对值为

$$\begin{aligned}|\cos(\widehat{\boldsymbol{n},z})| &= \left|\frac{\dfrac{\partial(x,y)}{\partial(u,v)}}{\sqrt{\left(\dfrac{\partial(y,z)}{\partial(u,v)}\right)^2+\left(\dfrac{\partial(z,x)}{\partial(u,v)}\right)^2+\left(\dfrac{\partial(x,y)}{\partial(u,v)}\right)^2}}\right| \\ &= \left|\frac{\dfrac{\partial(x,y)}{\partial(u,v)}}{\sqrt{(x_u^2+y_u^2+z_u^2)(x_v^2+y_v^2+z_v^2)-(x_ux_v+y_uy_v+z_uz_v)^2}}\right| \\ &= \left|\frac{\partial(x,y)}{\partial(u,v)}\right|\frac{1}{\sqrt{EG-F^2}},\end{aligned}\tag{4}$$

其中

$$\begin{aligned}E &= x_u^2+y_u^2+z_u^2,\\ F &= x_ux_v+y_uy_v+z_uz_v,\\ G &= x_v^2+y_v^2+z_v^2.\end{aligned}$$

当 $\dfrac{\partial(x,y)}{\partial(u,v)}\neq 0$ 时,对(2)作变换 $x=x(u,v)$, $y=y(u,v)$,则有

$$\begin{aligned}\Delta S &= \iint_D \frac{1}{|\cos(\widehat{\boldsymbol{n},z})|}\mathrm{d}x\mathrm{d}y\\ &= \iint_{D'} \frac{1}{|\cos(\widehat{\boldsymbol{n},z})|}\left|\frac{\partial(x,y)}{\partial(u,v)}\right|\mathrm{d}u\mathrm{d}v.\end{aligned}$$

由(4),得到由参量方程(3)所表示的曲面面积公式:

$$\Delta S = \iint_{D'} \sqrt{EG-F^2}\,\mathrm{d}u\mathrm{d}v. \tag{5}$$

例 3 求球面上两条纬线和两条经线之间的曲面的面积(图 21-40 中阴影部分).

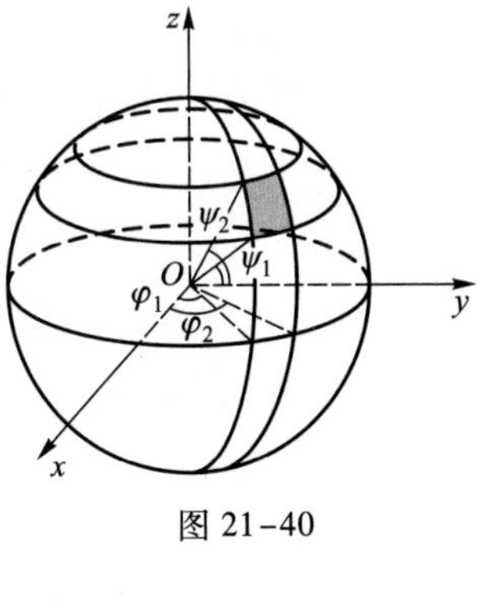

图 21-40

解 设球面方程为

$$\begin{aligned}x &= R\cos\psi\cos\varphi,\\ y &= R\cos\psi\sin\varphi,\\ z &= R\sin\psi,\end{aligned}$$

其中 R 为球的半径. 本例是求当 $\varphi_1\leqslant\varphi\leqslant\varphi_2$, $\psi_1\leqslant\psi\leqslant\psi_2$ 时的球面部分面积. 由于

$$\begin{aligned}E &= x_\psi^2+y_\psi^2+z_\psi^2 = R^2,\\ F &= 0,\ G = R^2\cos^2\psi,\end{aligned}$$

所以

$$\sqrt{EG-F^2} = R^2\cos\psi.$$

由公式(5)即得所求曲面的面积.

$$\Delta S = \int_{\varphi_1}^{\varphi_2} \mathrm{d}\varphi \int_{\psi_1}^{\psi_2} R^2 \cos \psi \mathrm{d}\psi = R^2(\varphi_2 - \varphi_1)(\sin \psi_2 - \sin \psi_1). \qquad \square$$

在讨论曲线弧长时,我们曾用弧内接折线的长在其各段的长趋于零时的极限来定义.但是能否类似地用曲面的内接多面形的面积,在其各个面积的直径趋于零时的极限来定义呢?施瓦茨(Schwarz)曾举出一个反例说明这样的定义方法是不可行的.对此读者可参见有关的数学分析教程(如菲赫金哥尔茨《微积分学教程》中译本第三卷第二分册).

二、质心

设 V 是密度函数为 $\rho(x,y,z)$ 的空间物体,$\rho(x,y,z)$ 在 V 上连续.为求得 V 的质心坐标公式,先对 V 作分割 T,在属于分割 T 的每一小块 v_i 上任取一点 (ξ_i,η_i,ζ_i),于是小块 v_i 的质量可以 $\rho(\xi_i,\eta_i,\zeta_i)\Delta v_i$ 近似代替.若把每一小块看作质量集中在 (ξ_i,η_i,ζ_i) 的质点时,整个物体就可用这 n 个质点的质点系来近似代替.由于质点系的质心坐标公式为

$$\bar{x}_n = \frac{\sum_{i=1}^{n} \xi_i \rho(\xi_i,\eta_i,\zeta_i)\Delta v_i}{\sum_{i=1}^{n} \rho(\xi_i,\eta_i,\zeta_i)\Delta v_i}, \quad \bar{y}_n = \frac{\sum_{i=1}^{n} \eta_i \rho(\xi_i,\eta_i,\zeta_i)\Delta v_i}{\sum_{i=1}^{n} \rho(\xi_i,\eta_i,\zeta_i)\Delta v_i}, \quad \bar{z}_n = \frac{\sum_{i=1}^{n} \zeta_i \rho(\xi_i,\eta_i,\zeta_i)\Delta v_i}{\sum_{i=1}^{n} \rho(\xi_i,\eta_i,\zeta_i)\Delta v_i}.$$

当 $\|T\|\to 0$ 时,我们很自然地把 $\bar{x}_n,\bar{y}_n,\bar{z}_n$ 的极限 $\bar{x},\bar{y},\bar{z}$ 定义为 V 的质心坐标,即

$$\bar{x} = \frac{\iiint\limits_V x\rho(x,y,z)\,\mathrm{d}V}{\iiint\limits_V \rho(x,y,z)\,\mathrm{d}V}, \quad \bar{y} = \frac{\iiint\limits_V y\rho(x,y,z)\,\mathrm{d}V}{\iiint\limits_V \rho(x,y,z)\,\mathrm{d}V}, \quad \bar{z} = \frac{\iiint\limits_V z\rho(x,y,z)\,\mathrm{d}V}{\iiint\limits_V \rho(x,y,z)\,\mathrm{d}V}.$$

当物体 V 的密度均匀即 ρ 为常数时,则有

$$\bar{x} = \frac{1}{\Delta V}\iiint\limits_V x\,\mathrm{d}V, \quad \bar{y} = \frac{1}{\Delta V}\iiint\limits_V y\,\mathrm{d}V, \quad \bar{z} = \frac{1}{\Delta V}\iiint\limits_V z\,\mathrm{d}V,$$

这里 ΔV 为 V 的体积.

读者同样可以得到,密度分布为 $\rho(x,y)$ 的平面薄板 D 的质心坐标是

$$\bar{x} = \frac{\iint\limits_D x\rho(x,y)\,\mathrm{d}\sigma}{\iint\limits_D \rho(x,y)\,\mathrm{d}\sigma}, \quad \bar{y} = \frac{\iint\limits_D y\rho(x,y)\,\mathrm{d}\sigma}{\iint\limits_D \rho(x,y)\,\mathrm{d}\sigma}.$$

当平面薄板 D 的密度均匀时,即 ρ 是常数时,则有

$$\bar{x} = \frac{1}{\Delta D}\iint\limits_D x\,\mathrm{d}\sigma, \quad \bar{y} = \frac{1}{\Delta D}\iint\limits_D y\,\mathrm{d}\sigma,$$

这里 ΔD 为平面薄板 D 的面积.

例 4 求密度均匀的上半椭球体的质心.

解 设椭球体由不等式

$$\frac{x^2}{a^2} + \frac{y^2}{b^2} + \frac{z^2}{c^2} \leqslant 1$$

表示.由对称性知 $\bar{x}=0,\bar{y}=0$.又由 ρ 为常数,所以

$$\bar{z}=\frac{\iiint\limits_V \rho z\mathrm{d}V}{\iiint\limits_V \rho\mathrm{d}V}=\frac{\iiint\limits_V z\mathrm{d}x\mathrm{d}y\mathrm{d}z}{\frac{2}{3}\pi abc}.$$

由 §5 例 6 得

$$\bar{z}=\frac{3c}{8}.$$ □

三、转动惯量

质点 A 对于轴 l 的转动惯量 J 是质点 A 的质量 m 和 A 与转动轴 l 的距离 r 的平方的乘积，即 $J=mr^2$.

现在讨论空间物体 V 的转动惯量问题. 我们仍然采用第二段中的办法，把 V 看作由 n 个质点组成的质点系，然后用取极限的方法求得 V 的转动惯量.

设 $\rho(x,y,z)$ 为空间物体 V 的密度分布函数，它在 V 上连续. 对 V 作分割 T，在属于 T 的每一小块 v_i 上任取一点 (ξ_i,η_i,ζ_i)，于是 v_i 的质量可以 $\rho(\xi_i,\eta_i,\zeta_i)\Delta v_i$ 近似替代. 当以质点系 $\{(\xi_i,\eta_i,\zeta_i),i=1,2,\cdots,n\}$ 近似替代 V 时，质点系对于 x 轴的转动惯量则是

$$J_{x_n}=\sum_{i=1}^{n}(\eta_i^2+\zeta_i^2)\rho(\xi_i,\eta_i,\zeta_i)\Delta v_i.$$

当 $\|T\|\to 0$ 时，上述积分和的极限就是物体 V 对于 x 轴的转动惯量

$$J_x=\iiint\limits_V (y^2+z^2)\rho(x,y,z)\mathrm{d}V.$$

类似可得物体 V 对于 y 轴与 z 轴的转动惯量分别为

$$J_y=\iiint\limits_V (z^2+x^2)\rho(x,y,z)\mathrm{d}V,$$

$$J_z=\iiint\limits_V (x^2+y^2)\rho(x,y,z)\mathrm{d}V.$$

同理，物体 V 对于坐标平面的转动惯量分别为

$$J_{xy}=\iiint\limits_V z^2\rho(x,y,z)\mathrm{d}V,$$

$$J_{yz}=\iiint\limits_V x^2\rho(x,y,z)\mathrm{d}V,$$

$$J_{zx}=\iiint\limits_V y^2\rho(x,y,z)\mathrm{d}V.$$

据此，读者也容易建立平面薄板对于坐标轴的转动惯量：

$$J_x=\iint\limits_D y^2\rho(x,y)\mathrm{d}\sigma,\quad J_y=\iint\limits_D x^2\rho(x,y)\mathrm{d}\sigma$$

以及

$$J_l=\iint\limits_D r^2(x,y)\rho(x,y)\mathrm{d}\sigma,$$

这里 l 为转动轴，$r(x,y)$ 为 D 中点 (x,y) 到 l 的距离函数.

例 5 求密度均匀的圆环 D 对于垂直于圆环面中心轴的转动惯量（图21-41）.

解　设圆环 D 为

$$R_1^2 \leqslant x^2+y^2 \leqslant R_2^2,$$

密度为 ρ,则 D 中任一点 (x,y) 与转轴的距离平方为 x^2+y^2. 于是转动惯量

$$J=\iint_D \rho(x^2+y^2)\mathrm{d}\sigma=\rho\int_0^{2\pi}\mathrm{d}\theta\int_{R_1}^{R_2} r^3\mathrm{d}r$$

$$=\frac{\pi\rho}{2}(R_2^4-R_1^4)=\frac{m}{2}(R_2^2+R_1^2),$$

其中 m 为圆环的质量. □

例 6　求均匀圆盘 D 对于其直径的转动惯量(图 21-42).

解　设圆盘 D 为 $x^2+y^2\leqslant R^2$,密度为 ρ,求对于 y 轴的转动惯量. 由于 D 内任一点 (x,y) 与 y 轴的距离为 $|x|$,故

$$J=\iint_D \rho x^2\mathrm{d}\sigma=\rho\int_0^{2\pi}\mathrm{d}\theta\int_0^R (r\cos\theta)^2 r\mathrm{d}r$$

$$=\rho\int_0^{2\pi}\cos^2\theta\mathrm{d}\theta\int_0^R r^3\mathrm{d}r$$

$$=\frac{\rho\pi R^4}{4}=\frac{1}{4}mR^2,$$

其中 m 为圆盘的质量. □

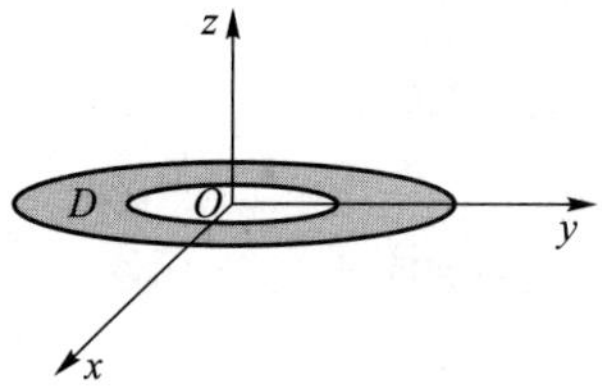

图 21-41

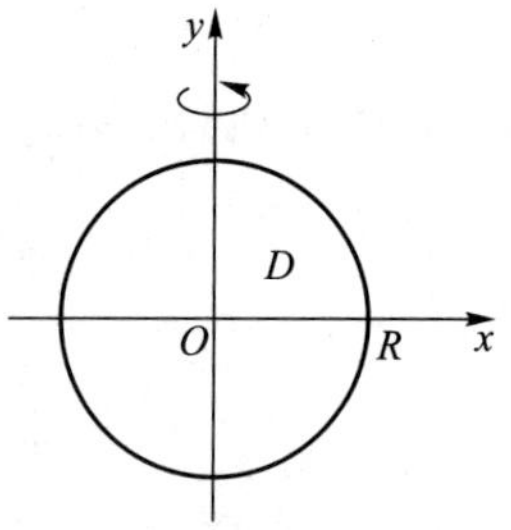

图 21-42

例 7　设某球体的密度与球心的距离成正比,求它对于切平面的转动惯量.

解　设球体由不等式 $x^2+y^2+z^2\leqslant R^2$ 表示,密度函数为 $k\sqrt{x^2+y^2+z^2}$,这里 k 为比例常数. 切平面方程为 $x=R$,则球体对于平面 $x=R$ 的转动惯量为

$$J=k\iiint_V \sqrt{x^2+y^2+z^2}(R-x)^2\mathrm{d}x\mathrm{d}y\mathrm{d}z$$

$$=k\int_0^{2\pi}\mathrm{d}\theta\int_0^{\pi}\mathrm{d}\varphi\int_0^R (R-r\sin\varphi\cos\theta)^2 r^3\sin\varphi\mathrm{d}r$$

$$=kR^2\int_0^{2\pi}\mathrm{d}\theta\int_0^R r^3\mathrm{d}r\int_0^{\pi}\sin\varphi\mathrm{d}\varphi-2kR\int_0^{2\pi}\cos\theta\mathrm{d}\theta\int_0^R r^4\mathrm{d}r\int_0^{\pi}\sin^2\varphi\mathrm{d}\varphi+$$

$$k\int_0^{2\pi}\cos^2\theta\mathrm{d}\theta\int_0^R r^5\mathrm{d}r\int_0^{\pi}\sin^3\varphi\mathrm{d}\varphi$$

$$=\frac{11}{9}k\pi R^6.$$ □

四、引力

求密度为$\rho(x,y,z)$的立体对立体外质量为 1 的质点 A 的引力.

设 A 的坐标为(ξ,η,ζ)，V 中点的坐标用(x,y,z)表示. 我们使用微元法来求 V 对 A 的引力. V 中质量微元 $\mathrm{d}m=\rho\mathrm{d}V$ 对 A 的引力在坐标轴上的投影为

$$\mathrm{d}F_x=k\frac{x-\xi}{r^3}\rho\mathrm{d}V,\ \mathrm{d}F_y=k\frac{y-\eta}{r^3}\rho\mathrm{d}V,\ \mathrm{d}F_z=k\frac{z-\zeta}{r^3}\rho\mathrm{d}V,$$

其中 k 为引力系数，

$$r=\sqrt{(x-\xi)^2+(y-\eta)^2+(z-\zeta)^2}$$

是 A 到 $\mathrm{d}V$ 的距离，于是力 $\boldsymbol{F}$ 在三个坐标轴上的投影分别为

$$F_x=k\iiint\limits_V\frac{x-\xi}{r^3}\rho\mathrm{d}V,\quad F_y=k\iiint\limits_V\frac{y-\eta}{r^3}\rho\mathrm{d}V,\quad F_z=k\iiint\limits_V\frac{z-\zeta}{r^3}\rho\mathrm{d}V,$$

所以

$$\boldsymbol{F}=F_x\boldsymbol{i}+F_y\boldsymbol{j}+F_z\boldsymbol{k}.$$

例 8 设球体 V 具有均匀的密度 ρ，求 V 对球外一点 A（质量为 1）的引力（引力系数为 k）.

解 设球体为 $x^2+y^2+z^2\leqslant R^2$，球外一点 A 的坐标为$(0,0,a)$ $(R<a)$. 显然有 $F_x=F_y=0$，现在计算 F_z. 由上述公式，

$$\begin{aligned}F_z&=k\iiint\limits_V\frac{(z-a)}{[x^2+y^2+(z-a)^2]^{3/2}}\rho\mathrm{d}x\mathrm{d}y\mathrm{d}z\\&=k\rho\int_{-R}^{R}(z-a)\mathrm{d}z\iint\limits_{D_z}\frac{\mathrm{d}x\mathrm{d}y}{[x^2+y^2+(z-a)^2]^{3/2}},\end{aligned}$$

其中 $D_z=\{(x,y)\mid x^2+y^2\leqslant R^2-z^2\}$. 用极坐标计算

$$\begin{aligned}F_z&=k\rho\int_{-R}^{R}(z-a)\mathrm{d}z\int_0^{2\pi}\mathrm{d}\theta\int_0^{\sqrt{R^2-z^2}}\frac{r}{[r^2+(z-a)^2]^{3/2}}\mathrm{d}r\\&=2\pi k\rho\int_{-R}^{R}\left(-1-\frac{z-a}{\sqrt{R^2-2az+a^2}}\right)\mathrm{d}z\\&=-\frac{4}{3a^2}\pi R^3\rho k.\end{aligned}$$

□

上面我们只讨论了重积分在力学中的应用. 实际上，也可用第一型曲线积分（包括在下一章中将要讨论的第一型曲面积分）来计算空间曲线（曲面）的质心，关于转动轴或坐标平面的转动惯量以及曲线（曲面）对其外一质点的引力. 这里就不再一一细述了，读者可仿照上面的方法建立相应的计算公式.

习 题 21.6

1. 求曲面 $az=xy$ 包含在圆柱 $x^2+y^2=a^2$ 内那部分的面积.
2. 求锥面 $z=\sqrt{x^2+y^2}$ 被柱面 $z^2=2x$ 所截部分的曲面面积.
3. 求下列均匀密度的平面薄板质心：

(1) 半椭圆$\frac{x^2}{a^2}+\frac{y^2}{b^2}\leqslant 1, y\geqslant 0$;

(2) 高为 h,底分别为 a 和 b 的等腰梯形.

(注:以梯形长为 a 的底边的中点为原点,该底所在直线为 x 轴建立平面直角坐标系,并使梯形位于 x 轴上方.)

4. 求下列均匀密度物体的质心:

(1) $z\leqslant 1-x^2-y^2, z\geqslant 0$;

(2) 由坐标面及平面 $x+2y-z=1$ 所围的四面体.

5. 求下列均匀密度的平面薄板的转动惯量:

(1) 半径为 R 的圆关于其切线的转动惯量;

(2) 边长为 a 和 b、夹角为 φ 的平行四边形,关于底边 b 的转动惯量.

6. 计算下列引力:

(1) 均匀薄片 $x^2+y^2\leqslant R^2, z=0$ 对于轴上一点 $(0,0,c)$ $(c>0)$ 处的单位质量的引力;

(2) 均匀柱体 $x^2+y^2\leqslant a^2, 0\leqslant z\leqslant h$ 对于点 $P(0,0,c)$ $(c>h)$ 处的单位质量的引力;

(3) 均匀密度的正圆锥体(高为 h,底面半径为 R)对于在它的顶点处质量为 m 的质点的引力.

(注:以圆锥底面圆心为原点,底面所在平面为 xy 平面建立空间直角坐标系,圆锥顶点在 $(0,0,h)$.)

---

7. 求曲面

$$\begin{cases} x = (b + a\cos\psi)\cos\varphi, \\ y = (b + a\cos\psi)\sin\varphi, \\ z = a\sin\psi, \end{cases} \qquad 0\leqslant\varphi\leqslant 2\pi, 0\leqslant\psi\leqslant 2\pi$$

的面积,其中常数 a,b 满足 $0\leqslant a\leqslant b$.

8. 求螺旋面

$$\begin{cases} x = r\cos\varphi, \\ y = r\sin\varphi, \\ z = b\varphi, \end{cases} \qquad 0\leqslant r\leqslant a, 0\leqslant\varphi\leqslant 2\pi$$

的面积.

9. 求边长为 a、密度均匀的立方体关于其任一棱边的转动惯量.

* §7 n 重积分

对于 n 重积分,我们先介绍一个物理模型,即两个物体 V_1 与 V_2 之间的引力问题.

设物体 V_1 中点的坐标为 (x_1,y_1,z_1),V_2 中点的坐标为 (x_2,y_2,z_2),它们的密度函数分别为连续函数 $\rho_1(x_1,y_1,z_1)$ 与 $\rho_2(x_2,y_2,z_2)$,且设它们之间的引力系数为 1. 我们用微元法求它们之间的引力. 为此,在 V_1 中取质量微元 $\rho_1\mathrm{d}x_1\mathrm{d}y_1\mathrm{d}z_1$,在 V_2 中取质量微元 $\rho_2\mathrm{d}x_2\mathrm{d}y_2\mathrm{d}z_2$. 由万有引力定律知道,$V_1$ 的微元对 V_2 的微元的吸引力在 x 轴上的投影为

$$\frac{\rho_1\rho_2(x_1-x_2)\mathrm{d}x_1\mathrm{d}y_1\mathrm{d}z_1\mathrm{d}x_2\mathrm{d}y_2\mathrm{d}z_2}{r^3},$$

其中 $r=\sqrt{(x_1-x_2)^2+(y_1-y_2)^2+(z_1-z_2)^2}$. 把两个物体的所有微元间的吸引力在 x 轴上投影的量相加，就得到物体 V_1 与 V_2 间的引力在 x 轴上投影的值. 它是一个六重积分，即

$$F_x=\iiiiiint\limits_V \frac{\rho_1(x_1,y_1,z_1)\rho_2(x_2,y_2,z_2)(x_1-x_2)}{r^3}\mathrm{d}x_1\mathrm{d}y_1\mathrm{d}z_1\mathrm{d}x_2\mathrm{d}y_2\mathrm{d}z_2.$$

这个积分是在由六维数组 $(x_1,y_1,z_1,x_2,y_2,z_2)$ 构成的六维空间中的六维区域 $V=V_1\times V_2$ 上的积分. 吸引力在 y 和 z 轴上的投影也同样可由六个自变量的积分形式来表示，这就是 n 重积分 $(n=6)$ 的一个例子.

建立 n 重积分概念，首先必须像定义平面图形面积一样定义 n 维空间区域的体积问题. 最简单的 n 维区域——n 维长方体

$$V=[a_1,b_1]\times[a_2,b_2]\times\cdots\times[a_n,b_n]$$

的体积规定为 $(b_1-a_1)(b_2-a_2)\cdots(b_n-a_n)$. 在仿照可求面积概念那样建立 n 维区域的可求体积概念之后，可以证明 n 维单纯形

$$x_1\geqslant 0,x_2\geqslant 0,\cdots,x_n\geqslant 0,\ x_1+x_2+\cdots+x_n\leqslant h$$

和 n 维球体

$$x_1^2+x_2^2+\cdots+x_n^2\leqslant R^2$$

的体积是存在的.

设 n 元函数 $f(x_1,x_2,\cdots,x_n)$ 定义在 n 维可求体积的区域 V 上. 像二重积分概念那样，通过对 V 的分割、近似求和、取极限的过程，便得到 n 重积分的概念：

$$I=\overbrace{\int\cdots\int_V}^{n\text{个}} f(x_1,x_2,\cdots,x_n)\mathrm{d}x_1\cdots\mathrm{d}x_n. \tag{1}$$

与二重积分相仿，n 重积分也有如下一些结论：

若 $f(x_1,\cdots,x_n)$ 在 n 维有界闭区域 V 上连续，则 n 重积分(1)必存在.

计算 n 重积分的办法是把它化为重数较低的积分来计算. 如当积分区域是长方体 $[a_1,b_1]\times[a_2,b_2]\times\cdots\times[a_n,b_n]$ 时，则有

$$I=\int_{a_1}^{b_1}\mathrm{d}x_1\int_{a_2}^{b_2}\mathrm{d}x_2\cdots\int_{a_n}^{b_n}f(x_1,\cdots,x_n)\mathrm{d}x_n.$$

当 V 由不等式组 $a_1\leqslant x_1\leqslant b_1,a_2(x_1)\leqslant x_2\leqslant b_2(x_1),\cdots,a_n(x_1,\cdots,x_{n-1})\leqslant x_n\leqslant b_n(x_1,\cdots,x_{n-1})$ 表示时，则有

$$I=\int_{a_1}^{b_1}\mathrm{d}x_1\int_{a_2(x_1)}^{b_2(x_1)}\mathrm{d}x_2\cdots\int_{a_n(x_1,\cdots,x_{n-1})}^{b_n(x_1,\cdots,x_{n-1})}f(x_1,\cdots,x_n)\mathrm{d}x_n.$$

设变换

$$T:\begin{cases}x_1=x_1(\xi_1,\xi_2,\cdots,\xi_n),\\ x_2=x_2(\xi_1,\xi_2,\cdots,\xi_n),\\ \cdots\cdots\cdots\cdots\\ x_n=x_n(\xi_1,\xi_2,\cdots,\xi_n)\end{cases}$$

把 n 维 $\xi_1\xi_2\cdots\xi_n$ 空间区域 V' 一对一地映射成 n 维 $x_1x_2\cdots x_n$ 空间中的区域 V，且在 V' 上函数行列式

$$J=\frac{\partial(x_1,x_2,\cdots,x_n)}{\partial(\xi_1,\xi_2,\cdots,\xi_n)}=\begin{vmatrix}\frac{\partial x_1}{\partial\xi_1} & \frac{\partial x_1}{\partial\xi_2} & \cdots & \frac{\partial x_1}{\partial\xi_n}\\ \frac{\partial x_2}{\partial\xi_1} & \frac{\partial x_2}{\partial\xi_2} & \cdots & \frac{\partial x_2}{\partial\xi_n}\\ \vdots & \vdots & & \vdots\\ \frac{\partial x_n}{\partial\xi_1} & \frac{\partial x_n}{\partial\xi_2} & \cdots & \frac{\partial x_n}{\partial\xi_n}\end{vmatrix}$$

恒不为零,则成立下列 n 重积分的换元公式:

$$\begin{aligned}I&=\overbrace{\int\cdots\int_V}^{n\text{个}}f(x_1,x_2,\cdots,x_n)\mathrm{d}x_1\mathrm{d}x_2\cdots\mathrm{d}x_n\\&=\overbrace{\int\cdots\int_{V'}}^{n\text{个}}f(x_1(\xi_1,\cdots,\xi_n),x_2(\xi_1,\cdots,\xi_n),\cdots,x_n(\xi_1,\cdots,\xi_n))\,|J|\,\mathrm{d}\xi_1\mathrm{d}\xi_2\cdots\mathrm{d}\xi_n.\end{aligned}$$

例 1　求 n 维单纯形 $T_n:x_1\geqslant0,x_2\geqslant0,\cdots,x_n\geqslant0,x_1+x_2+\cdots+x_n\leqslant h$ 的体积 ΔT_n.

解　$\Delta T_n=\overbrace{\int\cdots\int_{T_n}}^{n\text{个}}\mathrm{d}x_1\mathrm{d}x_2\cdots\mathrm{d}x_n$. 作变换

$$x_1=h\xi_1,\ x_2=h\xi_2,\ \cdots,\ x_n=h\xi_n.$$

这时 $J=h^n$,因此有

$$\Delta T_n=h^n\overbrace{\int\cdots\int_{D_1}}^{n\text{个}}\mathrm{d}\xi_1\mathrm{d}\xi_2\cdots\mathrm{d}\xi_n=h^n\alpha_n,$$

其中

$$D_1=\{(\xi_1,\xi_2,\cdots,\xi_n)\mid\xi_1+\xi_2+\cdots+\xi_n\leqslant1,\xi_1\geqslant0,\xi_2\geqslant0,\cdots,\xi_n\geqslant0\},$$

$$\alpha_n=\int_0^1\mathrm{d}\xi_n\overbrace{\int\cdots\int_{T_{n-1}}}^{n-1\text{个}}\mathrm{d}\xi_1\mathrm{d}\xi_2\cdots\mathrm{d}\xi_{n-1},\tag{2}$$

这里

$$T_{n-1}=\{(\xi_1,\xi_2,\cdots,\xi_{n-1})\mid\xi_1+\xi_2+\cdots+\xi_{n-1}\leqslant1-\xi_n,\xi_1\geqslant0,\xi_2\geqslant0,\ \cdots,\ \xi_{n-1}\geqslant0\}.$$

对积分(2)作变换

$$\xi_1=(1-\xi_n)\zeta_1,\cdots,\xi_{n-1}=(1-\xi_n)\zeta_{n-1}.$$

这时 $J=(1-\xi_n)^{n-1}$,因此有

$$\begin{aligned}\alpha_n&=\int_0^1(1-\xi_n)^{n-1}\mathrm{d}\xi_n\overbrace{\int\cdots\int_{D_2}}^{n-1\text{个}}\mathrm{d}\zeta_1\mathrm{d}\zeta_2\cdots\mathrm{d}\zeta_{n-1}\\&=\alpha_{n-1}\int_0^1(1-\xi_n)^{n-1}\mathrm{d}\xi_n=\frac{\alpha_{n-1}}{n},\end{aligned}$$

其中 $D_2=\{(\zeta_1,\zeta_2,\cdots,\zeta_{n-1})\mid\zeta_1+\cdots+\zeta_{n-1}\leqslant1,\zeta_1\geqslant0,\cdots,\zeta_{n-1}\geqslant0\}$. 这是一个递推公式. 由于当 $n=1$ 时,$\alpha_1=1$,因此

$$\alpha_n = \frac{1}{n!}.$$

于是 $\Delta T_n = \dfrac{h^n}{n!}$. □

例 2 求 n 维球体 $V_n: x_1^2 + x_2^2 + \cdots + x_n^2 \leqslant R^2$ 的体积 ΔV_n.

解 $$\Delta V_n = \overbrace{\int \cdots \int}^{n\text{个}}_{x_1^2+\cdots+x_n^2 \leqslant R^2} \mathrm{d}x_1 \cdots \mathrm{d}x_n.$$

作变换 $x_1 = R\xi_1, \cdots, x_n = R\xi_n$. 这时 $J = R^n$,因此有

$$\Delta V_n = R^n \overbrace{\int \cdots \int}^{n\text{个}}_{\xi_1^2+\cdots+\xi_n^2 \leqslant 1} \mathrm{d}\xi_1 \cdots \mathrm{d}\xi_n = R^n \beta_n,$$

其中

$$\beta_n = \int_{-1}^{1} \mathrm{d}\xi_n \overbrace{\int \cdots \int}^{n-1\text{个}}_{\xi_1^2+\cdots+\xi_{n-1}^2 \leqslant 1-\xi_n^2} \mathrm{d}\xi_1 \cdots \mathrm{d}\xi_{n-1}.$$

它是 n 维单位球体的体积. 注意 β_n 中右边的 $n-1$ 重积分表示以 $\sqrt{1-\xi_n^2}$ 为半径的 $n-1$ 维球体的体积. 因而它应等于 $\beta_{n-1}(1-\xi_n^2)^{\frac{n-1}{2}}$,其中 β_{n-1} 为 $n-1$ 维单位球体的体积. 于是有

$$\beta_n = \int_{-1}^{1} (1-\xi_n^2)^{\frac{n-1}{2}} \mathrm{d}\xi_n \cdot \beta_{n-1}.$$

令 $\xi_n = \cos\theta$,又得一递推公式

$$\beta_n = 2\beta_{n-1} \int_0^{\frac{\pi}{2}} \sin^n \theta \mathrm{d}\theta.$$

由于

$$\int_0^{\frac{\pi}{2}} \sin^n \theta \mathrm{d}\theta = \begin{cases} \dfrac{(2m-1)!!}{(2m)!!} \dfrac{\pi}{2}, & n = 2m, \\ \dfrac{(2m)!!}{(2m+1)!!}, & n = 2m+1 \end{cases}$$

和 $\beta_1 = 2$,所以

$$\Delta V_n = R^n \beta_n = \begin{cases} \dfrac{R^{2m}}{m!} \pi^m, & n = 2m, \\ \dfrac{2R^{2m+1}(2\pi)^m}{(2m+1)!!}, & n = 2m+1. \end{cases}$$

特别当 $n = 1, 2, 3$ 时,有

$$\Delta V_1 = 2R,\ \Delta V_2 = \pi R^2,\ \Delta V_3 = \frac{4}{3}\pi R^3.$$

本题也可用 n 维球坐标变换求得. n 维球坐标变换为

$$
\begin{aligned}
x_1 &= r\cos\varphi_1,\\
x_2 &= r\sin\varphi_1\cos\varphi_2,\\
x_3 &= r\sin\varphi_1\sin\varphi_2\cos\varphi_3,\\
&\cdots\cdots\cdots\cdots\\
x_{n-1} &= r\sin\varphi_1\sin\varphi_2\cdots\sin\varphi_{n-2}\cos\varphi_{n-1},\\
x_n &= r\sin\varphi_1\sin\varphi_2\cdots\sin\varphi_{n-2}\sin\varphi_{n-1}.
\end{aligned}
$$

因此有

$$J = r^{n-1}\sin^{n-2}\varphi_1\sin^{n-3}\varphi_2\cdots\sin^2\varphi_{n-3}\sin\varphi_{n-2}.$$

因为积分区域为

$$0\leqslant r\leqslant R,\ 0\leqslant\varphi_1,\varphi_2,\cdots,\varphi_{n-2}\leqslant\pi,\ 0\leqslant\varphi_{n-1}\leqslant 2\pi,$$

所以

$$
\begin{aligned}
\Delta V_n &= \int_0^R \mathrm{d}r\int_0^\pi \mathrm{d}\varphi_1\cdots\int_0^\pi \mathrm{d}\varphi_{n-2}\int_0^{2\pi} r^{n-1}\sin^{n-2}\varphi_1\cdots\sin\varphi_{n-2}\mathrm{d}\varphi_{n-1}\\
&= \frac{1}{n}R^n\left(\int_0^\pi \sin^{n-2}\varphi_1\mathrm{d}\varphi_1\right)\left(\int_0^\pi \sin^{n-3}\varphi_2\mathrm{d}\varphi_2\right)\cdots\left(\int_0^\pi \sin\varphi_{n-2}\mathrm{d}\varphi_{n-2}\right)\left(\int_0^{2\pi}\mathrm{d}\varphi_{n-1}\right).
\end{aligned}
$$

这与上面的结果完全一致. □

例 3 求 n 维单位球面 $x_1^2+x_2^2+\cdots+x_n^2=1$ 的面积.

解 设 $x_n=f(x_1,\cdots,x_{n-1}),(x_1,x_2,\cdots,x_{n-1})\in\Delta\subset\mathbf{R}^{n-1}$ 为 n 维空间中的曲面,则其面积为

$$\overbrace{\int\cdots\int_\Delta}^{n-1\text{个}}\sqrt{1+\left(\frac{\partial x_n}{\partial x_1}\right)^2+\cdots+\left(\frac{\partial x_n}{\partial x_{n-1}}\right)^2}\,\mathrm{d}x_1\cdots\mathrm{d}x_{n-1}.$$

因 n 维单位球面的上半部可由方程

$$x_n=\sqrt{1-(x_1^2+\cdots+x_{n-1}^2)}\quad(x_1^2+\cdots+x_{n-1}^2\leqslant 1)$$

确定,又由于

$$\sqrt{1+\left(\frac{\partial x_n}{\partial x_1}\right)^2+\cdots+\left(\frac{\partial x_n}{\partial x_{n-1}}\right)^2}=\frac{1}{x_n},$$

所以上半球面面积

$$
\begin{aligned}
\frac{1}{2}\Delta S &= \overbrace{\int\cdots\int_{x_1^2+\cdots+x_{n-1}^2\leqslant 1}}^{n-1\text{个}}\frac{\mathrm{d}x_1\cdots\mathrm{d}x_{n-1}}{x_n}\\
&= \overbrace{\int\cdots\int_{x_1^2+\cdots+x_{n-1}^2\leqslant 1}}^{n-1\text{个}}\frac{\mathrm{d}x_1\cdots\mathrm{d}x_{n-1}}{\sqrt{1-(x_1^2+\cdots+x_{n-1}^2)}}\\
&= \overbrace{\int\cdots\int_{x_1^2+\cdots+x_{n-2}^2\leqslant 1}}^{n-2\text{个}}\mathrm{d}x_1\cdots\mathrm{d}x_{n-2}\int_{-\sqrt{1-(x_1^2+\cdots+x_{n-2}^2)}}^{\sqrt{1-(x_1^2+\cdots+x_{n-2}^2)}}\frac{\mathrm{d}x_{n-1}}{\sqrt{1-(x_1^2+\cdots+x_{n-1}^2)}}.
\end{aligned}
$$

由于对变量 x_{n-1} 的积分等于 π,从而有

$$\frac{1}{2}\Delta S=\pi\overbrace{\int\cdots\int}^{n-2\text{个}}_{x_1^2+\cdots+x_{n-2}^2\leqslant 1}\mathrm{d}x_1\cdots\mathrm{d}x_{n-2}=\pi\beta_{n-2},$$

其中 $\beta_{n-2}=\overbrace{\int\cdots\int}^{n-2\text{个}}_{x_1^2+\cdots+x_{n-2}^2\leqslant 1}\mathrm{d}x_1\cdots\mathrm{d}x_{n-2}$ 为 $n-2$ 维空间中单位球体体积. 因此由例 2 得 n 维球面面积为

$$\Delta S_n=2\pi\beta_{n-2}=\begin{cases}\dfrac{2\pi^m}{(m-1)!}, & n=2m,\\ \dfrac{2(2\pi)^m}{(2m-1)!!}, & n=2m+1.\end{cases}$$

特别当 $n=2,3$ 时,它们分别为 $\Delta S_2=2\pi,\Delta S_3=4\pi$. □

习 题 21.7

1. 计算五重积分

$$\iiiint\!\!\int_V \mathrm{d}x\mathrm{d}y\mathrm{d}z\mathrm{d}u\mathrm{d}v,$$

其中 $V:x^2+y^2+z^2+u^2+v^2\leqslant r^2$.

2. 计算四重积分

$$\iiiint_V\sqrt{\frac{1-x^2-y^2-z^2-u^2}{1+x^2+y^2+z^2+u^2}}\mathrm{d}x\mathrm{d}y\mathrm{d}z\mathrm{d}u,$$

其中 $V:x^2+y^2+z^2+u^2\leqslant 1$.

3. 求 n 维角锥 $x_i\geqslant 0,\dfrac{x_1}{a_1}+\dfrac{x_2}{a_2}+\cdots+\dfrac{x_n}{a_n}\leqslant 1,a_i>0\ (i=1,2,\cdots,n)$ 的体积.

4. 把 $\Omega:x_1^2+x_2^2+\cdots+x_n^2\leqslant R^2$ 上的 $n\ (n\geqslant 2)$ 重积分

$$\overbrace{\int\cdots\int}^{n\text{个}}_{\Omega}f(\sqrt{x_1^2+x_2^2+\cdots+x_n^2})\,\mathrm{d}x_1\mathrm{d}x_2\cdots\mathrm{d}x_n$$

化为单重积分,其中 $f(u)$ 为连续函数.

* §8 反常二重积分

前面我们是在有界区域上讨论有界函数的二重积分. 本节将研究无界区域上或无界函数的二重积分.

一、无界区域上的二重积分

定义 1 设 $f(x,y)$ 为定义在无界区域 D 上的二元函数. 若对于平面上任一包围原点的光滑封闭曲线 γ,$f(x,y)$ 在曲线 γ 所围的有界区域 E_γ 与 D 的交集 $E_\gamma\cap D=D_\gamma$ (图

21-43)上恒可积. 令

$$d_\gamma=\inf\{\sqrt{x^2+y^2}\mid(x,y)\in\gamma\}.$$

若极限

$$\lim_{d_\gamma\to+\infty}\iint\limits_{D_\gamma}f(x,y)\,\mathrm{d}\sigma$$

存在且有限,且与 γ 的取法无关,则称 $f(x,y)$ 在 D 上的反常二重积分**收敛**,并记

$$\iint\limits_D f(x,y)\,\mathrm{d}\sigma=\lim_{d_\gamma\to+\infty}\iint\limits_{D_\gamma}f(x,y)\,\mathrm{d}\sigma,\tag{1}$$

否则称 $f(x,y)$ 在 D 上的反常二重积分**发散**,或简称 $\iint\limits_D f(x,y)\,\mathrm{d}\sigma$ 发散.

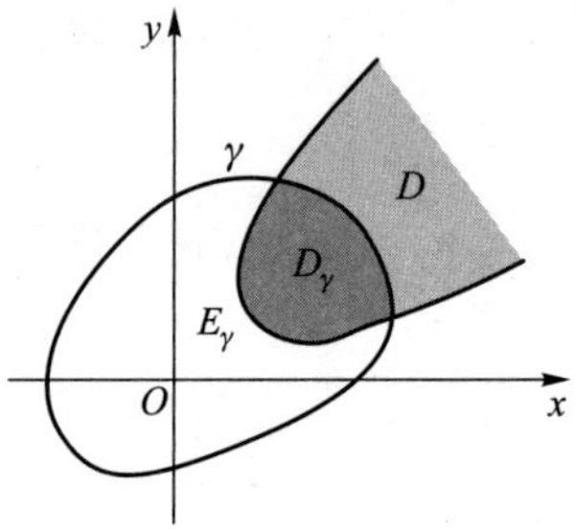

图 21-43

定理 21.17 设在无界区域 D 上 $f(x,y)\geqslant0$, $\gamma_1,\gamma_2,\cdots,\gamma_n,\cdots$ 为一列包围原点的光滑封闭曲线序列,满足

(i) $d_n=\inf\{\sqrt{x^2+y^2}\mid(x,y)\in\gamma_n\}\to+\infty\ (n\to\infty)$,

(ii) $I=\sup\limits_n\iint\limits_{D_n}f(x,y)\,\mathrm{d}\sigma<+\infty$,

其中 D_n 为 γ_n 所围的有界区域 E_n 与 D 的交集,则反常二重积分(1)收敛,并且

$$\iint\limits_D f(x,y)\,\mathrm{d}\sigma=I.$$

证 设 γ' 为任何包围原点的光滑封闭曲线,这曲线所围的区域记为 E',并记 $D'=E'\cap D$. 因为 $\lim\limits_{n\to\infty}d_n=+\infty$,因此存在 n,使得 $D'\subset D_n\subset D$. 由于 $f(x,y)\geqslant0$,所以有

$$\iint\limits_{D'}f(x,y)\,\mathrm{d}\sigma\leqslant\iint\limits_{D_n}f(x,y)\,\mathrm{d}\sigma\leqslant I.$$

另一方面,因为

$$I=\sup_n\iint\limits_{D_n}f(x,y)\,\mathrm{d}\sigma,$$

对于任给的 $\varepsilon>0$,总有 n_0,使得

$$\iint\limits_{D_{n_0}}f(x,y)\,\mathrm{d}\sigma>I-\varepsilon.$$

对于充分大的 d',区域 D' 又可包含 D_{n_0},因而

$$\iint\limits_{D'}f(x,y)\,\mathrm{d}\sigma>I-\varepsilon.$$

由

$$I-\varepsilon<\iint\limits_{D'}f(x,y)\,\mathrm{d}\sigma\leqslant I$$

知 $f(x,y)$ 在 D 上的反常二重积分存在,且等于 I. □

由定理 21.17 容易看到:若在 D 上 $f(x,y)\geqslant0$,且它在 D 的任何有界子区域上可积且积分值有界,则 $f(x,y)$ 在 D 上的反常二重积分存在. 反过来,若 $f(x,y)$ 在 D 上的反

常二重积分存在,则 $f(x,y)$ 在 D 的任何有界子区域上的积分有上界.

定理 21.18 若在无界区域 D 上 $f(x,y)\geqslant 0$,则反常二重积分(1)收敛的充要条件是:在 D 的任何有界子区域上 $f(x,y)$ 可积,且积分值有上界.

例 1 证明反常二重积分

$$\iint_D e^{-(x^2+y^2)}\mathrm{d}\sigma$$

收敛,其中 D 为第一象限部分,即 $D=[0,+\infty)\times[0,+\infty)$.

证 设 D_R 是以原点为圆心、半径为 R 的圆与 D 的交集,即该圆的第一象限部分. 因为 $e^{-(x^2+y^2)}>0$,所以二重积分

$$\iint_{D_R} e^{-(x^2+y^2)}\mathrm{d}\sigma$$

的值随着 R 的增大而增大. 由于

$$\iint_{D_R} e^{-(x^2+y^2)}\mathrm{d}\sigma=\int_0^{\frac{\pi}{2}}\mathrm{d}\theta\int_0^R e^{-r^2}r\mathrm{d}r=\frac{\pi}{4}(1-e^{-R^2}),$$

所以

$$\lim_{R\to+\infty}\iint_{D_R} e^{-(x^2+y^2)}\mathrm{d}\sigma=\lim_{R\to+\infty}\frac{\pi}{4}(1-e^{-R^2})=\frac{\pi}{4}.$$

显然对 D 的任何有界子区域 D',总存在足够大的 R,使得 $D'\subset D_R$,于是

$$\iint_{D'} e^{-(x^2+y^2)}\mathrm{d}\sigma\leqslant\iint_{D_R} e^{-(x^2+y^2)}\mathrm{d}\sigma\leqslant\frac{\pi}{4}.$$

因此由定理 21.18 反常二重积分

$$\iint_D e^{-(x^2+y^2)}\mathrm{d}\sigma$$

收敛,并且由定理 21.17 有

$$\iint_D e^{-(x^2+y^2)}\mathrm{d}\sigma=\frac{\pi}{4}. \tag{2}$$

□

由(2)式还可推出在概率论中经常用到的反常积分

$$\int_0^{+\infty}e^{-x^2}\mathrm{d}x$$

的值. 为此,考察 $S_a=[0,a]\times[0,a]$ 上的积分

$$\iint_{S_a} e^{-(x^2+y^2)}\mathrm{d}\sigma.$$

因为

$$\iint_{S_a} e^{-(x^2+y^2)}\mathrm{d}\sigma=\int_0^a e^{-x^2}\mathrm{d}x\int_0^a e^{-y^2}\mathrm{d}y=\left(\int_0^a e^{-x^2}\mathrm{d}x\right)^2.$$

由 $D_a\subset S_a\subset D_{\sqrt{2}a}$(图 21-44)知

$$\iint_{D_a} e^{-(x^2+y^2)}\mathrm{d}\sigma\leqslant\iint_{S_a} e^{-(x^2+y^2)}\mathrm{d}\sigma$$

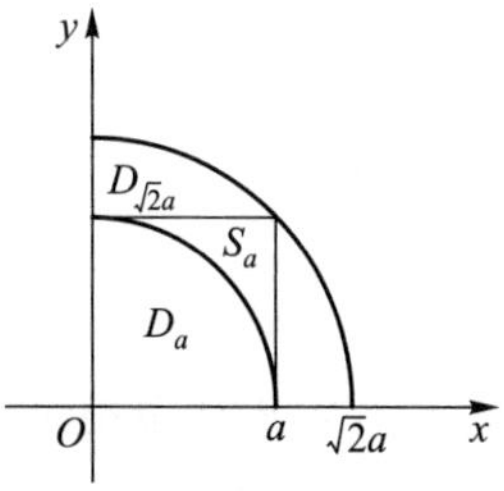

图 21-44

$$=\left(\int_0^a e^{-x^2}dx\right)^2 \leqslant \iint\limits_{D_{\sqrt{2}a}} e^{-(x^2+y^2)}d\sigma.$$

令 $a\to+\infty$，则得

$$\lim_{a\to+\infty}\left(\int_0^a e^{-x^2}dx\right)^2=\iint\limits_D e^{-(x^2+y^2)}d\sigma=\frac{\pi}{4}.$$

所以

$$\int_0^{+\infty} e^{-x^2}dx=\frac{\sqrt{\pi}}{2}.$$

下面的例子是应用反常二重积分补证第十九章最后提到的关于 B 函数与 Γ 函数的联系公式.

例 2 若 $p>0,q>0$，则

$$B(p,q)=\frac{\Gamma(p)\Gamma(q)}{\Gamma(p+q)}. \tag{3}$$

证 对于 Γ 函数，令 $x=u^2$，则 $dx=2u du$，于是

$$\Gamma(p)=\int_0^{+\infty} x^{p-1}e^{-x}dx=2\int_0^{+\infty} u^{2p-1}e^{-u^2}du.$$

从而

$$\Gamma(p)\Gamma(q)=4\int_0^{+\infty} x^{2p-1}e^{-x^2}dx\cdot\int_0^{+\infty} y^{2q-1}e^{-y^2}dy$$

$$=\lim_{R\to+\infty}4\int_0^R x^{2p-1}e^{-x^2}dx\cdot\int_0^R y^{2q-1}e^{-y^2}dy.$$

令 $D_R=[0,R]\times[0,R]$，由二重积分化为累次积分计算公式有

$$\iint\limits_{D_R} x^{2p-1}y^{2q-1}e^{-(x^2+y^2)}d\sigma$$

$$=\int_0^R x^{2p-1}e^{-x^2}dx\cdot\int_0^R y^{2q-1}e^{-y^2}dy.$$

所以

$$\Gamma(p)\Gamma(q)=\lim_{R\to+\infty}4\iint\limits_{D_R} x^{2p-1}y^{2q-1}e^{-(x^2+y^2)}d\sigma$$

$$=4\iint\limits_D x^{2p-1}y^{2q-1}e^{-(x^2+y^2)}d\sigma, \tag{4}$$

这里 D 为平面上第一象限部分. 和例 1 一样，下面讨论(4)式右边的反常二重积分. 记

$$D_r=\{(x,y)\mid x^2+y^2\leqslant r^2,x\geqslant 0,y\geqslant 0\}.$$

于是有

$$\Gamma(p)\Gamma(q)=4\iint\limits_D x^{2p-1}y^{2q-1}e^{-(x^2+y^2)}d\sigma$$

$$=\lim_{r\to+\infty}4\iint\limits_{D_r} x^{2p-1}y^{2q-1}e^{-(x^2+y^2)}d\sigma.$$

对上式右边积分应用极坐标变换，则可得

$$\Gamma(p)\Gamma(q)=\lim_{r\to+\infty}4\int_0^{\frac{\pi}{2}}d\theta\int_0^r r^{2(p+q)-2}(\cos\theta)^{2p-1}(\sin\theta)^{2q-1}e^{-r^2}r dr$$

$$=\lim_{r\to+\infty}2\int_0^{\frac{\pi}{2}}(\cos\theta)^{2p-1}(\sin\theta)^{2q-1}\mathrm{d}\theta\cdot2\int_0^r r^{2(p+q)-1}\mathrm{e}^{-r^2}\mathrm{d}r$$

$$=2\int_0^{\frac{\pi}{2}}(\cos\theta)^{2p-1}(\sin\theta)^{2q-1}\mathrm{d}\theta\cdot\Gamma(p+q).$$

再由第十九章§3的(11)式就得到

$$\Gamma(p)\Gamma(q)=\mathrm{B}(p,q)\Gamma(p+q).$$ □

定理 21.19 函数$f(x,y)$在无界区域D上的反常二重积分收敛的充要条件是$|f(x,y)|$在D上的反常二重积分收敛.

证 我们先证充分性.设$\iint\limits_D|f(x,y)|\mathrm{d}\sigma$收敛,其值为$M$.作辅助函数

$$f^+(x,y)=\frac{|f(x,y)|+f(x,y)}{2},\ f^-(x,y)=\frac{|f(x,y)|-f(x,y)}{2}.$$

显然有$0\leqslant f^+(x,y)\leqslant|f(x,y)|$及$0\leqslant f^-(x,y)\leqslant|f(x,y)|$.因而在$D$的任何有界子区域$\sigma$上,恒有

$$\iint\limits_\sigma f^+(x,y)\mathrm{d}\sigma\leqslant\iint\limits_\sigma|f(x,y)|\mathrm{d}\sigma=M,$$

$$\iint\limits_\sigma f^-(x,y)\mathrm{d}\sigma\leqslant\iint\limits_\sigma|f(x,y)|\mathrm{d}\sigma=M.$$

所以$f^+(x,y)$与$f^-(x,y)$在D上的反常二重积分收敛.由于

$$f(x,y)=f^+(x,y)-f^-(x,y),$$

所以$f(x,y)$在D上的反常二重积分也收敛.

关于必要性的证明,这里不讲了.有兴趣的读者可参阅菲赫金哥尔茨著的微积分学教程第三卷第一分册. □

定理 21.20(柯西判别法) 设$f(x,y)$在无界区域D的任何有界子区域上二重积分存在,r为D内的点(x,y)到原点的距离

$$r=\sqrt{x^2+y^2}.$$

(i) 若当r足够大时,$|f(x,y)|\leqslant\frac{c}{r^p}$,其中$c$为正的常数,则当$p>2$时,反常二重积分$\iint\limits_D f(x,y)\mathrm{d}\sigma$收敛;

(ii) 若$f(x,y)$在D内满足$|f(x,y)|\geqslant\frac{c}{r^p}$,其中$D$是含有顶点为原点的无限扇形区域,则当$p\leqslant2$时,反常二重积分$\iint\limits_D f(x,y)\mathrm{d}\sigma$发散.

证明从略.

二、无界函数的二重积分

定义 2 设P为有界区域D的一个聚点,$f(x,y)$在D上除点P外皆有定义,且在

P 的任何空心邻域内无界，Δ 为 D 中任何含有 P 的小区域，$f(x,y)$ 在$D-\Delta$上可积. 又设 d 表示 Δ 的直径，即

$$d=\sup\{\sqrt{(x_1-x_2)^2+(y_1-y_2)^2}\mid(x_1,y_1),(x_2,y_2)\in\Delta\}.$$

若极限

$$\lim_{d\to 0}\iint_{D-\Delta}f(x,y)\mathrm{d}\sigma$$

存在且有限，并且与 Δ 的取法无关，则称 $f(x,y)$ 在 D 上的反常二重积分**收敛**，记作

$$\iint_D f(x,y)\mathrm{d}\sigma=\lim_{d\to 0}\iint_{D-\Delta}f(x,y)\mathrm{d}\sigma,$$

否则称 $f(x,y)$ 在 D 上的反常二重积分 $\iint\limits_D f(x,y)\mathrm{d}\sigma$ **发散**.

与无界区域上反常二重积分一样，对无界函数的反常二重积分也可建立相应的收敛性定理.

定理 21.21（柯西判别法） 设 $f(x,y)$ 在有界区域 D 上除点 $P(x_0,y_0)$ 外处处有定义，点 $P(x_0,y_0)$ 为它的瑕点，则下面两个结论成立：

(i) 若在点 P 的附近有

$$|f(x,y)|\leqslant\frac{c}{r^\alpha},$$

其中 c 为常数，$r=\sqrt{(x-x_0)^2+(y-y_0)^2}$，则当 $\alpha<2$ 时，反常二重积分 $\iint\limits_D f(x,y)\mathrm{d}\sigma$ 收敛；

(ii) 若在点 P 的附近有

$$|f(x,y)|\geqslant\frac{c}{r^\alpha},$$

且 D 含有以点 P 为顶点的角形区域，则当 $\alpha\geqslant 2$ 时，反常二重积分 $\iint\limits_D f(x,y)\mathrm{d}\sigma$ 发散.

习 题 21.8

1. 试讨论下列无界区域上二重积分的收敛性：

(1) $\displaystyle\iint\limits_{x^2+y^2\geqslant 1}\frac{\mathrm{d}\sigma}{(x^2+y^2)^m}$；

(2) $\displaystyle\iint\limits_D\frac{\mathrm{d}\sigma}{(1+|x|)^p(1+|y|)^q}$，$D$ 为全平面；

(3) $\displaystyle\iint\limits_{0\leqslant y\leqslant 1}\frac{\varphi(x,y)\mathrm{d}\sigma}{(1+x^2+y^2)^p}$ $(0<m\leqslant|\varphi(x,y)|\leqslant M)$.

2. 计算积分

$$\int_{-\infty}^{+\infty}\mathrm{d}y\int_{-\infty}^{+\infty}\mathrm{e}^{-(x^2+y^2)}\cos(x^2+y^2)\mathrm{d}x.$$

3. 判别下列积分的敛散性：

(1) $\displaystyle\iint\limits_{x^2+y^2\leqslant 1}\frac{\mathrm{d}\sigma}{(x^2+y^2)^m}$； (2) $\displaystyle\iint\limits_{x^2+y^2\leqslant 1}\frac{\mathrm{d}\sigma}{(1-x^2-y^2)^m}$.

* §9 在一般条件下重积分变量变换公式的证明

我们在本章 §4 中证明了重积分变量变换公式(定理 21.13). 在证明中引用了 §4 中的引理. 此引理需要较强条件:$x(u,v)$,$y(u,v)$有二阶连续偏导数. 本节将在 $x(u,v)$, $y(u,v)$仅有一阶连续偏导数的条件下来证明 §4 中的引理,这样我们就完成了在一般条件下二重积分的变量变换公式. 为此,我们把这个引理重新叙述如下.

引理 设变换 $T: x=x(u,v), y=y(u,v)$把 uv 平面上的由分段光滑封闭曲线所围的闭区域 Δ 一对一地映成 xy 平面上的闭区域 D,函数 $x=x(u,v), y=y(u,v)$在 Δ 上分别具有一阶连续偏导数且它们的函数行列式

$$J(u,v)=\frac{\partial(x,y)}{\partial(u,v)}\neq 0,\ (u,v)\in\Delta,$$

则区域 D 的面积

$$\mu(D)=\iint\limits_{\Delta}\left|J(u,v)\right|\mathrm{d}u\mathrm{d}v.$$

证 证明分以下 4 步:

第 1 步:对任意$(u_0,v_0)\in\operatorname{int}\Delta$,任意 $\varepsilon>0$,存在(u_0,v_0)的邻域 G,当正方形$I\subset G$且$(u_0,v_0)\in I$时,

$$\mu(T(I))\leqslant\iint\limits_{I}\left|J(u,v)\right|\mathrm{d}u\mathrm{d}v+\varepsilon\mu(I).$$

第 2 步:对任意正方形 $I\subset\operatorname{int}\Delta$,$\mu(T(I))\leqslant\iint\limits_{I}\left|J(u,v)\right|\mathrm{d}u\mathrm{d}v.$

第 3 步:$\mu(D)\leqslant\iint\limits_{\Delta}\left|J(u,v)\right|\mathrm{d}u\mathrm{d}v.$

第 4 步:$\mu(D)=\iint\limits_{\Delta}\left|J(u,v)\right|\mathrm{d}u\mathrm{d}v.$

第 1 步的证明 设$(u_0,v_0)\in\operatorname{int}\Delta$,对任意 $\varepsilon>0$,取正数 $\eta<\left|J(u_0,v_0)\right|$满足

$$(1+\eta)^2\left|J(u_0,v_0)\right|<\left|J(u_0,v_0)\right|-\eta+\varepsilon.$$

由于$\left|J(u,v)\right|$在点(u_0,v_0)上连续,因此存在(u_0,v_0)的邻域 $G_1\subset\operatorname{int}\Delta$,使得当$(u,v)\in G_1$时,

$$\left|J(u,v)\right|>\left|J(u_0,v_0)\right|-\eta.$$

定义映射

$$L:\begin{cases}\hat{x}(u,v)=x(u_0,v_0)+x_u(x_0,v_0)(u-u_0)+x_v(u_0,v_0)(v-v_0),\\ \hat{y}(u,v)=y(u_0,v_0)+y_u(u_0,v_0)(u-u_0)+y_v(u_0,v_0)(v-v_0),\end{cases}$$

即

$$L(u,v)=\begin{pmatrix}\hat{x}(u,v)\\ \hat{y}(u,v)\end{pmatrix}=\begin{pmatrix}x(u_0,v_0)\\ y(u_0,v_0)\end{pmatrix}+\boldsymbol{J}_T(u_0,v_0)\begin{pmatrix}u-u_0\\ v-v_0\end{pmatrix},$$

其中 $\boldsymbol{J}_T(u_0,v_0)=\begin{pmatrix} x_u(u_0,v_0) & x_v(u_0,v_0) \\ y_u(u_0,v_0) & y_v(u_0,v_0) \end{pmatrix}$.

由于 $x(u,v)$, $y(u,v)$ 在 (u_0,v_0) 处可微,因此

$$\begin{aligned} & |x(u,v)-\hat{x}(u,v)| \\ =& |x(u,v)-x(u_0,v_0)-x_u(u_0,v_0)(u-u_0)-x_v(u_0,v_0)(v-v_0)| \\ =& o(\rho)\ (\rho\to 0), \\ & |y(u,v)-\hat{y}(u,v)| \\ =& |y(u,v)-y(u_0,v_0)-y_u(u_0,v_0)(u-u_0)-y_v(u_0,v_0)(v-v_0)| \\ =& o(\rho)\ (\rho\to 0), \end{aligned}$$

其中

$$\rho=\sqrt{(u-u_0)^2+(v-v_0)^2}.$$

设 $(\boldsymbol{J}_T(u_0,v_0))^{-1}=\begin{pmatrix} a & b \\ c & d \end{pmatrix}$,令 $M=|a|+|b|+|c|+|d|$. 存在 (u_0,v_0) 的邻域 $G\subset G_1$,当 $(u,v)\in G$ 时,

$$|x(u,v)-\hat{x}(u,v)|<\frac{\eta\rho}{2\sqrt{2}M},\ |y(u,v)-\hat{y}(u,v)|<\frac{\eta\rho}{2\sqrt{2}M}.$$

任取正方形 $I\subset \operatorname{int}\Delta$,满足 $(u_0,v_0)\in I$,并设 I 的边长为 β. 任取 $(x(u,v),y(u,v))\in T(I)$,其中 $(u,v)\in I$.

设 $(u_1,v_1)=L^{-1}(x(u,v),y(u,v))$,即 $\hat{x}(u_1,v_1)=x(u,v)$, $\hat{y}(u_1,v_1)=y(u,v)$. 由于

$$\begin{pmatrix} \hat{x}(u_1,v_1)-\hat{x}(u,v) \\ \hat{y}(u_1,v_1)-\hat{y}(u,v) \end{pmatrix}=\boldsymbol{J}_T(u_0,v_0)\begin{pmatrix} u_1-u \\ v_1-v \end{pmatrix},$$

因此

$$\begin{pmatrix} u_1-u \\ v_1-v \end{pmatrix}=(\boldsymbol{J}_T(u_0,v_0))^{-1}\begin{pmatrix} \hat{x}(u_1,v_1)-\hat{x}(u,v) \\ \hat{y}(u_1,v_1)-\hat{y}(u,v) \end{pmatrix}=\begin{pmatrix} a & b \\ c & d \end{pmatrix}\begin{pmatrix} \hat{x}(u_1,v_1)-\hat{x}(u,v) \\ \hat{y}(u_1,v_1)-\hat{y}(u,v) \end{pmatrix}.$$

注意到 $\rho=\sqrt{(u-u_0)^2+(v-v_0)^2}$, $(u,v)\in I$, $(u_0,v_0)\in I$,从而 $\rho\leqslant\sqrt{2}\beta$,于是

$$\begin{aligned} |u_1-u| &= |a(\hat{x}(u_1,v_1)-\hat{x}(u,v))+b(\hat{y}(u_1,v_1)-\hat{y}(u,v))| \\ &= |a(x(u,v)-\hat{x}(u,v))+b(y(u,v)-\hat{y}(u,v))| \\ &< |a|\,\left|x(u,v)-\hat{x}(u,v)\right|+|b|\,\left|y(u,v)-\hat{y}(u,v)\right| \\ &\leqslant |a|\frac{\eta\rho}{2\sqrt{2}M}+|b|\frac{\eta\rho}{2\sqrt{2}M}\leqslant |a|\frac{\eta\beta}{2M}+|b|\frac{\eta\beta}{2M}\leqslant\frac{\eta\beta}{2}. \end{aligned}$$

同理 $|v_1-v|\leqslant\dfrac{\eta\beta}{2}$.

设 I_1 是与 I 同中心的正方形,边长为 $(1+\eta)\beta$,从而 $(u_1,v_1)\in I_1$. 于是

$$T(u,v)=(x(u,v),y(u,v))=L(u_1,v_1)\in L(I_1),$$

这样就证明了 $T(I)\subset L(I_1)$.

设 I_1 的二邻边向量是 $\boldsymbol{l}_1,\boldsymbol{l}_2$,由于 L 是仿射变换,$L(I_1)$ 是邻边向量为 $L(\boldsymbol{l}_1)$, $L(\boldsymbol{l}_2)$ 的平行四边形,于是

$$\mu(L(I_1))=|L(\boldsymbol{l}_1)\times L(\boldsymbol{l}_2)|=|J(u_0,v_0)|\,|\boldsymbol{l}_1\times\boldsymbol{l}_2|=|J(u_0,v_0)|\mu(I_1).$$

因此

$$\mu(T(I))\leqslant\mu(L(I_1))=|J(u_0,v_0)|\mu(I_1)=|J(u_0,v_0)|(1+\eta)^2\mu(I).$$

另一方面,我们有

$$\iint_I |J(u,v)|\,\mathrm{d}u\mathrm{d}v\geqslant(|J(u_0,v_0)|-\eta)\mu(I),$$

因此

$$\begin{aligned}\mu(T(I))&\leqslant|J(u_0,v_0)|(1+\eta)^2\mu(I)\\&\leqslant(|J(u_0,v_0)|-\eta+\varepsilon)\mu(I)\\&\leqslant\iint_I|J(u,v)|\,\mathrm{d}u\mathrm{d}v+\varepsilon\mu(I).\end{aligned}$$

第 2 步的证明 若有正方形 $I\subset\operatorname{int}\Delta$,使

$$\mu(T(I))-\iint_I|J(u,v)|\,\mathrm{d}u\mathrm{d}v=\delta>0,$$

将 I 等分为 4 个小正方形,则 4 个正方形中必有一个,记为 I_1,使

$$\mu(T(I_1))-\iint_{I_1}|J(u,v)|\,\mathrm{d}u\mathrm{d}v\geqslant\frac{\delta}{4}.$$

再将 I_1 等分为 4 个小正方形,则 4 个正方形中必有一个,记为 I_2,使

$$\mu(T(I_2))-\iint_{I_2}|J(u,v)|\,\mathrm{d}u\mathrm{d}v\geqslant\frac{\delta}{4^2}.$$

这样我们得到正方形序列 $I_1\supset I_2\supset\cdots\supset I_n\supset\cdots$,使

$$\mu(T(I_n))-\iint_{I_n}|J(u,v)|\,\mathrm{d}u\mathrm{d}v\geqslant\frac{\delta}{4^n}.$$

由闭域套定理(定理 16.2),存在 $(u_0,v_0)\in\bigcap_{n=1}^{\infty}I_n\subset\operatorname{int}\Delta$. 于是任给 $\varepsilon>0$,存在 (u_0,v_0) 的开邻域 $G\subset\operatorname{int}\Delta$ 满足第 1 步的结论,于是当 n 充分大时 $I_n\subset G$,从而

$$\frac{\varepsilon\mu(I)}{4^n}=\varepsilon\mu(I_n)\geqslant\mu(T(I_n))-\iint_{I_n}|J(u,v)|\,\mathrm{d}u\mathrm{d}v\geqslant\frac{\delta}{4^n},$$

即 $\varepsilon\mu(I)\geqslant\delta>0$,令 $\varepsilon\to0$ 得到 $0\geqslant\delta>0$,矛盾.

第 3 步的证明 用平行于坐标轴的直线将 uv 平面分割成大小相等的闭正方形,假定与 $\operatorname{int}\Delta$ 交集不空的正方形为 $\{I_1,I_2,\cdots,I_n\}$,其中完全在 $\operatorname{int}\Delta$ 内正方形为 $\{I_1',I_2',\cdots,I_s'\}$,不完全在 $\operatorname{int}\Delta$ 内的正方形为 $\{I_1'',I_2'',\cdots,I_t''\}$. 作 Δ 的分割 $T_\Delta=\{I_i\cap\Delta\mid i=1,2,\cdots,n\}$ 和 D 的分割 $T_D=\{T(I_i\cap\Delta)\mid i=1,2,\cdots,n\}$. 由于 T 在 Δ 上的一致连续性,当 $\|T_\Delta\|\to0$ 时,$\|T_D\|\to0$. 又因为 $\partial\Delta\subset\bigcup_{i=1}^{t}(I_i''\cap\Delta)$ 及 $\partial D\subset\bigcup_{i=1}^{t}T(I_i''\cap\Delta)$,我们可证

$$\lim_{\|T_\Delta\|\to0}\sum_{i=1}^{t}\mu(I_i''\cap\Delta)=0\quad\text{和}\quad\lim_{\|T_D\|\to0}\sum_{i=1}^{t}\mu(T(I_i''\cap\Delta))=0$$

同时成立. 为此,定义 Δ 上的函数 $\varphi(u,v)=\begin{cases}1,(u,v)\in\operatorname{int}\Delta,\\0,(u,v)\in\partial\Delta.\end{cases}$

由于$\varphi(u,v)$仅在零面积集$\partial\Delta$上不连续,因此由定理21.7,$\varphi(u,v)$在Δ上可积. 又由定理21.4, $\lim\limits_{\|T_\Delta\|\to 0}\sum\limits_{i=1}^{n}\omega_i\mu(I_i\cap\Delta)=0$,其中$\omega_i$是$\varphi(u,v)$在$I_i\cap\Delta$上的振幅. 因为$I''_i$不完全在 int Δ 内,且至少有一个内点,$\omega''_i=1$. 而I'_i完全在 int Δ 内,$\omega'_i=0$. 所以

$$\lim_{\|T_\Delta\|\to 0}\sum_{i=1}^{t}\mu(I''_i\cap\Delta)=\lim_{\|T_\Delta\|\to 0}\sum_{i=1}^{n}\omega_i\,\mu(I_i\cap\Delta)=0.$$

类似可证 $\lim\limits_{\|T_D\|\to 0}\sum\limits_{i=1}^{t}\mu(T(I''_i\cap\Delta))=0$.

设$|J(u,v)|$在Δ上的上确界为M,则

$$0\leqslant\iint_{\Delta}|J(u,v)|\,\mathrm{d}u\mathrm{d}v-\sum_{i=1}^{s}\iint_{I'_i}|J(u,v)|\,\mathrm{d}u\mathrm{d}v$$

$$=\sum_{i=1}^{t}\iint_{I''_i\cap\Delta}|J(u,v)|\,\mathrm{d}u\mathrm{d}v\leqslant M\sum_{i=1}^{t}\mu(I''_i\cap\Delta)\to 0\quad(\|T_\Delta\|\to 0).$$

于是我们得到

$$\mu(D)=\lim_{\|T_D\|\to 0}\sum_{i=1}^{s}\mu(T(I'_i))\leqslant\lim_{\|T_\Delta\|\to 0}\sum_{i=1}^{s}\iint_{I'_i}|J(u,v)|\,\mathrm{d}u\mathrm{d}v$$

$$=\iint_{\Delta}|J(u,v)|\,\mathrm{d}u\mathrm{d}v.$$

第4步的证明 记$J_0(x,y)=\dfrac{\partial(u,v)}{\partial(x,y)}$,以$T^{-1}$代替$T$,$I'_i$代替$D$,$T(I'_i)$代替$\Delta$代入上式,并由积分中值定理,存在$(u'_i,v'_i)\in I'_i$,使得

$$\mu(I'_i)=\mu(T^{-1}(T(I'_i)))\leqslant\iint_{T(I'_i)}|J_0(x,y)|\,\mathrm{d}x\mathrm{d}y$$

$$=|J_0(x(u'_i,v'_i),y(u'_i,v'_i))|\mu(T(I'_i)),\quad i=1,2,\cdots,s.$$

由于$|J(u,v)|$在Δ上可积及$|J(u,v)|\,|J_0(x(u,v),y(u,v))|=1$(定理18.5),我们有

$$\iint_{\Delta}|J(u,v)|\,\mathrm{d}u\mathrm{d}v=\lim_{\|T_\Delta\|\to 0}\sum_{i=1}^{s}|J(u'_i,v'_i)|\mu(I'_i)$$

$$\leqslant\lim_{\|T_\Delta\|\to 0}\sum_{i=1}^{s}|J(u'_i,v'_i)|\,|J_0(x(u'_i,v'_i),y(u'_i,v'_i))|\mu(T(I'_i))$$

$$=\lim_{\|T_\Delta\|\to 0}\sum_{i=1}^{s}\mu(T(I'_i))=\mu(D).$$

最终得到

$$\mu(D)=\iint_{\Delta}|J(u,v)|\,\mathrm{d}u\mathrm{d}v.$$ □

第二十一章总练习题

1. 求下列函数在所指定区域 D 内的平均值:

(1) $f(x,y)=\sin^2 x\cos^2 y, D=[0,\pi]\times[0,\pi]$;

(2) $f(x,y,z)=x^2+y^2+z^2, D=\{(x,y,z)\mid x^2+y^2+z^2\leqslant x+y+z\}$.

2. 计算下列积分:

(1) $\iint\limits_{\substack{0\leqslant x\leqslant 2\\0\leqslant y\leqslant 2}}[x+y]\mathrm{d}\sigma$; (2) $\iint\limits_{x^2+y^2\leqslant 4}\operatorname{sgn}(x^2-y^2+2)\mathrm{d}\sigma$.

3. 应用格林公式计算曲线积分

$$\int_L xy^2\mathrm{d}y-x^2y\mathrm{d}x,$$

其中 L 为上半圆周 $x^2+y^2=a^2$ 从 $(a,0)$ 到 $(-a,0)$ 的一段.

4. 求

$$\lim_{\rho\to 0}\frac{1}{\pi\rho^2}\iint\limits_{x^2+y^2\leqslant\rho^2}f(x,y)\mathrm{d}\sigma,$$

其中 $f(x,y)$ 为连续函数.

5. 求 $F'(t)$,设

(1) $F(t)=\iint\limits_{\substack{0.1\leqslant x\leqslant t\\0.1\leqslant y\leqslant t}}\mathrm{e}^{\frac{tx}{y^2}}\mathrm{d}\sigma$;

(2) $F(t)=\iiint\limits_{x^2+y^2+z^2\leqslant t^2}f(x^2+y^2+z^2)\mathrm{d}V$,其中 $f(u)$ 为可微函数;

(3) $F(t)=\iiint\limits_{\substack{0\leqslant x\leqslant t\\0\leqslant y\leqslant t\\0\leqslant z\leqslant t}}f(xyz)\mathrm{d}V$,其中 $f(u)$ 为可微函数.

6. 设 $f(t)=\int_1^{t^2}\mathrm{e}^{-x^2}\mathrm{d}x$,求 $\int_0^1 tf(t)\mathrm{d}t$.

7. 证明

$$\iiint\limits_V f(x,y,z)\mathrm{d}V=abc\iiint\limits_\Omega f(ax,by,cz)\mathrm{d}V,$$

其中

$$V:\frac{x^2}{a^2}+\frac{y^2}{b^2}+\frac{z^2}{c^2}\leqslant 1,\ \Omega:x^2+y^2+z^2\leqslant 1.$$

8. 试写出单位正方体为积分区域时,柱面坐标系和球面坐标系下的三重积分的上下限.

9. 设函数 $f(x)$ 和 $g(x)$ 在 $[a,b]$ 上可积,则

$$\left[\int_a^b f(x)g(x)\mathrm{d}x\right]^2\leqslant\int_a^b f^2(x)\mathrm{d}x\cdot\int_a^b g^2(x)\mathrm{d}x.$$

10. 设 $f(x,y)$ 在 $[0,\pi]\times[0,\pi]$ 上连续,且恒取正值,试求

$$\lim_{n\to\infty}\iint\limits_{\substack{0\leqslant x\leqslant\pi\\0\leqslant y\leqslant\pi}}(\sin x)(f(x,y))^{\frac{1}{n}}\mathrm{d}\sigma.$$

11. 求由椭圆 $(a_1x+b_1y+c_1)^2+(a_2x+b_2y+c_2)^2=1$ 所界的面积,其中 $a_1b_2-a_2b_1\neq 0$.

12. 设

$$\Delta=\begin{vmatrix} a_1 & b_1 & c_1 \\ a_2 & b_2 & c_2 \\ a_3 & b_3 & c_3 \end{vmatrix}\neq 0,$$

求由平面

$$a_1x+b_1y+c_1z=\pm h_1,$$
$$a_2x+b_2y+c_2z=\pm h_2,$$
$$a_3x+b_3y+c_3z=\pm h_3$$

$(h_1>0,h_2>0,h_3>0)$所界平行六面体的体积.

13. 设有一质量分布不均匀的半圆弧 $x=r\cos\theta,y=r\sin\theta\ (0\leqslant\theta\leqslant\pi)$,其线密度为 $\rho=a\theta$（a 为常数),求它对原点(0,0)处质量为 m 的质点的引力.

14. 求螺旋线 $x=a\cos t,y=a\sin t,z=bt\ (0\leqslant t\leqslant 2\pi)$对 z 轴的转动惯量,设曲线的密度为 1.

15. 求摆线 $x=a(t-\sin t),y=a(1-\cos t)\ (0\leqslant t\leqslant\pi)$的质心,设其质量分布是均匀的.

16. 设 $u(x,y),v(x,y)$是具有二阶连续偏导数的函数,证明:

(1) $\displaystyle\iint_D v\left(\frac{\partial^2 u}{\partial x^2}+\frac{\partial^2 u}{\partial y^2}\right)\mathrm{d}\sigma=-\iint_D\left(\frac{\partial u}{\partial x}\frac{\partial v}{\partial x}+\frac{\partial u}{\partial y}\frac{\partial v}{\partial y}\right)\mathrm{d}\sigma+\oint_L v\frac{\partial u}{\partial \boldsymbol{n}}\mathrm{d}s$;

(2) $\displaystyle\iint_D\left[u\left(\frac{\partial^2 v}{\partial x^2}+\frac{\partial^2 v}{\partial y^2}\right)-v\left(\frac{\partial^2 u}{\partial x^2}+\frac{\partial^2 u}{\partial y^2}\right)\right]\mathrm{d}\sigma=\oint_L\left(u\frac{\partial v}{\partial \boldsymbol{n}}-v\frac{\partial u}{\partial \boldsymbol{n}}\right)\mathrm{d}s$,

其中 D 为光滑曲线 L 所围的平面区域,而

$$\frac{\partial u}{\partial \boldsymbol{n}}=\frac{\partial u}{\partial x}\cos(\widehat{\boldsymbol{n},x})+\frac{\partial u}{\partial y}\sin(\widehat{\boldsymbol{n},x}),$$

$$\frac{\partial v}{\partial \boldsymbol{n}}=\frac{\partial v}{\partial x}\cos(\widehat{\boldsymbol{n},x})+\frac{\partial v}{\partial y}\sin(\widehat{\boldsymbol{n},x})$$

是 $u(x,y),v(x,y)$沿曲线 L 的外法线 $\boldsymbol{n}$ 的方向导数.

17. 求指数 λ,使得曲线积分

$$k=\int_{(s_0,t_0)}^{(s,t)}\frac{x}{y}r^{\lambda}\mathrm{d}x-\frac{x^2}{y^2}r^{\lambda}\mathrm{d}y$$

与路线无关$(r^2=x^2+y^2)$,并求 k.

第二十一章综合自测题

第二十二章 曲面积分

§1　第一型曲面积分

一、第一型曲面积分的概念

类似于第一型曲线积分，当质量分布在某一曲面块 S（设密度函数 $\rho(x,y,z)$ 在 S 上连续）时，曲面块 S 的质量为

$$\lim_{\|T\|\to 0}\sum_{i=1}^{n}\rho(\xi_i,\eta_i,\zeta_i)\Delta S_i,$$

其中 $T=\{S_1,S_2,\cdots,S_n\}$ 为曲面块的分割，ΔS_i 表示小曲面块 S_i 的面积，(ξ_i,η_i,ζ_i) 为 S_i 中任意一点，$\|T\|$ 为分割 T 的细度，即为诸 S_i 中的直径的最大值.

定义 1　设 S 是空间中可求面积的曲面，$f(x,y,z)$ 为定义在 S 上的函数. 对曲面 S 作分割 T，它把 S 分成 n 个小曲面块 S_i $(i=1,2,\cdots,n)$，以 ΔS_i 记小曲面块 S_i 的面积，分割 T 的细度 $\|T\|=\max\limits_{1\leqslant i\leqslant n}\{S_i$ 的直径$\}$，在 S_i 上任取一点 (ξ_i,η_i,ζ_i) $(i=1,2,\cdots,n)$，若极限

$$\lim_{\|T\|\to 0}\sum_{i=1}^{n}f(\xi_i,\eta_i,\zeta_i)\Delta S_i$$

存在，且与分割 T 及 (ξ_i,η_i,ζ_i) $(i=1,2,\cdots,n)$ 的取法无关，则称此极限为 $f(x,y,z)$ 在 S 上的**第一型曲面积分**，记作

$$\iint_S f(x,y,z)\,\mathrm{d}S. \tag{1}$$

于是前面讲到的曲面块的质量可由第一型曲面积分(1)求得.

特别地，当 $f(x,y,z)\equiv 1$ 时，曲面积分 $\iint\limits_S \mathrm{d}S$ 就是曲面块 S 的面积.

第一型曲面积分的性质完全类似于第一型曲线积分，读者可仿照第二十章 §1 自行写出.

二、第一型曲面积分的计算

第一型曲面积分可化为二重积分来计算.

定理 22.1　设有光滑曲面

$$S: z=z(x,y),\ (x,y)\in D,$$

$f(x,y,z)$ 为 S 上的连续函数,则

$$\iint_S f(x,y,z)\,\mathrm{d}S=\iint_D f(x,y,z(x,y))\sqrt{1+z_x^2+z_y^2}\,\mathrm{d}x\mathrm{d}y. \tag{2}$$

定理22.1的证明与第二十章定理 20.1 的证明相仿,这里不再重复了.

例 1 计算 $\iint_S \frac{\mathrm{d}S}{z}$,其中 S 是球面 $x^2+y^2+z^2=a^2$ 被平面 $z=h\ (0<h<a)$ 所截的顶部(图 22-1).

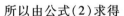

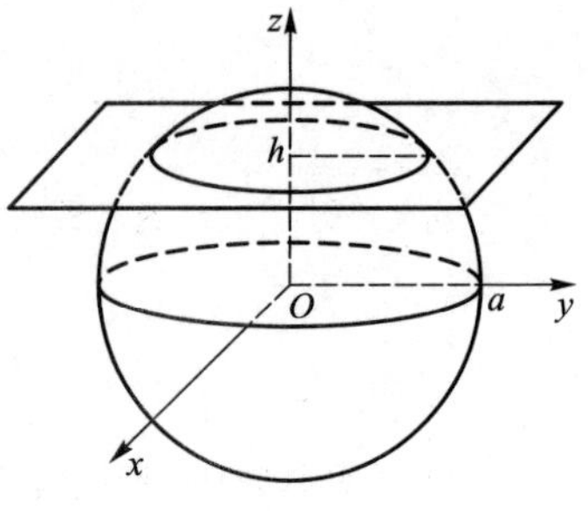

图 22-1

解 曲面 S 的方程为

$$z=\sqrt{a^2-x^2-y^2},$$

定义域 D 为圆域 $x^2+y^2\leqslant a^2-h^2$. 由于

$$\sqrt{1+z_x^2+z_y^2}=\frac{a}{\sqrt{a^2-x^2-y^2}},$$

所以由公式(2)求得

$$\iint_S \frac{\mathrm{d}S}{z}=\iint_D \frac{a}{a^2-x^2-y^2}\mathrm{d}x\mathrm{d}y=\int_0^{2\pi}\mathrm{d}\theta\int_0^{\sqrt{a^2-h^2}}\frac{a}{a^2-r^2}r\mathrm{d}r$$

$$=2\pi a\int_0^{\sqrt{a^2-h^2}}\frac{r}{a^2-r^2}\mathrm{d}r=-\pi a\ln(a^2-r^2)\Big|_0^{\sqrt{a^2-h^2}}$$

$$=2\pi a\ln\frac{a}{h}.$$

□

例 2 计算 $\iint_S (x^2+y^2+z^2)\,\mathrm{d}S$,其中

(1) $S: x^2+y^2+z^2=a^2$; (2) $S: x^2+y^2+z^2=2az$.

解 (1) $\iint_S (x^2+y^2+z^2)\,\mathrm{d}S=\iint_S a^2\mathrm{d}S=4\pi a^2\cdot a^2=4\pi a^4$.

(2) $\iint_S (x^2+y^2+z^2)\,\mathrm{d}S=\iint_S 2az\mathrm{d}S=\iint_{S_1} 2az\mathrm{d}S+\iint_{S_2} 2az\mathrm{d}S$,

其中

$$S_1: z_1=a+\sqrt{a^2-(x^2+y^2)},\ (x,y)\in D,$$

$$S_2: z_2=a-\sqrt{a^2-(x^2+y^2)},\ (x,y)\in D,$$

$$D: x^2+y^2\leqslant a^2.$$

由于 $\sqrt{1+\left(\frac{\partial z_1}{\partial x}\right)^2+\left(\frac{\partial z_1}{\partial y}\right)^2}=\sqrt{1+\left(\frac{\partial z_2}{\partial x}\right)^2+\left(\frac{\partial z_2}{\partial y}\right)^2}=\frac{a}{\sqrt{a^2-(x^2+y^2)}}$,因此

$$\iint_{S_1} 2az\mathrm{d}S=\iint_D 2a\left(a+\sqrt{a^2-(x^2+y^2)}\right)\frac{a}{\sqrt{a^2-(x^2+y^2)}}\mathrm{d}x\mathrm{d}y,$$

$$\iint\limits_{S_2} 2az\mathrm{d}S = \iint\limits_{D} 2a(a - \sqrt{a^2 - (x^2 + y^2)})\frac{a}{\sqrt{a^2 - (x^2 + y^2)}}\mathrm{d}x\mathrm{d}y,$$

$$\iint\limits_{S}(x^2 + y^2 + z^2)\mathrm{d}S = 4\iint\limits_{D}\frac{a^3}{\sqrt{a^2 - (x^2 + y^2)}}\mathrm{d}x\mathrm{d}y$$

$$= 4a^3\int_0^{2\pi}\mathrm{d}\theta\int_0^a\frac{r\mathrm{d}r}{\sqrt{a^2 - r^2}} = 8a^3\pi(-\sqrt{a^2 - r^2})\Big|_0^a = 8a^4\pi,$$ □

对于由参量形式表示的光滑曲面

$$S:\begin{cases}x = x(u,v),\\ y = y(u,v),\\ z = z(u,v),\end{cases}\quad (u,v)\in D,$$

则在 S 上第一型曲面积分的计算公式为

$$\iint\limits_{S} f(x,y,z)\mathrm{d}S = \iint\limits_{D} f(x(u,v),y(u,v),z(u,v))\sqrt{EG - F^2}\mathrm{d}u\mathrm{d}v,\tag{3}$$

其中

$$E = x_u^2 + y_u^2 + z_u^2,$$

$$F = x_u x_v + y_u y_v + z_u z_v,$$

$$G = x_v^2 + y_v^2 + z_v^2.$$

这里还要求雅可比行列式$\frac{\partial(x,y)}{\partial(u,v)},\frac{\partial(y,z)}{\partial(u,v)},\frac{\partial(z,x)}{\partial(u,v)}$中至少有一个不等于零.

例 3 计算 $\iint\limits_{S} z\mathrm{d}S$,其中 S 为螺旋面(图 22-2)的一部分

$$S:\begin{cases}x = u\cos v,\\ y = u\sin v,\quad (u,v)\in D,\\ z = v,\end{cases}$$

$$D:\begin{cases}0\leqslant u\leqslant a,\\ 0\leqslant v\leqslant 2\pi.\end{cases}$$

解 由于

$$E = x_u^2 + y_u^2 + z_u^2 = \cos^2 v + \sin^2 v = 1,$$

$$F = x_u x_v + y_u y_v + z_u z_v = -u\sin v\cos v + u\sin v\cos v = 0,$$

$$G = x_v^2 + y_v^2 + z_v^2 = u^2\sin^2 v + u^2\cos^2 v + 1 = 1 + u^2,$$

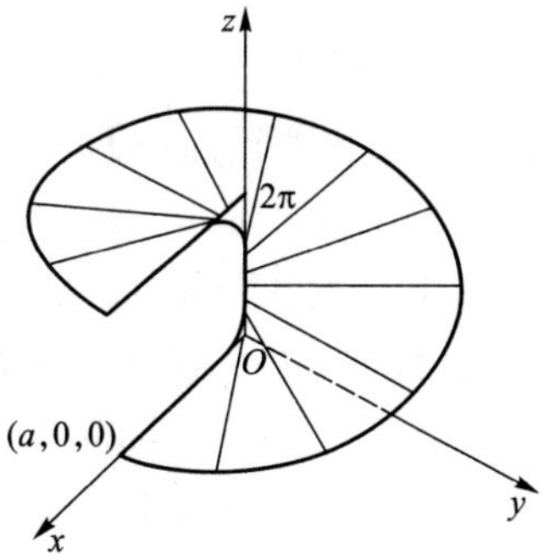

图 22-2

因此由公式(3)可以求得

$$\iint\limits_{S} z\mathrm{d}S = \iint\limits_{D} v\sqrt{1 + u^2}\mathrm{d}u\mathrm{d}v = \int_0^{2\pi} v\mathrm{d}v\int_0^a\sqrt{1 + u^2}\mathrm{d}u$$

$$= 2\pi^2\left[\frac{u}{2}\sqrt{1 + u^2} + \frac{1}{2}\ln(u + \sqrt{1 + u^2})\right]\Big|_0^a$$

$$= \pi^2[a\sqrt{1 + a^2} + \ln(a + \sqrt{1 + a^2})].$$ □

与重积分相同,利用第一型曲面积分可以求曲面块的质心、转动惯量、引力等,作为练习,请读者自行写出这些公式,这里不赘述了.

习题 22.1

1. 计算下列第一型曲面积分：

(1) $\iint\limits_S (x+y+z)\mathrm{d}S$，其中 S 为上半球面 $x^2+y^2+z^2=a^2, z\geqslant 0$；

(2) $\iint\limits_S (x^2+y^2)\mathrm{d}S$，其中 S 为立体 $\sqrt{x^2+y^2}\leqslant z\leqslant 1$ 的边界曲面；

(3) $\iint\limits_S \dfrac{\mathrm{d}S}{x^2+y^2}$，其中 S 为柱面 $x^2+y^2=R^2$ 被平面 $z=0, z=H$ 所截取的部分；

(4) $\iint\limits_S xyz\mathrm{d}S$，其中 S 为平面 $x+y+z=1$ 在第一卦限中的部分.

2. 求均匀曲面 $x^2+y^2+z^2=a^2, x\geqslant 0, y\geqslant 0, z\geqslant 0$ 的质心.

3. 求密度为 ρ 的均匀球面 $x^2+y^2+z^2=a^2\ (z\geqslant 0)$ 对于 z 轴的转动惯量.

---

4. 计算 $\iint\limits_S z^2\mathrm{d}S$，其中 S 为圆锥表面的一部分

$$S:\begin{cases} x=r\cos\varphi\sin\theta, \\ y=r\sin\varphi\sin\theta, \\ z=r\cos\theta, \end{cases}\qquad D:\begin{cases} 0\leqslant r\leqslant a, \\ 0\leqslant\varphi\leqslant 2\pi, \end{cases}$$

这里 θ 为常数 $\left(0<\theta<\dfrac{\pi}{2}\right)$.

§2　第二型曲面积分

一、曲面的侧

为了给曲面确定方向，先要阐明曲面的侧的概念.

设连通曲面 S 上到处都有连续变动的切平面(或法线)，M 为曲面 S 上的一点，曲面在 M 处的法线有两个方向：当取定其中一个指向为正方向时，则另一个指向就是负方向. 设 M_0 为 S 上任一点，L 为 S 上任一经过点 M_0，且不超出 S 边界的闭曲线. 又设 M 为动点，它在 M_0 处与 M_0 有相同的法线方向，且有如下特性：当 M 从 M_0 出发沿 L 连续移动，这时作为曲面上的点 M，它的法线方向也连续地变动. 最后当 M 沿 L 回到 M_0 时，若这时 M 的法线方向仍与 M_0 的法线方向相一致，则说这曲面 S 是**双侧曲面**①；若与 M_0 的法线方向相反，则说 S 是**单侧曲面**.

我们通常碰到的曲面大多是双侧曲面. 单侧曲面的一个典型例子是**默比乌斯(Möbius)带**. 它的构造方法如下：取一矩形长纸带 $ABCD$（如图 22-3(a)），将其一端

① 事实上，可以证明，只需对 S 中某一点 M_0，对通过 M_0 且又不超出 S 的边界的任何闭曲线 L 上具有上述特性，则 S 是双侧曲面.

扭转 180°后与另一端黏合在一起(即让 A 与 C 重合,B 与 D 重合. 如图22-3(b)所示). 读者可以考察这个带状曲面是单侧的. 事实上,可在曲面上任取一条与其边界相平行的闭曲线 L,动点 M 从 L 上的点 M_0 出发,其法线方向与 M_0 的法线方向相一致,当 M 沿 L 连续变动一周回到 M_0 时,由图 22-3(b)看到,这时 M 的法线方向却与 M_0 的法线方向相反. 对默比乌斯带还可更简单地说明它的单侧特性,即沿这个带子上任一处出发涂以一种颜色,则可以不越过边界而将它全部涂遍(即把原纸带的两面都涂上同样的颜色).

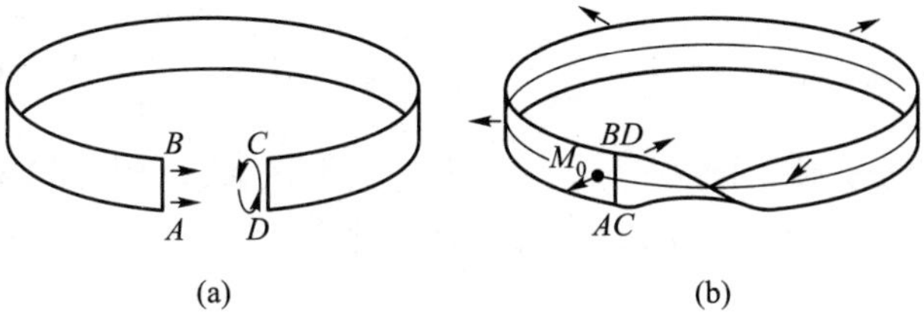

图 22-3

通常由 $z=z(x,y)$ 所表示的曲面都是双侧曲面,当以其法线正方向与 z 轴正向的夹角成锐角的一侧(也称为上侧)为正侧时,则另一侧(也称下侧)为负侧. 当 S 为封闭曲面时,通常规定曲面的外侧为正侧,内侧为负侧.

二、第二型曲面积分的概念

先观察一个流量计算问题. 设某流体以一定的流速

$$\boldsymbol{v}=(P(x,y,z),Q(x,y,z),R(x,y,z))$$

从给定的曲面 S 的负侧流向正侧(图 22-4),其中 P,Q,R 为所讨论范围上的连续函数,求单位时间内流经曲面 S 的总流量 E.

设在曲面 S 的正侧上任一点(x,y,z)处的单位法向量为

$$\boldsymbol{n}=(\cos\alpha,\cos\beta,\cos\gamma).$$

这里 α,β,γ 是 x,y,z 的函数,则单位时间内流经小曲面 S_i 的流量近似地等于

$$\begin{aligned}&\boldsymbol{v}(\xi_i,\eta_i,\zeta_i)\cdot\boldsymbol{n}(\xi_i,\eta_i,\zeta_i)\Delta S_i\\ &=[P(\xi_i,\eta_i,\zeta_i)\cos\alpha_i+Q(\xi_i,\eta_i,\zeta_i)\cos\beta_i+\\ &\quad R(\xi_i,\eta_i,\zeta_i)\cos\gamma_i]\Delta S_i,\end{aligned}$$

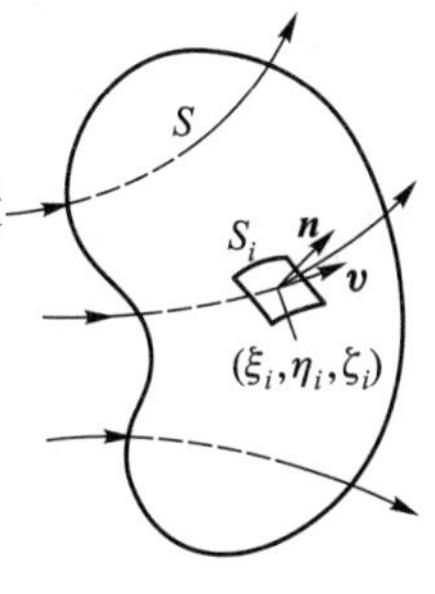

图 22-4

其中(ξ_i,η_i,ζ_i)是 S_i 上任意取定的一点,$\cos\alpha_i,\cos\beta_i,\cos\gamma_i$ 是 S_i 的正侧上法线的方向余弦,又 $\Delta S_i\cos\alpha_i,\Delta S_i\cos\beta_i,\Delta S_i\cos\gamma_i$ 分别是 S_i 的正侧在坐标面 yz,zx 和 xy 上投影区域的面积的近似值,并分别记作 $\Delta S_{i_{yz}},\Delta S_{i_{zx}},\Delta S_{i_{xy}}$,于是单位时间内由小曲面 S_i 的负侧流向正侧的流量也近似地等于

$$P(\xi_i,\eta_i,\zeta_i)\Delta S_{i_{yz}}+Q(\xi_i,\eta_i,\zeta_i)\Delta S_{i_{zx}}+R(\xi_i,\eta_i,\zeta_i)\Delta S_{i_{xy}},$$

故单位时间内由曲面 S 的负侧流向正侧的总流量

$$E=\lim_{\|T\|\to 0}\sum_{i=1}^{n}\{P(\xi_i,\eta_i,\zeta_i)\Delta S_{i_{yz}}+Q(\xi_i,\eta_i,\zeta_i)\Delta S_{i_{zx}}+R(\xi_i,\eta_i,\zeta_i)\Delta S_{i_{xy}}\}.$$

这种与曲面的侧有关的和式极限就是所要讨论的第二型曲面积分.

定义 1　设 P,Q,R 为定义在双侧曲面 S 上的函数,在 S 所指定的一侧作分割 T,它把 S 分为 n 个小曲面 $S_1,S_2,\cdots,S_n$,分割 T 的细度 $\|T\|=\max\limits_{1\leqslant i\leqslant n}\{S_i$ 的直径$\}$,以 $\Delta S_{i_{yz}}$, $\Delta S_{i_{zx}}$, $\Delta S_{i_{xy}}$ 分别表示 S_i 在三个坐标面上的投影区域的面积,它们的符号由 S_i 的方向来确定. 若 S_i 的法线正向与 z 轴正向成锐角时,S_i 在 xy 平面的投影区域的面积 $\Delta S_{i_{xy}}$ 为正. 反之,若 S_i 法线正向与 z 轴正向成钝角时,它在 xy 平面的投影区域的面积 $\Delta S_{i_{xy}}$ 为负. 在各个小曲面 S_i 上任取一点 (ξ_i,η_i,ζ_i). 若

$$\lim_{\|T\|\to 0}\sum_{i=1}^{n}P(\xi_i,\eta_i,\zeta_i)\Delta S_{i_{yz}}+\lim_{\|T\|\to 0}\sum_{i=1}^{n}Q(\xi_i,\eta_i,\zeta_i)\Delta S_{i_{zx}}+\lim_{\|T\|\to 0}\sum_{i=1}^{n}R(\xi_i,\eta_i,\zeta_i)\Delta S_{i_{xy}}$$

存在,且与曲面 S 的分割 T 和 (ξ_i,η_i,ζ_i) 在 S_i 上的取法无关,则称此极限为函数 P,Q,R 在曲面 S 所指定的一侧上的**第二型曲面积分**,记作

$$\iint_S P(x,y,z)\,\mathrm{d}y\mathrm{d}z+Q(x,y,z)\,\mathrm{d}z\mathrm{d}x+R(x,y,z)\,\mathrm{d}x\mathrm{d}y \tag{1}$$

或

$$\iint_S P(x,y,z)\,\mathrm{d}y\mathrm{d}z+\iint_S Q(x,y,z)\,\mathrm{d}z\mathrm{d}x+\iint_S R(x,y,z)\,\mathrm{d}x\mathrm{d}y.$$

据此定义,某流体以速度 $\boldsymbol{v}=(P,Q,R)$ 在单位时间内从曲面 S 的负侧流向正侧的总流量

$$E=\iint_S P(x,y,z)\,\mathrm{d}y\mathrm{d}z+Q(x,y,z)\,\mathrm{d}z\mathrm{d}x+R(x,y,z)\,\mathrm{d}x\mathrm{d}y.$$

又若,空间的磁感应强度为

$$(P(x,y,z),Q(x,y,z),R(x,y,z)),$$

则通过曲面 S 的磁通量(磁力线总数)

$$H=\iint_S P(x,y,z)\,\mathrm{d}y\mathrm{d}z+Q(x,y,z)\,\mathrm{d}z\mathrm{d}x+R(x,y,z)\,\mathrm{d}x\mathrm{d}y.$$

若以 $-S$ 表示曲面 S 的另一侧,由定义易得

$$\begin{aligned}&\iint_{-S}P\mathrm{d}y\mathrm{d}z+Q\mathrm{d}z\mathrm{d}x+R\mathrm{d}x\mathrm{d}y\\&=-\iint_S P\mathrm{d}y\mathrm{d}z+Q\mathrm{d}z\mathrm{d}x+R\mathrm{d}x\mathrm{d}y.\end{aligned}$$

与第二型曲线积分一样,第二型曲面积分也有如下一些性质:

1. 若 $\iint\limits_S P_i\mathrm{d}y\mathrm{d}z+Q_i\mathrm{d}z\mathrm{d}x+R_i\mathrm{d}x\mathrm{d}y\quad(i=1,2,\cdots,k)$ 存在,则有

$$\begin{aligned}&\iint_S\left(\sum_{i=1}^{k}c_iP_i\right)\mathrm{d}y\mathrm{d}z+\left(\sum_{i=1}^{k}c_iQ_i\right)\mathrm{d}z\mathrm{d}x+\left(\sum_{i=1}^{k}c_iR_i\right)\mathrm{d}x\mathrm{d}y\\&=\sum_{i=1}^{k}c_i\iint_S P_i\mathrm{d}y\mathrm{d}z+Q_i\mathrm{d}z\mathrm{d}x+R_i\mathrm{d}x\mathrm{d}y,\end{aligned}$$

其中 c_i $(i=1,2,\cdots,k)$是常数.

2. 若曲面 S 是由两两无公共内点的曲面块 $S_1,S_2,\cdots,S_k$ 所组成,且

$$\iint\limits_{S_i} P\mathrm{d}y\mathrm{d}z+Q\mathrm{d}z\mathrm{d}x+R\mathrm{d}x\mathrm{d}y\quad(i=1,2,\cdots,k)$$

存在,则有

$$\begin{aligned}&\iint\limits_{S} P\mathrm{d}y\mathrm{d}z+Q\mathrm{d}z\mathrm{d}x+R\mathrm{d}x\mathrm{d}y\\&=\sum_{i=1}^{k}\iint\limits_{S_i} P\mathrm{d}y\mathrm{d}z+Q\mathrm{d}z\mathrm{d}x+R\mathrm{d}x\mathrm{d}y.\end{aligned}$$

三、第二型曲面积分的计算

第二型曲面积分也是把它化为二重积分来计算.

定理 22.2 设 R 是定义在光滑曲面

$$S:\ z=z(x,y),\qquad (x,y)\in D_{xy}$$

上的连续函数,以 S 的上侧为正侧(这时 S 的法线方向与 z 轴正向成锐角),则有

$$\iint\limits_{S} R(x,y,z)\mathrm{d}x\mathrm{d}y=\iint\limits_{D_{xy}} R(x,y,z(x,y))\mathrm{d}x\mathrm{d}y.\tag{2}$$

证 由第二型曲面积分定义

$$\begin{aligned}\iint\limits_{S} R(x,y,z)\mathrm{d}x\mathrm{d}y&=\lim_{\|T\|\to0}\sum_{i=1}^{n}R(\xi_i,\eta_i,\zeta_i)\Delta S_{i_{xy}}\\&=\lim_{d\to0}\sum_{i=1}^{n}R(\xi_i,\eta_i,z(\xi_i,\eta_i))\Delta S_{i_{xy}},\end{aligned}$$

这里 $d=\max\{S_{i_{xy}}$的直径$\}$. 显然由 $\|T\|=\max\{S_i$ 的直径$\}\to0$ 立刻可推得 $d\to0$. 由于 R 在 S 上连续,z 在 D_{xy}上连续(曲面光滑!),据复合函数的连续性,$R(x,y,z(x,y))$也是 D_{xy}上的连续函数. 由二重积分的定义

$$\iint\limits_{D_{xy}} R(x,y,z(x,y))\mathrm{d}x\mathrm{d}y=\lim_{d\to0}\sum_{i=1}^{n}R(\xi_i,\eta_i,z(\xi_i,\eta_i))\Delta S_{i_{xy}}.$$

所以

$$\iint\limits_{S} R(x,y,z)\mathrm{d}x\mathrm{d}y=\iint\limits_{D_{xy}} R(x,y,z(x,y))\mathrm{d}x\mathrm{d}y.$$ □

类似地,当 P 在光滑曲面

$$S:\ x=x(y,z),\quad (y,z)\in D_{yz}$$

上连续时,有

$$\iint\limits_{S} P(x,y,z)\mathrm{d}y\mathrm{d}z=\iint\limits_{D_{yz}} P(x(y,z),y,z)\mathrm{d}y\mathrm{d}z,\tag{3}$$

这里 S 是以 S 的法线方向与 x 轴的正向成锐角的那一侧为正侧. 当 Q 在光滑曲面

$$S:\ y=y(z,x),\quad (z,x)\in D_{zx}$$

上连续时,有

$$\iint\limits_{S} Q(x,y,z)\mathrm{d}z\mathrm{d}x=\iint\limits_{D_{zx}} Q(x,y(z,x),z)\mathrm{d}z\mathrm{d}x,\tag{4}$$

这里 S 是以 S 的法线方向与 y 轴的正向成锐角的那一侧为正侧.

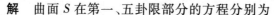

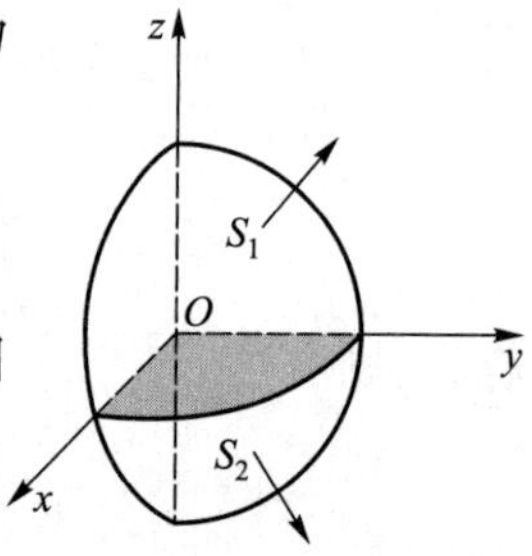

图 22-5

例 1　计算
$$\iint_S xyz\mathrm{d}x\mathrm{d}y,$$
其中 S 是球面 $x^2+y^2+z^2=1$ 在 $x\geqslant 0, y\geqslant 0$ 部分并取球面外侧(图 22-5).

解　曲面 S 在第一、五卦限部分的方程分别为
$$S_1: z_1=\sqrt{1-x^2-y^2},$$
$$S_2: z_2=-\sqrt{1-x^2-y^2},$$
它们在 xy 平面上的投影区域都是单位圆在第一象限部分. 依题意,积分是沿 S_1 的上侧和 S_2 的下侧进行,所以
$$\begin{aligned}\iint_S xyz\mathrm{d}x\mathrm{d}y&=\iint_{S_1} xyz\mathrm{d}x\mathrm{d}y+\iint_{S_2} xyz\mathrm{d}x\mathrm{d}y\\&=\iint_{D_{xy}} xy\sqrt{1-x^2-y^2}\mathrm{d}x\mathrm{d}y-\iint_{D_{xy}}(-xy\sqrt{1-x^2-y^2})\mathrm{d}x\mathrm{d}y\\&=2\iint_{D_{xy}} xy\sqrt{1-x^2-y^2}\mathrm{d}x\mathrm{d}y\\&=2\int_0^{\frac{\pi}{2}}\mathrm{d}\theta\int_0^1 r^3\cos\theta\sin\theta\sqrt{1-r^2}\mathrm{d}r=\frac{2}{15}.\end{aligned}$$
□

如果光滑曲面 S 由参量方程给出:
$$S:\begin{cases}x=x(u,v),\\y=y(u,v),\\z=z(u,v),\end{cases}\quad (u,v)\in D.$$
若在 D 上各点它们的函数行列式
$$\frac{\partial(y,z)}{\partial(u,v)},\quad\frac{\partial(z,x)}{\partial(u,v)},\quad\frac{\partial(x,y)}{\partial(u,v)}$$
不同时为零,则分别有
$$\iint_S P\mathrm{d}y\mathrm{d}z=\pm\iint_D P(x(u,v),y(u,v),z(u,v))\frac{\partial(y,z)}{\partial(u,v)}\mathrm{d}u\mathrm{d}v,\tag{5}$$
$$\iint_S Q\mathrm{d}z\mathrm{d}x=\pm\iint_D Q(x(u,v),y(u,v),z(u,v))\frac{\partial(z,x)}{\partial(u,v)}\mathrm{d}u\mathrm{d}v,\tag{6}$$
$$\iint_S R\mathrm{d}x\mathrm{d}y=\pm\iint_D R(x(u,v),y(u,v),z(u,v))\frac{\partial(x,y)}{\partial(u,v)}\mathrm{d}u\mathrm{d}v.\tag{7}$$

注　(5),(6),(7)三式中的正负号分别对应曲面 S 的两个侧,特别当法向 $\left(\frac{\partial(y,z)}{\partial(u,v)},\frac{\partial(z,x)}{\partial(u,v)},\frac{\partial(x,y)}{\partial(u,v)}\right)$ 对应于曲面 S 所选定的正向一侧时,取正号,否则取负号.

例 2　计算
$$\iint_S x^3\mathrm{d}y\mathrm{d}z,$$
其中 S 为椭球面 $\frac{x^2}{a^2}+\frac{y^2}{b^2}+\frac{z^2}{c^2}=1$ 的上半部并选取外侧.

解　把曲面表示为参量方程

$$x = a\sin\varphi\cos\theta,\ y = b\sin\varphi\sin\theta, z = c\cos\varphi \quad \left(0 \leqslant \varphi \leqslant \frac{\pi}{2}, 0 \leqslant \theta \leqslant 2\pi\right).$$

由(5)式有

$$\iint_S x^3 \mathrm{d}y\mathrm{d}z = \pm \iint_{D_{\varphi\theta}} a^3 \sin^3\varphi\cos^3\theta \cdot A\mathrm{d}\varphi\mathrm{d}\theta, \tag{8}$$

其中

$$A = \frac{\partial(y,z)}{\partial(\varphi,\theta)} = \begin{vmatrix} b\cos\varphi\sin\theta & b\sin\varphi\cos\theta \\ -c\sin\varphi & 0 \end{vmatrix} = bc\sin^2\varphi\cos\theta,$$

积分是在 S 的上侧进行. 由上述的注,(8)式右端取正号(因为此时法向中$\dfrac{\partial(x,y)}{\partial(\varphi,\theta)} = ab\sin\varphi\cos\varphi \geqslant 0$ 对应 S 的正侧),即

$$\begin{aligned}\iint_S x^3 \mathrm{d}y\mathrm{d}z &= \iint_{D_{\varphi\theta}} a^3 \sin^3\varphi\cos^3\theta \cdot bc\sin^2\varphi\cos\theta\mathrm{d}\varphi\mathrm{d}\theta \\ &= a^3 bc\int_0^{\frac{\pi}{2}} \sin^5\varphi\mathrm{d}\varphi\int_0^{2\pi}\cos^4\theta\mathrm{d}\theta = \frac{2}{5}\pi a^3 bc.\end{aligned}$$ □

四、两类曲面积分的联系

与曲线积分一样,当曲面的侧确定之后,可以建立两种类型曲面积分的联系.

设 S 为光滑曲面,并以上侧为正侧,R 为 S 上的连续函数,曲面积分在 S 的正侧进行. 因而有

$$\iint_S R(x,y,z)\mathrm{d}x\mathrm{d}y = \lim_{\|T\|\to 0}\sum_{i=1}^n R(\xi_i,\eta_i,\zeta_i)\Delta S_{i_{xy}}. \tag{9}$$

由曲面面积公式(第二十一章§6)

$$\Delta S_i = \iint_{S_{i_{xy}}} \frac{1}{\cos\gamma}\mathrm{d}x\mathrm{d}y,$$

其中 γ 是曲面 S_i 的法线方向与 z 轴正向的交角,它是定义在 $S_{i_{xy}}$ 上的函数. 因为积分沿曲面正侧进行,所以 γ 是锐角. 又由 S 是光滑的,所以 $\cos\gamma$ 在闭区域 $S_{i_{xy}}$ 上连续. 应用中值定理,在 $S_{i_{xy}}$ 内必存在一点,使这点的法线方向与 z 轴正向的夹角 γ_i^* 满足等式

$$\Delta S_i = \frac{1}{\cos\gamma_i^*}\Delta S_{i_{xy}}$$

或

$$\Delta S_{i_{xy}} = \cos\gamma_i^* \cdot \Delta S_i.$$

于是

$$R(\xi_i,\eta_i,\zeta_i)\Delta S_{i_{xy}} = R(\xi_i,\eta_i,\zeta_i)\cos\gamma_i^*\Delta S_i.$$

n 个部分相加后得

$$\sum_{i=1}^n R(\xi_i,\eta_i,\zeta_i)\Delta S_{i_{xy}} = \sum_{i=1}^n R(\xi_i,\eta_i,\zeta_i)\cos\gamma_i^*\Delta S_i. \tag{10}$$

现以 $\cos\gamma_i$ 表示曲面 S_i 在点(x_i,y_i,z_i)的法线方向与 z 轴正向夹角的余弦,则由 $\cos\gamma$ 的连续性,可推得当 $\|T\|\to 0$ 时,(10)式右端极限存在. 因此由(9)式得到

$$\iint_S R(x,y,z)\mathrm{d}x\mathrm{d}y = \iint_S R(x,y,z)\cos\gamma\ \mathrm{d}S. \tag{11}$$

这里注意当改变曲面的侧时,左边积分改变符号,右边积分中角 γ 改为 $\gamma\pm\pi$. 因而 $\cos\gamma$ 也改变符号,所以右边积分也相应改变了符号. 同理可证:

$$\begin{aligned}\iint_S P(x,y,z)\,\mathrm{d}y\mathrm{d}z&=\iint_S P(x,y,z)\cos\alpha\,\mathrm{d}S,\\ \iint_S Q(x,y,z)\,\mathrm{d}z\mathrm{d}x&=\iint_S Q(x,y,z)\cos\beta\,\mathrm{d}S,\end{aligned}\tag{12}$$

其中 α,β 分别是 S 上的法线方向与 x 轴正向和与 y 轴正向的夹角. 一般地有

$$\begin{aligned}&\iint_S P(x,y,z)\,\mathrm{d}y\mathrm{d}z+Q(x,y,z)\,\mathrm{d}z\mathrm{d}x+R(x,y,z)\,\mathrm{d}x\mathrm{d}y\\ =&\iint_S[P(x,y,z)\cos\alpha+Q(x,y,z)\cos\beta+R(x,y,z)\cos\gamma]\,\mathrm{d}S.\end{aligned}\tag{13}$$

这样,在确定了余弦函数 $\cos\alpha,\cos\beta,\cos\gamma$ 之后,由(11),(12)或(13)式便建立了两种不同类型曲面积分的联系.

定理 22.3　设 S 为光滑曲面,正侧法向量为 $(\cos\alpha,\cos\beta,\cos\gamma)$, $P(x,y,z)$, $Q(x,y,z)$, $R(x,y,z)$ 在 S 上连续,则

$$\begin{aligned}&\iint_S P(x,y,z)\,\mathrm{d}y\mathrm{d}z+Q(x,y,z)\,\mathrm{d}z\mathrm{d}x+R(x,y,z)\,\mathrm{d}x\mathrm{d}y\\ =&\iint_S(P(x,y,z)\cos\alpha+Q(x,y,z)\cos\beta+R(x,y,z)\cos\gamma)\,\mathrm{d}S.\end{aligned}$$

定理 22.4　设 P,Q,R 是定义在光滑曲面 $S:z=z(x,y),(x,y)\in D$ 上的连续函数,以 S 的上侧为正侧,则

$$\begin{aligned}&\iint_S P(x,y,z)\,\mathrm{d}y\mathrm{d}z+Q(x,y,z)\,\mathrm{d}z\mathrm{d}x+R(x,y,z)\,\mathrm{d}x\mathrm{d}y\\ =&\iint_D(P(x,y,z(x,y))(-z_x)+Q(x,y,z(x,y))(-z_y)+R(x,y,z(x,y)))\,\mathrm{d}x\mathrm{d}y.\end{aligned}$$

证　由于

$$\cos\alpha=\frac{-z_x}{\sqrt{1+z_x^2+z_y^2}},\cos\beta=\frac{-z_y}{\sqrt{1+z_x^2+z_y^2}},\cos\gamma=\frac{1}{\sqrt{1+z_x^2+z_y^2}},\mathrm{d}S=\sqrt{1+z_x^2+z_y^2}\,\mathrm{d}x\mathrm{d}y,$$

因此

$$\begin{aligned}&\iint_S P(x,y,z)\,\mathrm{d}y\mathrm{d}z+Q(x,y,z)\,\mathrm{d}z\mathrm{d}x+R(x,y,z)\,\mathrm{d}x\mathrm{d}y\\ =&\iint_S(P(x,y,z)\cos\alpha+Q(x,y,z)\cos\beta+R(x,y,z)\cos\gamma)\,\mathrm{d}S\\ =&\iint_D(P(x,y,z(x,y))(-z_x)+Q(x,y,z(x,y))(-z_y)+\\ &R(x,y,z(x,y)))\,\mathrm{d}x\mathrm{d}y.\end{aligned}$$

□

例 3　计算 $\iint_S(2x+z)\,\mathrm{d}y\mathrm{d}z+z\mathrm{d}x\mathrm{d}y$,其中 $S=\{(x,y,z)\mid z=x^2+y^2,z\in[0,1]\}$,取上侧.

解　$z_x=2x, z_y=2y$,

$$I=\iint_D((2x+x^2+y^2)(-2x)+x^2+y^2)\mathrm{d}x\mathrm{d}y=\iint_D(y^2-3x^2)\mathrm{d}x\mathrm{d}y$$

$$=-\iint_D 2x^2\mathrm{d}x\mathrm{d}y=-2\int_0^{2\pi}\mathrm{d}\theta\int_0^1 r^2\cos^2\theta r\mathrm{d}r=-\frac{\pi}{2},$$

其中由于 $x(x^2+y^2)$ 是 x 的奇函数，$\iint_D x(x^2+y^2)\mathrm{d}x\mathrm{d}y=0$；又由对称性，

$$\iint_D x^2\mathrm{d}x\mathrm{d}y=\iint_D y^2\mathrm{d}x\mathrm{d}y.$$ □

习　题　22.2

1. 计算下列第二型曲面积分：

(1) $\iint_S y(x-z)\mathrm{d}y\mathrm{d}z+x^2\mathrm{d}z\mathrm{d}x+(y^2+xz)\mathrm{d}x\mathrm{d}y$，其中 S 为由 $x=y=z=0, x=y=z=a$ 六个平面所围的立方体表面并取外侧为正向；

(2) $\iint_S (x+y)\mathrm{d}y\mathrm{d}z+(y+z)\mathrm{d}z\mathrm{d}x+(z+x)\mathrm{d}x\mathrm{d}y$，其中 S 是以原点为中心，边长为 2 的立方体表面并取外侧为正向；

(3) $\iint_S xy\mathrm{d}y\mathrm{d}z+yz\mathrm{d}z\mathrm{d}x+xz\mathrm{d}x\mathrm{d}y$，其中 S 是由平面 $x=y=z=0$ 和 $x+y+z=1$ 所围的四面体表面并取外侧为正向；

(4) $\iint_S yz\mathrm{d}z\mathrm{d}x$，其中 S 是球面 $x^2+y^2+z^2=1$ 的上半部分并取外侧为正向；

(5) $\iint_S x^2\mathrm{d}y\mathrm{d}z+y^2\mathrm{d}z\mathrm{d}x+z^2\mathrm{d}x\mathrm{d}y$，其中 S 是球面 $(x-a)^2+(y-b)^2+(z-c)^2=R^2$ 并取外侧为正向.

2. 设某流体的流速为 $\boldsymbol{v}=(k,y,0)$，求单位时间内从球面 $x^2+y^2+z^2=4$ 的内部流过球面的流量.

---

3. 计算第二型曲面积分

$$I=\iint_S f(x)\mathrm{d}y\mathrm{d}z+g(y)\mathrm{d}z\mathrm{d}x+h(z)\mathrm{d}x\mathrm{d}y,$$

其中 S 是平行六面体 $0\leqslant x\leqslant a, 0\leqslant y\leqslant b, 0\leqslant z\leqslant c$ 的表面并取外侧为正向，$f(x), g(y), h(z)$ 为 S 上的连续函数.

4. 设磁感应强度为 $\boldsymbol{E}(x,y,z)=(x^2,y^2,z^2)$，求从球内出发通过上半球面 $x^2+y^2+z^2=a^2, z\geqslant 0$ 的磁通量.

§3　高斯公式与斯托克斯公式

一、高斯公式

格林公式建立了沿封闭曲线的曲线积分与二重积分的关系，沿空间闭曲面的曲面

积分和三重积分之间也有类似的关系,这就是本段所要讨论的高斯(Gauss)公式.

定理22.5　设空间区域 V 由分片光滑的双侧封闭曲面 S 围成. 若函数 P,Q,R 在 V 上连续,且有一阶连续偏导数,则

$$\iiint_V\left(\frac{\partial P}{\partial x}+\frac{\partial Q}{\partial y}+\frac{\partial R}{\partial z}\right)\mathrm{d}x\mathrm{d}y\mathrm{d}z$$
$$=\oint\!\!\!\oint_S P\mathrm{d}y\mathrm{d}z+Q\mathrm{d}z\mathrm{d}x+R\mathrm{d}x\mathrm{d}y\text{①},\tag{1}$$

其中 S 取外侧. (1)式称为**高斯公式**.

证　下面只证

$$\iiint_V\frac{\partial R}{\partial z}\mathrm{d}x\mathrm{d}y\mathrm{d}z=\oint\!\!\!\oint_S R\mathrm{d}x\mathrm{d}y.$$

读者可类似地证明

$$\iiint_V\frac{\partial P}{\partial x}\mathrm{d}x\mathrm{d}y\mathrm{d}z=\oint\!\!\!\oint_S P\mathrm{d}y\mathrm{d}z,$$

$$\iiint_V\frac{\partial Q}{\partial y}\mathrm{d}x\mathrm{d}y\mathrm{d}z=\oint\!\!\!\oint_S Q\mathrm{d}z\mathrm{d}x.$$

这些结果相加便得到了高斯公式(1).

先设 V 是一个 xy 型区域,即其边界曲面 S 由曲面

$$S_2: z=z_2(x,y),(x,y)\in D_{xy},$$
$$S_1: z=z_1(x,y),\ (x,y)\in D_{xy}$$

及垂直于 D_{xy} 的边界的柱面 S_3 组成(图22-6),其中 $z_1(x,y)\leqslant z_2(x,y)$. 于是按三重积分的计算方法有

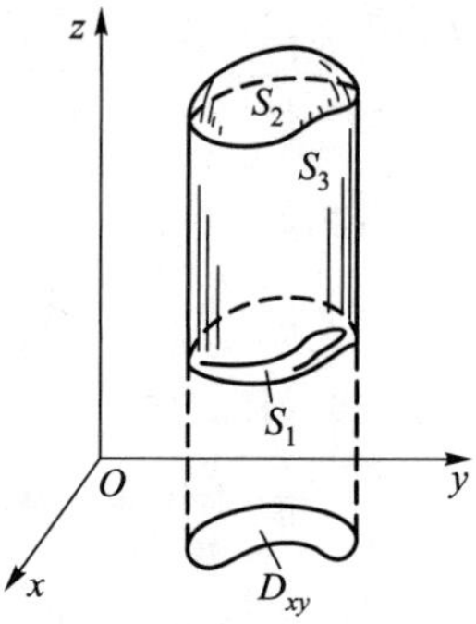

图22-6

$$\iiint_V\frac{\partial R}{\partial z}\mathrm{d}x\mathrm{d}y\mathrm{d}z$$
$$=\iint_{D_{xy}}\mathrm{d}x\mathrm{d}y\int_{z_1(x,y)}^{z_2(x,y)}\frac{\partial R}{\partial z}\mathrm{d}z$$
$$=\iint_{D_{xy}}(R(x,y,z_2(x,y))-R(x,y,z_1(x,y))\mathrm{d}x\mathrm{d}y$$
$$=\iint_{D_{xy}}R(x,y,z_2(x,y))\mathrm{d}x\mathrm{d}y-\iint_{D_{xy}}R(x,y,z_1(x,y))\mathrm{d}x\mathrm{d}y$$
$$=\iint_{S_2}R(x,y,z)\mathrm{d}x\mathrm{d}y-\iint_{S_1}R(x,y,z)\mathrm{d}x\mathrm{d}y$$
$$=\iint_{S_2}R(x,y,z)\mathrm{d}x\mathrm{d}y+\iint_{-S_1}R(x,y,z)\mathrm{d}x\mathrm{d}y,$$

其中 S_1,S_2 都取上侧. 又由于 S_3 在 xy 平面上投影区域的面积为零,所以

---

①　若 S 为封闭曲面,则曲面积分的积分号用 $\oint\!\!\!\oint$ 表示.

$$\iint_{S_3} R(x,y,z)\,\mathrm{d}x\mathrm{d}y = 0.$$

因此

$$\iiint_V \frac{\partial R}{\partial z}\mathrm{d}x\mathrm{d}y\mathrm{d}z = \iint_{S_2} R\mathrm{d}x\mathrm{d}y + \iint_{-S_1} R\mathrm{d}x\mathrm{d}y + \iint_{S_3} R\mathrm{d}x\mathrm{d}y$$

$$= \oiint_S R\mathrm{d}x\mathrm{d}y.$$

对于不是 xy 型区域的情形，则用有限个光滑曲面将它分割成若干个 xy 型区域来讨论. 详细的推导与格林公式相似，这里不再细说了. □

高斯公式可用来简化某些曲面积分的计算.

例 1　计算

$$\oiint_S y(x-z)\mathrm{d}y\mathrm{d}z + x^2\mathrm{d}z\mathrm{d}x + (y^2+xz)\mathrm{d}x\mathrm{d}y,$$

其中 S 是边长为 a 的正立方体表面并取外侧(即上节习题 1(1)).

解　应用高斯公式，所求曲面积分等于

$$\iiint_V \left[\frac{\partial}{\partial x}(y(x-z)) + \frac{\partial}{\partial y}(x^2) + \frac{\partial}{\partial z}(y^2+xz)\right]\mathrm{d}x\mathrm{d}y\mathrm{d}z$$

$$= \iiint_V (y+x)\mathrm{d}x\mathrm{d}y\mathrm{d}z = \int_0^a \mathrm{d}z\int_0^a \mathrm{d}y\int_0^a (y+x)\mathrm{d}x$$

$$= a\int_0^a \left(ay + \frac{1}{2}a^2\right)\mathrm{d}y = a^4.$$ □

若高斯公式中 $P=x, Q=y, R=z$，则有

$$\iiint_V (1+1+1)\mathrm{d}x\mathrm{d}y\mathrm{d}z = \oiint_S x\mathrm{d}y\mathrm{d}z + y\mathrm{d}z\mathrm{d}x + z\mathrm{d}x\mathrm{d}y.$$

于是得到应用第二型曲面积分计算空间区域 V 的体积公式

$$\Delta V = \frac{1}{3}\oiint_S x\mathrm{d}y\mathrm{d}z + y\mathrm{d}z\mathrm{d}x + z\mathrm{d}x\mathrm{d}y.$$

二、斯托克斯公式

斯托克斯(Stokes)公式是建立沿空间双侧曲面 S 的积分与沿 S 的边界曲线 L 的积分之间的联系.

在讲下述定理之前，先对双侧曲面 S 的侧与其边界曲线 L 的方向作如下规定：设有人站在 S 上指定的一侧，若沿 L 行走，指定的侧总在人的左方，则人前进的方向为边界线 L 的正向；若沿 L 行走，指定的侧总在人的右方，则人前进的方向为边界线 L 的负向，这个规定方法也称为**右手法则**，如图 22-7 所示.

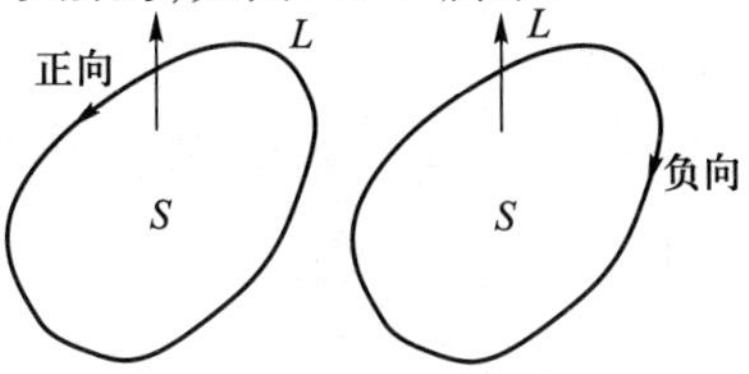

图 22-7

定理 22.6 设光滑曲面 S 的边界 L 是按段光滑的连续曲线. 若函数 P,Q,R 在 S（连同 L）上连续，且有一阶连续偏导数，则

$$\iint_S\left(\frac{\partial R}{\partial y}-\frac{\partial Q}{\partial z}\right)\mathrm{d}y\mathrm{d}z+\left(\frac{\partial P}{\partial z}-\frac{\partial R}{\partial x}\right)\mathrm{d}z\mathrm{d}x+\left(\frac{\partial Q}{\partial x}-\frac{\partial P}{\partial y}\right)\mathrm{d}x\mathrm{d}y$$

$$=\oint_L P\mathrm{d}x+Q\mathrm{d}y+R\mathrm{d}z, \tag{2}$$

其中 S 的侧与 L 的方向按右手法则确定.

证 先证

$$\iint_S\frac{\partial P}{\partial z}\mathrm{d}z\mathrm{d}x-\frac{\partial P}{\partial y}\mathrm{d}x\mathrm{d}y=\oint_L P\mathrm{d}x, \tag{3}$$

其中曲面 S 由方程 $z=z(x,y)$ 确定，它的正侧法线方向数为 $(-z_x,-z_y,1)$，方向余弦为 $(\cos\alpha,\cos\beta,\cos\gamma)$，所以

$$\frac{\partial z}{\partial x}=-\frac{\cos\alpha}{\cos\gamma},\quad \frac{\partial z}{\partial y}=-\frac{\cos\beta}{\cos\gamma}.$$

若 S 在 xy 平面上投影区域为 D_{xy}，L 在 xy 平面上的投影曲线记为 Γ. 现由第二型曲线积分定义及格林公式有

$$\oint_L P(x,y,z)\mathrm{d}x=\oint_\Gamma P(x,y,z(x,y))\mathrm{d}x$$

$$=-\iint_{D_{xy}}\frac{\partial}{\partial y}P(x,y,z(x,y))\mathrm{d}x\mathrm{d}y.$$

因为

$$\frac{\partial}{\partial y}P(x,y,z(x,y))=\frac{\partial P}{\partial y}+\frac{\partial P}{\partial z}\frac{\partial z}{\partial y},$$

所以

$$-\iint_{D_{xy}}\frac{\partial}{\partial y}P(x,y,z(x,y))\mathrm{d}x\mathrm{d}y=-\iint_S\left(\frac{\partial P}{\partial y}+\frac{\partial P}{\partial z}\frac{\partial z}{\partial y}\right)\mathrm{d}x\mathrm{d}y.$$

由于 $\frac{\partial z}{\partial y}=-\frac{\cos\beta}{\cos\gamma}$，从而

$$-\iint_S\left(\frac{\partial P}{\partial y}+\frac{\partial P}{\partial z}\frac{\partial z}{\partial y}\right)\mathrm{d}x\mathrm{d}y=-\iint_S\left(\frac{\partial P}{\partial y}-\frac{\partial P}{\partial z}\frac{\cos\beta}{\cos\gamma}\right)\mathrm{d}x\mathrm{d}y$$

$$=-\iint_S\left(\frac{\partial P}{\partial y}\cos\gamma-\frac{\partial P}{\partial z}\cos\beta\right)\frac{\mathrm{d}x\mathrm{d}y}{\cos\gamma}$$

$$=-\iint_S\left(\frac{\partial P}{\partial y}\cos\gamma-\frac{\partial P}{\partial z}\cos\beta\right)\mathrm{d}S$$

$$=\iint_S\frac{\partial P}{\partial z}\mathrm{d}z\mathrm{d}x-\frac{\partial P}{\partial y}\mathrm{d}x\mathrm{d}y.$$

综合上述结果，便得所要证明的(3)式.

同样对于曲面 S 表示为 $x=x(y,z)$ 和 $y=y(z,x)$ 时，可证得

$$\iint_S\frac{\partial Q}{\partial x}\mathrm{d}x\mathrm{d}y-\frac{\partial Q}{\partial z}\mathrm{d}y\mathrm{d}z=\oint_L Q\mathrm{d}y \tag{4}$$

和

$$\iint_S \frac{\partial R}{\partial y}\mathrm{d}y\mathrm{d}z - \frac{\partial R}{\partial x}\mathrm{d}z\mathrm{d}x = \oint_L R\mathrm{d}z. \tag{5}$$

将(3),(4),(5)三式相加即得(2)式.

如果曲面 S 不能以 $z=z(x,y)$ 的形式给出,则可用一些光滑曲线把 S 分割为若干小块,使每一小块能用这种形式来表示. 因而这时(2)式也能成立. □

公式(2)称为**斯托克斯公式**.

为了便于记忆,斯托克斯公式也常写成如下形式:

$$\iint_S \begin{vmatrix} \mathrm{d}y\mathrm{d}z & \mathrm{d}z\mathrm{d}x & \mathrm{d}x\mathrm{d}y \\ \dfrac{\partial}{\partial x} & \dfrac{\partial}{\partial y} & \dfrac{\partial}{\partial z} \\ P & Q & R \end{vmatrix} = \oint_L P\mathrm{d}x + Q\mathrm{d}y + R\mathrm{d}z.$$

例 2 计算

$$I = \oint_L (y^2 - z^2)\mathrm{d}x + (z^2 - x^2)\mathrm{d}y + (x^2 - y^2)\mathrm{d}z,$$

其中 L 是立方体 $[0,a]\times[0,a]\times[0,a]$ 的表面与平面 $x+y+z=\dfrac{3a}{2}$ 的交线,从 z 轴正向看去取逆时针方向(图22-8).

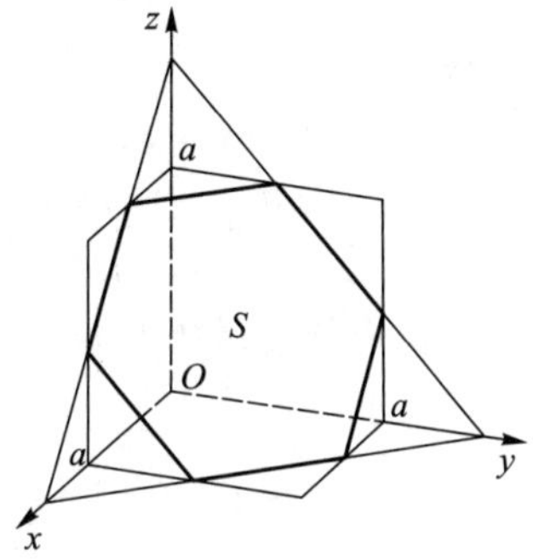

图 22-8

解 令 S 为 $x+y+z=\dfrac{3a}{2}$ 被 L 所围的一块,取上侧,由斯托克斯公式,

$$\begin{aligned} I &= \iint_S \begin{vmatrix} \mathrm{d}y\mathrm{d}z & \mathrm{d}z\mathrm{d}x & \mathrm{d}x\mathrm{d}y \\ \dfrac{\partial}{\partial x} & \dfrac{\partial}{\partial y} & \dfrac{\partial}{\partial z} \\ y^2 - z^2 & z^2 - x^2 & x^2 - y^2 \end{vmatrix} \\ &= \iint_S (-2y - 2z)\mathrm{d}y\mathrm{d}z + (-2z - 2x)\mathrm{d}z\mathrm{d}x + (-2x - 2y)\mathrm{d}x\mathrm{d}y \\ &= \frac{1}{\sqrt{3}}\iint_S -4(x + y + z)\mathrm{d}S \\ &= -2\sqrt{3}a\iint_S \mathrm{d}S = -\frac{9}{2}a^3. \end{aligned}$$

由斯托克斯公式,可导出空间曲线积分与路线无关的条件. 为此先介绍一下空间单连通区域的概念.

区域 V 称为**单连通区域**,如果 V 内任一封闭曲线皆可以不经过 V 以外的点而连续收缩于属于 V 的一点. 如球体是单连通区域. 非单连通区域称为**复连通区域**. 如环状区域不是单连通区域,而是复连通区域.

与平面曲线积分相仿,空间曲线积分与路线的无关性也有下面相应的定理.

定理 22.7 设 $\Omega\subset\mathbf{R}^3$ 为空间单连通区域. 若函数 P,Q,R 在 Ω 上连续,且有一阶连续偏导数,则以下四个条件是等价的:

(i) 对于 Ω 内任一按段光滑的封闭曲线 L,有

$$\oint_L P\mathrm{d}x + Q\mathrm{d}y + R\mathrm{d}z = 0;$$

(ii) 对于 Ω 内任一按段光滑的曲线 L,曲线积分

$$\int_L P\mathrm{d}x + Q\mathrm{d}y + R\mathrm{d}z$$

与路线无关;

(iii) $P\mathrm{d}x+Q\mathrm{d}y+R\mathrm{d}z$ 是 Ω 内某一函数 u 的全微分,即

$$\mathrm{d}u = P\mathrm{d}x + Q\mathrm{d}y + R\mathrm{d}z; \tag{6}$$

(iv) $\dfrac{\partial P}{\partial y}=\dfrac{\partial Q}{\partial x}, \dfrac{\partial Q}{\partial z}=\dfrac{\partial R}{\partial y}, \dfrac{\partial R}{\partial x}=\dfrac{\partial P}{\partial z}$在 Ω 内处处成立.

这个定理的证明与定理 21.12 相仿,这里不重复了.

例 3　验证曲线积分

$$\int_L (y + z)\mathrm{d}x + (z + x)\mathrm{d}y + (x + y)\mathrm{d}z$$

与路线无关,并求被积表达式的原函数 $u(x,y,z)$.

解　由于

$$P = y + z, \quad Q = z + x, \quad R = x + y,$$

$$\frac{\partial P}{\partial y} = \frac{\partial Q}{\partial x} = \frac{\partial Q}{\partial z} = \frac{\partial R}{\partial y} = \frac{\partial R}{\partial x} = \frac{\partial P}{\partial z} = 1,$$

所以曲线积分与路线无关.

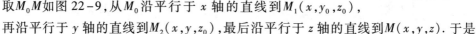

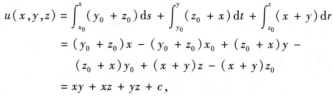

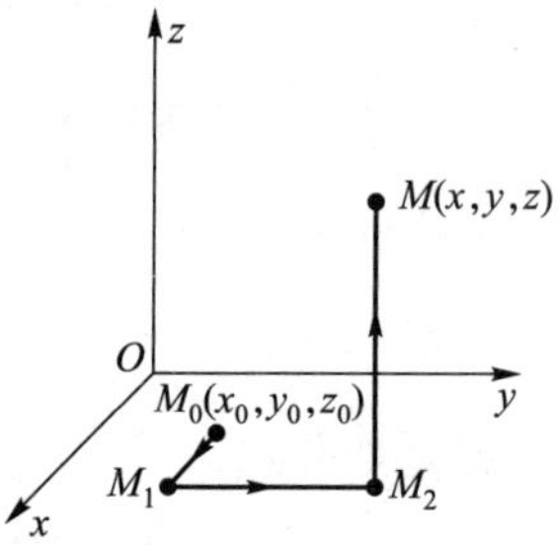

图 22-9

现在求

$$u(x,y,z) = \int_{M_0M} (y + z)\mathrm{d}x + (z + x)\mathrm{d}y + (x + y)\mathrm{d}z.$$

取M_0M如图 22-9,从M_0沿平行于 x 轴的直线到$M_1(x,y_0,z_0)$,再沿平行于 y 轴的直线到$M_2(x,y,z_0)$,最后沿平行于 z 轴的直线到$M(x,y,z)$. 于是

$$\begin{aligned} u(x,y,z) &= \int_{x_0}^{x} (y_0 + z_0)\mathrm{d}s + \int_{y_0}^{y} (z_0 + x)\mathrm{d}t + \int_{z_0}^{z} (x + y)\mathrm{d}r \\ &= (y_0 + z_0)x - (y_0 + z_0)x_0 + (z_0 + x)y - \\ &\quad (z_0 + x)y_0 + (x + y)z - (x + y)z_0 \\ &= xy + xz + yz + c, \end{aligned}$$

其中 $c=-x_0y_0-x_0z_0-y_0z_0$ 是一个常数. 若取 M_0 为原点,则得

$$u(x,y,z) = xy + xz + yz.$$

□

习　题　22.3

1. 应用高斯公式计算下列曲面积分:

(1) $\oiint_S yz\mathrm{d}y\mathrm{d}z + zx\mathrm{d}z\mathrm{d}x + xy\mathrm{d}x\mathrm{d}y$,其中 S 是单位球面 $x^2 + y^2 + z^2 = 1$ 的外侧;

(2) $\oiint_S x^2\mathrm{d}y\mathrm{d}z + y^2\mathrm{d}z\mathrm{d}x + z^2\mathrm{d}x\mathrm{d}y$,其中 S 是立方体 $0 \leqslant x,y,z \leqslant a$ 表面的外侧;

(3) $\oiint_S x^2\mathrm{d}y\mathrm{d}z + y^2\mathrm{d}z\mathrm{d}x + z^2\mathrm{d}x\mathrm{d}y$, 其中 S 是锥面 $x^2 + y^2 = z^2$ 与平面 $z = h$ 所围空间区域

$(0 \leqslant z \leqslant h)$ 的表面,方向取外侧;

(4) $\oiint\limits_S x^3 \mathrm{d}y\mathrm{d}z + y^3 \mathrm{d}z\mathrm{d}x + z^3 \mathrm{d}x\mathrm{d}y$,其中 S 是单位球面 $x^2 + y^2 + z^2 = 1$ 的外侧;

(5) $\iint\limits_S x\mathrm{d}y\mathrm{d}z + y\mathrm{d}z\mathrm{d}x + z\mathrm{d}x\mathrm{d}y$,其中 S 是上半球面 $z = \sqrt{a^2 - x^2 - y^2}$ 的外侧.

2. 应用高斯公式计算三重积分

$$\iiint\limits_V (xy + yz + zx)\mathrm{d}x\mathrm{d}y\mathrm{d}z,$$

其中 V 是由 $x \geqslant 0, y \geqslant 0, 0 \leqslant z \leqslant 1$ 与 $x^2 + y^2 \leqslant 1$ 所确定的空间区域.

3. 应用斯托克斯公式计算下列曲线积分:

(1) $\oint_L (y^2 + z^2)\mathrm{d}x + (x^2 + z^2)\mathrm{d}y + (x^2 + y^2)\mathrm{d}z$,其中 L 为 $x + y + z = 1$ 与三坐标面的交线,它的走向使所围平面区域上侧在曲线的左侧;

(2) $\oint_L x^2 y^3 \mathrm{d}x + \mathrm{d}y + z\mathrm{d}z$,其中 L 为 $y^2 + z^2 = 1, x = y$ 所交的椭圆的正向;

(3) $\oint_L (z - y)\mathrm{d}x + (x - z)\mathrm{d}y + (y - x)\mathrm{d}z$,其中 L 为以 $A(a,0,0), B(0,a,0), C(0,0,a)$ 为顶点的三角形沿 $ABCA$ 的方向.

4. 求下列全微分的原函数:

(1) $yz\mathrm{d}x + xz\mathrm{d}y + xy\mathrm{d}z$;

(2) $(x^2 - 2yz)\mathrm{d}x + (y^2 - 2xz)\mathrm{d}y + (z^2 - 2xy)\mathrm{d}z$.

5. 验证下列线积分与路线无关,并计算其值:

(1) $\int_{(1,1,1)}^{(2,3,-4)} x\mathrm{d}x + y^2\mathrm{d}y - z^3\mathrm{d}z$;

(2) $\int_{(x_1,y_1,z_1)}^{(x_2,y_2,z_2)} \dfrac{x\mathrm{d}x + y\mathrm{d}y + z\mathrm{d}z}{\sqrt{x^2 + y^2 + z^2}}$,其中 (x_1,y_1,z_1), (x_2,y_2,z_2) 在球面 $x^2 + y^2 + z^2 = a^2$ 上.

---

6. 证明:由曲面 S 所包围的立体 V 的体积 ΔV 为

$$\Delta V = \frac{1}{3}\oiint\limits_S (x\cos\alpha + y\cos\beta + z\cos\gamma)\mathrm{d}S,$$

其中 $\cos\alpha, \cos\beta, \cos\gamma$ 为曲面 S 的外法线方向余弦.

7. 证明:若 S 为封闭曲面,$\boldsymbol{l}$ 为任何固定方向,则

$$\oiint\limits_S \cos(\widehat{\boldsymbol{n},\boldsymbol{l}})\mathrm{d}S = 0,$$

其中 $\boldsymbol{n}$ 为曲面 S 的外法线方向.

8. 证明公式

$$\iiint\limits_V \frac{\mathrm{d}x\mathrm{d}y\mathrm{d}z}{r} = \frac{1}{2}\oiint\limits_S \cos(\widehat{\boldsymbol{r},\boldsymbol{n}})\mathrm{d}S,$$

其中 S 是包围 V 的曲面,$\boldsymbol{n}$ 是 S 的外法线方向,$r = \sqrt{x^2 + y^2 + z^2}$,$\boldsymbol{r} = (x,y,z)$.

9. 若 L 是平面 $x\cos\alpha + y\cos\beta + z\cos\gamma - p = 0$ 上的闭曲线,它所包围区域的面积为 S,求

$$\oint_L \begin{vmatrix} \mathrm{d}x & \mathrm{d}y & \mathrm{d}z \\ \cos\alpha & \cos\beta & \cos\gamma \\ x & y & z \end{vmatrix},$$

其中 L 依正向进行.

* §4　场论初步

一、场的概念

若对全空间或其中某一区域 V 中每一点 M,都有一个数量(或向量)与之对应,则称在 V 上给定了一个**数量场**(或**向量场**).

温度场和密度场都是数量场. 在空间中引进了直角坐标系后,空间中点 M 的位置可由坐标确定. 因此,给定了某个数量场就等于给定了一个数量函数$u(x,y,z)$. 在以下讨论中,我们总是设 $u(x,y,z)$对每个变量都有连续偏导数. 若这些偏导数不同时等于零,则满足方程

$$u(x,y,z)=c\ (c\text{ 为常数})$$

的所有的点通常是一个曲面. 在这曲面上函数 u 都取同一值,因此常称它为**等值面**. 例如温度场中的等温面等.

向量场可以重力场或速度场为例. 当引进直角坐标系后,向量场就与向量函数 $\boldsymbol{A}(x,y,z)$相对应. 设 $\boldsymbol{A}$ 在三个坐标轴上的投影分别为

$$P(x,y,z)\ ,\ Q(x,y,z)\ ,\ R(x,y,z)\ ,$$

则

$$\boldsymbol{A}(x,y,z)=(P(x,y,z),Q(x,y,z),R(x,y,z))\ ,$$

这里 P,Q,R 为所定义区域上的数量函数,并假定它们有连续偏导数.

设 L 为向量场中一条曲线. 若 L 上每点 M 处的切线方向都与向量函数 $\boldsymbol{A}$ 在该点的方向一致,即

$$\frac{\mathrm{d}x}{P}=\frac{\mathrm{d}y}{Q}=\frac{\mathrm{d}z}{R},$$

则称曲线 L 为向量场 $\boldsymbol{A}$ 的**向量场线**. 例如电力线、磁力线等都是向量场线.

需要注意,场的性质是它自己的属性,和坐标系的引进无关. 引入或选择某种坐标系是为了便于通过数学方法来研究它的性质. 下面所讨论的场的一些概念虽然是在所选用的坐标系下建立的,但都可以证明它们和坐标系的选取无关.

二、梯度场

在第十七章 §3 中我们已经介绍了**梯度**的概念,它是由数量函数$u(x,y,z)$所定义的向量函数

$$\mathbf{grad}\ u=\left(\frac{\partial u}{\partial x},\frac{\partial u}{\partial y},\frac{\partial u}{\partial z}\right)\ ,$$

而且 **grad** u 的方向就是使$\dfrac{\partial u}{\partial \boldsymbol{l}}$达到最大值的方向,它的大小就是 u 在这个方向上的方向导数值. 因此我们可以定义数量场 u 在点 M 处的梯度 **grad** u 为这样的向量,它的方向是在 M 处最大的方向导数的方向,而它的大小是在 M 处最大方向导数值. 由于方向导

数的定义与坐标系选取无关,因此梯度定义也是与坐标系选取无关的向量. 由梯度给出的向量场,称为**梯度场**.

又因为数量场 $u(x,y,z)$ 的等值面 $u(x,y,z)=c$ 的法线方向为

$$\left(\frac{\partial u}{\partial x},\frac{\partial u}{\partial y},\frac{\partial u}{\partial z}\right),$$

所以 $\mathbf{grad}\ u$ 的方向与等值面正交,即等值面的法线方向.

引进符号向量

$$\nabla=\left(\frac{\partial}{\partial x},\frac{\partial}{\partial y},\frac{\partial}{\partial z}\right).$$

当把它作为运算符号来看待时①,梯度可写作

$$\mathbf{grad}\ u=\nabla u.$$

关于梯度,有以下一些基本性质:

1. 若 u,v 是数量函数,则

$$\nabla(u+v)=\nabla u+\nabla v.$$

2. 若 u,v 是数量函数,则

$$\nabla(uv)=u(\nabla v)+(\nabla u)v.$$

特别地有

$$\nabla u^2=2u(\nabla u).$$

3. 若 $\boldsymbol{r}=(x,y,z)$, $\varphi=\varphi(x,y,z)$,则

$$\mathrm{d}\varphi=\mathrm{d}\boldsymbol{r}\cdot\nabla\varphi.$$

4. 若 $f=f(u)$, $u=u(x,y,z)$,则

$$\nabla f=f'(u)\ \nabla u.$$

5. 若 $f=f(u_1,u_2,\cdots,u_m)$, $u_i=u_i(x,y,z)\ (i=1,2,\cdots,m)$,则

$$\nabla f=\sum_{i=1}^{m}\frac{\partial f}{\partial u_i}\nabla u_i.$$

这些公式读者可利用定义来直接验证.

例 1 设质量为 m 的质点位于原点,质量为 1 的质点位于 $M(x,y,z)$,记 $OM=r=\sqrt{x^2+y^2+z^2}$,求 $\frac{m}{r}$ 的梯度.

解

$$\nabla\frac{m}{r}=-\frac{m}{r^2}\left(\frac{x}{r},\frac{y}{r},\frac{z}{r}\right).$$

若以 $\boldsymbol{r}_0$ 表示 $\overrightarrow{OM}$ 上的单位向量 $\left(\frac{x}{r},\frac{y}{r},\frac{z}{r}\right)$,则有

$$\nabla\frac{m}{r}=-\frac{m}{r^2}\boldsymbol{r}_0.$$

它表示两质点间的引力,方向朝着原点,大小是与质量的乘积成比例,与两点间的距离的平方成反比. 这说明了引力场是数量函数 $\frac{m}{r}$ 的梯度场. 因此我们常称 $\frac{m}{r}$ 为**引力势**. □

① ∇ 常称为**哈密顿**(Hamilton)**算符**,读作"Nabla".

三、散度场

设

$$\boldsymbol{A}(x,y,z)=(P(x,y,z),Q(x,y,z),R(x,y,z))$$

为空间区域 V 上的向量函数，对 V 上每一点 (x,y,z)，定义数量函数

$$D(x,y,z)=\frac{\partial P}{\partial x}+\frac{\partial Q}{\partial y}+\frac{\partial R}{\partial z},$$

称它为向量函数 $\boldsymbol{A}$ 在 (x,y,z) 处的**散度**，记作

$$D(x,y,z)=\operatorname{div}\boldsymbol{A}(x,y,z)^{①}.$$

设 $\boldsymbol{n}_0=(\cos\alpha,\cos\beta,\cos\gamma)$ 为曲面的单位法向量，则 $\mathrm{d}\boldsymbol{S}=\boldsymbol{n}_0\mathrm{d}S$ 就称为曲面的**面积元素向量**. 于是高斯公式可写成如下向量形式：

$$\iiint_V \operatorname{div}\boldsymbol{A}\mathrm{d}V=\oiint_S \boldsymbol{A}\cdot\mathrm{d}\boldsymbol{S}. \tag{1}$$

在 V 中任取一点 M_0，对(1)式中的三重积分应用中值定理，得

$$\iiint_V \operatorname{div}\boldsymbol{A}\ \mathrm{d}V=\operatorname{div}\boldsymbol{A}(M^*)\cdot\Delta V=\oiint_S \boldsymbol{A}\cdot\mathrm{d}\boldsymbol{S},$$

其中 M^* 为 V 中某一点，于是有

$$\operatorname{div}\boldsymbol{A}(M^*)=\frac{\oiint_S \boldsymbol{A}\cdot\mathrm{d}\boldsymbol{S}}{\Delta V}.$$

令 V 收缩到点 M_0（记成 $V\to M_0$），则 M^* 也趋向点 M_0，因此

$$\operatorname{div}\boldsymbol{A}(M_0)=\lim_{V\to M_0}\frac{\oiint_S \boldsymbol{A}\cdot\mathrm{d}\boldsymbol{S}}{\Delta V}. \tag{2}$$

这个等式可以看作是散度的另一种定义形式. (2)式右边的分子、分母都与坐标系的选取无关，因此它的极限也与坐标系选取无关，所以散度 $\operatorname{div}\boldsymbol{A}$ 与坐标系选取无关. 由向量场 $\boldsymbol{A}$ 的散度 $\operatorname{div}\boldsymbol{A}$ 所构成的数量场，称为**散度场**.

散度的物理意义：联系本章 §2 中提到流速为 $\boldsymbol{A}$ 的不可压缩流体，经过封闭曲面 S 的流量是

$$\oiint_S \boldsymbol{A}\cdot\mathrm{d}\boldsymbol{S}.$$

于是(2)式表明 $\operatorname{div}\boldsymbol{A}(M_0)$ 是流量对体积 V 的变化率，并称它为 $\boldsymbol{A}$ 在点 M_0 的流量密度. 若 $\operatorname{div}\boldsymbol{A}(M_0)>0$，说明在每一单位时间内有一定数量的流体流出这一点，则称这一点为**源**. 相反，若 $\operatorname{div}\boldsymbol{A}(M_0)<0$，说明流体在这一点被吸收，则称这点为**汇**. 若在向量场 $\boldsymbol{A}$ 中每一点皆有

---

① div 是 divergence(散度)一词的缩写.

$$\mathrm{div}\,\boldsymbol{A}=0,$$

则称 $\boldsymbol{A}$ 为**无源场**.

由前面引进的算符 ∇,向量场 $\boldsymbol{A}$ 的散度的向量形式是

$$\mathrm{div}\,\boldsymbol{A}=\nabla\cdot\boldsymbol{A}.$$

关于散度,容易由定义直接推得以下一些基本性质:

1. 若 $\boldsymbol{u},\boldsymbol{v}$ 是向量函数,则

$$\nabla\cdot(\boldsymbol{u}+\boldsymbol{v})=\nabla\cdot\boldsymbol{u}+\nabla\cdot\boldsymbol{v}.$$

2. 若 φ 是数量函数,$\boldsymbol{F}$ 是向量函数,则

$$\nabla\cdot(\varphi\boldsymbol{F})=\varphi\,\nabla\cdot\boldsymbol{F}+\boldsymbol{F}\cdot\nabla\varphi.$$

3. 若 $\varphi=\varphi(x,y,z)$ 是一数量函数,则

$$\nabla\cdot\nabla\varphi=\frac{\partial^2\varphi}{\partial x^2}+\frac{\partial^2\varphi}{\partial y^2}+\frac{\partial^2\varphi}{\partial z^2}.$$

算符 ∇ 的内积 $\nabla\cdot\nabla$ 常记作 Δ①,于是有

$$\nabla\cdot\nabla\varphi=\Delta\varphi.$$

例 2 求例 1 中引力场 $\boldsymbol{F}=-\frac{m}{r^2}\left(\frac{x}{r},\frac{y}{r},\frac{z}{r}\right)$ 所产生的散度场.

解 因为 $r^2=x^2+y^2+z^2$,所以

$$\boldsymbol{F}=-\frac{m}{(x^2+y^2+z^2)^{3/2}}(x,y,z),$$

$$\begin{aligned}\nabla\cdot\boldsymbol{F}&=-m\left[\frac{\partial}{\partial x}\left(\frac{x}{(x^2+y^2+z^2)^{3/2}}\right)+\frac{\partial}{\partial y}\left(\frac{y}{(x^2+y^2+z^2)^{3/2}}\right)+\right.\\&\qquad\left.\frac{\partial}{\partial z}\left(\frac{z}{(x^2+y^2+z^2)^{3/2}}\right)\right]\\&=0.\end{aligned}$$

因此引力场 $\boldsymbol{F}$ 内每一点处的散度都为零(原点除外). □

四、旋度场

设

$$\boldsymbol{A}(x,y,z)=(P(x,y,z),Q(x,y,z),R(x,y,z))$$

为空间区域 V 上的向量函数. 对 V 上每一点 (x,y,z),定义向量函数

$$\boldsymbol{F}(x,y,z)=\left(\frac{\partial R}{\partial y}-\frac{\partial Q}{\partial z},\frac{\partial P}{\partial z}-\frac{\partial R}{\partial x},\frac{\partial Q}{\partial x}-\frac{\partial P}{\partial y}\right),$$

称它为向量函数 $\boldsymbol{A}$ 在 (x,y,z) 处的**旋度**,记作

① $\Delta=\nabla\cdot\nabla=\frac{\partial^2}{\partial x^2}+\frac{\partial^2}{\partial y^2}+\frac{\partial^2}{\partial z^2}$ 称为**拉普拉斯算符**.

$$F(x,y,z)=\mathbf{rot}\,\boldsymbol{A}①.$$

设$(\cos\alpha_t,\cos\beta_t,\cos\gamma_t)$是曲线 L 的正向上的单位切线向量 $\boldsymbol{t}_0$ 的方向余弦,向量 $\mathrm{d}\boldsymbol{s}=(\cos\alpha_t,\cos\beta_t,\cos\gamma_t)\mathrm{d}s=\boldsymbol{t}_0\mathrm{d}l$ 称为**弧长元素向量**. 于是斯托克斯公式可写成如下向量形式:

$$\iint_S \mathbf{rot}\,\boldsymbol{A}\cdot \mathrm{d}\boldsymbol{S}=\oint_L \boldsymbol{A}\cdot \mathrm{d}\boldsymbol{s}. \tag{3}$$

为了说明旋度与坐标系的选取无关,我们在场 V 中任意取一点 M_0,通过 M_0 作平面 π 垂直于曲面 S 的法向量 $\boldsymbol{n}_0$(图 22-10),且在 π 上围绕 M_0 作任一封闭曲线 L,记 L 所围区域为 D,则由(3)式有

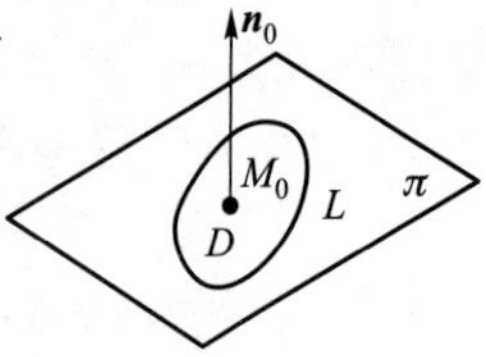

图 22-10

$$\iint_S \mathbf{rot}\,\boldsymbol{A}\cdot \mathrm{d}\boldsymbol{S}=\iint_S \mathbf{rot}\,\boldsymbol{A}\cdot \boldsymbol{n}_0\mathrm{d}S=\oint_L \boldsymbol{A}\cdot \mathrm{d}\boldsymbol{s}. \tag{4}$$

对左端曲面积分应用中值定理可得

$$\iint_D \mathbf{rot}\,\boldsymbol{A}\cdot \boldsymbol{n}_0\mathrm{d}S=(\mathbf{rot}\,\boldsymbol{A}\cdot \boldsymbol{n}_0)_{M^*}\mu(D)=\oint_L \boldsymbol{A}\cdot \mathrm{d}\boldsymbol{s},$$

其中 $\mu(D)$ 为区域 D 的面积,M^* 为 D 中的某一点. 因此

$$(\mathbf{rot}\,\boldsymbol{A}\cdot \boldsymbol{n}_0)_{M^*}=\frac{\oint_L \boldsymbol{A}\cdot \mathrm{d}\boldsymbol{s}}{\mu(D)}.$$

现让 D 收缩到点 M_0(记作 $D\to M_0$)时,于是 M^* 趋于 M_0,因此有

$$(\mathbf{rot}\,\boldsymbol{A}\cdot \boldsymbol{n}_0)_{M_0}=\lim_{D\to M_0}\frac{\oint_L \boldsymbol{A}\cdot \mathrm{d}\boldsymbol{s}}{\mu(D)}. \tag{5}$$

(5)式左边为 $\mathbf{rot}\,\boldsymbol{A}$ 在法线方向上的投影,因此它也确定了 $\mathbf{rot}\,\boldsymbol{A}$ 的本身,所以(5)也可以作为旋度的另一种定义形式. 由于(5)式右边的极限与坐标系的选取无关,故 $\mathbf{rot}\,\boldsymbol{A}$ 也与坐标系选取无关.

由向量函数 $\boldsymbol{A}$ 的旋度 $\mathbf{rot}\,\boldsymbol{A}$ 所定义的向量场,称为**旋度场**.

在流量问题中,我们称

$$\oint_L \boldsymbol{A}\cdot \mathrm{d}\boldsymbol{s}$$

为沿闭曲线 L 的**环流量**,它表示流速为 $\boldsymbol{A}$ 的不可压缩流体在单位时间内沿曲线 L 的流体总量,反映了流体沿 L 时的旋转强弱程度. 当 $\mathbf{rot}\,\boldsymbol{A}=\mathbf{0}$ 时,沿任意封闭曲线的环流量为零,即流体流动时不成旋涡,这时称向量场 $\boldsymbol{A}$ 为**无旋场**.

公式(4)表明向量场在曲面边界线上的切线投影对弧长的曲线积分等于向量场的

---

① **rot** 是 rotation(旋度)一词的缩写,有的书也用 curl 表示旋度,为便于记忆,**rot A** 可形式地写成

$$\mathbf{rot}\,\boldsymbol{A}=\begin{vmatrix}\boldsymbol{i}&\boldsymbol{j}&\boldsymbol{k}\\ \dfrac{\partial}{\partial x}&\dfrac{\partial}{\partial y}&\dfrac{\partial}{\partial z}\\ P&Q&R\end{vmatrix}.$$

旋度的法线投影在曲面上对面积的曲面积分. 它的物理意义可以说成是:流体的速度场的旋度的法线投影在曲面上对面积的曲面积分等于流体在曲面边界上的环流量.

为了更好地认识旋度的物理意义及这一名称的来源,我们讨论刚体绕定轴旋转的问题. 设一刚体以角速度 $\boldsymbol{\omega}$ 绕某轴旋转,则角速度向量 $\boldsymbol{\omega}$ 方向沿着旋转轴,其指向与旋转方向的关系符合右手法则,即右手拇指指向角速度 $\boldsymbol{\omega}$ 的方向,其他四指指向旋转方向. 若取定旋转轴上一点 O 作为原点(图 22-11),刚体上任意一点 P 的线速度 $\boldsymbol{v}$ 可表示为

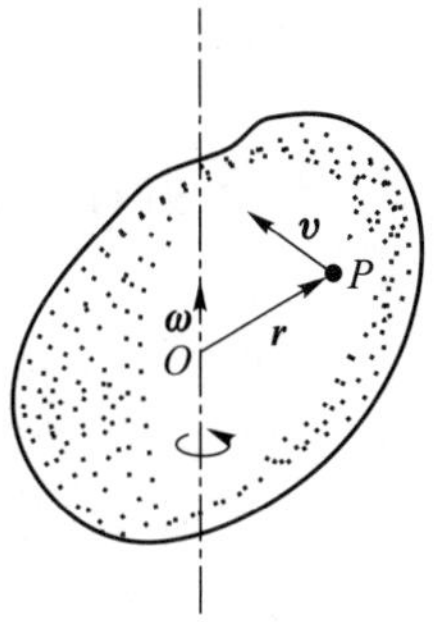

图 22-11

$$\boldsymbol{v}=\boldsymbol{\omega}\times\boldsymbol{r},$$

其中 $\boldsymbol{r}=\overrightarrow{OP}$ 是 P 的径向量. 设 P 的坐标为 (x,y,z),便有 $\boldsymbol{r}=(x,y,z)$,又设 $\boldsymbol{\omega}=(\omega_x,\omega_y,\omega_z)$. 于是

$$\boldsymbol{v}=(\omega_y z-\omega_z y,\omega_z x-\omega_x z,\omega_x y-\omega_y x),$$

所以
$$\mathbf{rot}\ \boldsymbol{v}=(2\omega_x,2\omega_y,2\omega_z)=2\boldsymbol{\omega}$$

或
$$\boldsymbol{\omega}=\frac{1}{2}\mathrm{rot}\ \boldsymbol{v}.$$

这等式表明线速度向量 $\boldsymbol{v}$ 的旋度除去一个常数因子 $\frac{1}{2}$ 外,就是旋转的角速度向量 $\boldsymbol{\omega}$. 可见 $\boldsymbol{v}$ 的旋度与 $\boldsymbol{\omega}$ 成正比,这也说明了旋度这个名称的来源.

应用算符 ∇ 表示 $\boldsymbol{A}$ 的旋度是

$$\mathbf{rot}\ \boldsymbol{A}=\nabla\times\boldsymbol{A}.$$

旋度有如下一些基本性质:

1. 若 $\boldsymbol{u},\boldsymbol{v}$ 是向量函数,则

$$\nabla\times(\boldsymbol{u}+\boldsymbol{v})=\nabla\times\boldsymbol{u}+\nabla\times\boldsymbol{v},$$
$$\nabla(\boldsymbol{u}\cdot\boldsymbol{v})=\boldsymbol{u}\times(\nabla\times\boldsymbol{v})+\boldsymbol{v}\times(\nabla\times\boldsymbol{u})+(\boldsymbol{u}\cdot\nabla)\boldsymbol{v}+(\boldsymbol{v}\cdot\nabla)\boldsymbol{u},$$
$$\nabla\cdot(\boldsymbol{u}\times\boldsymbol{v})=\boldsymbol{v}\cdot\nabla\times\boldsymbol{u}-\boldsymbol{u}\cdot\nabla\times\boldsymbol{v},$$
$$\nabla\times(\boldsymbol{u}\times\boldsymbol{v})=(\boldsymbol{v}\cdot\nabla)\boldsymbol{u}-(\boldsymbol{u}\cdot\nabla)\boldsymbol{v}+(\nabla\cdot\boldsymbol{v})\boldsymbol{u}-(\nabla\cdot\boldsymbol{u})\boldsymbol{v}.$$

2. 若 φ 是数量函数,$\boldsymbol{A}$ 是向量函数,则

$$\nabla\times(\varphi\boldsymbol{A})=\varphi(\nabla\times\boldsymbol{A})+\nabla\varphi\times\boldsymbol{A}.$$

3. 若 φ 是数量函数,$\boldsymbol{A}$ 是向量函数,则

$$\nabla\cdot(\nabla\times\boldsymbol{A})=0,$$
$$\nabla\times\nabla\varphi=\mathbf{0},$$
$$\nabla\times(\nabla\times\boldsymbol{A})=\nabla(\nabla\cdot\boldsymbol{A})-\nabla^2\boldsymbol{A}=\nabla(\nabla\cdot\boldsymbol{A})-\Delta\boldsymbol{A}.$$

这些等式读者都可通过梯度、散度、旋度等定义来直接验证.

五、管量场与有势场

若一个向量场 $\boldsymbol{A}$ 的散度恒为零,即 $\mathrm{div}\ \boldsymbol{A}=0$,我们曾称 $\boldsymbol{A}$ 为无源场. 从高斯公式知,此时沿任何封闭曲面的曲面积分都等于零. 我们把场 $\boldsymbol{A}$ 称作**管量场**. 这是因为,若在向量场 $\boldsymbol{A}$ 中作一向量管(图 22-12),即由向量线围成

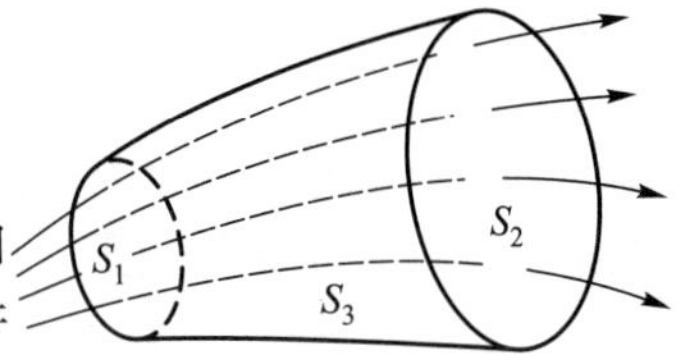

图 22-12

的管状的曲面，用断面 S_1，S_2 截它，以 S_3 表示所截出的管的表面，我们就得到了由 S_1，S_2，S_3 所围成的封闭曲面 S. 于是由(1)式得出

$$\oiint_S \boldsymbol{A}\cdot \mathrm{d}\boldsymbol{S} = \iint_{S_1\text{外侧}} \boldsymbol{A}\cdot \mathrm{d}\boldsymbol{S} + \iint_{S_2\text{外侧}} \boldsymbol{A}\cdot \mathrm{d}\boldsymbol{S} + \iint_{S_3\text{外侧}} \boldsymbol{A}\cdot \mathrm{d}\boldsymbol{S} = 0.$$

而向量线与曲面 S_3 的法线正交，所以

$$\iint_{S_3\text{外侧}} \boldsymbol{A}\cdot \mathrm{d}\boldsymbol{S} = 0,$$

即

$$\iint_{S_1\text{外侧}} \boldsymbol{A}\cdot \mathrm{d}\boldsymbol{S} + \iint_{S_2\text{外侧}} \boldsymbol{A}\cdot \mathrm{d}\boldsymbol{S} = 0,$$

$$\iint_{S_1\text{内侧}} \boldsymbol{A}\cdot \mathrm{d}\boldsymbol{S} = \iint_{S_2\text{外侧}} \boldsymbol{A}\cdot \mathrm{d}\boldsymbol{S}.$$

这等式说明了流体通过向量管的任意断面的流量是相同的，所以我们把场 $\boldsymbol{A}$ 称为**管量场**. 如例 2，由 $\frac{m}{r}$ 的梯度 $\nabla\frac{m}{r}$ 所成的引力场 $\boldsymbol{F}$ 是一个管量场.

若一个向量场 $\boldsymbol{A}$ 的旋度恒为零，即 $\mathbf{rot}\ \boldsymbol{A}=\mathbf{0}$，我们在前面称 $\boldsymbol{A}$ 为无旋场. 从斯托克斯公式知，这时在空间单连通区域内沿任何封闭曲线的曲线积分都等于零，这种场也称为**有势场**. 这是因为当 $\mathbf{rot}\ \boldsymbol{A}=\mathbf{0}$ 时，由定理 22.7 推得此时空间曲线积分与路线无关，且存在某函数 $u(x,y,z)$，使得

$$\mathrm{d}u = P\mathrm{d}x + Q\mathrm{d}y + R\mathrm{d}z,$$

即

$$\mathbf{grad}\ u = (P,Q,R).$$

通常称 u 为**势函数**. 因此，若某向量场 $\boldsymbol{A}$ 的旋度为零，则必存在某个势函数 u，使得 $\mathbf{grad}\ u=\boldsymbol{A}$. 这也是一个向量场是某个数量场的梯度场的充要条件. 在例 1 中，引力势 $u=\frac{m}{r}$ 就是势函数. 所以

$$\nabla u = \boldsymbol{F} = -\frac{m}{r^2}\left(\frac{x}{r},\frac{y}{r},\frac{z}{r}\right).$$

因为 $\nabla\times\nabla u=\mathbf{0}$ 恒成立，所以 $\nabla\times\boldsymbol{F}=\mathbf{0}$. 它也是引力场 $\boldsymbol{F}$ 是有势场的充要条件.

若一个向量场 $\boldsymbol{A}$ 既是管量场，又是有势场，则称这个向量场为**调和场**. 上述例 2 中讲到的引力场 $\boldsymbol{F}$ 就是调和场. 若 $\boldsymbol{A}$ 是一个调和场，必有

$$\nabla\cdot\boldsymbol{A} = 0,\qquad \nabla u = \boldsymbol{A}.$$

显然

$$\nabla\cdot\nabla u = \nabla^2 u = \Delta u = 0,$$

即必有势函数 u 满足

$$\frac{\partial^2 u}{\partial x^2} + \frac{\partial^2 u}{\partial y^2} + \frac{\partial^2 u}{\partial z^2} = 0.$$

这时称函数 u 为**调和函数**.

习 题 22.4

1. 若 $r=\sqrt{x^2+y^2+z^2}$，计算 $\nabla r,\nabla r^2,\nabla\frac{1}{r},\nabla f(r),\nabla r^n(n\geqslant 3)$.

2. 求 $u=x^2+2y^2+3z^2+2xy-4x+2y-4z$ 在点 $O(0,0,0),A(1,1,1),B(-1,-1,-1)$ 处的梯度，并求梯度为零之点.

3. 证明本节第二段关于梯度的一些基本性质 1—5.

4. 计算下列向量场 $\boldsymbol{A}$ 的散度与旋度：

(1) $\boldsymbol{A}=(y^2+z^2,z^2+x^2,x^2+y^2)$； (2) $\boldsymbol{A}=(x^2yz,xy^2z,xyz^2)$；

(3) $\boldsymbol{A}=\left(\frac{x}{yz},\frac{y}{zx},\frac{z}{xy}\right)$.

5. 证明本节第三段关于散度的一些基本性质 1—3.

6. 证明本节第四段关于旋度的一些基本性质 1—3（可应用算符 ∇ 推演）.

7. 证明：场 $\boldsymbol{A}=(yz(2x+y+z),xz(x+2y+z),xy(x+y+2z))$ 是有势场并求其势函数.

8. 若流体流速 $\boldsymbol{A}=(x^2,y^2,z^2)$，求单位时间内穿过 $\frac{1}{8}$ 球面 $x^2+y^2+z^2=1,x>0,y>0,z>0$ 的流量.

9. 设流速 $\boldsymbol{A}=(-y,x,c)$（c 为常数），求环流量：

(1) 沿圆周 $x^2+y^2=1,z=0$； (2) 沿圆周 $(x-2)^2+y^2=1,z=0$.

第二十二章总练习题

1. 设 $P=x^2+5\lambda y+3yz,Q=5x+3\lambda xz-2,R=(\lambda+2)xy-4z$.

(1) 计算 $\int_L P\mathrm{d}x+Q\mathrm{d}y+R\mathrm{d}z$，其中 L 为螺旋线 $x=a\cos t,y=a\sin t,z=ct\ (0\leqslant t\leqslant 2\pi)$；

(2) 设 $\boldsymbol{A}=(P,Q,R)$，求 $\mathbf{rot}\,\boldsymbol{A}$；

(3) 问在什么条件下 $\boldsymbol{A}$ 为有势场？并求势函数.

2. 证明：若 $\Delta u=\frac{\partial^2 u}{\partial x^2}+\frac{\partial^2 u}{\partial y^2}+\frac{\partial^2 u}{\partial z^2}$，$S$ 为包围区域 V 的曲面的外侧，则

(1) $\iiint\limits_V \Delta u\mathrm{d}x\mathrm{d}y\mathrm{d}z=\oiint\limits_S \frac{\partial u}{\partial \boldsymbol{n}}\mathrm{d}S$；

(2) $\oiint\limits_S u\frac{\partial u}{\partial \boldsymbol{n}}\mathrm{d}S=\iiint\limits_V \nabla\cdot\nabla u\mathrm{d}x\mathrm{d}y\mathrm{d}z+\iiint\limits_V u\Delta u\mathrm{d}x\mathrm{d}y\mathrm{d}z$，

其中 u 在区域 V 及其界面 S 上有二阶连续偏导数，$\frac{\partial u}{\partial \boldsymbol{n}}$ 为沿曲面 S 外法线方向的方向导数.

3. 设 S 为光滑闭曲面，V 为 S 所围的区域. 函数 $u(x,y,z)$ 在 V 与 S 上具有二阶连续偏导数，函数 $\omega(x,y,z)$ 偏导连续. 证明：

(1) $\iiint\limits_V \omega\frac{\partial u}{\partial x}\mathrm{d}x\mathrm{d}y\mathrm{d}z=\oiint\limits_S u\omega\mathrm{d}y\mathrm{d}z-\iiint\limits_V u\frac{\partial \omega}{\partial x}\mathrm{d}x\mathrm{d}y\mathrm{d}z$；

(2) $\iiint\limits_V \omega\Delta u\mathrm{d}x\mathrm{d}y\mathrm{d}z=\oiint\limits_S \omega\frac{\partial u}{\partial \boldsymbol{n}}\mathrm{d}S-\iiint\limits_V \nabla u\cdot\nabla\omega\mathrm{d}x\mathrm{d}y\mathrm{d}z$.

4. 设 $\boldsymbol{A}=\frac{\boldsymbol{r}}{|\boldsymbol{r}|^3}$，$S$ 为一封闭曲面，$\boldsymbol{r}=(x,y,z)$. 证明当原点在曲面 S 的外、上、内时，分别有

$$\oiint_S \boldsymbol{A}\cdot \mathrm{d}\boldsymbol{S} = 0, 2\pi, 4\pi.$$

5. 计算 $I=\iint_S xz\mathrm{d}y\mathrm{d}z + yx\mathrm{d}z\mathrm{d}x + zy\mathrm{d}x\mathrm{d}y$,其中 S 是柱面 $x^2+y^2=1$ 在 $-1\leqslant z\leqslant 1$ 和 $x\geqslant 0$ 的部分. 曲面侧的法向与 x 轴正向成锐角.

6. 证明公式:

$$\iint_D f(m\sin\varphi\cos\theta + n\sin\varphi\sin\theta + p\cos\varphi)\sin\varphi\,\mathrm{d}\theta\mathrm{d}\varphi$$
$$= 2\pi\int_{-1}^{1} f(u\sqrt{m^2+n^2+p^2})\,\mathrm{d}u,$$

这里 $D=\{(\theta,\varphi)\mid 0\leqslant\theta\leqslant 2\pi, 0\leqslant\varphi\leqslant\pi\}$, $m^2+n^2+p^2>0$, $f(t)$ 在 $|t|<\sqrt{m^2+n^2+p^2}$ 时为连续函数.

第二十二章综合自测题

*第二十三章 向量函数微分学

§1　n 维欧氏空间与向量函数

在第十六至第十八章中所讨论的函数，是二维（或 n 维）空间中的点集到实数集的映射，由于函数值取实数，故称之为实值函数，在本章中所要讨论的函数，则是 n 维欧氏空间中的点集到 m 维欧氏空间点集的映射，这时函数值已不再是实数，而是 m 维空间中的一个向量，故称之为向量函数. 作为准备，我们先择要地介绍一下 n 维欧氏空间概念.

一、n 维欧氏空间

所有 n 个有序实数组 $(x_1,x_2,\cdots,x_n)$ 的全体称为 n **维向量空间**，或简称 n **维空间**，其中每个有序实数组称为 n 维空间中的一个**向量**（或一个**点**），记作

$$\boldsymbol{x}=\begin{pmatrix}x_1\\x_2\\\vdots\\x_n\end{pmatrix}. \tag{1}$$

我们约定向量总是指列向量（如(1)式）；记号 $\boldsymbol{x}^{\mathrm{T}}$ 表示向量 $\boldsymbol{x}$ 的转置，因此 $\boldsymbol{x}^{\mathrm{T}}$ 是一个行向量. 向量 $\boldsymbol{x}$ 中的数 $x_1,x_2,\cdots,x_n$ 是这个向量（或点）的 n 个**分量**（或**坐标**）.

设 $\boldsymbol{x}=(x_1,x_2,\cdots,x_n)^{\mathrm{T}}$ 与 $\boldsymbol{y}=(y_1,y_2,\cdots,y_n)^{\mathrm{T}}$ 是 n 维空间中的任意两个向量，α 为任意实数，则向量 $\boldsymbol{x}$ 与 $\boldsymbol{y}$ 之和为

$$\boldsymbol{x}+\boldsymbol{y}=(x_1+y_1,x_2+y_2,\cdots,x_n+y_n)^{\mathrm{T}}.$$

数量 α 与向量 $\boldsymbol{x}$ 的**数乘积**为

$$\alpha\boldsymbol{x}=(\alpha x_1,\alpha x_2,\cdots,\alpha x_n)^{\mathrm{T}}.$$

向量 $\boldsymbol{x}$ 与 $\boldsymbol{y}$ 的内积定义为

$$\boldsymbol{x}^{\mathrm{T}}\boldsymbol{y}=x_1y_1+x_2y_2+\cdots+x_ny_n.$$

内积具有如下性质：

1. $\boldsymbol{x}^{\mathrm{T}}\boldsymbol{x}\geqslant 0$，当且仅当 $\boldsymbol{x}=\boldsymbol{0}$ 时，$\boldsymbol{x}^{\mathrm{T}}\boldsymbol{x}=0$.
2. $\boldsymbol{x}^{\mathrm{T}}\boldsymbol{y}=\boldsymbol{y}^{\mathrm{T}}\boldsymbol{x}$.
3. $\alpha(\boldsymbol{x}^{\mathrm{T}}\boldsymbol{y})=(\alpha\boldsymbol{x})^{\mathrm{T}}\boldsymbol{y}=\boldsymbol{x}^{\mathrm{T}}(\alpha\boldsymbol{y})$，$\alpha$ 为实数.

4. $(\boldsymbol{x}+\boldsymbol{y})^{\mathrm{T}}\boldsymbol{z}=\boldsymbol{x}^{\mathrm{T}}\boldsymbol{z}+\boldsymbol{y}^{\mathrm{T}}\boldsymbol{z}$.

定义了内积的 n 维空间叫做 n **维欧几里得(Euclid)空间**(简称 n **维欧氏空间**),记作 $\mathbf{R}^n$.

利用内积定义向量 $\boldsymbol{x}\in\mathbf{R}^n$ 的**模**为

$$\|\boldsymbol{x}\|=(\boldsymbol{x}^{\mathrm{T}}\boldsymbol{x})^{1/2}=\left(\sum_{i=1}^{n}x_i^2\right)^{1/2}. \tag{2}$$

向量模具有如下性质:

1. $\|\boldsymbol{x}\|\geqslant 0$,当且仅当 $\boldsymbol{x}=\mathbf{0}$时, $\|\boldsymbol{x}\|=0$.
2. $\|\alpha\boldsymbol{x}\|=|\alpha|\,\|\boldsymbol{x}\|$,$\alpha$ 为实数.
3. $\|\boldsymbol{x}+\boldsymbol{y}\|\leqslant\|\boldsymbol{x}\|+\|\boldsymbol{y}\|$ (三角形不等式).
4. $\|\boldsymbol{x}^{\mathrm{T}}\boldsymbol{y}\|\leqslant\|\boldsymbol{x}\|\|\boldsymbol{y}\|$ (柯西-施瓦茨不等式).

$\mathbf{R}^n$ 中任意两点 $\boldsymbol{x}$ 与 $\boldsymbol{y}$ 的**距离**定义为

$$\rho(\boldsymbol{x},\boldsymbol{y})=\|\boldsymbol{x}-\boldsymbol{y}\|=\left[\sum_{i=1}^{n}(x_i-y_i)^2\right]^{1/2}. \tag{3}$$

这样定义的距离显然具有与模相仿的性质,如

$$\rho(\boldsymbol{x},\boldsymbol{z})\leqslant\rho(\boldsymbol{x},\boldsymbol{y})+\rho(\boldsymbol{y},\boldsymbol{z})\qquad(\text{三角形不等式}).$$

下面是 $\mathbf{R}^n$ 中点集的例子,读者不难从二维或三维空间的相应例子去理解它.

点集 $\{\boldsymbol{x}\mid\|\boldsymbol{x}\|=r\}\subset\mathbf{R}^n$ 表示以 $\boldsymbol{O}$ 为中心、以 r 为半径的 n 维球面.

点集 $\{\boldsymbol{x}\mid\|\boldsymbol{x}-\boldsymbol{a}\|<\delta\}\subset\mathbf{R}^n$ 表示以点 $\boldsymbol{a}$ 为中心、半径为 δ 的 n 维球形邻域;$\{\boldsymbol{x}=(x_1,x_2,\cdots,x_n)\mid|x_i-a_i|<\delta,i=1,2,\cdots,n\}$ 则是 n 维方形邻域. 我们仍用 $U(\boldsymbol{a};\delta)$ 来记点 $\boldsymbol{a}=(a_1,a_2,\cdots,a_n)^{\mathrm{T}}$ 的上述这两类邻域,而 $U^{\circ}(\boldsymbol{a};\delta)$ 则表示相应的**空心邻域**.

点集 $\{\boldsymbol{x}\mid\boldsymbol{c}^{\mathrm{T}}\boldsymbol{x}=d,\boldsymbol{c}\neq\mathbf{0}\}\subset\mathbf{R}^n$. 当 $n=2$ 时,它就是平面上的一条直线;当 $n=3$ 时,它就是 $\mathbf{R}^3$ 中的一个平面;当 $n>3$ 时,称它为 $\mathbf{R}^n$ 中的一个**超平面**.

向量方程 $\boldsymbol{x}=\boldsymbol{\varphi}(t)$ 的各个分量式即为如下方程组:

$$x_i=\varphi_i(t),\quad i=1,2,\cdots,n,\quad t\in[\alpha,\beta]. \tag{4}$$

设 φ_i 为$[\alpha,\beta]$上的连续函数$(i=1,2,\cdots,n)$. 当 $n=2$ 时,它是 $\mathbf{R}^2$ 中的一条连续曲线;当 $n=3$ 时,它是 $\mathbf{R}^3$ 中的一条连续曲线;当 $n>3$ 时,仍称它是 $\mathbf{R}^n$ 中的连续曲线. 特别当(4)式是

$$\varphi_i(t)=a_it+b_i,\quad i=1,2,\cdots,n,\quad t\in(-\infty,+\infty)$$

(a_i,b_i 为常数,a_i 不同时为零)时,它表示 $\mathbf{R}^n$ 中的一条直线,其向量形式是

$$\boldsymbol{x}=\boldsymbol{a}t+\boldsymbol{b}\ \ (\boldsymbol{a}\neq\mathbf{0}),\quad t\in(-\infty,+\infty),$$

其中 $\boldsymbol{a}=(a_1,a_2,\cdots,a_n)^{\mathrm{T}},\boldsymbol{b}=(b_1,b_2,\cdots,b_n)^{\mathrm{T}}$.

过已知两点 $\boldsymbol{x}',\boldsymbol{x}''$的直线方程是

$$\boldsymbol{x}=(\boldsymbol{x}''-\boldsymbol{x}')t+\boldsymbol{x}',\qquad t\in(-\infty,+\infty).$$

当 $t\in[0,1]$时,上式表示联结 $\boldsymbol{x}',\boldsymbol{x}''$两点的直线段. $\mathbf{R}^n$ 中的折线,由首尾衔接的直线段所组成.

由于在 $\mathbf{R}^n$ 中定义了距离、邻域、直线与折线等概念,读者可以把平面点集中有关内点、界点、聚点、开集、闭集、凸集、区域、直径等概念推广到 $\mathbf{R}^n$ 中来. 并通过定义 $\mathbf{R}^n$ 中的收敛点列$\{\boldsymbol{P}_k\}$,导出相当于定理 16.1 的完备性定理.

定理 23.1 设 $\{\boldsymbol{P}_k\}\subset\mathbf{R}^n$，则 $\{\boldsymbol{P}_k\}$ 为收敛点列的充要条件是：任给 $\varepsilon>0$，存在 $K>0$，当 $k>K$ 时，对一切正整数 q 都有

$$\rho(\boldsymbol{P}_k,\boldsymbol{P}_{k+q})<\varepsilon. \tag{5}$$

（证明从略.）

二、向量函数

这里我们采用集合来定义函数，它与以往的定义方式具有相同的含义.

定义 1 若 $X\subset\mathbf{R}^n$，$Y\subset\mathbf{R}^m$，$\boldsymbol{f}$ 是 $X\times Y$① 的一个子集，对每一个 $\boldsymbol{x}\in X$，都有惟一的一个 $\boldsymbol{y}\in Y$，使 $(\boldsymbol{x},\boldsymbol{y})\in\boldsymbol{f}$，则称 $\boldsymbol{f}$ 为 X 到 Y 的**向量函数**（也简称**函数**或称**映射**），记作

$$\boldsymbol{f}:X\to Y,$$

$$\boldsymbol{x}\mapsto\boldsymbol{y},$$

或简单地记作 $\boldsymbol{f}:X\to Y$，其中 X 称为函数 $\boldsymbol{f}$ 的**定义域**.

易见，当 $n=2$（或 $n=3$），$m=1$ 时，由定义 1 所确定的函数就是我们原来所熟悉的二元（或三元）实值函数.

在映射的意义下，$\boldsymbol{x}\in X$ 在 $\boldsymbol{f}$ 下的象为 $\boldsymbol{y}=\boldsymbol{f}(\boldsymbol{x})\in Y$，$X$ 在 $\boldsymbol{f}$ 下的象集为 $\boldsymbol{f}(X)=\{\boldsymbol{f}(\boldsymbol{x})\mid\boldsymbol{x}\in X\}\subset Y$，$\boldsymbol{x}$ 称为 $\boldsymbol{f}(\boldsymbol{x})$ 的**原象**.

设 $\boldsymbol{f}:X\to Y$，若对任何 $\boldsymbol{x}',\boldsymbol{x}''\in X$，只要 $\boldsymbol{x}'\neq\boldsymbol{x}''$ 就有 $\boldsymbol{f}(x')\neq\boldsymbol{f}(x'')$，则称 $\boldsymbol{f}$ 为 X 到 Y 的**一一映射**（或称为**单射**）.

其实，在解析几何和本课程以前的一些章节里，我们就曾遇到过不少向量函数. 例如：平面（或空间）曲线的参数方程就可看作 $n=1$，$m=2$（或 $m=3$）的向量函数；曲面的参数方程是 $n=2$，$m=3$ 的向量函数. 又如可微的三元实值函数 $u=u(x,y,z)$ 的梯度 $\mathbf{grad}\,u=(u_x,u_y,u_z)$ 就是一个 $n=m=3$ 的向量函数. 今后我们还能看到其他的一些例子. 一般地，当 $f_1,f_2,\cdots,f_m$ 为 $\boldsymbol{f}$ 的**分量函数**（或坐标函数）时，可写作

$$\boldsymbol{f}(\boldsymbol{x})=\begin{pmatrix}f_1(\boldsymbol{x})\\ \vdots\\ f_m(\boldsymbol{x})\end{pmatrix}=\begin{pmatrix}f_1(x_1,\cdots,x_n)\\ \vdots\\ f_m(x_1,\cdots,x_n)\end{pmatrix}\quad 或\quad \boldsymbol{f}=\begin{pmatrix}f_1\\ \vdots\\ f_m\end{pmatrix}.$$

于是，两个相同维数的向量函数 $\boldsymbol{f}$ 与 $\boldsymbol{g}$ 在相同的定义域上的和（差）函数为

$$\boldsymbol{f}\pm\boldsymbol{g}=\begin{pmatrix}f_1\pm g_1\\ \vdots\\ f_m\pm g_m\end{pmatrix}. \tag{6}$$

一个实值函数 α 与一个向量函数 $\boldsymbol{f}$ 在相同的定义域上的乘积函数是

$$\alpha\boldsymbol{f}=\begin{pmatrix}\alpha f_1\\ \vdots\\ \alpha f_m\end{pmatrix}. \tag{7}$$

两个向量函数 $\boldsymbol{f}$ 与 $\boldsymbol{h}$ 的复合函数是

$$\boldsymbol{h}\circ\boldsymbol{f}:X\xrightarrow{\boldsymbol{f}}Y\xrightarrow{\boldsymbol{h}}Z\quad(X\subset\mathbf{R}^n,\boldsymbol{f}(X)\subset Y\subset\mathbf{R}^m,Z\subset\mathbf{R}^r)$$

---

① $X\times Y=\{(\boldsymbol{x},\boldsymbol{y})\mid\boldsymbol{x}\in X,\boldsymbol{y}\in Y\}\subset\mathbf{R}^{n+m}$ 称为 X 与 Y 的**直积**.

或

$$\boldsymbol{h}\circ\boldsymbol{f}=\begin{pmatrix}h_1\circ\boldsymbol{f}\\ \vdots\\ h_r\circ\boldsymbol{f}\end{pmatrix},\tag{8}$$

其中$(h_i\circ\boldsymbol{f})(\boldsymbol{x})=h_i(f_1(\boldsymbol{x}),\cdots,f_m(\boldsymbol{x})),\boldsymbol{x}\in X$.

三、向量函数的极限与连续

定义 2　设 $D\subset X\subset\mathbf{R}^n$,$\boldsymbol{a}$ 是 D 的聚点,$\boldsymbol{f}$: $X\to\mathbf{R}^m$. 若存在 $\boldsymbol{l}\in\mathbf{R}^m$,对于 $\boldsymbol{l}$ 的任意小的邻域 $U(\boldsymbol{l};\varepsilon)\subset\mathbf{R}^m$,总有 $\boldsymbol{a}$ 的空心邻域 $U^\circ(\boldsymbol{a};\delta)\subset\mathbf{R}^n$,$\boldsymbol{f}(U^\circ(\boldsymbol{a};\delta)\cap D)\subset U(\boldsymbol{l};\varepsilon)$,则称在集合 D 上当 $\boldsymbol{x}\to\boldsymbol{a}$ 时,$\boldsymbol{f}$ 以 $\boldsymbol{l}$ 为极限,记作

$$\lim_{\substack{\boldsymbol{x}\to\boldsymbol{a}\\ \boldsymbol{x}\in D}}\boldsymbol{f}(\boldsymbol{x})=\boldsymbol{l}.$$

在不致混淆的情况下,或 $D=X$ 时,简称 $\boldsymbol{x}\to\boldsymbol{a}$ 时 $\boldsymbol{f}$ 以 $\boldsymbol{l}$ 为极限,并记作

$$\lim_{\boldsymbol{x}\to\boldsymbol{a}}\boldsymbol{f}(\boldsymbol{x})=\boldsymbol{l}.$$

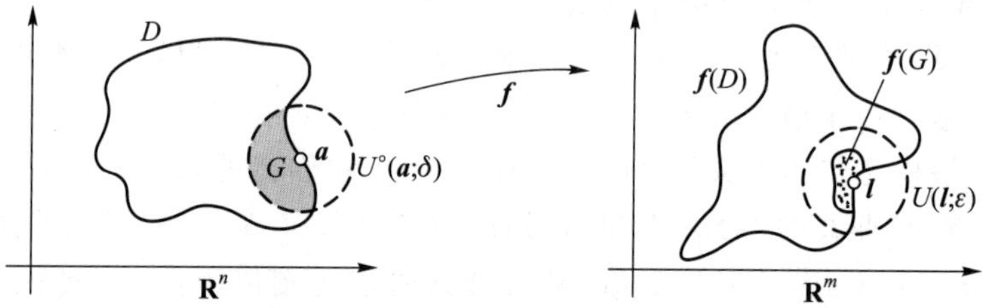

图 23-1

定义 2 的几何描述如图 23-1 所示,而且易知$\lim\limits_{\boldsymbol{x}\to\boldsymbol{a}}\boldsymbol{f}(\boldsymbol{x})=\boldsymbol{l}$ 与以下任何一种说法是等价的:

(i) $\lim\limits_{\|\boldsymbol{x}-\boldsymbol{a}\|\to 0}\|\boldsymbol{f}(\boldsymbol{x})-\boldsymbol{l}\|=0.$　　(9)

(ii) 设 $\boldsymbol{a}=(a_1,\cdots,a_n)$,$\boldsymbol{l}=(l_1,\cdots,l_m)$,则

$$\lim_{\boldsymbol{x}\to\boldsymbol{a}}f_i(\boldsymbol{x})=\lim_{(x_1,\cdots,x_n)\to(a_1,\cdots,a_n)}f_i(x_1,\cdots,x_n)=l_i,\quad i=1,2,\cdots,m.\tag{10}$$

定义3　设 $D\subset X\subset\mathbf{R}^n$,$\boldsymbol{a}\in D$,$\boldsymbol{f}$: $X\to\mathbf{R}^m$. 若对任何 $\varepsilon>0$,存在 $\delta>0$,使得$\boldsymbol{f}(U(\boldsymbol{a};\delta)\cap D)\subset U(\boldsymbol{f}(\boldsymbol{a});\varepsilon)$,则称 $\boldsymbol{f}$ 在点 $\boldsymbol{a}$ (关于集合 D)**连续**.

如果 $\boldsymbol{f}$ 在 D 上每一点都连续,则称 $\boldsymbol{f}$ 为 D 上的**连续函数**.

和多元实值函数一样,如果 $\boldsymbol{a}$ 是 D 的孤立点,则按定义 3,$\boldsymbol{f}$ 在点 $\boldsymbol{a}$ 恒连续;如果 $\boldsymbol{a}$ 是 D 的聚点,则定义 3 等价于

$$\lim_{\substack{\boldsymbol{x}\to\boldsymbol{a}\\ \boldsymbol{x}\in D}}\boldsymbol{f}(\boldsymbol{x})=\boldsymbol{f}(\boldsymbol{a})\quad\text{或}\quad\lim_{\substack{\boldsymbol{x}\to\boldsymbol{a}\\ \boldsymbol{x}\in D}}f_i(\boldsymbol{x})=f_i(\boldsymbol{a}),\quad i=1,2,\cdots,m.$$

后者表示 $\boldsymbol{f}$ 的所有坐标函数在点 $\boldsymbol{a}$ (关于 D)连续. 正由于此,以往关于实值连续函数的那些运算性质大部分都可推广到向量函数中来.

定理 23.2　设 $\boldsymbol{f},\boldsymbol{g}$: $X\to Y(X\subset\mathbf{R}^n,Y\subset\mathbf{R}^m)$,$\boldsymbol{h}$: $Y\to Z\subset\mathbf{R}^r$,$\alpha$: $X\to\mathbf{R}$,$\boldsymbol{a}\in X$,$\boldsymbol{b}=\boldsymbol{f}(\boldsymbol{a})\in Y$. 若 $\boldsymbol{f},\boldsymbol{g},\alpha$ 在点 $\boldsymbol{a}$ 连续,$\boldsymbol{h}$ 在点 $\boldsymbol{b}$ 连续,则按(6),(7),(8)式所定义的向量函数 $\boldsymbol{f}\pm\boldsymbol{g}$,$\alpha\boldsymbol{f}$,$\boldsymbol{h}\circ\boldsymbol{f}$ 都在点 $\boldsymbol{a}$ 连续.

(证明从略.)

定理 23.3　函数 $\boldsymbol{f}: X\to\mathbf{R}^m$ 在点 $\boldsymbol{a}\in X\subset\mathbf{R}^n$ 连续的充要条件为:任何点列 $\{\boldsymbol{P}_k\}\subset X$ 收敛于 $\boldsymbol{a}$ 时,$\{\boldsymbol{f}(\boldsymbol{P}_k)\}\subset\mathbf{R}^m$ 都收敛于 $\boldsymbol{f}(\boldsymbol{a})$.

证　[充分性]　倘若 $\boldsymbol{f}$ 在点 $\boldsymbol{a}$ 不连续,由(9)则存在 $\varepsilon_0>0$,对每一 $\delta=\dfrac{1}{k}(k=1,2,\cdots)$,总能取得 $\boldsymbol{P}_k\in X$,使得 $\|\boldsymbol{P}_k-\boldsymbol{a}\|<\dfrac{1}{k}$,且

$$\|\boldsymbol{f}(\boldsymbol{P}_k)-\boldsymbol{f}(\boldsymbol{a})\|\geqslant\varepsilon_0,\quad k=1,2,\cdots. \tag{11}$$

显然,这里的 $\{\boldsymbol{P}_k\}$ 收敛于 $\boldsymbol{a}$. 根据条件,$\{\boldsymbol{f}(\boldsymbol{P}_k)\}$ 应该收敛于 $\boldsymbol{f}(\boldsymbol{a})$,这与不等式(11)相矛盾. 所以 $\boldsymbol{f}$ 在点 $\boldsymbol{a}$ 必须连续.

[必要性]　任给 $\varepsilon>0$,由于 $\boldsymbol{f}$ 在点 $\boldsymbol{a}$ 连续,因此存在 $\delta>0$,使得 $\|\boldsymbol{x}-\boldsymbol{a}\|<\delta$ 且 $\boldsymbol{x}\in X$ 时,总有 $\|\boldsymbol{f}(\boldsymbol{x})-\boldsymbol{f}(\boldsymbol{a})\|<\varepsilon$. 又因对任何收敛于 $\boldsymbol{a}$ 的点列 $\{\boldsymbol{P}_k\}\subset X$,存在 $K>0$,当 $k>K$ 时,满足 $\|\boldsymbol{P}_k-\boldsymbol{a}\|<\delta$,因而也有 $\|\boldsymbol{f}(\boldsymbol{P}_k)-\boldsymbol{f}(\boldsymbol{a})\|<\varepsilon$,即 $\lim\limits_{k\to\infty}\boldsymbol{f}(\boldsymbol{P}_k)=\boldsymbol{f}(\boldsymbol{a})$. □

在有界闭域(或有界闭集)上实值连续函数的那些整体性质同样可推广到向量函数的情形,只是原来与函数值有关的判断必须改为适合于向量函数的形式.

定理 23.4　若 $D\subset\mathbf{R}^n$ 是有界闭集,$\boldsymbol{f}: D\to\mathbf{R}^m$ 是 D 上的连续函数,则 $\boldsymbol{f}(D)\subset\mathbf{R}^m$ 也是有界闭集.

证　如果 D 是有限点集,则 $\boldsymbol{f}(D)$ 也是有限的,命题显然成立. 所以下面不妨假设 D 和 $\boldsymbol{f}(D)$ 都是无限点集.

(i) 先证 $\boldsymbol{f}(D)$ 的有界性. 倘若 $\boldsymbol{f}(D)$ 无界,则存在点列 $\{\boldsymbol{P}_k\}\subset D$,使 $\|\boldsymbol{f}(\boldsymbol{P}_k)\|>k,k=1,2,\cdots$. 由于 D 是有界闭集,因此存在 $\{\boldsymbol{P}_{k_j}\}\subset\{\boldsymbol{P}_k\}$,使 $\lim\limits_{j\to\infty}\boldsymbol{P}_{k_j}=\boldsymbol{P}_0\in D$. 由 $\boldsymbol{f}$ 在点 $\boldsymbol{P}_0$ 连续,故 $\|\boldsymbol{f}(\boldsymbol{x})\|$ 在点 $\boldsymbol{P}_0$ 局部有界. 这与 $\|\boldsymbol{f}(\boldsymbol{P}_{k_j})\|\geqslant k_j>j(j=1,2,\cdots)$ 相矛盾.

(ii) 再证 $\boldsymbol{f}(D)$ 的闭性,即若 $\boldsymbol{Q}_0$ 是 $\boldsymbol{f}(D)$ 的任一聚点,欲证 $\boldsymbol{Q}_0\in\boldsymbol{f}(D)$. 设 $\boldsymbol{Q}_k\in\boldsymbol{f}(D)$,$\lim\limits_{k\to\infty}\boldsymbol{Q}_k=\boldsymbol{Q}_0$,且 $\boldsymbol{P}_k\in D$,$\boldsymbol{f}(\boldsymbol{P}_k)=\boldsymbol{Q}_k$. 则存在收敛子列 $\{\boldsymbol{P}_{k_j}\}\subset\{\boldsymbol{P}_k\}$,$\lim\limits_{j\to\infty}\boldsymbol{P}_{k_j}=\boldsymbol{P}_0\in D$,且由于 $\boldsymbol{f}$ 在点 $\boldsymbol{P}_0$ 连续,从而有

$$\boldsymbol{Q}_0=\lim_{j\to\infty}\boldsymbol{Q}_{k_j}=\lim_{j\to\infty}\boldsymbol{f}(\boldsymbol{P}_{k_j})=\boldsymbol{f}(\boldsymbol{P}_0)\in\boldsymbol{f}(D).$$
□

定理 23.5　若 $D\subset\mathbf{R}^n$ 是有界闭集,$\boldsymbol{f}: D\to\mathbf{R}^m$ 是 D 上的连续函数,则 $\boldsymbol{f}(D)$ 的直径可达,即存在 $\boldsymbol{P}',\boldsymbol{P}''\in D$,使得

$$\|\boldsymbol{f}(\boldsymbol{P}')-\boldsymbol{f}(\boldsymbol{P}'')\|=\max_{\boldsymbol{x}',\boldsymbol{x}''\in D}\|\boldsymbol{f}(\boldsymbol{x}')-\boldsymbol{f}(\boldsymbol{x}'')\|. \tag{12}$$

证　易见函数

$$F(\boldsymbol{x}',\boldsymbol{x}'')=\|\boldsymbol{f}(\boldsymbol{x}')-\boldsymbol{f}(\boldsymbol{x}'')\|$$

是定义在有界闭集 $D\times D$ 上的连续实值函数. 由连续函数性质(定理 16.8),存在 $(\boldsymbol{P}',\boldsymbol{P}'')\in D\times D$,使得

$$F(\boldsymbol{P}',\boldsymbol{P}'')=\max_{\boldsymbol{x}',\boldsymbol{x}''\in D}F(\boldsymbol{x}',\boldsymbol{x}'').$$

这就是(12)式的结论. □

定理 23.6　若 $D\subset\mathbf{R}^n$ 是有界闭集,$\boldsymbol{f}$ 是 D 上的连续函数,则 $\boldsymbol{f}$ 在 D 上**一致连续**. 即任给 $\varepsilon>0$,存在只依赖于 ε 的 $\delta>0$,只要 $\boldsymbol{x}',\boldsymbol{x}''\in D$ 且 $\|\boldsymbol{x}'-\boldsymbol{x}''\|<\delta$,就有

$$\| f(x') - f(x'') \| < \varepsilon.$$

读者可作为练习自行证明本定理.

定理 23.7 若 $D \subset \mathbf{R}^n$ 是道路连通集①, f 是 D 上的连续函数,则 $f(D) \subset \mathbf{R}^m$ 也是道路连通集.

证 任给 $Q', Q'' \in f(D)$,必有 $P', P'' \in D$,使得 $Q' = f(P'), Q'' = f(P'')$. 因为 D 是道路连通的,所以存在连续曲线

$$x = \varphi(t) \subset D, t \in [0,1], 且\ \varphi(0) = P', \varphi(1) = P''.$$

从而 $f \circ \varphi$: $[0,1] \to \mathbf{R}^m$ 是连续的,而且满足

$$f(\varphi(t)) \subset f(D), t \in [0,1];$$

$$f(\varphi(0)) = Q', f(\varphi(1)) = Q''.$$

这表明 $f(D)$ 也是道路连通的. □

习 题 23.1

1. 设 $x, y \in \mathbf{R}^n$,证明

$$\| x+y \|^2 + \| x-y \|^2 = 2(\| x \|^2 + \| y \|^2).$$

2. 设 $E \subset \mathbf{R}^n$,点 $x \in \mathbf{R}^n$ 到集合 E 的距离定义为

$$\rho(x, E) = \inf_{y \in E} \rho(x, y).$$

证明:(1) 若 E 是闭集, $x \notin E$,则 $\rho(x, E) > 0$;

(2) 若 $\overline{E}$ 是 E 连同其全体聚点所组成的集合(称为 E 的闭包),则 $\overline{E} = \{x \mid \rho(x, E) = 0\}$.

3. 设 $X \subset \mathbf{R}^n, Y \subset \mathbf{R}^m, f: X \to Y; A, B$ 是 X 的任意子集. 证明:

(1) $f(A \cup B) = f(A) \cup f(B)$;

(2) $f(A \cap B) \subset f(A) \cap f(B)$;

(3) 若 f 是一一映射,则 $f(A \cap B) = f(A) \cap f(B)$.

4. 设 $f, g: \mathbf{R}^n \to \mathbf{R}^m, a \in \mathbf{R}^n, b, c \in \mathbf{R}^m, \lim\limits_{x \to a} f(x) = b, \lim\limits_{x \to a} g(x) = c$. 证明:

(1) $\lim\limits_{x \to a} \| f(x) \| = \| b \|$,且当 $b = 0$ 时可逆;

(2) $\lim\limits_{x \to a} [f(x)^{\mathrm{T}} g(x)] = b^{\mathrm{T}} c$.

5. 设 $D \subset \mathbf{R}^n, f: D \to \mathbf{R}^m$. 若存在正实数 k, r,对任何点 $x, y \in D$ 满足

$$\| f(x) - f(y) \| \leqslant k \| x - y \|^r,$$

试证明 f 是 D 上的连续函数.

---

6. 设 $x, y \in \mathbf{R}^n$,证明下列各式:

(1) $\sum\limits_{i=1}^{n} |x_i| \leqslant \sqrt{n} \| x \|$; (2) $\| x+y \| \| x-y \| \leqslant \| x \|^2 + \| y \|^2$;

(3) $\big| \| x \| - \| y \| \big| \leqslant \| x-y \|$,

并讨论各不等式中等号成立的条件和解释 $n=2$ 时的几何意义.

7. (1) 证明定理 23.6;

(2) 设 $D \subset \mathbf{R}^n$,试问向量函数 $f: D \to \mathbf{R}^m$ 在 D 上一致连续,是否等价于 f 的所有坐标函数 $f_i(i=1,$

---

① 这是指 D 中任意两点之间,能用一条完全含于 D 的连续曲线相连接.

2,⋯,m)都在 D 上一致连续？为什么？

8. 设 $\boldsymbol{f}:\mathbf{R}^n\to\mathbf{R}^m$ 为连续函数,$A\subset\mathbf{R}^n$ 为任意开集,$B\subset\mathbf{R}^n$ 为任意闭集.试问 $\boldsymbol{f}(A)$ 是否必为开集？$\boldsymbol{f}(B)$ 是否必为闭集？

§2 向量函数的微分

一、可微性与可微条件

无论是一元函数还是多元函数的可微性,都是建立在局部线性近似基础上的.例如,一元函数 f 在 x_0 可微,按其定义是指存在实数 a,使得 $x\in U(x_0)$ 时,有

$$f(x)-f(x_0)=a(x-x_0)+o(x-x_0),\tag{1}$$

或者写成

$$\lim_{x\to x_0}\frac{f(x)-f(x_0)-a(x-x_0)}{x-x_0}=0.\tag{1$'$}$$

而且进一步知道 $a=f'(x_0)$,并把 $a(x-x_0)=f'(x_0)(x-x_0)$ 称为 f 在 x_0 的微分.

同样地,二元实值函数 f 在 $\boldsymbol{P}_0(x_0,y_0)$ 可微,是指存在二维向量 $\boldsymbol{c}=(\alpha,\beta)^{\mathrm{T}}$,使得 $\boldsymbol{P}(x,y)\in U(\boldsymbol{P}_0)\subset\mathbf{R}^2$ 时,有

$$f(\boldsymbol{P})-f(\boldsymbol{P}_0)=\boldsymbol{c}^{\mathrm{T}}(\boldsymbol{P}-\boldsymbol{P}_0)+o(\|\boldsymbol{P}-\boldsymbol{P}_0\|),\tag{2}$$

或者写成

$$\lim_{P\to P_0}\frac{f(\boldsymbol{P})-f(\boldsymbol{P}_0)-\boldsymbol{c}^{\mathrm{T}}(\boldsymbol{P}-\boldsymbol{P}_0)}{\|\boldsymbol{P}-\boldsymbol{P}_0\|}=0.\tag{2$'$}$$

而且进一步知道 $\boldsymbol{c}=(f_x(\boldsymbol{P}_0),f_y(\boldsymbol{P}_0))^{\mathrm{T}}$,并把

$$\boldsymbol{c}^{\mathrm{T}}(\boldsymbol{P}-\boldsymbol{P}_0)=f_x(x_0,y_0)(x-x_0)+f_y(x_0,y_0)(y-y_0)$$

称为 f 在 $\boldsymbol{P}_0$ 的微分.

在(1)或(1)$'$中的 $a(x-x_0)$ 与(2)或(2)$'$中的 $\boldsymbol{c}^{\mathrm{T}}(\boldsymbol{P}-\boldsymbol{P}_0)$ 具有相同的形式与内涵,因而我们也把向量 $\boldsymbol{c}$ 称做二元函数 f 在 $\boldsymbol{P}_0$ 处的“导数”(以前叫梯度),并记作 $f'(\boldsymbol{P}_0)$.尤其是把 $a(x-x_0)$ 和 $\boldsymbol{c}^{\mathrm{T}}(\boldsymbol{P}-\boldsymbol{P}_0)$ 作为线性变换来认识时,我们能很自然地建立起一般向量函数的可微性概念.

定义1 设 $D\subset\mathbf{R}^n$ 为开集,$\boldsymbol{x}_0\in D$,$\boldsymbol{f}:D\to\mathbf{R}^m$.如果存在某个线性变换 A(只依赖于 $\boldsymbol{x}_0$),使得 $\boldsymbol{x}\in U(\boldsymbol{x}_0)\subset D$ 时,有

$$\boldsymbol{f}(\boldsymbol{x})-\boldsymbol{f}(\boldsymbol{x}_0)=A(\boldsymbol{x}-\boldsymbol{x}_0)+o(\|\boldsymbol{x}-\boldsymbol{x}_0\|)\tag{3}$$

或

$$\lim_{x\to x_0}\frac{\boldsymbol{f}(\boldsymbol{x})-\boldsymbol{f}(\boldsymbol{x}_0)-A(\boldsymbol{x}-\boldsymbol{x}_0)}{\|\boldsymbol{x}-\boldsymbol{x}_0\|}=\boldsymbol{0},\tag{3$'$}$$

则称向量函数 $\boldsymbol{f}$ 在点 $\boldsymbol{x}_0$ **可微**(或**可导**).若与上述线性变换 A 相联系的矩阵为 $\boldsymbol{A}_{m\times n}$,则称 $A(\boldsymbol{x}-\boldsymbol{x}_0)=\boldsymbol{A}(\boldsymbol{x}-\boldsymbol{x}_0)$ 为 $\boldsymbol{f}$ 在点 $\boldsymbol{x}_0$ 的微分,并称 $\boldsymbol{A}$ 为 $\boldsymbol{f}$ 在点 $\boldsymbol{x}_0$ 的**导数**,记作 $\mathrm{D}\boldsymbol{f}(\boldsymbol{x}_0)$ 或 $\boldsymbol{f}'(\boldsymbol{x}_0)$.因而

$$A(\boldsymbol{x}-\boldsymbol{x}_0)=\boldsymbol{A}(\boldsymbol{x}-\boldsymbol{x}_0)=\mathrm{D}\boldsymbol{f}(\boldsymbol{x}_0)(\boldsymbol{x}-\boldsymbol{x}_0)$$
$$=\boldsymbol{f}'(\boldsymbol{x}_0)(\boldsymbol{x}-\boldsymbol{x}_0) \tag{4}$$

同样是$\boldsymbol{f}(\boldsymbol{x})-\boldsymbol{f}(\boldsymbol{x}_0)$的一个线性逼近,只是当 $m>1$ 时它不再是一实数,而是一个 m 维的向量.

如果$\boldsymbol{f}$在 D 中任何点处可微,则称$\boldsymbol{f}$为 D 上的**可微函数**. 下面来导出矩阵 $\boldsymbol{A}$ 的元与$\boldsymbol{f}$的坐标函数的偏导数之间的联系. 为此设

$$\boldsymbol{f}=\begin{pmatrix} f_1 \\ \vdots \\ f_m \end{pmatrix},\quad \boldsymbol{A}=\begin{pmatrix} a_{11} & \cdots & a_{1n} \\ \vdots & & \vdots \\ a_{m1} & \cdots & a_{mn} \end{pmatrix}=\begin{pmatrix} \boldsymbol{A}_1^{\mathrm{T}} \\ \vdots \\ \boldsymbol{A}_m^{\mathrm{T}} \end{pmatrix},$$

其中 $\boldsymbol{A}_i=(a_{i1},\cdots,a_{in})^{\mathrm{T}},i=1,2,\cdots,m$. 此时,可微条件(3)等价于

$$f_i(\boldsymbol{x})-f_i(\boldsymbol{x}_0)=\boldsymbol{A}_i^{\mathrm{T}}(\boldsymbol{x}-\boldsymbol{x}_0)+o(\|\boldsymbol{x}-\boldsymbol{x}_0\|),\quad i=1,2,\cdots,m, \tag{5}$$

即$\boldsymbol{f}$的所有坐标函数 $f_i(i=1,2,\cdots,m)$在 $\boldsymbol{x}_0$ 可微. 由实值函数可微性的结论知道

$$a_{ij}=\left.\frac{\partial f_i}{\partial x_j}\right|_{\boldsymbol{x}=\boldsymbol{x}_0},\quad j=1,2,\cdots,n;\quad i=1,2,\cdots,m. \tag{6}$$

于是当$\boldsymbol{f}$在 $\boldsymbol{x}_0$ 可微时,$\boldsymbol{f}$在 $\boldsymbol{x}_0$ 的导数矩阵为

$$\boldsymbol{A}=\begin{pmatrix} \dfrac{\partial f_1}{\partial x_1} & \cdots & \dfrac{\partial f_1}{\partial x_n} \\ \vdots & & \vdots \\ \dfrac{\partial f_m}{\partial x_1} & \cdots & \dfrac{\partial f_m}{\partial x_n} \end{pmatrix}^{①}\quad (=\boldsymbol{f}'(\boldsymbol{x}_0)=\mathrm{D}\boldsymbol{f}(\boldsymbol{x}_0)). \tag{7}$$

由于向量函数的可微性等价于它的所有坐标函数的可微性,因此,实值函数可微的必要条件与充分条件同样适用于向量函数.

定理 23.8 若向量函数$\boldsymbol{f}$在 $\boldsymbol{x}_0$ 可微,则$\boldsymbol{f}$在 $\boldsymbol{x}_0$ 连续.

定理 23.9 若向量函数$\boldsymbol{f}$在 $\boldsymbol{x}_0$ 可微,则$\boldsymbol{f}$的所有 m 个坐标函数 f_i $(i=1,2,\cdots,m)$ 在 $\boldsymbol{x}_0$ 关于每个自变量 x_j $(j=1,2,\cdots,n)$的一阶偏导数$\left.\dfrac{\partial f_i}{\partial x_j}\right|_{\boldsymbol{x}=\boldsymbol{x}_0}$都存在. 由这些偏导数组成的矩阵(7)便是$\boldsymbol{f}$在 $\boldsymbol{x}_0$ 的导数.

定理 23.10 若向量函数$\boldsymbol{f}$在点 $\boldsymbol{x}_0$ 的某邻域 $U(\boldsymbol{x}_0)$内处处存在一阶偏导数$\dfrac{\partial f_i}{\partial x_j}$ $(i=1,2,\cdots,m;j=1,2,\cdots,n)$,且所有这些偏导数在点 $\boldsymbol{x}_0$ 连续,则$\boldsymbol{f}$在点 $\boldsymbol{x}_0$ 可微.

例 1 设 $X=\{(x_1,x_2)\mid -\infty<x_1<+\infty,x_2>0\}\subset\mathbf{R}^2$,向量函数$\boldsymbol{f}:X\to\mathbf{R}^4$ 为

$$\boldsymbol{f}(\boldsymbol{x})=\boldsymbol{f}(x_1,x_2)=(x_1^2x_2^3,\mathrm{e}^{x_1+x_2},x_2,x_1\ln x_2)^{\mathrm{T}}.$$

求$\boldsymbol{f}'(\boldsymbol{x}),\boldsymbol{x}\in X$ 和$\boldsymbol{f}'(1,1)$.

解 这里

$$f_1(x_1,x_2)=x_1^2x_2^3,\ f_2(x_1,x_2)=\mathrm{e}^{x_1+x_2},\ f_3(x_1,x_2)=x_2,\ f_4(x_1,x_2)=x_1\ln x_2.$$

对 $\boldsymbol{x}\in X$,由(7)式有

---

① 如此形式的矩阵又叫做$\boldsymbol{f}$的**雅可比矩阵**,也常记作 $\boldsymbol{J}_f(\boldsymbol{x}_0)$. 只要其中的所有偏导数存在,便可构成 $\boldsymbol{J}_f(\boldsymbol{x}_0)$,但此时并不表示它必定是$\boldsymbol{f}$的导数,因为由此并不能保证$\boldsymbol{f}$在 $\boldsymbol{x}_0$ 可微.

$$f'(x)=\begin{pmatrix}2x_1x_2^3 & 3x_1^2x_2^2\\ e^{x_1+x_2} & e^{x_1+x_2}\\ 0 & 1\\ \ln x_2 & \dfrac{x_1}{x_2}\end{pmatrix},\quad f'(1,1)=\begin{pmatrix}2 & 3\\ e^2 & e^2\\ 0 & 1\\ 0 & 1\end{pmatrix}.$$

进而还可由定理 23.10 知,函数 $\boldsymbol{f}$ 在 X 上每一点都可微. □

下述定理给出了可微函数与连续函数之间进一步的联系,它可使不少可微性命题的证明更加简便.

定理 23.11 设 $D\subset\mathbf{R}^n$ 为开集,$\boldsymbol{x}_0\in D$,$\boldsymbol{f}:D\to\mathbf{R}^m$. 则 $\boldsymbol{f}$ 在 $\boldsymbol{x}_0$ 可微的充要条件是:存在一个(m 行 n 列的)矩阵函数 $\boldsymbol{F}:D\to\mathbf{R}^{mn}$,它在 $\boldsymbol{x}_0$ 连续(相当于它的 n 个列向量函数都在 $\boldsymbol{x}_0$ 连续),并使得

$$\boldsymbol{f}(\boldsymbol{x})-\boldsymbol{f}(\boldsymbol{x}_0)=\boldsymbol{F}(\boldsymbol{x})(\boldsymbol{x}-\boldsymbol{x}_0),\ \boldsymbol{x}\in D. \tag{8}$$

证 为了证明的需要,我们把定义 4 中的(3)式改写成如下等价形式,即存在 $\boldsymbol{\eta}:D\to\mathbf{R}^m$,使得

$$\boldsymbol{f}(\boldsymbol{x})-\boldsymbol{f}(\boldsymbol{x}_0)=\boldsymbol{A}(\boldsymbol{x}-\boldsymbol{x}_0)+\boldsymbol{\eta}(\boldsymbol{x})\|\boldsymbol{x}-\boldsymbol{x}_0\|, \tag{9}$$
$$\lim_{\boldsymbol{x}\to\boldsymbol{x}_0}\boldsymbol{\eta}(\boldsymbol{x})=\mathbf{0}.$$

现从(9)式出发来证明条件的必要性:当 $\boldsymbol{x}\neq\boldsymbol{x}_0$ 时,

$$\begin{aligned}\boldsymbol{f}(\boldsymbol{x})-\boldsymbol{f}(\boldsymbol{x}_0)&=\boldsymbol{f}'(\boldsymbol{x}_0)(\boldsymbol{x}-\boldsymbol{x}_0)+\boldsymbol{\eta}(\boldsymbol{x})\|\boldsymbol{x}-\boldsymbol{x}_0\|\\&=\boldsymbol{f}'(\boldsymbol{x}_0)(\boldsymbol{x}-\boldsymbol{x}_0)+\frac{\boldsymbol{\eta}(\boldsymbol{x})}{\|\boldsymbol{x}-\boldsymbol{x}_0\|}(\boldsymbol{x}-\boldsymbol{x}_0)^{\mathrm{T}}(\boldsymbol{x}-\boldsymbol{x}_0)\\&=\left[\boldsymbol{f}'(\boldsymbol{x}_0)+\frac{\boldsymbol{\eta}(\boldsymbol{x})}{\|\boldsymbol{x}-\boldsymbol{x}_0\|}(\boldsymbol{x}-\boldsymbol{x}_0)^{\mathrm{T}}\right](\boldsymbol{x}-\boldsymbol{x}_0).\end{aligned}\tag{10}$$

若令

$$\boldsymbol{F}(\boldsymbol{x})=\begin{cases}\boldsymbol{f}'(\boldsymbol{x}_0)+\dfrac{\boldsymbol{\eta}(\boldsymbol{x})}{\|\boldsymbol{x}-\boldsymbol{x}_0\|}(\boldsymbol{x}-\boldsymbol{x}_0)^{\mathrm{T}}, & \boldsymbol{x}\neq\boldsymbol{x}_0,\\ \boldsymbol{f}'(\boldsymbol{x}_0), & \boldsymbol{x}=\boldsymbol{x}_0.\end{cases}\tag{11}$$

因为

$$\|\boldsymbol{F}(\boldsymbol{x})-\boldsymbol{F}(\boldsymbol{x}_0)\|^{①}=\left\|\boldsymbol{\eta}(\boldsymbol{x})\frac{(\boldsymbol{x}-\boldsymbol{x}_0)^{\mathrm{T}}}{\|\boldsymbol{x}-\boldsymbol{x}_0\|}\right\|\leqslant\|\boldsymbol{\eta}(\boldsymbol{x})\|,$$

而 $\lim\limits_{\boldsymbol{x}\to\boldsymbol{x}_0}\|\boldsymbol{\eta}(\boldsymbol{x})\|=0$,所以 $\boldsymbol{F}(\boldsymbol{x})$ 在 $\boldsymbol{x}_0$ 连续. 于是存在由(11)所确定的函数 $\boldsymbol{F}$,使得(10)式符合定理条件.

反之,若存在 $\boldsymbol{F}(\boldsymbol{x})$,在 $\boldsymbol{x}_0$ 连续且满足(8)式,则有

$$\begin{aligned}\boldsymbol{f}(\boldsymbol{x})-\boldsymbol{f}(\boldsymbol{x}_0)&=\boldsymbol{F}(\boldsymbol{x}_0)(\boldsymbol{x}-\boldsymbol{x}_0)+[\boldsymbol{F}(\boldsymbol{x})-\boldsymbol{F}(\boldsymbol{x}_0)](\boldsymbol{x}-\boldsymbol{x}_0)\\&=\boldsymbol{F}(\boldsymbol{x}_0)(\boldsymbol{x}-\boldsymbol{x}_0)+\frac{\boldsymbol{F}(\boldsymbol{x})-\boldsymbol{F}(\boldsymbol{x}_0)}{\|\boldsymbol{x}-\boldsymbol{x}_0\|}(\boldsymbol{x}-\boldsymbol{x}_0)\|\boldsymbol{x}-\boldsymbol{x}_0\|.\end{aligned}$$

---

① 这里 $\|\boldsymbol{F}(\boldsymbol{x})-\boldsymbol{F}(\boldsymbol{x}_0)\|$ 是矩阵的模. 一般地,矩阵 $\boldsymbol{A}=(a_{ij})_{m\times n}$ 的模可以采用多种定义方式,其中之一是 $\|\boldsymbol{A}\|=\sqrt{\sum\limits_{i=1}^{m}\sum\limits_{j=1}^{n}a_{ij}^2}$,这相当于把 $\boldsymbol{A}$ 看作 mn 维向量,所以向量模的性质对矩阵模同样成立.

$$\boldsymbol{\eta}(\boldsymbol{x})=\begin{cases}\dfrac{\boldsymbol{F}(\boldsymbol{x})-\boldsymbol{F}(\boldsymbol{x}_0)}{\|\boldsymbol{x}-\boldsymbol{x}_0\|}(\boldsymbol{x}-\boldsymbol{x}_0), & \boldsymbol{x}\neq\boldsymbol{x}_0,\\ \boldsymbol{0}, & \boldsymbol{x}=\boldsymbol{x}_0.\end{cases}\tag{12}$$

因 $\boldsymbol{F}$ 在 $\boldsymbol{x}_0$ 连续，可知 $\lim\limits_{\boldsymbol{x}\to\boldsymbol{x}_0}\boldsymbol{\eta}(\boldsymbol{x})=\boldsymbol{0}$. 所以(12)式符合 $\boldsymbol{f}$ 在 $\boldsymbol{x}_0$ 可微的等价条件(9). 而且线性变换 A 由矩阵 $\boldsymbol{F}(\boldsymbol{x}_0)$ 所确定，即

$$\boldsymbol{f}'(\boldsymbol{x}_0)=\boldsymbol{F}(\boldsymbol{x}_0).\tag{13}$$

□

二、可微函数的性质

如定义 4 那样，下列定理中的集合 $D\subset\mathbf{R}^n$ 均设为开集.

定理 23.12　设 $\boldsymbol{f},\boldsymbol{g}:D\to\mathbf{R}^m$ 是两个在 $\boldsymbol{x}_0\in D$ 可微的函数，c 是任意实数. 则 $c\boldsymbol{f}$ 与 $\boldsymbol{f}\pm\boldsymbol{g}$ 在 $\boldsymbol{x}_0$ 也可微，且有

$$(c\boldsymbol{f})'(\boldsymbol{x}_0)=c\boldsymbol{f}'(\boldsymbol{x}_0),\quad(\boldsymbol{f}\pm\boldsymbol{g})'(\boldsymbol{x}_0)=\boldsymbol{f}'(\boldsymbol{x}_0)\pm\boldsymbol{g}'(\boldsymbol{x}_0).\tag{14}$$

证明留作练习.

定理 23.13　设 $\boldsymbol{f}:D\to\mathbf{R}^m$ 在 $\boldsymbol{x}_0\in D$ 可微；$D'\subset\mathbf{R}^m$ 亦为开集，$\boldsymbol{f}(D)\subset D'$；$\boldsymbol{g}:D'\to\mathbf{R}^r$ 在 $\boldsymbol{y}_0=\boldsymbol{f}(\boldsymbol{x}_0)$ 可微. 则复合函数 $\boldsymbol{h}=\boldsymbol{g}\circ\boldsymbol{f}:D\to\mathbf{R}^r$ 在 $\boldsymbol{x}_0$ 可微，且

$$\boldsymbol{h}'(\boldsymbol{x}_0)=(\boldsymbol{g}\circ\boldsymbol{f})'(\boldsymbol{x}_0)=\boldsymbol{g}'(\boldsymbol{y}_0)\boldsymbol{f}'(\boldsymbol{x}_0).\tag{15}$$

证　由定理 23.11 关于可微的充要条件，存在矩阵函数 $\boldsymbol{F}:D\to\mathbf{R}^{mn}$ 在 $\boldsymbol{x}_0$ 连续，$\boldsymbol{G}:D'\to\mathbf{R}^{rm}$ 在 $\boldsymbol{y}_0$ 连续，且满足

$$\boldsymbol{f}(\boldsymbol{x})-\boldsymbol{f}(\boldsymbol{x}_0)=\boldsymbol{F}(\boldsymbol{x})(\boldsymbol{x}-\boldsymbol{x}_0),\quad\boldsymbol{x}\in D,$$
$$\boldsymbol{g}(\boldsymbol{y})-\boldsymbol{g}(\boldsymbol{y}_0)=\boldsymbol{G}(\boldsymbol{y})(\boldsymbol{y}-\boldsymbol{y}_0),\quad\boldsymbol{y}\in D'.$$

于是就有

$$\begin{aligned}\boldsymbol{h}(\boldsymbol{x})-\boldsymbol{h}(\boldsymbol{x}_0)&=\boldsymbol{g}(\boldsymbol{f}(\boldsymbol{x}))-\boldsymbol{g}(\boldsymbol{f}(\boldsymbol{x}_0))\\&=\boldsymbol{G}(\boldsymbol{f}(\boldsymbol{x}))[\boldsymbol{f}(\boldsymbol{x})-\boldsymbol{f}(\boldsymbol{x}_0)]\\&=\boldsymbol{G}(\boldsymbol{f}(\boldsymbol{x}))\boldsymbol{F}(\boldsymbol{x})(\boldsymbol{x}-\boldsymbol{x}_0)\\&=\boldsymbol{H}(\boldsymbol{x})(\boldsymbol{x}-\boldsymbol{x}_0),\end{aligned}\tag{16}$$

其中 $\boldsymbol{H}(\boldsymbol{x})=\boldsymbol{G}(\boldsymbol{f}(\boldsymbol{x}))\boldsymbol{F}(\boldsymbol{x})$. 由连续函数性质可知，当 $\boldsymbol{f}$，$\boldsymbol{F}$ 在 $\boldsymbol{x}_0$ 连续，$\boldsymbol{G}$ 在 $\boldsymbol{y}_0=\boldsymbol{f}(\boldsymbol{x}_0)$ 连续时，$\boldsymbol{H}$ 在 $\boldsymbol{x}_0$ 连续. 所以复合函数 $\boldsymbol{h}=\boldsymbol{g}\circ\boldsymbol{f}$ 所满足的(16)式符合定理 23.11 的条件，即 $\boldsymbol{h}$ 在 $\boldsymbol{x}_0$ 可微. 而且由(13)式可知 $\boldsymbol{f}'(\boldsymbol{x}_0)=\boldsymbol{F}(\boldsymbol{x}_0)$，$\boldsymbol{g}'(\boldsymbol{y}_0)=\boldsymbol{G}(\boldsymbol{y}_0)$，从而证得

$$\begin{aligned}\boldsymbol{h}'(\boldsymbol{x}_0)&=\boldsymbol{H}(\boldsymbol{x}_0)=\boldsymbol{G}(\boldsymbol{f}(\boldsymbol{x}_0))\boldsymbol{F}(\boldsymbol{x}_0)\\&=\boldsymbol{G}(\boldsymbol{y}_0)\boldsymbol{F}(\boldsymbol{x}_0)=\boldsymbol{g}'(\boldsymbol{y}_0)\boldsymbol{f}'(\boldsymbol{x}_0).\end{aligned}$$

□

上述公式(15)也称为**链式法则**.

在上述复合过程中，若令 $\boldsymbol{u}=\boldsymbol{g}(\boldsymbol{y})$，$\boldsymbol{y}=\boldsymbol{f}(\boldsymbol{x})$，当用雅可比矩阵表示复合函数 $(\boldsymbol{g}\circ\boldsymbol{f})(\boldsymbol{x})$ 的导数的链式法则(15)时，则有

$$\begin{pmatrix}\dfrac{\partial u_1}{\partial x_1} & \cdots & \dfrac{\partial u_1}{\partial x_n}\\ \vdots & & \vdots\\ \dfrac{\partial u_r}{\partial x_1} & \cdots & \dfrac{\partial u_r}{\partial x_n}\end{pmatrix}_{\boldsymbol{x}=\boldsymbol{x}_0}=\begin{pmatrix}\dfrac{\partial u_1}{\partial y_1} & \cdots & \dfrac{\partial u_1}{\partial y_m}\\ \vdots & & \vdots\\ \dfrac{\partial u_r}{\partial y_1} & \cdots & \dfrac{\partial u_r}{\partial y_m}\end{pmatrix}_{\boldsymbol{y}=\boldsymbol{y}_0}\begin{pmatrix}\dfrac{\partial y_1}{\partial x_1} & \cdots & \dfrac{\partial y_1}{\partial x_n}\\ \vdots & & \vdots\\ \dfrac{\partial y_m}{\partial x_1} & \cdots & \dfrac{\partial y_m}{\partial x_n}\end{pmatrix}_{\boldsymbol{x}=\boldsymbol{x}_0}.\tag{17}$$

例 2 设 $D\subset\mathbf{R}^2$, $\boldsymbol{f}:D\to\mathbf{R}^2$, $\boldsymbol{f}(D)\subset D'\subset\mathbf{R}^2$, $g:D'\to\mathbf{R}$,则当$\boldsymbol{f}$,g 均可微时,它们的复合函数 $h=g\circ\boldsymbol{f}:D\to\mathbf{R}$ (注意,这里 h 是实值函数)依定理 23.13 在 D 上可微,且有导数

$$h'(\boldsymbol{x})=(g\circ\boldsymbol{f})'(\boldsymbol{x})=g'(\boldsymbol{y})\boldsymbol{f}'(\boldsymbol{x}).$$

按(17)式的写法,则是

$$\begin{aligned}\begin{pmatrix}\dfrac{\partial u}{\partial x_1} & \dfrac{\partial u}{\partial x_2}\end{pmatrix}&=\begin{pmatrix}\dfrac{\partial u}{\partial y_1} & \dfrac{\partial u}{\partial y_2}\end{pmatrix}\begin{pmatrix}\dfrac{\partial y_1}{\partial x_1} & \dfrac{\partial y_1}{\partial x_2}\\ \dfrac{\partial y_2}{\partial x_1} & \dfrac{\partial y_2}{\partial x_2}\end{pmatrix}\\&=\begin{pmatrix}\dfrac{\partial u}{\partial y_1}\dfrac{\partial y_1}{\partial x_1}+\dfrac{\partial u}{\partial y_2}\dfrac{\partial y_2}{\partial x_1} & \dfrac{\partial u}{\partial y_1}\dfrac{\partial y_1}{\partial x_2}+\dfrac{\partial u}{\partial y_2}\dfrac{\partial y_2}{\partial x_2}\end{pmatrix}.\end{aligned}$$

这个结果正是第十七章§2 链式法则(4). □

例 3 设

$$\boldsymbol{w}=[f(x,u),g(y,v)]^{\mathrm{T}},\quad u=\psi(x,y,v),\quad v=\varphi(x,y).$$

试计算 $\boldsymbol{w}'(x,y)$.

解 利用定理 23.13 的一般方法来求解时,须把 $\boldsymbol{w}=(w_1,w_2)^{\mathrm{T}}$ 看作以下三个变换的复合

$$(x,y)^{\mathrm{T}}\mapsto(x,y,v)^{\mathrm{T}}\mapsto(x,y,u,v)^{\mathrm{T}}\mapsto(w_1,w_2)^{\mathrm{T}},$$

亦即

$$\begin{pmatrix}x\\y\\v\end{pmatrix}=\begin{pmatrix}x\\y\\\varphi(x,y)\end{pmatrix},$$

$$\begin{pmatrix}x\\y\\u\\v\end{pmatrix}=\begin{pmatrix}x\\y\\\psi(x,y,v)\\v\end{pmatrix},$$

$$\begin{pmatrix}w_1\\w_2\end{pmatrix}=\begin{pmatrix}f(x,u)\\g(y,v)\end{pmatrix}.$$

则有

$$\boldsymbol{w}'(x,y)=\begin{pmatrix}\dfrac{\partial w_1}{\partial x} & \dfrac{\partial w_1}{\partial y} & \dfrac{\partial w_1}{\partial u} & \dfrac{\partial w_1}{\partial v}\\ \dfrac{\partial w_2}{\partial x} & \dfrac{\partial w_2}{\partial y} & \dfrac{\partial w_2}{\partial u} & \dfrac{\partial w_2}{\partial v}\end{pmatrix}\begin{pmatrix}\dfrac{\partial x}{\partial x} & \dfrac{\partial x}{\partial y} & \dfrac{\partial x}{\partial v}\\ \dfrac{\partial y}{\partial x} & \dfrac{\partial y}{\partial y} & \dfrac{\partial y}{\partial v}\\ \dfrac{\partial u}{\partial x} & \dfrac{\partial u}{\partial y} & \dfrac{\partial u}{\partial v}\\ \dfrac{\partial v}{\partial x} & \dfrac{\partial v}{\partial y} & \dfrac{\partial v}{\partial v}\end{pmatrix}\begin{pmatrix}\dfrac{\partial x}{\partial x} & \dfrac{\partial x}{\partial y}\\ \dfrac{\partial y}{\partial x} & \dfrac{\partial y}{\partial y}\\ \dfrac{\partial v}{\partial x} & \dfrac{\partial v}{\partial y}\end{pmatrix}$$

$$= \begin{pmatrix} f_x & 0 & f_u & 0 \\ 0 & g_y & 0 & g_v \end{pmatrix} \begin{pmatrix} 1 & 0 & 0 \\ 0 & 1 & 0 \\ \psi_x & \psi_y & \psi_v \\ 0 & 0 & 1 \end{pmatrix} \begin{pmatrix} 1 & 0 \\ 0 & 1 \\ \varphi_x & \varphi_y \end{pmatrix}$$

$$= \begin{pmatrix} f_x + f_u\psi_x + f_u\varphi_x\psi_v & f_u\psi_y + f_u\varphi_y\psi_v \\ g_v\varphi_x & g_y + g_v\varphi_y \end{pmatrix}.$$ □

定理23.14(微分中值不等式)　设 $D\subset\mathbf{R}^n$ 是凸开集,$\boldsymbol{f}:D\to\mathbf{R}^m$. 若 $\boldsymbol{f}$ 在 D 内可微,则对任何两点 $\boldsymbol{a},\boldsymbol{b}\in D$,必存在点 $\boldsymbol{\xi}=\boldsymbol{a}+\theta(\boldsymbol{b}-\boldsymbol{a})$,$0<\theta<1$,使得

$$\| \boldsymbol{f}(\boldsymbol{b})-\boldsymbol{f}(\boldsymbol{a}) \| \leqslant \| \boldsymbol{f}'(\boldsymbol{\xi}) \| \, \| \boldsymbol{b}-\boldsymbol{a} \| ①. \tag{18}$$

证　令

$$\varphi(\boldsymbol{x})=[\boldsymbol{f}(\boldsymbol{b})-\boldsymbol{f}(\boldsymbol{a})]^{\mathrm{T}}\boldsymbol{f}(\boldsymbol{x}),$$

则 φ 是 D 上的一个实值函数,且满足中值定理(定理 17.8)的条件. 所以存在 $\boldsymbol{\xi}=\boldsymbol{a}+\theta(\boldsymbol{b}-\boldsymbol{a})$,$0<\theta<1$,使得

$$\varphi(\boldsymbol{b})-\varphi(\boldsymbol{a})=\varphi'(\boldsymbol{\xi})^{\mathrm{T}}(\boldsymbol{b}-\boldsymbol{a}),$$

其中

$$\varphi'(\boldsymbol{\xi})^{\mathrm{T}}=[\varphi_{x_1}(\boldsymbol{\xi}),\cdots,\varphi_{x_n}(\boldsymbol{\xi})]$$
$$=[\boldsymbol{f}(\boldsymbol{b})-\boldsymbol{f}(\boldsymbol{a})]^{\mathrm{T}}\boldsymbol{f}'(\boldsymbol{\xi}).$$

由于 $\varphi(\boldsymbol{b})-\varphi(\boldsymbol{a})=[\boldsymbol{f}(\boldsymbol{b})-\boldsymbol{f}(\boldsymbol{a})]^{\mathrm{T}}[\boldsymbol{f}(\boldsymbol{b})-\boldsymbol{f}(\boldsymbol{a})]=\|\boldsymbol{f}(\boldsymbol{b})-\boldsymbol{f}(\boldsymbol{a})\|^2$,
因此又有

$$\|\boldsymbol{f}(\boldsymbol{b})-\boldsymbol{f}(\boldsymbol{a})\|^2=[\boldsymbol{f}(\boldsymbol{b})-\boldsymbol{f}(\boldsymbol{a})]^{\mathrm{T}}\boldsymbol{f}'(\boldsymbol{\xi})(\boldsymbol{b}-\boldsymbol{a})$$
$$\leqslant\|\boldsymbol{f}(\boldsymbol{b})-\boldsymbol{f}(\boldsymbol{a})\|\,\|\boldsymbol{f}'(\boldsymbol{\xi})\|\,\|\boldsymbol{b}-\boldsymbol{a}\|.$$

由此得不等式(18). □

三、黑塞矩阵与极值

在讨论高阶导数时,这里只限于考察两种情形:一元向量函数的高阶导数和多元实值函数的二阶导数.

对于一元向量函数 $\boldsymbol{x}:I\to\mathbf{R}^n$,$I\subset\mathbf{R}$,即

$$x_1=x_1(t),\cdots,x_n=x_n(t),\ t\in I.$$

只要 $x_i^{(k)}(t)\ (i=1,2,\cdots,n)$ 存在,按向量函数的导数定义,$\boldsymbol{x}$ 的 k 阶导数 $\boldsymbol{x}^{(k)}(t)=[x_1^{(k)}(t),\cdots,x_n^{(k)}(t)]^{\mathrm{T}}$.

对于 n 元实值函数 $f:D\to\mathbf{R}$,$D\subset\mathbf{R}^n$ 为开集,如果 f 在 D 上可微,则由

$$\boldsymbol{f}'(\boldsymbol{x})=\left(\frac{\partial f}{\partial x_1},\cdots,\frac{\partial f}{\partial x_n}\right)$$

确定了 f 的导函数 $\boldsymbol{f}':D\to\mathbf{R}^n$,它是一个向量函数(即 f 的梯度向量函数). 如果 $\boldsymbol{f}'$ 还在 D(或 D 内某一点)上可微,则称 f 在 D(或 D 内某一点)上**二阶可微**,并定义$(\boldsymbol{f}')^{\mathrm{T}}$ 的导数为 f 的**二阶导数**,记作 $\boldsymbol{f}''(\boldsymbol{x})$ 或 $\mathrm{D}^2f(\boldsymbol{x})$. 由公式(7)得

① 这里的 $\|\boldsymbol{f}'(\boldsymbol{\xi})\|$ 是矩阵的模.

$$f''(x)=\begin{pmatrix}\dfrac{\partial^2 f}{\partial x_1^2} & \cdots & \dfrac{\partial^2 f}{\partial x_1\partial x_n}\\ \vdots & & \vdots\\ \dfrac{\partial^2 f}{\partial x_n\partial x_1} & \cdots & \dfrac{\partial^2 f}{\partial x_n^2}\end{pmatrix}. \tag{19}$$

此矩阵又称为函数 f 的**黑塞矩阵**,当 f 的二阶混合偏导数连续时,它是一个对称矩阵.

这时 f 在 $\boldsymbol{x}_0$ 的二阶泰勒公式可简单地写成

$$f(\boldsymbol{x})=f(\boldsymbol{x}_0)+\boldsymbol{f}'(\boldsymbol{x}_0)(\boldsymbol{x}-\boldsymbol{x}_0)+\frac{1}{2}(\boldsymbol{x}-\boldsymbol{x}_0)^{\mathrm{T}}\boldsymbol{f}''(\boldsymbol{x}_0)(\boldsymbol{x}-\boldsymbol{x}_0)+ o(\|\boldsymbol{x}-\boldsymbol{x}_0\|^2). \tag{20}$$

利用它还能把第十七章里对二元极值问题的讨论引向更一般的形式.

为此我们把定理 17.10 和定理 17.11 中的二维极值点改为 n 维极值点,即得以下相应结论(详细证明从略).

定理 23.15(极值必要条件) 设 $D\subset\mathbf{R}^n$ 为开集,实值函数 $f:D\to\mathbf{R}$ 在 $\boldsymbol{x}_0\in D$ 可微,且取极值,则

(i) $\boldsymbol{x}_0$ 必为 f 的稳定点,即 $\boldsymbol{f}'(\boldsymbol{x}_0)=\mathbf{0}$;

(ii) 又若 f 在 $\boldsymbol{x}_0$ 的某邻域 $U(\boldsymbol{x}_0)\subset D$ 存在连续二阶偏导数,则当 $f(\boldsymbol{x}_0)$ 为极小值时,f 在 $\boldsymbol{x}_0$ 的黑塞矩阵 $\boldsymbol{f}''(\boldsymbol{x}_0)$ 为正定或半正定;当 $f(\boldsymbol{x}_0)$ 为极大值时,f 在 $\boldsymbol{x}_0$ 的黑塞矩阵 $\boldsymbol{f}''(\boldsymbol{x}_0)$ 为负定或半负定.

此定理的直接推论是:若 f 在 $\boldsymbol{x}_0$ 的黑塞矩阵 $\boldsymbol{f}''(\boldsymbol{x}_0)$ 为不定时,则 f 在 $\boldsymbol{x}_0$ 不取极值.

定理 23.16(极值充分条件) 上述函数 f 若在 $U(\boldsymbol{x}_0)\subset D$ 存在连续二阶偏导数,且 $\boldsymbol{f}'(\boldsymbol{x}_0)=\mathbf{0}$,则当 $\boldsymbol{f}''(\boldsymbol{x}_0)$ 为正定(负定)时,f 在 $\boldsymbol{x}_0$ 取严格极小(极大)值.

例 4 试讨论二次函数

$$f(\boldsymbol{x})=\frac{1}{2}\boldsymbol{x}^{\mathrm{T}}\boldsymbol{A}\boldsymbol{x}+\boldsymbol{b}^{\mathrm{T}}\boldsymbol{x}+c \tag{21}$$

的极值. 其中 $\boldsymbol{x}\in\mathbf{R}^n$ 为变量,$\boldsymbol{A}$ 为 $n\times n$ 对称矩阵,$\boldsymbol{b}$ 为 $n\times 1$ 向量,c 为实数.

解 由方程

$$\boldsymbol{f}'(\boldsymbol{x})=\boldsymbol{x}^{\mathrm{T}}\boldsymbol{A}+\boldsymbol{b}^{\mathrm{T}}=\mathbf{0}$$

求得 f 的稳定点 $\boldsymbol{x}_0=-\boldsymbol{A}^{-1}\boldsymbol{b}$ (这里设 $\boldsymbol{A}$ 可逆). 再求得 f 的黑塞矩阵

$$\boldsymbol{f}''(\boldsymbol{x})=\boldsymbol{A},$$

便可知道当 $\boldsymbol{A}$ 为正定时 $f(\boldsymbol{x}_0)$ 为极小值;$\boldsymbol{A}$ 为负定时 $f(\boldsymbol{x}_0)$ 为极大值. 可以验证 $f(\boldsymbol{x}_0)$ 为 f 的最小值和最大值,其值为

$$\begin{aligned}f(\boldsymbol{x}_0)&=\frac{1}{2}(\boldsymbol{A}^{-1}\boldsymbol{b})^{\mathrm{T}}\boldsymbol{A}(\boldsymbol{A}^{-1}\boldsymbol{b})-\boldsymbol{b}^{\mathrm{T}}(\boldsymbol{A}^{-1}\boldsymbol{b})+c\\ &=\frac{1}{2}\boldsymbol{b}^{\mathrm{T}}\boldsymbol{A}^{-1}\boldsymbol{b}-\boldsymbol{b}^{\mathrm{T}}\boldsymbol{A}^{-1}\boldsymbol{b}+c\\ &=-\frac{1}{2}\boldsymbol{b}^{\mathrm{T}}\boldsymbol{A}^{-1}\boldsymbol{b}+c.\end{aligned}$$

当 $\boldsymbol{A}$ 为不定阵时,求得的稳定点 $\boldsymbol{x}_0$ 相当于一个鞍点,这时 $\boldsymbol{x}_0$ 不是 f 的极值点.

□

习　题　23.2

1. 证明定理 23.12.

2. 求下列函数的导数:

(1) $\boldsymbol{f}(x_1,x_2)=(x_1\sin x_2,(x_1-x_2)^2,2x_2^2)^{\mathrm{T}}$,求 $\boldsymbol{f}'(x_1,x_2)$ 和 $\boldsymbol{f}'\left(0,\dfrac{\pi}{2}\right)$;

(2) $\boldsymbol{f}(x_1,x_2,x_3)=(x_1^2+x_2,x_2\mathrm{e}^{x_1+x_3})^{\mathrm{T}}$,求 $\boldsymbol{f}'(x_1,x_2,x_3)$ 和 $\boldsymbol{f}'(1,0,1)$.

3. 设 $D\subset\mathbf{R}^n$ 为开集,$\boldsymbol{f},\boldsymbol{g}:D\to\mathbf{R}^m$ 均为可微函数. 证明:$\boldsymbol{f}^{\mathrm{T}}\boldsymbol{g}$ 也是可微函数,而且

$$(\boldsymbol{f}^{\mathrm{T}}\boldsymbol{g})'=\boldsymbol{f}^{\mathrm{T}}\boldsymbol{g}'+\boldsymbol{g}^{\mathrm{T}}\boldsymbol{f}'.$$

4. 设函数 $f,\boldsymbol{g},\boldsymbol{h},\boldsymbol{s},\boldsymbol{t}$ 的定义如下:

$$f(x_1,x_2)=x_1-x_2,$$
$$\boldsymbol{g}(x)=(\sin x,\cos x)^{\mathrm{T}},$$
$$\boldsymbol{h}(x_1,x_2)=(x_1x_2,x_2-x_1)^{\mathrm{T}},$$
$$\boldsymbol{s}(x_1,x_2)=(x_1^2,2x_2,x_2+4)^{\mathrm{T}},$$
$$\boldsymbol{t}(x_1,x_2,x_3)=(x_1x_2x_3,x_1+x_2+x_3)^{\mathrm{T}}.$$

试依链式法则求下列复合函数的导数:

(1) $(f\circ\boldsymbol{g})'$;　(2) $(\boldsymbol{g}\circ f)'$;　(3) $(\boldsymbol{h}\circ\boldsymbol{h})'$;

(4) $(\boldsymbol{s}\circ\boldsymbol{h})'$;　(5) $(\boldsymbol{t}\circ\boldsymbol{s})'$;　(6) $(\boldsymbol{s}\circ\boldsymbol{t})'$.

5. 设 $u=f(x,y)$,$v=g(x,y,u)$,$w=h(x,u,v)$,应用链式法则计算 $\boldsymbol{w}'(x,y)$.

6. 设 $D\subset\mathbf{R}^n$ 为开域,$\boldsymbol{f}:D\to\mathbf{R}^m$ 为可微函数. 利用定理 23.14 证明:

(1) 若在 D 上 $\boldsymbol{f}'(\boldsymbol{x})$ 恒为$\boldsymbol{0}$(零矩阵),则 $\boldsymbol{f}(\boldsymbol{x})$ 为常向量函数;

(2) 若在 D 上 $\boldsymbol{f}'(\boldsymbol{x})\equiv\boldsymbol{c}$(常数矩阵),则 $\boldsymbol{f}(\boldsymbol{x})=\boldsymbol{c}\boldsymbol{x}+\boldsymbol{b}$,$\boldsymbol{x}\in D$,$\boldsymbol{b}\in\mathbf{R}^m$.

7. 设 $\boldsymbol{f}:\mathbf{R}^n\to\mathbf{R}^m$ 为可微函数,试求分别满足以下条件的函数 $\boldsymbol{f}(\boldsymbol{x})$:

(1) $\boldsymbol{f}'(\boldsymbol{x})\equiv\boldsymbol{I}$(单位矩阵);

(2) $\boldsymbol{f}'(\boldsymbol{x})=\mathrm{diag}(\varphi_i(x_i))$,即以 $\varphi_1(x_1),\varphi_2(x_2),\cdots,\varphi_n(x_n)$ 为主对角线元的对角矩阵,$\boldsymbol{x}=(x_1,\cdots,x_n)^{\mathrm{T}}$.

8. 求下列函数 f 的黑塞矩阵,并根据例 4 的结果判断该函数的极值点:

(1) $f(\boldsymbol{x})=x_1^2-2x_1x_2+2x_2^2+x_3^2-x_2x_3+x_1+3x_2-x_3$;

(2) $f(\boldsymbol{x})=-x_1^2+4x_1x_2-2x_2^2+4x_3^2-6x_2x_3+6x_1x_3$.

---

9. 设 $f,\boldsymbol{g},\boldsymbol{h},\boldsymbol{s},\boldsymbol{t}$ 为第 4 题中的五个函数.

(1) 试问:除第 4 题 6 个小题中的两个函数的复合外,还有哪些两个函数可以进行复合,并求这些复合函数的导数;

(2) 求下列复合函数的导数:

(i) $(\boldsymbol{g}\circ f\circ\boldsymbol{h})'$;　(ii) $(\boldsymbol{s}\circ\boldsymbol{t}\circ\boldsymbol{s})'$.

10. 设 $D\subset\mathbf{R}^n$ 为开集,$\boldsymbol{f}:D\to\mathbf{R}^m$ 在 $\boldsymbol{x}_0\in D$ 可微. 试证明:(1) 任给 $\varepsilon>0$,存在 $\delta>0$,当 $\boldsymbol{x}\in U(\boldsymbol{x}_0;\delta)$ 时,有

$$\|\boldsymbol{f}(\boldsymbol{x})-\boldsymbol{f}(\boldsymbol{x}_0)\|\leqslant(\|\boldsymbol{f}'(\boldsymbol{x}_0)\|+\varepsilon)\|\boldsymbol{x}-\boldsymbol{x}_0\|;$$

(2) 存在 $\delta>0$,$K>0$,当 $\boldsymbol{x}\in U(\boldsymbol{x}_0;\delta)$ 时,有

$$\|\boldsymbol{f}(\boldsymbol{x})-\boldsymbol{f}(\boldsymbol{x}_0)\|\leqslant K\|\boldsymbol{x}-\boldsymbol{x}_0\|.$$

(这称为在可微点邻域内满足**局部利普希茨条件**.)

11. 设 $D\subset\mathbf{R}^n$ 是凸开集,$\boldsymbol{g}:D\to\mathbf{R}^n$ 是可微函数,且满足:对任何 $\boldsymbol{x}\in D$ 和任何非零的$\boldsymbol{h}\in\mathbf{R}^n$,恒有

$$\boldsymbol{h}^{\mathrm{T}}\boldsymbol{g}'(\boldsymbol{x})\boldsymbol{h}>0.$$

试证明 $\boldsymbol{g}$ 在 D 上是一一映射.(提示:若 $\boldsymbol{g}(\boldsymbol{x}_1)=\boldsymbol{g}(\boldsymbol{x}_2)$,$\boldsymbol{x}_1,\boldsymbol{x}_2\in D$. 令 $\boldsymbol{h}=\boldsymbol{x}_2-\boldsymbol{x}_1\neq\mathbf{0}$,$f(\boldsymbol{x})=[\boldsymbol{g}(\boldsymbol{x})-\boldsymbol{g}(\boldsymbol{x}_1)]^{\mathrm{T}}\boldsymbol{h}$. 对 f 应用中值定理.)

12. 设 $\varphi:\mathbf{R}\to\mathbf{R}$ 二阶可导,且有稳定点;$f:\mathbf{R}^n\to\mathbf{R}$,且 $f(\boldsymbol{x})=\varphi(\boldsymbol{a}\cdot\boldsymbol{x})$,$\boldsymbol{a},\boldsymbol{x}\in\mathbf{R}^n$,$\boldsymbol{a}\neq\mathbf{0}$.

(1) 试求 f 的所有稳定点;

(2) 证明 f 的所有稳定点都是退化的,即在这些稳定点处,$\boldsymbol{f}''(\boldsymbol{x})$ 是退化矩阵(即在稳定点处 $\det \boldsymbol{f}''(\boldsymbol{x})=0$①).

§3 反函数定理和隐函数定理

在第十八章里,我们对隐函数定理和反函数定理的基本形式作了比较详细的讨论. 这里要在更一般的形式上来完成对这两个定理的叙述和论证.

一、反函数定理

考虑定义在开集 $D\subset\mathbf{R}^n$ 上的向量函数

$$\boldsymbol{f}:D\to\mathbf{R}^n.$$

如果向量函数 $\boldsymbol{f}$ 是一一映射. 即不仅对每一个 $\boldsymbol{x}\in D$ 只有一个 $\boldsymbol{y}\in\mathbf{R}^n$ 与之对应,且对每一个$\boldsymbol{y}\in\boldsymbol{f}(D)$也只有惟一确定的 $\boldsymbol{x}\in D$,使得$\boldsymbol{f}(\boldsymbol{x})=\boldsymbol{y}$. 于是由后者能确定一个定义在$\boldsymbol{f}(D)$上的函数,记为

$$\boldsymbol{f}^{-1}:\boldsymbol{f}(D)\to D,$$

称它为函数$\boldsymbol{f}$的**反函数**. 函数$\boldsymbol{f}$及其反函数$\boldsymbol{f}^{-1}$显然满足

$$(\boldsymbol{f}^{-1}\circ\boldsymbol{f})(\boldsymbol{x})=\boldsymbol{x},\quad \boldsymbol{x}\in D,\tag{1}$$

$$(\boldsymbol{f}\circ\boldsymbol{f}^{-1})(\boldsymbol{y})=\boldsymbol{y},\quad \boldsymbol{y}\in\boldsymbol{f}(D).\tag{2}$$

定理 23.17(反函数定理) 设 $D\subset\mathbf{R}^n$ 是开集,函数$\boldsymbol{f}:D\to\mathbf{R}^n$ 满足以下条件:

(i) 在 D 上可微,且$\boldsymbol{f}'$连续,

(ii) 存在 $\boldsymbol{x}_0\in D$,使 $\det \boldsymbol{f}'(\boldsymbol{x}_0)\neq 0$,

则存在邻域 $U=U(\boldsymbol{x}_0)\subset D$,使得

1° $\boldsymbol{f}$在 U 上是一一映射,从而存在反函数$\boldsymbol{f}^{-1}:V\to U$,其中 $V=\boldsymbol{f}(U)$是开集;

2° $\boldsymbol{f}^{-1}$在 V 上存在连续导数$(\boldsymbol{f}^{-1})'$,且

$$(\boldsymbol{f}^{-1})'(\boldsymbol{y})=(\boldsymbol{f}'(\boldsymbol{x}))^{-1},\qquad \boldsymbol{x}=\boldsymbol{f}^{-1}(\boldsymbol{y}),\boldsymbol{y}\in V.\tag{3}$$

证 1) 将函数$\boldsymbol{f}$变换为定义在零点邻域内的函数.

设 $\boldsymbol{T}=\boldsymbol{f}'(\boldsymbol{x}_0)$,由(i)(ii)存在点 $\boldsymbol{x}_0$ 的邻域 $W\subset D$,使得$\boldsymbol{f}'(\boldsymbol{x})$在 W 内非零. 在 $W-\boldsymbol{x}_0=\{\boldsymbol{x}-\boldsymbol{x}_0\mid\boldsymbol{x}\in W\}$ 上定义函数

$$\boldsymbol{F}(\boldsymbol{x})=\boldsymbol{T}^{-1}[\boldsymbol{f}(\boldsymbol{x}_0+\boldsymbol{x})-\boldsymbol{f}(\boldsymbol{x}_0)],\qquad \boldsymbol{x}\in W-\boldsymbol{x}_0.\tag{4}$$

---

① 若 $\boldsymbol{A}$ 为方阵,则记号 $\det\boldsymbol{A}$ 表示 $\boldsymbol{A}$ 的行列式.

记 $W-\boldsymbol{x}_0$ 为 W_1，即有

$$\boldsymbol{0}\in W_1,\qquad \boldsymbol{F}(\boldsymbol{0})=\boldsymbol{0},\quad \boldsymbol{F}'(\boldsymbol{0})=\boldsymbol{I},$$

这里 $\boldsymbol{I}$ 是单位矩阵，而且 $\boldsymbol{F}$ 在 W_1 上可微，$\boldsymbol{F}'$连续，对所有 $\boldsymbol{x}\in W_1$，$\boldsymbol{F}'(\boldsymbol{x})\neq\boldsymbol{O}$.

2）证明存在邻域 $W_2\subset W_1$，使得 $\boldsymbol{F}$ 在 W_2 上是一一映射.

设
$$\boldsymbol{\varphi}(\boldsymbol{x})=\boldsymbol{x}-\boldsymbol{F}(\boldsymbol{x}),\qquad \boldsymbol{x}\in W_1,\tag{5}$$

则 $\boldsymbol{\varphi}'(\boldsymbol{0})=\boldsymbol{0}$. 取定 $0<\alpha<1$，由 $\boldsymbol{\varphi}'(\boldsymbol{x})$的连续性，存在中心在原点的开球 $W_2\subset W_1$，使得对 $\boldsymbol{x}\in W_2$，有

$$\|\boldsymbol{\varphi}'(\boldsymbol{x})\|<\alpha.\tag{6}$$

应用定理 23.14 微分中值不等式，我们有

$$\|\boldsymbol{\varphi}(\boldsymbol{x}'')-\boldsymbol{\varphi}(\boldsymbol{x}')\|\leqslant\alpha\|\boldsymbol{x}''-\boldsymbol{x}'\|,\qquad \boldsymbol{x}',\boldsymbol{x}''\in W_2.$$

由(5)式及三角不等式可以推出

$$\|\boldsymbol{F}(\boldsymbol{x}'')-\boldsymbol{F}(\boldsymbol{x}')\|\geqslant(1-\alpha)\|\boldsymbol{x}''-\boldsymbol{x}'\|,\tag{7}$$

所以 $\boldsymbol{F}$ 在 W_2 内是一一映射. 若定义 $\boldsymbol{F}$ 的反函数 $\boldsymbol{H}:\boldsymbol{F}(W_2)\to W_2$，

$$\boldsymbol{H}(\boldsymbol{F}(\boldsymbol{x}))=\boldsymbol{x},\qquad \boldsymbol{x}\in W_2.$$

由(7)式，即有 $\boldsymbol{H}$ 是连续的.

3）证明 $\boldsymbol{F}(W_2)\supset(1-\alpha)W_2$，$U=\boldsymbol{H}(V)$是开集，其中 $V=(1-\alpha)W_2$.

任取 $\boldsymbol{y}\in(1-\alpha)W_2$，对任何 $n>1$，应用迭代法构造 $\boldsymbol{x}_0,\cdots,\boldsymbol{x}_n$，使得 $\boldsymbol{x}_0=\boldsymbol{0}$，$\boldsymbol{x}_i=\boldsymbol{y}+\boldsymbol{\varphi}(\boldsymbol{x}_{i-1})$，$\boldsymbol{x}_{i-1}\in W_2$，且

$$\|\boldsymbol{x}_i-\boldsymbol{x}_{i-1}\|\leqslant\alpha^{i-1}\|\boldsymbol{y}\|,\qquad 1\leqslant i\leqslant n.\tag{8}$$

于是有

$$\|\boldsymbol{x}_n\|\leqslant\sum_{i=1}^{n}\|\boldsymbol{x}_i-\boldsymbol{x}_{i-1}\|\leqslant\sum_{i=1}^{n}\alpha^{i-1}\|\boldsymbol{y}\|<\frac{1}{1-\alpha}\|\boldsymbol{y}\|,$$

即 $\boldsymbol{x}_n\in W_2$，

$$\boldsymbol{x}_{n+1}=\boldsymbol{y}+\boldsymbol{\varphi}(\boldsymbol{x}_n),\tag{9}$$

$$\|\boldsymbol{x}_{n+1}-\boldsymbol{x}_n\|=\|\boldsymbol{\varphi}(\boldsymbol{x}_n)-\boldsymbol{\varphi}(\boldsymbol{x}_{n-1})\|\leqslant\alpha\|\boldsymbol{x}_n-\boldsymbol{x}_{n-1}\|,$$

所以将 n 换成 $n+1$ 时归纳法假设也成立.

由于 $\alpha<1$，因此$\{\boldsymbol{x}_n\}$是 $\mathbf{R}^n$ 中的柯西序列，于是有 $\boldsymbol{x}_n\to\boldsymbol{x}\in W_2$. 由(5)式和(9)式令 $n\to\infty$，即有 $\boldsymbol{F}(\boldsymbol{x})=\boldsymbol{y}$. 设 $V=(1-\alpha)W_2$，于是有 $U=\boldsymbol{F}^{-1}(V)$. 因为 $\boldsymbol{F}$ 连续，而开集的原象是开集，所以 U 是开集.

4）若 $\boldsymbol{y}\in V$，$\boldsymbol{x}=\boldsymbol{H}(\boldsymbol{y})$，则 $\boldsymbol{H}'(\boldsymbol{y})=[\boldsymbol{F}'(\boldsymbol{x})]^{-1}$.

设 $\boldsymbol{y}\in V$，$\boldsymbol{y}+\boldsymbol{k}\in V$，$\boldsymbol{k}\neq\boldsymbol{0}$，$\boldsymbol{x}=\boldsymbol{H}(\boldsymbol{y})$，$\boldsymbol{x}+\boldsymbol{h}=\boldsymbol{H}(\boldsymbol{y}+\boldsymbol{k})$，$\boldsymbol{S}=\boldsymbol{F}'(\boldsymbol{x})$，于是有

$$\begin{aligned}\boldsymbol{H}(\boldsymbol{y}+\boldsymbol{k})-\boldsymbol{H}(\boldsymbol{y})-\boldsymbol{S}^{-1}\boldsymbol{k}&=\boldsymbol{h}-\boldsymbol{S}^{-1}\boldsymbol{k}\\&=\boldsymbol{S}^{-1}(\boldsymbol{S}\boldsymbol{h}-\boldsymbol{k})=-\boldsymbol{S}^{-1}[\boldsymbol{F}(\boldsymbol{x}+\boldsymbol{h})-\boldsymbol{F}(\boldsymbol{x})-\boldsymbol{S}\boldsymbol{h}].\end{aligned}$$

由(7)

$$(1-\alpha)\|\boldsymbol{h}\|\leqslant\|\boldsymbol{k}\|,$$

因此
$$\begin{aligned}&\frac{\|\boldsymbol{H}(\boldsymbol{y}+\boldsymbol{k})-\boldsymbol{H}(\boldsymbol{y})-\boldsymbol{S}^{-1}\boldsymbol{k}\|}{\|\boldsymbol{k}\|}\\&\leqslant\|\boldsymbol{S}^{-1}\|\frac{\|\boldsymbol{F}(\boldsymbol{x}+\boldsymbol{h})-\boldsymbol{F}(\boldsymbol{x})-\boldsymbol{S}\boldsymbol{h}\|}{(1-\alpha)\|\boldsymbol{h}\|}.\end{aligned}\tag{10}$$

当 $\boldsymbol{k}\to\mathbf{0}$ 时,$\boldsymbol{h}\to\mathbf{0}$,即有(10)式右边趋于零,因此

$$\boldsymbol{H}'(\boldsymbol{y})=[\boldsymbol{F}'(\boldsymbol{x})]^{-1}.$$

5) $\boldsymbol{H}'(\boldsymbol{x})$在 V 内连续.

我们有下述不等式:

$$\begin{aligned}&\|\boldsymbol{H}'(\boldsymbol{y}+\boldsymbol{k})-\boldsymbol{H}'(\boldsymbol{y})\|\\ \leqslant\ &\|[\boldsymbol{F}'(\boldsymbol{x}+\boldsymbol{h})]^{-1}-[\boldsymbol{F}'(\boldsymbol{x})]^{-1}\|\\ \leqslant\ &\|[\boldsymbol{F}'(\boldsymbol{x}+\boldsymbol{h})]^{-1}\|\,\|\boldsymbol{F}'(\boldsymbol{x}+\boldsymbol{h})-\boldsymbol{F}'(\boldsymbol{x})\|\,\|[\boldsymbol{F}'(\boldsymbol{x})]^{-1}\|.\end{aligned}\tag{11}$$

由 $\boldsymbol{F}'$的连续性,当 $\|\boldsymbol{h}\|$ 充分小时,

$$\|\boldsymbol{F}'(\boldsymbol{x}+\boldsymbol{h})-\boldsymbol{F}'(\boldsymbol{x})\|\,\|[\boldsymbol{F}'(\boldsymbol{x})]^{-1}\|<\frac{1}{2}.$$

由(11)式,可以得到

$$\|[\boldsymbol{F}'(\boldsymbol{x}+\boldsymbol{h})]^{-1}\|\leqslant 2\|[\boldsymbol{F}'(\boldsymbol{x})]^{-1}\|,$$

于是

$$\begin{aligned}&\|\boldsymbol{H}'(\boldsymbol{y}+\boldsymbol{k})-\boldsymbol{H}'(\boldsymbol{y})\|\\ \leqslant\ &2\|[\boldsymbol{F}'(\boldsymbol{x})]^{-1}\|^2\,\|\boldsymbol{F}'(\boldsymbol{x}+\boldsymbol{h})-\boldsymbol{F}'(\boldsymbol{x})\|.\end{aligned}$$

由 $\boldsymbol{F}'$的连续性,即有 $\boldsymbol{H}'$的连续性. □

例 1 记 $\boldsymbol{w}=(x,y,z)^{\mathrm{T}}$,$\boldsymbol{p}=(r,\theta,\varphi)^{\mathrm{T}}$,求函数

$$\boldsymbol{w}=\boldsymbol{f}(\boldsymbol{p})=(r\sin\theta\cos\varphi,r\sin\theta\sin\varphi,r\cos\theta)\tag{12}$$

的反函数的导数.

解 由公式(3)

$$(\boldsymbol{f}^{-1})'(\boldsymbol{w})=[\boldsymbol{f}'(\boldsymbol{p})]^{-1}=\begin{pmatrix}\sin\theta\cos\varphi & r\cos\theta\cos\varphi & -r\sin\theta\sin\varphi\\ \sin\theta\sin\varphi & r\cos\theta\sin\varphi & r\sin\theta\cos\varphi\\ \cos\theta & -r\sin\theta & 0\end{pmatrix}^{-1}$$

$$=\frac{1}{r^2\sin\theta}\begin{pmatrix}r^2\sin^2\theta\cos\varphi & r^2\sin^2\theta\sin\varphi & r^2\sin\theta\cos\theta\\ r\sin\theta\cos\theta\cos\varphi & r\sin\theta\cos\theta\sin\varphi & -r\sin^2\theta\\ -r\sin\varphi & r\cos\varphi & 0\end{pmatrix}$$

$$=\begin{pmatrix}\sin\theta\cos\varphi & \sin\theta\sin\varphi & \cos\theta\\ \dfrac{\cos\theta\cos\varphi}{r} & \dfrac{\cos\theta\sin\varphi}{r} & -\dfrac{\sin\theta}{r}\\ -\dfrac{\sin\varphi}{r\sin\theta} & \dfrac{\cos\varphi}{r\sin\theta} & 0\end{pmatrix}\quad(r^2\sin\theta\neq 0).$$

若用 $\boldsymbol{w}=\boldsymbol{f}(\boldsymbol{p})$代入上式后则得

$$(\boldsymbol{f}^{-1})'(\boldsymbol{w})=\begin{pmatrix}\dfrac{x}{r} & \dfrac{y}{r} & \dfrac{z}{r}\\ \dfrac{xz}{r^2\sqrt{x^2+y^2}} & \dfrac{yz}{r^2\sqrt{x^2+y^2}} & -\dfrac{\sqrt{x^2+y^2}}{r^2}\\ -\dfrac{y}{x^2+y^2} & \dfrac{x}{x^2+y^2} & 0\end{pmatrix} \tag{13}$$

$(x^2+y^2\neq0)$，其中 $r=\sqrt{x^2+y^2+z^2}$. □

注　并不是每一个函数的反函数都能像上述那样经代入后得到(13)式. 这是因为所存在的反函数(即使它可导)并不都能由它的自变量用显式来表示.

二、隐函数定理

设 $X\subset\mathbf{R}^n$，$Y\subset\mathbf{R}^m$，$\Omega=X\times Y\subset\mathbf{R}^{n+m}$，$\boldsymbol{F}:\Omega\to\mathbf{R}^m$. 考察向量函数方程

$$\boldsymbol{F}(\boldsymbol{x},\boldsymbol{y})=\mathbf{0},\qquad \boldsymbol{x}\in X,\boldsymbol{y}\in Y. \tag{14}$$

如果存在向量函数 $\boldsymbol{f}:U\to Y$ $(U\subset X)$，当用 $\boldsymbol{f}(\boldsymbol{x})$，$\boldsymbol{x}\in U$ 去替换方程(14)中的 $\boldsymbol{y}$ 时，能使方程(14)变成恒等式

$$\boldsymbol{F}(\boldsymbol{x},\boldsymbol{f}(\boldsymbol{x}))\equiv\mathbf{0},\quad \boldsymbol{x}\in U, \tag{15}$$

这时我们称函数 $\boldsymbol{f}$ 是由方程(14)所确定的定义在 U 上的**隐函数**.

用以前(第十八章)的话来说，方程(14)是一组含有 $n+m$ 个变元的 m 个方程；而 $\boldsymbol{y}=\boldsymbol{f}(\boldsymbol{x})$ 则是(14)的“解”，即由(14)所确定的隐函数组.

出于叙述定理的需要，我们引入向量函数关于一部分变元的偏导数符号：对上述函数 $\boldsymbol{F}$，当固定 $\boldsymbol{y}\in Y$ 时，它关于 $\boldsymbol{x}$ 的偏导数记为

$$\boldsymbol{F}'_x(\boldsymbol{x},\boldsymbol{y})\quad 或\quad \mathrm{D}_x\boldsymbol{F}(\boldsymbol{x},\boldsymbol{y})\qquad (为\ m\times n\ 矩阵). \tag{16}$$

当固定 $\boldsymbol{x}\in X$ 时，它关于 $\boldsymbol{y}$ 的偏导数记为

$$\boldsymbol{F}'_y(\boldsymbol{x},\boldsymbol{y})\quad 或\quad \mathrm{D}_y\boldsymbol{F}(\boldsymbol{x},\boldsymbol{y})\qquad (为\ m\times m\ 矩阵) \tag{17}$$

定理 23.18(隐函数定理)　设 $X\subset\mathbf{R}^n$，$Y\subset\mathbf{R}^m$ 都是开集，$\Omega=X\times Y\subset\mathbf{R}^{n+m}$ (亦为开集)，$\boldsymbol{F}:\Omega\to\mathbf{R}^m$. 如果 $\boldsymbol{F}$ 满足下列条件：

(i) 存在 $\boldsymbol{x}_0\in X$，$\boldsymbol{y}_0\in Y$，使得 $\boldsymbol{F}(\boldsymbol{x}_0,\boldsymbol{y}_0)=\mathbf{0}$，

(ii) $\boldsymbol{F}$ 在 Ω 上可微，且 $\boldsymbol{F}'$ 连续，

(iii) $\det\boldsymbol{F}'_y(\boldsymbol{x}_0,\boldsymbol{y}_0)\neq0$，

则存在点 $\boldsymbol{x}_0$ 的 n 维邻域 $U=U(\boldsymbol{x}_0)\subset X$ 和点 $\boldsymbol{y}_0$ 的 m 维邻域 $V=V(\boldsymbol{y}_0)\subset Y$，使得在点 $(\boldsymbol{x}_0,\boldsymbol{y}_0)$ 的 $n+m$ 维邻域 $W=U\times V\subset\Omega$ 内，由方程(14)惟一地确定了隐函数 $\boldsymbol{f}:U\to V$，它满足

1°　$\boldsymbol{y}_0=\boldsymbol{f}(\boldsymbol{x}_0)$；

2°　当 $\boldsymbol{x}\in U$ 时 $(\boldsymbol{x},\boldsymbol{f}(\boldsymbol{x}))\in W$，且有恒等式(15)，即

$$\boldsymbol{F}(\boldsymbol{x},\boldsymbol{f}(\boldsymbol{x}))\equiv\mathbf{0};$$

3°　$\boldsymbol{f}$ 在 U 内存在连续偏导数 $\boldsymbol{f}'$，且

$$\boldsymbol{f}'(\boldsymbol{x})=-[\boldsymbol{F}'_y(\boldsymbol{x},\boldsymbol{y})]^{-1}\boldsymbol{F}'_x(\boldsymbol{x},\boldsymbol{y}),\quad (\boldsymbol{x},\boldsymbol{y})\in W. \tag{18}$$

证　定义函数 $\boldsymbol{G}:\Omega\to\mathbf{R}^n\times\mathbf{R}^m$，

$$\boldsymbol{G}(\boldsymbol{x},\boldsymbol{y})=(\boldsymbol{x},\boldsymbol{F}(\boldsymbol{x},\boldsymbol{y})),$$

即有　$\det \boldsymbol{G}'(\boldsymbol{x}_0,\boldsymbol{y}_0)=\det \boldsymbol{F}'_y(\boldsymbol{x}_0,\boldsymbol{y}_0)\neq 0$,

$$\boldsymbol{G}(\boldsymbol{x}_0,\boldsymbol{y}_0)=(\boldsymbol{x}_0,\boldsymbol{F}(\boldsymbol{x}_0,\boldsymbol{y}_0))=(\boldsymbol{x}_0,\boldsymbol{0}).$$

应用定理 23.17,存在 $\mathbf{R}^n\times\mathbf{R}^m$ 中包含$(\boldsymbol{x}_0,\boldsymbol{0})$的开集 $U\times V'$, $U\subset\mathbf{R}^n$, $V'\subset\mathbf{R}^m$ 和 $\mathbf{R}^n\times\mathbf{R}^m$ 中包含$(\boldsymbol{x}_0,\boldsymbol{y}_0)$的开集 $U'\times V$, $U'\subset\mathbf{R}^n$, $V\subset\mathbf{R}^m$,使得 $\boldsymbol{G}:U'\times V\to U\times V'$具有可微反函数

$$\boldsymbol{H}:U\times V'\to U'\times V. \tag{19}$$

因为 $\boldsymbol{G}(\boldsymbol{x},\boldsymbol{y})=(\boldsymbol{x},\boldsymbol{F}(\boldsymbol{x},\boldsymbol{y}))$,所以 $\boldsymbol{H}$ 也具有类似形式:

$$\boldsymbol{H}(\boldsymbol{x},\boldsymbol{y})=(\boldsymbol{x},\boldsymbol{k}(\boldsymbol{x},\boldsymbol{y})), \tag{20}$$

其中 $\boldsymbol{k}(\boldsymbol{x},\boldsymbol{y})$是从 $U\times V'$到 V 的可微向量函数.

定义映射 $\pi:\mathbf{R}^n\times\mathbf{R}^m\to\mathbf{R}^m$,

$$\pi(\boldsymbol{x},\boldsymbol{y})=\boldsymbol{y}. \tag{21}$$

由于 $\pi\circ\boldsymbol{G}=\boldsymbol{F}$,于是

$$\begin{aligned}\boldsymbol{F}(\boldsymbol{x},\boldsymbol{k}(\boldsymbol{x},\boldsymbol{y}))&=\boldsymbol{F}\circ\boldsymbol{H}(\boldsymbol{x},\boldsymbol{y})=(\pi\circ\boldsymbol{G})\circ\boldsymbol{H}(\boldsymbol{x},\boldsymbol{y})\\&=\pi\circ(\boldsymbol{G}\circ\boldsymbol{H})(\boldsymbol{x},\boldsymbol{y})=\pi(\boldsymbol{x},\boldsymbol{y})=\boldsymbol{y},\end{aligned}$$

因此 $\boldsymbol{F}(\boldsymbol{x},\boldsymbol{k}(\boldsymbol{x},\boldsymbol{0}))=\boldsymbol{0}$.

若定义 $\boldsymbol{f}(\boldsymbol{x})=\boldsymbol{k}(\boldsymbol{x},\boldsymbol{0})$,即有 $\boldsymbol{x}\in U$, $\boldsymbol{f}(\boldsymbol{x})\in V$,

$$\boldsymbol{F}(\boldsymbol{x},\boldsymbol{f}(\boldsymbol{x}))=\boldsymbol{0},\quad \boldsymbol{y}_0=\boldsymbol{f}(\boldsymbol{x}_0).$$

为了证明结论 3°,引入向量增量符号

$$\Delta\boldsymbol{f}=\boldsymbol{f}(\boldsymbol{x}+\Delta\boldsymbol{x})-\boldsymbol{f}(\boldsymbol{x}),\quad \boldsymbol{x},\boldsymbol{x}+\Delta\boldsymbol{x}\in U.$$

于是有

$$\begin{aligned}&\boldsymbol{F}(\boldsymbol{x}+\Delta\boldsymbol{x},\boldsymbol{f}(\boldsymbol{x}+\Delta\boldsymbol{x}))-\boldsymbol{F}(\boldsymbol{x},\boldsymbol{f}(\boldsymbol{x}))\\=&\boldsymbol{F}(\boldsymbol{x}+\Delta\boldsymbol{x},\boldsymbol{f}(\boldsymbol{x})+\Delta\boldsymbol{f})-\boldsymbol{F}(\boldsymbol{x},\boldsymbol{f}(\boldsymbol{x}))=\boldsymbol{0}.\end{aligned} \tag{22}$$

把它的各分量式写成微分中值公式:

$$\begin{aligned}&F_i(\boldsymbol{x}+\Delta\boldsymbol{x},\boldsymbol{f}(\boldsymbol{x})+\Delta\boldsymbol{f})-F_i(\boldsymbol{x},\boldsymbol{f}(\boldsymbol{x}))\\=&\sum_{k=1}^{n}\frac{\partial F_i}{\partial x_k}(\boldsymbol{x}+\theta_i\Delta\boldsymbol{x},\boldsymbol{f}(\boldsymbol{x})+\theta_i\Delta\boldsymbol{f})\Delta x_k+\sum_{j=1}^{m}\frac{\partial F_i}{\partial y_j}(\boldsymbol{x}+\theta_i\Delta\boldsymbol{x},\boldsymbol{f}(\boldsymbol{x})+\theta_i\Delta\boldsymbol{f})\Delta f_j\\=&0\quad(i=1,2,\cdots,m).\end{aligned} \tag{23}$$

从这些方程首先可证明 f_j 对 x_k 的偏导数存在($j=1,2,\cdots,m;k=1,2,\cdots,n$),这些偏导数可由 $\Delta f_j/\Delta x_k$ 的极限($\Delta x_k\to 0$, $\Delta x_1=\cdots=\Delta x_{k-1}=\Delta x_{k+1}=\cdots=\Delta x_n=0$)而求得,其中间过程为(这里用到 $\Delta\boldsymbol{f}\to 0$,即 $\boldsymbol{f}$ 的连续性)

$$\sum_{j=1}^{m}\frac{\partial F_i}{\partial y_j}(\boldsymbol{x},\boldsymbol{f}(\boldsymbol{x}))\frac{\partial f_j}{\partial x_k}=-\frac{\partial F_i}{\partial x_k}(\boldsymbol{x},\boldsymbol{f}(\boldsymbol{x})) \tag{24}$$

$$(i=1,2,\cdots,m;k=1,2,\cdots,n).$$

把这 $m\times n$ 个式子列成矩阵式,即为

$$\boldsymbol{F}'_y(\boldsymbol{x},\boldsymbol{y})\boldsymbol{f}'(\boldsymbol{x})=-\boldsymbol{F}'_x(\boldsymbol{x},\boldsymbol{y}),\quad \boldsymbol{y}=\boldsymbol{f}(\boldsymbol{x}),\quad(\boldsymbol{x},\boldsymbol{y})\in U\times V.$$

由于 $\boldsymbol{F}'_y$在 U 内可逆,从而立即就可解出 $\boldsymbol{f}'(\boldsymbol{x})$如(18)式所示,且由条件(ii)推得 $\boldsymbol{f}'(\boldsymbol{x})$在 U 上是连续的. □

在定理 23.18 中,当 $n=m=1$ 和 $n=m=2$ 时可分别得到定理 18.1,18.2 和定理

18.4 的结果，只是定理 23.18 所给的条件更一般些，这是为了证明上的简便.

例 2　设 $\Omega\subset\mathbf{R}^4$，$F,G:\Omega\to\mathbf{R}$. 若向量 $\boldsymbol{H}=(F,G)^{\mathrm{T}}$ 在点 $(\boldsymbol{z}_0,\boldsymbol{w}_0)^{\mathrm{T}}\in\Omega$（其中 $\boldsymbol{z}_0=(x_0,y_0)^{\mathrm{T}}$，$\boldsymbol{w}_0=(u_0,v_0)^{\mathrm{T}}$）的某邻域内满足定理 23.18 的条件，且 $\det\boldsymbol{H}'_w(\boldsymbol{z}_0,\boldsymbol{w}_0)\neq 0$，则方程

$$\boldsymbol{H}(x,y,u,v)=\mathbf{0}$$

在点 $\boldsymbol{z}_0$ 的某邻域内能确定一个可微的隐函数 $\boldsymbol{w}=\boldsymbol{f}(\boldsymbol{z})$，并由公式(18)求得它的导数

$$\boldsymbol{f}'(\boldsymbol{z})=-[\boldsymbol{H}'_w(\boldsymbol{z},\boldsymbol{w})]^{-1}\boldsymbol{H}'_z(\boldsymbol{z},\boldsymbol{w}).$$

现按 §2 公式(7)，上式可详细地写作

$$\begin{aligned}\boldsymbol{f}'(\boldsymbol{z})=\begin{pmatrix}\dfrac{\partial u}{\partial x} & \dfrac{\partial u}{\partial y}\\ \dfrac{\partial v}{\partial x} & \dfrac{\partial v}{\partial y}\end{pmatrix}&=-\begin{pmatrix}\dfrac{\partial F}{\partial u} & \dfrac{\partial F}{\partial v}\\ \dfrac{\partial G}{\partial u} & \dfrac{\partial G}{\partial v}\end{pmatrix}^{-1}\begin{pmatrix}\dfrac{\partial F}{\partial x} & \dfrac{\partial F}{\partial y}\\ \dfrac{\partial G}{\partial x} & \dfrac{\partial G}{\partial y}\end{pmatrix}\\ &=-\frac{1}{J}\begin{pmatrix}\dfrac{\partial G}{\partial v} & -\dfrac{\partial F}{\partial v}\\ -\dfrac{\partial G}{\partial u} & \dfrac{\partial F}{\partial u}\end{pmatrix}\begin{pmatrix}\dfrac{\partial F}{\partial x} & \dfrac{\partial F}{\partial y}\\ \dfrac{\partial G}{\partial x} & \dfrac{\partial G}{\partial y}\end{pmatrix}\\ &=-\frac{1}{J}\begin{pmatrix}\dfrac{\partial(F,G)}{\partial(x,v)} & \dfrac{\partial(F,G)}{\partial(y,v)}\\ \dfrac{\partial(F,G)}{\partial(u,x)} & \dfrac{\partial(F,G)}{\partial(u,y)}\end{pmatrix},\end{aligned}$$

这里 $J=\dfrac{\partial(F,G)}{\partial(u,v)}$. 这个结果正是第十八章 §2 公式(5).　□

三、拉格朗日乘数法

条件极值问题在第十八章 §4 中进行过初步的讨论. 现在证明高维情况下的拉格朗日乘数法.

设 $D\subset\mathbf{R}^n$ 是开集，$f:D\to\mathbf{R}$，$\boldsymbol{\varphi}:D\to\mathbf{R}^m$，$n=m+r$，并改用行向量记 $\boldsymbol{x}=(x_1,\cdots,x_n)=(x_1,\cdots,x_r,x_{r+1},\cdots,x_{r+m})=(\boldsymbol{y},\boldsymbol{z})$，$\boldsymbol{y}\in\mathbf{R}^r$，$\boldsymbol{z}\in\mathbf{R}^m$. 现在讨论在条件

$$\boldsymbol{\varphi}(\boldsymbol{x})=\boldsymbol{\varphi}(\boldsymbol{y},\boldsymbol{z})=\mathbf{0}\tag{25}$$

限制下，求函数 $f(\boldsymbol{x})=f(\boldsymbol{y},\boldsymbol{z})$ 的极值. 对于这个条件极值问题，它的拉格朗日函数为

$$L(\boldsymbol{x},\boldsymbol{\lambda})=L(\boldsymbol{y},\boldsymbol{z},\boldsymbol{\lambda})=f(\boldsymbol{y},\boldsymbol{z})+\boldsymbol{\lambda}^{\mathrm{T}}\boldsymbol{\varphi}(\boldsymbol{y},\boldsymbol{z}),\tag{26}$$

其中 $\boldsymbol{\lambda}=(\lambda_1,\cdots,\lambda_m)^{\mathrm{T}}$ 为拉格朗日乘数向量. 于是定理 18.6 的向量形式是：

定理 23.19　对以上所设的函数 f，$\boldsymbol{\varphi}$ 若满足条件：

(i) f，$\boldsymbol{\varphi}$ 在 D 内有连续导数；

(ii) $\boldsymbol{\varphi}(\boldsymbol{x}_0)=\boldsymbol{\varphi}(\boldsymbol{y}_0,\boldsymbol{z}_0)=\mathbf{0}$；

(iii) $\operatorname{rank}\boldsymbol{\varphi}'(\boldsymbol{x}_0)=\operatorname{rank}[\boldsymbol{\varphi}'_y(\boldsymbol{y}_0,\boldsymbol{z}_0),\boldsymbol{\varphi}'_z(\boldsymbol{y}_0,\boldsymbol{z}_0)]=m$①；

(iv) $\boldsymbol{x}_0=(\boldsymbol{y}_0,\boldsymbol{z}_0)$ 是 f 在条件(25)下的条件极值点，

---

① rank $\boldsymbol{A}$ 表示矩阵 $\boldsymbol{A}$ 的秩.

则存在 $\boldsymbol{\Lambda}_0\in\mathbf{R}^m$，使得 $(\boldsymbol{x}_0,\boldsymbol{\Lambda}_0)$ 是(26)式所设函数 L 的稳定点，即满足

$$\boldsymbol{L}'(\boldsymbol{x}_0,\boldsymbol{\Lambda}_0)=[\boldsymbol{L}_{\boldsymbol{x}}(\boldsymbol{x}_0,\boldsymbol{\Lambda}_0)+\boldsymbol{L}_{\boldsymbol{\lambda}}(\boldsymbol{x}_0,\boldsymbol{\Lambda}_0)]=\boldsymbol{0}. \tag{27}$$

但因 $\boldsymbol{L}_{\boldsymbol{\lambda}}(\boldsymbol{x}_0,\boldsymbol{\Lambda}_0)=[\boldsymbol{\varphi}(\boldsymbol{x}_0)]^{\mathrm{T}}=\boldsymbol{0}$ （条件(ii)），故(27)式等同于

$$\boldsymbol{L}_{\boldsymbol{x}}(\boldsymbol{x}_0,\boldsymbol{\Lambda}_0)=f'(\boldsymbol{x}_0)+\boldsymbol{\Lambda}_0^{\mathrm{T}}\boldsymbol{\varphi}'(\boldsymbol{x}_0)=\boldsymbol{0}. \tag{28}$$

证 为简单起见，由条件(iii)，不妨设

$$\det\ \boldsymbol{\varphi}_z'(\boldsymbol{y}_0,z_0)\neq 0, \tag{29}$$

于是条件(i)，(ii)连同(29)式满足定理 23.18. 故由方程(25)确定了惟一的隐函数

$$z=\boldsymbol{g}(\boldsymbol{y}),\qquad (\boldsymbol{y},z)\in U(\boldsymbol{y}_0)\times U(z_0)\subset D,$$

使得

$$z_0=\boldsymbol{g}(\boldsymbol{y}_0),\quad \boldsymbol{\varphi}(\boldsymbol{y},\boldsymbol{g}(\boldsymbol{y}))\equiv\boldsymbol{0},\quad \boldsymbol{y}\in U(\boldsymbol{y}_0)$$

且 $\boldsymbol{g}$ 在 $U(\boldsymbol{y}_0)$ 存在连续导数. 于是由复合函数求导法则得到

$$\boldsymbol{\varphi}_y(\boldsymbol{y}_0,z_0)+\boldsymbol{\varphi}_z(\boldsymbol{y}_0,z_0)\boldsymbol{g}'(\boldsymbol{y}_0)=\boldsymbol{0}. \tag{30}$$

另一方面，因为 $(\boldsymbol{y}_0,z_0)$ 是 f 的条件极值点，所以 $\boldsymbol{y}_0$ 是 $h(\boldsymbol{y})=f(\boldsymbol{y},\boldsymbol{g}(\boldsymbol{y}))$ 的极值点. 于是有

$$f_y(\boldsymbol{y}_0,z_0)+f_z(\boldsymbol{y}_0,z_0)\boldsymbol{g}'(\boldsymbol{y}_0)=\boldsymbol{0}. \tag{31}$$

取 $\boldsymbol{\Lambda}_0\in\mathbf{R}^m$ 为下列方程的解：

$$f_z(\boldsymbol{y}_0,z_0)+\boldsymbol{\Lambda}_0^{\mathrm{T}}\boldsymbol{\varphi}_z(\boldsymbol{y}_0,z_0)=\boldsymbol{0}. \tag{32}$$

由于条件(29)，上述方程的解是存在的. 最后，以 $\boldsymbol{\Lambda}_0^{\mathrm{T}}$ 乘(30)式，用(32)式代入，并与(31)式相加，得到

$$f_y(\boldsymbol{y}_0,z_0)+\boldsymbol{\Lambda}_0^{\mathrm{T}}\boldsymbol{\varphi}_y(\boldsymbol{y}_0,z_0)=\boldsymbol{0}.$$

把它与(32)式合起来，便是所要证明的(28)式. □

习 题 23.3

1. 设方程组

$$\begin{cases}3x+y-z+u^2=0,\\ x-y+2z+u=0,\\ 2x+2y-3z+2u=0.\end{cases}$$

证明：除了不能把 x,y,z 用 u 惟一表出外，其他任何三个变量都能用第四个变量惟一表出.

2. 应用隐函数求导公式(18)，求由方程组

$$x=u\cos v,\quad y=u\sin v,\quad z=v$$

所确定的隐函数(其中之一)$z=z(x,y)$的所有二阶偏导数.

3. 设方程组

$$\begin{cases}u=f(x-uv,y-uv,z-uv),\\ g(x,y,z)=0.\end{cases}$$

试问：(1) 在什么条件下，能确定以 x,y,v 为自变量，u,z 为因变量的隐函数组？

(2) 能否确定以 x,y,z 为自变量，u,v 为因变量的隐函数组；

(3) 计算 $\dfrac{\partial u}{\partial x},\dfrac{\partial u}{\partial y},\dfrac{\partial u}{\partial v}$.

4. 设 $\boldsymbol{f}(x,y)=(\mathrm{e}^x\cos y,\mathrm{e}^x\sin y)^{\mathrm{T}}$.

(1) 证明：当 $(x,y)\in\mathbf{R}^2$ 时，$\det\ \boldsymbol{f}'(x,y)\neq 0$，但在 $\mathbf{R}^2$ 上 $\boldsymbol{f}$ 不是一一映射；

(2) 证明：$\boldsymbol{f}$ 在 $D=\{(x,y)\mid 0<y<2\pi\}$ 上是一一映射，并求 $(\boldsymbol{f}^{-1})'(0,\mathrm{e})$.

5. 利用反函数的导数公式，计算下列函数反函数的偏导数 $\dfrac{\partial x}{\partial u},\dfrac{\partial x}{\partial v},\dfrac{\partial y}{\partial u},\dfrac{\partial y}{\partial v}$：

(1) $(u,v)^{\mathrm{T}}=\left(x\cos\dfrac{y}{x},x\sin\dfrac{y}{x}\right)^{\mathrm{T}}$；

(2) $(u,v)^{\mathrm{T}}=(\mathrm{e}^x+x\sin y,\mathrm{e}^x-x\cos y)^{\mathrm{T}}$.

---

6. 设 $n>2$，$D\subset\mathbf{R}^n$ 为开集，$\varphi,\psi:D\to\mathbf{R}$，$\boldsymbol{f}:D\to\mathbf{R}^2$，且

$$\boldsymbol{f}(\boldsymbol{x})=[\varphi(\boldsymbol{x}),\varphi(\boldsymbol{x})\psi(\boldsymbol{x})]^{\mathrm{T}},\ \boldsymbol{x}\in D.$$

证明：在满足 $\boldsymbol{f}(\boldsymbol{x}_0)=\mathbf{0}$ 的点 $\boldsymbol{x}_0$ 处，$\operatorname{rank}\boldsymbol{f}'(\boldsymbol{x}_0)<2$. 但是由方程 $\boldsymbol{f}(\boldsymbol{x})=\mathbf{0}$ 仍可能在点 $\boldsymbol{x}_0$ 的邻域内确定隐函数 $\boldsymbol{g}:E\to\mathbf{R}^2$，$E\subset\mathbf{R}^{n-2}$.

7. 设 $D\subset\mathbf{R}^n$，$\boldsymbol{f}:D\to\boldsymbol{R}^n$，而且适合

(i) $\boldsymbol{f}$ 在 D 上可微，且 $\boldsymbol{f}'$ 连续；

(ii) 当 $\boldsymbol{x}\in D$ 时，$\det\boldsymbol{f}'(\boldsymbol{x})\neq 0$，

则 $\boldsymbol{f}(D)$ 是开集.

8. 设 $D,E\subset\boldsymbol{R}^n$ 都是开集，$\boldsymbol{f}:D\to E$ 与 $\boldsymbol{f}^{-1}:E\to D$ 互为反函数. 证明：若 $\boldsymbol{f}$ 在 $\boldsymbol{x}\in D$ 可微，$\boldsymbol{f}^{-1}$ 在 $\boldsymbol{y}=\boldsymbol{f}(\boldsymbol{x})\in E$ 可微，则 $\boldsymbol{f}'(\boldsymbol{x})$ 与 $(\boldsymbol{f}^{-1})'(\boldsymbol{y})$ 为互逆矩阵. (可望有一个比定理 23.17 更为简单的证明.)

9. 对 n 次多项式进行因式分解

$$F_n(x)=x^n+a_{n-1}x^{n-1}+\cdots+a_0=(x-r_1)\cdots(x-r_n).$$

从某种意义上说，这也是一个反函数问题. 因为多项式的每个系数都是它的 n 个根的已知函数，即

$$a_i=a_i(r_1,\cdots,r_n),\quad i=0,1,\cdots,n-1.\tag{33}$$

而我们感兴趣的是要求得到用系数表示的根，即

$$r_j=r_j(a_0,a_1,\cdots,a_{n-1}),\quad j=1,2,\cdots,n.\tag{34}$$

试对 $n=2$ 与 $n=3$ 两种情形，证明：当方程 $F_n(x)=0$ 无重根时，函数组(33)存在反函数组(34).

第二十三章总练习题

1. 证明：若 $D\subset\mathbf{R}^n$ 为任何闭集，$\boldsymbol{f}:D\to D$，且存在正实数 $q\in(0,1)$，使得对任何 $\boldsymbol{x}',\boldsymbol{x}''\in D$，满足

$$\|\boldsymbol{f}(\boldsymbol{x}')-\boldsymbol{f}(\boldsymbol{x}'')\|\leqslant q\|\boldsymbol{x}'-\boldsymbol{x}''\|,$$

则在 D 中存在 $\boldsymbol{f}$ 的惟一不动点 $\boldsymbol{x}^*$，即 $\boldsymbol{f}(\boldsymbol{x}^*)=\boldsymbol{x}^*$. (本命题称为**不动点原理**或**压缩映射定理**.)

2. 设 $B=\{\boldsymbol{x}\mid\rho(\boldsymbol{x},\boldsymbol{x}_0)\leqslant r\}\subset\mathbf{R}^n$，$\boldsymbol{f}:B\to\mathbf{R}^n$，且存在正实数 $q\in(0,1)$，对一切 $\boldsymbol{x}',\boldsymbol{x}''\in B$，满足

$$\|\boldsymbol{f}(\boldsymbol{x}')-\boldsymbol{f}(\boldsymbol{x}'')\|\leqslant q\|\boldsymbol{x}'-\boldsymbol{x}''\|\quad 与\quad \|\boldsymbol{f}(\boldsymbol{x}_0)-\boldsymbol{x}_0\|\leqslant(1-q)r.$$

利用不动点定理证明：$\boldsymbol{f}$ 在 B 中有惟一的不动点.

3. 应用定理 23.11 证明：设 $D\subset\mathbf{R}^n$，$f,g:D\to\mathbf{R}$，若 f 在 $\boldsymbol{x}_0\in D$ 可微，$f(\boldsymbol{x}_0)=0$，g 在 $\boldsymbol{x}_0$ 连续，则 $f\circ g$ 在 $\boldsymbol{x}_0$ 可微.

4. 设 $D\subset\mathbf{R}^n$ 是开集，$\boldsymbol{f}:D\to\mathbf{R}^n$ 为可微函数，且对任何 $\boldsymbol{x}\in D$，$\det\boldsymbol{f}'(\boldsymbol{x})\neq 0$. 试证：若 $\boldsymbol{y}\notin\boldsymbol{f}(D)$，$\varphi(\boldsymbol{x})=\|\boldsymbol{y}-\boldsymbol{f}(\boldsymbol{x})\|^2$，则对一切 $\boldsymbol{x}\in D$，$\boldsymbol{\varphi}'(\boldsymbol{x})\neq\mathbf{0}$.

5. 证明：若 $D\subset\mathbf{R}^n$ 是凸开集，$\boldsymbol{f}:D\to\mathbf{R}^m$ 是 D 上的可微函数，则对任意两点 $\boldsymbol{a},\boldsymbol{b}\in D$，以及每一常向量 $\boldsymbol{\beta}\in\mathbf{R}^m$，必存在点 $\boldsymbol{c}=\boldsymbol{a}+\theta(\boldsymbol{b}-\boldsymbol{a})\in D$，$0<\theta<1$，满足

$$\boldsymbol{\beta}^{\mathrm{T}}[\boldsymbol{f}(\boldsymbol{b})-\boldsymbol{f}(\boldsymbol{a})]=\boldsymbol{\beta}^{\mathrm{T}}\boldsymbol{f}'(\boldsymbol{c})(\boldsymbol{b}-\boldsymbol{a}).$$

（本命题也称为向量函数的**微分中值定理**.）

6. 利用上题结果导出微分中值不等式

$$\|\boldsymbol{f}(\boldsymbol{b})-\boldsymbol{f}(\boldsymbol{a})\| \leqslant \|\boldsymbol{f}'(\boldsymbol{c})\|\,\|\boldsymbol{b}-\boldsymbol{a}\|,$$

$$\boldsymbol{c}=\boldsymbol{a}+\theta(\boldsymbol{b}-\boldsymbol{a}),\quad 0<\theta<1.$$

7. 设 $\boldsymbol{f}(t)=(\cos t,\sin t)^{\mathrm{T}}, a=0, b=2\pi$.

（1）是否存在 $c\in(0,2\pi)$，满足

$$\boldsymbol{f}(b)-\boldsymbol{f}(a)=\boldsymbol{f}'(c)(b-a).$$

（2）按第 5 题所示的中值定理，对每一 $\boldsymbol{\beta}\in\mathbf{R}^2$，应该存在 $c\in(0,2\pi)$，使得 $\boldsymbol{\beta}^{\mathrm{T}}[\boldsymbol{f}(b)-\boldsymbol{f}(a)]=\boldsymbol{\beta}^{\mathrm{T}}\boldsymbol{f}'(c)(b-a)$，试求用 $\boldsymbol{\beta}$ 表示这里的中值点 c.

8. 设 $\boldsymbol{f}:\mathbf{R}^n\to\mathbf{R}^n$ 可微，且 $\boldsymbol{f}'$ 在 $\mathbf{R}^n$ 上连续. 若存在常数 $c>0$，使对一切 $\boldsymbol{x}_1,\boldsymbol{x}_2\in\mathbf{R}^n$，均有

$$\|\boldsymbol{f}(\boldsymbol{x}_1)-\boldsymbol{f}(\boldsymbol{x}_2)\| \geqslant c\|\boldsymbol{x}_1-\boldsymbol{x}_2\|.$$

试证明：

（1）$\boldsymbol{f}$ 是 $\mathbf{R}^n$ 上的一一映射；

（2）对一切 $\boldsymbol{x}\in\mathbf{R}^n$，$\|\boldsymbol{f}'(\boldsymbol{x})\|\neq 0$.

9. 设 $A\subset\mathbf{R}^n$ 是有界闭集，$\boldsymbol{f}:A\to A$，如果对任意的 $\boldsymbol{x}_1,\boldsymbol{x}_2\in A,\boldsymbol{x}_1\neq\boldsymbol{x}_2$，都满足

$$\|\boldsymbol{f}(\boldsymbol{x}_1)-\boldsymbol{f}(\boldsymbol{x}_2)\| < \|\boldsymbol{x}_1-\boldsymbol{x}_2\|,$$

则 A 中有且仅有一点 $\boldsymbol{x}$，使得 $\boldsymbol{f}(\boldsymbol{x})=\boldsymbol{x}$.

部分习题答案与提示

第十二章　数项级数

习题 12.1

1. (1) $\frac{1}{5}$；(2) $\frac{3}{2}$；(3) $\frac{1}{4}$；(4) $1-\sqrt{2}$；(5) 3.

6. (1) $\frac{1}{a}$；(2) 1；(3) $\frac{1}{2}$.

7. (1) 收敛；(2) 发散；(3) 收敛；(4) 发散.

10. 提示：对任意 n，必有某 k，使 $n_k<n\leqslant n_{k+1}$，则 $S_{n_k}<S_n\leqslant S_{n_{k+1}}$ 和 $S_{n_k}>S_n\geqslant S_{n_{k+1}}$ 必有其中之一成立.

习题 12.2

1. (1) 收敛；(2) 收敛；(3) 发散；(4) 收敛；(5) 收敛；
   (6) 发散；(7) 发散；(8) 收敛；(9) 收敛；(10) 收敛.

2. (1) 发散；(2) 发散；(3) 收敛；(4) 收敛；
   (5) 收敛；(6) $a>b$，收敛；$a<b$，发散.

9. (1) 收敛；(2) 发散；(3) 发散；
   (4) $p>1$，收敛；$p=1,q>1$，收敛；$p=1,q\leqslant 1$，发散；$p<1$，发散.

10. (1) 发散；(2) 收敛；(3) 收敛；(4) 收敛；(5) 发散；(6) 收敛(提示：$3^{\ln n}=n^{\ln 3}$)；
    (7) 收敛.

12. (1) 收敛；(2) $x>1$，收敛；$x\leqslant 1$，发散.

14. (1) 0；(2) 0.

习题 12.3

1. (1) 绝对收敛；(2) 发散；(3) 当 $p>1$ 时绝对收敛，当 $0<p\leqslant 1$ 时条件收敛，当 $p\leqslant 0$ 时发散；(4) 条件收敛；(5) 发散；(6) 条件收敛；(7) 绝对收敛；(8) $|x|<\mathrm{e}$ 时绝对收敛，$|x|\geqslant \mathrm{e}$ 时发散；(9) 条件收敛；(10) 发散.

2. (1) 收敛；(2) 收敛；(3) 收敛.

5. (1) $1+2x^2+\cdots+nx^{2n-2}+\cdots$；(2) 1.

8. 提示：先证 $\sum(-1)^m\left(\frac{1}{m^2}+\frac{1}{m^2+1}+\cdots+\frac{1}{m^2+2m}\right)$ 收敛.

第十二章总练习题

7. 提示:用§2 习题 15 的结论.

第十三章　函数列与函数项级数

习题 13.1

1. (1) 一致收敛; (2) 一致收敛; (3) 不一致收敛; (4) 不一致收敛,内闭一致收敛;(5) 不一致收敛,内闭一致收敛.

3. (1) 一致收敛; (2) 一致收敛; (3) $r>1$ 时一致收敛,$r=1$ 时不一致收敛;(4) 一致收敛; (5) 一致收敛; (6) 不一致收敛.

9. (1) 一致收敛;(2) 不一致收敛;(3) 不一致收敛;(4) 一致收敛;(5) 一致收敛;(6) 不一致收敛.

习题 13.2

1. (1) $f_n(x) \rightrightarrows f(x)=1$, $f'_n(x) \rightrightarrows g(x)=0$,三定理条件皆满足;

(2) $f_n(x) \rightrightarrows f(x)=x$, $\{f'_n\}$ 不一致收敛,定理 13.9 和 13.10 条件满足;

(3) $\{f_n\}$ 与 $\{f'_n\}$ 都不一致收敛,三定理条件均不满足,但定理 13.9 结论仍成立.

4. $\sum\limits_{n=1}^{\infty} \dfrac{x^n}{n^3}$.

5. $\sum\limits_{n=1}^{\infty} \dfrac{\sin nx}{n^2\sqrt{n}}$.

6. $\dfrac{1}{2}$.

9. (1) $f_n \rightrightarrows f(x)=0$; (2)(i) $\{f_n\}$ 不一致收敛, 极限函数不连续、不可微但可积; (ii) $f_n \rightrightarrows f(x)=1$.

第十三章总练习题

1. (1) $k<1$ 时一致收敛; (2) $k<1$ 时一致收敛.

第十四章 幂级数

习题 14.1

1. (1) $R=1,(-1,1)$;(2) $R=2,[-2,2]$;(3) $R=4,(-4,4)$; (4) $R=+\infty,(-\infty,+\infty)$; (5) $R=+\infty,(-\infty,+\infty)$; (6) $R=\frac{1}{3},\left[-\frac{4}{3},-\frac{2}{3}\right)$; (7) $R=1,(-1,1)$; (8) $R=1,[-1,1]$.

2. (1) $\frac{1}{2}\ln\frac{1+x}{1-x},x\in(-1,1)$; (2) $\frac{2x}{(1-x)^3},x\in(-1,1)$;(3) $\frac{x+x^2}{(1-x)^3},x\in(-1,1)$.

8. (1) $(-R,R),R=\max\{a,b\}$;(2) $\left(-\frac{1}{\mathrm{e}},\frac{1}{\mathrm{e}}\right)$.

9. (1) $R=\frac{1}{4}$;(2) $R=1$.

10. (1) $S(x)=\begin{cases}\frac{1-x}{x}\ln(1-x)+1, & x\in[-1,0)\cup(0,1),\\ 0, & x=0,\\ 1, & x=1;\end{cases}$

(2) $S(x)=-\frac{(1-x)^2}{2x^2}\ln(1-x)+\frac{3}{4}-\frac{1}{2x},x\in[-1,0)\cup(0,1)$;$x=1$ 时 $S(x)=\frac{1}{4}$;$x=0$ 时$S(x)=0$,

(3) $S(x)=\begin{cases}\frac{1}{(1-x)^2}-\frac{4}{(1-x)}-\frac{4}{x}\ln(1-x)-1, & x\in(-1,0)\cup(0,1),\\ 0, & x=0.\end{cases}$

11. (1) $R=1$;(2) $2a_0+2d$ (d 为公差).

习题 14.2

2. (1) $\sum\limits_{n=0}^{\infty}\frac{x^{2n}}{n!},x\in(-\infty,\infty)$; (2) $\sum\limits_{n=0}^{\infty}x^{n+10},x\in(-1,1)$;

(3) $x+\sum\limits_{n=1}^{\infty}\frac{(2n-1)!!}{n!}x^{n+1},x\in\left[-\frac{1}{2},\frac{1}{2}\right)$;

(4) $\sum\limits_{n=1}^{\infty}(-1)^{n+1}\frac{2^{2n-1}x^{2n}}{(2n)!},x\in(-\infty,+\infty)$;

(5) $\sum\limits_{n=0}^{\infty}\left(\sum\limits_{k=0}^{n}\frac{1}{k!}\right)x^n,x\in(-1,1)$;

(6) $\frac{1}{3}\sum\limits_{n=0}^{\infty}(1-(-1)^n2^n)x^n,x\in\left(-\frac{1}{2},\frac{1}{2}\right)$;

(7) $\sum\limits_{n=0}^{\infty}\frac{(-1)^n}{(2n+1)!}\frac{x^{2n+1}}{(2n+1)},x\in(-\infty,+\infty)$;

(8) $\sum\limits_{n=0}^{\infty}\frac{(-1)^n(1-n)}{n!}x^n,x\in(-\infty,+\infty)$;

(9) $x+\sum\limits_{n=1}^{\infty}\frac{(-1)^n}{(2n)!!}\frac{(2n-1)!!}{(2n+1)}x^{2n+1},x\in[-1,1]$.

3. (1) $8+15(x-1)+17(x-1)^2+7(x-1)^3$; (2) $\sum_{n=0}^{\infty}(-1)^n(x-1)^n$;

(3) $1+\frac{3}{2}(x-1)+\sum_{n=0}^{\infty}(-1)^n\frac{(2n)!}{(n!)^2}\frac{3}{(n+1)(n+2)2^n}\left(\frac{x-1}{2}\right)^{n+2}, x\in[0,2]$.

4. (1) $\frac{1}{2}\sum_{n=0}^{\infty}\left(n+1-\frac{1+(-1)^n}{2}\right)x^n, x\in(-1,1)$;

(2) $\sum_{n=0}^{\infty}(-1)^n\frac{x^{2n+2}}{(2n+1)(2n+2)}, x\in[-1,1]$.

5. $\sum_{n=1}^{\infty}\frac{2}{2n-1}\left(\frac{x-1}{x+1}\right)^{2n-1}, x\in(0,+\infty)$.

第十四章总练习题

2. (1) $x+\sum_{n=2}^{\infty}(-1)^n\frac{1}{n(n-1)}x^n, x\in(-1,1]$; (2) $\frac{1}{4}\sum_{n=2}^{\infty}(-1)^n\frac{3^{2n-1}-3}{(2n-1)!}x^{2n-1}$, $x\in(-\infty,+\infty)$; (3) $\sum_{n=0}^{\infty}\frac{(-1)^n}{(2n)!}\frac{x^{4n+1}}{4n+1}, x\in(-\infty,+\infty)$.

3. (1) $\frac{1+x}{(1-x)^3}$, $x\in(-1,1)$; (2) $\frac{2+x^2}{(2-x^2)^2}$, $x\in(-\sqrt{2},\sqrt{2})$;

(3) $\frac{1}{(2-x)^2}, x\in(0,2)$; (4) $\frac{x^2}{2}\arctan x+\frac{1}{2}\arctan x-\frac{x}{2}, x\in[-1,1]$.

4. (1) 1; (2) $\frac{1}{3}\ln 2+\frac{\pi}{3\sqrt{3}}$.

6. (1) $\frac{1}{2}$; (2) $-\frac{1}{6}$.

第十五章　傅里叶级数

习题 15.1

1. (1) (i) $2\sum_{n=1}^{\infty}\frac{(-1)^{n+1}}{n}\sin nx$,　(ii) $\pi-2\sum_{n=1}^{\infty}\frac{\sin nx}{n}$;

(2) (i) $\frac{\pi^2}{3}+4\sum_{n=1}^{\infty}(-1)^n\frac{1}{n^2}\cos nx$, (ii) $\frac{4}{3}\pi^2+4\sum_{n=1}^{\infty}\left(\frac{\cos nx}{n^2}-\frac{\pi\sin nx}{n}\right)$;

(3) $\frac{b-a}{4}\pi+\frac{2(a-b)}{\pi}\sum_{n=1}^{\infty}\frac{\cos(2n-1)x}{(2n-1)^2}+(a+b)\sum_{n=1}^{\infty}(-1)^{n+1}\frac{\sin nx}{n}$.

3. $\sum_{n=1}^{\infty}\frac{1}{2n-1}\sin(2n-1)x$.

7. (1) $\sum_{n=1}^{\infty}\frac{\sin nx}{n}, x\in(0,2\pi)$; (2) $\frac{2\sqrt{2}}{\pi}\left(1-2\sum_{n=1}^{\infty}\frac{\cos nx}{4n^2-1}\right)$, $x\in[-\pi,\pi]$;

(3) (i) $\frac{4}{3}a\pi^2+b\pi+c+\sum_{n=1}^{\infty}\frac{4a}{n^2}\cos nx-\frac{4\pi a+2b}{n}\sin nx$,

(ii) $\frac{a}{3}\pi^2+c+\sum_{n=1}^{\infty}\left(\frac{(-1)^n 4a}{n^2}\cos nx-\frac{(-1)^n 2b}{n}\sin nx\right)$;

(4) $\frac{\operatorname{sh}\pi}{\pi}+\frac{2}{\pi}\sum_{n=0}^{\infty}\frac{\operatorname{sh}\pi}{1+n^2}(-1)^n\cos nx$; (5) $\frac{2}{\pi}\operatorname{sh}\pi\sum_{n=1}^{\infty}\frac{(-1)^{n-1}n}{n^2+1}\sin nx$.

8. $\sum_{n=1}^{\infty}\frac{\cos nx}{n^2}$.

习题 15.2

1. (1) $\frac{2}{\pi}+\frac{4}{\pi}\sum_{n=1}^{\infty}\frac{(-1)^{n+1}}{4n^2-1}\cos 2nx$; (2) $\frac{1}{2}-\frac{1}{\pi}\sum_{n=1}^{\infty}\frac{\sin 2\pi nx}{n}$;

(3) $\frac{3}{8}-\frac{1}{2}\cos 2x+\frac{1}{8}\cos 4x$; (4) $\frac{4}{\pi}\sum_{n=0}^{\infty}\left[(-1)^n\frac{\cos(2n+1)x}{2n+1}\right]$.

2. $\frac{2}{3}+\frac{3}{\pi^2}\sum_{n=1}^{\infty}\left((-1)^n\cos\frac{n\pi}{3}-1\right)\frac{1}{n^2}\cos\frac{2n\pi x}{3}$.

3. $\frac{4}{\pi}\sum_{n=1}^{\infty}\frac{\cos(2n-1)x}{(2n-1)^2}$.

4. $\frac{8}{\pi}\sum_{n=1}^{\infty}\frac{n}{4n^2-1}\sin nx$.

5. $\frac{8}{\pi^2}\sum_{n=0}^{\infty}\frac{1}{(2n+1)^2}\cos\frac{(2n+1)\pi x}{2}$.

6. $\frac{1}{3}+\frac{4}{\pi^2}\sum_{n=1}^{\infty}\frac{\cos n\pi x}{n^2}$.

7. (1) $\frac{4}{\pi}\sum_{n=1}^{\infty}\frac{(-1)^{n+1}}{(2n-1)^2}\sin(2n-1)x$; (2) $\frac{4}{\pi}\sum_{n=1}^{\infty}\frac{\cos(2n-1)x}{(2n-1)^2}$.

第十五章总练习题

4. (1) $\alpha_n=a_n,\beta_n=-b_n$; (2) $\alpha_n=-a_n,\beta_n=b_n$.

第十六章　多元函数的极限与连续

习题 16.1

7. (1) $\frac{9}{16}$; (2) $\frac{2xy}{x^2+y^2}$; (3) $t^2\left(x^2+y^2-xy\tan\frac{x}{y}\right)$.

9. (1) $y\neq\pm x$; (2) $(x,y)\neq(0,0)$; (3) $xy\geqslant 0$; (4) $\{(x,y)\mid |x|\leqslant 1,|y|\geqslant 1\}$;

(5) $\{(x,y)\mid x>0,y>0\}$;(6) $\{(x,y)\mid 2n\pi\leqslant x^2+y^2\leqslant(2n+1)\pi,n=0,1,2,\cdots\}$;

(7) $\{(x,y)\mid y>x\}$;(8) 全平面;(9) 整个三维空间;(10) $\{(x,y,z)\mid r^2<x^2+y^2+z^2\leqslant R^2\}$.

习题 16.2

1. (1) 0;(2) $+\infty$;(3) 2;(4) $+\infty$;(5) ∞;(6) 0;(7) 1.

2. (1) 重极限不存在,$\lim\limits_{x\to0}\lim\limits_{y\to0}f(x,y)=0$,$\lim\limits_{y\to0}\lim\limits_{x\to0}f(x,y)=1$;

(2) $\lim\limits_{(x,y)\to(0,0)}f(x,y)=0$,两个累次极限均不存在;

(3) 重极限不存在,$\lim\limits_{x\to0}\lim\limits_{y\to0}f(x,y)=\lim\limits_{y\to0}\lim\limits_{x\to0}f(x,y)=0$;

(4) 重极限不存在,$\lim\limits_{x\to0}\lim\limits_{y\to0}f(x,y)=\lim\limits_{y\to0}\lim\limits_{x\to0}f(x,y)=0$;

(5) $\lim\limits_{(x,y)\to(0,0)}f(x,y)=0$,$\lim\limits_{x\to0}\lim\limits_{y\to0}f(x,y)=0$,另一累次极限不存在;

(6) 重极限不存在,$\lim\limits_{x\to0}\lim\limits_{y\to0}f(x,y)=\lim\limits_{y\to0}\lim\limits_{x\to0}f(x,y)=0$;

(7) 重极限与累次极限均不存在.

7. (1) 0;(2) 0;(3) 1;(4) e.

习题 16.3

1. (1) 间断曲线为圆族 $x^2+y^2=(2n+1)\dfrac{\pi}{2}$,$n=0,1,2,\cdots$;

(2) 间断曲线为直线族 $x+y=n$,$n=0,\pm1,\pm2,\cdots$;

(3) 不连续点集合$\{(x,y)\mid x\neq0,y=0\}$;(4) 在 $\mathbf{R}^2$ 上连续;

(5) 仅在直线 $y=0$ 上连续;*(6) 在 $\mathbf{R}^2$ 上连续;

(7) 在定义域上连续;(8) 在定义域上连续.

第十六章总练习题

3. (1) 存在;(2) 不存在.

第十七章　多元函数微分学

习题 17.1

1. (1) $z_x=2xy$,$z_y=x^2$;(2) $z_x=-y\sin x$,$z_y=\cos x$;

(3) $z_x=\dfrac{-x}{(x^2+y^2)^{3/2}}$,$z_y=\dfrac{-y}{(x^2+y^2)^{3/2}}$;(4) $z_x=\dfrac{1}{x+y^2}$,$z_y=\dfrac{2y}{x+y^2}$;

(5) $z_x=ye^{xy}$,$z_y=xe^{xy}$;(6) $z_x=-\dfrac{y}{x^2+y^2}$,$z_y=\dfrac{x}{x^2+y^2}$;

(7) $z_x=y(1+xy\cos(xy))\cdot e^{\sin(xy)}$,$z_y=x(1+xy\cos(xy))e^{\sin(xy)}$;

(8) $u_x=-\frac{y}{x^2}-\frac{1}{z}, u_y=\frac{1}{x}-\frac{z}{y^2}, u_z=\frac{1}{y}+\frac{x}{z^2}$;

(9) $u_x=yz(xy)^{z-1}, u_y=xz(xy)^{z-1}, u_z=(xy)^z\ln(xy)$;

(10) $u_x=y^z x^{y^z-1}, u_y=zy^{z-1}x^{y^z}\ln x, u_z=y^z x^{y^z}\ln x\ln y$.

2. $f_x(x,1)=1$.

3. $f_x(0,0)=0, f_y(0,0)$不存在.

8. (1) $dz|_{(0,0)}=0, dz|_{(1,1)}=-4dx-4dy$; (2) $dz|_{(1,0)}=0, dz|_{(0,1)}=dx$.

9. (1) $dz=y\cos(x+y)dx+(\sin(x+y)+y\cos(x+y))dy$;

(2) $du=e^{yz}dx+(xze^{yz}+1)dy+(xye^{yz}-e^{-z})dz$.

10. $x-y+2z=\frac{\pi}{2}, 2(1-x)=2(y-1)=\frac{\pi}{4}-z$.

11. $9x+y-z-27=0, x-3=9(y-1)=9(1-z)$.

12. $(-3,-1,3), x+3y+z+3=0, 3(x+3)=y+1=3(z-3)$.

13. (1) 108.972; (2) 0.502 3.

14. 2 576 cm^3.

18. $\frac{\pi}{4}$.

20. 0.26%, 0.02.

习题 17.2

1. (1) $\frac{dz}{dx}=\frac{(1+x)e^x}{1+x^2e^{2x}}$; (2) $z_x=\left(1+\frac{x^2+y^2}{xy}\right)\frac{x^2-y^2}{x^2y}e^{\frac{x^2+y^2}{xy}}, z_y=\left(1+\frac{x^2+y^2}{xy}\right)\frac{y^2-x^2}{xy^2}e^{\frac{x^2+y^2}{xy}}$;

(3) $\frac{dz}{dt}=4t^3+3t^2+2t$; (4) $z_u=\frac{u}{v^2}\left(2\ln(3u-2v)+\frac{3u}{3u-2v}\right), z_v=-\frac{2u^2}{v^2}\left(\frac{1}{v}\ln(3u-2v)+\frac{1}{3u-2v}\right)$;

(5) $u_x=f_1+yf_2, u_y=f_1+xf_2$; (6) $u_x=\frac{1}{y}f_1, u_y=-\frac{x}{y^2}f_1+\frac{1}{z}f_2, u_z=-\frac{y}{z^2}f_2$.

2. $dz=(x+y)^{xy}\left\{\left[\frac{xy}{x+y}+y\ln(x+y)\right]dx+\left[\frac{xy}{x+y}+x\ln(x+y)\right]dy\right\}$.

6. $F_x(0,0)=4f'(0)$; $F_t(0,0)=0$.

习题 17.3

1. 5.

2. $\frac{98}{13}$.

3. $(-4,2,-4), 6$; $(3,-5,0), \sqrt{34}$.

4. $-\frac{1}{r^2}(x-a,y-b,z-c), r=1$.

5. $-2\left(\frac{1}{a},\frac{1}{b},\frac{1}{c}\right)$.

7. (1) $\frac{1}{r}(x,y,z)$; (2) $-\frac{1}{r^3}(x,y,z)$.

8. (1) $z^2=xy$; (2) $x^2=yz, y^2=zx$; (3) $x=y=z$.

习题 17.4

1. (1) $z_{xx}=12x^2-8y^2, z_{xy}=-16xy, z_{yy}=12y^2-8x^2$;

(2) $z_{xx}=e^x(\cos y+x\sin y+2\sin y)$, $z_{xy}=e^x(x\cos y+\cos y-\sin y)$, $z_{yy}=-e^x(\cos y+x\sin y)$;

(3) $\frac{\partial^3 z}{\partial x^2\partial y}=0$, $\frac{\partial^3 z}{\partial x\partial y^2}=-\frac{1}{y^2}$; (4) $\frac{\partial^{p+q+r}u}{\partial x^p\partial y^q\partial z^r}=(x+p)(y+q)(z+r)e^{x+y+z}$;

(5) $z_{xx}=y^4f_{11}+4xy^3f_{12}+4x^2y^2f_{22}+2yf_2$, $z_{xy}=2xy^3f_{11}+5x^2y^2f_{12}+2x^3yf_{22}+2yf_1+2xf_2$,
$z_{yy}=4x^2y^2f_{11}+4x^3yf_{12}+x^4f_{22}+2xf_1$;

(6) $u_{xx}=2f'+4x^2f''$, $u_{yy}=2f'+4y^2f''$, $u_{zz}=2f'+4z^2f''$, $u_{xy}=4xyf''$, $u_{yz}=4yzf''$, $u_{xz}=4xzf''$;

(7) $z_x=f_1+yf_2+\frac{1}{y}f_3$, $z_{xx}=f_{11}+2yf_{12}+\frac{2}{y}f_{13}+y^2f_{22}+2f_{23}+\frac{1}{y^2}f_{33}$,

$z_{xy}=f_{11}+(x+y)f_{12}+\frac{1}{y}\left(1-\frac{x}{y}\right)f_{13}+xyf_{22}-\frac{x}{y^3}f_{33}+f_2-\frac{1}{y^2}f_3$.

7. (1) $x^2+y^2+R_2$, $R_2=-\frac{2}{3}[3\theta(x^2+y^2)^2\sin(\theta^2x^2+\theta^2y^2)+2\theta^3(x^2+y^2)^3\cos(\theta^2x^2+\theta^2y^2)]$;

(2) $f(x,y)=f(1+h,1+k)=1+h-k-hk+k^2+hk^2-k^3+\left[-\frac{hk^3}{(1+\theta k)^4}+\frac{1+\theta h}{(1+\theta k)^5}k^4\right]$;

(3) $\sum_{p=1}^{n}(-1)^{p-1}\frac{(x+y)^p}{p}+(-1)^n\frac{(x+y)^{n+1}}{n+1}\cdot\frac{1}{(1+\theta x+\theta y)^{n+1}}$;

(4) $5+2(x-1)^2-(x-1)(y+2)-(y+2)^2$.

8. (1) (a,a)为极大点;(2) $(1,0)$为极小点;(3) $\left(\frac{1}{2},-1\right)$为极小点.

9. (1) 最大值$f(2,0)=f(-2,0)=4$,最小值$f(0,2)=f(0,-2)=-4$;(2) 最大值$f(1,0)=f(-1,0)=f(0,-1)=f(0,1)=1$,最小值$f(0,0)=0$;(3) 最大值$\frac{3}{2}\sqrt{3}$,最小值0.

10. 等边三角形.

11. $\left(\frac{8}{5},\frac{16}{5}\right)$.

12. $\left(\frac{\sum_{i=1}^{n}x_i}{n},\frac{\sum_{i=1}^{n}y_i}{n}\right)$.

19. (1) 0;(2) $3(z-y)(x-y)(x-z)$或$3[z^2(y-x)+x^2(z-y)+y^2(x-z)]$;(3) 0.

20. $f(x,y,z)+(2Ax+Dy+Fz)h+(2By+Dx+Ez)k+(2Cz+Ey+Fx)l+f(h,k,l)$.

第十七章总练习题

2. $f_x(0,0)=1$, $f_y(0,0)=-1$,不可微.

5. $\varphi_{xx}=6x+2(a+e+k)$.

6. $\frac{\partial^3\Phi}{\partial x\partial y\partial z}=\begin{vmatrix}f_1' & f_2' & f_3'\\ g_1' & g_2' & g_3'\\ h_1' & h_2' & h_3'\end{vmatrix}$.

第十八章　隐函数定理及其应用

习题 18.1

3. (1) $\frac{dy}{dx}=-\frac{2y+12x^2y^3}{x+9x^3y^2}$;(2) $\frac{dy}{dx}=\frac{x+y}{x-y}(x\neq y)$;(3) $z_x=\frac{ye^{-xy}}{2-e^z}, z_y=\frac{xe^{-xy}}{2-e^z}$;

(4) $y'=-\frac{y}{\sqrt{a^2-y^2}}, y''=\frac{a^2y}{(a^2-y^2)^2}$;(5) $z_x=\frac{1-x}{z-2}, z_y=-\frac{1+y}{z-2}$;

(6) $z_x=\frac{f_1+yzf_2}{1-f_1-xyf_2}, x_y=-\frac{f_1+xzf_2}{f_1+yzf_2}, y_z=\frac{1-(f_1+xyf_2)}{f_1+xzf_2}$.

4. $\frac{dz}{dx}=\frac{2(x^2-y^2)}{x-2y}, \frac{d^2z}{dx^2}=\frac{4x-2y}{x-2y}+\frac{6x}{(x-2y)^3}$.

5. $u_x=2\left(x+\frac{zx^2-yz^2}{xy-z^2}\right), z_{xx}=\frac{2xz(y^3-3xyz+x^3+z^3)}{(xy-z^2)^3}=0, u_{xx}=2\left[1+\left(\frac{x^2-yz}{xy-z^2}\right)^2\right]$.

7. (1) $z_x=z_y=-1, z_{xx}=z_{xy}=z_{yy}=0$;

(2) $z_x=-\left(1+\frac{F_1+F_2}{F_3}\right), z_y=-\left(1+\frac{F_2}{F_3}\right)$,

$z_{xx}=-F_3^{-3}[F_3^2(F_{11}+2F_{12}+F_{22})-2F_3(F_1+F_2)(F_{13}+F_{23})+(F_1+F_2)^2F_{33}]$.

9. f 在 1 的某邻域上具有连续的导函数,且 $f'(1)\neq 0$.

习题 18.2

2. (1) $\frac{dy}{dx}=-\frac{2x-a}{2y}, \frac{dz}{dx}=-\frac{a}{2z}$;

(2) $u_x=\frac{2v+uy}{4uv-xy}, v_x=\frac{-x-2u^2}{4uv-xy}, u_y=\frac{-y-2v^2}{4uv-xy}, v_y=\frac{2u+xv}{4uv-xy}$;

(3) $u_x=\frac{-u(2vyg_2-1)f_1-f_2g_1}{(1-xf_1)(1-2vyg_2)-f_2g_1}, v_x=\frac{uf_1g_1+xf_1g_1-g_1}{(1-xf_1)(1-2vyg_2)-f_2g_1}$.

3. (1) $\frac{\partial u}{\partial x}=\frac{\sin v}{e^u(\sin v-\cos v)+1}, \frac{\partial v}{\partial x}=\frac{\cos v-e^u}{ue^u(\sin v-\cos v)+u}, \frac{\partial u}{\partial y}=\frac{-\cos v}{e^u(\sin v-\cos v)+1}$,

$\frac{\partial v}{\partial y}=\frac{e^u+\sin v}{ue^u(\sin v-\cos v)+u}$;(2) $z_x=-3uv$.

4. $dz\big|_{(1,1)}=0$.

5. (1) $\frac{\partial z}{\partial u}=\frac{\partial z}{\partial v}$;(2) $\frac{\partial^2 z}{\partial u\partial v}=\frac{1}{2u}\frac{\partial z}{\partial v}$.

6. $\frac{\partial u}{\partial x}=\frac{\partial f}{\partial x}, \frac{\partial u}{\partial y}=\frac{\partial f}{\partial y}+\left(\frac{\partial(h,f)}{\partial(z,t)}\Big/\frac{\partial(g,h)}{\partial(z,t)}\right)\frac{\partial g}{\partial y}$.

10. (1) $x=\frac{u}{u^2+v^2+w^2}, y=\frac{v}{u^2+v^2+w^2}, z=\frac{w}{u^2+v^2+w^2}$;(2) $-\frac{1}{r^6}$.

习题 18.3

1. $\frac{y}{y_0^{1/3}}+\frac{x}{x_0^{1/3}}=a^{2/3}$.

2. （1）$\frac{x}{a}+\frac{z}{c}=1, y=\frac{b}{2}, ax-cz=\frac{1}{2}(a^2-c^2)$；

（2）$\frac{x-1}{8}=\frac{y+1}{10}=\frac{z-2}{7}, 8(x-1)+10(y+1)+7(z-2)=0$.

3. （1）$-2(x-1)+(y-1)+(z-2)=0, \frac{x-1}{-2}=y-1=z-2$；

（2）$\frac{x}{a}+\frac{y}{b}+\frac{z}{c}=\sqrt{3}, a\left(x-\frac{a}{\sqrt{3}}\right)=b\left(y-\frac{b}{\sqrt{3}}\right)=c\left(z-\frac{c}{\sqrt{3}}\right)$.

5. $x+4y+6z=\pm 21$.

6. $(-1,1,-1), \left(-\frac{1}{3}, \frac{1}{9}, -\frac{1}{27}\right)$.

7. $\pm\frac{16}{243}$.

9. $\lambda=\pm\frac{abc}{3\sqrt{3}}$.

10. $x+y=\frac{1}{2}(1\pm\sqrt{2})$.

习题 18.4

1. （1）极小值$f\left(\frac{1}{2}, \frac{1}{2}\right)=\frac{1}{2}$；（2）极小值$f(c,c,c,c)=4c$；（3）极小值$f\left(\frac{1}{\sqrt{6}}, \frac{1}{\sqrt{6}}, -\frac{2}{\sqrt{6}}\right)=f\left(\frac{1}{\sqrt{6}}, -\frac{2}{\sqrt{6}}, \frac{1}{\sqrt{6}}\right)=f\left(-\frac{2}{\sqrt{6}}, \frac{1}{\sqrt{6}}, \frac{1}{\sqrt{6}}\right)=-\frac{1}{3\sqrt{6}}$，极大值$f\left(-\frac{1}{\sqrt{6}}, -\frac{1}{\sqrt{6}}, \frac{2}{\sqrt{6}}\right)=f\left(-\frac{1}{\sqrt{6}}, \frac{2}{\sqrt{6}}, -\frac{1}{\sqrt{6}}\right)=f\left(\frac{2}{\sqrt{6}}, -\frac{1}{\sqrt{6}}, -\frac{1}{\sqrt{6}}\right)=\frac{1}{3\sqrt{6}}$.

2. （1）立方体；（2）立方体.

3. $\frac{|Ax_0+By_0+Cz_0+D|}{\sqrt{A^2+B^2+C^2}}$.

5. 当$x_i=\frac{a_i}{(\sum a_k^2)^{1/2}}, i=1,2,\cdots,n$时，$f$取得最大值$\sqrt{\sum a_k^2}$.

6. 当$x_i=\frac{a_i}{\sum a_k^2}, i=1,2,\cdots,n$时，$f$取得最小值$\frac{1}{\sum a_k^2}$.

第十八章总练习题

3. $\frac{\mathrm{d}y}{\mathrm{d}x}=-\frac{f_x+f_zg_x}{f_y+f_zg_y}, \frac{\mathrm{d}z}{\mathrm{d}x}=\frac{g_xf_y-g_yf_x}{f_y+f_zg_y}$.

5. $\frac{\partial u}{\partial x}=\frac{\partial(g,h)}{\partial(v,w)}\Big/J, \frac{\partial u}{\partial y}=\frac{\partial(h,f)}{\partial(v,w)}\Big/J, \frac{\partial u}{\partial z}=\frac{\partial(f,g)}{\partial(v,w)}\Big/J$，其中$J=\frac{\partial(f,g,h)}{\partial(u,v,w)}$.

6. (1) $\dfrac{\partial u}{\partial x}=\dfrac{f_x+g_x-2x}{2u-f_u-g_u},\dfrac{\partial u}{\partial y}=\dfrac{g_y}{2u-g_u-f_u}$;(2) $\dfrac{\partial u}{\partial x}=\dfrac{f_1}{1-f_1-yf_2},\dfrac{\partial u}{\partial y}=\dfrac{uf_2}{1-f_1-yf_2}$.

9. (1) 极大值 1,极小值-1;(2) 极大值$\sqrt{\dfrac{1}{8}}a$,极小值$-\sqrt{\dfrac{1}{8}}a$.

10. $\dfrac{dy}{dx}=\left(\psi_u+\psi_v\dfrac{dv}{du}\right)\Big/\left(\varphi_u+\varphi_v\dfrac{dv}{du}\right)$;

$$\frac{d^2y}{dx^2}=\left\{\left[\psi_{uu}+\psi_{uv}\frac{dv}{du}+\left(\psi_{vu}+\psi_{vv}\frac{dv}{du}\right)\frac{dv}{du}+\psi_v\frac{d^2v}{du^2}\right]\left(\varphi_u+\varphi_v\frac{dv}{du}\right)-\right.$$
$$\left.\left(\psi_u+\psi_v\frac{dv}{du}\right)\left[\varphi_{uu}+\varphi_{uv}\frac{dv}{du}+\left(\varphi_{vu}+\varphi_{vv}\frac{dv}{du}\right)\frac{dv}{du}+\varphi_v\frac{d^2v}{du^2}\right]\right\}\Big/\left(\varphi_u+\varphi_v\frac{dv}{du}\right)^3.$$

13. $\dfrac{\sqrt{3}}{2}abc$.

第十九章　含参量积分

习题 19.1

1. $F(y)=\begin{cases}1, & -\infty<y<0,\\ 1-2y, & 0\leqslant y\leqslant 1,\\ -1, & 1<y<+\infty.\end{cases}$

2. (1) 1; (2) $\dfrac{8}{3}$.

3. $\displaystyle\int_x^{x^2}-y^2e^{-xy^2}dy+2xe^{-x^5}-e^{-x^3}$.

4. (1) $\pi\ln\dfrac{|a|+|b|}{2}$; (2) $\begin{cases}0, & |a|\leqslant 1,\\ 2\pi\ln|a|, & |a|>1.\end{cases}$

5. (1) $\arctan(1+b)-\arctan(1+a)$; (2) $\dfrac{1}{2}\ln\left(\dfrac{b^2+2b+2}{a^2+2a+2}\right)$.

6. $\dfrac{\pi}{4},-\dfrac{\pi}{4}$.

9. $x(2-3y^2)f(xy)+\dfrac{x}{y^2}f\left(\dfrac{x}{y}\right)+x^2y(1-y^2)f'(xy)$.

10. (1) $E'(k)=\dfrac{1}{k}[E(k)-F(k)],F'(k)=\dfrac{E(k)}{k(1-k^2)}-\dfrac{F(k)}{k}$.

习题 19.2

2. $\ln\dfrac{b}{a}$.

4. (1)$\sqrt{\pi}(|b|-|a|)$; (2) $\arctan x$; (3) $y\arctan y-\dfrac{1}{2}\ln(1+y^2)$.

7. $\frac{\pi}{2}\frac{(2n-1)!!}{(2n)!!}a^{-2n-1}$.

习题 19.3

1. $\frac{3}{4}\sqrt{\pi}, -\frac{8}{15}\sqrt{\pi}, \frac{(2n-1)!!}{2^n}\sqrt{\pi}, \frac{(-1)^n 2^n}{(2n-1)!!}\sqrt{\pi}$.

2. $\frac{(2n-1)!!}{(2n)!!}\cdot\frac{\pi}{2}, \frac{(2n)!!}{(2n+1)!!}$.

6. (1) $\frac{1}{2}\mathrm{B}\left(\frac{m+1}{2},\frac{n+1}{2}\right), m>-1, n>-1$;

   (2) $\Gamma(p+1), p>-1$.

第十九章总练习题

1. $a=-\frac{11}{3}, b=4$.

3. $F(a)=\frac{\pi}{2}\operatorname{sgn}(1-a^2)$, $a=\pm 1$.

第二十章　曲线积分

习题 20.1

1. (1) $1+\sqrt{2}$; (2) πR^2; (3) $\frac{ab(a^2+ab+b^2)}{3(a+b)}$; (4) 4;

   (5) $\sqrt{a^2+b^2}\left(2a^2\pi+\frac{8\pi^3 b^2}{3}\right)$; (6) $\frac{16\sqrt{2}}{143}$; (7) $2\pi a^2$.

2. $\frac{a}{3}(2\sqrt{2}-1)$.

3. $\bar{x}=\frac{4}{3}a, \bar{y}=\frac{4}{3}a$.

4. (1) $\frac{\pi}{4}a\mathrm{e}^a$; (2) $\frac{2ka^2\sqrt{k^2+1}}{4k^2+1}$.

习题 20.2

1. (1) $\frac{2}{3}, 0, 2$; (2) $a^2\pi$; (3) 0; (4) 2; (5) 13.

2. $\frac{k}{2}(b^2-a^2)$, k 为比例系数.

3. $\frac{-k\sqrt{a^2+b^2+c^2}}{|c|}\ln 2$, k 为比例系数.

5. （1）$\frac{\sqrt{2}}{16}\pi$；（2）-4.

第二十章总练习题

1. （1）$\frac{1}{12}[5\sqrt{5}-17\sqrt{17}]-\frac{3}{2}\sqrt{2}$；（2）$4a^2\left(1-\frac{\sqrt{2}}{2}\right)$；

（3）$\frac{1}{3}[(2+t_0)^{\frac{3}{2}}-2\sqrt{2}]$；（4）$-\pi\frac{a^4}{4}$；（5）$\ln 2$；（6）$-\frac{\pi}{4}a^3$.

2. （1）$\int_a^b f(x,a)\,dx,\int_a^b f(x,a)\,dx,0$；

（2）$\int_a^b f(x,a)\,dx+\int_a^b f(b,y)\,dy+\int_a^b\sqrt{2}f(t,t)\,dt$,

$\int_a^b f(x,a)\,dx+\int_b^a f(t,t)\,dt$, $\int_a^b f(b,y)\,dy+\int_b^a f(t,t)\,dt$.

第二十一章　重　积　分

习题 21.1

1. $\frac{1}{4}$.

8. $\frac{200}{102}\leqslant I\leqslant 2$.

习题 21.2

1. （1）$\int_a^b dy\int_y^b f(x,y)\,dx=\int_a^b dx\int_a^x f(x,y)\,dy$；

（2）$\int_0^{\frac{\sqrt{2}}{2}} dy\int_y^{\sqrt{1-y^2}} f(x,y)\,dx=\int_0^{\frac{\sqrt{2}}{2}} dx\int_0^x f(x,y)\,dy+\int_{\frac{\sqrt{2}}{2}}^1 dx\int_0^{\sqrt{1-x^2}} f(x,y)\,dy$；

（3）$\int_0^1 dx\int_{1-x}^{\sqrt{1-x^2}} f(x,y)\,dy=\int_0^1 dy\int_{1-y}^{\sqrt{1-y^2}} f(x,y)\,dx$；

（4）$\int_{-1}^0 dx\int_{-1-x}^{x+1} f(x,y)\,dy+\int_0^1 dx\int_{x-1}^{1-x} f(x,y)\,dy$

$=\int_0^1 dy\int_{y-1}^{1-y} f(x,y)\,dx+\int_{-1}^0 dy\int_{-1-y}^{y+1} f(x,y)\,dx$.

2. （1）$\int_0^2 dy\int_{\frac{y}{2}}^{y} f(x,y)\,dx+\int_2^4 dy\int_{\frac{y}{2}}^{2} f(x,y)\,dx$；

（2）$\int_{-1}^0 dy\int_{-\sqrt{1-y^2}}^{\sqrt{1-y^2}} f(x,y)\,dx+\int_0^1 dy\int_{-\sqrt{1-y}}^{\sqrt{1-y}} f(x,y)\,dx$；

（3）$\int_0^a dy\int_{\frac{y^2}{2a}}^{a-\sqrt{a^2-y^2}} f(x,y)\,dx+\int_0^a dy\int_{a+\sqrt{a^2-y^2}}^{2a} f(x,y)\,dx+\int_a^{2a} dy\int_{\frac{y^2}{2a}}^{2a} f(x,y)\,dx$；

(4) $\int_0^1 \mathrm{d}y \int_{\sqrt{y}}^{3-2y} f(x,y)\,\mathrm{d}x$.

3. (1) $\frac{p^5}{21}$; (2) $\frac{128}{105}$; (3) $\left(2\sqrt{2}-\frac{8}{3}\right)a^{\frac{3}{2}}$; (4) $\frac{8}{15}$.

4. $9\frac{1}{6}$.

习题 21.3

1. (1) $-46\frac{2}{3}$; (2) $\frac{ma^2\pi}{8}$.

2. (1) $\frac{3}{8}a^2\pi$; (2) a^2.

4. 2σ, σ 为由 L 所围的面积.

5. (1) 0; (2) $y^2\cos x+x^2\cos y$; (3) $-\frac{3}{2}$; (4) 9; (5) $\int_2^1 \varphi(x)\,\mathrm{d}x+\int_1^2 \psi(y)\,\mathrm{d}y$.

6. (1) $\frac{1}{3}x^3+x^2y-xy^2-\frac{1}{3}y^3+c$; (2) $\mathrm{e}^{x+y}(x-y+1)+y\mathrm{e}^x+c$;

(3) $\frac{1}{2}\int f(\sqrt{u})\,\mathrm{d}u,\ u=x^2+y^2$.

7. $yF_y(x,y)=xF_x(x,y)$.

8. $\pm mS+\varphi(y_2)\mathrm{e}^{x_2}-\varphi(y_1)\mathrm{e}^{x_1}-\frac{m}{2}(x_2-x_1)(y_1+y_2)-m(y_2-y_1)$.

习题 21.4

1. (1) $\int_0^{\pi}\mathrm{d}\theta\int_a^b rf(r\cos\theta,r\sin\theta)\,\mathrm{d}r=\int_a^b\mathrm{d}r\int_0^{\pi}rf(r\cos\theta,r\sin\theta)\,\mathrm{d}\theta$;

(2) $\int_0^{\frac{\pi}{2}}\mathrm{d}\theta\int_0^{\sin\theta}rf(r\cos\theta,r\sin\theta)\,\mathrm{d}r=\int_0^1\mathrm{d}r\int_{\arcsin r}^{\frac{\pi}{2}}rf(r\cos\theta,r\sin\theta)\,\mathrm{d}\theta$;

(3) $\int_{-\frac{\pi}{4}}^0\mathrm{d}\theta\int_0^{\sec\theta}rf(r\cos\theta,r\sin\theta)\,\mathrm{d}r+\int_0^{\frac{\pi}{2}}\mathrm{d}\theta\int_0^{\frac{1}{\cos\theta+\sin\theta}}rf(r\cos\theta,r\sin\theta)\,\mathrm{d}r$

$=\int_0^{\frac{\sqrt{2}}{2}}\mathrm{d}r\int_{-\frac{\pi}{4}}^{\frac{\pi}{2}}rf(r\cos\theta,r\sin\theta)\,\mathrm{d}\theta+\int_{\frac{\sqrt{2}}{2}}^1\mathrm{d}r\int_{-\frac{\pi}{4}}^{\frac{\pi}{4}-\arccos\frac{1}{\sqrt{2}r}}rf(r\cos\theta,r\sin\theta)\,\mathrm{d}\theta+$

$\int_{\frac{\sqrt{2}}{2}}^1\mathrm{d}r\int_{\frac{\pi}{4}+\arccos\frac{1}{\sqrt{2}r}}^{\frac{\pi}{2}}rf(r\cos\theta,r\sin\theta)\,\mathrm{d}\theta+\int_1^{\sqrt{2}}\mathrm{d}r\int_{-\frac{\pi}{4}}^{-\arccos\frac{1}{r}}rf(r\cos\theta,r\sin\theta)\,\mathrm{d}\theta$.

2. (1) $-6\pi^2$; (2) $\frac{\pi}{2}$; (3) $\frac{a^4}{2}$; (4) $\pi[f(R^2)-f(0)]$.

3. (1) $\int_1^2\mathrm{d}u\int_{-u}^{4-u}\frac{1}{2}f\left(\frac{u+v}{2},\frac{u-v}{2}\right)\mathrm{d}v$;

(2) $\int_0^{\frac{\pi}{2}}\mathrm{d}v\int_0^a f(u\cos^4 v,u\sin^4 v)4u\sin^3 v\cos^3 v\,\mathrm{d}u$;

(3) $\int_0^a\mathrm{d}u\int_0^1 f(u(1-v),uv)u\,\mathrm{d}v$.

4. (1) $u=x+y,v=x-y,\frac{\pi^2}{2}$; (2) $u=x+y,v=y,\frac{\mathrm{e}-1}{2}$.

5. (1) $\frac{\pi}{8}$; (2) 8π.

6. (1) $\dfrac{b^2-a^2}{2}\left(\dfrac{1}{1+\alpha}-\dfrac{1}{1+\beta}\right)$； (2) $\dfrac{ab(a^2+b^2)\pi}{2}$； (3) $\left(\sqrt{3}-\dfrac{\pi}{3}\right)a^2$.

8. (1) 极坐标变换，$2\pi\int_0^1 rf(r)\,dr$；

(2) 极坐标变换，$\pi\int_0^{\sqrt{2}} rf(r)\,dr-4\int_1^{\sqrt{2}} r\arccos\dfrac{1}{r}\,f(r)\,dr$；

(3) $u=x+y, v=x-y$，$\int_{-1}^1 f(u)\,du$；

(4) $u=xy, v=\dfrac{y}{x}$，$\ln 2\int_1^2 f(u)\,du$.

习题 21.5

1. (1) 14； (2) $\dfrac{1}{2}$； (3) $\dfrac{1}{2}\left(\ln 2-\dfrac{5}{8}\right)$； (4) $\dfrac{\pi^2}{16}-\dfrac{1}{2}$.

2. (1)
$$\begin{aligned}
I &= \int_0^1 dy\int_0^{1-y}dx\int_0^{x+y} f(x,y,z)\,dz\\
&= \int_0^1 dx\int_0^x dz\int_0^{1-x} f(x,y,z)\,dy+\int_0^1 dx\int_x^1 dz\int_{z-x}^{1-x} f(x,y,z)\,dy\\
&= \int_0^1 dz\int_z^1 dx\int_0^{1-x} f(x,y,z)\,dy+\int_0^1 dz\int_0^z dx\int_{z-x}^{1-x} f(x,y,z)\,dy\\
&= \int_0^1 dy\int_0^y dz\int_0^{1-y} f(x,y,z)\,dx+\int_0^1 dy\int_y^1 dz\int_{z-y}^{1-y} f(x,y,z)\,dx\\
&= \int_0^1 dz\int_z^1 dy\int_0^{1-y} f(x,y,z)\,dx+\int_0^1 dz\int_0^z dy\int_{z-y}^{1-y} f(x,y,z)\,dx;
\end{aligned}$$

(2)
$$\begin{aligned}
I &= \int_0^1 dy\int_0^1 dx\int_0^{x^2+y^2} f(x,y,z)\,dz\\
&= \int_0^1 dx\int_0^{x^2} dz\int_0^1 f(x,y,z)\,dy+\int_0^1 dx\int_{x^2}^{x^2+1} dz\int_{\sqrt{z-x^2}}^1 f(x,y,z)\,dy\\
&= \int_0^1 dz\int_{\sqrt{z}}^1 dx\int_0^1 f(x,y,z)\,dy+\int_0^1 dz\int_0^{\sqrt{z}} dx\int_{\sqrt{z-x^2}}^1 f(x,y,z)\,dy+\\
&\quad \int_1^2 dz\int_{\sqrt{z-1}}^1 dx\int_{\sqrt{z-x^2}}^1 f(x,y,z)\,dy\\
&= \int_0^1 dy\int_0^{y^2} dz\int_0^1 f(x,y,z)\,dx+\int_0^1 dy\int_{y^2}^{y^2+1} dz\int_{\sqrt{z-y^2}}^1 f(x,y,z)\,dx\\
&= \int_0^1 dz\int_{\sqrt{z}}^1 dy\int_0^1 f(x,y,z)\,dx+\int_0^1 dz\int_0^{\sqrt{z}} dy\int_{\sqrt{z-y^2}}^1 f(x,y,z)\,dx+\\
&\quad \int_1^2 dz\int_{\sqrt{z-1}}^1 dy\int_{\sqrt{z-y^2}}^1 f(x,y,z)\,dx.
\end{aligned}$$

3. (1) $\dfrac{59}{480}\pi r^5$； (2) $\dfrac{\pi}{15}(2\sqrt{2}-1)$.

4. (1) 柱坐标变换，$\dfrac{3}{35}$；

(2) $x=ar\sin\varphi\cos^2\theta, y=br\sin\varphi\sin^2\theta, z=cr\cos\varphi$，$\dfrac{1}{3}abc$.

5. $\dfrac{8}{5}\pi$.

7. (1) $\frac{1}{4}abc\pi^2$； (2) $4\pi abc(e-2)$.

习题 21.6

1. $\frac{2\pi a^2}{3}(2\sqrt{2}-1)$.

2. $\sqrt{2}\pi$.

3. (1) $\bar{x}=0,\bar{y}=\frac{4b}{3\pi}$； (2) $\bar{x}=0,\bar{y}=\frac{(2b+a)}{3(a+b)}h$.

4. (1) $\bar{x}=\bar{y}=0,\bar{z}=\frac{1}{3}$； (2) $\bar{x}=\frac{1}{4},\bar{y}=\frac{1}{8},\bar{z}=-\frac{1}{4}$.

5. (1) $\frac{5\pi}{4}\rho R^4$； (2) $\frac{1}{3}\rho a^3 b\sin^3\varphi$.

6. (1) $(0,0,-2k\pi\rho(1-\frac{c}{\sqrt{R^2+c^2}}))$；

(2) $(0,0,2k\pi\rho(\sqrt{a^2+c^2}-\sqrt{a^2+(h-c^2)}-h)$；

(3) $(0,0,\frac{2k\pi\rho mh(h-\sqrt{R^2+h^2})}{\sqrt{R^2+h^2}})$.

7. $4ab\pi^2$.

8. $\pi[a\sqrt{a^2+b^2}+b^2\ln(a+\sqrt{a^2+b^2})-b^2\ln b]$.

9. $\frac{2}{3}\rho a^5$.

习题 21.7

1. $\frac{8}{15}\pi^2 r^5$.

2. $\pi^2(1-\frac{\pi}{4})$.

3. $\frac{1}{n!}a_1 a_2\cdots a_n$.

4. $\frac{2\pi^{\frac{n}{2}}}{\Gamma\left(\frac{n}{2}\right)}\int_0^R r^{n-1}f(r)\,\mathrm{d}r$.

习题 21.8

1. (1) $m>1$ 收敛； (2) $p>1,q>1$ 收敛； (3) $p>\frac{1}{2}$收敛.

2. $\frac{\pi}{2}$.

3. (1) $m<1$ 收敛； (2) $m<1$ 收敛.

第二十一章总练习题

1. (1) $\frac{1}{4}$； (2) $\frac{6}{5}$.

2. (1) 6； (2) $4\left[\frac{\pi}{3}+\ln(2+\sqrt{3})\right]$.

3. $\frac{\pi}{4}a^4$.

4. $f(0,0)$.

5. (1) $\frac{2}{t}F(t)$； (2) $4\pi t^2 f(t^2)$；

(3) $\frac{3}{t}\left[F(t)+\iiint\limits_{\substack{0\leqslant x\leqslant t\\0\leqslant y\leqslant t\\0\leqslant z\leqslant t}} xyzf'(xyz)\,\mathrm{d}x\mathrm{d}y\mathrm{d}z\right]$，其中 $t>0$.

6. $\frac{1}{4}(\mathrm{e}^{-1}-1)$.

8. 柱面坐标系：$\int_0^1\mathrm{d}z\int_0^{\frac{\pi}{4}}\mathrm{d}\theta\int_0^{\frac{1}{\cos\theta}}rf(r\cos\theta,r\sin\theta,z)\,\mathrm{d}r+\int_0^1\mathrm{d}z\int_{\frac{\pi}{4}}^{\frac{\pi}{2}}\mathrm{d}\theta\int_0^{\frac{1}{\sin\theta}}rf(r\cos\theta,r\sin\theta,z)\,\mathrm{d}r$；

球面坐标系：$\int_0^{\frac{\pi}{4}}\mathrm{d}\theta\int_0^{\operatorname{arccot}\cos\theta}\mathrm{d}\varphi\int_0^{\frac{1}{\cos\varphi}}kf(u,v,w)\,\mathrm{d}r+\int_0^{\frac{\pi}{4}}\mathrm{d}\theta\int_{\operatorname{arccot}\cos\theta}^{\frac{\pi}{2}}\mathrm{d}\varphi\int_0^{\frac{1}{\sin\varphi\cos\theta}}kf(u,v,w)\,\mathrm{d}r+$

$$\int_{\frac{\pi}{4}}^{\frac{\pi}{2}}\mathrm{d}\theta\int_0^{\operatorname{arccot}\sin\theta}\mathrm{d}\varphi\int_0^{\frac{1}{\cos\varphi}}kf(u,v,w)\,\mathrm{d}r+\int_{\frac{\pi}{4}}^{\frac{\pi}{2}}\mathrm{d}\theta\int_{\operatorname{arccot}\sin\theta}^{\frac{\pi}{2}}\mathrm{d}\varphi\int_0^{\frac{1}{\sin\varphi\sin\theta}}kf(u,v,w)\,\mathrm{d}r,$$

其中 $k=r^2\sin\varphi,u=r\sin\varphi\cos\theta,v=r\sin\varphi\sin\theta,w=r\cos\varphi$.

10. 2π.

11. $\frac{\pi}{|a_1b_2-a_2b_1|}$.

12. $V=\frac{8}{|\Delta|}h_1h_2h_3,\Delta=\begin{vmatrix}a_1&b_1&c_1\\a_2&b_2&c_2\\a_3&b_3&c_3\end{vmatrix}$.

13. $\left(-\frac{2amk}{r},\frac{ma\pi k}{r}\right)$，$k$ 为引力常数.

14. $2\pi a^2\sqrt{a^2+b^2}$.

15. $\bar{x}=\frac{4}{3}a,\bar{y}=\frac{4}{3}a$.

17. $\lambda=-1,\frac{\sqrt{s^2+t^2}}{t}-\frac{\sqrt{s_0^2+t_0^2}}{t_0}$.

第二十二章　曲面积分

习题 22.1

1. (1) πa^3； (2) $\frac{\pi}{2}(\sqrt{2}+1)$； (3) $\frac{2\pi H}{R}$； (4) $\frac{\sqrt{3}}{120}$.

2. $\left(\frac{a}{2},\frac{a}{2},\frac{a}{2}\right)$.

3. $\frac{4}{3}\pi\rho a^4$.

4. $\frac{\pi a^4}{2}\sin\theta\cos^2\theta$.

习题 22.2

1. (1) a^4; (2) 24; (3) $\frac{1}{8}$; (4) $\frac{\pi}{4}$; (5) $\frac{3}{8}\pi R^3(a+b+c)$.

2. $\frac{32}{3}\pi$.

3. $I=bc[f(a)-f(0)]+ac[g(b)-g(0)]+ab[h(c)-h(0)]$.

4. $2\pi a^3$.

习题 22.3

1. (1) 0; (2) $3a^4$; (3) $\frac{\pi}{2}h^4$; (4) $\frac{12}{5}\pi$; (5) $2\pi a^3$.

2. $\frac{11}{24}$.

3. (1) 0; (2) 0; (3) $3a^2$.

4. (1) $xyz+c$; (2) $\frac{1}{3}(x^3+y^3+z^3)-2xyz+c$.

5. (1) $-53\frac{7}{12}$; (2) 0.

9. $2S$.

习题 22.4

1. $\frac{1}{r}(x,y,z), 2(x,y,z), -\frac{1}{r^3}(x,y,z), f'(r)\frac{1}{r}(x,y,z), nr^{n-2}(x,y,z)$.

2. $(-4,2,-4),(0,8,2),(-8,-4,-10)$, $\nabla u\left(5,-3,\frac{2}{3}\right)=0$.

4. (1) $0, 2(y-z,z-x,x-y)$; (2) $6xyz,(x(z^2-y^2),y(x^2-z^2),z(y^2-x^2))$;
(3) $\frac{x+y+z}{xyz},\frac{1}{xyz}\left(\frac{y^2}{z}-\frac{z^2}{y},\frac{z^2}{x}-\frac{x^2}{z},\frac{x^2}{y}-\frac{y^2}{x}\right)$.

8. $\frac{3}{8}\pi$.

9. (1) 2π; (2) 2π.

第二十二章总练习题

1. (1) $\pi a^2(1-\lambda)(5-3\pi c)-8\pi^2c^2$; (2) $\mathbf{rot}\,\boldsymbol{A}=(2(1-\lambda)x,(1-\lambda)y,(1-\lambda)(5-3z))$; (3) $\lambda=1$, 势函数为$\frac{1}{3}x^3+5xy-2y+3xyz-2z^2+C$.

5. $\frac{4}{3}$.

* 第二十三章 向量函数微分学

习题 23.2

2. (1) $f'(x_1,x_2)=\begin{pmatrix}\sin x_2 & x_1\cos x_2\\ 2(x_1-x_2) & -2(x_1-x_2)\\ 0 & 4x_2\end{pmatrix}$，$f'\left(0,\dfrac{\pi}{2}\right)=\begin{pmatrix}1 & 0\\ -\pi & \pi\\ 0 & 2\pi\end{pmatrix}$；

(2) $f'(x_1,x_2,x_3)=\begin{pmatrix}2x_1 & 1 & 0\\ x_2e^{x_1+x_3} & e^{x_1+x_3} & x_2e^{x_1+x_3}\end{pmatrix}$，$f'(1,0,1)=\begin{pmatrix}2 & 1 & 0\\ 0 & e^2 & 0\end{pmatrix}$.

4. (1) $\cos x+\sin x$； (2) $\begin{pmatrix}\cos(x_1-x_2) & -\cos(x_1-x_2)\\ -\sin(x_1-x_2) & \sin(x_1-x_2)\end{pmatrix}$；

(3) $\begin{pmatrix}x_2^2-2x_1x_2 & 2x_1x_2-x_1^2\\ -1-x_2 & 1-x_1\end{pmatrix}$； (4) $\begin{pmatrix}2x_1x_2^2 & 2x_1^2x_2\\ -2 & 2\\ -1 & 1\end{pmatrix}$；

(5) $\begin{pmatrix}4x_1x_2^2+16x_1x_2 & 4x_1^2x_2+8x_1^2\\ 2x_1 & 3\end{pmatrix}$； (6) $\begin{pmatrix}2x_1x_2^2x_3^2 & 2x_1^2x_2x_3^2 & 2x_1^2x_2^2x_3\\ 2 & 2 & 2\\ 1 & 1 & 1\end{pmatrix}$.

5. $(h_x+h_uf_x+h_v(g_x+g_uf_x),h_uf_y+h_v(g_y+g_uf_y))$.

7. (1) $f(x)=x+b$； (2) $f(x)=\left(\int\varphi_1(x_1)\,dx_1,\cdots,\int\varphi_n(x_n)\,dx_n\right)^T$.

8. (1) 极小值点 $x_0=\left(-\dfrac{17}{6},-\dfrac{7}{3},-\dfrac{2}{3}\right)^T$；(2) 稳定点 $x_0=(0,0,0)^T$，非极值点.

9. (1) $(f\circ h)'=(x_2+1,x_1-1)$，$(f\circ t)'=(x_2x_3-1,x_1x_3-1,x_1x_2-1)$，

$(h\circ g)'=(\cos x+\sin x)\begin{pmatrix}\cos x-\sin x\\ -1\end{pmatrix}$，

$(h\circ t)'=\begin{pmatrix}2x_1x_2x_3+x_2^2x_3+x_2x_3^2 & x_1^2x_3+2x_1x_2x_3+x_1x_3^2 & x_1^2x_2+x_1x_2^2+2x_1x_2x_3\\ -x_2x_3+1 & -x_1x_3+1 & -x_1x_2+1\end{pmatrix}$，

$(s\circ g)'=\begin{pmatrix}\sin 2x\\ -2\sin x\\ -\sin x\end{pmatrix}$； (2) $(g\circ f\circ h)'=\begin{pmatrix}(x_2+1)\cos w & (x_1-1)\cos w\\ -(x_2+1)\sin w & -(x_1-1)\sin w\end{pmatrix}$，

其中 $w=x_1x_2-x_2+x_1$，

$$(s\circ t\circ s)'=\begin{pmatrix}16x_1^3x_2^2(x_2+4)^2 & 16x_1^4x_2(x_2+2)(x_2+4)\\ 4x_1 & 6\\ 2x_1 & 3\end{pmatrix}.$$

12. (1) 凡使 $a^Tx=t_0$ (t_0 为 φ 的稳定点)的解 x_0 均为 f 的稳定点.

习题 23.3

2. $z_{xx}=\dfrac{2xy}{(x^2+y^2)^2}$，$z_{xy}=\dfrac{y^2-x^2}{(x^2+y^2)^2}$，$z_{yy}=\dfrac{-2xy}{(x^2+y^2)^2}$.

3. (3) $\dfrac{\partial u}{\partial x}=\dfrac{1}{\Delta}(f'_1g'_3-f'_3g'_1)$，$\dfrac{\partial u}{\partial y}=\dfrac{1}{\Delta}(f'_2g'_3-f'_3g'_2)$，$\dfrac{\partial u}{\partial v}=-\dfrac{u}{\Delta}g'_3(f'_1+f'_2+f'_3)$，其

中 $\Delta=g_3'[1+v(f_1'+f_2'+f_3')]$.

5. (1) $\begin{pmatrix} \frac{\partial x}{\partial u} & \frac{\partial x}{\partial v} \\ \frac{\partial y}{\partial u} & \frac{\partial y}{\partial v} \end{pmatrix}=\frac{1}{w}\begin{pmatrix} u & v \\ u\arctan\frac{v}{u}-v & v\arctan\frac{v}{u}+u \end{pmatrix}$，其中 $w=\sqrt{u^2+v^2}$；

(2) $\begin{pmatrix} \frac{\partial x}{\partial u} & \frac{\partial x}{\partial v} \\ \frac{\partial y}{\partial u} & \frac{\partial y}{\partial v} \end{pmatrix}=\frac{1}{x(e^x\sin y-e^x\cos y+1)}\begin{pmatrix} x\sin y & -x\cos y \\ \cos y-e^x & \sin y+e^x \end{pmatrix}$.

第二十三章总练习题

7. (2) $c=\begin{cases} \operatorname{arccot}\frac{\beta_1}{\beta_2}, & \beta_2\neq 0, \\ \pi, & \beta_2=0. \end{cases}$

索引

Z